Matthias Röhr
Der lange Weg zum Internet

Medienecho

»Röhrs Studie unterstreicht in jedem Fall die Notwendigkeit einer Betrachtung ›pluraler histories of networking‹ (Haigh/Russell/Dutton 2015), die über die singuläre Geschichte des Internets hinausreichen. Gerade seine Ausführungen zum deutschen Bildschirmtext schließen hier eine lange vernachlässigte Lücke.«
Stefan Udelhofen, MEDIENwissenschaft, 2 (2023)

»In der Summe [...] stellt die Monografie einen spannenden, gut lesbaren Beitrag zur Ausformung des Computers als Kommunikationsmedium dar, der in seinen vertiefenden Teilen die Forschung bereichert und darüber hinaus als nützlicher Überblick dienen kann, der geeignet ist, weitere Forschung anzustoßen.«
Simon Donig, H-Soz-u-Kult, 27.03.2023

Histoire | Band 193

Matthias Röhr, geb. 1983, ist wissenschaftlicher Mitarbeiter am Sonderforschungsbereich »Medien der Kooperation« der Universität Siegen, wo er zur Zeitgeschichte der Digitalisierung forscht.

Matthias Röhr
Der lange Weg zum Internet
Computer als Kommunikationsmedien zwischen Gegenkultur und
Industriepolitik in den 1970er/1980er Jahren

[transcript]

Bibliografische Information der Deutschen Nationalbibliothek
Die Deutsche Nationalbibliothek verzeichnet diese Publikation in der Deutschen Nationalbibliografie; detaillierte bibliografische Daten sind im Internet über http://dnb.d-nb.de abrufbar.

© 2021 transcript Verlag, Bielefeld

Alle Rechte vorbehalten. Die Verwertung der Texte und Bilder ist ohne Zustimmung des Verlages urheberrechtswidrig und strafbar. Das gilt auch für Vervielfältigungen, Übersetzungen, Mikroverfilmungen und für die Verarbeitung mit elektronischen Systemen.

Umschlaggestaltung: Maria Arndt, Bielefeld
Druck: Majuskel Medienproduktion GmbH, Wetzlar
Print-ISBN 978-3-8376-5930-6
PDF-ISBN 978-3-8394-5930-0
https://doi.org/10.14361/9783839459300
Buchreihen-ISSN: 2702-9409
Buchreihen-eISSN: 2702-9417

Gedruckt auf alterungsbeständigem Papier mit chlorfrei gebleichtem Zellstoff.
Besuchen Sie uns im Internet: *https://www.transcript-verlag.de*
Unsere aktuelle Vorschau finden Sie unter *www.transcript-verlag.de/vorschau-download*

Inhalt

Einleitung 11

Teil I

1. Computer und Telekommunikation in den USA (1950er/1960er Jahre) 33
1.a Der amerikanische Telekommunikationssektor zu Beginn des Computerzeitalters 34
1.b Computer auf dem Weg von Rechenmaschinen zum Kommunikationsmedium
(1950er/1960er Jahre) 41
1.c Zwischenfazit: Unterscheidung von Telekommunikation und Datenverarbeitung
als gestaltender Faktor 56

2. Vorstellungen einer vernetzten Welt in den 1970er Jahren 59
2.a Der »Guru des Informationszeitalters« – James Martin und die »wired society« 60
2.b The Network Nation. Human Communication via Computer 67
2.c Community Memory – Computer als Medium von Subkulturen 70
2.d The Viewdata Revolution 74
2.e Zwischenfazit: Medienrevolution in Wartestellung 77

**3. Die Liberalisierung des amerikanischen Telekommunikationssektors
(1950er – 1980er Jahre)** 79
3.a Wettbewerb bei Endgeräten 80
3.b Wettbewerb im Netzbereich 84
3.c Verschmelzung von Datenverarbeitung und Telekommunikation 88
3.d Aufspaltung des Bell Systems 94
3.e Zwischenfazit: Die neue Freiheit der Telekommunikation 97

Teil II

4. Telekommunikation in Deutschland (19. Jahrhundert – 1970er Jahre) 103

4.a	Die Post und das Fernmeldemonopol bis 1945	105
4.b	Die Bundespost und das Fernmeldemonopol in der Bundesrepublik, 1950er/1960er Jahre	110
4.c	Zwischenfazit: Das »Unternehmen Bundespost« zu Beginn der 1970er Jahre	122

5. »Schlüsselindustrie Datenverarbeitung« – die westdeutsche Computerindustrie (1950er–1970er Jahre) 125

5.a	Die westdeutsche Computerindustrie in den 1950er/1960er Jahren	126
5.b	Die Entdeckung der »Computerlücke« (1962 – 1967)	134
5.c	Die Förderung der westdeutschen Computerindustrie (1967 – 1979)	138
5.d	Zwischenfazit: Die »Computerlücke« als Handlungsauftrag	145

6. Telekommunikation und Medienpolitik in den 1970er/1980er Jahren 147

6.a	Von der OECD-Studie zur KtK (1970 – 1976)	148
6.b	Bildschirmtext zwischen Rundfunk, Bildschirmzeitung und Datenkommunikation (1976 – 2001)	158
6.c	Zwischen Kupfer und Glas. Von der Breitbandverkabelung zum Privatfernsehen (1976 – 1987)	181
6.d	Zwischenfazit: Medienrevolution in den Grenzen der Medienpolitik	187

7. Datenübertragung und Industriepolitik in der Bundesrepublik (1967 – 1998) 191

7.a	Von der Datel GmbH zum Direktrufurteil (1967 – 1977)	193
7.b	Telekommunikation als »deutsches Raumfahrtprogramm« (1977 – 1979)	202
7.c	Telekommunikationspolitik für den Weltmarkt (1979 – 1993)	215
7.d	Die Reformen der Bundespost (1984 – 1998)	233
7.e	Zwischenfazit: Telekommunikationspolitik als Industriepolitik	243

Teil III

8. Von »phone freaks« zur »Modemwelt«. Alternative Praktiken der Telekommunikation und des Computers in den USA (1960er – 1990er Jahre) 247

8.a	Telekommunikation und die amerikanische Counterculture (1960er/1970er Jahre)	248
8.b	Die Wurzeln des Heimcomputers	254
8.c	Der Heimcomputer als Kommunikationsmedium (1978 – Mitte der 1990er Jahre)	268
8.d	Zwischenfazit: Der Heimcomputer als Medium der »Computer-Revolution«	287

9. Heimcomputer und Telekommunikation in der Bundesrepublik (1980er/1990er Jahre) .. 291

9.a	Hacker in der Bundesrepublik (1970er – 1990er Jahre)	292
9.b	»Menschenrecht auf freien Datenaustausch« – Heimcomputer als Kommunikationsmedien in der Bundesrepublik	305
9.c	Zwischenfazit: Der Medienaktivismus der Hacker	318

Epilog: Und das Internet? 321

Schluss 333

Quellen- und Literaturverzeichnis 339
Archive 339
Ausgewertete Zeitungen und Zeitschriften 339
Audio- und Videodokumente 340
Rechtsdokumente 340
Onlinedokumente 341
Oral History Interviews 341
Gedruckte Quellen und Literatur 342

Abkürzungsverzeichnis 371

Networked Computers will be the printing press of the twenty-first century. If they are not free of public control, the continued application of constitutional immunities to nonelectronic mechanical press, lectures halls, and man-carried sheets of papers may become no more than a quaint archaism, a sort of Hyde Park Corner where a few eccentrics can gather while the major policy debates take place elsewhere.

Ithiel de Sola Pool, 1983

Wir verwirklichen soweit wie möglich das ›neue‹ Menschenrecht auf zumindest weltweiten freien, unbehinderten und nicht kontrollierten Informationsaustausch (Freiheit für die Daten) unter ausnahmslos allen Menschen und anderen intelligenten Lebewesen.
Computer sind dabei eine nicht wieder abschaffbare Voraussetzung. Computer sind Spiel-, Werk- und Denk-Zeug; vor allem aber: ›das wichtigste neue Medium‹.

Chaos Computer Club, 1984

Diese Hacker waren aber gar nicht kriminell. Sie beanspruchten lediglich ein Wegerecht auf den Datenleitungen – die ja, zumeist aus Steuergeldern finanziert, bisher nur wenigen zur Verfügung standen.

padeluun, 1996

Einleitung

> Die E-Mail-Adresse, die heute so gut wie jeder hat, öhm, die relativ leicht zu kriegen ist und flexibel ist, das war damals unsere Vorstellung, und heute ist ne ganze Menge von den Dingen einfach verwirklicht. Aber die Kämpfe, die es bedeutet hat, dahin zu kommen, also jetzt so die Ehrungen wegen Hausdurchsuchungen, wegen Selbstbaumodems und so nem Krempel, das ist heute... dass das liecht heute irgendwie zurück wie's Mittelalter auf ner anderen Ebene.[1]

Mit diesen Worten blickte Wau Holland am Ende des Jahres 1998 auf die erste Hälfte der 1980er Jahre zurück. Gemeinsam mit anderen Menschen, die wie er von Computern und Telekommunikation begeistert waren, hatte er damals in Hamburg den Chaos Computer Club gegründet. Fasziniert von der verbindenden Kraft der Technik hatten sich die Clubmitglieder kreativ mit Computern und Telekommunikation auseinandergesetzt und waren bei ihren Versuchen, sich und ihre Heimcomputer mit selbstgebauten Modems über das Telefonnetz zu vernetzen, in Konflikt mit dem staatlichen Fernmeldemonopol geraten. Daraufhin forderte der Club ein »neue[s] Menschenrecht auf zumindest weltweiten freien, unbehinderten und nicht kontrollierbaren Informationsaustausch (Freiheit für die Daten) unter ausnahmslos allen Menschen und anderen intelligenten Lebewesen«[2] zu verwirklichen und endlich die »Angst- und Verdummungspolitik in Bezug auf Computer sowie die Zensurmaßnahmen von internationalen Konzernen, Postmonopolen«[3] zu überwinden.

Im Jahr 1998 waren solche Forderungen Realität geworden. Seit Anfang des Jahres waren das Netz- und Telefonmonopol der mittlerweile in Aktiengesellschaften umgewandelten Bundespost aufgehoben und durch Wettbewerb ersetzt. Seit einigen Jahren schlossen sich zudem immer mehr Haushalte an das Internet an und erhielten damit

---

1   Wau Holland, Geschichte des CCC und des Hackertums in Deutschland. Vortrag, gehalten auf dem Chaos Communication Congress am 27. 12. 1998 in Berlin, Minute 54:35 – 55:13. Audioaufzeichnung verfügbar unter ftp://ftp.ccc.de/congress/1998/doku/mp3/geschichte_des_ccc_und_des_hackertums_in_deutschland.mp3 (08.07.2019).
2   Chaos Computer Club, Der Chaos Computer Club stellt sich vor, in: *Die Datenschleuder* 1 (1984), S. 3.
3   Ebenda.

Zugang zu einem Datennetzwerk, das von keiner staatlichen Institution oder Großkonzern kontrolliert wurde und einen weitgehend uneingeschränkten und unkontrollierten Informationsaustausch ermöglichte. Das Menschenrecht auf freien, unbehinderten und nicht kontrollierbaren Informationsaustausch, für das sich der Chaos Computer Club seit 15 Jahren eingesetzt hatte, schien damit Wirklichkeit geworden zu sein.

Erkenntnisinteresse und Fragestellung

Als Zeithistoriker, der sich mit der jüngsten Geschichte des eigenen Kulturraums befasst, wird man gelegentlich mit Ereignissen und Strukturen konfrontiert, die auf den ersten Blick fremd und erklärungsbedürftig erscheinen. Am Anfang des Forschungsprozesses, der zu diesem Buch geführt hat, stand ein solches fragendes Unverständnis. Aus der Perspektive der 2010er Jahre wirkten die Strukturen des bundesdeutschen Fernmeldesektors und der Konflikt zwischen dem Chaos Computer Club und der Bundespost zu Beginn der 1980er Jahre fremdartig und ungewöhnlich. Selbst Wau Holland, einem der unmittelbar Beteiligten, kam es nur 15 Jahre später, wie das obige Zitat zeigt, so fremd vor wie das »Mittelalter auf ner anderen Ebene«, dass der Staat damals mit Hausdurchsuchungen gegen Datenübertragungen mit selbstgebauten Modems vorging. Dieses Nichtwissen über die Strukturen des bundesdeutschen Telekommunikationssektors bildete einen Ausgangspunkt für die Erforschung der Zusammenhänge von Computern, Telekommunikation und Subkulturen in den 1970er und 1980er Jahren, deren Ergebnisse in diesem Buch präsentiert werden.

Zum Einstieg in die Materie bietet sich ein erster Blick in die Quellen an. Anfang des Jahres 1984 verfasste Wau Holland ein programmatisches Manifest. Darin bezeichnete er die Aktivitäten des Chaos Computer Clubs als Verwirklichung des »Menschenrecht[s] auf freien, unbehinderten und nicht kontrollierbaren Informationsaustausch« und begründete dies mit der Entwicklung des Computers zu einem neuen Medium.

> Wir verwirklichen soweit wie möglich das ›neue‹ Menschenrecht auf zumindest weltweiten freien, unbehinderten und nicht kontrollierten Informationsaustausch (Freiheit für die Daten) unter ausnahmslos allen Menschen und anderen intelligenten Lebewesen. [...]
> Computer sind dabei eine nicht wieder abschaffbare Voraussetzung. Computer sind Spiel-, Werk- und Denk-Zeug: vor allem aber: ›das wichtigste neue Medium‹. [...]
> Alle bisher bestehenden Medien werden immer mehr vernetzt durch Computer. Diese Verbindung schafft eine neue Medien-Qualität. Es gibt bisher keinen besseren Namen für dieses neue Medium als Computer.
> Wir verwenden dieses neue Medium – mindestens – ebenso (un)kritisch wie die alten. Wir stinken an gegen die Angst- und Verdummungspolitik in Bezug auf Computer sowie die Zensurmaßnahmen von internationalen Konzernen, Postmonopolen und Regierung.[4]

Hieraus leitet sich meine erste forschungsleitende Arbeitsthese ab: Die Erkenntnis, dass aus der Verbindung von Computern und Telekommunikation ein neuartiges Kommuni-

---

4   Ebenda.

kationsmedium entsteht, definierte für die Mitglieder des Chaos Computer Clubs und der mit ihm verbundenen Hacker- und Mailboxszene den Umgang mit Computern und Telekommunikation.

Dass Computer nicht nur rechnen können, sondern, wenn sie mit Telekommunikationsnetzen verbunden werden, zu einem revolutionären Werkzeug der zwischenmenschlichen und gesellschaftlichen Kommunikation werden, lässt sich heute, im Zeitalter einer Allgegenwart von digitalen Medien, alltäglich erleben. Zu Beginn der 1980er Jahre war dieses Verständnis von vernetzten Computern aber noch relativ neu. Erst 15 Jahre zuvor, im April 1968, hatten die einflussreichen amerikanischen Computerwissenschaftler und Wissenschaftsmanager J. C. R. Licklider und Robert Taylor mit einem Artikel in *Science and Technology* einem breiteren Publikum erstmalig eröffnet, dass Computer die menschliche Kommunikation grundlegender verändern können als dies Druckerpressen, Radio oder Fernsehen getan haben.[5]

Dieser Artikel markierte einen Moment in der noch jungen Geschichte des elektronischen Computers, in dem ein grundlegendes Um- und Neudenken über die nahezu unbegrenzten Möglichkeiten dieser Technologie an Dynamik gewann. Seit den späten 1960er Jahren wurde immer öfter eine bevorstehende »Computer-Revolution« thematisiert, und die Verbindung von Computern mit Telekommunikationsnetzen wurde mit dem Versprechen verknüpft, den gesellschaftlichen Umgang mit Informationen grundlegend zu verändern.

In den nächsten 30 Jahren versuchten verschiedene Akteure und Institutionen, ihre Vorstellungen des Mediums Computers Realität werden zu lassen, und mussten sich dabei mit unterschiedlichen Widerständen, Konflikten und Entwicklungsdynamiken auseinandersetzen. Im Laufe dieses Prozesses formte sich der vernetzte Computer zu dem Kommunikationsmedium, das in den 1990er Jahren in Form der vernetzten Medienlandschaften des Internets in der Breite sichtbar und wirksam wurde.

Dies führt zu meiner zweiten forschungsleitenden Arbeitsthese: Die Auseinandersetzungen des Chaos Computer Clubs und der ihm nahestehenden Hacker- und Mailboxszene mit Computern und Telekommunikation, jene »Kämpfe« und »Ehrungen wegen Hausdurchsuchungen, wegen Selbstbaumodems«, von denen Wau Holland 1998 sprach, lassen sich in einen langfristigen, (mindestens) transatlantischen Aushandlungsprozess einordnen, durch den der vernetzte Computer als Kommunikationsmedium geformt und in gesellschaftliche, ökonomische, kulturelle und politische Strukturen eingeordnet wurde. In den Jahren zwischen 1968 und 1998 fand dieser Aushandlungsprozess innerhalb eines vielschichtigen Spannungsfeldes statt, das von unterschiedlichen und zeitlich wechselnden Interessenkonflikten und Gegensätzen gebildet wurde.

---

5 »Such a medium is at hand – the programmed digital computer. Its presence can change the nature and value of communication even more profoundly than did the printing press and the picture tube, for, as we shall show, a well-programmed computer can provide direct access both to informational resources and to the processes for making use of the resources.« Joseph Carl Robnett Licklider/Paul A. Taylor, The Computer as a Communication Device, in: *Science and Technology* 76 (1968), April, S. 21-31. Zitiert aus dem Nachdruck: Joseph Carl Robnett Licklider/Paul A. Taylor, The Computer as a Communication Device, in: Robert W. Taylor (Hg.), In Memoriam: J. C. R. Licklider. 1915-1990, Palo Alto 1990, S. 21-41, hier S. 22.

Wirtschaftlich war die Entwicklung des Computers zum Kommunikationsmedium von einem Interessenkonflikt zwischen der Computerindustrie und dem Telekommunikationssektor geprägt, bei dem es um die Abgrenzung von Datenübertragung und Datenverarbeitung ging. Hierbei stritten allerdings nicht bloß zwei Branchen über ihren Anteil an einem neuen Geschäftsfeld, sondern die Verbindung von Computern und Telekommunikation warf grundlegende Fragen der Wirtschaftsordnung auf. In den westlichen Volkswirtschaften wurde der Telekommunikationssektor seit dem 19. Jahrhundert von staatlichen oder staatlich geschützten Monopolen kontrolliert, während die deutlich jüngere Datenverarbeitungsindustrie marktwirtschaftlich geprägt war. Der Interessenkonflikt zwischen der Datenverarbeitungsbranche und dem Telekommunikationssektor war daher mit der Frage verbunden, ob der Computer als Medium unter ein Monopol fallen sollte – oder ob sich Monopole in den westlichen Marktwirtschaften überhaupt noch rechtfertigen lassen.

Verkompliziert wurde diese Debatte durch einen weiteren wirtschaftspolitischen Interessenkonflikt, der quer zum ersten verlief. Schon seit den 1960er Jahren blickten die Regierungen der westeuropäischen Länder mit Sorgen auf die technologische und ökonomische Dominanz der USA, vor allem in der Datenverarbeitung. Nachdem bis Ende der 1970er Jahre alle Versuche gescheitert waren, die europäischen Computerhersteller durch Förderprogramme auf Augenhöhe mit der amerikanischen Industrie zu bringen, richteten die westeuropäischen Regierungen ihre Aufmerksamkeit auf die steigende Abhängigkeit der Datenverarbeitung von Telekommunikation. Anders als bei der marktwirtschaftlich organisierten Computerindustrie verfügten die Regierungen hier durch ihre Monopole über große Einflussmöglichkeiten, und Ende der 1970er Jahre entwickelte sich daher der Plan, durch eine Digitalisierung der europäischen Telekommunikationsnetze, in Verbindung mit einer konsequenten Standardisierung von Datenkommunikation, das Fernmeldemonopol mit Wettbewerb zu vereinen und als Instrument der Industriepolitik gegen die amerikanische Vorherrschaft im Technologiebereich zu nutzen.

Während sich die ökonomischen Debatten und Interessengegensätze rund um Datenkommunikation angesichts einer bereits früh globalisierten Computerindustrie[6] geografisch nur schwer verorten lassen, fanden die Auseinandersetzungen über die Integration des Computers als Kommunikationsmedium in die bestehenden Mediensysteme in den nationalen Diskursräumen statt. In der Bundesrepublik wurde bereits seit dem Anfang der 1970er Jahre über die Einführung von neuartigen Medien diskutiert, bei denen Computer und Telekommunikationsnetze eine zentrale Rolle spielen sollten. Mit der Planung von Bildschirmtext musste ab 1976 eine Antwort darauf gefunden werden, wie ein computerbasiertes Medium in das Mediensystem der Bundesrepublik eingegliedert und der Zugang dazu organisiert werden sollte. Da bei der Kommunikation über vernetzte Computer die Grenzen zwischen dem persönlichen Austausch mit wenigen Personen und einer Massenkommunikation mit einem potenziell unbegrenzten Empfängerkreis fließend sind, stand die Frage im Raum, ob es sich beim vernetzten Computer um eine moderne Form des Telefons, eine

---

6 Vgl. Michael Homberg, Mensch/Mikrochip, in: *Vierteljahrshefte für Zeitgeschichte* 66 (2018), S. 267-293.

Art Rundfunk aus der Steckdose oder eine »Zeitung aus der Wand«[7] handelte. Für die verfassungsrechtliche Einordnung des neuen Mediums bildete diese Unterscheidung den Maßstab. Als Massenkommunikationsmittel wäre die Informationsverbreitung über Computer in den Kompetenzbereich der Länder gefallen und hätte dem Monopol der öffentlich-rechtlichen Rundfunkanstalten zugeordnet werden können, als Individualkommunikation hätte der Bund bzw. die Bundespost allein die Regeln für das neue Medium bestimmen können. Als dritte Option stand auch eine Presseähnlichkeit des vernetzten Computers und damit die Grundsätze der Pressefreiheit zur Diskussion.

Neben wirtschaftlichen und medienpolitischen Gegensätzen sorgten auch technische Entwicklungen dafür, dass die Aushandlung des Kommunikationsmediums Computer spannungsreich verlief. Zwischen 1968 und 1998 veränderten vor allem die Mikroelektronik und der Mikroprozessor die technischen und ökonomischen Grundlagen der Datenverarbeitung. Während Anfang der 1970er Jahre noch große, teure und zentrale Mainframe-Computersysteme mit zahlreichen angeschlossenen Terminals die Computerindustrie dominierten und die Vorstellungen des Computers als Kommunikationsmedium beeinflussten, nahm ab der Mitte der 1970er Jahre die Bedeutung von kleinen und preiswerten Mikrocomputern zu. Vor allem das Aufkommen von Heimcomputern und ihre kulturelle Einordnung in eine »Computer-Revolution« führte, in Verbindung mit der Liberalisierung des amerikanischen Telekommunikationssektors, seit Ende der 1970er Jahre dazu, dass sich der Computer in den USA zu einem dezentralen Kommunikationsmedium entwickelte und dort in den 1980er Jahren ein vielfältiger Kommunikationsraum entstand, der mit Heimcomputern und Modems zugänglich war. Während bei zentralen Systemen eine Kontrolle der Informationsflüsse möglich war, war der Informationsaustausch in dieser »Modem World«[8] nur vom Zugang zum Telefonnetz abhängig. Der Gegensatz zwischen einem zentralen, strukturierten und kontrollierbaren Modell des Computers als Kommunikationsmedium und einer dezentralen und allgemein zugänglichen Form der Kommunikation mit dem Computer bildete daher ein weiteres Spannungsfeld, in dem der Computer als Medium geformt wurde.

Dieser kurze Überblick über die ökonomischen, politischen und technologischen Spannungsfelder, die die Genese des »Mediums Computer«[9] zwischen den 1960er und

---

7 Horst Ehmke, Die Zeitung aus der Wand, in: DIE ZEIT 13/1974 vom 22.03.1974.
8 Siehe Kevin Driscoll, Hobbyist Inter-Networking and the Popular Internet Imaginary. Forgotten Histories of Networked Personal Computing, 1978-1998. Dissertation, University of Southern California.
9 Die deutsche Medienwissenschaft hat sich dem Computer bislang vor allem über die medienphilosophische Frage genähert, ob und in welcher Form Computer als nicht determinierte Maschinen unter den Begriff des »Mediums« eingeordnet werden können, der selbst innerhalb der Medienwissenschaft nicht eindeutig definiert ist. Siehe hierzu: Norbert Bolz, Computer als Medium – Einleitung, in: Norbert Bolz/Friedrich A. Kittler/Christoph Tholen (Hg.), Computer als Medium, München 1999, S. 9-16; Hartmut Winkler, Medium Computer. Zehn populäre Thesen zum Thema und warum sie möglicherweise falsch sind, in: Lorenz Engell/Britta Neitzel (Hg.), Das Gesicht der Welt. Medien in der digitalen Kultur, München 2004, S. 203-213 sowie vor allem die Dissertation von Marcus Burkhardt, Digitale Datenbanken. Eine Medientheorie im Zeitalter von Big Data, Bielefeld 2015. Für die Akteure, die seit den 1960er Jahren an der Nutzung des Computers als Kommunikationsmedium arbeiteten, hatte diese definitorische Frage, wenn überhaupt, nur eine geringe Relevanz. Für sie waren Computer in Kombination mit Telekommunikationsnetzen Werk-

den 1990er Jahren beeinflusst haben, zeigt, dass dies ein langfristiger, komplexer und vielschichtiger Prozess war.

Dieses Buch verfolgt daher das Ziel, das fragende Unverständnis angesichts des aus heutiger Perspektive fremd und konfliktreich erscheinenden Verhältnis zwischen Datenverarbeitung und Telekommunikation zu Beginn der 1980er Jahre in ein grundlegendes Verständnis umzuwandeln, indem die zugrundeliegenden und prägenden Strukturen historisch hergeleitet, eingeordnet und ihre Wandlungsprozesse kontextualisiert werden. Dabei soll insbesondere beantwortet werden, welche Faktoren, Akteure, Interessen und Konfliktlinien die Verbindung von Computern und Telekommunikation zu einem neuartigen Medium prägten, sowohl international als insbesondere auch in der Bundesrepublik, und wie diese Ebenen verknüpft waren? Welche Erwartungen und Ziele verbanden die unterschiedlichen Akteure mit der Vernetzung von Computern, und wie reagierten sie auf den kontinuierlich stattfindenden technologischen Wandel? Die forschungsleitenden Thesen, dass die Definition des Computers als Medium für die Aktivitäten des Chaos Computer Clubs maßgeblich war und sich der Konflikt zwischen der Hackerszene und der Bundespost in den Aushandlungsprozess des Computers als Kommunikationsmedium einordnen lässt, werfen aber auch die Frage auf, wie sich subkulturelle Phänomene wie der Chaos Computer Club und ihre Konflikte mit anderen Akteuren erklären lassen und welchen Einfluss sie auf die Entwicklung des Computers zu einem Kommunikationsmedium hatten?

Mit den Antworten auf diese Fragekomplexe will dieses Buch als eine »Problemgeschichte der Gegenwart«[10] einen Beitrag zur Historisierung des tiefgreifenden, medialen, kulturellen und gesellschaftlichen Wandels leisten, der, vorangetrieben von der revolutionären Kraft des vernetzten Computers als Kommunikationsmedium, die Gegenwart maßgeblich prägt.

Forschungsstand

Der oben skizzierte Aushandlungsprozess des Computers als Medium berührt als Querschnittsprozess verschiedene zeithistorische Forschungsfelder. Dies wären zum einen die zeithistorischen Deutungen der Gesellschaftsgeschichte der Bundesrepublik zwischen den 1970er und 1990er Jahren. In der Mehrzahl der mittlerweile vorliegenden Werke zu diesen Jahrzehnten stellen die Autoren fest, dass in dieser Zeit Computer und Mikroelektronik zu einer zentralen Triebkraft des wirtschaftlichen, gesellschaftlichen, kulturellen und politischen Wandels wurden.[11] So identifizieren

---

zeuge und damit Medien in dem Sinne, dass sie mit ihrer Hilfe kommunizieren und Informationen verbreiten konnten.

10 Hans Günter Hockerts, Zeitgeschichte in Deutschland. Begriff, Methoden, Themenfelder, in: *Historisches Jahrbuch* 113 (1993), S. 98-127.

11 Vgl. Andreas Wirsching, Abschied vom Provisorium. Geschichte der Bundesrepublik Deutschland 1982-1990, München 2006, S. 433-444; Anselm Doering-Manteuffel/Lutz Raphael, Nach dem Boom. Perspektiven auf die Zeitgeschichte seit 1970, Göttingen 2010, S. 73-74; Andreas Rödder, Die Bundesrepublik Deutschland. 1969-1990, München 2004, S. 9-11; Thomas Raithel/Andreas Rödder/Andreas Wirsching (Hg.), Auf dem Weg in eine neue Moderne? Die Bundesrepublik Deutschland in den siebziger und achtziger Jahren, München 2009, S. 7-14; Axel Schildt/Detlef Siegfried,

Anselm Doering-Manteuffel und Lutz Raphael die Ausbreitung des Mikrochips und die Digitalisierung der Produktion und des Alltagslebens sogar als eine von drei wesentlichen Komponenten, die mit dem Abflauen des Nachkriegsbooms ab 1973 und insbesondere in den 1980er Jahren zur Ausbreitung eines epochenprägenden »digitalen Finanzmarkt-Kapitalismus« geführt haben.[12] Computer wurden demnach mit individuellen Freiheiten und Entfaltungsmöglichkeiten verbunden, was sich insbesondere aus der kalifornischen Hippiekultur der 1960er und 1970er Jahre speiste und eng mit dem Aufschwung des »unternehmerischen Selbst«[13] als Leitbild der Epoche verbunden war.[14] Als Binnenzäsur der Epoche nach dem Boom benennen die beiden Autoren die Jahre zwischen 1995 und 2000 und begründen dies damit, dass in dieser Zeit »die Möglichkeiten der digitalen Kommunikation nach der Einführung des world wide web 1995 mit den neuen Regeln des Finanzmarktkapitalismus zusammenwuchsen«[15], und sprechen damit den (vorläufigen) Abschluss des Aushandlungsprozesses des Computers als Kommunikationsmedium den Status einer epochenprägenden Zäsur zu.

Auch Andreas Wirsching konstatiert in seiner umfangreichen Monografie zur Bundesrepublik in den 1980er Jahren einen Wandel des »Zeitgeistes«, der eng mit neuen technischen Möglichkeiten verbunden war. Abweichend von Doering-Manteuffel und Raphael betont Wirsching, dass die neuen technischen Fähigkeiten von Mikrochips und Computern zunächst umstritten waren und zu Beginn der 1980er Jahre sogar eine breite Technikskepsis vorgeherrscht habe, die sich insbesondere im Widerstand gegen die 1983 geplante Volkszählung manifestierte.[16] Innerhalb weniger Jahre habe sich jedoch ein neues Fortschrittsparadigma durchsetzen können, das auf den neuen Möglichkeiten der Informationstechnologien aufbaute und in dessen Mittelpunkt Begriffe wie Kom-

---

Deutsche Kulturgeschichte. Die Bundesrepublik – 1945 bis zur Gegenwart, Bonn 2009, S. 419-424; Andreas Rödder, 21.0. Eine kurze Geschichte der Gegenwart, München 2016, S. 18-39.

12 Als weiterer wesentlicher Faktor bezeichnen die Autoren den Bedeutungsgewinn einer liberalen und individualistischen Wirtschaftsideologie sowie des neuen Menschenbildes eines »unternehmerischen Selbst«. Vgl. Doering-Manteuffel/Raphael, Nach dem Boom, S. 9, S. 98-102.

13 Vgl. Ulrich Bröckling, Das unternehmerische Selbst. Soziologie einer Subjektivierungsform, Frankfurt a.M. 2007.

14 Vgl. Doering-Manteuffel/Raphael, Nach dem Boom, S. 73-74.

15 Anselm Doering-Manteuffel/Lutz Raphael, Nach dem Boom. Neue Einsichten und Erklärungsversuche, in: Anselm Doering-Manteuffel/Lutz Raphael/Thomas Schlemmer (Hg.), Vorgeschichte der Gegenwart. Dimensionen des Strukturbruchs nach dem Boom, Göttingen 2015, S. 9-34, hier S. 12.

16 Zur Technikfeindlichkeit siehe: Andie Rothenhäusler, Die Debatte um die Technikfeindlichkeit in der BRD in den 1980er Jahren, in: *Technikgeschichte* 80 (2013), S. 273-294.; zur Volkszählung Nicole Bergmann, Volkszählung und Datenschutz. Proteste zur Volkszählung 1983 und 1987 in der Bundesrepublik Deutschland, Hamburg 2009 sowie Larry Frohman, »Only sheep let themselves be counted«. Privacy political culture and the 1983/87 West German census boycotts, in: *Archiv für Sozialgeschichte* 52 (2012), S. 335-378; Larry Frohman, Population Registration, Social Planning, and the Discourse on Privacy Protection in West Germany, in: *The Journal of Modern History* 87 (2015), S. 316-356.

munikation, Bildung sowie »Wissens- und Informationsgesellschaft«[17] standen, die zunehmend unter ökonomischen Gesichtspunkten gedeutet wurden.[18]

In ihrer »Deutschen Kulturgeschichte« der Jahre nach 1945 betonen Axel Schildt und Detlef Siegfried, dass Computer in den 1980er Jahren zu einem Sinnbild eines Technisierungsschubs wurden, der unter dem Begriff der dritten industriellen Revolution verhandelt wurde. Als Symbol für einen tiefgreifenden Wandel wurden die Geräte sowohl mit großen Hoffnungen wie auch mit weitreichenden Ängsten aufgeladen. Trotz aller Skepsis stieg die Zahl der Heim- und Personal Computer in der Bundesrepublik bis 1990 auf 3,8 Millionen Geräte an, wobei die politische Förderung des Computereinsatzes insbesondere in der zweiten Hälfte der 1980er Jahre von einer selbsttragenden »Computerkultur von unten« und »Selbstorganisation der User« ergänzt wurde, durch die die Nutzungskonzepte von Computern kulturell ausgehandelt wurden.[19]

Die Schlüsselrolle, die diese zeithistorischen Deutungen Computern und Mikroelektronik für die wirtschaftliche und gesellschaftliche Entwicklung der Bundesrepublik seit den 1970er Jahren zusprechen, spiegelt sich allerdings bislang nur in wenigen Detailstudien wider, was Frank Bösch zu der Feststellung verleitet hat, dass Computer »für die meisten Zeithistoriker ein unsichtbares technisches Beiwerk«[20] sind, dem sie nur wenig Aufmerksamkeit schenken würden. Auch Anselm Doering-Manteuffel und Lutz Raphael betonen, dass niemand mehr an »der Schlüsselrolle des Computers für die wirtschaftliche, gesellschaftliche und kulturelle Entwicklung Westeuropas spätestens seit den 1980er Jahren zweifelt [...], aber die Forschung steckt noch in den Anfängen.«[21]

In den USA haben Historiker dagegen bereits in den 1990er Jahren Computer als ein Thema der Geschichtswissenschaft entdeckt, was sich in bis heute grundlegenden Werken zur History of Computing widerspiegelt.[22] Erst mit zeitlichem Abstand hat sich

---

17   Zur Geschichte und Doppelcharakter des Begriffes »Informationsgesellschaft« als deskriptiv-analytisches und normativ-politisches Konzept siehe: Jochen Steinbicker, Pfade in die Informationsgesellschaft, Weilerswist 2011.
18   Vgl. Wirsching, Abschied vom Provisorium, S. 393-398, 432-433, 440-444; Andreas Wirsching, Durchbruch des Fortschritts? Die Diskussion über die Computerisierung in der Bundesrepublik, in: Martin Sabrow (Hg.), ZeitRäume 2009. Potsdamer Almanach des Zentrums für Zeithistorische Forschung, Göttingen 2010, S. 207-218, hier S. 211-212.
19   Vgl. Schildt/Siegfried, Deutsche Kulturgeschichte, S. 419-424.
20   Frank Bösch, Wege in die digitale Gesellschaft. Computer als Gegenstand der Zeitgeschichtsforschung, in: Frank Bösch (Hg.), Wege in die digitale Gesellschaft. Computernutzung in der Bundesrepublik 1955-1990, Göttingen 2018, S. 7-36, hier S. 7.
21   Doering-Manteuffel/Raphael, Nach dem Boom, in: Doering-Manteuffel/Raphael/Schlemmer (Hg.), Vorgeschichte der Gegenwart, S. 29.
22   So etwa Arthur L. Norberg/Judy E. O'Neill/Kerry J. Freedman, Transforming computer technology. Information processing for the Pentagon, 1962-1986, Baltimore 1996; Paul N. Edwards, The closed world. Computers and the politics of discourse in Cold War America, Cambridge, Mass. 1997. Zum Einstieg in das Forschungsfeld ist noch immer empfehlenswert: Martin Campbell-Kelly/William Aspray, Computer. A history of the information machine, New York 1996 (als Neuauflage: Martin Campbell-Kelly u.a., Computer. A history of the information machine, New York, London 2018) sowie Paul Ceruzzi, A history of modern computing, Cambridge 1998. Siehe außerdem die dreibändige Reihe von James Cortada: James W. Cortada, The digital hand. How computers changed the work of American manufacturing, transportation, and retail industries, Oxford/New York 2004;

die Erforschung der »Zeitgeschichte des Informationszeitalters« auch in Deutschland als eigenständiges Forschungsfeld etablieren können,[23] und seit 2016 liegt zur »Digitalgeschichte Deutschlands« ein umfangreicher Forschungsbericht vor.[24] Die Mehrzahl der deutschen Forschungen zum Computer und seinen gesellschaftlichen Auswirkungen fokussieren dabei auf die wirtschaftlichen und industriellen[25] sowie wissenschaft-

---

Volume 2: How computers changed the work of American financial, telecommunications, media, and entertainment industries, New York 2006; Volume 3: How computers changed the work of American public sector industries, Oxford 2008; sowie James W. Cortada, The digital flood. The diffusion of information technology across the U.S., Europe, and Asia, Oxford 2012. Maßgebliche Fachzeitschrift des Forschungsfeldes ist die bereits 1979 gegründete Zeitschrift Annals of the History of Computing, in der sowohl Zeitzeugenerinnerungen als auch Forschungsergebnisse veröffentlich werden. Zur Geschichte des Forschungsfeldes außerdem James W. Cortada, Studying History as it Unfolds, Part 1. Creating the History of Information Technologies, in: IEEE Annals of the History of Computing 37 (2015), H. 3, S. 20-31; James W. Cortada, Studying History as It Unfolds, Part 2. Tooling Up the Historians, in: IEEE Annals of the History of Computing 38 (2016), S. 48-59, H. 1.

23 Vgl. Jürgen Danyel, Zeitgeschichte der Informationsgesellschaft, in: Zeithistorische Forschungen 9 (2012), S. 186-211; Annette Vowinckel/Jürgen Danyel, Wege in die digitale Moderne. Computerisierung als gesellschaftlicher Wandel, in: Frank Bösch (Hg.), Geteilte Geschichte. Ost- und Westdeutschland 1970-2000, Göttingen 2015, S. 283-319. Ein Ausgangspunkt war eine 2012 stattfindenden Tagung am Zentrum für Zeithistorische Forschung in Potsdam, die in einem umfangreicheren Projekt über die »Computerisierung und soziale Ordnungen in der Bundesrepublik und DDR« resultierte, deren erste Ergebnisse in Frank Bösch (Hg.), Wege in die digitale Gesellschaft. Computernutzung in der Bundesrepublik 1955-1990, Göttingen 2018 veröffentlich wurden.

24 Vgl. Martin Schmitt u.a., Digitalgeschichte Deutschlands – ein Forschungsbericht, in: Technikgeschichte 82 (2016), S. 33-70. Der Begriff »Digitalgeschichte« wurde von den Autoren des Forschungsberichtes als deutschsprachige Entsprechung des englischen Begriffs »history of computing« gewählt, allerdings mit einem Schwerpunkt auf die Zeit nach dem zweiten Weltkrieg. Siehe außerdem Vowinckel/Danyel 2015, Wege in die digitale Moderne, in: Bösch (Hg.), Geteilte Geschichte.

25 Zur Geschichte der westdeutschen Computerindustrie bis in die 1960er Jahre siehe noch immer Hartmut Petzold, Rechnende Maschinen. Eine historische Untersuchung ihrer Herstellung und Anwendung vom Kaiserreich bis zur Bundesrepublik, Düsseldorf 1985; Hartmut Petzold, Moderne Rechenkünstler. Die Industrialisierung der Rechentechnik in Deutschland, München 1992; Rolf Zellmer, Die Entstehung der deutschen Computerindustrie. Von den Pionierleistungen Konrad Zuses und Gerhard Dirks› bis zu den ersten Serienprodukten der 50er und 60er Jahre, Köln 1990. Zur »amerikanischen Herausforderung« und Technologiepolitik der Bundesregierung: Helmuth Trischler, Die »amerikanische Herausforderung in den »langen« siebziger Jahren, in: Gerhard Albert Ritter/Helmuth Trischler/Margit Szöllösi-Janze (Hg.), Antworten auf die amerikanische Herausforderung. Forschung in der Bundesrepublik und der DDR in den »langen« siebziger Jahren, Frankfurt a.M. 1999, S. 11-18; Susanne Hilger, »Amerikanisierung« deutscher Unternehmen. Wettbewerbsstrategien und Unternehmenspolitik bei Henkel, Siemens und Daimler-Benz (1945/49 – 1975), Stuttgart 2004; Susanne Hilger, Von der »Amerikanisierung« zur »Gegenamerikanisierung«. Technologietransfer und Wettbewerbspolitik in der deutschen Computerindustrie nach dem Zweiten Weltkrieg, in: Technikgeschichte 71 (2004), S. 327-344. Zur besonderen Bedeutung der Mittleren Datentechnik in der Bundesrepublik siehe Christian Berg, Heinz Nixdorf. Eine Biographie, Paderborn 2016; Armin Müller, Kienzle. Ein deutsches Industrieunternehmen im 20. Jahrhundert, Stuttgart 2014; Armin Müller, Mittlere Datentechnik – made in Germany. Der Niedergang der Kienzle Apparate GmbH Villingen als großer deutscher Computerhersteller, in: Morten Reitmayer/Ruth Rosenberger (Hg.), Unternehmen am Ende des »goldenen Zeitalters«. Die 1970er Jahre in unternehmens- und wirtschaftshistorischer Perspektive, Essen 2008, S. 91-110; Armin Müller, Kienzle versus Nixdorf. Kooperation und Konkurrenz zweier großer deutscher Computerher-

lichen und wissenschaftspolitischen[26] Grundlagen des Computers in der Bundesrepublik; erste Forschungen liegen mittlerweile auch zur Adaption von Computertechnik durch verschiedene Wirtschaftszweige[27] sowie zur Geschichte seiner Nutzung und seiner Nutzerkulturen[28] vor.

Zur Geschichte des vernetzten Computers als Kommunikationsmedium lagen bis vor Kurzem vor allem Studien vor, die sich auf den Entstehungskontext des ARPANET in den USA Ende der 1960er Jahre konzentrieren[29] und von dort eine direkte Entwicklungslinie zu den vernetzten Medienlandschaften des Internets seit den 1990er Jahren ziehen. Bereits 1998 hat der amerikanische Historiker Roy Rosenzweig allerdings die Gleichsetzung des Internets der 1990er Jahre mit dem ARPANET der späten 1960er Jahre als zu simplifizierend kritisiert und in einem Literaturbericht darauf aufmerksam gemacht, dass die Netzwerkprojekte der ARPA nur eine von vielen Entwicklungslinien waren, die zum Internet der 1990er Jahre geführt haben, und dass ebenso die Free Speech Bewegung der 1960er Jahre, die Heimcomputerszene der 1970er Jahre, sowie die Veränderungen der Telekommunikationsindustrie in diese Geschichte integriert werden müssen.[30] Martin Campbell-Kelly und Daniel Garcia-Swartz haben 2005 diese The-

---

steller, in: *Westfälische Zeitschrift* 162 (2012), S. 305-327. Zur westdeutschen Softwarebranche Timo Leimbach, Die Geschichte der Softwarebranche in Deutschland. Entwicklung und Anwendung von Informations- und Kommunikationstechnologie zwischen den 1950ern und heute, München 2010.

26 Zur Entstehung und Geschichte des Forschungsbereichs und Studienfachs Informatik in der Bundesrepublik siehe Josef Wiegand, Informatik und Großforschung. Geschichte der Gesellschaft für Mathematik und Datenverarbeitung, Frankfurt a.M. 1994; Wolfgang Coy, Was ist Informatik? Zur Entstehung des Faches an den deutschen Universitäten, in: Hans Dieter Hellige (Hg.), Geschichten der Informatik, Berlin, Heidelberg 2004, S. 473-498; Christine Pieper, Das »Überregionale Forschungsprogramm Informatik« (ÜRF). Ein Beitrag zur Etablierung des Studienfachs Informatik an den Hochschulen der Bundesrepublik Deutschland (1970er und 1980er Jahre), in: *Technikgeschichte* 75 (2008), S. 3-32; Christine Pieper, Hochschulinformatik in der Bundesrepublik und der DDR bis 1989/1990, Stuttgart 2009; Christine Pieper, Informatik im »dialektischen Viereck«. Ein Vergleich zwischen deutsch-deutschen, amerikanischen und sowjetischen Interessen, 1960 bis 1970, in: Uwe Fraunholz/Thomas Hänseroth (Hg.), Ungleiche Pfade? Innovationskulturen im deutsch-deutschen Vergleich, Münster 2012, S. 45-71.

27 Etwa durch Annette Schuhmann, Der Traum vom perfekten Unternehmen. Die Computerisierung der Arbeitswelt in der Bundesrepublik Deutschland (1950er- bis 1980er-Jahre), in: *Zeithistorische Forschungen* 9 (2012), S. 231-256. Für die Schweiz: Josef Egger, »Ein Wunderwerk der Technik«. Frühe Computernutzung in der Schweiz (1960–1980), Zürich 2014.

28 So etwa Michael Friedewald, Der Computer als Werkzeug und Medium. Die geistigen und technischen Wurzeln des Personal Computers, Berlin 1999; Till A. Heilmann, Textverarbeitung. Eine Mediengeschichte des Computers als Schreibmaschine, Bielefeld 2012; Paul Ferdinand Siegert, Die Geschichte der E-Mail. Erfolg und Krise eines Massenmediums, Bielefeld 2008.

29 Vgl. Janet Abbate, Inventing the Internet, Cambridge, Mass. 1999; Martin Schmitt, Internet im Kalten Krieg. Eine Vorgeschichte des globalen Kommunikationsnetzes, Bielefeld 2016; Mercedes Bunz, Vom Speicher zum Verteiler. Die Geschichte des Internet, Berlin 2008. Eher journalistischen Charakter haben Katie Hafner/Matthew Lyon, Where wizards stay up late. The origins of the Internet, New York 1996; Peter H. Salus, Casting the net. From ARPANET to INTERNET and beyond, Reading, Mass. 1995; John Naughton, A brief history of the future. The origins of the internet, London 2001.

30 Vgl. Roy Rosenzweig, Wizards, Bureaucrats, Warriors, and Hackers. Writing the History of the Internet, in: *The American Historical Review* 103 (1998), S. 1530.

se bestärkt und ebenfalls angemahnt, bei einer Historisierung des Internets auch die »missing narratives« zu beachten.[31] Als solche bezeichneten sie das bereits in der ersten Hälfte der 1960er Jahre entwickelte Konzept, Computerleistung als »Computer Utility« bedarfsabhängig über Telekommunikationsnetze zugänglich zu machen, das in den USA ab Mitte der 1960er Jahre in Form eines langfristig wachsenden Marktes für Timesharing umgesetzt wurde,[32] außerdem das Aufkommen von Onlinediensten und Kommunikationsmöglichkeiten für Heimcomputernutzer seit Ende der 1980er Jahre.[33]

Seit einigen Jahren hat ein breiterer Zugriff auf die Geschichte des Internets weitere Fürsprecher gefunden, die anerkennen, dass zur Historisierung seiner gesellschaftlichen, wirtschaftlichen und kulturellen Bedeutung seit den 1990er Jahren weitere Themen berücksichtigt werden müssen, zu denen etwa im Zeitalter des Videostreamings auch die Geschichte des Videoverleihs gehören kann.[34] Mittlerweile liegen erste Studien und Monografien vor, die die Geschichtsschreibung der Computervernetzung ausweiten und beispielsweise die Popularisierung und Kommerzialisierung des Internets in den 1990er Jahren aufarbeiten[35] oder die ökonomische Bedeutung von Standardisierungsprozessen und Netzwerkprotokollen für die internationale Computerindustrie[36] betonen. Auch erste Studien zum Einfluss der Kommunenidee der amerikanischen Counterculture der 1960er Jahre auf die Netzkulturen und »Cyberculture« der 1990er

---

31   Vgl. den ersten Entwurf Martin Campbell-Kelly/Daniel D. Garcia-Swartz, The History of the Internet. The Missing Narratives, in: *SSRN Electronic Journal* (2005), der 2013 neu veröffentlich wurde: Martin Campbell-Kelly/Daniel D. Garcia-Swartz, The history of the internet. The missing narratives, in: *Journal of Information Technology* 28 (2013), S. 18-33.

32   Vgl. M. Campbell-Kelly/D. D. Carcia-Swartz, Economic Perspectives on the History of the Computer Time-Sharing Industry, 1965-1985, in: *IEEE Annals of the History of Computing* 30 (2008), H. 1, S. 16-36.

33   Vgl. Martin Campbell-Kelly/Daniel D. Garcia-Swartz/Anne Layne-Farrar, The Evolution of Network Industries. Lessons from the Conquest of the Online Frontier, 1979-95, in: *Industry & Innovation* 15 (2008), S. 435-455.

34   Vgl. Thomas Haigh/Andrew L. Russell/William H. Dutton, Histories of the Internet. Introducing a Special Issue of Information & Culture, in: *Information & Culture: A Journal of History* 50 (2015), S. 143-159. Seit 2017 gibt es auch eine eigene Fachzeitschrift, die sich den »Internet Histories« widmet. Siehe: Niels Brügger u.a., Introduction: Internet histories, in: *Internet Histories* 1 (2017), S. 1-7 sowie Janet Abbate, What and where is the Internet? (Re)defining Internet histories, in: *Internet Histories* 1 (2017), S. 8-14.

35   Vgl. Paul E. Ceruzzi/William Aspray (Hg.), The Internet and American business, Cambridge, Mass. 2008; Shane Greenstein, How the Internet Became Commercial. Innovation, Privatization, and the Birth of a New Network, Oxford 2017.

36   So Andrew L. Russell, Open standards and the digital age. History, ideology, and networks, New York 2014. Außerdem: Andrew L. Russell, ›Rough Consensus and Running Code‹ and the Internet-OSI Standards War, in: *IEEE Annals of the History of Computing* 28 (2006), H. 3, S. 48-61; Andrew L. Russell, OSI: The Internet That Wasn't. How TCP/IP eclipsed the Open Systems Interconnection standards to become the global protocol for computer networking, in: *IEEE Spectrum* 50 (2013), H. 8, S. 38-48; Andrew L. Russell/Valérie Schafer, In the Shadow of ARPANET and Internet. Louis Pouzin and the Cyclades Network in the 1970s, in: *Technology and Culture* 55 (2014), S. 880-907.

Jahre,[37] zur amerikanischen »Modem World« der 1980er Jahre[38] und zu Onlinediensten in anderen europäischen Ländern[39] liegen mittlerweile vor.

Auffällig ist allerdings, dass bei den Forschungen zur History of Computing sowohl in den USA als auch in Deutschland die nationalen Telekommunikationssektoren bislang nur als Randphänomen betrachtet wurden und wenig über das Wechselverhältnis zwischen Datenverarbeitung und Telekommunikation bekannt ist. Der Telekommunikationssektor, seine unterschiedlichen nationalen Ausprägungen und strukturellen Veränderungen werden in vielen Studien zur Geschichte des Computers – mit wenigen Ausnahmen[40] – nur als ein externer Umweltfaktor einbezogen. Nur selten wird beispielsweise auf die fundamentale Bedeutung des amerikanischen Telekommunikationsmonopolisten AT&T in Form der Forschungsleistungen der Bell Labs für die theoretischen und technologischen Grundlagen des Computers hingewiesen.[41] Dabei kann das Verhältnis zwischen Telekommunikation und Datenverarbeitung, das von einer größtmöglichen technologischen Nähe bei deutlicher struktureller und ökonomischer Differenz geprägt war, als ein zentraler, entwicklungsprägender Faktor beider Wirtschaftsbereiche verstanden werden.

Während zur Entwicklung des amerikanischen Telekommunikationssektors bis in die 1990er Jahre historische Studien vorliegen, die auf die treibende Kraft der Mikroelektronik und des Computers seit den 1950er Jahren hinweisen,[42] ist die Geschichte

---

37   Siehe Fred Turner, From Counterculture to Cyberculture. Stewart Brand, the Whole Earth Network, and the Rise of Digital Utopianism, Chicago 2006; Fred Turner, Where the Counterculture met the New Economy. The WELL and the Origins of Virtual Community, in: *Technology and Culture* 46 (2005), S. 485-512.

38   Siehe die bislang nur online veröffentlichte Dissertation von Kevin Driscoll: Driscoll 2014, Hobbyist Inter-Networking. Online verfügbar unter http://digitallibrary.usc.edu/cdm/ref/collection/p15799co ll3/id/444362 (13.1.2021).

39   Vor allem zur Bedeutung von Minitel in Frankreich: Julien Mailland/Kevin Driscoll, Minitel. Welcome to the internet, Cambridge, Mass, 2017; Julien Mailland, 101 Online. American Minitel Network and Lessons from Its Failure, in: *IEEE Annals of the History of Computing* 38 (2016), H. 1, S. 6-22; Amy L. Fletcher, France enters the information age. A political history of minitel, in: *History and Technology* 18 (2010), S. 103-119. Zur Geschichte des bundesdeutschen Bildschirmtextes siehe außerdem: Hagen Schönrich, Mit der Post in die Zukunft. Der Bildschirmtext in der Bundesrepublik Deutschland 1977-2001, Paderborn 2021 (im Erscheinen).

40   Siehe Russell, Open standards; Tim Wu, The Master Switch. The Rise and Fall of Information Empires, London 2010; Valérie Schafer, The ITU Facing the Emergence of the Internet, 1960s–Early 2000s, in: Andreas Fickers/Gabriele Balbi (Hg.), History of the International Telecommunication Union, Berlin/London 2020, S. 321-344.

41   Siehe Michael Riordan/Lillian Hoddeson, Crystal fire. The invention of the transistor and the birth of the information age, New York 1998; Michael Riordan, How Bell Labs Missed the Microchip, in: *IEEE Spectrum* 43 (2006), H. 12, S. 36-41. Eher journalistisch: Jon Gertner, The idea factory. Bell Labs and the great age of American innovation, New York 2012.

42   Siehe zum Liberalisierungsprozess des amerikanischen Telekommunikationssektors zwischen den 1950er und 1990er Jahren: Christopher H. Sterling/Martin B. H. Weiss/Phyllis Bernt, Shaping American telecommunications. A history of technology, policy, and economics, Mahwah, N.J 2006; Kevin G. Wilson, Deregulating telecommunications. US and Canadian telecommunications, 1840-1997, Lanham 2000; Gerald W. Brock, Telecommunication policy for the information age. From monopoly to competition, Cambridge, Mass. 1996; Robert B. Horwitz, The irony of regulatory reform. The deregulation of American telecommunications, New York 1989. Zur Aufteilung des

des bundesdeutschen Fernmeldesektors, seine Liberalisierung in den 1980er und 1990er Jahren und sein Verhältnis zur Datenverarbeitung bislang nur in rudimentären Ansätzen erforscht.[43] Historische Studien zur Post in Deutschland liegen nur bis 1945 vor,[44] für die Zeit danach muss daher auf Nachbarwissenschaften der Geschichtswissenschaft zurückgegriffen werden. Vor allem die Politikwissenschaft hat sich während des Reformprozesses in den 1980er und 1990er Jahren auch mit den historischen Grundlagen des Fernmeldesektors befasst.[45] Die 1990 von Raymund Werle veröffentlichte Monogra-

Bell Systems: Steve Coll, The deal of the century. The break up of AT&T, New York 1986; Peter Temin/Louis Galambos, The fall of the Bell system. A study in prices and politics, Cambridge 1989. Zu den historischen Grundlagen des amerikanischen Telekommunikationssektors seit dem 19. Jahrhundert Richard R. John, Network nation. Inventing American telecommunications, Cambridge, Mass. 2010; Milton Mueller, Universal service. Competition, interconnection, and monopoly in the making of the American telephone system, Cambridge, Mass. 1997; George D. Smith, The anatomy of a business strategy. Bell, Western Electric, and the origins of the American telephone industry, Baltimore 1985; sowie die vom Bell System zum 100-jährigen Jubiläum in Auftrag gegebenen Monografie: John Brooks, Telephone. The first hundred years, New York 1976.

43 Zur Liberalisierung und Privatisierung der Bundespost bislang nur: Karl Lauschke, Staatliche Selbstentmachtung. Die Privatisierung von Post und Bahn, in: Nobert Frei/Dietmar Süß (Hg.), Privatisierung. Idee und Praxis seit den 1970er Jahren, Göttingen 2012, S. 108-124; Gabriele Metzler, »Ein deutscher Weg«. Die Liberalisierung der Telekommunikation in der Bundesrepublik und die Grenzen politischer Reformen in den 1980er Jahren, in: *Archiv für Sozialgeschichte* 52 (2012), S. 163-190.

44 Siehe Jan-Otmar Hesse, Im Netz der Kommunikation. Die Reichs-Post- und Telegraphenverwaltung 1876 – 1914, München 2002; Martin Vogt, Das Staatsunternehmen »Deutsche Reichspost« in den Jahren der Weimarer Republik, in: Wolfgang Lotz (Hg.), Deutsche Postgeschichte. Essays und Bilder, Berlin 1989, S. 241-288; Frank Postler, Die historische Entwicklung des Post- und Fernmeldewesens in Deutschland vor dem Hintergrund spezifischer Interessenkonstellationen bis 1945. Eine sozialwissenschaftliche Analyse der gesellschaftlichen Funktionen der Post, Frankfurt a.M. 1991; Wolfgang Lotz/Gerd R. Ueberschär, Die Deutsche Reichspost 1933-1945. Eine politische Verwaltungsgeschichte, zwei Bände, Berlin 1999; Frank Thomas, Telefonieren in Deutschland. Organisatorische, technische und räumliche Entwicklung eines großtechnischen Systems, Frankfurt a.M. 1995; Horst A. Wessel, Die Entwicklung des Nachrichtenverkehrs und seine Bedeutung für Wirtschaft und Gesellschaft. Briefpost und das öffentliche Fernmeldewesen im Deutschen Kaiserreich 1871-1918, in: Hans Pohl (Hg.), Die Bedeutung der Kommunikation für Wirtschaft und Gesellschaft, Stuttgart 1989, S. 284-320. Für die Geschichte der Bundespost seit 1945 liegt bislang nur die 1979 von der Bundespost selbst herausgegeben, voluminöse und detailreiche, aber wenig analytische »Geschichte der deutschen Post« vor, die mittlerweile allerdings eher den Charakter einer Quelle hat: Hans Steinmetz/Dietrich Elias (Hg.), Geschichte der deutschen Post. 1945-1978, Bonn 1979. Der Band ist der letzte Teil einer Reihe: Karl Sautter, Geschichte der Deutschen Post. Geschichte der Norddeutschen Bundespost, Berlin 1935; Karl Sautter, Geschichte der Deutschen Reichspost. 1871-1945, Frankfurt a.M. 1951.

45 Siehe Edgar Grande, Vom Monopol zum Wettbewerb? Die neokonservative Reform der Telekommunikation in Großbritannien und der Bundesrepublik Deutschland, Wiesbaden 1989; Claudia Rose, Der Staat als Kunde und Förderer. Ein deutsch-französischer Vergleich, Wiesbaden 1995; André Schulz, Die Telekommunikation im Spannungsfeld zwischen Ordnungs- und Finanzpolitik, Wiesbaden 1995; Volker Schneider, Staat und technische Kommunikation. Die politische Entwicklung der Telekommunikation in den USA, Japan, Großbritannien, Deutschland, Frankreich und Italien, Wiesbaden 1999; Volker Schneider, Die Transformation der Telekommunikation. Vom Staatsmonopol zum globalen Markt (1800-2000), Frankfurt a.M. 2001; Eva-Maria Ritter, Deutsche Telekommunikationspolitik 1989-2003. Aufbruch zu mehr Wettbewerb. Ein Beispiel für wirtschaftliche

fie »Telekommunikation in der Bundesrepublik«[46] muss noch immer als Standardwerk zur Geschichte des bundesdeutschen Fernmeldesektors gelesen werden, während zum Verständnis der historisch gewachsenen, verfassungsrechtlichen, juristischen und politischen Zusammenhänge und Abhängigkeiten des westdeutschen Telekommunikationssektors bis in die 1980er Jahre die bereits 1985 veröffentlichte juristische Habilitationsschrift von Joachim Scherer[47] zurate gezogen werden muss.

Eine umfangreichere Beschäftigung mit den Strukturen des Telekommunikationssektors kann nicht nur neue Perspektiven auf die Geschichte der Computerisierung in der Bundesrepublik eröffnen, sondern insbesondere über das Fernmeldemonopol lässt sich eine Verbindung zwischen Digital- und Mediengeschichte herstellen, über die der vernetzte Computer in die Mediengeschichte der Bundesrepublik integriert werden kann, ohne dass dabei Umwege über die amerikanische Geschichte des Internets genommen werden müssen. In Deutschland war das staatliche Fernmeldemonopol nämlich schon seit den 1920er Jahren ein Instrument der Medienpolitik. Wie Karl Christin Führer gezeigt hat, lässt sich bereits die »Wirtschaftsgeschichte des Rundfunks in der Weimarer Republik«[48] als Versuch der wirtschaftlich angeschlagenen Reichspost deuten, mit dem Aufbau eines gebührenpflichtigen Rundfunks eine weitere Einnahmequelle aus ihrem Fernmeldemonopol zu schaffen. Ebenfalls gut erforscht ist der Versuch der Adenauerregierung, das Fernmeldemonopol medienpolitisch zu instrumentalisieren und durch den Aufbau eines neuen Fernsehsenders die Länder und die öffentlich-rechtlichen Rundfunkanstalten zu schwächen, was 1961 vom Bundesverfassungsgericht gestoppt wurde.[49]

Über die Rolle und den Funktionswandel des Fernmeldemonopols seit den 1960er Jahren ist bislang allerdings nur wenig bekannt. Wie noch gezeigt wird, bekam das Fernmeldemonopol mit der Computervernetzung seit den 1960er Jahren eine neue Bedeutung. Einerseits verschaffte es der Bundespost Zugriff auf eine neue, hochrentable

---

Strukturreformen, Düsseldorf 2004. Beiträge von Zeitzeugen: Eberhard Witte, Telekommunikation – vom Staatsmonopol zum privaten Wettbewerbsmarkt. Teil 1: Die Entwicklung zur Reformreife, in: Das Archiv – Magazin für Kommunikationsgeschichte 2/2003, S. 4-17. 2; Eberhard Witte, Telekommunikation – vom Staatsmonopol zum privaten Wettbewerbsmarkt. Teil 2, in: Das Archiv – Magazin für Kommunikationsgeschichte 3/2003, S. 6-23; Eberhard Witte, Die Entwicklung zur Reformreife, in: Lutz Michael Büchner (Hg.), Post und Telekommunikation. Eine Bilanz nach zehn Jahren Reform, Heidelberg 1999, S. 59-85; Eberhard Witte, Marktöffnung und Privatisierung, in: Lutz Michael Büchner (Hg.), Post und Telekommunikation. Eine Bilanz nach zehn Jahren Reform, Heidelberg 1999, S. 155-184; Christian Schwarz-Schilling, Eine überfällige Reform in Bewährung, in: Lutz Michael Büchner (Hg.), Post und Telekommunikation. Eine Bilanz nach zehn Jahren Reform, Heidelberg 1999, S. 87-148.

46 Raymund Werle, Telekommunikation in der Bundesrepublik. Expansion, Differenzierung, Transformation, Frankfurt a.M. Main 1990.
47 Joachim Scherer, Telekommunikationsrecht und Telekommunikationspolitik, Baden-Baden 1985.
48 Karl Christian Führer, Wirtschaftsgeschichte des Rundfunks in der Weimarer Republik, Potsdam 1997.
49 Siehe hierzu Rüdiger Steinmetz, Freies Fernsehen. Das erste privat-kommerzielle Fernsehprogramm in Deutschland, Konstanz 1996; Rüdiger Steinmetz, Initiativen und Durchsetzung privat-kommerziellen Rundfunks, in: Jürgen Wilke (Hg.), Mediengeschichte der Bundesrepublik Deutschland, Köln 1999, S. 167-191.

Einnahmequelle, andererseits eröffnete das staatliche Alleinrecht in der Telekommunikation der Bundesregierung auch industriepolitische Einflussmöglichkeiten auf den kriselnden westdeutschen Datenverarbeitungsmarkt, und drittens erhielt das Fernmeldemonopol in den 1970er Jahren durch die Pläne der Bundespost, die Bevölkerung mit neuartigen Medien und neuen Telekommunikationsnetzen zu versorgen, erneut eine medienpolitische Relevanz.[50]

Vorgehen und Gliederung

Das Vorhaben, sich der Genese des Mediums Computer historisch zu nähern, ist mit der Schwierigkeit verbunden, dass die Verbindung von Telekommunikation und Datenverarbeitung und die damit verbundene Entwicklung des Computers zu einem Kommunikationsmedium zwischen den frühen 1950er und späten 1990er Jahren nicht linear verlaufen ist. Der Prozess kann vielmehr als Kombination von verschiedenen, parallel verlaufenden Entwicklungs- und Aushandlungsprozessen mit unterschiedlichen zeitlichen und geografischen Schwerpunkten verstanden werden, die miteinander verschränkt und voneinander abhängig waren.

Die vorliegende Arbeit setzt sich mit dieser Komplexität auseinander, indem sie die Entwicklung in drei übergeordnete Abschnitte aufteilt. Teil I hat dabei den Fokus auf die Grundlagen der gemeinsamen Entwicklung von Computer und Telekommunikation in den USA zwischen den 1950er und den 1980er Jahren, die mit der »Entdeckung« des Computers als Kommunikationsmedium verbunden war. In Teil II wechselt der Fokus mit einem zeitlichen Schwerpunkt auf die 1970er und 1980er Jahre in die Bundesrepublik, während in Teil III alternative Praktiken des Kommunikationsmediums Computer durch Sub- und Gegenkulturen thematisiert werden, die sich zwischen den 1970er und den 1990er Jahren sowohl in den USA als auch in der Bundesrepublik verorten lassen. Obwohl der zeitliche Schwerpunkt dieser Arbeit auf den 1970er und 1980er Jahren liegt, weichen einzelne Kapitel zur historischen Einordnung von diesem Fokus ab.

Teil I ist aufgeteilt in drei Kapitel. Kapitel 1 behandelt die Anfänge der amerikanischen Computerindustrie, die im besonderen Maße von der Regulierung des Telekommunikationssektors durch die Regierung profitieren konnte. Mit dem sogenannten Consent Decree einigte sich der Telefonmonopolist AT&T 1956 mit der US-Regierung darauf, dass der Konzern sein Telefonmonopol behalten darf, aber seine Geschäftsaktivitäten künftig auf den regulierten Telekommunikationsmarkt beschränken und sein reichhaltiges Patentportfolio öffnen muss. Hiervon konnten vor allem die Hersteller von Computern profitieren, die vor der Konkurrenz von AT&T geschützt waren. In der Folge entwickelte sich in den USA daher eine Computerindustrie, die vom Telekommunikationssektor unabhängig war und mit wirtschaftlichem Erfolg zunehmend selbstbewusst

---

50 Die Debatte über die Breitbandverkabelung der Bundesrepublik wurde bislang vor allem unter dem Aspekt der Einführung des Privatfernsehens diskutiert, siehe Frank Bösch, Vorreiter der Privatisierung. Die Einführung des kommerziellen Rundfunks, in: Frei/Süß (Hg.), Privatisierung, S. 88-107; Frank Bösch, Politische Macht und gesellschaftliche Gestaltung. Wege zur Einführung des privaten Rundfunks in den 1970/80er Jahren, in: *Archiv für Sozialgeschichte* 52 (2012), S. 191-210 sowie Peter Humphreys, Media and media policy in Germany. The press and broadcasting since 1945, Oxford 1994; Knut Hickethier/Peter Hoff, Geschichte des deutschen Fernsehens, Stuttgart 1998.

wurde. Unter dem Einfluss der Kybernetik entdeckte dann zu Beginn der 1960er Jahre zunächst die Computerwissenschaft und daraufhin auch die Computerindustrie die Vorteile von vernetzten Computern und infolgedessen auch die Möglichkeit, Computer als neuartige Kommunikationsmittel zu nutzen. In den 1970er Jahren hatten dann Vorstellungen einer nahen Zukunft Konjunktur, in der Computer als Kommunikationsmittel alltäglich sind. In Kapitel 2 werden anhand von vier unterschiedlichen Formen der Auseinandersetzung mit dem Computer als Kommunikationsmedium unterschiedliche Erwartungen in den Blick genommen, die mit diesem neuen Medium verbunden waren. Kapitel 3 hat den Liberalisierungsprozess des amerikanischen Telekommunikationssektors als Thema, der maßgeblich von der wachsenden Abhängigkeit der Datenverarbeitung von Telekommunikation beeinflusst wurde. Erst mit dem vorläufigen Abschluss dieses Prozesses zu Beginn der 1980er Jahre wurde in den USA die Datenübertragung aus dem Regulierungsregime der Telekommunikation entlassen, wodurch die Verwendung des Computers als Kommunikationsmedium neuen Aufschwung erhielt.

In Teil II wechselt der Fokus der Analyse in die Bundesrepublik. Kapitel 4 behandelt die Grundlagen des bundesdeutschen Telekommunikationssektors von seinen Anfängen bis in die 1970er Jahre. Kennzeichnend war hier, dass dem seit 1892 gesetzlich fixierten Telegrafenmonopol des Reiches ein weitgehend offener Begriff von Telegrafenanlagen zugrunde lag. Bis in die 1980er Jahre hinein konnte die Post bzw. die Reichs- und Bundesregierung das Monopol daher ausweiten, sodass es ab 1908 auch für drahtlose Telegrafenanlagen galt, was in den 1920er Jahren die Grundlage der Rundfunkregulierung wurde. Nach 1949 geriet die Bundespost durch eine wachsende Nachfrage nach Telefonanschlüssen und steigenden Lohnkosten in eine finanzielle Schieflage, was Ende der 1960er Jahre zu Reformplänen führte, mit der die Bundespost eine größere wirtschaftliche Unabhängigkeit erhalten sollte. In Kapitel 5 steht die Entwicklung der westdeutschen Computerindustrie zwischen den 1950er und 1970er Jahren im Mittelpunkt. Obwohl Ende der 1950er Jahre einige westdeutsche Großkonzerne in die Produktion von Computern einstiegen, gelang es den deutschen Herstellern in den 1960er Jahren nicht, in Konkurrenz zu amerikanischen Anbietern eine lebensfähige Computerindustrie aufzubauen. Als die Bundesregierung Mitte der 1960er Jahre Computer und Mikroelektronik als volkswirtschaftliche Schlüsselsektoren entdeckte, erkannte sie hierin eine »Computerlücke« und »amerikanische Herausforderung«, der sie ab 1967 mit der politischen und finanziellen Förderung der westdeutschen Computerindustrie begegnete, was ihre Konkurrenzfähigkeit allerdings kaum verbesserte.

In Kapitel 6 und 7 steht die medien- und industriepolitische Entdeckung von Telekommunikation durch die Bundesregierung in den 1970er und 1980er Jahren im Mittelpunkt. Anfang der 1970er Jahre griff die SPD-geführte Bundesregierung Anregungen der OECD auf und entwickelte den Plan, durch den Aufbau eines Breitbandkabelnetzes eine neue, universelle Kommunikationsinfrastruktur für Daten, Telefon und Rundfunk mit der Förderung der deutschen Computer- und Telekommunikationsindustrie zu verbinden, wozu sie 1974 die Kommission für den Ausbau des technischen Kommunikationssystems (KtK) einsetzte. Da die KtK 1976 allerdings von dem Aufbau eines Breitbandkabelnetzes abriet, verschoben sich die Planungen der Bundespost auf die Individualkommunikation und das schmalbandige Telefonnetz. Ab 1977 bereitete die Bundespost die Einführung von Bildschirmtext als computerbasiertes Kommunikationsmedium über das Telefonnetz vor, was mit einem erneuten medienpolitischen Kompetenzstreit zwischen Bund und Ländern verbunden war.

Mit dem Fokus auf Individualkommunikation erhielt Ende der 1970er Jahre auch die Datenübertragung neue Relevanz. Kapitel 7 thematisiert daher die Entwicklung der Datenkommunikation in der Bundesrepublik. Seit den späten 1960er Jahren war das Verhältnis von Teilen der Computerindustrie zur Bundespost von großer Unzufriedenheit über die Leistungen und Preise des Monopolisten geprägt, was 1975 in einer Verfassungsbeschwerde resultierte. Mit seinem Urteil bestätigte das Bundesverfassungsgericht allerdings, dass das Fernmeldemonopol grundsätzlich auch für die Übertragung von Daten gilt. Trotz dieser Stärkung der Rechtsposition der Bundespost weitete sich ab 1977 die Kritik am Fernmeldemonopol aus. Innerhalb der Bundesregierung drängte vor allem das Bundeswirtschaftsministerium darauf, durch Liberalisierung und Modernisierung des deutschen Fernmeldesektors einen neuen Massenmarkt für die Hochtechnologieprodukte der westdeutschen Computer- und Telekommunikationsindustrie zu schaffen. Erst, nachdem die westdeutsche Fernmeldeindustrie 1979 die Bundespost unter Handlungsdruck setzte, indem sie überraschend die seit den 1960er Jahren geplante Umstellung der mechanischen Telefonvermittlungsanlagen auf analoge Elektronik aufgab und sich auf digitale Technik konzentrierte, war die Bundespost bereit, sich an den Modernisierungsplänen zu beteiligen. In den 1980er Jahren wurde die Digitalisierung des Telefonnetzes in Verbindung mit der internationalen Standardisierung von Datenkommunikation dann zu einem zentralen bundesdeutschen Technologieprojekt, mit dem die Bundesregierung, die Bundespost, aber ebenso die westdeutsche Computer- und Telekommunikationsindustrie große Hoffnungen verbanden und das von einer Liberalisierung des Telekommunikationssektors begleitet wurde.

Teil III befasst sich mit den sub- und gegenkulturellen Auseinandersetzungen mit Computern und Telekommunikation, die in den 1970er und 1980er Jahren als Reaktion auf die in den vorherigen Kapiteln geschilderten Entwicklungen aufkamen. Kapitel 8 befasst sich mit den Entwicklungen in den USA, wo die Counterculture seit den späten 1960er Jahren die vernetzende Kraft von Telekommunikation bewunderte, während sie die Strukturen und Eigentumsverhältnisse des amerikanischen Telekommunikationssektors ablehnte. Mitte der 1970er Jahre begannen einige amerikanische Elektronikbastler für sich selbst kleine und preiswerte Mikrocomputer zu bauen, und innerhalb von wenigen Monaten entwickelte sich aus diesen Hobbyprojekten ein kommerzieller Markt für privat genutzte Heimcomputer. Die neuen Computerbesitzer konnten unmittelbar von der Liberalisierung des amerikanischen Telekommunikationssektors profitieren. In den USA etablierte sich daher in den 1980er Jahren die Praxis, Heimcomputer als kostengünstige und dezentrale Kommunikationsmedien zu verwenden. Durch den Anschluss eines Heimcomputers mittels eines Modems an das Telefonnetz konnte sein Nutzer sich mit anderen Computern verbinden und so in einen dezentralen und kontinuierlich wachsenden Informations- und Kommunikationsraum eintauchen. Diese Computervernetzung von unten warf ab der zweiten Hälfte der 1980er Jahre allerdings die Frage auf, ob die Grundsätze der Meinungs- und Pressefreiheit auch für die Kommunikation über Telekommunikationsnetze gelten. Kapitel 9 thematisiert die Versuche des Chaos Computer Clubs und der ihn umgebenden Szene aus computer- und telekommunikationsbegeisterten Menschen, die amerikanischen Praktiken der dezentralen Kommunikation mittels Heimcomputer und Telefonnetz auf die Bundesrepublik zu übertragen, was aufgrund des Fernmeldemonopols und der industriepolitischen Instrumentalisierung des Telekommunikationssektors mit Konflikten verbunden war.

Der Epilog befasst sich mit dem Internetprotokoll TCP/IP, dessen Erfolg in den 1990er Jahren dazu führte, dass ein Großteil der in den vorangegangenen Kapiteln geschilderten Entwicklungen im Internet als globalen Datennetzwerk konvergierte, das seitdem den Computer als Kommunikationsmedium und die digitale Medienlandschaft definiert.

Quellenbasis und Akteure

Die Komplexität der unterschiedlichen, miteinander verschränkten Teilprozesse stellt auch für die Auswahl der Quellen eine Herausforderung dar. Da die Entwicklung des Computers als Kommunikationsmedium nicht linear verlaufen ist, kann sie nicht aus der Perspektive eines Akteurs oder auf Grundlage eines zentralen Quellenkorpus nachvollzogen werden. Am Aushandlungsprozess des Computers als Kommunikationsmedium wirkten stattdessen verschiedene Akteure mit, zu denen supranationale Institutionen wie die EG oder das CCITT ebenso gehörten wie international agierende Unternehmen, die Bundespost, nationale Regierungen und lokale Zusammenschlüsse wie der Chaos Computer Club oder einzelne Individuen. Die zeitliche und geografische Diversität der Entwicklung und die Vielfalt der Akteure erfordern daher den Umgang mit einer breiten Quellenbasis.

Glücklicherweise ist die zweite Hälfte des 20. Jahrhunderts eine quellenreiche Epoche, sodass Zeithistoriker in erster Linie vor der Herausforderung stehen, die Fülle der Hinterlassenschaften zu überblicken und zu einem stimmigen Gesamtbild zusammenzusetzen. Auch zur Verbindung von Computern mit Telekommunikationsnetzen haben die handelnden Akteure und zeitgenössischen Beobachter eine Vielzahl von Quellen hinterlassen. So war das gesellschaftsverändernde Potenzial von vernetzten Computern vor allem in den USA seit den 1960er Jahren Gegenstand eines breit geführten Expertendiskurses, dessen Teilnehmer sich regelmäßig mit Publikationen an die Öffentlichkeit wandten.[51] Einige handelnde Akteure haben außerdem bereits zeitgenössisch über ihre Arbeit publiziert.[52] Mittlerweile hat das gesteigerte Interesse an der History of Compu-

---

51 Etwa durch die zwischen den 1970er und 1990er Jahren mehrfach aktualisierten und neu aufgelegten Bücher von James Martin: James Martin/Adrian R. D. Norman, The computerized society, Englewood Cliffs, N.J. 1970; James Martin, Telecommunications and the Computer, Englewood Cliffs, N.J. 1969; James Martin, Future developments in telecommunications, Englewood Cliffs, N.J. 1971; James Martin, The wired society, Englewood Cliffs,N.J. 1978 sowie die Werke von Ithiel de Sola Pool: Ithiel de Sola Pool, Technologies of freedom. On free speech in an electronic age, Cambridge, Mass. 1983; Ithiel de Sola Pool, Technologies without boundaries. On telecommunications in a global age, Cambridge, Mass. 1990. In Zeitschriften: Martin Greenberger, The Computers of Tomorrow, in: *The Atlantic Monthly* 5/1964, S. 63-67, Joseph Carl Robnett Licklider/Paul A. Taylor, The Computer as a Communication Device, in: *Science and Technology* 76 (1968), April, S. 21-31.

52 Siehe etwa Ken Colstad/Efrem Lipkin, Community memory, in: *ACM SIGCAS Computers and Society* 6 (1975), H. 4, S. 6-7; Starr Roxanne Hiltz/Murray Turoff, The network nation. Human communication via computer, London 1978; Ward Christensen/Randy Suess, Hobbyist Computerized Bulletin

ting außerdem dazu geführt, dass einige Zeitzeugen ihre Erinnerungen veröffentlicht haben[53] oder diese durch Oral-History-Projekte dokumentiert wurden.[54]

Zur Entwicklung in der Bundesrepublik liegen ebenfalls Quellen vor. So sind die Perspektiven und das Handeln der Bundesregierung[55] und der Bundespost[56] in den medien- und technologiepolitischen Diskussionen der 1970er und 1980er Jahre relativ gut dokumentiert. Darüber hinaus wurde der Prozess von einer Reihe von Berichten[57] sowie sozialwissenschaftlichen Studien begleitet,[58] die, gegen den Strich ihrer Fragestellung und Methode gelesen, ebenfalls einen Zugang zu den historischen Debatten

---

Board, in: *byte* 11/1978, S. 150-157. Aus Großbritannien: Sam Fedida/Rex Malik, Viewdata revolution, London 1979.

53   Beispielsweise: Steve Wozniak, iWoz. Computer geek to cult icon: getting to the core of Apple's inventor, London 2006; Nicholas Johnson, Carterfone. My Story, in: *Santa Clara High Technology Law Journal* 2012, S. 677-700; David Walden/Tom van Vleck (Hg.), The Compatible Time Sharing System (1961-1973). Fiftieth Anniversary Commemorative Overview, Washington, D.C 2011; Theodor Holm Nelson, Possiplex – My computer life and the fight for civilization. Movies, intellect, creative control, Sausalito 2011; Rob O'Hara, Commodork. Tales from a BBS Junkie, Raleigh 2011; Brian E. Carpenter, Network Geeks, London 2013.

54   Etwa durch das Oral History Projekt des Computer History Museums, als Beispiel: James L. Pelkey, Oral History Interview mit Lawrence G. »Larry« Roberts, Burlingame, California Juni 1988, Computer History Museum, https://www.computerhistory.org/collections/catalog/102746626 (13.1.2021); Hardy, Ann/Johnson, Luanne, Oral History Interview mit LaRoy Tymes, Cameron Park, California 11.06.2004, Computer History Museum, https://www.computerhistory.org/collections/catalog/102657988 (13.1.2021).

55   Zahlreiche Schlüsseldokumente zur Medienpolitik der Bundes- und Landesregierungen wurden beispielsweise in der Fachzeitschrift *Media Perspektiven* abgedruckt, siehe als Beispiele: Vorstellungen der Bundesregierung zum weiteren Ausbau des technischen Kommunikationssystems, in: *Media Perspektiven* 7/1976, S 329-351; Zweiter Bericht der Rundfunkreferenten der Länder zur Frage des Rundfunkbegriffs, insbesondere der medienrechtlichen Einordnung von »Videotext«, »Kabeltext« und »Bildschirmtext«. Würzburger Papier, in: *Media Perspektiven* 6/1979, S. 400-415.

56   Die Perspektive der Bundespost auf den Wandel der Telekommunikationstechnik ist relativ gut in verschiedenen Beiträgen dokumentiert, die Postbedienstete für das »Jahrbuch der Bundespost« verfasst haben. Als Beispiele: Dietrich Elias, Entwicklungstendenzen im Bereich des Fernmeldewesens, in: Kurt Gscheidle/Dietrich Elias (Hg.), Jahrbuch der Deutschen Bundespost 1977, Bad Windesheim 1978, S. 31-75; Karl Heinz Rosenbrock, ISDN – eine folgerichtige Weiterentwicklung des digitalen Fernsprechnetzes, in: Christian Schwarz-Schilling/Winfried Florian (Hg.), Jahrbuch der Deutschen Bundespost 1984, Bad Windesheim 1984, S. 509-577. Außerdem: Dietrich Elias (Hg.), Telekommunikation in der Bundesrepublik Deutschland 1982, Heidelberg, Hamburg 1982.

57   Siehe als Beispiele: Dieter Kimbel, Computers and Telecommunications. Economic, Technical, and Organisational issues, Paris 1973; Kommission für den Ausbau des technischen Kommunikationssystems, Telekommunikationsbericht, Bonn 1976.

58   Beispielsweise Andreas Rösner, Die Wettbewerbsverhältnisse auf dem Markt für elektronische Datenverarbeitungsanlagen in der Bundesrepublik Deutschland, Berlin 1978; Günter Knieps/Jürgen Müller/Carl Christian von Weizsäcker, Die Rolle des Wettbewerbs im Fernmeldebereich, Baden-Baden 1981; Renate Mayntz, Wissenschaftliche Begleituntersuchung Feldversuch Bildschirmtext Düsseldorf/Neuss, Düsseldorf 1983; Barbara Mettler-Meibom, Breitbandtechnologie. Über die Chancen sozialer Vernunft in technologiepolitischen Entscheidungsprozessen, Wiesbaden 1986; Volker Schneider, Technikentwicklung zwischen Politik und Markt. Der Fall Bildschirmtext, Frankfurt a.M., New York 1989.

ermöglichen. Die Perspektive der westdeutschen Computerindustrie auf die Entwicklung ist in der seit 1974 erscheinenden Fachzeitschrift *Computerwoche* dokumentiert.[59] Wo solche Quellen zur Rekonstruktion der Ereignisse nicht ausreichen, wurde auf Archivquellen zurückgegriffen. Hierzu wurden das im Bundesarchiv in Koblenz verwahrte Schriftgut der Bundespost (Bestand B257) und des Bundesministeriums für Wirtschaft (Bestand B102) sowie der im Archiv der sozialen Demokratie in Bonn verwahrte Bestand der Deutschen Postgewerkschaft (Bestand 5 DPAG) ausgewertet.

Auch für die sub- und gegenkulturellen Perspektiven auf Computer und Telekommunikationstechnik liegen zahlreiche Quellen vor. Die Perspektive eines Teils der amerikanischen Counterculture auf Telekommunikation und das amerikanische Telekommunikationssystem in den 1970er Jahren ist in dem Szenenewsletter TAP dokumentiert, ebenso die Hinwendung der Szene zu Computern in der zweiten Hälfte des Jahrzehnts.[60] Für das westdeutsche Pendant, die Hacker- und Mailboxszene, steht die seit 1984 vom Chaos Computer Club veröffentliche Zeitschrift *Datenschleuder* zur Verfügung.

Bei der Kombination solcher Quellen unterschiedlicher Provenienz und angesichts der Diversität der Akteure stellt die Gewichtung einzelner Akteure und Prozesse innerhalb des Gesamtnarrativs eine Herausforderung dar. Welchen Anteil hatten die Handlungen einzelner Individuen oder die Aktivitäten von Zusammenschlüssen wie dem Chaos Computer Club gegenüber dem Handeln staatlicher Institutionen oder langfristigen, technologischen und politischen Wandlungsprozessen bei der Aushandlung des Computers als Kommunikationsmedium? Auch solche Fragen müssen beantwortet werden, um die Genese des Computers als Kommunikationsmedium zu verstehen.

---

59 Darüber hinaus wurden westdeutsche Wochenzeitschriften, insbesondere der *SPIEGEL* und die *ZEIT*, ausgewertet.

60 So wurde der Schritt vom Mikrocomputer als Hobbyprojekt zur Heimcomputerindustrie bereits zeitgenössisch von Journalisten dokumentiert, wobei solche Darstellungen mitunter die Tendenz zu »Heldengeschichten« haben und die Leistung einzelner Individuen überbetonen. Siehe: Paul Freiberger/Michael Swaine, Fire in the valley. The making of the personal computer, Berkeley 1984; Steven Levy, Hackers. Heroes of the computer revolution, New York 1984; Steven Levy, Insanely great. The life and times of Macintosh, the computer that changed everything, New York 1994.

Teil I

1. Computer und Telekommunikation in den USA (1950er/1960er Jahre)

Das Zeitalter des vernetzten Computers begann mit einem Wettbewerbsverfahren. Am 24. Januar 1956 akzeptierte ein Bundesgericht in New Jersey eine Übereinkunft, mit der das amerikanische Justizministerium und der größte Telekommunikationskonzern der Welt einen jahrzehntelangen Konflikt beilegten. Im sogenannten Consent Decree verpflichtete das Bell System sich, seine Geschäftstätigkeit auf den Telekommunikationsmarkt zu begrenzen und auf seine mehr als 8.700 Patente zu verzichten. Im Gegenzug wurde der Konzern nicht zerschlagen und durfte sein ertragreiches Telefonmonopol behalten.[1]

Die Bedingungen, zu denen das Wettbewerbsverfahren beigelegt wurde, definierten für die nächsten dreißig Jahre den amerikanischen Telekommunikationssektor und prägten die Entwicklung von Datenverarbeitung und Telekommunikation auch über die USA hinaus. Im ersten Teil dieses Kapitels stehen daher Hintergründe und Folgen des Consent Decree von 1956 im Mittelpunkt. Es bildete die Grundlage dafür, dass die junge Datenverarbeitungsindustrie von der technologischen Leistungsfähigkeit des Bell Systems profitieren konnte, das seit der Jahrhundertwende einer der führenden Technologiekonzerne der Welt war, ohne die Konkurrenz des finanzstarken und einflussreichen Monopolisten fürchten zu müssen. Durch das Consent Decree konnte sich die amerikanische Computerindustrie daher schnell zu einem einflussreichen und selbstbewussten Wirtschaftszweig entwickeln.

Im zweiten Teil dieses Kapitels liegt der Fokus auf der Entwicklung der Datenverarbeitung in den 1950er und 1960er Jahren, die stark von der Kybernetik beeinflusst war. Die Konzeptualisierung von Menschen und Computern als unterschiedliche Ausprägungen desselben Phänomens, der informationsverarbeitenden Maschine, stellte die Kommunikation von Menschen und Computern in den Mittelpunkt. Damit erhielt Telekommunikation eine neue Bedeutung für die Datenverarbeitung. Als reguliertes Monopol war das Bell System durch das Consent Decree verpflichtet, den Anwendern von

---

1 Vgl. Sterling/Weiss/Bernt, Shaping American telecommunications, S. 107-108.

Datenverarbeitung einen diskriminierungsfreien Zugang zu seinen Netzen zu gewähren. Die Unternehmen der amerikanischen Datenverarbeitungsindustrie konnten daher in den 1960er Jahren Computer an das Telefonnetz anschließen und ihren Kunden über diesen Weg Zugang zu ihren Produkten anbieten. Als sich gegen Ende der 1960er Jahre dann abzeichnete, dass Menschen nicht nur mit Computern interagieren können, sondern dass Computer auch als mächtige Werkzeuge zur Kommunikation zwischen Menschen genutzt werden können, war allerdings unklar, ob der Computer als Kommunikationsmedium den Regeln des Telekommunikationssektors unterliegen oder dem Wettbewerb des Datenverarbeitungsmarktes überlassen werden sollte.

1.a Der amerikanische Telekommunikationssektor zu Beginn des Computerzeitalters

Historische Hintergründe

Mit der Unterzeichnung des Consent Decree wurde am 24. Januar 1956 ein Wettbewerbsverfahren beigelegt, mit dem die Truman-Regierung 1949 die Macht des Bell Systems begrenzen wollte. Dabei ging es um die Frage, in welchem Umfang einem privatwirtschaftlichen Unternehmen ein Monopol zugestanden werden sollte, um ein gut funktionierendes Telefonsystem zu erhalten. Diese Frage stellte sich in den USA, da das Telefonnetz nicht, wie in vielen anderen Ländern, von einer staatlichen Institution betrieben oder von einem staatlichen Monopol geschützt war. Der amerikanische Telekommunikationssektor war stattdessen seit der zweiten Hälfte des 19. Jahrhunderts von einem wechselnden Spannungsverhältnis zwischen staatlicher Regulierung und privatwirtschaftlicher Autonomie geprägt.

Nach der Patentierung des Telefons durch Alexander Graham Bell im Jahr 1876 war es seinen Investoren gelungen, durch Aufkauf von Patenten, Gerichtsverfahren und Lizenzabkommen ein Unternehmensgeflecht aufzubauen, das als Bell System ein faktisches Monopol auf den Betrieb von lokalen Telefonnetzen hatte. Die Erträge seines Monopols investierte das Bell System in den Aufbau eines Netzes für Ferngespräche. Nachdem das grundlegende Telefonpatent 1894 ausgelaufen war, konnte das Bell System sein Monopol zunächst nicht im selben Umfang aufrechterhalten, und es begann eine wettbewerbsgeprägte Phase, in der der amerikanische Telefonmarkt stark wuchs. In dieser Zeit bauten unabhängige Telefongesellschaften eigene Telefonnetze auf und expandierten zunächst in ländlichen Regionen, die bis dahin vom Bell System unversorgt geblieben waren. Nach der Jahrhundertwende intensivierte sich auch in den Städten der Wettbewerb. Als Folge stieg die Zahl der Telefonanschlüsse deutlich an. 1907 zählte die amerikanische Zensusbehörde bereits mehr als 6 Millionen Telefonanschlüsse, von denen 3,1 Millionen zum Bell System gehörten.[2]

Das Verhältnis zwischen dem Bell System, an dessen Spitze seit dem Jahr 1900 das Unternehmen American Telegraph und Telephone (AT&T) stand, und den unabhängigen Telefongesellschaften war von Vorwürfen des unfairen Wettbewerbs geprägt, da

---

2   Vgl. Brooks, Telephone, S. 127.

AT&T nur seinen eigenen Telefongesellschaften Zugang zu ihrem Netz gewährte. Dies führte für die Kunden der unabhängigen Telefongesellschaften zu der unbefriedigenden Situation, dass sie keine Bell-Anschlüsse anrufen oder Ferngespräche führen konnten, da den unabhängigen Gesellschaften das Kapital zum Aufbau eines eigenen Fernnetzes fehlte. Statt vom Wettbewerb durch mehr erreichbare Telefonanschlüsse oder niedrigeren Preisen zu profitieren, sahen Unternehmen sich in dieser Zeit gezwungen, unterschiedliche Telefonanschlüsse zu unterhalten, um für alle Kunden erreichbar zu sein. Sofern eine unabhängige Telefongesellschaft in finanzielle Schwierigkeiten geriet, nutzte das Bell System diese Gelegenheit und kaufte das Unternehmen auf und schloss die Kunden an sein Netz an.[3]

Diese unbefriedigende Situation auf dem Telefonmarkt veranlasste die amerikanische Regierung, sich mit der Regulierung des Telefonmarktes zu befassen. 1910 wurden die Betreiber von Telefonnetzen zunächst zu »common carrier« erklärt, die ihre Dienstleistungen diskriminierungsfrei und zu fairen Preisen anbieten mussten. Da dies nur wenig an der Situation auf dem Telefonmarkt änderte, eröffnete die amerikanische Regierung im Sommer 1913 ein Wettbewerbsverfahren gegen das Bell System. Um eine weitergehende Regulierung oder eine Zerschlagung zu verhindern, erklärte sich der Konzern in einem Brief seines Vizepräsidenten Nathan Kingsbury an das Justizministerium bereit, unabhängigen Telefongesellschaften Zugang zu seinem Netz zu gewähren und sie nur noch in Ausnahmefällen aufzukaufen. Im Jahr 1921 wurde die Wettbewerbsphase des amerikanischen Telefonmarktes dann durch den Willis Graham Act beendet, der lokale Monopole erlaubte. Damit hatte der amerikanische Telefonmarkt seine Struktur gefunden, die bis in die 1980er Jahre bestehen sollte: Neben einer Vielzahl von regionalen Telefonanbietern des Bell Systems betrieben in manchen Regionen unabhängige Gesellschaften lokale Telefonnetze, die über das Fernnetz von AT&T an das landesweite Netz angeschlossen waren.[4] Damit wurde der amerikanische Telefonmarkt von privatwirtschaftlichen Unternehmen kontrolliert, Wettbewerb zwischen diesen Unternehmen fand aber kaum statt.

Im Jahr 1934 wurde die Überwachung und Regulierung des Telefon- und Telegrafenmarktes dann, gemeinsam mit der Aufsicht über den Rundfunk, in der Federal Communications Commission (FCC) zusammengefasst. Während die FCC ihren gesetzlichen Auftrag, allen Amerikanern Zugang zu leistungsfähigen Kommunikationsmöglichkeiten zu fairen Preisen zu ermöglichen,[5] in den nächsten Jahren vor allem zur Gestaltung der amerikanischen Radiolandschaft nutzte,[6] hielt sie sich beim Telefon zunächst zu-

---

3   Vgl. ebenda, S. 109.
4   Vgl. Sterling/Weiss/Bernt, Shaping American telecommunications, S. 64-85; Wu, The Master Switch, S. 54-57; John, Network nation, S. 340-369.
5   »[...] to make available, so far as possible, to all the people of the United States a rapid, efficient, nationwide, and worldwide wire and radio communication service with adequate facilities at reasonable charge [...]«. §1 des Communications Act von 1934.
6   Mit dem Argument, dass das für Rundfunkübertragungen nutzbare elektromagnetisches Spektrum begrenzt sei, hatte bereits die Vorgängerinstitution der FCC, die Federal Radio Commission (FRC), die Zulassung von Rundfunksendern von einem öffentlichen Interesse (»public interest, convenience and necessity«) abhängig gemacht. Durch die Definitionsmacht über diese unklaren Begriffe gewann die FCC großen Einfluss auf die Auswahl und Programminhalte der ansonsten

rück. Die FCC stand hier vor der Herausforderung, dass sie angemessene Preise für Telefonanschlüsse und Gespräche festlegen musste, die die Qualität und den Ausbau des Netzes sicherstellten und gleichzeitig den Anteilseignern der Telefongesellschaften eine angemessene Rendite ermöglichten. In regelmäßigen Abständen ermittelte die FCC daher, welche Einnahmen die Telefongesellschaften benötigten, um das Telefonnetz zu finanzieren und ihren Investoren eine marktübliche Rendite zu zahlen. Auf Grundlage der festgelegten Einnahmen konnten die Telefongesellschaften dann ihre Preise kalkulieren.[7]

Bei ihrer Gründung sah sich die FCC vor das Problem gestellt, dass sie wenig über den Telefonmarkt und die Strukturen des Bell Systems wusste. Um dieses Wissensdefizit zu beseitigen, gab die FCC bei ihrer Gründung eine breit angelegte Untersuchung in Auftrag. Bis 1939 erforschte ein Team unter der Leitung des Kommissars Paul Walker den amerikanischen Telefonmarkt seit seinen Anfängen und die internen Strukturen des Bell Systems. 1938 legte Walker einen Vorabbericht vor und warf dem Bell System vor, die Preisregulierung durch die FCC zu manipulieren, indem es seine Ausrüstung ausschließlich von seiner eigenen Tochterfirma Western Electric herstellen ließ. Durch dieses exklusive Verhältnis war AT&T in der Lage, die Kosten der Telefonausrüstung selbst zu bestimmen und als überhöhte Gebühren an seine Telefonkunden weiterzugeben. Um diese Preismanipulation zu unterbinden, schlug Walker vor, dass das Bell System seine Ausrüstung künftig im Wettbewerb kaufen sollte. Die Walker-Untersuchung hatte allerdings vorerst keine unmittelbare Auswirkung, da AT&T und Western Electric mit Beginn des Zweiten Weltkrieges in die Rüstungsforschung integriert wurden und alle Eingriffe in das amerikanische Telekommunikationssystem vorerst zurückgestellt wurden.[8]

Erst nach dem Ende des Krieges kamen die Strukturen des Telefonmarktes wieder auf die politische Tagesordnung. Im Januar 1949 eröffnete die Regierung unter dem demokratischen Präsidenten Truman ein Kartellverfahren, das schließlich zum Consent Decree führte. Die Regierung forderte, Western Electric aus dem Bell System herauszulösen und Wettbewerb auf dem Markt für Telefonausrüstung herzustellen. Um faire Bedingungen auf diesem Markt zu ermöglichen, sollte sich das Bell System zusätzlich auch von seiner Beteiligung am konzerneigenen Forschungsinstitut, den Bell Labs trennen und dessen Patente freigeben.[9]

---

privaten Sender und konnte damit die amerikanische Radiolandschaft und ab den 1940er Jahren auch das Fernsehen gestalten. Vgl. Wu, The Master Switch, S. 75-85.

7 Vgl. Sterling/Weiss/Bernt, Shaping American telecommunications, S. 95-99. Für die Regulierung der Preise von Telefongesprächen innerhalb eines Bundesstaates war nicht die FCC zuständig, sondern die Regulierungsbehörde des jeweiligen Staates. Die Frage, wie die lokalen und nationalen Kosten des Telefonnetzes ermittelt werden, spielte daher eine große Rolle für die Preisstruktur des Telefonsystems. In den 1940er Jahren begann die FCC, die lokalen Kosten niedriger anzusetzen, was zu niedrigen Anschlussgebühren führte, wodurch sich mehr Menschen einen Telefonanschluss leisten konnten, der indirekt über höhere Preise von Ferngesprächen subventioniert wurde. Vgl. ebenda, S. 99-104.
8 Vgl. ebenda, S. 107-108.
9 Vgl. Brooks, Telephone, S. 197-199; Sterling/Weiss/Bernt, Shaping American telecommunications, S. 110.

Zur Bedeutung der Forschung und Patente des Bell Systems

Um die Forderung des amerikanischen Justizministeriums nach Offenlegung der Patente der Bell Labs nachzuvollziehen, ist es wichtig zu verstehen, welche Bedeutung Forschung und Patente für das Bell System hatten. Während die Telefongesellschaften in anderen Ländern durch gesetzliche Monopole vor Konkurrenz geschützt waren, fußte die Stärke des Bell Systems vor allem auf der Kontrolle über eine Technologie, der Übertragung von Sprachsignalen über Kabeln. Die strategische Kontrolle von alternativen Technologien war für den Konzern daher ein zentrales Element für den langfristigen Erfolg. Das Bell System investierte darum hohe Summen in Grundlagenforschung und den Aufbau eines Patentportfolios.

Bereits in den 1880er Jahren basierte die Dominanz des Bell Systems auf Patenten, und in den Jahren des Wettbewerbs hatte der Konzern als einziger die Technologie des Telefons so weit gemeistert, dass er seinen Kunden mit seinem Fernnetz einen klaren Mehrwert bieten konnte.[10] Das Wissen über den Wettbewerbsvorteil eines Fernnetzes führte auch dazu, dass AT&T die Rechte am Audion, einer von dem amerikanischen Erfinder Lee de Forest entwickelten einfachen Form der Elektronenröhre, aufkaufte und zu einem brauchbaren Telefonverstärker weiterentwickelte, mit dem ab 1915 erstmalig Telefongespräche von Küste zu Küste möglich waren.[11] Da dieses neue Bauteil allerdings auch elektromagnetische Schwingungen modulieren konnte, wurde damit ebenfalls eine drahtlose Übertragung von Tonsignalen über Funkwellen möglich. In den 1910er Jahren war allerdings noch unklar, ob die kabellose Übertragung von Sprache als eine disruptive Technologie den Telefonmarkt verändern kann. Als ein Konzern, dessen wichtigstes Kapital aus den Kabeln seines Fernnetzes bestand, intensivierte AT&T ab 1913 daher seine Forschungen zum Rundfunk und stärkte durch eine strategische Patentpolitik seinen Einfluss auf diese Technologie.[12]

1925 wurden die Forschungs- und Entwicklungsabteilungen von Western Electric und AT&T dann in den Bell Laboratories (»Bell Labs«) zusammengefasst.[13] Die meisten

---

10   Vgl. Sterling/Weiss/Bernt, Shaping American telecommunications, S. 67-68.
11   Eine Errungenschaft, die AT&T öffentlich wirksam zu inszenieren wusste, indem sie Alexander Graham Bell und seinen ehemaligen Assistenten Thomas Watson ein transkontinentales Telefongespräch führen ließen. Vgl. Brooks, Telephone, S. 138-139; John, Network nation, S. 389-392.
12   Vgl. John, Network nation, S. 382. Die Forschungen von AT& resultierten im Oktober 1915 in der ersten Transatlantikübertragung eines Sprachsignals, das von Arlington in Virgina zum Eiffelturm in Paris übermittelt wurde. Allerdings verzichte das Bell System vorerst darauf, die kabellose Telefonie im großen Stil weiterzuentwickeln. Vgl. Leonard S. Reich, Industrial research and the pursuit of corporate security. The early years of Bell Labs, in: *Business history review* 54 (1980), S. 504-529, hier S. 518-522. Stattdessen versuchte AT&T zu Beginn der 1920er Jahre, mit seinem Kabelnetz vom aufkeimenden Rundfunk zu profitieren. Als einziger Betreiber eines Telekommunikationsnetzes, das zur Übertragung von Sprache geeignet war, baute AT&T ein Netzwerk von Rundfunkstationen auf, welches sie über ihr Fernnetz mit Radioprogramm versorgten. 1924 konnten sie mit diesem Rundfunknetz bereits 65 Prozent der amerikanischen Haushalte erreichen. 1926 übergab AT&T sein Rundfunknetzwerk an seinem Konkurrenten RCA und legte damit einen Patentstreit nieder und verhinderte eine kartellrechtliche Untersuchung ihrer Rundfunkaktivitäten. Vgl. hierzu Wu, The Master Switch, S. 74-81.
13   Vgl. Reich, Industrial research, S. 524-525.

Mitarbeiter waren mit der kontinuierlichen Optimierung des Telefonsystems beschäftigt, aber ein bedeutender Teil befasste sich auch mit grundlegenden Forschungen zu allen Themengebieten, die im weitesten Sinne mit Kommunikation zu tun hatten, wie Elektrotechnik, Physik, Mathematik oder Psychologie.[14]

Während des Zweiten Weltkrieges waren die Bell Labs, neben dem Radiation Lab des MIT, die wichtigste Forschungseinrichtung der USA, in dem an der Entwicklung von Radarsystemen geforscht wurde. Bis Kriegsende produzierte Western Electric mehr als 57.000 Radarsysteme und konnte so umfassende Kenntnisse im Umgang mit Hochfrequenztechnik, der Massenfertigung von zuverlässigen elektronischen Bauteilen und ihrer Integration zu komplexen elektronischen Schaltungen sammeln.[15]

Der Entwicklungssprung, den die Elektronik während des Krieges durch die Radartechnik machte, war ein zentraler Baustein, der die Fertigung der ersten elektronischen Computer ermöglichte.[16] Durch die Erfahrungen mit der Kriegsproduktion von Radaranlagen galt Western Electric in der unmittelbaren Nachkriegszeit als das Unternehmen, das die besten Voraussetzungen hatte, um elektronische Computer in Serie zu fertigen. In den 1950er Jahren produzierte Western Electric allerdings nur einzelne Computer für das US-Militär,[17] stattdessen nutzte der Konzern seine Kenntnisse in der Hochfrequenztechnik zunächst zur Weiterentwicklung des Richtfunks. Mikrowellenrichtfunk galt in der Nachkriegszeit als disruptive Kommunikationstechnologie, die die Vorteile von streckenbasierten Kommunikationsnetzen mit denen des kabellosen Funks vereinte.[18] Das Bell System unternahm daher große Anstrengungen, diese Technologie zu beherrschen und in ihr Telekommunikationssystem einzubinden.[19]

Unabhängig davon veränderte die Grundlagenforschung der Bell Labs in der unmittelbaren Nachkriegszeit mit zwei fundamentalen Entwicklungen die technologische Entwicklung grundlegend und nachhaltig: mit dem Transistor und der Informationstheorie.

Der Transistor war ebenfalls eine indirekte Folge der Radarforschung. Bereits seit dem 19. Jahrhundert waren die ungewöhnlichen elektrischen Eigenschaften von Halbleitermetallen bekannt, und in den 1920er und 1930er Jahren hatte die Quantenmechanik ein besseres Verständnis dieser Effekte ermöglicht. Im Zuge der Radarentwicklung waren Halbleiter dann als elektronische Bauteile neu entdeckt worden, da sie bei

---

14 Vgl. Gertner, The idea factory, S. 32. Die Grundlagenforschung der Bell Labs wurde 1937 mit einem ersten Nobelpreis für Physik belohnt, den Clinton Davisson für seine Forschungen zum Wellencharakter von Materie erhielt.
15 Vgl. Gertner, The idea factory, S. 67-70; Brooks, Telephone, S. 221.
16 Vgl. Paul Ceruzzi, Electronics Technology and Computer Science, 1940-1975. A Coevolution, in: *IEEE Annals of the History of Computing* 10 (1988), S. 257-275.
17 Vgl. Ceruzzi, A history of modern computing, S. 65.
18 Bei Richtfunk wird mit einem hochfrequenten Funksignal auf eine Antenne gezielt, sodass Signale nur auf der direkten Linie zwischen Sendeanlage und Empfänger empfangen werden können. Durch mehrere in Sichtweite aufgestellte Relaistürme können mit Richtfunk Nachrichten über größere Strecken gesendet werden, ohne dass entlang der gesamten Strecke Kabel verlegt werden müssten.
19 Bereits 1951 eröffnete AT&T eine erste transkontinentale Richtfunkstrecke zwischen New York und San Francisco. Vgl. Gertner, The idea factory, S. 173-174.

höheren Frequenzen den Elektronenröhren als Gleichrichter überlegen waren. Als mit dem Ende des Krieges viele militärische Projekte der Bell Labs ausliefen, schien die Erforschung von Halbleitern daher ein vielversprechender Ansatz für die Entwicklung neuer Bauteile zu sein.[20] Unter der Leitung von William Shockley befasste sich eine Forschergruppe daher zunächst mit der Entwicklung eines halbleiterbasierten Telefonverstärkers. Im November 1947 hatte die Gruppe einen Versuchsaufbau mit Germanium gefunden, der den gewünschten Verstärkereffekt zeigte,[21] im Frühjahr 1948 konnten erste Prototypen als Telefonverstärker[22] getestet werden, und im Sommer 1948 wurde der Transistor dann auf einer Pressekonferenz präsentiert.[23]

Anders als beim Transistor wurde die fundamentale Bedeutung der fast zeitgleich publizierten Informationstheorie von Claude Shannon zunächst nur in Fachkreisen erkannt, lieferte aber die Grundlage für ein radikal neues Verständnis von Telekommunikation.[24] Vor der Informationstheorie konnten Telefongesellschaften ihre Tätigkeit als die Übertragung von elektromagnetischen Schwingungen zwischen zwei Punkten begreifen. Wie die Informationstheorie zeigte, kann die Übertragung von Tönen, Bildern oder Texten aber auf die Übermittlung von Informationen in Form von zwei Zuständen, etwa 0 oder 1, reduziert werden – und war daher kaum von einer Datenverarbeitung zu unterscheiden.[25]

---

20 Vgl. Riordan/Hoddeson, Crystal fire, S. 108-110.
21 Vgl. Gertner, The idea factory, S. 92-97.
22 Vgl. Riordan/Hoddeson, Crystal fire, S. 159.
23 Vgl. Riordan/Hoddeson, Crystal fire, S. 163-167; Andreas Fickers, Der »Transistor« als technisches und kulturelles Phänomen, Bassum 1998, S. 25.
24 Die Informationstheorie lieferte die Basis dafür, verschiedene Methoden der Telekommunikation, wie Telegrafie oder Telefonie, als einheitliches Phänomen zu begreifen: der Übermittlung von Informationen. Während des Kriegs beschäftigte sich der Mathematiker Claude Shannon mit der Verschlüsselung von Sprachsignalen, was zur Entwicklung der Informationstheorie führte. Die Grundfrage, die Shannon damit zu beantworten versuchte, war, wie eine Nachricht vom Sender übertragen werden muss, damit sie beim Empfänger exakt wiedergegeben werden kann. Shannon konnte zeigen, dass sich der Informationsgehalt einer Nachricht, egal, ob Telefongespräch, Telegrafennachricht oder Fernsehbild, auf Unterscheidungen von zwei Zuständen reduzieren lässt, Ja oder Nein, 0 oder 1, und prägte für diese Grundeinheit der Information den Begriff Bit. Vgl. C. E. Shannon, A Mathematical Theory of Communication, in: Bell System Technical Journal 27 (1948), S. 379-423; C. E. Shannon, Communication Theory of Secrecy Systems, in: Bell System Technical Journal 28 (1949), S. 656-715; Soni/Goodman, A mind at play, S. 141.
25 Bereits in den 1940er Jahren gab es mit der »Puls Code Modulation« (PCM) eine mögliche Anwendung der Informationstheorie in der Telekommunikation. Dabei werden Schallwellen in binäre Werte überführt, übertragen und beim Empfänger wieder zurückgewandelt. Aus Sicht der Telekommunikationsingenieure bestand der Vorteil von PCM daraus, dass sich binäre Werte über längere Distanzen störungsfrei übertragen lassen. Vgl. W. M. Goodall, Telephony by Pulse Code Modulation, in: Bell System Technical Journal 26 (1947), S. 395-409; D.D. Grieg, Pulse Code Modulation System, in: Tele-Tech 6 (1947), September, S. 48-52; B. M. Oliver/J. R. Pierce/C. E. Shannon, The Philosophy of PCM, in: Proceedings of the IRE 36 (1948), S. 1324-1331. Der Einsatz vom PCM scheiterte allerdings zunächst an der Komplexität der Schaltungen, sodass PCM erst durch den Fortschritt der Mikroelektronik im Telefonnetz eingesetzt wurde. Die digitale Übertragung von Telefongesprächen wurde von AT&T ab 1962 zunächst zur lokalen Verbindung von Vermittlungsstellen eingesetzt, ab 1972 dann auch im Fernnetz. Vgl. Sheldon Hochheiser, Telephone Transmission, in: Proceedings of the IEEE 102 (2014), S. 104-110, hier S. 109.

Das Consent Decree

Ohne Zweifel war das Bell System im Januar 1949, als das Justizministerium das Wettbewerbsverfahren eröffnete, einer der technologisch führenden Konzerne der Welt und hätte auch die neue Technologie des elektronischen Computers beherrschen können.

Der Ausgang des Verfahrens wurde entscheidend davon beeinflusst, dass sich in der ersten Hälfte der 1950er Jahre der Kalte Krieg verschärfte und die USA mit dem Beginn des Koreakrieges wieder militärisch aufrüstete. Diese Situation machte das amerikanische Verteidigungsministerium zu einem gewichtigen Fürsprecher eines starken und integrierten Bell Systems. Western Electric galt als wichtiger Baustein der Hochtechnologierüstung und hatte 1950 mit der Entwicklung und dem Bau von neuartigen Nike-Flugabwehrraketen begonnen, denen eine zentrale Funktion in der amerikanischen Luftverteidigungsstrategie zukam. Die Intervention des Verteidigungsministeriums führte zunächst dazu, dass sich das Wettbewerbsverfahren verzögerte. Als mit der Wahl von Eisenhower die Republikaner dann die Regierung übernahmen, sah AT&T einen günstigen Zeitpunkt gekommen, um mit geringen Zugeständnissen einen jahrelangen Rechtsstreit zu verhindern. Zwischen 1953 und 1955 verhandelte der Konzern daher mit dem Justizministerium, dem Verteidigungsministerium und der FCC.[26]

Die Einigung, mit der das Kartellverfahren Anfang des Jahres 1956 beigelegt wurde (Consent Decree), wurde formal zwischen Western Electric und dem Justizministerium getroffen; an der Formulierung wirkten aber auch das Verteidigungsministerium und die FCC mit. AT&T konnte durch Fürsprache des Verteidigungsministeriums erreichen, dass Western Electric integraler Bestandteil und einziger Ausrüster des Bell Systems bleiben durfte. Dafür bot es der FCC und dem Justizministerium an, auf seine existierenden Patente zu verzichten und zukünftige Erfindungen mit anderen Unternehmen zu teilen.[27] Obwohl das Bell System damit einen Teil seiner strategischen Kontrolle über Technologie aufgab, war dies für das Management von AT&T ein bezahlbarer Preis, um die Integrität des Konzerns zu bewahren. Bereits zuvor hatte der Konzern mit der Innovationskraft seiner Forschungsabteilung eine offensive Öffentlichkeitsarbeit betrieben und war unter dem Eindruck des laufenden Wettbewerbsverfahrens freizügig mit seinem zu der Zeit wertvollsten Erfindung umgegangen, den Transistor.[28] Die Freigabe der Bell-Patente entsprach auch dem Interesse des Verteidigungsministeriums, das auf eine schnelle Adaption des Transistors und weiterer Spitzentechnologie durch andere Unternehmen drängte.[29]

Zusätzlich musste das Bell System sich verpflichten, sich auf den Telekommunikationsmarkt zu beschränken, um eine Regulierung durch die FCC zu erleichtern. Auch

---

26 Vgl. Sterling/Weiss/Bernt, Shaping American telecommunications, S. 110-112.
27 Die Patentnehmer mussten Western Electric allerdings die kostenpflichtige Nutzung ihrer eigenen Patente gestatten. Ausgenommen von dieser Regelung waren die drei direkten Konkurrenten von Western Electric, RCA, General Electric und Westinghouse, welche die Patente der Bell Labs nur gegen Lizenzgebühren nutzen durften, sofern sie Western Electric nicht ebenfalls die freie Nutzung ihrer Patente erlaubten. Vgl. ebenda, S. 112.
28 Vgl. Fickers, Der »Transistor« als technisches und kulturelles Phänomen, S. 25-27.
29 Vgl. Riordan/Hoddeson, Crystal fire, S. 196.

dieses Zugeständnis schien aus der Perspektive der 1950er Jahre für den Konzern unproblematisch, immerhin war das Bell System in erster Linie ein Telefonkonzern, und allein der weitere Ausbau des Telefonnetzes bot auf Jahrzehnte hinweg Wachstumschancen.[30] Alles in allem sah das Consent Decree daher wie ein Erfolg des Bell System aus.

Es waren aber diese Zugeständnisse, die die zukünftige Entwicklung von Computern und Telekommunikation langfristig und maßgeblich beeinflussten. Bis in die 1980er Jahre hinein verhinderte das Consent Decree, dass das Bell System auf den Computermarkt aktiv werden konnte, obwohl es schon in den 1950er Jahren gute Chancen gehabt hätte, aus dem Stand heraus zum führenden Anbieter von Datenverarbeitung zu werden. Bei einem anderen Ausgang des Wettbewerbsverfahrens hätte das Bell System eventuell innerhalb kurzer Zeit die Kontrolle über den amerikanischen Computermarkt erlangen können, und der Datenverarbeitungsmarkt wäre vermutlich früher oder später unter das Regulierungsregime der Telekommunikation gefallen. In anderen Ländern hätten die staatlichen Post- und Telekommunikationsbetreiber Computer und Datenverarbeitung dann in ihr Monopol einordnen können. So aber bewirkte das Consent Decree, dass sich in den USA eine eigenständige Computerindustrie entwickeln konnte, die vor der Konkurrenz des mächtigen Telekommunikationsmonopolisten geschützt war. Mit dem Zugang zu den Patenten der Bell Labs konnte diese Industrie ab der zweiten Hälfte der 1950er Jahre schnell wachsen und trat, als in den 1960er Jahren die Synergien von Computern und Telekommunikation entdeckt wurden, selbstbewusst für ihre Interessen ein.

1.b Computer auf dem Weg von Rechenmaschinen zum Kommunikationsmedium (1950er/1960er Jahre)

Der Einfluss der Kybernetik

Elektronische Computer wurden während des Zweiten Weltkrieges als Rechenwerkzeuge erfunden, da der Krieg neue Ansätze zur Lösung von mathematischen Problemen erforderte und die technologischen und theoretischen Voraussetzungen vorhanden waren, um die Berechnung von ballistischen Kurven oder das Mitlesen von verschlüsselten Nachrichten zu automatisieren.[31] In den 1950er Jahren entwickelte sich dann, vor allem durch den Einfluss von IBM, ein Markt für Computer als moderne, schnelle und elektronische Form von Rechen- und Büromaschinen.[32] Für die Transformation von Computern zu Werkzeugen der zwischenmenschlichen Kommunikation war aber in erster Linie die Kybernetik verantwortlich.

---

30 Vgl. Sterling/Weiss/Bernt, Shaping American telecommunications, S. 112-113; Wilson, Deregulating telecommunications, S. 108-110; Temin/Galambos, The fall of the Bell system, S. 15-16.
31 Vgl. Campbell-Kelly/Aspray, Computer, S. 79-104.
32 Vgl. Campbell-Kelly/Aspray, Computer, S. 105-130; James W. Cortada, IBM. The rise and fall and reinvention of a global icon, Cambridge, Mass. 2019, S. 127-202.

Die Kybernetik entstand als neuer, interdisziplinärer Wissenschaftszweig in der unmittelbaren Nachkriegszeit aus der Kombination unterschiedlicher Theorien und Erkenntnisse zur Kommunikation. Als ihr Gründungsvater und Namensgeber gilt der amerikanische Mathematiker Norbert Wiener, der sich während des Krieges mit der Entwicklung einer Zielhilfe für den Luftkampf befasste. Bei der geplanten Flugabwehrkanone sollte ein menschlicher Schütze das Ziel anvisieren und damit einer maschinellen Zielhilfe mitteilen, wo sich das Ziel derzeit befindet und wie es sich zuvor bewegt hat. Das Instrument sollte aus diesen Informationen berechnen, wo sich das Objekt mit einer gewissen Wahrscheinlichkeit in Zukunft befinden wird. Sowohl der Mensch als auch die Maschine verarbeiten in diesem System der Flugabwehrkanone Informationen und tauschen diese miteinander aus. Für die theoretische Betrachtung durch Wiener spielte es nur eine untergeordnete Rolle, welche Aufgaben der Mensch und welche die Maschine übernahm. Beide ließen sich als informationsverarbeitende und kommunizierende Teile eines Gesamtsystems beschreiben.[33]

Diese Erkenntnis bildete die Grundlage, auf der Wiener in der Nachkriegszeit gemeinsam mit anderen Wissenschaftlern die Kybernetik aufbaute.[34] Auf den sogenannten Macy-Konferenzen kamen zwischen 1946 und 1953 renommierte Wissenschaftler unterschiedlicher Disziplinen zusammen, diskutierten ihre Forschungsergebnisse und versuchten sie zu einer einheitlichen Theorie zu vereinen. Die Neurowissenschaftler Warren McCullochs und Walter Pitts stellten auf den Konferenzen ein Modell vor, mit dem sich die Aktivitäten vom biologischen Nervengewebe in eine Aussagenlogik übertragen ließen. Das Modell versprach, Nervenaktivität vom biologischen Medium zu lösen und berechenbar zu machen.[35] Claude Shannon lieferte mit seiner Informationstheorie eine Möglichkeit zur mathematischen Erfassung des Informationsgehaltes von Kommunikation und schuf damit die Grundlage, den Informationsgehalt vom Trägermedium zu lösen und mathematisch-abstrakt zu erfassen und zu übertragen.[36] Die dritte Grundlage der Macy-Konferenzen bildeten die Überlegungen von Norbert Wiener, die er zusammen mit seinem Assistenten Julian Bigelow und dem Neurophysiologen Arturo Rosenblueth weiterentwickelt hatte. Ihr Modell ging davon aus, dass Systeme, etwa Menschen oder eine Mensch-Maschinen-Kombination, durch den Informationsaustausch ihrer Bestandteile in Form von Feedbackschleifen, die einen erwarteten mit einem tatsächlichen Zustand abgleichen, zu einem zielgerichteten Verhalten befähigt werden.[37]

---

33 Vgl. Lars Bluma, Norbert Wiener und die Entstehung der Kybernetik im Zweiten Weltkrieg. Eine historische Fallstudie zur Verbindung von Wissenschaft, Technik und Gesellschaft, Münster 2005, S. 99-109.
34 Als namensgebendes Grundlagenwerk der Kybernetik gilt: Norbert Wiener, Cybernetics or control and communication in the animal and the machine, New York 1948.
35 Vgl. Warren S. McCulloch/Walter Pitts, A logical calculus of the ideas immanent in nervous activity, in: *Bulletin of Mathematical Biophysics* 5 (1943), S. 115-133; Claus Pias, Zeit der Kybernetik – eine Einstimmung, in: Claus Pias (Hg.), Cybernetics/Kybernetik. The Macy-Conferences 1946-1953. Band 2. Essays & Dokumente, Zürich 2004, S. 9-41, hier S. 13.
36 Vgl. Shannon, A Mathematical Theory; Bluma, Norbert Wiener, S. 46-49.
37 Vgl. Arturo Rosenblueth/Norbert Wiener/Julian Bigelow, Behavior, Purpose and Teleology, in: *Philosophy of Science* 10 (1943), S. 18-24; Bluma, Norbert Wiener, S. 123-130.

Diese drei Theorien und ihre Kombination in der Kybernetik beeinflussten in der Nachkriegszeit die Perspektive auf den Computer und gaben der Erfindung der elektronischen Rechenmaschine eine weitreichende Bedeutung, denn diese Maschinen waren »turingmächtig«. Der englische Mathematiker Alan Turing hatte 1936 das Konzept der universellen Turingmaschine entwickelt. Diese theoretische Maschine ist – mathematisch beweisbar – in der Lage, alle berechenbaren Probleme zu lösen, sofern man die Begrenzung seiner Ressourcen außer Acht lässt. Folgt man daher dem Versprechen der Kybernetik, dass menschliches Denken berechenbar ist, so wären Computer grundsätzlich in der Lage, auch menschliches Denken zu berechnen, und damit nichts Geringeres als »Giant Brains, or Machines That Think«[38], wie sie im Titel eines der ersten populären Bücher über die neuartigen Maschinen bezeichnet wurden. Mit diesem Versprechen beeinflusste die Kybernetik vor allem die wissenschaftliche Auseinandersetzung mit Computern. Die Erforschung von Artificial Intelligence (AI) war in den 1950er Jahren der einflussreichste Zweig der neu entstehenden Computer Science an den amerikanischen Hochschulen.[39]

Mittelfristig war es aber nicht der Versuch, menschliches Denken zu simulieren, mit dem die Kybernetik die konzeptionelle Weiterentwicklung von Computern beeinflusste. Da die Computer der 1950er Jahre bei weitem nicht mit der Leistungsfähigkeit des menschlichen Gehirns konkurrieren und daher den Menschen nicht ersetzen konnten, versprach vorerst eine enge Zusammenarbeit der beiden informationsverarbeitenden Systeme Mensch und Computer bessere Ergebnisse. Mit dieser Idee beeinflusste die Kybernetik in den 1950er Jahren vor allem das militärische SAGE-Projekt, bei dem in großem Umfang die direkte Interaktion von Menschen und Computern erprobt und umgesetzt wurde.

Das SAGE-Projekt

Nachdem die Sowjetunion im August 1949 mit einem Kernwaffentest gezeigt hatte, dass sie ebenfalls über Atomwaffen verfügt, wurde die Kontrolle des amerikanischen Luftraums zur zentralen Frage der nationalen Sicherheit. Nur wenn die amerikanische Air Force einen Angriff mit einfliegenden Bombern erkennen konnte, solange sie zu einem Gegenschlag in der Lage war, konnte die Politik der gegenseitigen Abschreckung funktionieren. Im Dezember 1949 beauftragte die Air Force daher eine Kommission unter der Leitung des Radarexperten George E. Valley damit, eine Lösung für dieses Problem zu finden.[40]

---

38 Vgl. Edmund Callis Berkeley, Giant brains or machines that think, New York 1949.
39 Auch andere Disziplinen wurden in den 1950er und 1960er Jahren von der Kybernetik beeinflusst. Vor allem Wieners Annahme, dass zielgerichtetes Verhalten aus einem Informationsaustausch von informationsverarbeitenden Einheiten hervorgeht, fand unter anderem in der Politikwissenschaft, der Pädagogik und der Biologie Anwendung. Ein besonderer Reiz der Kybernetik lag sicherlich darin, dass sich ihre Modelle simulieren ließen – durch Computer. Siehe zur Kybernetik in der Bundesrepublik: Philipp Aumann, Mode und Methode. Die Kybernetik in der Bundesrepublik Deutschland, Göttingen 2009.
40 Vgl. Harold Sackman, Computers, system science, and evolving society. The challenge of man-machine digital systems, New York 1967, S. 121; Edwards, The closed world, S. 90-93; George E. Valley,

Die Kommission kam bald zu der Erkenntnis, dass durch die Fortschritte, die die Radartechnik während des Zweiten Weltkrieges gemacht hatte, die Erfassung von Flugbewegungen nicht das eigentliche Problem darstellte, sondern die große Menge der Daten, die bei den Radarstationen anfiel, mit den erwarteten Flugbewegungen von zivilen und militärischen Flugzeugen abzugleichen und so die relevanten Informationen herauszufiltern. Zur Lösung dieses Problem griff die Valley-Kommission auf Konzepte der Kybernetik zurück und entwarf mit dem Semi-Automatic Ground Environment (SAGE) ein System, in dem Menschen, Computer und Radargeräte zusammenarbeiten und Informationen austauschen. Im Mittelpunkt von SAGE standen Computer, bei denen die Radarinformationen einzelner Regionen zusammenliefen und mit vorhandenen Flugplänen abgeglichen und Abweichungen an das Personal weitergegeben wurden.[41]

Ein derartiges System aus Menschen und Maschinen war allerdings mit der bis dahin üblichen Computertechnik nicht zu realisieren. Statt eine Rechenoperation durchzuführen, bis die Lösung vorlag und der Computer zur nächsten Operation übergehen konnte, mussten die Computer des SAGE-Projekts kontinuierlich neue Informationen auswerten und ihre Ergebnisse anpassen. 1949 gab es bereits einen Prototyp eines Computers, der Informationen in Echtzeit auswerten konnte. Seit 1946 arbeitete ein Team am MIT an der Entwicklung des Whirlwind, einem Computer, der Flugbewegungen simulieren und zur Ausbildung von Piloten eingesetzt werden sollte. 1950 übernahm die Valley-Kommission das Konzept des Whirlwind für ihr Luftverteidigungssystem.[42]

Damit war aber nur ein kleiner Teil der technischen Herausforderungen gelöst. Weder für die direkte Zusammenarbeit von Menschen und Computern noch für die Übertragung von Radardaten zu Computern konnte die Kommission auf etablierte Lösungen zurückgreifen, sodass für das SAGE-Projekt grundlegende Entwicklungsarbeit geleistet werden musste.[43] Die bisherigen Methoden der Mensch-Computer-Interaktion über Lochkarten und Drucker konnten nicht verwendet werden, da der Informationsaustausch ohne Verzögerung erfolgen musste. Das SAGE-Projekt griff hier erstmalig auf Bildschirme zurück, auf denen der Computer Informationen darstellte, mit denen der Mensch über einen Lichtgriffel interagieren konnte.[44]

Auf der anderen Seite des Computers mussten ebenfalls neue Lösungen entwickelt werden, mit der die Daten der geografisch verstreuten Radaranlagen zur Auswertung übertragen werden können. Während bei ersten Versuchen noch das gesamte Videobild des Radarmonitors über Richtfunkstrecken übertragen wurde, kam ein Team am Air Force Cambridge Research Center unter der Leitung von Jack Harrington durch Anwendung von Shannons Informationstheorie zu der Erkenntnis, dass der eigentliche Informationsgehalt aus den Positionen der erfassten Objekte bestand. Diese Datenmenge konnte zu einem Bruchteil des Aufwands über herkömmliche Telefonleitungen

---

How the SAGE Development Began, in: *IEEE Annals of the History of Computing* 7 (1985), H. 3, S. 196-226.

41 Vgl. Edwards, The closed world, S. 94.
42 Vgl. Campbell-Kelly/Aspray, Computer, S. 157-166; Edwards, The closed world, S. 76-79.
43 Vgl. Edwards, The closed world, S. 99-101.
44 Vgl. Hans Dieter Hellige, From SAGE via ARPANET to ETHERNET. Stages in Computer Communications Concepts between 1950 and 1980, in: *History and Technology* 11 (1994), S. 49-75.

übertragen werden. Für das SAGE-Projekt wurden daher die ersten Modems entwickelt, mit denen über herkömmliche Telefonleitungen binäre Daten als analoges Signal übertragen (moduliert) und zurückgewandelt (demoduliert) werden konnten.[45]

Der Beitrag von SAGE an der Evolution des Computers bestand allerdings nicht allein aus der Entwicklung von grundlegenden Interaktionskonzepten, sondern die über 8 Milliarden US-Dollar Entwicklungskosten leisteten auch Geburtshilfe für die amerikanische Computerindustrie und stellten die strukturellen Weichen für die nächsten Jahrzehnte.[46] Mit dem Auftrag der Air Force, die insgesamt 65 Computer des Typs AN/FSQ-7 zu einem Stückpreis von jeweils 30 Millionen US-Dollar zu entwickeln und zu bauen, machte das SAGE-Projekt IBM zum führenden Hersteller von Computern.[47] Auch AT&T konnte von SAGE profitieren. 1958 nahm das Bell System die für die Radardatenübermittlung entwickelten Modems als »Bell 101« in ihr Angebot auf und ermöglichte seinen Kunden, Computer über das Telefonnetz zu verbinden.[48] Auch wenn der Konzern nicht direkt mit Datenverarbeitung Geld verdienen durfte, konnte er so zumindest indirekt von der Verbreitung von Computern finanziell profitieren.

Der militärische Nutzen von SAGE war dagegen begrenzt. Als im Jahr 1961 der Aufbau der Luftraumüberwachung abgeschlossen war, bedrohten nicht mehr allein atomar bewaffnete Bomber die Sicherheit der USA, sondern auch Interkontinentalraketen. Diese ließen sich jedoch nicht mit einer Kette von Radarstationen identifizieren oder mit Flugzeugen abfangen. Das SAGE-Projekt sollte allerdings von Anfang an vor allem nach innen wirken. Mit seinen 23 in den gesamten USA verteilten massiven Hochbunkern sollte das Projekt in erster Linie der amerikanischen Bevölkerung zeigen, dass der Staat sie vor den Gefahren eines Atomkrieges beschützen kann, während die Strategen des Militärs einen massiven Erstschlag für die einzige Option hielten, einen atomaren Schlagabtausch zu überstehen.[49]

Das SAGE-Projekt zeigte allerdings, das Computer mehr sein können als schnelle Rechenmaschinen. Die direkte Interaktion zwischen Menschen und Computern, die gleichzeitige Verwendung eines Computers durch mehrere Benutzer und die Übertragung von Daten über große Distanzen schufen auch für den kommerziellen Einsatz von Computern neue Anwendungsmöglichkeiten. Die Erfahrungen mit interaktiven Computern, die IBM während des SAGE-Projekts sammeln konnte, nutzte der Konzern ab Ende der 1950er Jahre für die Entwicklung eines neuartigen Reservierungssystems für Flugtickets. Mit SABRE (Semi-Automatic Business Research Environment), das 1964 in Betrieb genommen wurde, konnten Reisebüros mit elektrischen IBM-Schreibmaschinen, die über Modems und dem Telefonnetz mit einem

---

45 Vgl. John V. Harrington, Radar Data Transmission, in: *IEEE Annals of the History of Computing* 5 (1983), H. 4, S. 370-374; Valley, How the SAGE Development Began; Henry S. Tropp, A Perspective on SAGE. Discussion, in: *IEEE Annals of the History of Computing* 5 (1983), H. 4, S. 375-398, hier S. 396-367.
46 Vgl. Campbell-Kelly/Aspray, Computer, S. 168.
47 Vgl. Morton M. Astrahan/John F. Jacobs, History of the Design of the SAGE Computer-The AN/FSQ-7, in: *IEEE Annals of the History of Computing* 5 (1983), H. 4, S. 340-349; Edwards, The closed world, S. 101-102; Campbell-Kelly/Aspray, Computer, S. 168-169.
48 Vgl. Tropp, A Perspective on SAGE, S. 392.
49 Vgl. Edwards, The closed world, S. 104-111.

Reservierungscomputer verbunden waren, direkt mit dem Computer kommunizieren und Flugreservierungen vornehmen.⁵⁰

Timesharing

Nachdem sich durch die Kybernetik ein Bild von Computern als Kommunikationspartner des Menschen etabliert hatte und mit dem SAGE-Projekt bewiesen wurde, dass mehrere Personen gleichzeitig mit einem Computer arbeiten können, kamen Ende der 1950er Jahre an amerikanischen Hochschulen Ideen auf, dies zu einem neuen Benutzungskonzept von Computern zu kombinieren.

Schon seit den Anfängen des mechanischen Rechnens waren Maschinen in der Lage, schneller zu rechnen, als Menschen ihnen Befehle geben konnten. Bei der direkten Interaktion mit einem menschlichen Benutzer standen Rechenmaschinen daher die meiste Zeit still und warteten auf Befehle und Daten. Um die teuren Geräte auszulasten, fand daher eine Trennung der Befehlseingabe und der Ausführung statt. Bei der Stapelverarbeitung übertrug der Mensch seine Befehle und Daten »offline« auf Lochkarten, die dann gesammelt von der Rechenmaschine abgearbeitet wurden. Mit dem Leistungszuwachs des elektrischen Computers wurden in den 1950er Jahren die Programme umfangreicher und komplexer, sodass die Stapelverarbeitung an ihre Grenzen stieß. Ein einziger Fehler konnte zum Abbruch des gesamten Programms führen und oft erst nach weiteren, zeitaufwendigen Programmdurchläufen beseitigt werden. In den späten 1950er Jahren verbreitete sich daher in der amerikanischen Computerwissenschaft eine neue Idee, wie die Rechenzeit von Computern effizienter und flexibler genutzt werden könnten. Statt die Programme nacheinander abzuarbeiten, sollte der Computer seine Rechenzeit unter mehreren Benutzern aufteilen, indem er in Sekundenbruchteilen zwischen Programmen hin und her wechselt. Durch diese Art des Timesharings konnten Menschen direkt mit dem Computer interagieren und ihre Befehle »online« eingeben, ohne dass durch Fehler oder die zum Nachdenken benötigte Zeit wertvolle Rechenzeit verschwendet wird.⁵¹

Die Idee, mit Timesharing einen direkteren Zugang von einzelnen Menschen zu Computern zu ermöglichen, war auch von der kybernetischen Idee der Symbiose zwischen Menschen und Computer beeinflusst, bei der beide als informationsverarbeitende Maschinen ihre jeweiligen Stärken einbringen und zu einer leistungsfähigeren Einheit verschmelzen. Dieser Gedanke ist vor allem mit der Arbeit des einflussreichen Computerwissenschaftlers J. C. R. Licklider verbunden. Als studierter Neuropsychologe war Licklider auf die Wahrnehmung von akustischen Signalen spezialisiert und hatte

---

50   Vgl. D. G. Copeland/R. O. Mason/J. L. McKenney, Sabre. The development of information-based competence and execution of information-based competition, in: *IEEE Annals of the History of Computing* 17 (1995), H. 3, S. 30-57; Campbell-Kelly/Aspray, Computer, S. 169-176.

51   Vgl. Walden/van Vleck (Hg.), The Compatible Time Sharing System, S. 1; J.A.N. Lee/J. McCarthy/J.C.R. Licklider, The beginnings at MIT, in: *IEEE Annals of the History of Computing* 14 (1992), H. 1, S. 18-54. Siehe auch: Hans Dieter Hellige, Leitbilder im Time-Sharing-Lebenszyklus. Vom »Multi-Access« zur »Interactive Online-Community«, in: Hans Dieter Hellige (Hg.), Technikleitbilder auf dem Prüfstand. Leitbild-Assessment aus Sicht der Informatik- und Computergeschichte, Berlin 1996, S. 205-234.

am MIT für das SAGE-Projekt an der Verbesserung der Kommunikation zwischen Menschen und Computern geforscht.[52] 1957 wechselte er zu der auf Akustik spezialisierten Beratungsfirma Bolt Beranek and Newman (BBN), einer Gründung seiner Kollegen vom MIT, und regte dort den Kauf eines Computers an, mit dem er die interaktive Nutzung von Computern weiter erforschte.[53]

Im März 1960 veröffentlichte er einen Artikel, in dem er seine Überlegungen zur Zusammenarbeit von Menschen und Computern darlegte.[54] Während für Licklider die Stärken des Menschen in kreativer Problemlösung lagen, hielt er Computer bei Rechen- und Routinearbeiten für überlegen. In einer Symbiose von Menschen und Computern könnten Computer daher dem Menschen solche Aufgaben abnehmen und ihm mehr Zeit verschaffen, kreativ zu sein und neue Problemlösungen zu finden.[55] Licklider formulierte dies folgendermaßen:

> The hope is that, in not too many years, human brains and computing machines will be coupled together very tightly, and that the resulting partnership will think as no human brain has ever thought and process data in a way not approached by the information-handling machines we know today.[56]

Eine langfristige Bedeutung erhielten Lickliders Ideen vor allem dadurch, dass er in eine Position kam, in der er durch Vergabe von Forschungsmitteln die Entwicklung von Computern beeinflussen konnte. 1962 wechselte er zum Forschungsprogramm des Verteidigungsministeriums, der Advanced Research Projects Agency (ARPA) und wurde der Gründungsdirektor des Information Processing Techniques Office (IPTO), mit dem die ARPA das militärische »Command and Control«, also den Informationsfluss und die Informationsverarbeitung auf dem Schlachtfeld verbessern wollte.[57]

Mit den finanziellen Mitteln des IPTO konnte er ein Projekt am MIT unterstützen, an dem seit 1961 an der Realisierung von Timesharing gearbeitet wurde. In der ersten Version war das Compatible Time Sharing System (CTSS) zwar noch beschränkt, nur drei Benutzer konnten gleichzeitig mit dem Computer arbeiten. Das System bewies aber die Machbarkeit von Timesharing und inspirierte weitere Projekte.[58] CTSS wurde

---

52 Vgl. M. Mitchell Waldrop, The dream machine. J. C. R. Licklider and the revolution that made computing personal, New York 2001, S. 107.

53 In dieser Zeit schrieb er ein Programm, bei dem ein Computer die Rolle eines Lehrers einnimmt und einen Menschen beim Lernen von Fremdsprachen unterstützt, in dem er Vokabeln abfragt. Vgl. J. C. R. Licklider/Welden E. Clark, On-line man-computer communication, in: G. A. Barnard (Hg.), Proceedings of the May 1-3, 1962, spring joint computer conference – AIEE-IRE ›62 (Spring), New York 1962, S. 113; Waldrop, The dream machine, S. 157.

54 Vgl. J.C.R. Licklider, Man-Computer Symbiosis, in: *IRE Transactions on Human Factors in Electronics* 1 (1960), S. 4-11.

55 Vgl. ebenda, S. 4.

56 Ebenda.

57 Vgl. Waldrop, The dream machine, S. 198-203; Michael Friedewald, Konzepte der Mensch-Computer-Kommunikation in den 1960er Jahren. J. C. R. Licklider, Douglas Engelbart und der Computer als Intelligenzverstärker, in: *Technikgeschichte* 67 (2000), S. 1-24, hier S. 2-4.

58 Vgl. Campbell-Kelly/Aspray, Computer, S. 208-209; F. J. Corbato/M. Merwin-Daggett/R. C. Daley, CTSS-the compatible time-sharing system, in: *IEEE Annals of the History of Computing* 14 (1992), H. 1, S. 31-54; Walden/van Vleck (Hg.), The Compatible Time Sharing System.

am MIT daher schon bald durch das Projekt MAC ergänzt, mit dem ab 1963 die Möglichkeiten von Timesharing und einer interaktiven Computernutzung systematisch erforscht wurden.[59] Für das neue Projekt wurde die Zahl der angeschlossenen Terminals deutlich erweitert und erstmalig die Möglichkeit geschaffen, sie über das Telefonnetz mit dem Computer zu verbinden.[60]

Die Nutzung des Computers war nicht auf die Mitarbeiter des Projekts beschränkt. Durch das Projekt MAC erhielten Wissenschaftler und Studierende des MIT erstmals einen direkten Zugang zu einem Computer. Sozialwissenschaftler konnten direkt am Terminal ein Programm schreiben und ihre Forschungsdaten auswerten, während Studierende Programmieraufgaben für ihre Kurse bearbeiten konnten. Ein Ergebnis des Projekts war, dass der direkte Zugang den Umgang mit dem Computer veränderte. Da sie nicht mehr stunden- oder tagelang auf das Ergebnis ihrer Programme warten mussten, waren die Nutzer des CTSS viel eher bereit, neue Ansätze auszuprobieren und Risiken einzugehen.[61] Dies setzte viel Kreativität frei, die sich auch auf den Funktionsumfang des Systems auswirkte. Viele Funktionen des Systems wurden nicht von den Entwicklern hinzugefügt, sondern basierten auf Programmen, die von einzelnen

---

59 Die Abkürzung MAC steht sowohl für Machine-Aided Cognition oder Multiple Access Computer, vgl. Waldrop, The dream machine, S. 224.
60 Vgl. ebenda, S. 223.
61 Ein anschauliches Beispiel, wie der interaktive Umgang mit Computern die Wahrnehmung von Computern änderte, ist das Programm ELIZA von Joseph Weizenbaum. Als Wissenschaftler beschäftigte sich Weizenbaum mit der Analyse von menschlicher Sprache. ELIZA wertete die Eingaben des Benutzers nach bestimmten Schlagwörtern aus und stellte dazu passende Rückfragen. Das Programm imitierte dabei das Verhalten eines Psychotherapeuten, der seinen Patienten motiviert, das zuvor Gesagte zu reflektieren. Um das Potenzial des interaktiven Umgangs mit Computern zu zeigen, wurde ELIZA am MIT häufig vorgeführt. Einige Psychologen sahen sogar die Möglichkeit, Computer künftig zur Psychotherapie einzusetzen. Weizenbaum war hiervon entsetzt. Er hatte die Therapiesituation nur als Beispiel gewählt, weil es sich um eine stark strukturierte Gesprächssituation handelte. Er beobachtete jedoch, dass die Nutzer von ELIZA eine emotionale Beziehung zum Computer aufbauten und das Gerät als einen Menschen ansahen, der sich ernsthaft für ihre Probleme interessierte. Diese Erfahrung machte Weizenbaum zu einem grundsätzlichen Kritiker des unreflektierten Glaubens in die Fähigkeiten von Computern. Die Reaktionen auf ELIZA veranlasste Weizenbaum, seine Perspektive auf den Computer zu einem Buch zu verarbeiten, das 1976 unter dem Titel »Computer Power and Human Reason. From Judgement to Calculation« erschien. Während seiner Arbeit an ELIZA hatte Weizenbaum allerdings selbst ein enges Verhältnis zu Computern. Als einer der ersten Wissenschaftler des MIT hatte er sich bereits 1963 in seiner Privatwohnung ein Terminal aufstellen lassen. Der Leiter des Projektes MAC, Robert Fano, erinnert sich daran, dass er eines morgens Weizenbaum in seinem Büro antraf, der sich darüber beschwerte, dass das System in der Nacht nicht funktionsfähig gewesen sei. Vgl. Joseph Weizenbaum, ELIZA. A computer program for the study of natural language communication between man and machine, in: Communications of the ACM 9 (1966), S. 36-45; Joseph Weizenbaum, Die Macht der Computer und die Ohnmacht der Vernunft, Frankfurt a.M. 1978, S. 14-21; John Lee u.a., The Project MAC interviews, in: IEEE Annals of the History of Computing 14 (1992), H. 2, S. 14-35, hier S. 26. Zur Biografie Weizenbaums siehe: Dirk Siefkes (Hg.), Pioniere der Informatik. Ihre Lebensgeschichte im Interview. Interviews mit F. L. Bauer, C. Floyd, J. Weizenbaum, N. Wirth und H. Zemanek, Berlin 1999, S. 31-59.

Benutzern geschrieben wurden, um den Umgang mit dem Computer bequemer zu machen.[62]

Zu diesen Funktionen gehörte auch der Austausch von Nachrichten. Die Möglichkeit, Programme und Daten zu speichern und mit anderen Nutzern zu teilen, gehörte zu den ursprünglichen Systemfunktionen.[63] Einige Anwender nutzten diese Funktion aber auch, um mit anderen Benutzern Nachrichten auszutauschen, indem sie Dateien mit dem Namen des Empfängers in öffentlich zugänglichen Verzeichnissen ablegten. Ab 1965 wurde der Nachrichtenaustausch zu einer offiziellen Systemfunktion, nachdem die Studierenden Noel Morris und Tom Van Vleck ein Programm geschrieben hatten, das Nachrichten direkt in den persönlichen Dateien eines Nutzers ablegte, sodass nur der Adressat die Nachricht lesen konnte.[64]

»Computer Utility«

Die Entwicklung von Timesharing hatte auch zur Folge, dass in der Datenverarbeitungsindustrie über neue Vertriebswege nachgedacht wurde. Das übliche Geschäftsmodell war der Verkauf oder die Vermietung von elektronischen Computern, in der Regel an große Unternehmen, die die Geräte in Eigenregie betrieben. Als Alternative zu dieser kostspieligen Form der Datenverarbeitung hatte sich bereits im Zeitalter der mechanischen Rechenmaschinen ein Markt für Datenverarbeitung als Dienstleistung etabliert. Unternehmen konnten ihre Programme und Daten manuell auf Lochkarten übertragen und diese an einen Dienstleister schicken, der sie auf seinem Computer ausführte und die ausgedruckten Ergebnisse per Post versendete.[65] Die Entwicklung von Timesharing und die Verbindung von Computern mit Telekommunikationsnetzen erschlossen für diesen Bereich des Datenverarbeitungsmarktes neue Möglichkeiten. Mit Modems und dem Telefonnetz konnten Computer und der Zugriff auf sie räumlich getrennt werden.

Telekommunikation als Vertriebsweg für Datenverarbeitung wurde Mitte der 1960er Jahre unter dem Schlagwort »Computer Utility« diskutiert. »Computer Utility« bezeichnete das Konzept, dass Datenverarbeitung wie andere Utilities, etwa Strom oder Wasser, einfach abgerufen werden kann, ohne dass die Benutzer sich mit seiner Erzeugung auseinandersetzen müssen. Alles, was der Kunde eines Anbieters von Computer Utility machen musste, um Zugriff auf einen Computer oder ein spezifisches Programm zu erhalten, war es, ein Terminal an das Telefonnetz anzuschließen und die Rufnummer des Dienstleisters zu wählen. Diese Art der Computernutzung nach Bedarf galt in den 1960er Jahren als die Zukunft der Datenverarbeitung. Dies lag vor allem daran, dass sich in der Datenverarbeitungsindustrie die Annahme herausgebildet hatte, dass die

---

62 Vgl. J.A.N. Lee/E. E. David/R. M. Fano, The social impact (Project MAC), in: *IEEE Annals of the History of Computing* 14 (1992), H. 2, S. 36-41, hier S. 39; Waldrop, The dream machine, S. 231-232.
63 Vgl. Walden/van Vleck (Hg.), The Compatible Time Sharing System, S. 11.
64 Vgl. T. van Vleck, Electronic Mail and Text Messaging in CTSS, 1965-1973, in: *IEEE Annals of the History of Computing* 34 (2012), H. 1, S. 4-6; Siegert, Die Geschichte der E-Mail, S. 190-197.
65 Vgl. Campbell-Kelly/Garcia-Swartz, Economic Perspectives on the History of the Computer Time-Sharing Industry, S. 18.

Leistungsfähigkeit von Computern in einem festen Verhältnis zu ihren Herstellungskosten steht. Für den doppelten Preis konnte demnach ein viermal leistungsfähiger Computer gebaut werden, ein Zusammenhang, der nach Herbert Grosch als Grosch's Law bezeichnet wurde. Als Folge dieses Verhältnisses schienen eigene Computer nur für wenige Anwender mit hohem Bedarf an Rechenleistung wirtschaftlich vorteilhaft; für den deutlich größeren Markt der kleineren oder mittelgroßen Computernutzer galt es dagegen als ökonomischer, Datenverarbeitung nach Bedarf einzukaufen.[66]

Im Rahmen der Diskussion über Computer Utility wurde erstmalig auch die Verwendung von Computern durch private Haushalte denkbar.[67] Im Mai 1964 erschien im amerikanischen Magazin *The Atlantic* ein Essay des Ökonomen und Computerexperten Martin Greenberger, der unter dem Titel »The Computers of Tomorrow«[68] prophezeite, dass Computer schon bald alle Bereiche der amerikanischen Wirtschaft und Gesellschaft verändern werden. So wie Elektrizität die Verfügbarkeit von Energie radikal verändert habe, werde der vernetzte Computer die Informationsversorgung und -verarbeitung revolutionieren. In der nahen Zukunft sah Greenberger zunächst für informationsabhängige Branchen wie Finanzdienstleistungen und Versicherungen das Potenzial zu weitreichenden Veränderungen, da sie damit Produkte anbieten können, die auf den individuellen Bedarf der Kunden zugeschnitten sind. Aber auch der private Konsum werde sich durch Computer verändern, indem Katalogbestellungen von zu Hause direkt am Terminal möglich werden. Je mehr Dienstleistungen direkt über Computer abgewickelt werden, desto mehr Informationen über Wirtschaft und Gesellschaft lägen computerlesbar vor und könnten direkt ausgewertet werden. Im Geiste der Planungseuphorie der 1960er Jahre sah Greenberger in diesem Datenreichtum vor allem eine Möglichkeit, schnellere und bessere Entscheidungen zu treffen.[69] Die zentrale Frage war für Greenberger allerdings, wie der Computer-Utility-Markt strukturiert sein wird. Während er bei Elektrizität wegen der hohen Kosten des Stromnetzes eine staatliche Regulierung für gerechtfertigt hielt, erfolgte der Zugang zu Computern über die vorhandene Infrastruktur der Telekommunikationsanbieter und sollte daher zunächst im Wettbewerb bereitgestellt werden. Sofern sich jedoch aufgrund der Komplexität der Computeranwendungen Größenvorteile und Monopole ergeben, sollte der Staat regulierend eingreifen.[70]

Der Timesharing-Markt

Die Diskussion über Computer Utility fand Mitte der 1960er Jahre auch deswegen in der amerikanischen Datenverarbeitungsindustrie Resonanz, da sich die Marktanteile in den letzten zehn Jahren verfestigt hatten. Seit den frühen 1950er Jahren war die Computerindustrie zwar kontinuierlich gewachsen, Mitte der 1960er Jahre dominierte

---

66 Vgl. Campbell-Kelly/Aspray, Computer, S. 215-217.
67 Zum Aufkommen des Begriffs »computer utilty« ab 1961 siehe auch: Joy Lisi Rankin, A People's History of Computing in the United States, Cambridge 2018, S. 107-117.
68 Greenberger 1964, The Computers of Tomorrow.
69 Vgl. ebenda.
70 Vgl. ebenda.

allerdings IBM den Sektor unangefochten und kam allein in den USA auf einen Marktanteil von rund 70 Prozent. Die übrigen sieben amerikanischen Hersteller von kommerziellen Großcomputern teilten den verbleibenden Markt unter sich auf, weshalb man innerhalb der Industrie spöttisch von »IBM und den sieben Zwergen« sprach.[71] In dieser Situation bot Computer Utility und Timesharing für die kleineren Hersteller Wachstumschancen in einem Bereich, der noch nicht von IBM kontrolliert wurde.

Verstärkt wurde die Hoffnung, mit Timesharing die Marktverhältnisse ändern zu können, durch die Situation von IBM, das sich Mitte der 1960er Jahre in einer Krise befand und angreifbar schien. Mit der Einführung des System/360 war der Konzern das Risiko eingegangen, seine gesamte Produktpalette von elektronischen Computern neu zu entwickeln und auf eine gemeinsame Grundlage zu stellen, hatte dabei allerdings nicht den Bedarf für Timesharing berücksichtigt. Die Entwicklung des Betriebssystems OS/360 schien sich zudem zu einem Debakel zu entwickeln, da es deutlich verspätet und mit zahlreichen Fehlern ausgeliefert wurde.[72]

In dieser Situation konnte zunächst in erster Linie ein Konkurrent von IBM profitieren: General Electric (GE). Als Elektrogroßkonzern, der vom Kernkraftwerk bis zum Haartrockner die gesamte Palette des Elektrizitätsmarktes abdeckt, verfügte GE über das notwendige Kapital, um die Vormachtstellung von IBM ernsthaft zu gefährden. Trotz früherer Erfahrungen mit der Produktion von spezialisierten Computern zur automatischen Bearbeitung von Bankschecks war der Konzern erst nach längerem Zögern 1961 in den Vertrieb von elektronischen Computern eingestiegen, hatte mit der 200er-Serie aber ein relativ erfolgreiches Produkt im Angebot. Seit 1963 bot GE mit dem DATANET 30 außerdem einen spezialisierten Computer an, der ursprünglich zur automatischen Verteilung von Fernschreiben innerhalb von Großkonzernen entwickelt worden war, mit dem aber auch eine große Anzahl von Terminals an einen Computer angeschlossen werden konnte. DATANET 30 war daher ideal für Timesharing und wurde Mitte der 1960er Jahre zu einem vielgenutzten Computer des sich entwickelnden Marktes für kommerzielles Timesharing.[73]

Dies lag auch daran, dass der DATANET 30 Grundlage des zweiten einflussreichen Timesharing-Systems der 1960er Jahre war (neben CTSS und dem Project MAC am MIT). Am Dartmouth College in New Hampshire entwickelten John Kemeny und Thomas E. Kurtz zusammen mit einigen Studierenden ab 1963 das Darthmouth Timesharing System (DTSS), das sich vom CTSS vor allen darin unterschied, dass es von vornherein für einen breiten Personenkreis entworfen wurde. Als Nutzer des DTSS hatten die Mathematikprofessoren Kemeny und Kurtz Studierende aller Fachrichtungen

---

71 Die »sieben Zwerge« der amerikanischen Computerindustrie bestanden 1965 aus: Sperry Rand, Contral Data, Honeywell, Burroughs, RCA, General Electric und NCR. Vgl. Ceruzzi, A history of modern computing, S. 143; Waldrop, The dream machine, S. 244.
72 Das »System/360« war trotz aller Schwierigkeiten dennoch ein großer Erfolg für IBM und sicherte die Vormachtstellung des Konzerns bis in die 1980er Jahre hinein. Vgl. Ceruzzi, A history of modern computing, S. 144-158; Cortada, IBM, S. 203-256.
73 Vgl. J.A.N. Lee, The rise and fall of the General Electric Corporation computer department, in: *IEEE Annals of the History of Computing* 17 (1995), H. 4, S. 24-45, hier S. 32. Zur Entwicklungsgeschichte der »DATANET 30« siehe: Homer R. Oldfield, King of the seven dwarfs. General electric's ambiguous challenge to the computer industry, Washington 1996, S. 138-142.

im Blick, die mit dem System eigene Programme schreiben sollten. Hierfür schufen sie mit BASIC für das DTSS sogar eine neue Programmiersprache, die relativ einfach zu erlernen war.[74]

Als das Projekt MAC des MIT im Sommer 1964 verkündete, dass sie sich für ihr neues Timesharing-System nicht für einen Computer von IBM, sondern für ein Gerät von GE entschieden hatten,[75] wurde den Verantwortlichen bei GE allmählich klar, dass sie mit Timesharing eine Chance hatten, an IBM vorbeizuziehen.[76] Um von diesem neuen Markt nicht nur durch den Verkauf zusätzlicher Computer zu profitieren, entschied sich GE zum Aufbau eines neuen Geschäftszweiges und errichtete in Phoenix ein Rechenzentrum, mit dem es Datenverarbeitung als Dienstleistung über das Telefonnetz anbot.[77] Bereits 1967 betrieb der Konzern 68 Rechenzentren, die, damit möglichst viele Kunden den Dienst zum Telefonortstarif erreichen konnten, über die gesamten USA verteilt waren.[78]

Der Erfolg von Timesharing verhinderte allerdings nicht, dass GE 1970 seine Computersparte an Honeywell verkaufte. Timesharing war allerdings seit 1966 ein eigenständiger Unternehmensteil, der im Unternehmen verblieb,[79] und 1985 mit GEnie zur Grundlage eines Onlinedienstes wurde, der sich an private Haushalte richtete (siehe Kapitel 8.c).

Mitte der 1960er Jahre stiegen neben GE eine ganze Reihe von Unternehmen in den Timesharing-Markt ein. Datenverarbeitung über das Telefonnetz als Dienstleistung für Unternehmen entwickelte sich in den USA zu einem dynamischen und schnell wachsenden Markt, in dem 1970 über 100 Unternehmen konkurrierten, darunter ne-

---

74 Innerhalb von zwei Stunden konnten Studierenden ohne jede Vorkenntnis über die Funktionsweise eines Computers die Grundlagen von BASIC soweit erlernen, dass sie eigene Programme schreiben konnten. Mit diesem Ansatz war BASIC und damit auch DTSS relativ erfolgreich und wurde Ende der 1960er Jahre von weiteren amerikanischen Schulen und Hochschulen übernommen. Mit DTSS machten viele amerikanische Schüler und Studierende ihre ersten Erfahrungen Computern. BASIC wurde in den 1970er Jahren zur Lingua franca des Computers und auf nahezu alle existierenden Systeme übertragen. Mit der Verbreitung von Mikrocomputern wurde es zu einer zentralen Programmiersprache von Computerhobbyisten. Vgl. Rankin, A People's, S. 66-105. Zu BASIC siehe auch: Campbell-Kelly/Aspray, Computer, S. 209-212; Ceruzzi, A history of modern computing, S. 203-206.
75 Vgl. Waldrop, The dream machine, S. 249-253.
76 Vgl. J. E. O'Neill, ›Prestige luster‹ and ›snow-balling effects‹. IBM's development of computer timesharing, in: IEEE Annals of the History of Computing 17 (1995), H. 2, S. 50-54.
77 Mittelfristig sollten die Computer von GEs neuer Timesharing-Sparte mit Multics betrieben werden, dem neuen Timesharing-Systems vom Projekt MAC. Seit 1965 beteiligte sich GE daher, gemeinsam mit dem Bell Labs, an der Entwicklung von Multics. Da sich das neue Betriebssystem 1965 aber noch im Entwurfsstadium befand, griff GE beim Start des Dienstes auf eine verbesserte Version von DTSS zurück. Da sich die Fertigstellung von Multics verzögerte, stiegen die Bell Labs 1969 aus dem Projekt aus und begannen mit der eigenständigen Entwicklung von Unix. Zur Geschichte von Unix siehe: Peter H. Salus, A quarter century of UNIX, Reading, Mass. 1994.
78 Vgl. Lee, Rise and fall of the GE computer department, S. 36-38.
79 Vgl. GE Information Service, 20 Years of Excellence. A special edition commemorating the Twentieth Anniversary of General Electric Information Services Company, Rockville 1985, S. 5.

ben erfolgreichen Neugründungen wie dem kalifornischen Tymshare[80] auch zahlreiche kleinere, lokal ausgerichtete Dienstleister.[81] Ihre Kunden waren in der Regel größere Unternehmen, die teilweise über eigene Computer verfügten, aber zusätzlichen Bedarf an Rechenkapazität hatten oder spezialisierte Software eines bestimmten Timesharing-Anbieters nutzen wollten.[82] In einer Zeit, in der es noch keine günstigen und leistungsfähigen Tisch- oder Taschenrechner gab, lag der Vorteil von Timesharing vor allem in der Geschwindigkeit, mit der beispielsweise Ingenieure die Ergebnisse ihrer Berechnungen bekommen konnten. Statt tagelang auf das Ergebnis des firmeneigenen oder eines externen Rechenzentrums zu warten, standen die Ergebnisse jetzt innerhalb von Minuten auf dem eigenen Schreibtisch zur Verfügung.[83]

Der Erfolg einiger Timesharing-Unternehmen, die hohen Erwartungen an Computer Utility und geringe Markteinstiegshürden führten allerdings dazu, dass Ende der 1960er Jahre viel in den Timesharing-Markt investiert wurde, bis es 1969 zu einem Überangebot und einer Marktbereinigung kam. Die amerikanische Timesharing-Industrie konnte sich in den folgenden Jahren jedoch erholen und entwickelte sich in den 1970er Jahren zu einem erfolgreichen Industriezweig.[84]

Datennetzwerke

Das Verhältnis der Anbieter von Timesharing zu Telekommunikationsanbietern war gespalten. Einerseits basierte der Timesharing-Markt darauf, dass Kunden sich über das Telefonnetz mit ihren Computern verbinden konnten, andererseits waren die Timesharing-Anbieter von den Strukturen und Tarifen der Telefongesellschaften abhängig. Durch die hohen Kosten von Ferngesprächen waren Verbindungen zu weit entfernten Rechenzentren für ihre Kunden unattraktiv. In den ersten Jahren versuchten größere Timesharing-Anbieter daher in jeder größeren Stadt der USA Computer aufzustellen, um für viele Kunden zum Preis von Ortsverbindungen erreichbar zu sein.[85]

Diese dezentrale Aufteilung war für die Anbieter allerdings teuer, da dies neben einem höheren Aufwand für Miete und Personal auch die Zahl der potenziellen Kunden pro Gerät limitierte. Vor allem bei besonders leistungsfähigen Computern oder bei Geräten mit spezieller Software war es daher eine ökonomische Notwendigkeit, dass

---

80 Zur Gründungsgeschichte von Tymshare siehe: Lee, Rise and fall of the GE computer department, S. 38; Tymes, Oral History of LaRoy Tymes. Zur Geschichte von Tymshare von 1965 bis 1984: Jeffrey R. Yost, Making IT work. A history of the computer services industry, Cambridge, Mass. 2017, S. 153-176.
81 Vgl. Campbell-Kelly/Garcia-Swartz, Economic Perspectives on the History of the Computer Time-Sharing Industry, S. 17.
82 Vgl. ebenda.
83 Vgl. GE Information Service 1985, 20 Years of Excellence, S. 5.
84 Vgl. Campbell-Kelly/Aspray, Computer, S. 218; GE Information Service 1985, 20 Years of Excellence, S. 8.
85 Vgl. Campbell-Kelly/Garcia-Swartz, Economic Perspectives on the History of the Computer Time-Sharing Industry, S. 23-24.

sich viele Kunden mit geringen Verbindungsgebühren in die Systeme einwählen können. Aus diesen Gründen begannen zwei größere Anbieter von Timesharing, GE und Tymshare, schon Ende der 1960er Jahre mit dem Aufbau von eigenen Datennetzen. GE konzentrierte ab 1969 seine leistungsfähigeren Computer in wenigen »supercenters« und stellte in den übrigen Städten nur kleinere Minicomputer auf, die die Terminalverbindungen zusammenfassten und gesammelt über Telekommunikationsverbindungen weiterleiteten.[86] Tymshare entwickelte Ende der 1960er Jahre eine ähnliche Lösung und stellte in den größeren Städten der USA Minicomputer auf, die lokale Kunden mit zentralen Computercentern verbanden.[87]

Beim Aufbau ihrer Computernetzwerke konnten sich GE und Tymshare am Vorbild der ARPA orientieren, die ebenfalls Ende der 1960er Jahre begonnen hatte, die von ihr finanzierten Computer über ein eigenes Datennetzwerk zu verbinden. Anders als die Timesharing-Anbieter wollte die ARPA mit dem ARPANET allerdings nicht Terminalverbindungen konzentrieren und Kosten einsparen.[88] Die Hochschulen und Forschungseinrichtungen, die an das Netzwerk der ARPA angeschlossen wurden, hatten für gewöhnlich bereits direkten Zugriff auf einen oder mehrere Computer. Hinter dem ARPANET stand daher die Idee, dass ein an das ARPANET angeschlossener Computer

---

[86] Ab 1970 bot GE den Service über eine Satellitenverbindung auch in Großbritannien an. Vgl. GE Information Service, 20 Years of Excellence, S. 8.

[87] Vgl. M. Beere/N. Sullivan, TYMNET. A Serendipitous Evolution, in: *IEEE Transactions on Communications* 20 (1972), S. 511-515; M. Schwartz, TYMNET – A tutorial survey of a computer communications network, in: *Communications Society* 14 (1976), H. 5, S. 20-24.

[88] Siehe zur Entstehungsgeschichte des ARPANETS: Abbate, Inventing the Internet; Hafner/Lyon, Where wizards stay up late; Stephen Lukasik, Why the Arpanet Was Built, in: *IEEE Annals of the History of Computing* 33 (2011), H. 3, S. 4-21. Die zweite Eigenheit des ARPANETS war die Aufteilung der gesendeten Daten in einzelne Pakete. Ähnlich wie bei der Interaktion zwischen Menschen und Computern fand auch bei der Kommunikation zwischen zwei Computern ein Austausch von Daten meistens stoßweise statt, sodass sich eine Verbindung in der meisten Zeit im Leerlauf befand. Ein Verbindungsaufbau nach Bedarf dauerte mit analoger Schalttechnik allerdings mehrere Sekunden und war daher für »resource sharing« ungeeignet. Beim ARPANET wurde daher der Ansatz gewählt, die Verbindung in Datenpakete aufzuteilen und diese unabhängig voneinander zu versenden, damit mehrere Computer gemeinsam eine stehende Verbindung nutzen können. Die paketbasierte Datenkommunikation des ARPANETs war zwar eine effiziente und flexible Methode des Datenaustausches, erforderte aber den Einsatz von speziellen Minicomputern, den sogenannten »Interface Message Processor« (IMPs). Computer, die mit dem ARPANET verbunden waren, waren an einem IMP angeschlossen, der die zu sendenden Daten in Pakete aufteilte, die Zieladresse voranstellte und über einer Standleitung an andere IMP´s weitergab, bis die Pakete ihr Ziel erreicht hatten. Dort wurden sie vom Ziel-IMP zusammengesetzt und an den angeschlossenen Computer weitergeleitet. Zur Funktionsweise des ARPANET siehe: F. E. Heart u.a., The interface message processor for the ARPA computer network, in: Harry L. Cooke (Hg.), Proceedings of the May 5-7, 1970, spring joint computer conference – AFIPS ›70 (Spring), New York 1970, S. 551; Waldrop, The dream machine, S. 269-272. Der paketbasierte Datenaustausch vom Kunden bis zum Zielcomputer war für die Timesharing-Industrie zunächst keine Option, allerdings setzte sie sich dafür ein, dass die Telekommunikationsbranche sich 1976 auf internationaler Ebene auf die Einführung eines Protokolls (X.25) zum paketbasierten Datenaustausch verständigte, das sich gegenüber dem Endkunden allerdings wie eine leitungsgebundene Verbindung verhielt (siehe Kapitel 7.c).

zusätzlich auf die Ressourcen von entfernten Computern zugreifen und deren Rechenkapazitäten, Datenbestände oder spezielle Hardware nutzen kann.[89] Da dieses Resource Sharing höhere Bandbreiten und schnellere Reaktionszeiten als die Verbindung von Terminals erforderte, verfügte das ARPANET von Beginn an über eine für die damalige Zeit sehr hohe Bandbreite von 50 kb/s,[90] während bei Timesharing-Netzwerken Mitte der 1970er Jahre Bandbreiten von nicht mehr als 2400 bits/s üblich waren, über die bis zu 46 Terminalverbindungen übertragen wurden.[91] Erst ab 1972 war es möglich, auch an das ARPANET Terminals anzuschließen, um dem ohne einen eigenen Computer auf die angeschlossenen Rechner zuzugreifen.[92]

Der Computer als Kommunikationsmedium

Der Aufbau von umfangreicheren Timesharing-Systemen an amerikanischen Hochschulen, die Erkenntnis, dass diese Systeme auch zur Kommunikation zwischen den Nutzern verwendet werden können, und das Aufkommen von überregionalen Datennetzwerken wie dem ARPANET machten Mitte der 1960er Jahre eine Neubewertung des Computers als Kommunikationsmedium möglich. Für Licklider, der nach seinem Ausscheiden aus der ARPA im Jahr 1964 zunächst am Forschungszentrum von IBM in New York beschäftigt war und 1968 als Leiter des Project MAC zum MIT zurückkehrte, war dies eine konsequente Weiterführung seiner Ideen einer Symbiose zwischen Menschen und Computern. Wenn nicht nur eine Person, sondern gleich mehrere Menschen mit einem Computer verbunden sind, so kann dieser nicht nur einen einzelnen Menschen beim Denken unterstützen, sondern auch Hilfsmittel für den gemeinsamen Denk- und Arbeitsprozess mehrerer Menschen zur Verfügung stellen. Der Computer wird dann zu einem Hilfsmittel des zwischenmenschlichen Gedankenaustausches und damit zu einem Kommunikationsmedium.

Im April 1968 formulierte Licklider gemeinsam mit Robert Taylor für die populärwissenschaftliche Zeitschrift *Science and Technology*, welche Konsequenzen Computer als Kommunikationsmittel haben können. Taylor war als Leiter des IPTO bei der ARPA seit 1966 der Nachfolger von Licklider und dafür verantwortlich, das von ihm angestoßene Forschungsprogramm mit dem Aufbau des ARPANET weiterzuführen. Beide waren eng mit der Entwicklung und Verwendung von Timesharing-Systemen an verschiedenen Hochschulen vertraut und hatten dabei beobachtet, dass sich um die Computer lokale Gemeinschaften bildeten, die die Geräte dazu nutzten, Programme, Daten und Informationen auszutauschen. Besonders das Teilen von Programmen und Daten war

---

89 Vgl. Lawrence G. Roberts, Multiple computer networks and intercomputer communication, in: J. Gosden/B. Randell (Hg.), Proceedings of the ACM symposium on Operating System Principles – SOSP '67, New York 1967, S. 3.1-3.6.
90 Vgl. Lawrence G. Roberts/Barry D. Wessler, Computer network development to achieve resource sharing, in: Harry L. Cooke (Hg.), Proceedings of the May 5-7, 1970, spring joint computer conference on – AFIPS ›70 (Spring), New York 1970, S. 543; L. G. Roberts, The evolution of packet switching, in: *Proceedings of the IEEE* 66 (1978), S. 1307-1313, hier S. 1308.
91 Vgl. Schwartz, TYMNET – A tutorial, S. 22.
92 Vgl. S. M. Ornstein u.a., The terminal IMP for the ARPA computer network, in: Proceedings of the May 16-18, 1972, spring joint computer conference, New York 1972, S. 243-254.

für sie ein Hinweis darauf, dass Computer nicht nur zur passiven Weitergabe von Informationen genutzt werden können. Da Programme und Daten für sie Ausdruck eines individuellen Problemlösungsprozesses mithilfe eines Computers waren, konnte der Computer bei der Vermittlung dieses Prozesses an andere eine aktive Rolle einnehmen. Den Vorteil, den der Austausch von Gedanken über einen Computer gegenüber anderen Medien besaß, sahen sie darin, dass Computer das gedankliche Modell eines anderen Menschen individuell aufbereiten können, sodass damit eine Interaktion möglich wird. Computer waren für Licklider und Taylor insofern ein formbares Medium, das einen gemeinsamen Gedankenprozess von mehreren Menschen ermöglicht:

> Creative, interactive communication requires a plastic or moldable medium that can be modeled, a dynamic medium in which premises will flow into consequences, and above all a common medium that can be contributed to and experimented with by all. Such a medium is at hand – the programmed digital computer.[93]

Der zweite Aspekt der Kommunikation über den Computer war für sie, dass durch die Verbindung von Computern über Datennetze ein gemeinsamer, intensiver Gedankenprozess von räumlicher Nähe unabhängig wird. So wie das geplante ARPANET den Zugriff auf die Ressourcen der angeschlossenen Computer ermöglichen sollte, ermöglichten Datennetze auch einen breiteren Zugang zu den intellektuellen Ressourcen anderer Menschen. Aus den lokalen Gemeinschaften könnte dann eine »supercommunity« werden. »The hope is that interconnection will make available to all the members of all the communities the programs and data resources of the entire supercommunity.« Innerhalb dieser großen Gemeinschaft könnten sich dann wiederum »on-line interactive communities« entwickeln, »communities not of common location, but of COMMON INTEREST«[94].

Der entscheidende Faktor dafür, dass der Computer als Kommunikationsmittel sein revolutionäres Potenzial entfalten kann, war für die beiden allerdings die Frage »Who can afford it?«. Hier sahen sie das Problem weniger bei den Kosten für Computer und Datenverarbeitung, da diese in den letzten 20 Jahren mit hoher Geschwindigkeit gesunken waren und eine Abschwächung dieses Trends nicht abzusehen war. Damit würden aber immer mehr die Telekommunikationsgebühren zum dominanten Kostenfaktor, der die Entwicklung des Computers zu einem Kommunikationsmedium abbremse.[95]

1.c Zwischenfazit: Unterscheidung von Telekommunikation und Datenverarbeitung als gestaltender Faktor

Als Ergebnis dieses Kapitels lässt sich festhalten, das elektronische Computer und der auf ihnen aufbauende Industriezweig von Anfang an technologisch eng mit dem Telekommunikationssektor verbunden waren, mit dem Consent Decree aber die Notwendigkeit geschaffen wurde, die beiden Bereiche voneinander abzugrenzen. Damit

---

93 Licklider/Taylor, The Computer as a Communication Device, in: Taylor (Hg.), In Memoriam, S. 22.
94 Ebenda, S. 37-38. Hervorhebung im Orginal.
95 Vgl. Taylor (Hg.), In Memoriam, S. 35-38.

schützte das Consent Decree die junge, amerikanische Computerindustrie vor einer potenziell erdrückenden Konkurrenz durch den einflussreichen Telekommunikationsmonopolisten AT&T und ermöglichte es ihnen von der Innovationskraft und Infrastruktur des Technologiekonzerns zu profitieren. Andererseits war diese Unterscheidung allein wettbewerbspolitisch motiviert, technologisch gab es hierfür keinen Grund. Trotzdem, oder vor allem deswegen, bildeten die Bestimmungen des Consent Decree bis in die 1980er Jahre hinein den Rahmen für die gemeinsame Entwicklung von Datenverarbeitung und Telekommunikation.

Bereits seit Ende der 1950er Jahre war die Unterscheidung zwischen Datenverarbeitung und Telekommunikation von technischen und konzeptionellen Entwicklungen infrage gestellt worden. Versuche, die Ideen der Kybernetik praktisch umzusetzen, hatten dazu geführt, dass die Computerwissenschaft und kurz darauf auch die Industrie die Vorteile von vernetzten Computern entdeckt hatten. Timesharing und der Zugriff über Telekommunikationsnetze ließen erstmalig erahnen, welche Synergien die Verbindung von Computern und Telekommunikation ermöglichen. Ökonomisch zeigte sich dies bereits ab Mitte der 1960er Jahre in dem Markt für Timesharing. Der Möglichkeit, zu einem Bruchteil der Kosten eines stationären Rechners auf die Rechenkapazität eines entfernten Computers zuzugreifen, wurde von Ökonomen wie Martin Greenberger das Potenzial zugesprochen, ganze Industriezweige zu verändern. Licklider und Taylor machten schließlich darauf aufmerksam, dass vernetzte Computer als Kommunikationsmedium den zwischenmenschlichen Austausch und damit auch gesellschaftliche Kommunikationsstrukturen radikal verändern können.

Mittelfristig führte die Verbindung von Datenverarbeitung und Telekommunikation aber zunächst dazu, dass ihre wettbewerbsrechtlich gebotene Notwendigkeit zur Unterscheidung eine Reihe von komplizierten Fragen aufwarf. Waren beispielsweise die Computer, mit denen GE und Tymshare Daten an andere Computer weiterleiteten, noch Werkzeuge der Datenverarbeitung oder schon Instrumente der Telekommunikation? Die Entwicklung der Telekommunikationstechnik verkomplizierte diese Frage zusätzlich, da das Bell System zur Vermittlung von Telefongesprächen seit den 1960er Jahren ebenfalls Computer einsetzte. Aber nach welchen Kriterien konnten die Computer, die Telefongespräche vermittelten, von denen unterschieden werden, die Daten weiterleiteten? Aus der Perspektive der Informationstheorie von Claude Shannon war dies ein und dasselbe. Beide Computer vermittelten Informationen, aber der eine galt als Telekommunikationsausrüstung, mit der das Bell System Geld verdienen durfte, während die Computer der Timesharing-Anbietern als Werkzeuge der Datenverarbeitung galten, dessen Markt vor der Monopolmacht des Telekommunikationsanbieters geschützt werden musste.

Die Nutzung von Computern als Medium der zwischenmenschlichen Kommunikation lag auf der Grenze zwischen Telekommunikation und Datenverarbeitung. Auf der einen Seite hatte ein computerbasierter Nachrichtendienst, wie er seit den 1960er Jahren an einigen amerikanischen Hochschulen verfügbar war, eindeutige Ähnlichkeit mit Telegrafie, die in den USA ein geschützter und regulierter Markt war. Auf der anderen Seite erinnerte er stark an Datenverarbeitung, und diese Ähnlichkeit hielt die amerikanischen Telekommunikationsgesellschaften davon ab, solche neuen, computerbasierten Telekommunikationsdienste anzubieten.

Das Consent Decree hatte damit zur Folge, dass die Nutzung und Weiterentwicklung des Computers als Kommunikationsmedium in den USA zunächst vor allem auf die Hochschulen beschränkt war und eine kommerzielle Nutzung solcher Dienste vorerst ausblieb. Wie im nächsten Kapitel gezeigt wird, verhinderte dies aber nicht, dass in den USA der 1970er Jahre eine Debatte über das umfangreiche Potenzial und die Auswirkungen des Kommunikationsmediums Computer geführt wurde.

2. Vorstellungen einer vernetzten Welt in den 1970er Jahren

Dass mit Timesharing und dem Zugriff über das Telefonnetz jeder Haushalt Zugang zu Computern erhalten kann und dass sich damit der Umgang mit Informationen verändern wird, wurde, wie im vorherigen Kapitel dargestellt, bereits in der ersten Hälfte der 1960er Jahre unter dem Begriff »Computer Utility« diskutiert. Zusammen mit der Erkenntnis, dass Timesharing-Systeme auch den Gedankenaustausch ihrer Benutzer ermöglichen, machte dies seit Ende der 1960er Jahre die Verwendung des Computers als Kommunikationsmittel denkbar.

In diesem Kapitel steht die Diskussion von vernetzten Computern als Kommunikationsmedien und ihr gesellschaftliches Potenzial in den 1970er Jahren im Mittelpunkt. Am Beispiel von vier unterschiedlichen Formen der Auseinandersetzung werden dabei Vorstellungen in den Fokus genommen, die zwischen 1969 und 1979 für eine Gesellschaft der nahen Zukunft formuliert wurden, in der die Kommunikation mit vernetzten Computern alltäglich ist.

Die vier Beispiele stammen aus unterschiedlichen soziokulturellen Bereichen des angloamerikanischen Sprachraums. James Martin entwickelte mit der »computerized« und »wired society« Panoramen einer zukünftigen Gesellschaft, die von seinen Erfahrungen der Computerbranche der 1960er Jahre geprägt waren. Die Soziologin Starr Roxanne Hiltz und der Informatiker Murray Turoff sind dagegen ein Beispiel für einen Versuch, mit sozialwissenschaftlichen Methoden Vorhersagen für eine zukünftige »Network Nation« zu entwickeln. Das dritte Beispiel stammt aus dem Umfeld der kalifornischen Counterculture und zeigt, wie das Alternativmilieu bei »Community Memory« mit dem Computer als Kommunikationsmittel praktisch experimentierte. Im Kontrast zu den vorherigen Vorstellungen zeigt das letzte Beispiel, wie bei einem staatlichen Telekommunikationsmonopolisten, in diesem Fall der britischen Post, über die Verbindung von Computern, Rundfunk und Telekommunikation nachgedacht und mit »Viewdata« umgesetzt wurde.

2.a Der »Guru des Informationszeitalters« - James Martin und die »wired society«

One of the most exciting technological developments of this exciting century is the marriage of the engineering of telecommunications to that of the computer industry. [...] Either the computer industry, or the telecommunications industry, alone, is capable of bringing about changes in our society, in the working habits and the government of people, that will change their way of life throughout the world. But the two techniques complement each other. In combination they add power to each other.[1]

Wie wohl nur wenige andere Personen hat James Martin in den 1970er und 1980er Jahren mit seinen Büchern und Vorträgen die Diskussionen über die Potenziale von Computern und Kommunikationstechnik geprägt und neben dem Fachdiskurs auch eine interessierte Öffentlichkeit beeinflusst. Seine Seminare und Vorträge hatten den Ruf, Orientierung für die nahe Zukunft des Telekommunikations- und Datenverarbeitungssektors zu liefern, und galten daher unter Managern als Geheimtipp, für die sie hohe Summen zu bezahlen bereit waren. Der Name James Martin war in der IT- und Beraterbranche bekannt und versprach fachkundige Orientierung und Motivierung.[2]

James Martin wurde 1933 in Großbritannien geboren, studierte in den 1950er Jahren Physik in Oxford und begann seine berufliche Laufbahn 1959 bei der britischen Niederlassung von IBM. Von dort wurde er nach New York geschickt, wo er durch die Mitarbeit am Online-Buchungssystem SABRE in die Versuche von IBM eingebunden war, die Entwicklungen des SAGE-Projekts kommerziell zu nutzen. Nach SABERE arbeitete Martin in den frühen 1960er Jahren zunächst an ähnlichen Systemen für europäische Banken und nahm schließlich das Angebot an, seine Erfahrungen am IBM-internen Forschungs- und Fortbildungsinstitut Systems Research Institut (SRI) in New York weiterzugeben.[3] Dort schrieb er 1965 und 1967 zwei grundlegende Fachbücher über die Programmierung von Echtzeit-Onlinesystemen.[4] Als führender Experte für Teleprocessing, wie die Verbindung von Computern über Telekommunikationsnetze zu dieser Zeit bezeichnet wurde, begann er 1969 mit der Arbeit an einer Buchreihe, in der er den aktuellen Stand und die absehbare Zukunft der Telekommunikationstechnik und ihre Einsatzmöglichkeiten mit Computern für Leser aus der Computerindustrie zusammenfasste (»Telecommunications and the Computer«[5]; »Future Developments in

---

1 Martin, Telecommunications and the Computer, S. 3.
2 Vgl. Andrew Crofts, The change agent. How to create a wonderful world, Blaydon 2010, S. 105. Seit den 1970er Jahren trugen seine Bücher seine Unterschrift auf dem Buchdeckel.
3 Vgl. ebenda, S. 75.
4 Vgl. James Martin, Programming real-time computer systems, Englewood Cliffs, NJ 1965; James Martin, Design of real-time computer systems, Englewood Cliffs, N.J. 1967.
5 Martin, Telecommunications and the Computer (1969).

Telecommunications«[6]), die er in den nächsten 20 Jahren mit regelmäßigen Neuauflagen aktuell hielt.[7]

Außerhalb von Fachkreisen wurde James Martin 1970 mit einem weiteren Buch bekannt, das er zusammen mit seinem Kollegen Adrian Norman[8] verfasst hatte. In »The Computerized Society« schilderten die beiden aus der Perspektive des Jahres 1970, welche Entwicklungen bei der Verbindung von Computern und Telekommunikation bis zum Jahr 1985 zu erwarten sind und welche Auswirkungen dies auf die Gesellschaft haben könnte. Das Buch war Anfang der 1970er Jahre relativ populär und erschien 1972 sogar mit dem Titel »Halbgott Computer«[9] in deutscher Übersetzung. Nach der Veröffentlichung von »The Computerized Society« begann Martin außerhalb von IBM Vorträge zu halten, die als kenntnisreich und lebendig galten. Durch seine Biografie und die internationalen Projekte, an denen er bei IBM beteiligt war, kannte Martin auch die Bedingungen der europäischen Datenverarbeitungs- und Telekommunikationssektoren und fand daher auch in Europa ein Publikum. 1978 legte er mit »The Wired Society« eine erweiterte Neufassung von »The Computerized Society« vor, die für den Pulitzer-Preis nominiert wurde, und verließ IBM, um nur noch als Publizist und Berater tätig zu sein. Geld verdiente er mit mehrtägigen Seminaren über technologische Entwicklungstrends, für die er Teilnahmegebühren von mehreren Tausend US-Dollar verlangte. In den 1980er Jahren war Martin an der Gründung eines Beratungsunternehmens beteiligt, das unter dem Namen »James Martin Associates« eine globale Finanz-, Medien und Politikelite beriet und Strategien für die digitale Zukunft der Wirtschaft anbot.[10]

The Computerized Society

Mit zwei Büchern richtete sich James Martin 1970 und 1978 mit der Botschaft an ein breites Publikum, dass durch den kontinuierlichen technischen Fortschritt in einer nahen Zukunft die Computer- und Telekommunikationstechnik allgegenwärtig, von nahezu jedem Menschen verwendet und die Gesellschaft umfassend verändern wird. In »The Computerized Society« wählte er zusammen mit seinem Co-Autor Adrian Norman das Jahr 1984 als Enddatum seiner Prognose. Mit der bewussten Anspielung auf George Orwells Dystopie »Nineteen Eighty-Four« verbanden die beiden den Hinweis, dass vernetzte Computer keineswegs nur positive Auswirkungen haben können, sondern dass

---

6   Martin, Future developments (1971).
7   James Martin, Telecommunications and the computer, Englewood Cliffs, N.J. 1976; James Martin, Telecommunications and the computer, Englewood Cliffs, NJ 1990; James Martin, Future developments in telecommunications, Englewood Cliffs, N.J. 1977.
8   Adrian R.D. Norman, Jahrgang 1938, hatte in Cambridge Mathematik und Physik studiert und war zeitweise bei IBM in New York und als Berater von Banken beschäftigt. Vgl. den biografischen Hinweis bei James Martin/Adrian R. D. Norman, The computerized society. An appraisal of the impact of computers on society over the next fifteen years, Harmondsworth 1973.
9   James Martin/Adrian R. D. Norman, Halbgott Computer, München 1972. Zur Bewertung des Titels in Deutschland siehe: Adrian R. D. Norman, Datenverarbeitung: Ein Segen oder eine Gefahr? in: DIE ZEIT 11/1973; Werner Hornung, Mythos Computer. Kommt die Tyrannei der Datokraten? in: DIE ZEIT 03/1973.
10 Vgl. Crofts, The change agent, S. 113-120. Zu »James Martin Associates« siehe: Andrew Crofts, An extraordinary business. The story of James Martin Associates, London 1990.

ihr Einsatz auch mit zahlreichen Risiken verbunden ist, denen aber zum jetzigen Zeitpunkt noch begegnet werden kann.[11]

Ein Großteil der technischen Entwicklungen, die Martin und Norman beschrieben, basierte auf ihren Erfahrungen aus den Projekten zum interaktiven Informationsaustausch zwischen Menschen und Computern, an denen sie bei IBM gearbeitet hatten, etwa SABRE (siehe Kapitel 1.b). Kennzeichnend für solche Systeme war, dass sie eine um mehrere Größenordnungen effizientere Organisation und zielgerichtetere Verteilung von Informationen ermöglichten. Beide gingen davon aus, dass durch die fallenden Kosten von Datenverarbeitung und Telekommunikation solche Informationssysteme aus rein ökonomischen Gründen in immer mehr Bereichen eingesetzt werden. »As a new and powerful technique becomes economic, it is used BECAUSE IT IS ECONOMIC.«[12]

Als das Feld, in dem die meisten Menschen zum ersten Mal im Alltag in Kontakt mit vernetzten Computern kommen werden, sahen die beiden den Geld- und Zahlungsverkehr an, da Computer in diesem Sektor bereits im Jahr 1969 relativ häufig eingesetzt wurden und Papiergeld ohnehin nur Information über den Besitz von Vermögen vermittelte. Daher sei die vollständige Automatisierung des Zahlungsverkehrs ein erwartbarer Schritt. Die beiden gingen davon aus, dass in den nächsten Jahren Kreditkarten und Überweisungen zu üblichen Formen des alltäglichen Zahlungsverkehrs werden.[13] Als Nächstes erwarteten sie, dass staatliche und gesellschaftliche Institutionen computerisierte Informationssysteme einsetzen werden, um ihren Aufgabenzuwachs auszugleichen und effizienter zu werden. Ein flächendeckender und verzögerungsfreier Zugriff auf spezifische Informationen könnte beispielsweise dazu führen, dass die Polizei gestohlene Fahrzeuge schneller findet[14] und im Gesundheitswesen Patienten besser und individueller behandelt werden.[15] In der Wirtschaft werde schließlich der Wettbewerbsdruck dafür sorgen, dass sich vernetzte Computersysteme durchsetzen, da sich damit Informationsflüsse beschleunigen und die Reaktionsmöglichkeiten von Unternehmen verbessern.[16]

Der Grundsatz, dass Informationstechnik dann genutzt wird, wenn ihre Verwendung ökonomische Vorteile bringt, galt für die beiden auch für den privaten Einsatz. Sobald Telefongebühren und Computerterminals so weit im Preis fallen werden, dass sich für private Haushalte die Nutzung eines Computers lohnt, werde sich daher ein Massenmarkt entwickeln. Über Computerterminals und Telefonleitungen werden sich dann gewöhnliche Menschen in verschiedenste Computersysteme einwählen und nach ihren individuellen Bedürfnissen Nachrichten und Informationen aus aller Welt abrufen oder über den Computer Produkte bestellen, die sie im lokalen Einzelhandel nicht oder nur zu höheren Preisen kaufen können, etwa seltene Schallplatten.[17] Im Zugang

---

11   Vgl. Martin/Norman, The computerized society (1973), S. viii–ix.
12   Ebenda, S. ix Hervorhebung im Original.
13   Vgl. ebenda, S. 63-98.
14   Vgl. ebenda, S. 99-127. Siehe zur Computerisierung der Strafverfolgung in der Bundesrepublik siehe: Hannes Mangold, Fahndung nach dem Raster 2017.
15   Vgl. Martin/Norman, The computerized society, S. 222-240.
16   Vgl. ebenda, S. 188-221.
17   Ebenda, S. 158.

zu computerbasierten Informationsdiensten sahen die beiden daher auch einen ökonomischen Vorteil für Konsumenten, da sie damit unabhängiger vom Informationsvorsprung lokaler Zeitungen und Geschäfte werden.[18] Unsicher waren Martin und Norman allerdings, ob der private Massenmarkt für Informationsdienste bereits innerhalb ihres 15-jährigen Prognosezeitraums entstehen wird, aber sie prognostizierten, dass Elektronikbastler (»hobbyists«) zu den ersten Gruppen zählen werden, die Terminals in der Wohnung haben, da sie den Umgang mit Computern als interessante und herausfordernde Beschäftigung ansehen und daher aus Selbstmotivation den Computer konzeptionell weiterentwickeln würden.[19]

Unabhängig von seinen Prognosen zur Verbreitung von vernetzten Computern, prägte »The Computerized Society« die Debatte über die Auswirkungen der Computerisierung damit, dass die Autoren auch die Gefahren dieser Entwicklung benannten. Für Martin und Norman war die Fähigkeit, große Mengen von Informationen zu organisieren und zu verteilen, mit einem Zugewinn an Macht verbunden. Der Einflussgewinn durch Informationssysteme war dabei von der zur Verfügung stehenden Informationsmenge abhängig, und dies begünstigte vor allem Institutionen, die bereits über eine große Menge an Informationen verfügten. Eine besondere Gefahr sahen die beiden dabei bei der Organisation von politischem Einfluss. In demokratischen Staaten würden beispielsweise differenzierte Informationen zu einzelnen Wählern und Wählergruppen den Kandidaten und Parteien ermöglichen, diese gezielt anzusprechen und so die Wirkung von Wahlkampfmitteln zu verstärken. Einmal an die Macht gekommen, könnte ein solches Wissen dazu genutzt werden, die eigene Position dauerhaft zu sichern.[20]

Diese Perspektive auf Computer als Machtverstärker war von der amerikanischen Privacy-Debatte beeinflusst, die in der zweiten Hälfte der 1960er Jahre geführt wurde. Ein Anstoß für die Diskussion über die Auswirkung von moderner Elektronik auf die Privatsphäre waren die Publizisten Vance Packard und Myron Brenton, die schon 1964 mit »The Naked Society«[21] und »The Privacy Invaders«[22] darauf hingewiesen hatten, dass kompakte Mikrofone und Kameras eine neue Qualität der Überwachung ermöglichen, die in die individuelle Privatsphäre (privacy) eindringen kann. Als im April 1965 das Committee on the Preservation and Use of Economic Data in einem Report vorschlug, sämtliche Daten aller US-Regierungsbehörden zur statistischen Auswertung in einem zentralen Rechenzentrum zu sammeln, erweiterte sich der Fokus dieser Debatte auf Computer, die nun ebenfalls als Instrumente identifiziert wurden, die in die Privat-

---

18 Vgl. ebenda, S. 156-159.
19 Vgl. ebenda, S. 155-156.
20 Vgl. ebenda, S. 433-437.
21 Vgl. Vance Oakley Packard, The naked society, New York 1964. Noch im Erscheinungsjahr erschien das Buch auch in deutscher Übersetzung. Vgl. Vance Oakley Packard, Die wehrlose Gesellschaft, Düsseldorf 1964.
22 Vgl. Myron Brenton, The privacy invaders, New York 1964. Siehe auch Edward V. Long/Hubert H. Humphrey, The intruders. The invasion of privacy by government and industry, New York 1967.

sphäre eindringen können, wenn sie einzelne, bislang verteilte Datensätze einer Person zu einem zusammenhängenden Bild zusammensetzen.[23]

In »The Computerized Society« gingen Martin und Norman aber davon aus, dass die gesellschaftlichen Vorteile von Informationssystemen größer als ihre Risiken sein können, sofern die richtigen Weichen gestellt werden.[24] Dazu sollten neuartige Einsatzzwecke von Computern und Telekommunikationsnetzen gefördert werden, da das Potenzial der Vereinigung dieser beiden Technologien bislang nur ansatzweise erkannt worden ist. Dies bedeutete für sie vor allem, dass Beschränkungen des Telekommunikationssektors aufgehoben werden sollten, die nur dem Interesse der Netzbetreiber dienten, in erster Linie die Endgerätemonopole.[25] Die Gefahren von vernetzten Computern wiederum müssten durch eine Reihe von neuen Gesetzen eingehegt werden. Die juristischen Maßnahmen, die Martin und Norman hier forderten, waren in den USA im Kontext der Privacy-Debatte entwickelt worden und zielten darauf ab, staatliche sowie kommerzielle Datensammlungen zu erfassen und zu gewährleisten, dass diese Datenbestände nicht gegen die Interessen der darin gespeicherten Personen verwendet werden dürfen.[26] Neben solchen gesetzlichen Regelungen hielten es Martin und Norman aber auch für notwendig, das Missbrauchspotenzial von Informationssystemen durch technische Maßnahmen wie der Verschlüsselung von Daten und Zugriffskontrollen zu begrenzen[27] und durch das Einsetzen von unabhängigen Ombudsmenschen (»Datenschutzbeauftragte«) die Interessen der Betroffenen gegenüber den Unternehmen und dem Staat zu verteidigen.[28]

The Wired Society

Bei dem 1977 vom James Martin als alleinigen Autor veröffentlichten Buch »The Wired Society« handelt es sich im Wesentlichen um eine erweiterte Neufassung von »The Computerized Society«, dessen Kernargumente sowie zahlreiche Passagen mit dem Vorgänger identisch sind. Allerdings erweiterte Martin das Buch um einen wesentlichen Aspekt: die Bedeutung der wachsenden Bandbreiten der Telekommunikation für die Zukunft des Radios und Fernsehens. Dabei griff Martin eine Debatte über die medienpolitischen Auswirkungen von Kabel- und Satellitenrundfunk auf, die in den Jahren zuvor in den USA und in Westeuropa eingesetzt hatte.

---

23 Vgl. Martin/Norman 1973, The computerized society, S. 321-345. Siehe hierzu auch: Benedikt Neuroth, Data Politics. The early phase of digitalisation within the federal government and the debate on computer privacy in the United States during the 1960s and 1970s, in: *Media in Action* 1 (2017), S. 65-80.

24 Siehe hierzu auch Hans Dieter Hellige, »Technikgeschichte und Heilsgeschehen«. Endzeiterwartungen in technischen Zukunftsszenarien für das Jahr 2000, in: Eva Schöck-Quinteros (Hg.), Bürgerliche Gesellschaft – Idee und Wirklichkeit. Festschrift für Manfred Hahn, Berlin 2004, S. 361-374.

25 Vgl. Martin/Norman, The computerized society, S. 505-507.

26 Vgl. ebenda, S. 507-522. In der Bundesrepublik wurden diese Instrumente in den 1970er Jahren unter dem Begriff »Datenschutz« übernommen. Siehe zur Debatte in den USA und dem Transfer in die Bundesrepublik: Hans Peter Bull, Datenschutz oder Die Angst vor dem Computer, München 1984, S. 73-87.

27 Martin/Norman, The computerized society, S. 523-554.

28 Ebenda, S. 555-563.

Der technische Hintergrund war, dass die Bell Labs bereits in den 1920er Jahren mit der Entwicklung von Kabeln begonnen hatten, die einen größeren Frequenzumfang übertragen konnten. Ab 1936 wurden solche Koaxialkabel zur gleichzeitigen Übertragung von mehreren Hundert Telefongesprächen eingesetzt, und in den nächsten Jahren konnte ihre Bandbreite noch weiter gesteigert werden.[29] Mit der Einführung des Fernsehens in der Nachkriegszeit wurden Koaxialkabel dann zunächst zur Übertragung der Fernsehsignale von den Sendestudios zu den Rundfunkantennen eingesetzt. Bereits in den 1940er Jahren etablierte sich in den USA aber auch ihr Einsatz auf der Empfängerseite. In Regionen mit schlechtem Rundfunkempfang stellten lokale Unternehmen leistungsstarke Gemeinschaftsantennen auf und leiteten über Koaxialkabelnetze die Rundfunksignale gegen Gebühr an ihre Kunden weiter. Da über die Kabel mehr Rundfunkprogramme übertragen werden konnten, als über Antenne zu empfangen waren, gingen einige Betreiber dieser Kabelnetze dazu über, mit Richtfunk zusätzliche Fernsehsender aus den Nachbarregionen zu übernehmen und ihren Kunden zur Verfügung zu stellen, einige Netzbetreiber experimentierten auch mit selbst produzierten Programmen.[30] In den 1960er Jahren gerieten die Kabelnetzbetreiber durch solche Praktiken in einen Konflikt mit den Fernsehsendern, für die eine Zersplitterung des Rundfunkmarktes eine Gefahr ihres auf Reichweite und Werbung basierenden Geschäftsmodells darstellte.[31]

In der kulturellen Aufbruchsphase der späten 1960er Jahre wurden aber auch Stimmen lauter, die in den größeren Bandbreiten Chancen sahen, die amerikanische Medienlandschaft vielfältiger zu machen. Besonders prominent wurde diese Hoffnung in einem Essay des Journalisten Ralph Lee Smith formuliert, das zuerst im Mai 1970 im liberalen Wochenmagazin *The Nation*[32] und später als gesonderte Publikation[33] mit dem Titel »The Wired Nation« erschien.[34] Für Smith waren die Breitbandkabelnetze ein »electronic highway«[35], über die weit mehr als nur zusätzliche Fernsehprogramme übertragen werden konnten. Bei seiner Einordnung von Breitbandkabelnetzen konnte er auf eine Studie der amerikanischen Elektronikindustrie zurückgreifen,[36] die schon 1969 vorgeschlagen hatte, Breitbandkabelnetze mit Rückkanälen auszustatten und als universelle Kommunikationsinfrastruktur zu nutzen, die das Telefonnetz ersetzen und

---

29 Vgl. Brooks, Telephone, S. 202-203; Hochheiser, Telephone Transmission, S. 108.
30 Vgl. Patrick Parsons, Blue skies. A history of cable television, Philadelphia 2008, S. 97-98.
31 Siehe hierzu Parsons, Blue skies; James McMurria, Republic on the wire. Cable television, pluralism, and the politics of new technologies, 1948-1984, New Brunswick, New Jersey 2017; Wu, The Master Switch, S. 178-181.
32 Ralph Lee Smith, The Wired Nation, in: *The Nation*, 18.5.1970, S. 587-611.
33 Ralph Lee Smith, The Wired Nation. Cable TV: The Electronic Communications Highway, New York 1972.
34 Vgl. hierzu auch: Thomas Streeter, Blue Skies and Strange Bedfellows. The Discourse of Cable Television, in: Lynn Spigel/Michael Curtin (Hg.), The revolution wasn't televised. Sixties television and social conflict, New York 1997, S. 221-242.
35 Smith, The Wired Nation, S. 83.
36 Vgl. Electronic Industries Alliance, The Future of Broadband Communication, Oktober 1969.

für Verbindungen zu Timesharing-Computern oder Videotelefonate genutzt werden sollte.[37]

In »The Wired Society« teilte Martin den Enthusiasmus von Smith und sah in Kabelnetzen eine Chance, die Vorteile von computerbasierten Informationssystemen – die zielgerichtete Verteilung von Informationen – nun auch auf audiovisuelle Medien zu übertragen und damit die gesellschaftliche Teilhabe vieler Menschen zu verbessern. Da über Kabelnetze mehr Fernsehkanäle übertragen werden konnten, wurde damit auch der Empfang von lokalen Nachrichten, politischen Debatten oder Bildungsangeboten[38] direkt in den Wohnzimmern einer breiten Bevölkerung denkbar.[39] Politisch hielt Martin die größere Vielfalt an Informations- und Kommunikationsmöglichkeiten, wie sie durch Computer und Breitbandnetze möglich wurden, für erstrebenswert, da er Pluralität als Grundlage einer freien Gesellschaft ansah, durch die eine Manipulation der Bevölkerung durch Kontrolle von Informationen, wie sie in autoritären Staaten üblich war, erschwert wird. In einer freien Gesellschaft sollte sich daher der Grundsatz der Pluralität auf alle Kommunikationsformen erstrecken, egal ob Informationen oder Meinungen auf Papier gedruckt, über Rundfunksignale gesendet oder mithilfe von Computer und Telekommunikationsnetzen verbreitet werden.[40] »A FREE SOCIETY SHOULD HAVE THE MAXIMUM DIVERSITY OF COMMUNICATIONS SYSTEMS. The greater the diversity, the more difficult the restriction and permanent falsification of information.«[41]

Versucht man die Botschaft, die Martin durch seine Bücher verbreitete, auf einen Nenner zu bringen, so plädierte er dafür, die Entwicklungen von Computern und Telekommunikation gemeinsam zu denken und als eine Schlüsseltechnologie der nahen und fernen Zukunft anzuerkennen, für die die Grenzen des Wachstums nicht galten. »Whatever the limits to growth in other field, there are no limits in telecommunications and electronic technology.«[42] Früher oder später werde die Gesellschaft daher von Computern und Telekommunikation durchdrungen sein – mit allen Vor- und Nachteilen, die dies mit sich bringt. Da sich diese Zukunftstechnologie bereits in einer Phase des revolutionären Wandels befand, war für ihn jetzt der Zeitpunkt gekommen, die Entwicklung noch zu beeinflussen.[43]

---

37   Vgl. Smith, The Wired Nation, S. 83-99.
38   Vgl. Martin, The wired society, S. 225-226.
39   Vgl. ebenda, S. 64-66. Durch größere Bandbreiten und gesunkenen Herstellungs- und Transportkosten waren Kommunikationssatelliten Mitte der 1970er Jahre an einen Punkt angekommen, die ihren Einsatz nicht mehr nur zur Überbrückung von großen Distanzen rentabel machte. Da auch die erdseitige Sende- und Empfangstechnik immer günstiger und kompakter wurde, ging Martin davon aus, dass Satellitenkommunikation in absehbarer Zeit ökonomische Vorteile gegenüber Kabelnetzen haben wird und sich ebenfalls zu einer universellen Kommunikationsinfrastruktur entwickeln werde. Bereits auf dem technologischen Stand von 1976, rechnete er vor, würde ein einzelner Satellit ausreichen, um sämtliche Einwohner der USA und Kanada den Zugang zu einem textbasierten Informationssystem zu ermöglichen. Vgl. ebenda, S. 138-146.
40   Vgl. ebenda, S. 246-247.
41   Ebenda, S. 246. Hervorhebung im Original.
42   Ebenda, S. 5.
43   Vgl. ebenda, S. 6.

2.b The Network Nation. Human Communication via Computer

> We do believe that computer-based communications can be used to make human lives richer and freer, by enabling persons to have access to vast stores of information, other ›human resources‹ and opportunities for work and socializing on a more flexible, cheaper, and convenient basis than ever before. This is the image behind the idea of a Network Nation; but unless proper policies and safeguards are introduced to select and guide the implementation of alternative forms of these services and alternative systems for guaranteeing their security from manipulation or abuse, they could also become the basis for a totalitarian network of control much more comprehensive and efficient than any that has ever been developed.[44]

Während James Martins Vorstellungen einer computerisierten Gesellschaft von seinen Erfahrungen bei IBM und der Debatte über Informationssysteme und Computer Utility beeinflusst waren, standen bei den Forschungen der Soziologin Starr Roxanne Hiltz und des Informatikers Murray Turoff die Ideen von Licklider und Taylor im Mittelpunkt, mit Computern die zwischenmenschliche Kommunikation und Zusammenarbeit zu verbessern. Beide waren ursprünglich der Frage nachgegangen, wie Computer bei der Entscheidungsfindung einer Expertengruppe helfen können. Die Ergebnisse ihres Forschungsprojekts über Computer Conferencing und ihre Schlussfolgerungen, wie sich Computer als Kommunikationsmittel auf das menschliche Zusammenleben auswirken könnten, fassten sie 1978 in einer umfangreichen Publikation über »Human Communication via Computer«[45] zusammen.

Bereits während des Physik- und Mathematikstudiums in den 1950er Jahren hatte Murray Turoff erste Erfahrungen mit Computern gesammelt und für seine Doktorarbeit an der Brandeis-Universität in Massachusetts die Computer des nahe gelegenen MIT genutzt. Da die Programmierung der Geräte Turoff leichtfiel, begann er neben seinem Studium als Systementwickler für IBM zu arbeiten. Nach seinem Abschluss begann er 1964 für das Institute for Defense Analysis zu arbeiten, einem Thinktank aus dem Umfeld des amerikanischen Verteidigungsministeriums, für das er die Entwicklung von Timesharing-Betriebssystemen bewerten sollte. 1968 wechselte er zu der Katastrophenschutzbehörde Office of Emergency Preparedness (OEP).[46]

Der Aufschwung einer wissenschaftlich fundierten Planungspolitik war in den 1960er Jahren auch mit einem wachsenden Bedarf an methodisch fundierten Erkenntnissen über zukünftige Entwicklungen verbunden. Um diese Nachfrage für die US-Regierung zu befriedigen, hatte das Beratungsunternehmen RAND zu Beginn der

---

44 Starr Roxanne Hiltz/Murray Turoff, The network nation. Human communication via computer, Cambridge, Mass. 1994, S. 447-448.

45 Hiltz/Turoff, The network nation. In den 1980er und frühen 1990er Jahren wurde »The Network Nation« wieder populär, sodass 1994 eine Neuauflage veröffentlicht wurde, die in weiten Teilen mit der Originalausgabe identisch ist. In der Neuausgabe wurden lediglich einzelne Anhänge weggelassen und ein ergänzendes Kapitel hinzugefügt. Vgl. Hiltz/Turoff, The network nation (1994), S. xxix. Für die folgenden Ausführungen wurde die Neuausgabe verwendet.

46 Vgl. Ramesh Subramanian, Murray Turoff. Father of Computer Conferencing, in: *IEEE Annals of the History of Computing* 34 (2012), S. 92-98, H. 1, hier S. 93-94.

1960er Jahre die Delphi-Methode entwickelt. Das Verfahren basierte auf der Befragung von Spezialisten über erwartete Entwicklungen in ihrem Fachgebiet, mit dem über mehrere anonyme Feedbackrunden, in denen die Experten mit den Einschätzungen ihrer Kollegen konfrontiert wurden, ein Gruppenkonsens ermittelt wurde.[47] Da das mehrfache Verschicken und Auswerten von Papierfragebögen langsam und aufwendig war, entwickelte Turoff 1970 für das OEP ein Computersystem, in das die befragten Experten ihre Antworten über an das Telefonnetz angeschlossene Terminals direkt eingeben konnten.[48] Im Jahr darauf erprobte er ein weiteres Verfahren, wie mit Computern der Informationsaustausch einer größeren Menge von verteilt agierenden Akteuren organisiert werden kann: Nachdem der US-Präsident Nixon am 15. August 1971 eine 90-tägige Festsetzung der Löhne und Preise verkündet hatte, um die drohende Inflation nach dem Ende der Goldpreisbindung des US-Dollars zu verhindern, richtete Turoff in wenigen Tagen ein Computersystem ein, mit dem sich die regionalen Büros des OEP koordinieren konnten. Durch Einwahl in EMISARI (Emergency Management Information Systems and Reference Index) erhielten die Dienststellen Zugriff auf aktuell gehaltene Dokumente und Richtlinien, konnten Nachrichten austauschen sowie zu festgelegten Zeiten die »Party Line« nutzen und mit bis zu 15 Personen chatten und Textdiskussionen führen.[49]

1974 verließ Turoff das OEP und wechselte zum New Jersey Institute of Technology, wo er sich weiter mit Gruppenkommunikation über Computer beschäftigte und dafür den Begriff »Computer Conferencing« prägte. In dieser Zeit begann er mit der Soziologin Star Roxanne Hiltz zusammenzuarbeiten, die die soziologischen Aspekte der Computerkommunikation erforschte. Gemeinsam untersuchten die beiden, wie Computer von unterschiedlichen Gruppen von Wissenschaftlern zum Austausch und zur Koordination genutzt wurden und wie sich dies auf ihre Arbeit und die Gruppendynamik auswirkte.[50] Für dieses Forschungsprojekt ließ Turoff ein neues Computersystem entwickeln, in das sich Wissenschaftler von unterschiedlichen Standorten einwählen konnten, um Nachrichten zu verschicken oder in sogenannten Conferences mit anderen Wissenschaftlern zu diskutieren.[51]

Die Ergebnisse dieses Forschungsprojekts fassten Hiltz und Turoff 1978 in »The Network Nation« zusammen und kamen dort zu dem Schluss, dass die Kommunikation mithilfe von Computern einen positiven Effekt auf das Zusammenleben von Menschen haben könnte. Zwar würden bei mit Computern geführten Diskussionen nonverbale

---

47 Vgl. Harold Adrian Linstone/Murray Turoff, The Delphi method. Techniques and Applications, Reading, Mass. 1975. Zur Funktionsweise von Delphi innerhalb der US-amerikanischen Zukunftsforschung siehe: Elke Seefried, Zukünfte. Aufstieg und Krise der Zukunftsforschung 1945-1980, Berlin 2015, S. 64-67.
48 Vgl. Subramanian, Murray Turoff, S. 95.
49 Vgl. Hiltz/Turoff, The network nation (1994), S. 55.
50 Vgl. Ramesh Subramanian, Starr Roxanne Hiltz. Pioneer Digital Sociologist, in: *IEEE Annals of the History of Computing* 35 (2013), H. 1, S. 78-85, hier S. 81.
51 Weitere Funktionen von EIES (»Electronic Information Exchange System«) waren eine Notizfunktion, mit der unfertige Texte gespeichert, sowie ein Bulletin-Board, über das Ankündigungen und Neuigkeiten kommuniziert werden konnten. Vgl. Hiltz/Turoff, The network nation (1994), S. 21-23.

Informationen wegfallen, die ansonsten für den direkten menschlichen Informationsaustausch prägend seien. Aber dies würde einerseits durch neue Methoden, Text mit zusätzlichen Informationen anzureichern, ausgeglichen, und andererseits hatten die Teilnehmer bei einer Computer Conference mehr Zeit, um Beiträge und Gedanken präziser zu formulieren und zu strukturieren. Zusammen mit dem Wegfall von nonverbaler Kommunikation wurde dadurch die Bedeutung von Argumenten gegenüber dem Status und den rhetorischen Fähigkeiten Einzelner gestärkt, sodass alle Teilnehmer sich besser und gleichmäßiger einbringen konnten.[52]

Diese Ergebnisse übertrugen die beiden auch auf Bereiche außerhalb des Wissenschaftssektors und sahen ein bedeutendes Anwendungsfeld dabei im internen Informationsaustausch von Unternehmen. Hier könnte Computer Conferencing den direkten Austausch der Mitarbeiter erleichtern und damit zu einer Veränderung der Rolle der Unternehmensführung als Informations- und Entscheidungsinstanz führen.[53] Im privaten Bereich könnten Terminals in der Wohnung schließlich die Teilhabe am politischen Diskurs erleichtern und zur individuellen Weiterbildung,[54] Kontaktpflege oder zur Suche nach Menschen mit gemeinsamen Interessen genutzt werden.[55] Einen großen Vorteil von Computer Conferencing sahen Hiltz und Turoff in der orts- und zeitunabhängigen Kommunikation, durch die Computer zum idealen Kommunikationsmittel von gesellschaftlich benachteiligten Gruppen, etwa mobilitätseingeschränkte Personen, alleinerziehende Frauen oder Blinde würden, und ihnen neue Chancen auf Teilhabe und Bildung ermöglichen können.[56]

Für beide war die zentrale Erkenntnis ihrer Forschungen, dass Computer als Kommunikationsmedium Gesellschaften in einem ähnlichen Umfang verändern können, wie dies in der Vergangenheit der Buchdruck, das Telefon oder der Rundfunk getan haben. Mithilfe von Computern könnte der einzelne Mensch sehr viel einfacher mit einer großen Anzahl an Menschen in Kontakt treten und mit mehr Informationen und einer größeren Vielfalt an Perspektiven konfrontiert werden.[57] Computer hätten das Potenzial, Menschen zusammenzubringen und neue Formen der Kooperation und des Wirtschaftens unabhängig von geografischen Entfernungen und etablierten Strukturen zu ermöglichen.[58] Dies könnte die Bildung von neuen Subkulturen mit eigenen Werten und kulturellen Codes befördern und die Gesellschaft insgesamt bereichern und vielfältiger machen.[59] Auf der anderen Seite machten Computer aber auch die Manipulation und Überwachung von abweichendem Verhalten möglich, da es durch sie einfacher werde, die gesamte Kommunikation einer Person aufzuzeichnen, auszuwerten oder bewusst zu manipulieren.[60]

---

52 Vgl. ebenda, S. 76-127.
53 Vgl. ebenda, S. 142.
54 Vgl. ebenda, S. 189-199.
55 Vgl. ebenda, S. 204-205.
56 Vgl. ebenda, S. 166-175.
57 Vgl. ebenda, S. 429-430.
58 Vgl. ebenda, S. 441-442.
59 Vgl. ebenda, S. 442-444.
60 Vgl. ebenda, S. 445-446.

In welche Richtung und in welchem Ausmaß Computer als Kommunikationsmittel Gesellschaften verändern werden, war für Turoff und Hiltz vor allem von ihrer Einordnung in die bestehenden juristischen, ökonomischen oder medialen Strukturen abhängig. Hier musste für sie aus der Perspektive des Jahres 1978 zunächst die Frage geklärt werden, wie das Verhältnis von Computern als Kommunikationsmedien zum Telekommunikationssektor in Zukunft aussehen wird. Da die USA beim Einsatz von Computern und ihrer Vernetzung gegenüber anderen Ländern einen Vorsprung von mehreren Jahren hatten, gab der amerikanische Aushandlungsprozess für die beiden die Richtung der Entwicklung vor. Sofern Computer als Kommunikationsmittel dem Telekommunikationssektor zugeschlagen würden, könnten Telefongesellschaften wie AT&T ihr Monopol darauf ausweiten und damit zu einflussreichen Akteuren auf den Informations- und Medienmärkten werden. Die beiden rieten daher, sich bei der Regulierung des Computers als Kommunikationsmittel vorerst zurückzuhalten und eine Vielzahl von unterschiedlichen Betreibern zu erlauben, mit dieser Technologie zu experimentieren und dieses neue Medium nicht von vornherein einzuschränken, sondern seine Potenziale zunächst zu entdecken.[61]

2.c Community Memory – Computer als Medium von Subkulturen

> The system is inescapably political. Its politics are concerned with people's power – their power with respect to the information useful to them, their power with respect to the technology of information (hardware and software both).
> The system democratizes information, coming and going. Whatever one's power status in society – titan of industry, child of welfare recipient – one can put information into the system and take it out on an equal basis, provided its terminals are freely accessible and (relatively) free to use. It is a truly democratic and public utility, granting no one special privilege (provided its software can teach any user to operate it with sufficient skill for her needs.[62]

Das nächste Beispiel für die Auseinandersetzung mit dem Computer als Werkzeug der zwischenmenschlichen Kommunikation ist mit der kulturellen Aufbruchsstimmung verbunden, die seit Mitte der 1960er Jahre von der Counterculture und Hippieszene rund um die kalifornische Stadt San Francisco und dem nahegelegenen Campus der Universität in Berkeley ausging. In den frühen 1970er Jahren griffen dort verschiedene Kommunen, Projekte und Initiativen diese Stimmung auf und versuchten auf unterschiedlichen Wegen, die Welt zu einem besseren Ort zu machen. Die Aktivisten des Community-Memory-Projekts sahen in den Fähigkeiten von Computern, Menschen in Kontakt zu bringen und Informationen effizient zu organisieren, eine Möglichkeit, das Leben vieler Menschen zu verbessern. Anders als bei den übrigen Beispielen

---

61 Vgl. ebenda, S. 398-421.
62 Michael Rossman, Implications of community memory, in: *ACM SIGCAS Computers and Society* 6 (1975), H. 4, S. 7-10, hier S. 7. Die Klammer ist auch im Original nicht geschlossen.

stand bei diesem Projekt Telekommunikation nicht im Vordergrund. Statt über Telekommunikation Computer dort hinzubringen, wo Menschen wohnen, verwendete Community Memory Telekommunikation, um Computer dort zugänglich zu machen, wo Menschen sich versammeln. Der Computer war über ein öffentlich aufgestelltes Terminal zugänglich, das von vorbeikommenden Passanten genutzt werden konnte. Dies lag einerseits an den technischen und organisatorischen Bedingungen, unter denen das Projekt realisiert wurde, andererseits sahen die Aktivisten dies auch als eine Gelegenheit, den Computer in einen sozialen und gemeinschaftlichen Kontext zu integrieren, Hemmschwellen abzubauen und Computer als Kommunikationsmittel für breitere Bevölkerungsschichten erfahrbar zu machen.

Die Idee zu Community Memory wurde vor allem von zwei jungen Männern entwickelt, die sich in den 1960er Jahren in der amerikanischen Free-Speech-Bewegung und der Counterculture engagierten. Der 1945 geborene Lee Felsenstein zog 1963 zum Studium der Elektrotechnik von Philadelphia in das kalifornische Berkeley und beteiligte sich dort mit technischer Expertise und seinem Tonbandgerät an verschiedenen Projekten der Free-Speech-Bewegung.[63] Für die populäre Untergrundzeitschrift *Berkeley Barb*, die vor allem für ihren liberalen und sexuell freizügigen Kleinanzeigenteil bekannt war, schrieb er beispielsweise als »military editor« über das richtige Maß von Gewalt bei Demonstrationen.[64] Im Sommer 1968 lernte er Efrem Lipkin kennen, der zu diesem Zeitpunkt als Computerexperte für verschiedene Unternehmen zwischen der amerikanischen Ost- und Westküste pendelte. Wie Felsenstein beteiligte sich Lipkin an den Aktivitäten der Counterculture und nahm am World Game von Buckminster Fuller teil, einem Simulationsspiel, das die Verbundenheit der globalen Umweltbedingungen anschaulich machen sollte.[65]

Anfang der 1970er Jahre waren beide bei Project One engagiert, einer Initiative, die vom Architekten und Fuller-Schüler Ralph Scott gegründet worden war und das Ziel verfolgte, in den Räumen einer ehemaligen Süßwarenfabrik in San Francisco einen Ort und eine Gemeinschaft für Projekte zu erschaffen, die mit Technik die Welt verbessern wollten. Als Project One 1971 vom Finanzdienstleister Transamerica Corporation einen ausgemusterten XDS-940- Timesharing-Computer[66] gespendet bekam, fand sich eine Gruppe zusammen, die das Gerät zur Grundlage eines »people's computer center« machen und für Anliegen der Counterculture nutzen wollten.[67] Im Raum standen Ideen,

---

63 Zu Felsensteins Beteiligung beim Free Speech Movement siehe: David Lance Goines, The free speech movement. Coming of age in the 1960's, Berkeley 1993, S. 258-262.
64 Vgl. Levy, Hackers, S. 158-163; Rose M. M. Wagner, Community Networks in den USA. Von der Counterculture zum Mainstream?, Hamburg 1998, S. 126-127.
65 Vgl. Wagner, Community Networks in den USA, S. 128-129.
66 Siehe zu den Besonderheiten des »XDS-940«-Computer und den technischen Details des Systems: Stefan Höltgen, »All watched over by machines of loving grace«. Öffentliche Erinnerungen, demokratische Informationen und restriktive Technologien am Beispiel der »Community Memory«, in: Ramón Reichert (Hg.), Big Data. Analysen zum digitalen Wandel von Wissen, Macht und Ökonomie, Bielefeld 2014, S. 385-403, hier S. 390-392.
67 Vgl. Levy, Hackers, S. 164.

Sozialstatistiken auszuwerten, um die Arbeit von Sozialarbeitern zu erleichtern oder zur landesweiten Koordination von alternativen Projekten zu nutzen.[68]

Zu dieser Zeit waren Switchboards eine wichtige Infrastruktur der amerikanischen Counterculture. Switchboards waren telefonisch erreichbare Informationsdienste, bei denen Informationen und Kontaktdaten aus der lokalen Szene gesammelt und weitergegeben wurden, häufig dienten sie zur Vermittlung von Schlafplätzen, Drogen oder Hilfsangeboten.[69] Hinter einigen Switchboards standen karitative Organisationen oder Kirchen, die auf diesem Weg Zugang zu den Mitgliedern der Alternativszene bekommen wollten.[70] Anfang des Jahres 1973 traten einige Switchboards an Lipkin und Felsenstein heran und baten sie, für den Computer ein Programm zu schreiben, mit dem sie ihren wachsenden Informationsbestand verwalten konnten. Nachdem Lipkin für diesen Zweck ein bestehendes Datenbankprogramm angepasst hatte, bestand vonseiten der Switchboards allerdings kein Interesse mehr an dem Computer.[71] Eine Gruppe um Lipkin und Felsenstein[72] nahm diese Vorarbeiten aber zum Anlass, um im Sommer 1973 ein eigenes, computerbasiertes Switchboard mit dem Namen »Community Memory« aufzubauen. In Leopold's Records, einem in der Counterculture beliebten und von einer Kommune betriebenen Plattenladen in Berkeley, stellte die Gruppe ein Terminal auf, das über eine Telefonleitung mit dem Timesharing-Computer beim Project One verbunden war. Ende des Jahres 1973 zog das Terminal um und wurde im Whole-Earth-Access-Geschäft in San Francisco aufgestellt, einem Ort, der ebenfalls ein beliebter Treffpunkt der Counterculture war. Ein zweites Terminal wurde im Frühjahr 1974 zeitweise in einer kommunalen Bibliothek aufgestellt.[73] Die Terminals bestanden aus Fernschreibern, die Ein- und Ausgaben auf Endlospapier ausdruckten und wegen der Lautstärke des Druckvorgangs in bunt bemalten Holzkästen eingefasst waren.[74] Mit dieser Installation wollte die Gruppe anderen Angehörigen der Counterculture die Angst vor Computern nehmen, Berührungsängste abbauen und den praktischen Nutzen von Computern erfahrbar machen. Community Memory nutzte zur Erklärung des Computers die Metapher eines Schwarzen Brettes, die in der Counterculture und an Universitäten eine gängige Methode zur Verbreitung von Informationen war. Zumindest beim ersten Aufstellungsort wurde diese funktionale Analogie auch räumlich unterstrichen, da das Schwarze Brett von Leopold's Records eine zentrale Anlaufstelle für die alternative Musikerszene und die Studierenden des nahegelegenen Campus war.

Die Bedienung der Datenbank, die die Grundlage von Community Memory bildete, war bewusst einfach gestaltet und bestand aus wenigen Kommandos. Mit dem Befehl ADD und dem Text des Eintrags sowie selbst gewählten Schlagwörtern wurden neue

---

68 Vgl. Wagner, Community Networks in den USA, S. 130.
69 Vgl. Abbie Hoffman, Steal this book, New York 1996, S. 134-137.
70 Vgl. Wagner, Community Networks in den USA, S. 127.
71 Vgl. ebenda, S. 130.
72 Zu den aktiven Mitgliedern der Gruppe gehörten Efrem Lipkin, Lee Felsenstein, Mark Szpakowski, Ken Colstad und Jude Milhon. Felsenstein kümmerte sich um die technische Wartung des Computers, Lipkin war für die Software zuständig.
73 Vgl. ebenda, S. 129.
74 Vgl. ebenda, S. 139.

Einträge in die Datenbank aufgenommen. Mit FIND und einem oder mehreren Suchbegriffen wurden Einträge gesucht und aufgelistet, die mit PRINT angezeigt werden konnten. Das System wurde schnell von den Besuchern der Ladengeschäfte angenommen. Bereits in den ersten fünf Tagen sollen 151 Einträge aufgenommen und 188 Suchanfragen durchgeführt worden sein;[75] später pendelte sich die Nutzung auf zehn neue Datensätze und 50 Suchabfragen pro Tag ein und das Terminal war ca. ein Drittel der Öffnungszeit belegt.[76] Im August 1973 dominierten aufgrund des Semesteranfangs zunächst Wohnungsangebote und Gesuche die Datenbank, später umfassten die Einträge das gesamte Themenspektrum der kalifornischen Alternativszene: Es gab Hinweise auf die Aktivitäten von politischen Gruppen, Band- und Musikergesuche sowie Drogenangebote. Die Kommunikation über den Computer führte auch zu unvorhergesehenen Nutzungsarten. Einige Einträge bestanden aus Zitaten aus Szeneliteratur, und verschiedene fiktive Figuren schienen ein regelrechtes Eigenleben im System zu führen und tauchten regelmäßig mit überraschenden Kommentaren unter unerwarteten Schlagwörtern auf.[77] Dieser kreative Umgang wurde dadurch erleichtert, dass die Organisatoren von Community Memory bewusst auf jede Einflussnahme auf die Einträge verzichteten. Zwar wurden die Terminals die meiste Zeit von einem Mitglied der Gruppe betreut, das den Benutzern bei der Bedienung zur Seite stand, aber es war allein den Anwendern überlassen, welche Informationen sie in das System eingaben oder wonach sie suchten. Die einzige Einschränkung war, dass Datensätze nach 30 Tagen gelöscht wurden, um Speicherplatz zu sparen.[78]

Das Projekt Community Memory wurde allerdings nach nur anderthalb Jahren zu Beginn des Jahres 1975 eingestellt, da der Weiterbetrieb wegen technischer Probleme nur mit größerem finanziellem Aufwand möglich war. Hinzukam, dass sich die Interessen der Mitglieder auseinanderentwickelt hatten und es innerhalb der Gruppe zu Konflikten kam.[79]

Was von Community Memory aber blieb, war die Erkenntnis, dass sich Computer als Kommunikationsmittel auf eine sinnvolle Weise auch für die Vernetzung der Counterculture einsetzen ließen. Für die Deutung des Projekts innerhalb der kalifornischen Counterculture waren vor allem die unbeschränkte Zugänglichkeit und der Verzicht auf jegliche inhaltliche Einflussnahme ein zentraler Faktor. Dies war eine bewusste Entscheidung des Projekts und eine Kritik an der Praxis einiger Switchboards und Alternativmedien, nur noch Informationen zu verbreiten, die mit ihren politischen Ansichten konform waren, womit sie aus der Perspektive der Gruppe ein Auseinanderfallen der Counterculture beschleunigten. Community Memory sollte dagegen eine neutrale Plattform sein, über die die Benutzer ohne jede Zensur beliebige Informationen verbreiten und entdecken konnten. Die politische Dimension dieses Ansatzes

---

75 Vgl. Levy, Hackers, S. 177.
76 Vgl. Colstad/Lipkin, Community memory, S. 7.
77 Vgl. Wagner, Community Networks in den USA, S. 143.
78 Vgl. ebenda, S. 132.
79 Vgl. Wagner, Community Networks in den USA, S. 145-146; Levy, Hackers, S. 179-180. Das Projekt erlebte zwischen 1984 und 1987 eine Neuauflage auf veränderter technischer Grundlage. Insgesamt vier Terminals wurden in Ökomärkten, einem Café und einem Whole-Earth-Store in Berkeley aufgestellt. Siehe hierzu ausführlich: Wagner, Community Networks in den USA, S. 146-162.

stellte Michael Rossman,[80] ein Wortführer der Free-Speech-Bewegung, 1975 in einem Essay über Community Memory in den Vordergrund, da es für ihn wegweisend dafür war, wie Computer den Umgang mit Informationen und die damit verbundenen Einflussmöglichkeiten demokratisieren können. Da Community Memory eine direkte Kommunikation zwischen Individuen ohne Mittelsmänner ermöglichte, konnten diese ihre wahren Bedürfnisse und Wünsche freier äußern und Gleichgesinnte suchen. Dabei gingen solche offenen Informationssysteme noch über die Funktionen von traditionellen Vermittlungsinstanzen wie Kleinanzeigen hinaus, da Nutzer Informationen mit persönlichen Erfahrungen anreichern konnten. Hiermit erhielten andere Nutzer eine breitere und demokratisierte Entscheidungsgrundlage, die ihnen eine größere Unabhängigkeit von interessengeleiteten Institutionen ermöglichte. Für Rossman war der Aufschwung von alternativen Heilmethoden ein gutes Beispiel für den Nutzen solcher Informationssysteme, da sie Patienten vom staatlichen Gesundheitssystem unabhängig machen und ihnen Zugang zu den Erfahrungsberichten von anderen Patienten ermöglichen. »The ›evaluative and policing‹ function will begin to escape the monopoly of medical societies and governmental agencies, and be performed directly in democratic interchange.«[81] Da Rossman erwartete, dass in absehbarer Zeit Informationssysteme vor allem durch kommerzielle Anbieter betrieben werden, hoffte er, dass Community Memory von anderen computerbegeisterten Menschen zum Vorbild genommen wird, offene Informationssysteme aufzubauen, bei denen nicht die Gewinninteressen der Betreiber, sondern die individuellen Bedürfnisse von Menschen und Gemeinschaften im Mittelpunkt stehen.[82]

2.d The Viewdata Revolution

> We believe that Viewdata is a major new medium according to the McLuhan definition, one comparable with print, radio, and the television, and which could have as significant effects on society and our lives as those did and still do. Like them, it may well lead to major changes in social habits and styles of life and have long-lasting as well as complex economics effects.
>
> Viewdata, in our view, is as critical to the development of the »third« industrial revolution as were the steam engine to the first and the internal combusting engine to the second. It will be one of the key systems of the »silicon revolution« which in turn is one of the cornerstones of »The Information Society«.[83]

Das vierte Beispiel unterscheidet sich von den drei vorherigen vor allem dadurch, dass nicht die Strukturen des amerikanischen Telekommunikationssektors den Rahmen vor-

---

80 Michael Rossman war in den Jahren 1964 und 1965 einer der Wortführer der Free Speech Bewegung an der Universität von Kalifornien in Berkeley. Er ist vor allem durch zahlreiche Beiträge als Chronist der Bewegung bekannt. Eine erste Sammlung seiner Essays erschien bereits 1971: Michael Rossman, The wedding within the war, New York 1971.
81 Rossman, Implications of community memory, S. 9.
82 Vgl. ebenda.
83 Fedida/Malik, Viewdata revolution, S. 1.

gaben. Mit Viewdata wurde in der ersten Hälfte der 1970er Jahre von der britischen Post eine Variante von Computer Utility entwickelt, bei der nicht zwischen Telekommunikation und Datenverarbeitung unterschieden werden musste und die daher zeigte, wie sich Telekommunikationsanbieter die Integration von Computern als Kommunikationsmedium in ihr Monopol vorstellten. Damit war Viewdata das Vorbild für eine neue Klasse von Telekommunikationsdiensten, mit denen die westeuropäischen Telekommunikationsanbieter computerbasierte Informationsdienste seit Mitte der 1970er Jahre auf die Fernsehgeräte ihrer Bevölkerungen brachten: Prestel in Großbritannien, Minitel[84] in Frankreich und Bildschirmtext in der Bundesrepublik. Die Schwierigkeiten bei der Einführung dieser Dienste lagen vor allem darin, dass durch sie die Grenzen von Presse, Rundfunk und Telekommunikation verschwammen. Der daraus folgende Konflikt in der Bundesrepublik wird in Kapitel 6 thematisiert; an dieser Stelle geht es dagegen um den Entstehungskontext und den konzeptionellen Grundlagen von Viewdata.

Viewdata entstand zu Beginn der 1970er Jahre aus einem Entwicklungsprojekt der britischen Post, bei dem eine Arbeitsgruppe unter der Leitung von Sam Fedida nach Möglichkeiten suchte, den Fernzugriff auf Computer zu erleichtern. Nach einer Marktanalyse kam die Gruppe zu dem Ergebnis, dass vor allem zwei Faktoren die Nutzung von Timesharing-Diensten hemmen: die hohen Anschaffungskosten von Terminals und die komplexe Bedienung der Computersysteme. Auf der Suche nach neuen Konzepten hierfür stießen sie auf eine gleichzeitig laufende Entwicklung der britischen Rundfunkanstalt BBC, die Austastlücke des Fernsehsignals zur Übertragung von zusätzlichen Informationen zu nutzen. Die BBC begann 1972, über diese Lücke zusätzliche Textinformationen als »Ceefax« (»See Facts«) zu übertragen, die die Zuschauer mit einem zusätzlichen Decoder auswählen und auf dem Fernseher als nummerierte Texttafeln anzeigen lassen konnten.[85] In dieser Verwendung des Fernsehgerätes als Darstellungsmedium für Textinformationen sah die Arbeitsgruppe unter Fedida eine Möglichkeit, die Kosten für Terminals zu reduzieren und die Bedienung von Computern zu vereinfachen. Alles, was benötigt wurde, um einen Fernseher mit einem Ceefax-Decoder als Computer-Terminal zu nutzen, war eine Verbindung mit dem Telefonnetz, über die der Benutzer mit einem Computer interagieren und personalisierte Informationen abrufen konnte.[86]

Dies waren die Grundlagen, mit denen die britische Post zwischen 1972 und 1974 am Prototyp eines solchen Informationssystems arbeitete und Nutzungskonzepte und Zielgruppen skizzierte. Da in dieser Zeit vor allem im professionellen Bereich ein Bedarf für Timesharing gesehen wurde, gingen die ersten Planungen davon aus, mit Viewdata die Nutzung von Datenverarbeitung für kleine und mittlere Unternehmen rentabel zu machen. Nach Marktanalysen und Gesprächen mit Vertretern verschiedener Branchen verschob sich die Ausrichtung von Viewdata allerdings auf den privaten Konsumentenmarkt, da die beteiligten Akteure hier größere Vorteile sahen. Die britischen Hersteller von Unterhaltungselektronik erwarteten, mit der Nachfrage nach Viewdata-

---

84 Vgl. zu Minitel: Fletcher, France enters the information age; Mailland/Driscoll, Minitel.
85 Vgl. Schneider, Technikentwicklung zwischen Politik und Markt, S. 69-74.
86 Vgl. ebenda.

fähigen Fernsehern und Decodern das absehbare Ende des Farbfernsehbooms ausgleichen zu können, und hofften, dass diese Technik ihnen einen erneuten Vorsprung vor Herstellern aus Fernost verschaffen kann. Zeitungsverlage und Werbeagenturen wiederum sahen in Viewdata einen neuen Vertriebsweg für ihre Produkte und eine Chance, einen Teil des Publikums zurückzugewinnen, die sie seit den 1950er Jahren an das Fernsehen verloren hatten. Als dritten beteiligten Akteur hatte die private Nutzung von Viewdata auch für die britische Post Vorteile, da sie mit geringen Zusatzinvestitionen die Auslastung des Telefonnetzes erhöhen konnte, das auf die werktägliche Spitzenlast des geschäftlichen Telefonverkehrs ausgerichtet war und daher am Abend und am Wochenende noch freie Kapazitäten hatte.[87] Als die britische Post im September 1975 ihr Viewdata-Konzept vorstellte und mit der Umsetzung begann, war der Dienst daher klar auf den privaten Konsumentenmarkt ausgerichtet.[88] Ab 1979 konnten die britischen Telefonkunden Viewdata dann unter der Bezeichnung »Prestel« (»press information by television/telephone«) nutzen.

Zum Start des neuen Dienstes veröffentlichte Samuel Fedida zusammen mit dem britischen Journalisten Rex Malik[89] ein Buch, in dem sie der britischen Öffentlichkeit ihre Idee von Viewdata und das aus ihrer Sicht revolutionäre Potenzial dieses Dienstes erklärten. Die Grundlage der »Viewdata Revolution«[90] war für sie, dass der Dienst erstmalig einen breiten Teil der Bevölkerung in die Lage versetzte, von den Fähigkeiten eines Computers zu profitieren und damit ein jahrhundertealtes Problem löst: »that of handling – i.e. quickly finding our way around – the mass of information on which our activities depend.«[91] Daher könne die Bedeutung von Viewdata nur mit der Erfindung des Buchdrucks, dem Rundfunk, der Dampfmaschine oder dem Verbrennungsmotor verglichen werden.[92]

Als zentrale Funktion von Prestel war daher Information Retrieval vorgesehen, das gezielte Suchen und Finden von Informationen. Das Konzept der britischen Post sah vor, dass diese Informationen von Anbietern bereitgestellt werden, die dazu Speicherplatz auf einem Computer der Post mieten und selbst entscheiden konnten, ob der Abruf dieser Informationen kostenpflichtig sein sollte. Die Post selbst wollte nur die Infrastruktur und den Speicherplatz zur Verfügung stellen und keinen Einfluss auf die Inhalte nehmen. Jede Institution und jede Person, die die Mietgebühren des Speicherplatzes zahlte, durfte mit Prestel Informationen verbreiten, sofern diese nicht gegen Gesetze verstießen.[93]

Als Informationsanbieter hatte die britische Post zum Start des Dienstes vor allem etablierte Zeitungs- und Buchverlage wie das Guinness Book of Records, die *Financial*

---

87 Vgl. ebenda, S. 75-78.
88 Vgl. ebenda, S. 78.
89 Rex Malik, Jahrgang 1928, arbeite in den 1970er und 1980er Jahren als freiberuflicher Wirtschaftsjournalist mit Schwerpunkt auf der britischen EDV-Industrie. 1975 schrieb er ein IBM-kritisches Buch: Rex Malik, And tomorrow – The world? Inside IBM, London 1975.
90 Fedida/Malik, Viewdata revolution.
91 Ebenda, S. 163.
92 Vgl. ebenda, S. 1.
93 »...subject to the normal british obscenity and libel laws the service would be transparent.« ebenda, S. 24.

Times, Wetter- und Finanzdienste sowie Verbraucherschutzorganisationen angeworben. Diese Anbieter sollten mit einem attraktiven Informationsangebot eine Nachfragedynamik in Gang setzen, durch die Prestel zu einem Massenmedium heranwachsen sollte, das auch für spezielle oder lokale Informationsangebote und Werbe- und Vertriebszwecke attraktiv sein sollte. Die Nutzer mussten für die Verwendung von Prestel neben den Kosten des Telefongesprächs noch eine Grundgebühr und eine zeitabhängige Nutzungsgebühr sowie ggf. die Gebühren für den Abruf von kostenpflichtigen Informationen zahlen.[94]

Während das Abrufen von Informationen als die Hauptfunktion von Viewdata galt, konnten die Nutzer über den Dienst auch mit Computern oder anderen Nutzern kommunizieren. Diese Systemfunktion war allerdings stark eingeschränkt und hatte nur wenige Ähnlichkeiten mit dem Konzept einer Menschen-Computer-Symbiose oder Computer Conferencing. Dies lag vor allem daran, dass das Bedienungskonzept von Viewdata bewusst einfach gehalten war und sich am Vorbild von Ceefax orientierte. Da die ersten Prestel-Decoder als Eingabegerät nur über eine numerische Fernbedienung verfügten, war die Interaktion auf normierte Kommunikationsabläufe reduziert. Die Nutzer konnten im Menü navigieren und nummerierte Texttafeln abrufen; vorgesehen war auch eine Bestellfunktion oder die Abfrage von Kontoständen.[95] Der Versand von Nachrichten an andere Nutzer war auf standardisierte Antwortoptionen und Grußkarten beschränkt;[96] erst für spätere Gerätegenerationen waren Tastaturen und Drucker vorgesehen, mit denen längere Texte eingegeben und dauerhaft gespeichert werden konnten.[97]

Das Bedienkonzept beschränkte auch die Funktion, über Viewdata die Rechenkapazität von Timesharing-Computern zu nutzen. Hier gestand Fedida 1979 allerdings ein, dass diese Funktion mittlerweile nicht mehr im gleichen Maße notwendig war, wie er zu Beginn der 1970er Jahre erwartet hatte, da Mikroprozessoren mittlerweile den Datenverarbeitungsmarkt verändert haben (siehe hierzu Kapitel 8.b). Daraus ergab sich für ihn aber eine neue Anwendungsmöglichkeit, mit Viewdata »Telesoftware« zu verteilen, die die Nutzer auf zukünftigen intelligenten Viewdata-Decodern oder ihren Mikrocomputern laufen lassen können.[98]

2.e Zwischenfazit: Medienrevolution in Wartestellung

Diese vier Beispiele zeigen, dass in den Jahren zwischen 1969 und 1979 eine Debatte einsetzte, welche Auswirkungen die in den 1960er Jahren entwickelten Konzepte der

---

94 Vgl. ebenda, S. 24-28. Fedidia und Malik dachten hier an Datenansammlungen und Bewertungen von einzelnen Gebrauchtwagenmodellen oder an Hinweise auf lokale Kulturveranstaltungen. Vgl. ebenda, S. 33-48.
95 Die Abwicklung von Zahlungsverkehr über Prestel war allerdings mittelfristig vorgesehen. Vgl. ebenda, S. 81-92.
96 Vgl. ebenda, S. 58-63.
97 Vgl. ebenda, S. 49-51.
98 Vgl. ebenda, S. 103-106.

direkten Mensch-Computer-Interaktionen, die Verbindung von Computern über Telekommunikationsleitungen und die Nutzung des Computers als Medium zur zwischenmenschlichen Kommunikation haben werden, wenn sie in der Breite alltäglich werden. Dabei stand die Frage im Raum, in welche Richtung sich Gesellschaften und Individuen entwickeln, wenn Computer und Informationen allgegenwärtig sind.

James Martin erkannte, dass diese Entwicklung Auswirkungen auf das gesellschaftliche Machtgefüge haben kann und riet dazu, rechtzeitig Maßnahmen zu ergreifen und die Gesellschaften darauf vorzubereiten. Der Zugang zu mehr Informationen könnte sowohl den Informationsvorsprung von Regierungen und Unternehmen und damit ihren Einfluss vergrößern, aber ebenso die individuellen Chancen jedes einzelnen Menschen verbessern, informierte Entscheidungen zu treffen. Hiltz und Turofs Vorstellung einer »Network Nation« und das Projekt »Community Memory« verbanden diese Entwicklung mit der Hoffnung, dass Computer neuartige Formen der zwischenmenschlichen Kommunikation und Kooperation hervorbringen werden. Hinter ihren Vorstellungen stand ein Bild von vernetzten Computern als offene Kommunikationsräume, vergleichbar mit einer wissenschaftlichen Konferenz, in denen Menschen gleichberechtigt aufeinandertreffen und sich austauschen und organisieren können. Durch die kombinierten Fähigkeiten von Computern (Organisation von Informationen) und Telekommunikation (Informationsaustausch über Entfernungen) würde somit langfristig die Unterscheidung zwischen Individualkommunikation und Massenmedien an Bedeutung verlieren.

Dagegen ist Viewdata ein Beispiel, wie sich ein Telekommunikationsanbieter mit staatlichem Fernmeldemonopol die Integration des Computers als Medium in die bestehenden Strukturen des Telekommunikations- und Mediensektors vorstellte. Bereits durch die vorgesehene Verwendung des Fernsehers als Zugangsterminal stand Viewdata dabei stark in der Tradition des bestehenden Mediensystems und wurde als Weiterentwicklung des Rundfunks verstanden. Dementsprechend folgte die Konzeption des Dienstes massenmedialen Strukturen und Regulierungsansätze, etwa in dem es zwischen wenigen Sendern bzw. Informationsanbietern und vielen Empfängern unterschied. (Zur Debatte über die Integration von Bildschirmtext in das bundesdeutsche Mediensystem siehe Kapitel 6.b.)

Welche Richtung die USA beim Computer als Medium einschlagen würde, war bis zu Beginn der 1980er Jahre allerdings offen; wegen der Bedeutung des amerikanischen Datenverarbeitungs- und Telekommunikationssektors hatte dies aber Auswirkungen über die USA hinaus. Diese Offenheit lag vor allem daran, dass die Widersprüche des Consent Decrees mittlerweile unübersehbar geworden waren und sich der amerikanische Telekommunikationssektor daher in den 1970er Jahren in einem lähmenden Restrukturierungsprozess befand, der im Mittelpunkt des nächsten Kapitels steht. Solange die Zukunft des Telekommunikationssektors noch unklar war, hielten sich die amerikanische Datenverarbeitungsindustrie sowie Medienkonzerne mit Investitionen in den Computer als Medium zurück, während das Bell System wegen des Consent Decree keinen Dienst wie Viewdata anbieten durfte. Die erwartete Medienrevolution des Computers befand sich daher bis Anfang der 1980er Jahre in den USA noch in Wartestellung.

3. Die Liberalisierung des amerikanischen Telekommunikationssektors (1950er – 1980er Jahre)

Dieses Kapitel analysiert den Wandlungsprozess des amerikanischen Telekommunikationssektors zwischen dem Consent Decree Mitte der 1950er Jahre und der Aufspaltung des Bell Systems zu Beginn der 1980er Jahre. Kennzeichnend hierfür war, dass die Regulierungsbehörde FCC seit den 1950er Jahren an den Rändern des Monopols Wettbewerb zugelassen hatte und den Konkurrenten des Bell Systems Freiräume gab, von neuen Technologien wie Richtfunk und Datenübertragung zu profitieren. Damit setzte sie eine Dynamik in Gang, durch die neue Technologien und Wettbewerb eine immer größere Bedeutung für den amerikanischen Telekommunikationssektor bekamen, bis sie in den 1970er Jahren den Kernbereich des Bell-Monopols bedrohten, das Telefon-Fernnetz. Damit stand aber die Begründung von Monopolen in der Telekommunikation und die Aufteilung des Telekommunikationsmarktes grundsätzlich infrage. Ab 1980 fand mit der Computer-II-Entscheidung der FCC und der Aufteilung (»divestiture«) des Bell Systems die Restrukturierung des amerikanischen Telekommunikationssektors dann seinen vorläufigen Abschluss. Wettbewerb wurde in nahezu allen Bereichen die Norm, während Monopole die Ausnahme wurden.

In diesem Kapitel wird der Bedeutungsgewinn von Wettbewerb auf dem amerikanischen Telekommunikationssektor in vier Unterkapiteln nachvollzogen. In den ersten zwei steht das Aufkommen von Wettbewerb bei Endgeräten und den Betrieb von Telekommunikationsnetzen im Mittelpunkt. Mit der Carterfone-Entscheidung schuf die FCC im Jahr 1968 einen offenen Markt für Endgeräte wie Modems, während sie mit der Zulassung von privaten Richtfunkstrecken seit den 1950er Jahren eine Dynamik in Gang gesetzt hatte, die Anfang der 1970er Jahre in der Entstehung von neuen Telekommunikationsanbietern resultierte, die ihren Kunden Zugang zu Datennetzen anboten. Beide Entwicklungen zwangen die FCC zur Beantwortung der Frage, wie sie Telekommunikation von Datenverarbeitung abgrenzen und was sie eigentlich regulieren will. Im dritten Unterkapitel stehen die Versuche der FCC im Mittelpunkt, mit ihren »Computer«-Entscheidungen diese Fragen zu beantworten. Während die FCC es 1971 mit »Computer I« noch von Einzelfallentscheidungen abhängig machte, ob sie sich für einen Dienst zuständig fühlte, der Telekommunikation mit Datenverarbeitung verband, verzichtete sie 1980 mit »Computer II« auf die Regulierung eines Großteils solcher hybriden Dienste. Einen vorläufigen Abschluss fand der Wandlungsprozess des amerikanischen Telekommunikationssektors dann mit der Aufteilung des Bell Systems, die im vierten Unterkapitel thematisiert wird.

3.a   Wettbewerb bei Endgeräten

»no foreign equipment«

In den 1950er Jahren waren die USA das Land mit der höchsten Telefondichte der Welt. 1956 waren mehr als 70 Prozent der amerikanischen Haushalte von den regionalen Gesellschaften des Bell Systems oder unabhängigen Telefongesellschaften an das Fernnetz von AT&T angeschlossen und führten von Jahr zu Jahr mehr Gespräche, um mit Freunden und Bekannten im ganzen Land in Kontakt zu bleiben. Für Unternehmen war ein Anschluss an das Telefonnetz eine Grundvoraussetzung für die Teilnahme am Wirtschaftsleben und die Kommunikation mit Geschäftspartnern, Zweigstellen oder reisenden Vertretern.[1]

Mit der Entwicklung von Timesharing erhielt das Telefonnetz in den 1960er Jahren einen Zusatznutzen. Mit einem Terminal und Modem konnte jeder Telefonanschluss dazu verwendet werden, einen entfernten Computer zu bedienen oder Daten zwischen zwei Computern auszutauschen. Die Telefongesellschaften hatten allerdings ein ambivalentes Verhältnis zur Datenübertragung über ihr Netz. Auf der einen Seite führte dies zu zusätzlichen Einnahmen durch kostenpflichtige Verbindungen, auf der anderen Seite lag Datenübertragung außerhalb des traditionellen Aufgabenverständnisses der Telefongesellschaften. Seit den Anfangstagen des Telefons im 19. Jahrhundert verstanden sich Telefongesellschaften nämlich in erster Linie als Dienstleister, die für ihre Kunden den qualitativ hochwertigen Service erbringen, Gespräche in einer guten und verständlichen Qualität zwischen zwei Orten zu ermöglichen. Aus diesem Selbstverständnis leiteten die Telefongesellschaften eine Ende-zu-Ende-Verantwortung für das Telefonsystem ab, d.h. sie fühlten sich für alle Aspekte des Telefonierens verantwortlich.

In den Anfangsjahren des Telefons war es für die Funktion und Qualität des Netzes noch notwendig, dass die Betreiber sämtliche Bestandteile des Telefonsystems kontrollieren. Verständliche Telefongespräche waren nur möglich, wenn Telefone und Leitungen aufeinander abgestimmt waren, und die Weiterentwicklung des Netzes erforderte es, die Telefonapparate der Kunden zu kontrollieren und bei Bedarf auszutauschen, beispielsweise wenn die Stromquelle von Gerätebatterien auf Netzversorgung oder der Anschluss von Handvermittlung auf Selbstwahl umgestellt wurde.[2]

Mit dem technischen Reifungsprozess und der Standardisierung der Telefon- und Netzwerktechnik veränderte sich allerdings die Bedeutung der Ende-zu-Ende-

---

1   Vgl. Temin/Galambos, The fall of the Bell system, S. 16.
2   Vgl. Milton Mueller, The Switchboard Problem. Scale, Signaling, and Organization in Manual Telephone Switching, 1877-1897, in: *Technology and Culture* 30 (1989), S. 534.

Verantwortung für die Telefongesellschaften, die Vermietung von Telefonen wurde zu einer wichtigen Einnahmequelle. Die Kontrolle über das Endgerät, traditionell der Telefonapparat, hatte daher eine zentrale Bedeutung für Telefongesellschaften. Auch wenn das Gerät in den Räumen des Anschlussinhabers installiert war, blieb es Eigentum der Telefongesellschaften und durfte nur gemäß ihrer Tarifbestimmungen benutzt werden. Verboten war insbesondere, das Eigentum der Telefongesellschaften zu verändern oder andere Gegenstände mit dem Netz oder dem Telefon zu verbinden.[3]

Insbesondere diese »no foreign equipment«-Bestimmung des Bell Systems wurde schon in den 1920er Jahren von anderen Unternehmen kritisiert, da sie Wettbewerb blockierte und Innovationen allein von AT&T abhängig machte. Ein prominentes Beispiel, wie das Endgerätemonopol der Telefongesellschaften zu Konflikten mit anderen Unternehmen führte, war eine Plastikkappe. Das New Yorker Unternehmen Hush-A-Phone verkaufte seit den 1920er Jahren Kunststoffaufsätze für Telefonhörer, die den Mund des Sprechers abschirmten und so den Lärmpegel in Großraumbüros absenken sollten. Bis 1948 hatte das Unternehmen die Herstellung dieses Schallschutzes zu einem stabilen Geschäft ausgebaut und bereits 125.000 Plastikkappen verkauft. Nachdem einige Händler von AT&T darauf hingewiesen wurden, dass Hush-A-Phone gegen die Tarifbestimmungen von AT&T verstieß, reichte das Unternehmen bei der FCC eine Beschwerde über die aus ihrer Sicht diskriminierenden und unfairen Tarife von AT&T ein.[4] 1955 bestätigte die FCC zunächst das Vorgehen von AT&T, da Hush-A-Phone die akustische Qualität eines Telefonats beeinflussen konnte und daher die Telefonkunden vor diesem Zubehör geschützt werden mussten.[5] Diese Entscheidung wurde allerdings 1956 durch ein Berufungsgericht aufgehoben. Für das Gericht war entscheidend, dass Hush-A-Phone nur die unmittelbar am Gespräch beteiligten Personen beeinflusste, die den gleichen Effekt auch erreichen konnten, wenn sie die Hand vor den Mund nahmen, und davon kein Schaden für Dritte oder dem Telefonnetz ausging.[6]

Dieses Urteil war zwar eine erste Einschränkung der »no foreign equipment«-Bestimmung, ließ sich aber nicht auf anderes Zubehör anwenden. Ein Verbot, das 1948 vorgestellte Jordaphone, eine akustisch gekoppelte Freisprechanlage für Gruppengespräche,[7] an das Telefonnetz anzuschließen, wurde beispielsweise 1954 von der FCC für zulässig erklärt, da das Gerät schädlich für das Telefonnetz sein konnte, wenn die Telefonleitung durch das Gerät unbemerkt geöffnet bleibt und damit Ressourcen blockiert.[8]

---

3   Das Telefon durfte auch nicht beklebt oder individualisiert werden. In einem Fall führte diese Regelung sogar dazu, dass einem Telefonkunden verboten wurde, das Telefonbuch – Eigentum der Telefongesellschaft – mit einer Schutzhülle zu versehen. Vgl. Brock, Telecommunication policy for the information age, S. 80; Johnson, Carterfone, S. 685.
4   Vgl. Brock, Telecommunication policy for the information age, S. 81.
5   Vgl. Wu, The Master Switch, S. 107-110.
6   Vgl. Brock, Telecommunication policy for the information age, S. 81-82; Jasper L. Tran, The Myth of Hush-A-Phone v. United States, in: *IEEE Annals of the History of Computing* 41 (2019), H. 4, S. 6-19.
7   Vgl. Group Telephone Conversations, in: *Popular Mechanics* 1/1948, S. 221.
8   Vgl. Temin/Galambos, The fall of the Bell system, S. 43.

Carterfone – das Ende des Endgerätemonopols

Ab 1968 wurde das Endgerätemonopol allerdings Stück für Stück abgebaut. Obwohl bei dem konkreten Anlass für diese Neuausrichtung Computer keine Rolle spielten, wurde dieser Prozess vom Aufkommen des Timesharings und die dadurch angestoßene Funktionserweiterung des Telefonnetzes beeinflusst.

Der texanische Erfinder Thomas Carter hatte 1958 ein Gerät entwickelt, das akustisch mit dem Telefonhörer verbunden wurde und Telefongespräche über Funk an ein tragbares Empfangsgerät weiterleitete. In den ersten sieben Jahren verkaufte Carter mehr als 3500 Geräte an die Betreiber von Ranches und Ölfeldern, die die neue Freiheit des Gerätes schätzten und es dazu verwendeten, auf den weitläufigen Anlagen mobil erreichbar zu sein.[9] Als AT&T allerdings begann, den Nutzern von Carterfones mit der Stilllegung ihrer Telefonanschlüsse zu drohen, reichte Carter eine Klage gegen AT&T ein und warf dem Konzern unfairen Wettbewerb vor. Das Gericht verwies den Fall 1966 an die FCC.[10]

Bei der FCC fiel der Fall mit einer Reihe von weiteren Beschwerden gegen das Bell System zusammen, in denen dem Konzern vorgeworfen wurde, Modems und Terminals erst nach längerer Wartezeit bereitzustellen und zu wenig auf die Bedürfnisse von Computernutzern Rücksicht zu nehmen. Für die FCC stellte der Carterfone-Fall daher eine Gelegenheit dar, auf die gewandelten Bedürfnisse von Telefonkunden zu reagieren und den Umgang mit Endgeräten neu zu gestalten. Aus Sicht der FCC konnte das exklusive Recht der Telefongesellschaften, ihre Kunden mit Endgeräten auszustatten, nur noch gerechtfertigt werden, wenn Geräte von anderen Herstellern dem Telefonnetz technischen Schaden zufügen können, ein rein ökonomischer Schaden allein rechtfertigte dies nicht. Hierfür konnten AT&T und die übrigen Telefongesellschaften aber keine für die FCC überzeugenden Argumente vorlegen. 1968 traf sie daher die grundsätzliche Entscheidung, dass Telefonkunden das Recht haben, alle Endgeräte anzuschließen, die technisch unschädlich für das Telefonnetz sind.[11]

Diese Entscheidung traf die Telefongesellschaften an einem kritischen Punkt und bedrohte das lukrative Geschäft des Bell Systems, Endgeräte für die fast 85 Millionen Telefonanschlüsse ihrer Kunden zu vermieten.[12] Daher musste AT&T eine Möglichkeit finden, die Entscheidung der FCC umzusetzen und Wettbewerb bei Endgeräten zuzulassen und gleichzeitig einen Großteil dieses Marktes unter ihrer Kontrolle zu behalten. Die Lösung für dieses Dilemma war die Verpflichtung der Telefonkunden, beim Anschluss von eigenen Endgeräten ein sogenanntes Protective Connecting Arrangement (PCA) zu mieten. Das PCA definierte den Netzabschluss und sollte sicherstellen, dass die dahinter angeschlossenen Endgeräte das Telefonnetz nicht stören können. Die finanzielle Hürde des PCA – rund 2 US-Dollar pro Monat – fiel bei der Nutzung von

---

9   Vgl. Johnson, Carterfone, S. 689.
10 Vgl. Alan Stone, How America got on-line. Politics, markets, and the revolution in telecommunications, Armonk, N.Y 1997, S. 58-59.
11 Vgl. Temin/Galambos, The fall of the Bell system, S. 42-43; Brock, Telecommunication policy for the information age, S. 84-85.
12 Vgl. Joseph C. Goulden, Monopoly, New York 1970, S. 135-136.

Computerterminals oder spezialisierter Hardware kaum ins Gewicht, stellte aber eine ökonomische Hürde dar, durch die der größte Teil des Endgerätemarktes, vor allem der einfache Telefonapparat, in den Händen der Telefongesellschaften blieb.[13]

Die Pflicht, zum Anschluss eines fremden Endgeräts von den Telefongesellschaften ein PCA zu mieten, führte zu einer Reihe von weiteren Wettbewerbsverfahren gegen das Bell System, in denen die Hersteller von Telefonen und Endgeräten argumentierten, dass diese Bestimmung nur den Zweck habe, den Wettbewerb zu behindern. So konnten Endgeräte der Telefongesellschaften direkt an das Telefonnetz angeschlossen werden, während die baugleichen Geräte nur hinter einem PCA angeschlossen werden durften, wenn sie auf dem freien Markt beschafft wurden. Hinzukam, dass die Schutzgeräte teilweise über Monate nicht lieferbar waren.[14]

Wegen der Vielzahl an Beschwerden über die neuen Tarife des Bell Systems begann die FCC daher Anfang der 1970er Jahre, andere Möglichkeiten zu prüfen, wie der technische Schutz des Telefonnetzes mit einem offenen Endgerätemarkt in Einklang gebracht werden kann. Das Lösungsmodell, das die Kommission in Zusammenarbeit mit der National Academy of Sciences entwickeln ließ und 1972 vorstellte, basierte auf der Standardisierung der Schnittstellen des Telefonnetzes und einer Typenzulassung von Endgeräten. Endgeräte, die die Standards einhielten, sollten direkt an das Telefonnetz angeschlossen werden dürfen. Um niemanden zu bevorteilen, galt dies auch für Telefongesellschaften. Gegen den Widerstand von AT&T und den bundesstaatlichen Regulierungsbehörden[15] beschloss die FCC 1975 dieses neue Zulassungsprogramm; aber erst, nachdem der Supreme Court im Oktober 1977 die Widersprüche dagegen als unbegründet abgelehnt hatte, konnte die Neuregelung in Kraft treten.[16]

Ab 1978 konnten amerikanische Telefonkunden daher Telefone, Anrufbeantworter, Terminals oder Modems im freien Handel erwerben und direkt an das Telefonnetz anschließen. Die genormte Steckverbindung, die in den nächsten Jahren das fest verdrahtete Telefon ersetzte, markierte einen Funktionswandel des Telefonnetzes. Durch die zeitgleich erfolgende Ausbreitung von Mikrocomputern und Modems wandelte sich die Technik, die seit 100 Jahren zur Übermittlung von Sprache genutzt wurde, nun zu einer universellen Kommunikationsinfrastruktur (siehe Kapitel 8.c). Verstärkt wurde diese Entwicklung noch durch ein weiteres Element, die Ausbreitung des Wettbewerbs im Netzbereich

---

13   Vgl. Brock, Telecommunication policy for the information age, S. 87; Temin/Galambos, The fall of the Bell system, S. 44-46.
14   Vgl. Temin/Galambos, The fall of the Bell system, S. 63; Brock, Telecommunication policy for the information age, S. 87-88.
15   Die bundesstaatlichen Regulierungsbehörden fürchteten, dass mit dem Ende des Endgerätemonopols das bisherige System der Subventionierung von lokalen Telefongebühren durch Ferngespräche zusammenbrechen werde. Die Aufteilung der Ferngesprächsgebühren zwischen AT&T und den regionalen und unabhängigen Telefongesellschaften war von dem investierten Kapital der regionalen Telefongesellschaften abhängig, an den Endgeräten einen signifikanten Anteil hatten. Vgl. Brock, Telecommunication policy for the information age, S. 89-90.
16   Vgl. Wilson, Deregulating telecommunications, S. 114-115; Brock, Telecommunication policy for the information age, S. 84-85.

3.b Wettbewerb im Netzbereich

Private Richtfunknetze (1959 - 1971)

Der hohe Aufwand, mit dem während des Zweiten Weltkrieges Hochfrequenztechnik für die Radarentwicklung erforscht wurde, hatte, wie bereits erwähnt, als Nebeneffekt, dass mit Mikrowellenrichtfunk nach dem Krieg eine Telekommunikationstechnik zur Verfügung stand, die die Vorteile eines streckenbasierten Kommunikationsnetzes mit denen von kabellosen Funkverbindungen kombinierte (siehe Kapitel 1.a). Mit Richtfunk konnten Übertragungsleitungen zwischen zwei Punkten hergestellt werden, ohne dass entlang der gesamten Strecke Kabel verlegt werden mussten. Stattdessen genügte es, entlang einer Strecke in bestimmten Abständen Türme zu errichten, auf denen aufeinander ausgerichtete Antennen die Signale weiterleiteten.

Während des Krieges war das erst 1928 gegründete Unternehmen Motorola, neben dem Bell System mit Western Electric, zu einem führenden Hersteller von Kommunikationstechnik geworden, dessen besondere Kompetenz in der Sprachübertragung mit mobilen Funkgeräten lag. Nach dem Krieg etablierte sich Motorola mit Technik außerhalb des Rüstungsbereichs und verkaufte seine Funkgeräte an Sicherheitsbehörden, Fluggesellschaften, Taxis und Transportunternehmen. Motorola hatte auch Richtfunktechnik im Angebot, aber in der unmittelbaren Nachkriegszeit war dieser Markt auf Kunden beschränkt, die über Wegerechte verfügten, wie die Betreiber von Bahnstrecken, Pipelines und Stromnetzen, sowie einige Rundfunkveranstalter, denen die FCC den Betrieb von Richtfunkstrecken zur Übertragung von Fernsehsignalen gestattet hatte. In geringen Stückzahlen verkaufte Motorola seine Richtfunktechnik auch an das Bell System.[17]

Nachdem 1956 mit dem Consent Decree absehbar war, dass das Bell System seine Ausrüstung weiter exklusiv von Western Electric beziehen darf, musste Motorola seine Hoffnungen aufgeben, dass Bell System im größeren Umfang mit Richtfunktechnik zu beliefern. In dieser Situation setzte sich Motorola bei der FCC für eine Liberalisierung des Richtfunks ein.[18] Unterstützt wurde es dabei von einflussreichen Konzernen aus der Automobil-, Presse- und Ölbranche, die aufgrund der räumlichen Ausdehnung der USA und des Trends zu dezentraleren Unternehmensstrukturen einen großen Bedarf an unternehmensinterner Kommunikation hatten und in privaten Richtfunknetzen eine Möglichkeit sahen, ihre Kommunikationskosten zu senken.[19]

Gegen den Widerstand von AT&T, die durch den Wegfall der Großkunden die Leistungsfähigkeit des Telefonnetzes gefährdet sahen, entschied die Kommission im Jahr 1959, dass Unternehmen oberhalb des Frequenzbereichs von 890 MHz eigene Richtfunkstrecken betreiben dürfen, sofern ihr Kommunikationsbedarf nicht oder nur zu einem höheren Preis von AT&T oder anderen regulierten Telekommunikationsanbietern erfüllt werden kann. Diese Richtfunkstrecken durften nur zur internen Kommunikation eines Unternehmens verwendet und nicht mit dem Telefonnetz verbunden werden.

---

17   Vgl. Motorola, Annual Report 1956, Chicago 1956.
18   Vgl. Temin/Galambos, The fall of the Bell system, S. 28-29.
19   Vgl. Horwitz, The irony of regulatory reform, S. 225.

Für die Kommunikation nach außen waren die Konzerne weiter auf die Telefongesellschaften angewiesen.[20]

AT&T reagierte auf diese Entscheidung mit einem neuen Tarifsystem namens TELPAK, das die Preise für Direktverbindungen von Großkunden deutlich senkte. Je mehr Leitungen ein Unternehmen von AT&T zur Verbindung seiner Standorte buchte, desto günstiger wurden die Gesamtkosten, teilweise stellte AT&T nur noch ein Achtel der bisherigen Kosten in Rechnung. Als Folge dieser Mengenrabatte wurde der Aufbau von eigenen Richtfunknetzen für viele Großunternehmen unrentabel.[21]

Auch wenn diese Preissenkung aus Sicht von AT&T ein naheliegender Schritt war, um der neuen Konkurrenz durch private Richtfunkstrecken zu begegnen, schuf TELPAK einen neuen Konflikt, der langfristig den Glauben an die Notwendigkeit von Monopolen im Telekommunikationssektor untergrub. Aus der Sicht von Motorola war durch die Freigabe von privaten Richtfunknetzen ein freier Markt für Unternehmenskommunikation entstanden, und mit den Preissenkungen hatte AT&T sich entschieden, am Wettbewerb auf diesem Markt teilzunehmen. Dies stellte aber die Frage, ob AT&T als ein Unternehmen, das über ein geduldetes Monopol verfügte, Einnahmen aus diesem Monopol dazu nutzte, um im Wettbewerbsbereich mit niedrigen Preisen Konkurrenten zu verdrängen. Um diese Frage zu beantworten, musste ein Verfahren gefunden werden, die Kosten von Wettbewerbsleistungen von denen des Monopolbereichs zu unterscheiden. Die bisherige Tarifregulierung basierte auf dem investierten Kapital und netzweiten, entfernungsabhängigen Durchschnittskosten (»rate of return«). Diese Methode, mit der die FCC die Preise von AT&T überprüfte, galt bereits seit den 1930er Jahren als problematisch, da ein integrierter Konzern von der Größe und Komplexität des Bell Systems verschiedene Möglichkeiten hatte, die Regulierung zu beeinflussen. Die Frage, ob die TELPAK-Tarife von AT&T unterhalb der tatsächlichen Kosten liegen, konnte die FCC daher mit den bisherigen Verfahren nur unzureichend beantworten, da der Konzern dieselbe Infrastruktur für Großkunden wie für den regulären Telefonbetrieb verwendete. Hinzukam, dass AT&T nur wenig Interesse daran hatte, die Kommission bei der Ermittlung der tatsächlichen Kosten zu unterstützen. Sofern die FCC dabei nämlich zu dem Schluss gekommen wäre, dass die TELPAK-Preise angemessen sind, hätte dies darauf hingewiesen, dass AT&T sein Monopol ausnutzt und die Telefongebühren insgesamt niedriger sein müssten; das gegenteilige Ergebnis aber hätte bedeutet, dass AT&T sich den Wettbewerb im Großkundenbereich von den privaten Telefonkunden finanzieren lässt, die dem Monopol des Konzerns ausgeliefert waren. Zwar verbot die FCC bereits 1964 einen Teil der TELPAK-Tarife, die offensichtlich unter den tatsächlichen Kosten lagen; zu einem vollständigen Verbot kam es aber erst 1976.[22]

Der Versuch, mit der neuen Technologie des Richtfunks einen Teil des Telekommunikationsmarktes zu liberalisieren, führte daher zu einem Wiederaufleben der Diskussion der 1930er Jahre (siehe Kapitel 1.a), inwieweit die FCC überhaupt in der Lage ist, die Preise des Bell Systems zu überprüfen. In den 1960er und 1970er Jahren veränderte

---

20 Wegen des Frequenzbereichs oberhalb von 890 MHz ist diese Entscheidung der FCC als »above 890 decision« bekannt. Vgl. Temin/Galambos, The fall of the Bell system, S. 30-31.
21 Vgl. Wilson, Deregulating telecommunications, S. 104.
22 Vgl. Temin/Galambos, The fall of the Bell system, S. 35-36.

sich diese Diskussion und erhielt den Charakter einer Grundsatzdebatte, ob die Regulierung von Tarifen überhaupt ein geeignetes Instrument ist, um ein Monopol von der Größe und Komplexität des Bell Systems zu kontrollieren, und ob nicht Wettbewerb insgesamt ein besseres und leistungsfähigeres Telekommunikationssystem hervorbringen könnte.[23]

Im Ergebnis bewirkte die Freigabe von privaten Richtfunkstrecken aber vorerst, dass Großkunden ihre Kommunikationskosten deutlich senken konnten und mehr Kontrolle über ihre interne Unternehmenskommunikation erhielten. Sie konnten entweder eigene Richtfunknetze aufbauen oder zu relativ günstigen Konditionen Standleitungen mieten. Als sich in den 1960er Jahren die elektronische Datenverarbeitung daher in amerikanischen Unternehmen ausbreitete, war die Verbindung von Computern über Telekommunikationsleitungen eine relativ günstige Möglichkeit, die neue Technologie in die Unternehmen zu integrieren.

Geteilte Richtfunknetze

Bis zu Beginn der 1970er Jahre galt dies in erster Linie für landesweit aktive Großkonzerne. Mittelständische Unternehmen, die nur wenige Telefongespräche zwischen Zweigstellen führten oder nur gelegentlich per Timesharing auf Computer zugriffen, waren weiter auf das öffentliche Telefonsystem angewiesen. Dies änderte sich erst, nachdem die Auflage fiel, dass private Telekommunikationsnetze nicht geteilt werden dürfen.

Die Initiative für diese Liberalisierung ging von einer kleinen, erst 1963 gegründeten Firma namens Microwave Communications Inc (MCI) aus. Hinter der Gründung von MCI durch den Elektronikhändler John D. Goeken stand die Idee, das Logistikgewerbe auf dem viel befahrenen Highway zwischen Chicago und St. Louis durch eine bessere Koordination der Transportfahrten zu revolutionieren. Hierfür plante Goeken den Aufbau einer Richtfunkstrecke, zu dessen Funktürme sich die Lkw-Fahrer verbinden sollten, um sich mit mobilen Funkgeräten mit ihren Auftraggebern zu koordinieren. Schon Ende 1963 beantragte MCI bei der FCC das Recht zum Aufbau der Richtfunkstrecke und argumentierte, dass durch ein solches Netz die Vorteile von privaten Richtfunkstrecken auch für kleine und mittelständische Unternehmen verfügbar werden.[24]

In seiner Stellungnahme hielt AT&T dagegen, dass ein solches Richtfunknetz in einem besonders rentablen Bereich die Funktion des öffentlichen Telefonnetzes dupliziere und daher Kapital umleite, das ansonsten zur Finanzierung des öffentlichen Telefonnetzes zur Verfügung stehe. Mit der Metapher des »cream skimming« wurde diese Argumentation in den nächsten Jahren und Jahrzehnten zu einer grundlegenden *Verteidigungsstrategie* der Telekommunikationsmonopolisten gegen Wettbewerbsforderungen. Das Argument basierte auf der Annahme, dass Telekommunikationsanbieter

---

23　Vgl. Temin/Galambos, The fall of the Bell system, S. 35-41; Sterling/Weiss/Bernt, Shaping American telecommunications, S. 130-131.

24　Zur Geschichte von MCI bis in die 1990er Jahre siehe: Larry Kahaner, On the line. How MCI took on AT&T, and won!, New York, 1987; Philip L. Cantelon, The history of MCI. 1968-1988, the early years, Dallas 1993.

ohne umfassendes Monopol nur die Sahne abschöpfen wollen (in der deutschen Diskussion wurde das Bild des Rosinenpickens verwendet), d.h. nur profitable Strecken und Dienstleistungen anbieten werden. Die Gewinne, die diese privaten Unternehmen damit erzielen, würden für den Betrieb von Diensten benötigt, die für sich genommen unrentabel, aber notwendig sind, um das ganze Land zu gleichwertigen Kosten mit Telekommunikationsmöglichkeiten abzudecken.[25]

Mit dieser Argumentation gegen einen »schädlichen Wettbewerb« durch den Weiterverkauf von privaten Richtfunkstrecken traf AT&T bei der FCC durchaus auf Verständnis; immerhin bestand die gesetzliche Aufgabe der Kommission daraus, allen Amerikanern den Zugang zu einem leistungsfähigen Kommunikationssystem zu fairen Preisen zu ermöglichen. Insgesamt brauchte die Kommission daher ganze sechs Jahre, bis sie über den Antrag von MCI abstimmte. Diese Verzögerung war teilweise der chronischen Kapitalknappheit und Unerfahrenheit von MCI und teilweise der Lobbyarbeit von AT&T geschuldet. Erst nachdem 1968 der erfahrene Investor William McGowan in MCI investiert hatte, kam Bewegung in den Entscheidungsprozess. Im Sommer 1969 entschied die FCC mit 4 zu 3 Stimmen, dass MCI sein Netz aufbauen darf. Die Mehrheit der Kommission folgte dabei der Argumentation von MCI und sah in dem geplanten Netz nur ein geringes Risiko für das allgemeine Telefonnetz, das durch den Nutzen eines solchen Angebotes für kleine und mittlere Unternehmen ausgeglichen wird.[26]

Mit dieser knappen Abstimmung hatte die FCC 1969 die Grundsatzentscheidung getroffen, dass sie künftig auch bei Telekommunikationsnetzen mehr Wettbewerb zulassen wird. In der Folge beantragten weitere Unternehmen eine Genehmigung, in den als rentabel geltenden Telekommunikationsmarkt einzusteigen und ihre Richtfunknetze anderen Unternehmen zur Mitnutzung zur Verfügung zu stellen. Um nicht einzeln über die Vielzahl solcher Anträge entscheiden zu müssen, führte die Kommission im Mai 1971 eine neue Kategorie von Telekommunikationsanbietern ein. Sogenannte Specialized Common Carrier sollten künftig den Bedarf an flexiblen und günstigen Mietleitungen zur Unternehmenskommunikation und Datenübertragung abdecken. Da dieser Bedarf offenbar von den bestehenden Telefongesellschaften nur unzureichend abgedeckt wurde, stellten diese neuen Anbieter aus der Sicht der FCC keine »schädliche Konkurrenz« dar, sondern erweiterten den Telekommunikationssektor insgesamt.[27]

Auch wenn bei der Bezeichnung »specialized« die Vermutung naheliegt, waren die Angebote der Specialized Common Carrier nicht auf besondere Anwendungsbereiche beschränkt, sondern führten langfristig zum Ende des Telefonmonopols des Bell Systems. Da die Telefongesellschaften von der FCC dazu verpflichtet wurden, die letzte Meile zwischen den Netzen der Specialized Common Carrier und ihren Kunden zu überbrücken, erstritt MCI vor Gerichten das Recht, dass seine Kunden ihre Mietleitungen auch dazu nutzen durften, das Fernnetz von AT&T zu umgehen und Telefongesprä-

---

25 Vgl. Stone, How America got on-line, S. 64.
26 Das Kommissionsmitglied Kenneth A. Cox wurde nach dem Ende seiner Amtszeit bei der FCC im Jahr 1970 Vizepräsident von MCI. Vgl. Temin/Galambos, The fall of the Bell system, S. 51; Sterling/Weiss/Bernt, Shaping American telecommunications, S. 131-133.
27 Vgl. Temin/Galambos, The fall of the Bell system, S. 52-53; Stone, How America got on-line, S. 68.

che in das lokale Telefonnetz weiterzuleiten. Ab 1974 bot MCI mit Execunet sogar einen Dienst an, mit dem seine Kunden über eine lokale Rufnummer von einem gewöhnlichen Telefonanschluss Ferngespräche führen konnten.[28]

3.c Verschmelzung von Datenverarbeitung und Telekommunikation

Nachdem die FCC Ende der 1960er Jahre bei Endgeräten und Telekommunikationsnetzen ihre Regulierung gelockert und die Grundlagen für mehr Vielfalt und Wettbewerb in der Telekommunikation geschaffen hatte, bekam die Frage, wo die Grenze zwischen Telekommunikation und Datenverarbeitung verläuft, neue Relevanz. Der Communications Act of 1934 limitierte die FCC auf die Regulierung des Telekommunikationssektors. Allein dies sorgte dafür, dass die in den 1960er Jahren zunehmend selbstbewusst auftretende Computerindustrie sehr genau darauf achtete, dass die Kommission nicht ihre Kompetenzen überschritt und mit ihren Entscheidungen nicht in den dynamischen und wettbewerbsorientierten Markt der Datenverarbeitung eingriff. Der Hauptgrund, warum die Abgrenzung von Telekommunikation und Datenverarbeitung aber für die langfristige Entwicklung beider Sektoren zentral war, war das Consent Decree, mit dem das Bell System sich 1956 darauf festgelegt hatte, nur auf dem regulierten Telekommunikationsmarkt Geschäfte zu machen (siehe Kapitel 1.a). Dies zwang die FCC zu einer genauen Definition dessen, was als Telekommunikation in ihre Regulierungskompetenz fiel.

Das Consent Decree verbot dem Bell System nicht, Computer und Software für den Eigenbedarf zu entwickeln oder Forschungen zur Datenverarbeitung zu betreiben; daher konnten die Bell Labs sich 1964 am Timesharing-Betriebssystem Multics beteiligen und 1969 mit der Entwicklung des Betriebssystems Unix beginnen. Unproblematisch war auch der Einsatz von Computern, solange diese als Telekommunikationsausrüstung galten. So unterschied sich die Architektur der Steuerungseinheit des 1965 von Western Electric entwickelten elektronischen Vermittlungssystems ESS1 nicht von anderen Computern; trotzdem vermied es AT&T in der Öffentlichkeit, das ESS1 als Computer oder als computerisiert zu bezeichnen.[29] Unproblematisch war ebenfalls die Herstellung und Vermietung bzw. der Verkauf von Computerzubehör wie Modems und Terminals, die ebenfalls als Telekommunikationsausrüstung galten. Das Consent Decree galt außerdem nur für das Bell System. Die unabhängigen Telefongesellschaften, die seit der Wettbewerbsphase des amerikanischen Telefonmarktes zu Beginn des 20. Jahrhunderts übriggeblieben waren und in manchen Regionen das lokale Telefonnetz betrieben, und Western Union, das seit dem Telegrafen-Zeitalter ebenfalls ein Fernnetz betrieb, waren daher nur indirekt vom Consent Decree betroffen.

Mit Timesharing trat Mitte der 1960er Jahre auch in der Datenverarbeitung die Frage auf, ab welchem Funktionsumfang der Fernzugriff auf Computer die Grenze zur Telekommunikation überschreitet. Welche Kommunikation mit und über Computer

---

28 Vgl. Temin/Galambos, The fall of the Bell system, S. 131-142; Stone, How America got on-line, S. 69-80; Wilson, Deregulating telecommunications, S. 127-130.
29 Vgl. Gertner, The idea factory, S. 233.

war als Datenverarbeitung zulässig, und ab wann mussten Timesharing-Anbieter ihre Angebote als Telekommunikationsdienste von der FCC genehmigen lassen? Durften unabhängige Telekommunikationsgesellschaften ihren Kunden Zugriff auf Computer anbieten oder hätte dies zur Folge, dass ein solches Angebot dann zu einem regulierten Telekommunikationsdienst würde, mit der Konsequenz, dass das Bell System ihn ebenfalls anbieten dürfte?

Computer I (1971)

Solche Fragen zum Verhältnis zwischen Telekommunikation und Datenverarbeitung kamen 1965 durch einen konkreten Fall auf die Tagesordnung der FCC. Das Unternehmen Bunker-Ramo gehörte Mitte der 1960er Jahre zu den ersten Anbietern eines computerbasierten Informationsdienstes. Mit »Telequote« konnten Aktienhändler über spezielle Terminals auf eine Computerdatenbank zugreifen und Handelspreise von Aktien abfragen. Nachdem das Unternehmen den Dienst erweitert und eine Funktion hinzugefügt hatte, mit der Aktienhändler ihren Mitarbeitern an den Börsen auch Kauf- und Verkaufsordern erteilen konnten, kündigte die Telekommunikationsgesellschaft Western Union die Leitungen der Telequote-Kunden. Für den Telegrafenmonopolisten hatte Bunker-Ramo Telequote durch diese neue Funktion in einen Nachrichtendienst verwandelt, der sich nicht wesentlich von der Übermittlung von Telegrammen unterschied, dem Kerngeschäft von Western Union. Als Konkurrent auf dem Telekommunikationsmarkt aber konnte Western Union verlangen, dass für Bunker-Ramo dieselben Bedingungen gelten und dass sie daher ebenfalls von der FCC reguliert werden. Auch wenn dieser konkrete Fall auf dem Verhandlungsweg beigelegt werden konnte,[30] war er für die FCC ein Hinweis darauf, dass sie eine Antwort finden musste, wie sie Datenverarbeitung von Telekommunikation unterscheiden kann, die allen Beteiligten Handlungssicherheit gab.

Zwischen 1967 und 1970 hörte die FCC daher im Rahmen einer Untersuchung Vertreter aus der Telekommunikations- und Datenverarbeitungsindustrie an und gab wissenschaftliche Gutachten in Auftrag, die vor allem zwei Fragen beantworten sollten: In welchem Rahmen sollen Telekommunikationsanbieter Computer und Datenverarbeitung einsetzen dürfen? Und umgekehrt, welche Telekommunikationsdienste dürfen die Anbieter von Datenverarbeitung erbringen, ohne unter die Regulierung der FCC zu fallen?

Als Ergebnis dieser Untersuchung fasste die Kommission 1970 einen vorläufigen und 1971 einen endgültigen Beschluss. Mit ihrer Computer-I-Entscheidung schuf die FCC drei Kategorien von Telekommunikations- und Datenverarbeitungsdiensten. Die erste Kategorie umfasste Dienste, die aus Sicht der FCC »pure communications« und damit eindeutig Telekommunikation waren, etwa Telefonvermittlung. Diese Dienste

---

30 Obwohl AT&T sich zunächst der Beschwerde von Western Union angeschlossen hatte, stellte sie später Leitungen für eine modifizierte Version des Systems zu Verfügung. Offenbar hatte der Konzern kein Interesse daran, den Eindruck zu erwecken, dass er der Datenverarbeitungsindustrie Steine in den Weg legt. Vgl. Computer Services and the Federal Regulation of Communications, in: *University of Pennsylvania Law Review* 116 (1967), S. 328, hier S. 329-330.

durften nur von Unternehmen erbracht werden, die von der FCC reguliert wurden. Demgegenüber verzichtete die FCC bei Diensten, die als »pure data processing« galten, auf eine Regulierung und überließ sie dem Wettbewerb. Kritischer war dagegen die mittlere Kategorie der hybriden Dienste, die Telekommunikation und Datenverarbeitung miteinander verbanden. Hier wollte die Kommission fallweise entscheiden, welche Funktion jeweils im Vordergrund steht und ob der Dienst reguliert werden soll.[31]

In den nächsten Jahren zeigte sich allerdings, dass dieser erste Versuch, die Verhältnisse zwischen Telekommunikation und Datenverarbeitung zu ordnen, viele Fragen offenließ. Insbesondere die Kategorie der hybriden Dienste machte das Anbieten von Dienstleistungen, die Datenverarbeitung und Telekommunikation auf innovative Weise verbanden, von Einzelfallentscheidungen abhängig. Falls ein Timesharing-Anbieter eine Funktion anbot, bei der aus Sicht eines Telekommunikationsanbieters der Kommunikationsaspekt überwog, so konnte er eine Überprüfung durch die FCC verlangen. Schloss diese sich dieser Sichtweise an, so galt der gesamte Timesharing-Anbieter als Anbieter eines Telekommunikationsdienstes und musste seine Finanzen offenlegen und Tarife genehmigen lassen.[32] Im Ergebnis führte dies dazu, dass sich Timesharing-Anbieter mit Funktionen zurückhielten, bei denen Computer als Kommunikationsmedien verwendet wurden, und ihren Kunden beispielsweise nicht ermöglichten, untereinander Nachrichten auszutauschen, obwohl dies auf universitären Timesharing-Computern eine viel genutzte Funktion war (siehe Kapitel 1.b).

Hybride Datennetze

Unmittelbar nachdem die FCC 1969 entschieden hatte, dass MCI sein geplantes Richtfunknetz bauen darf, hatte der texanische Unternehmer Sam Wyly bei der FCC ebenfalls eine Lizenz beantragt, um mit seinem neu gegründeten Unternehmen Data Transmission (Datran) ein vollständig digitales und öffentliches Datennetz zu bauen, an das Unternehmen ihre Computer anschließen können. Als Reaktion auf diesen Plan kündigte das Bell System einen eigenen Dienst zur Datenkommunikation an, der als Data-under-Voice ungenutzte Frequenzen seines bereits existierenden Richtfunknetzes nutzen sollte und daher die Tarife von Datran deutlich unterbot. Obwohl Datran bei der FCC eine Überprüfung veranlasste, ob AT&T damit nicht erneut sein Monopol missbrauchte, um im Wettbewerbsbereich Konkurrenten zu unterbieten, hielten sich die

---

31 Der zweite Fragekomplex von Computer I betraf die Frage, inwieweit die unabhängigen Telekommunikationsgesellschaften sich am Wettbewerb auf dem Datenverarbeitungsmarkt beteiligen dürfen. Hier entschied die FCC, dass die Datenverarbeitungsindustrie vor einen unfairen Wettbewerb durch Telekommunikationsanbieter geschützt werden muss. Diese durften daher auf dem Datenverarbeitungsmarkt nur durch vollständig unabhängige Tochterfirmen tätig werden, die die Dienste ihres Mutterkonzerns zu den gleichen Bedingungen wie alle anderen Anbieter mieten müssen (»maximum separation«). Ausgenommen von dieser Regelung war AT&T, da die FCC keinen Einfluss auf den Consent Decree hatte. Vgl. Stone, How America got on-line, S. 164-167; Wilson, Deregulating telecommunications, S. 154-157.
32 Vgl. Hanan Samet, Computers and Communications. The FCC Dilemma in Determining What to Regulate, in: *DePaul Law Review* 28 (1978), S. 71-103, hier S. 81-82.

Geldgeber mit weiteren Investitionen in das geplante Datennetz zurück, sodass Datran Ende des Jahres 1976 Konkurs anmelden musste.³³

Die großen Timesharing-Anbieter GE und Tymshare, die bereits Ende der 1960er Jahre von Telekommunikationsanbietern wie AT&T und Western Electric Standleitungen gemietet und zu einem Datennetzwerk zusammengeschaltet hatten (siehe Kapitel 1.b), sahen sich durch Computer I vor die Frage gestellt, inwieweit sie Dritten die Mitnutzung ihrer Netze erlauben können. Solange sie ihre Datennetze dazu verwendeten, Kunden die Gebühren für Fernverbindungen über das Telefonnetz zu ersparen und ihnen Zugang zu ihren Datenverarbeitungsdiensten zu vermitteln, stand nach den Kategorien der FCC bei diesen Netzen die Datenverarbeitung im Vordergrund. Während GE daher zunächst nur eigene Computer an sein Datennetz anschloss, öffnete Tymshare ab 1972 sein Netz für Dritte, ohne eine Lizenzierung bei der FCC zu beantragen. Anlass hierfür war einer Anfrage der amerikanischen National Library of Medicine, die den Zugriff auf ihre Computer für Kunden von Tymshare ermöglichen wollten, woraufhin Tymshare sein Netz für Dritte öffnete.³⁴

Das im Dezember 1972 gegründete Unternehmen Telenet verfolgte dagegen den Ansatz, sich beim Aufbau seines Datennetzes eng an den Strukturen der internationalen Telekommunikationsindustrie zu orientieren. Hinter Telenet stand das Beratungsunternehmen Bolt Beranek and Newman (BBN), das zuvor im Auftrag des Verteidigungsministeriums das ARPANET errichtet hatte (siehe Kapitel 1.b)³⁵ und nun seine Erfahrungen mit paketbasierten Datennetzwerken kommerziell nutzen wollte. Für die Führung dieses Unternehmens konnte BBN Larry Roberts gewinnen, der zuvor bei der ARPA für das Netzwerk zuständig war.³⁶ Wie Tymshare und GE verzichtete Telenet auf den Aufbau eines eigenen, kostspieligen Richtfunknetzes und mietete stattdessen von anderen Telekommunikationsanbietern Standleitungen und Satellitenverbindungen an, die es zu einem eigenen Netz zusammenschloss. Im Sommer 1975 ging das Datennetz von Telenet in Betrieb; sechs Monate später waren bereits 33 Kundencomputer angeschlossen.³⁷ Auch wenn Telenet sich beim Design am ARPANET orientierte, folgte es nicht dem Resource-Sharing-Ansatz, sondern richtete sein Netzwerk, wie Tymshare und GE, auf die Vermittlung von Terminalverbindungen aus.³⁸

---

33   Nachdem die FCC allerdings zu dem Ergebnis gekommen war, dass AT&T mit den »Data-under-Voice«-Tarifen seine Monopolstellung missbraucht hatte, verklagte Wyly AT&T, das schließlich die Investoren von Datran mit 50 Millionen US-Dollar entschädigen musste. Vgl. Sterling/Weiss/Bernt, Shaping American telecommunications, S. 138-139; Stuart Mathison/Lawrence Roberts/Philip Walker, The history of Telenet and the Commercialization of Packet Switching in the U.S, in: *IEEE Communications Magazine* 50 (2012), H. 5, S. 28-45, hier S. 30.
34   Vgl. La Roy Tymes, TYMNET, in: Proceedings of the May 18-20, 1971, spring joint computer conference – AFIPS ›71 (Spring), New York 1971, S. 211; Schwartz, TYMNET – A tutorial; Mathison/Roberts/Walker, The history of Telenet, S. 30-31.
35   Vgl. Hafner/Lyon, Where wizards stay up late; Abbate, Inventing the Internet, S. 56-69.
36   Zuvor hatte die ARPA unter Larry Roberts Möglichkeiten sondiert, den Betrieb des ARPANET abzugeben und dazu Gespräche mit AT&T und Western Union geführt. Da beide ablehnten, wurde das ARPANET weiter von Militär unterhalten. Vgl. Abbate, Inventing the Internet, S. 135; Mathison/Roberts/Walker, The history of Telenet, S. 29.
37   Vgl. Mathison/Roberts/Walker, The history of Telenet, S. 37.
38   Vgl. ebenda, S. 29, S. 33.

Zu der Unternehmensstrategie von Telenet gehörte es, sich eng an die internationale Telekommunikationsindustrie anzulehnen und durch die Standardisierung von Datenkommunikation durch die internationale Fernmeldeunion ITU von der Entwicklung des amerikanischen Marktes unabhängiger zu werden. Bereits unmittelbar nach Gründung von Telenet hatte Roberts sich daher bei der ITU für die Standardisierung eines offenen Netzwerkprotokolls eingesetzt, das die Verbindung von Computern unterschiedlicher Hersteller über die Grenzen von nationalen Datennetzwerken hinweg ermöglichen sollte. Als erstes kommerzielles Netzwerk bot Telenet daher ab 1976 Verbindungen über den neuen X.25-Standard an (siehe Kapitel 7.c).[39] In den folgenden Jahren verfolgte Telenet eine expansive Wachstumsstrategie und konnte bis 1980 in jedem Jahr seinen Umsatz verdoppeln.[40]

Zum Vorgehen von Telenet gehörte es auch, sich eng mit der FCC abzustimmen, um seinen Investoren und internationalen Partnern Sicherheit zu geben. Bereits 1973 hatte es daher bei der FCC eine Genehmigung beantragt, sein Datennetz als öffentlich zugängliches Telekommunikationsnetz zu betreiben, die es im April 1974 erhielt.[41] Da sein Konkurrent Tymshare bereits 40 Computer über sein Netzwerk verband, ohne seine Tarife der FCC vorzulegen, beschwerte sich Telenet 1975 bei der FCC über diese unfaire Konkurrenz. Ab 1976 war Tymshare daher gezwungen, den Betrieb seines Netzwerks in ein separates Unternehmen auszugliedern und für ihr Tochterunternehmen Tymnet eine Lizenz als Telekommunikationsanbieter zu beantragen.[42]

Hybride Endgeräte

Auch bei Endgeräten kam seit der ersten Hälfte der 1970er Jahre vermehrt die Frage auf, ob es sich um Telekommunikationsausrüstung oder Instrumente zur Datenverarbeitung handelt. Dies lag vor allem daran, dass es durch die Entwicklung von Mikrochips günstiger wurde, Datenverarbeitung in die Endgeräte zu verlagern, sodass nun auf beiden Seiten einer Telekommunikationsverbindung Daten verarbeitet wurden, zunächst durch intelligente Terminals mit Zusatzfunktionen, seit Mitte der 1970er Jahre immer öfter auch durch Mikrocomputer. Während bei der Verbindung eines einfachen Terminals mit einem Timesharing-Computer der Ort der Datenverarbeitung eindeutig bestimmt werden konnte, waren in den neueren Systemen Telekommunikation und Datenverarbeitung eng miteinander verknüpft. Konnte daher ein Dienst, bei dem das Endgerät eine Nachricht zunächst entschlüsselte, als Datenverarbeitung definiert werden, während eine Nachrichtenübertragung, wenn sie vom Endgerät direkt angezeigt oder auf Papier gedruckt wurde, Telekommunikation war? Und wie viele und welche

---

39 Vgl. Pelkey, Oral History Interviews of Lawrence G. »Larry« Roberts, S. 18; Russell, Open standards, S. 177-179.
40 1980 wurde Telenet für 59 Millionen US-Dollar von der unabhängigen Telefongesellschaft GTE aufgekauft. Vgl. Mathison/Roberts/Walker, The history of Telenet, S. 40-41.
41 Vgl. ebenda, S. 34.
42 Vgl. Tymes, TYMNET, in: Proceedings of the AFIPS ›71 (Spring); Schwartz, TYMNET – A tutorial; Mathison/Roberts/Walker, The history of Telenet, S. 30, S. 36.

Datenverarbeitungsfunktionen waren zulässig, damit ein Computer noch als Kommunikationsgerät definiert werden konnte und daher vom Bell System vertrieben werden durfte?[43]

Über diese Frage musste die FCC entscheiden, nachdem IBM sich über ein intelligentes Terminal beschwert hatte, das AT&T als Telekommunikationsausrüstung anbot. Während vorherige Terminals im Wesentlichen aus einer elektrischen Schreibmaschine mit Modem bestanden, ähnelte das 1971 vorgestellte Dataspeed 40/4 mit einem Röhrenmonitor, einer Tastatur und einem separaten Drucker bereits visuell einen Computer und verfügte zudem über die Fähigkeiten, Daten zu speichern und zu bearbeiten. Da AT&T aber aufgrund des Consent Decree keine Computer verkaufen durfte, forderte IBM die FCC auf, dem Bell System den Vertrieb des Dataspeed 40/4 zu untersagen. Im März 1976 kam der zuständige Kommissar zunächst zu dem Ergebnis, dass bei diesem intelligenten Terminal die Datenverarbeitung im Vordergrund stehe; im Dezember desselben Jahres revidierten die übrigen Mitglieder der Kommission allerdings diese Entscheidung und ordneten das Dataspeed 40/4 als Kommunikationsausrüstung ein.[44]

Computer II (1980)

Da Mitte der 1970er Jahre daher sowohl bei Datennetzen als auch Endgeräten häufig unklar war, was als Telekommunikation in die Zuständigkeit der FCC fällt, begann die Kommission 1976 ihre bisherigen Regelungen zur Abgrenzung von Datenverarbeitung und Telekommunikation auf den Prüfstand zu stellen. Die FCC wollte mit einer erneuten Untersuchung endlich Klarheit darüber erlangen, welcher Teil des Telekommunikationssektors weiter vor Wettbewerb geschützt werden muss und in welchem Bereich diese Regulierung die Entwicklung hemmt.[45]

Als Abschluss dieses zweiten Untersuchungsverfahrens verkündete die FCC 1980 mit ihrer Computer-II-Entscheidung, dass sie künftig nur noch zwei Kategorien von Telekommunikationsdiensten unterscheiden wird. Lediglich Dienste, bei denen Informationen unverändert zwischen zwei Orten übertragen werden, mussten als sogenannte »basic transmission services« künftig von der FCC genehmigt werden. Hierunter fielen Sprachverbindungen, Standleitungen oder Videoübertragungen.[46] Bei allen auf diesen Übertragungsleistungen aufbauenden Diensten, wie Timesharing, Informationssystemen oder Endgeräten, wollte die Kommission künftig auf eine Regulierung verzichten.[47] Diese »enhanced communication services« durften außerdem künftig auch

---

43 Vgl. Stone, How America got on-line, S. 170-171.
44 Vgl. Samet, Computers and Communications, S. 84-87; Wilson, Deregulating telecommunications, S. 158.
45 Vgl. Samet, Computers and Communications.
46 »[T]he offering of a pure transmission capability over a communications path that is virtually transparent in terms of its interaction with customer supplied information.« Federal Communication Commission, Amendment of Section 64.702 of the Commission's Rules and Regulations (Second Computer Inquiry), Final Decision 1980, S. 420.
47 Als »enhanced services« galten insbesondere: »services, offered over common carrier transmission facilities used in interstate communications, which employ computer processing applications that act on the format, content, code, protocol or similar aspects of the subscriber's transmitted

direkt von regulierten Telekommunikationsanbietern angeboten werden, solange sie durch separate Buchführung sicherstellten, dass sie ihre Wettbewerber nicht unfair behandelten.[48]

Um zu verstehen, welche Bedeutung diese im ersten Moment sehr technisch klingende Unterscheidung zwischen »basic transmission services« und »enhanced communication services« für die weitere Entwicklung des Computers als Kommunikationsmedium hatte, muss man sich bewusstmachen, dass Timesharing-Anbieter ihren Kunden nun den Austausch von elektronischen Nachrichten oder Informationsdienste anbieten konnten, ohne dass ihnen eine Regulierung durch die FCC drohte. Seit dem Herbst 1980 bot das Timesharing-Unternehmen CompuServe seinen Kunden daher den Zugriff auf Presseartikel und eine Nachrichtenfunktion an (zu CompuServe siehe Kapitel 8.c). Telenet startete noch 1980 mit »Telemail« ebenfalls einen elektronischen Nachrichtenservice, und Tymnet bot mit »Tyme-Gram« seinen Kunden auch den Austausch von Nachrichten an.[49]

3.d Aufspaltung des Bell Systems

Wie gezeigt, hatte die FCC seit der zweiten Hälfte der 1950er Jahre den Wettbewerb auf dem amerikanischen Telekommunikationssektor immer weiter ausgedehnt. Das Netz von AT&T war durch die Zulassung von privaten Richtfunknetzen – zuerst nur für Großkonzerne, später auch für kleinere Unternehmen – nicht mehr alternativlos. Ein ähnlicher Prozess hatte sich zwischen 1968 und 1978 auf dem Endgerätemarkt vollzogen. Statt eines Telefons oder Terminals von Western Electric konnten die Kunden des Bell Systems nun beliebige Telefone oder andere Endgeräte an ihren Telefonanschluss anschließen. Mit ihrer Computer-II-Entscheidung hatte die FCC schließlich Konsequenzen aus diesem Wandel gezogen und für den größten Teil des Telekommunikationssektors Wettbewerb zur Norm gemacht. Nach wie vor dominierte aber das Bell System den amerikanischen Telefonmarkt. Trotz der neuen Konkurrenz konnte der Konzern im Laufe der 1970er Jahre seine Einnahmen mehr als verdreifachen und galt mit jährlichen Einnahmen von über 50 Milliarden US-Dollar und mehr als einer Million Beschäftigten im Jahr 1980 als das größte Unternehmen der Welt.[50]

Jeder Schritt, den Telekommunikationsmarkt zu öffnen, war von einer Vielzahl von Beschwerden und Gerichtsverfahren begleitet worden, in denen die neuen Mitbewerber dem Bell System den Missbrauch seines Monopols vorwarfen. Für das amerikanische Justizministerium war dies ein Hinweis darauf, dass der Ansatz der 1950er Jahre, mit dem Consent Decree den Einfluss des Bell Systems zu begrenzen, nicht mehr ausreichte. Bereits im November 1974 hatte sich das Justizministerium daher zu einem

---

information; provide the subscriber additional, different, or restructured information; or involve subscriber interaction with stored information.« ebenda.
48 Vgl. Wilson, Deregulating telecommunications, S. 158-160.
49 Vgl. Phil Hirsch, Enhanced Services Debut Near, in: *Computerworld* 31/1980, S. 2.
50 Vgl. Temin/Galambos, The fall of the Bell system, S. 4; Sonny Kleinfield, The biggest company on earth. A profile of AT&T, New York 1981.

neuen Wettbewerbsverfahren gegen AT&T entschlossen und war dabei der Argumentation gefolgt, dass das Bell System sein geduldetes Monopol ausnutzt, um in wettbewerbsgeprägten Bereichen des Telekommunikationssektors Wettbewerber vom Markt zu drängen.[51]

Als Verteidigungsstrategie versuchte AT&T zunächst, den Nutzen von Wettbewerb im Telekommunikationssektor grundsätzlich infrage zu stellen. Aus Sicht des Konzerns war Telekommunikation als Ganzes ein natürliches Monopol, bei dem Wettbewerb nur zu Lasten der Allgemeinheit möglich ist. Um diese Annahme, die Mitte der 1970er Jahre noch von vielen Ökonomen geteilt wurde, auch im politischen System der USA zu verankern und damit dem Wettbewerbsverfahren die Grundlage zu entziehen, setzte sich das Bell System zunächst für eine legislative Neugestaltung des amerikanischen Telekommunikationssektors ein. Ein maßgeblich vom Bell System verfasster Gesetzesentwurf, der 1976 als Consumer Communications Reform Act in den Kongress eingebracht wurde, hätte es dem Konzern erlaubt, die Einnahmen aus dem Monopol zu nutzen, um im Interesse der Allgemeinheit Wettbewerber vom Telekommunikationsmarkt zu drängen. Dieser Entwurf fand allerdings, genau wie verschiedene Gegenentwürfe, die per Gesetz mehr Wettbewerb vorschreiben wollten, nicht genügend Unterstützung im Kongress.[52] Im politischen System der USA gab es in den 1970er Jahren für eine Neuordnung des Telekommunikationssektors entweder durch Stärkung von Monopolen oder des Wettbewerbs keine Mehrheiten.

Nach dem Scheitern der legislativen Initiativen verschob sich der Schwerpunkt der Neugestaltung des amerikanischen Telekommunikationssektors daher auf das Wettbewerbsverfahren, das 1978 durch einen krankheitsbedingten Wechsel des zuständigen Richters an Dynamik gewann. Der neue Richter, Harold Green, drängte auf einen schnellen Fortschritt, sodass nach vier Jahren des Stillstands zwischen 1978 und 1981 das Justizministerium und AT&T ihre Argumente vor Gericht austauschen mussten.[53] Parallel dazu liefen Gespräche, in denen Möglichkeiten einer erneuten außergerichtlichen Einigung sondiert wurden. Das Justizministerium forderte erneut die Herauslösung von Western Electric aus dem Bell System und die Pflicht zum Einkauf von Telekommunikationsausrüstung im Wettbewerb; außerdem sollte der Konzern sich von einem Teil seiner lokalen Telefongesellschaften trennen. Nach dem Scheitern seiner Gesetzesinitiative war AT&T zu Zugeständnissen bereit, etwa die Abtrennung einiger lokaler Telefongesellschaften, solange das Bell System in seiner Grundstruktur erhalten bleibt.[54]

Die endgültige Form der Einigung wurde zwischen 1980 und 1981 von drei Ereignissen beeinflusst. Erstens hatte die FCC 1980 mit Computer II eine Methode gefunden, um zwischen regulierter Telekommunikation und einem wettbewerbsorientierten Markt für Telekommunikationsdienste zu unterscheiden. Allerdings hatte Computer II auch den Druck für eine Neuordnung des Telekommunikationssektors und des Bell Systems erhöht. Mit dem Verzicht auf eine Regulierung des Endgerätemarktes hatte die

---

51   Vgl. Temin/Galambos, The fall of the Bell system, S. 99-111.
52   Vgl. Temin/Galambos 1989 The fall of the Bell system, S. 119-131; Wilson, Deregulating telecommunications, S. 140.
53   Vgl. Temin/Galambos, The fall of the Bell system, S. 200-203.
54   Vgl. ebenda, S. 203-207.

FCC das Bell System nämlich in die unangenehme Situation gebracht, dass es aufgrund des Consent Decree seinen Millionen von Telefonkunden eigentlich keine Telefone oder andere Endgeräte mehr vermieten durfte. Nach den Vorstellungen der FCC sollte AT&T diese für die Telefonkunden unpraktische Situation durch eine vollständig getrennte Tochterfirma umgehen, die »enhanced communication services« anbieten sollte. Dies kollidierte jedoch mit dem Consent Decree, über das die FCC keine Jurisdiktion hatte. Zweitens übernahmen mit der Wahl von Ronald Reagan Anfang 1981 die Republikaner die US-Regierung, und die neue Regierung wollte einen Großteil der von der Vorgängerregierung geerbten Wettbewerbsverfahren möglichst schnell beilegen. In der Einteilung des Telekommunikationssektors in regulierte Übertragungsdienste und einem darauf aufbauenden wettbewerbsorientierten Markt für Dienste sah der neue, für Wettbewerbsverfahren zuständige Staatsanwalt William Baxter eine Trennlinie, entlang derer auch das Bell System aufgeteilt werden kann, um in Zukunft eine Vermischung von Monopol und Wettbewerb zu vermeiden. Drittens kam hinzu, dass Richter Green im September 1981 den Konfliktparteien seine bisherige Wahrnehmung des Falls darlegte, die stark von den Argumenten der Regierung beeinflusst war. Dies war für AT&T ein Signal, nicht auf den Ausgang des Wettbewerbsverfahrens zu warten.[55]

Das Übereinkommen zwischen AT&T und dem Justizministerium, das im Dezember 1981 ausgehandelt wurde und zu Beginn des Jahres 1982 an die Öffentlichkeit gelangte, basierte auf der Aufteilung des Bell Systems (»divestiture«) durch die Abspaltung der lokalen Telefongesellschaften. Diese sollten zu sieben unabhängigen Gesellschaften (Regional Bell Operating Companys, RBOCs, auch »Baby-Bells« genannt) zusammengefasst werden, die das Monopol auf das lokale Telefonnetz behalten sollten. Im Gegenzug sollte AT&T von den Beschränkungen des Consent Decree befreit werden. Mit dieser Aufteilung sollten diejenigen Bereiche des Bell Systems abgespalten werden, die vor Wettbewerb geschützt werden mussten. Der Restkonzern aus AT&T und Western Electric sollte dann, befreit von der Last des Monopols, als starker Wettbewerber neben anderen Anbietern auf dem Markt für private Mietleitungen, Ferngespräche, Datenverarbeitung und Endgeräte aktiv werden dürfen, ohne von Vorwürfen des Monopolmissbrauchs oder dem Consent Decree ausgebremst zu werden.[56] Ein entfesseltes AT&T, das als weltweit führender Technologiekonzern seine Stärke auf verschiedenen internationalen Märkten ausspielen konnte, war für die amerikanische Regierung unter Reagan eine vielversprechende Option. Das neue AT&T galt als Unternehmen, das auf Augenhöhe mit dem EDV-Riesen IBM agieren konnte. Nicht zufällig stellte William Baxter daher zeitgleich mit der Einigung mit AT&T auch das bereits 1969 gestartete Wettbewerbsverfahren gegen IBM ein.[57]

Um die Übereinkunft zwischen AT&T und dem Justizministerium juristisch korrekt umzusetzen, musste zunächst die Verantwortung für das Consent Decree von 1956 an Richter Greene nach Washington übertragen werden, wo es unter seiner Aufsicht zum sogenannten »modified final judgment« (MFJ) angepasst wurde. Da außer-

---

55   Vgl. Temin/Galambos, The fall of the Bell system, S. 217-223; Stone, How America got on-line, S. 96-99; Brock, Telecommunication policy for the information age, S. 157-161.
56   Vgl. Sterling/Weiss/Bernt, Shaping American telecommunications, S. 158-168.
57   Vgl. Cortada, IBM, S. 338-348.

gerichtliche Übereinkünfte der US-Regierung in Wettbewerbsfällen mittlerweile vom zuständigen Richter überwacht werden mussten,[58] musste Greene, bis im Jahr 1996 mit dem Telecommunications Act für den amerikanischen Telekommunikationssektor eine neue legislative Grundlage geschaffen wurde, zahlreiche Detailfragen entscheiden, die der komplexe Umbau des Bell Systems aufwarf. Bei seinen Entscheidungen ignorierte Green teilweise die strikte Trennung zwischen Monopoldiensten und Wettbewerbsangeboten. So erlaubte er den RBOCs, weiter Branchentelefonbücher und Endgeräte anzubieten, obwohl dies eigentlich in den Wettbewerbsbereich fiel. Für AT&T verhängte er eine Reihe von Wettbewerbseinschränkungen, um kleinere Unternehmen weiter vor dem Konzern zu schützen. So durfte AT&T bis 1989 auf dem Markt für »electronic publishing« nicht mit seiner eigenen Infrastruktur agieren, um einen Interessenkonflikt mit Anbietern von Informationsdiensten zu verhindern.[59]

3.e   Zwischenfazit: Die neue Freiheit der Telekommunikation

Nach zwei Jahren, in denen die Details ausgearbeitet und die Neustrukturierung vorbereitet wurde, trat am 1. Januar 1984 die Aufspaltung des Bell Systems in Kraft. Damit kam der seit den 1950er Jahren andauernde Transformationsprozess des amerikanischen Telekommunikationssektors zu seinem vorläufigen Abschluss. Dieser Wandel basierte auf keinem Masterplan und war nur indirekt von politischen Entscheidungen beeinflusst.[60] Stattdessen wurde die Transformation von technischen Innovationen wie Mikrowellenrichtfunk in Gang gesetzt, die die Regulierungsbehörde FCC veranlasst hatte, in Teilen des Telekommunikationssektors Wettbewerb zuzulassen. Die wachsende Bedeutung von Telekommunikation für Datenverarbeitung, die in den 1960er Jahren zu einer einflussreichen und selbstbewussten Industrie wurde, und weitere technische Innovationen wie die Mikroelektronik, verschärften in den 1970er Jahren schließlich den Konflikt zwischen der wettbewerbsgeprägten Datenverarbeitungsindustrie und den monopolbasierten Telekommunikationssektor. Weder

---

58   Diese Regelung basierte auf den »Tunney-Act«. Das Gesetz wurde 1974 verabschiedet, um die Einflussnahme von Konzernen auf das Verhalten der Regierung in Wettbewerbsfällen zu verhindern, was unter Nixon vorgekommen war. Auch wenn diese Regelung nicht rückwirkende galt, vereinbarten die Parteien bei der Aufspaltung des Bell Systems darauf die Regularien des Tunney-Act einzuhalten. Vgl. 1997, How America got on-line, S. 98.

59   Vgl. Waren G. Lavey/Deniss W. Carlton, Economic Goals and Remedies of the AT&T Modified Final Judgment, in: *Georgetown Law Journal* 71 (1983), S. 1497-1518, hier S. 1504-1505. Bereits 1980 hatten sich die amerikanischen Zeitungsverlage nach der Computer II-Entscheidung dafür eingesetzt, vor der Konkurrenz von AT&T oder einer seiner Tochterfirmen auf dem Markt der regelmäßig erscheinen, zeitungsähnlichen Produkte geschützt zu werden. Vgl. Temin/Galambos, The fall of the Bell system, S. 188.

60   Allerdings gab es Impulse von der amerikanischen Regierung. So wurde 1970 von Nixon im Weißen Haus das »Office of Telecommunications Policy« eingerichtet. Der erste Amtsinhaber, Clay Whitehead, setzte sich für eine grundlegende Liberalisierung der inländischen Satellitenkommunikation ein. Die Entscheidung, diesen Markt weitgehend zu öffnen (»open skies«), traf 1972 aber die FCC. Vgl. Wilson, Deregulating telecommunications; Sterling/Weiss/Bernt, Shaping American telecommunications, S. 135-136.

das amerikanische Wettbewerbsrecht noch die Regulierungsbehörde FCC konnten in dieser Zeit den Konflikt befrieden. Stattdessen wuchs der Druck, weite Teile des amerikanischen Telekommunikationssektors für den Wettbewerb zu öffnen.

Dieser Konflikt beeinflusste aus zwei Gründen die Entwicklung des Computers zu einem Kommunikationsmedium. Erstens verzögerte sich dadurch die Ausbreitung von Kommunikationsdiensten, die von den Möglichkeiten des Computers Gebrauch machten. Das Bell System war wegen des Consent Decree nicht in der Lage, einen Dienst wie Viewdata anzubieten, während Timesharing-Anbieter darauf achten mussten, nicht die Grenze zur Telekommunikation zu überschreiten. Erst der radikale Schritt, ab 1980 mit der Computer-II-Entscheidung Telekommunikationsdienste grundsätzlich für den Wettbewerb zu öffnen, veränderte diese Situation. Als Folge dieses Paradigmenwechsels wurde das Bell System, das in den 1950er Jahren noch den größten Teil des amerikanischen Telekommunikationssektors als Monopol kontrollierte, aufgespalten und befand sich nun in den profitabelsten Bereichen der Telekommunikation, bei Endgeräten, Fernleitungen und Diensten, im Wettbewerb. In dem Moment, in dem in den USA die regulatorische Blockade des Computers als Kommunikationsmedium aufgelöst wurde, hatte daher kein Anbieter einen Vorsprung auf dem neu entstehenden Markt für Informationsdienste.

Zweitens kam hinzu, dass durch die jahrelange Verzögerung die technischen Voraussetzungen für Computer als Kommunikationsmedien nun ganz andere waren. Wie in Kapitel 8.c noch gezeigt wird, fiel die Deregulierung des Telekommunikationssektors genau mit der Ausbreitung von Heimcomputern zusammen. Während Licklider, Fedida oder Martin zehn Jahre zuvor noch davon ausgegangen waren, dass der Preis eines Terminals der entscheidende Faktor für den Erfolg des Computers als Kommunikationsmedium ist, konnten die Besitzer von Heimcomputern nun in jedem Elektronikfachgeschäft ein Modem erwerben, mit dem sie ihren Computer in ein Zugangsterminal verwandeln oder eigene Kommunikationsdienste anbieten konnten, etwa in Form eines Bulletin Board Systems (BBS). Eine direkte Folge des Liberalisierungsprozesses war daher, dass in den USA in den 1980er Jahren eine vielfältige und dezentrale Kommunikationslandschaft entstand, die mit Heimcomputern, Modems und dem Telefonnetz bereist werden konnte.

Die Entscheidung der FCC, »enhanced communication services« nicht zu regulieren, bedeutete allerdings auch, dass sie darauf verzichtete, auf Anbieter und Inhalte von solchen Diensten Einfluss zu nehmen. Dies unterschied die entstehende digitale Kommunikationslandschaft vom Rundfunk, bei dem bereits in den 1920er Jahren die Vorgängerbehörde der FCC begonnen hatte, auf die Veranstalter und Inhalte von Rundfunksendungen Einfluss zu nehmen. Da die Knappheit von geeigneten Frequenzen als argumentative Grundlage der Rundfunkregulierung sich nicht auf die Kommunikation über Telekommunikationsnetze übertragen ließ, konnte dieses Regulierungsmodell nicht auf den Computer als Kommunikationsmedium übertragen werden.

In den USA stand der Computer als Medium daher in der Tradition des Free Speech, die auch für Zeitungen und Bücher galt. Während in der amerikanischen Rechtstradition das auf Papier gedruckte Wort allerdings in besonderer Weise von der Verfassung geschützt war, war die Freiheit des Computers als Kommunikationsmittel höchst fragil und basierte auf einer Entscheidung der FCC, die sie jederzeit widerrufen konnte.

Die FCC hielt sich damit grundsätzlich die Möglichkeit offen, den Markt der Onlinedienste zu regulieren. Genauso konnte der amerikanische Kongress die Freiheit des Computers als Kommunikationsmittel wie jedes andere Wirtschaftsgut durch ein Gesetz einschränken.[61]

---

61 Vgl. Pool, Technologies of freedom, S. 221-222.

Teil II

4. Telekommunikation in Deutschland (19. Jahrhundert – 1970er Jahre)

> Das Recht, Telegraphenanlagen für die Vermittlung von Nachrichten zu errichten und zu betreiben, steht ausschließlich dem Reich zu. Unter Telegraphenanlagen sind die Fernsprechanlagen mit begriffen.[1]

Mit diesem Paragrafen legte der Reichstag im Jahr 1892 fest, dass nur die Reichspost Telegrafenanlagen oder Telefonnetze errichten oder betreiben darf. Im Vergleich zu den wechselhaften Verhältnissen in den USA, wo das Bell System sein Monopol aktiv verteidigen musste, wirken die Grundlagen des Telekommunikationssektors in Deutschland damit eindeutig.

Es gehört aber zu den historischen Eigenarten des deutschen Fernmeldemonopols, dass Post und Gerichte bis in die 1970er Jahre hinein den Begriff der Telegraphenanlage bzw. ab 1928 der Fernmeldeanlage relativ weit auslegten. Die Reichspost konnte daher ab 1900 auch die drahtlose Telegrafie in ihr Monopol einordnen, und dies wiederum ermöglichte ihr, in den 1920er Jahren den Hörfunk zu gestalten. Die Erfahrungen mit der Politisierung des Radios und seiner Verwendung als Propagandainstrument führten in der Bundesrepublik schließlich dazu, dass die inhaltliche Verantwortung für den Rundfunk auf die Länder überging, während die Zuständigkeit des Bundes auf die Sendetechnik begrenzt wurde. Anders als in den USA war in der Bundesrepublik die politische Diskussion über den Computer als Kommunikationsmittel der 1970er Jahre daher mit einem Kompetenzstreit zwischen dem Bund und den Ländern verbunden, wie bei der Nutzung von Computern als Kommunikationsmedium zwischen Individualkommunikation und »meinungsbildender Kommunikation« unterschieden werden kann.

Zusätzlich wurde auch in der Bundesrepublik eine Antwort auf die Frage gesucht, wo die Grenze zwischen dem Monopol der Bundespost und dem wettbewerbsorientierten Markt der Datenverarbeitung verlaufen sollte. Anders als das Bell System war die Bundespost allerdings nicht durch eine mit dem Consent Decree vergleichbare Regelung eingeschränkt. Für Anbieter von Timesharing-Diensten in der Bundesrepublik

---

1   Gesetz über das Telegraphenwesen des Deutschen Reichs von 1892, in: Deutsches Reichsgesetzblatt 1892, Nr. 21, S. 467–470.

bedeutete dies, dass sie einerseits von der Infrastruktur der Bundespost abhängig waren und andererseits fürchten mussten, dass die Bundespost ihr Monopol selbst auf lukrative Geschäftsfelder der Datenverarbeitung ausweiten könnte.

Zu den historischen Eigentümlichkeiten des deutschen Fernmeldemonopols gehörte es zweitens nämlich auch, dass seine Ausweitung in der Regel mit finanziellen Interessen der Post bzw. indirekt auch des Reiches oder des Bundes verbunden war. Bis zum Ersten Weltkrieg kamen die Überschüsse, die die Reichspost mit dem Telefon- und Telegrafenbetrieb erzielte, direkt dem Reichshaushalt zugute. Später wurde die Post als Sondervermögen wirtschaftlich unabhängig vom Reich, musste aber weiter feste Anteile ihrer Einnahmen an den Reichs- und später den Bundeshaushalt abgeben. In finanziellen Krisensituationen war es für die Post daher naheliegend, sich nach neuen Einnahmemöglichkeiten umzusehen, die sich aus dem Fernmeldemonopol ergaben. Bereits der Aufbau des Rundfunks und die Fahndung nach »Schwarzhörern« wurden daher schon in den 1920er Jahren von der Post betrieben, um mit der Rundfunkabgabe die maroden Finanzen der Post zu stabilisieren. Als die Post sich infolge des Telefonbooms der Nachkriegszeit in den 1960er und frühen 1970er Jahren in massiven Finanznöten befand, lag es daher nahe, sich neue Geschäftsfelder in der Datenverarbeitung und Medienverbreitung zu erschließen.

Zur dritten Eigenart des Telekommunikationssektors in Deutschland, zumindest im Vergleich mit dem Bell System in den USA, gehörte es, dass die Post ihre Fernmeldeausrüstung nicht selbst entwickelte oder baute und nur in geringem Umfang eigene Forschungen betrieb. Daher war sie bei der Weiterentwicklung der Telekommunikationstechnik auf die Fernmeldeindustrie angewiesen. Während in den USA die Diskussion über die Reform des Telekommunikationssektors seit den 1930er Jahren mit der Forderung verbunden war, dass das Bell System sich von Western Electric trennen und seine Technik im Wettbewerb kaufen soll, bezog die Post ihre Ausrüstung von unterschiedlichen Herstellern; zwischen den 1920er und den 1980er Jahren gab es aber ein Quotenverfahren, das den Wettbewerb in der deutschen Fernmeldeindustrie minimierte.

Diese drei Eigenheiten des westdeutschen Telekommunikationssektors bilden den historischen Hintergrund der Diskussion, wie Computer als Kommunikationsmittel in das Medien- und Telekommunikationssystem integriert werden können, die am Ende der 1960er Jahre auch in der Bundesrepublik einsetzte. Dieses Kapitel vermittelt daher in drei Unterkapiteln einen Überblick über die historischen Grundlagen des deutschen Telekommunikationssektors bis zum Beginn der 1970er Jahre. Im ersten Abschnitt steht die Entwicklung der Post und des Fernmeldemonopols bis 1945 im Mittelpunkt. In der Bundesrepublik wurde die Auseinandersetzung mit Telekommunikation danach auch als medienpolitische Diskussion fortgeführt, die zum großen Teil unabhängig von technischen, finanziellen und organisatorischen Fragen der Bundespost geführt wurde.

4.a Die Post und das Fernmeldemonopol bis 1945

Anfänge des Telegrafenmonopols

Seit der Erfindung der elektrischen Telegrafie hatten in Deutschland in den 1850er und 1860er Jahren in der Regel die Regierungen der Länder Telegrafenlinien für Militär- und Verwaltungszwecke aufgebaut, die sie auch der Öffentlichkeit zur Verfügung stellten. Durch die private Mitnutzung erwirtschaftete die Telegrafie zum Teil erhebliche finanzielle Überschüsse, die den Haushalten der Länder zugutekamen, ohne dass die staatliche Telegrafie in den meisten Ländern durch ein gesetzliches Monopol geschützt war.[2] Davon unabhängig war, dass die deutschen Kaiser das Fürstenhaus Thurn und Taxis bereits in der frühen Neuzeit mit dem Transport seines Schriftverkehrs beauftragt und dafür mit Schutzrechten ausgestattet hatten. Nach dem Deutsch-Deutschen Krieg 1866 wurde die Thurn-und-Taxis-Post durch Preußen verstaatlicht,[3] und mit der Verfassung des Norddeutschen Bundes wurde der Postbetrieb gemeinsam mit der Telegrafie der Länder als »einheitliche Staatsverkehrs-Anstalten«[4] der Regierung des Bundes übertragen.[5] Mit dieser Bestimmung wurden Post und Telegrafie für die nächsten 125 Jahre eine Staatsaufgabe mit Verfassungsrang, die über alle politischen Brüche hinweg bis 1994 Bestandteil des deutschen Verfassungsrechts blieb.[6]

---

2   Ausnahmen waren Sachsen und Elsas-Lothringen. Vgl. Franz Kilger, Die Entwicklung des Telegraphenrechts im 19. Jahrhundert mit besonderer Berücksichtigung der technischen Entwicklung. Telegraphenrecht im 19. Jahrhundert, Frankfurt a.M. 1993, S. 81-86; Karl Otto Scherner, Die Ausgestaltung des deutschen Telegraphenrechts seit dem 19. Jahrhundert, in: Hans Jürgen Teuteberg/Cornelius Neutsch (Hg.), Vom Flügeltelegraphen zum Internet. Geschichte der modernen Telekommunikation, Stuttgart 1998, 132-16, hier S. 133-139.

3   Vgl. Postler 1991, Die historische Entwicklung des Post- und Fernmeldewesens bis 1945, S. 21-48.

4   »Das Postwesen und das Telegraphenwesen werden für das gesammte [sic!] Gebiet des Norddeutschen Bundes als einheitliche Staatsverkehrs-Anstalten eingerichtet und verwaltet.« Artikel 48 der Verfassung des Norddeutschen Bundes vom 16. April 1867.

5   Vgl. Postler, Die historische Entwicklung des Post- und Fernmeldewesens bis 1945, S. 20-31; Hesse, Im Netz der Kommunikation, S. 51. Zur Geschichte der Norddeutschen Bundespost und der Reichspost siehe: Sautter, Geschichte der Deutschen Post; Sautter, Geschichte der Deutschen Reichspost.

6   »Das Postwesen und das Telegraphenwesen werden für das gesammte Gebiet des Deutschen Reichs als einheitliche Staatsverkehrs-Anstalten eingerichtet und verwaltet.« Artikel 48 des Gesetzes betreffend die Verfassung des Deutschen Reiches vom 16. April 1871. Für die Länder Württemberg und Bayern galten nach Artikel 52 Sonderbestimmungen, die erst 1919 aufgehoben wurden. »Das Post- und Telegraphenwesen samt dem Fernsprechwesen ist ausschließlich Sache des Reichs.« Artikel 88 der Weimarer Reichsverfassung vom 11. August 1919. Artikel 6 gab dem Reich die ausschließliche Gesetzgebung über das Post- und Telegraphenwesen einschließlich des Fernsprechwesens; Artikel 170 beendete die Sonderrechte von Bayern und Württemberg. »In bundeseigener Verwaltung mit eigenem Verwaltungsunterbau werden geführt [...] die Bundespost...« Artikel 87 Abs. 1 des Grundgesetzes. Artikel 73 GG gab dem Bund die ausschließliche Gesetzgebung im Post- und Fernmeldebereich. In der DDR bestimmte Artikel 124 der Verfassung der Deutschen Demokratischen Republik vom 7. Oktober 1949: »Das Post-, Fernmelde- und Rundfunkwesen sowie das Eisenbahnwesen werden von der Republik verwaltet.« Mit der Verfassung von 1968 wurde dies geändert in: »[...] Post- und Fernmeldeanlagen sind Volkseigentum. Privateigentum daran ist unzulässig.« Artikel 12 Abs. 1 der Verfassung der Deutschen Demokratischen Republik vom 9. April 1968. Um die Privatisierung der Bundespost zu ermöglichen, wurde 1994 »die Bundespost« aus

Mit der Reichsverfassung wurden zwar die Telegrafenlinien der Länder auf die Reichsebene übertragen, dies begründete aber noch kein staatliches Monopol. Das Postwesen und der Telegrafenbetrieb waren zunächst getrennt, auch wenn eine große Anzahl von Telegrafenstationen in Postämtern untergebracht war. Erst 1876 wurden beide zur »Reichs-Post- und Telegrafenverwaltung« unter der Leitung des Generalpostmeisters Heinrich von Stephan vereint.[7] Das Telefon von Alexander Bell wurde 1877 in Deutschland bekannt[8] und von der Reichspost zunächst zur internen Kommunikation genutzt.[9] Die private Nutzung des Telefons etablierte sich in Deutschland zunächst als Ergänzung der Telegrafie. Schon in den 1860er Jahren waren einzelne Firmensitze und wohlhabende Haushalte direkt an das Telegrafennetz angeschlossen. Das Telefon vergrößerte den Kreis derjenigen Unternehmen, für die eine solche Direktverbindung rentabel war. Ende der 1870er Jahre begannen einige Unternehmen in Großstädten private Telefonnetze zur internen Kommunikation aufzubauen.[10]

Nach Absicherung seines Monopols in den USA strebte das Bell System eine internationale Expansion an und beantragte daher 1880 mehrere Genehmigungen zum Aufbau von öffentlichen Telefonortsnetzen in Deutschland. Dies setzte die Reichsregierung unter Druck, eine grundsätzliche Entscheidung über die Zukunft des Telefons und ihre Rolle in der Telekommunikation zu treffen. Innerhalb der Regierung gab es zwar auch die Position, dass die Technik des Telefons unausgereift sei und dass Risiko einer weiteren Entwicklung daher besser in den Händen von privaten Investoren liegen sollte; insgesamt setzten sich aber Stimmen durch, die auf einem exklusiven Telefonbetrieb durch die Reichsregierung bestanden. Dies war zum einen als ein Signal an die Länder gedacht, die in der Vergangenheit trotz der Bestimmungen der Reichsverfassung private Netze genehmigt hatten. Andererseits sprachen auch finanzielle Aspekte für einen ausschließlichen Telefonbetrieb durch die Reichspost, da ein privatwirtschaftliches Telefonsystem sich mittelfristig zu einer Gefahr für das ertragreiche Post- und Telegra-

---

Artikel 87 das Grundgesetz gestrichen, und Artikel 87f hinzugefügt: »Nach Maßgabe eines Bundesgesetzes, das der Zustimmung des Bundesrates bedarf, gewährleistet der Bund im Bereich des Postwesens und der Telekommunikation flächendeckend angemessene und ausreichende Dienstleistungen.«

7   Vgl. Hesse, Im Netz der Kommunikation, S. 56-58.
8   Im Oktober 1877 erhielt Heinrich von Stephan zwei Telefonapparate, die Alexander Bell auf seiner Hochzeits- und Werbereise nach England verteilt hatte. Vgl. Thomas, Telefonieren in Deutschland, S. 61-62. Zur Einführung des Telefons siehe auch die Jubiläumsschriften der Reichspost: Oskar Grosse, 40 Jahre Fernsprecher. Stephan-Siemens-Rathenau, Berlin/Heidelberg 1917; Ernst Feyerabend, 50 Jahre Fernsprecher in Deutschland 1877-1927, Berlin 1927; Erwin Horstmann, 75 Jahre Fernsprecher in Deutschland, 1877-1952. Ein Rückblick auf die Entwicklung des Fernsprechers in Deutschland und auf seine Erfindungsgeschichte, Frankfurt a.M. 1952.
9   Da die Anschaffungs- und Betriebskosten von Telefonen deutlich unter denen von Telegrafen lagen, ihre Reichweite in der Anfangszeit allerdings begrenzt war, wurde sie zunächst für die »letzte Meile« des Telegrafennetzes eingesetzt. Vor allem in ländlichen Regionen wurden Telegrafenämter als Nebentätigkeit von Lehrer und Kaufleuten eingerichtet, die Telegramme per Telefon mit dem nächstgrößeren Amt austauschten. Vgl. Thomas, Telefonieren in Deutschland, S. 62-63; Hesse, Im Netz der Kommunikation, S. 187-188.
10 Vgl. ebenda, S. 188-190.

fengeschäft entwickeln könnte.[11] Drittens spielten bei dieser Debatte Sicherheitsbedenken eine Rolle. Private Kommunikationsnetze hatten den Ruf, eine Bedrohung der politischen Stabilität zu sein. Sehr deutlich formulierte dies der Generalpostmeister Stephan. In einem Schreiben an Bismarck wies er darauf hin, »daß das Vorhandensein von Privatfernsprechanstalten ohne staatliche Kontrolle in Zeiten politischer Erregung dem Gemeinwohl im höchsten Grade nachteilig und den Interessen des Reiches und der einzelnen Bundesstaaten direkt schädlich werden kann.«[12]

Daher lehnte die Reichsregierung sämtliche Anträge auf private Telefonnetze ab und begann mit dem Aufbau von eigenen Netzen.[13] Obwohl bereits zu diesem Zeitpunkt ein Entwurf für ein Telegrafengesetz existierte, basierte dieses Vorgehen allein auf den Bestimmungen der Reichsverfassung zur Telegrafie und Verordnungen, die die Reichsregierung erlassen hatte.[14] Von einer gesetzlichen Absicherung ihres Monopols sah die Reichsregierung zu diesem Zeitpunkt noch ab, da sie dazu den Reichstag einbeziehen musste, was ihre Handlungsfreiheit eingeschränkt hätte.[15] Ende der 1880er Jahre geriet die Reichspost beim Ausbau des Fernnetzes allerdings in Konflikte mit den Kommunen, die das Wegerecht der Post bestritten, und innerhalb der eng bebauten Städte störte die einsetzende Elektrifizierung den Telefonbetrieb, sodass die Reichspost sich hier regelmäßig gegenüber den kommunalen Energieversorgern behaupten musste.[16] Das 1892 mit dem Telegrafengesetz beschlossene Telegrafenmonopol sollte daher vor allem die Position der Reichspost im Konflikt mit anderen Akteuren stärken.[17]

Offenheit des Telegrafenbegriffs

Langfristig folgenreich war das Gesetz über das Telegraphenwesen vor allem deswegen, da der Begriff »Telegrafenanlagen«, der den Kern des staatlichen Alleinrechts ausmachte, relativ weit ausgelegt werden konnte. Prägend für die Offenheit des Telegrafenbegriffs war ein Urteil des Reichsgerichts aus dem Jahr 1889, das in einem Strafprozess über die Frage entscheiden musste, ob die Beschädigung eines Telefons nach den Bestimmungen zum Schutz einer Telegrafenanlage bestraft werden kann. Mit seinem Urteil schuf das Reichsgericht eine umfassende Definition von Telegrafenanlagen, die noch 1977 für die Rechtsprechung des Bundesverfassungsgerichts prägend war, als es

---

11   Vgl. Thomas, Telefonieren in Deutschland, S. 71.
12   BArch R 43 F/2173, S. 207. Zitiert nach Hesse, Im Netz der Kommunikation, S. 207.
13   Vgl. Thomas, Telefonieren in Deutschland, S. 73-74.
14   Vgl. ebenda, S. 123.
15   Vgl. Hesse, Im Netz der Kommunikation, S. 220.
16   Vgl. Johannes Rüberg, Der Konkurrenzkampf der Netze. Die Entstehung des Telegraphenwegegesetzes von 1899, in: Matthias Maetschke/David von Mayenburg/Mathias Schmoeckel (Hg.), Das Recht der Industriellen Revolution, Tübingen 2013, S. 117-137.
17   Die Klärung des Wegerechts für die Reichspost wurde bereits in der Entwurfsphase aus dem Gesetz gestrichen, da ein explizites Wegerecht des Reiches 1892 als nicht mehrheitsfähig galt. Vgl. Hesse, Im Netz der Kommunikation, S. 224. Erst 1899 konnte dieser Konflikt durch ein eigenes Telegrafenwege-Gesetz beigelegt werden. Vgl. Hesse, Im Netz der Kommunikation, S. 382-386; Rüberg, Der Konkurrenzkampf der Netze, in: Maetschke/Mayenburg/Schmoeckel (Hg.), Das Recht der Industriellen Revolution, S. 131-134; Hans-Peter von Peschke, Elektroindustrie und Staatsverwaltung am Beispiel Siemens 1847-1914, Frankfurt a.M. 1981, S. 259-262.

über das Verhältnis des Fernmeldemonopols zur Datenverarbeitung entscheiden musste (siehe Kapitel 7.a). Für das Reichsgericht bestand Telegrafie aus der unkörperlichen Nachrichtenbeförderung, unabhängig davon, wie dies technisch realisiert wird. In den Worten des Gerichts:

> Jede Nachrichtenbeförderung, welche nicht durch den Transport des körperlichen Trägers der Nachricht von Ort zu Ort, sondern dadurch bewirkt wird, daß der an einem Ort zum sinnlichen Ausdruck gebrachte Gedanke an einem anderen Ort sinnlich wahrnehmbar wieder erzeugt wird, fällt dem Wesen der »Telegraphieanstalten« anheim.[18]

Trotz dieses Urteils bemühte sich die Reichspost allerdings auch um gesetzliche Klarstellungen, sodass im Gesetz von 1892 Fernsprechanlagen ausdrücklich mit Telegrafenanlagen gleichgestellt wurden. Das Verständnis von Telegrafie als »unkörperlicher Transport von Gedanken« machte es der Reichsregierung wenige Jahre später leicht, auch für drahtlose Kommunikation ein Monopol zu beanspruchen.[19] Die Ergänzung des Telegrafengesetzes, die 1908 als Reaktion auf die Entdeckung von Funkwellen und die Möglichkeit einer kabellosen Signalübermittlung beschlossen wurde, bestritt die grundlegende Gültigkeit des Monopols nicht, die Novelle nahm lediglich »elektrische Telegraphenanlagen, welche ohne metallische Verbindungsleitungen Nachrichten vermitteln«[20], von Ausnahmeregelungen aus, die private Fernmeldeanlagen innerhalb eines Grundstücks erlaubten. Der Betrieb sämtlicher Funkanlagen – Sender wie Empfänger – fiel seitdem unter das Telegrafenmonopol und stand daher unter dem Genehmigungsvorbehalt der Reichspost.

Aufbau des Hörfunks in den 1920er Jahren

Das Telegrafenmonopol bildete daher nach dem Ersten Weltkrieg die Grundlage für den Aufbau und die Kontrolle des Hörfunks durch die Reichspost. Beeinflusst wurde dieser Prozess durch die finanzielle Situation des Reiches und der Reichspost zu Beginn der 1920er Jahre. Bis 1913 hatte die Post regelmäßig erhebliche Überschüsse zugunsten des Reichshaushalts erwirtschaftet, während und vor allem nach dem Krieg war sie aber zu einem Zuschussgeschäft geworden.[21] Dies lag daran, dass einerseits die Infrastruktur der Post kriegsbedingt unter einem erheblichen Investitionsrückstand litt,[22] während durch die Gebietsverluste die Personalkosten der Post deutlich gestiegen waren, da Be-

---

18 Erkenntnis des Reichsgerichts über die Eigenschaften der Reichs-Fernsprechanlagen als öffentliche Telegraphenanstalten im Sinne des Gesetzes, in: Entscheidungen des Reichsgerichts 19 (1889), S. 55. Zitiert nach Thomas, Telefonieren in Deutschland, S. 125.
19 Vgl. Ingo Fessmann, Rundfunk und Rundfunkrecht in der Weimarer Republik, Münster, Frankfurt a.M. 1973, S. 33-34.
20 Gesetz, betreffend die Abänderung des Gesetzes über das Telegraphenwesen des Deutschen Reichs vom 7. März 1908, in: Deutsches Reichsgesetzblatt 1908, Nr. 13, S. 79-80.
21 Vgl. Postler, Die historische Entwicklung des Post- und Fernmeldewesens bis 1945, S. 70-73; Thomas, Telefonieren in Deutschland, S. 211-212.
22 Vgl. Thomas, Telefonieren in Deutschland, S. 174-201.

dienstete aus den verlorenen Gebieten weiterbeschäftigt werden mussten.[23] In dieser Situation entschied sich die Reichsregierung, die Post wirtschaftlich vom Reichshaushalt unabhängig zu machen. Nach der Währungsreform 1923 stellte sie daher sämtliche Zahlungen an die Reichspost ein.[24] Die Post musste sich nun eigenständig aus Gebühreneinnahmen finanzieren und sollte langfristig wieder Überschüsse an den Reichshaushalt abführen.[25] Die neue Selbstständigkeit der Post wurde im März 1924 offiziell mit dem Reichspostfinanzgesetz vollzogen.[26] Wirtschaftlich war die Post nun ein unabhängiges Sondervermögen, aber verwaltungsrechtlich blieb sie Bestandteil der Reichsregierung.[27]

Die Entwicklung des Hörfunks unter Kontrolle der Reichspost kann daher auch unter dem Aspekt gedeutet werden, dass die Post damit Anreize schaffen wollte, um in großer Zahl kostenpflichtige Genehmigungen für Empfangslizenzen zu erteilen.[28] Ab 1922 koordinierte der Post-Staatssekretär und Rundfunkingenieur Hans von Bredow die Gründung von regionalen Rundfunkgesellschaften, an denen die Post jeweils eine bestimmende Mehrheit besaß.[29] Mit Beginn des Unterhaltungsrundfunks im Jahr 1923 war für den Besitz eines Radioempfängers eine gebührenpflichtige Genehmigung der Reichspost erforderlich. Die Einnahmen dieser Rundfunkabgabe gingen zwar zum Teil zur Finanzierung des Programms an die Rundfunkgesellschaften, fast die Hälfte verblieb aber bei der Reichspost, die ihren Anteil mit steigenden Teilnehmerzahlen sogar

---

23 Der Abbau des Personalüberhanges erfolgte zu einem wesentlichen Teil zulasten des weiblichen Personals. Vgl. Ursula Nienhaus, Vater Staat und seine Gehilfinnen. Die Politik mit der Frauenarbeit bei der deutschen Post (1864–1945), Frankfurt a.M. 1995, S. 127-150.

24 Bereits unmittelbar nach dem Krieg hatte die Post eine größere Eigenständigkeit bekommen, da in der Inflationszeit das Verfahren zur Anpassung der Gebühren vom Reichstag abgekoppelt worden war. Zwischen 1921 und 1923 wurde von einem Ausschuss, der aus Vertretern des Reichstags und des Reichsrats bestand, insgesamt 21 Gebührenanpassungen beschlossen. Vgl. Thomas, Telefonieren in Deutschland, S. 212.

25 Vgl. Thomas, Telefonieren in Deutschland, S. 218; Postler, Die historische Entwicklung des Post- und Fernmeldewesens bis 1945, S. 74-81. Zur Reichspost in der Weimarer Republik siehe auch: Vogt, Das Staatsunternehmen »Deutsche Reichspost«, in: Lotz (Hg.), Deutsche Postgeschichte.

26 Vgl. Reichspostfinanzgesetz vom 24.03.1924, in: Reichsgesetzblatt Teil 1 24/1924, S. 287-290.

27 Diese Konstellation wurde auch gewählt, um vor Reparationsleistungen zu bewahren. Vgl. Postler, Die historische Entwicklung des Post- und Fernmeldewesens bis 1945, S. 74. Zur Kontrolle der verselbstständigten Post wurde ein Verwaltungsrat eingeführt, in dem neben Delegierten des Reichstags und der Länder auch die Beschäftigten sowie Wirtschaftsverbände vertreten waren. § 3 des Reichspostfinanzgesetzes vom 18. März 1924 legte fest, dass der Verwaltungsrat bis zu 31 Mitglieder haben kann. Jeweils sieben wurden vom Reichstag und Reichsrat entsandt. Die Beschäftigten der Post waren mit sieben Personen vertreten, die Wirtschaftsverbände stellten neun Mitglieder, die vom Postminister unter Mitwirkung des Finanzministers ausgewählt wurden. Ein weiteres Mitglied konnte das Finanzministerium vorschlagen. 1926 und 1930 wurde die Mitgliederzahl des Verwaltungsrats erhöht, um den kleineren Parteien und Ländern einen Sitz zu verschaffen. Der Verwaltungsrat musste den Haushalt und die Tarife der Post beschließen. Seine Beschlüsse konnten aber von der Reichsregierung überstimmt werden (§6). Vgl. Thomas, Telefonieren in Deutschland, S. 212.

28 Vgl. Winfried B. Lerg, Rundfunkpolitik in der Weimarer Republik, München 1980, S. 108-109.

29 Vgl. Konrad Dussel, Deutsche Rundfunkgeschichte. Eine Einführung, Konstanz 1999, S. 28-48.

noch ausweitete.[30] Auch nach Abzug der Kosten für die Sendeanlagen und der zusätzlichen Personalkosten, die durch das Einziehen der Gebühren durch Postboten anfielen, produzierte die Rundfunkgebühr erhebliche Überschüsse, die dem Haushalt der Reichspost zugutekamen.[31] 1932 wurde der Rundfunk intern sogar als »das rentabelste Unternehmen der Deutschen Reichspost«[32] bezeichnet.

Die gewachsene Bedeutung des Rundfunks war, neben der neuen Rechtsform der Post, auch der Grund, warum 1927 das Telegrafengesetz als »Gesetz über Fernmeldeanlagen«[33] neu gefasst wurde. Obwohl mit der Novelle der Begriff »Telegrafenanlagen« durch »Fernmeldeanlagen« ersetzt wurde, blieb die Rechtslage unverändert. Das neue Gesetz stellte lediglich klar, dass auch Funkanlagen unter das Alleinrecht des Reiches fielen, und nahm Bestimmungen auf, die zuvor in einer Verfügung des Postministers und der Notverordnung des Reichspräsidenten »zum Schutze der Funktelegraphie«[34] enthalten waren.[35]

4.b Die Bundespost und das Fernmeldemonopol in der Bundesrepublik, 1950er/1960er Jahre

Die Grundlagen der Post in der Bundesrepublik

Mit der Doppelstellung der Reichspost als wirtschaftlich selbstständiges Sondervermögen des Reichs, das gleichzeitig Bestandteil der Staatsverwaltung mit Verfassungsrang war und auf umfangreiche Monopolrechte zugreifen konnte, waren Ende der 1920er

---

30 Vgl. Führer, Wirtschaftsgeschichte des Rundfunks, S. 105-111.
31 Vgl. ebenda, S. 109. Ab 1936 gingen 75 Prozent der Rundfunkgebühren an das Reichspropagandaministerium. Vgl. Postler, Die historische Entwicklung des Post- und Fernmeldewesens bis 1945, S. 192.
32 Ernst Feyerabend, Niederschrift zu der Besprechung im RPM über den Ausbau des deutschen Rundfunksendernetzes, 20.11.1930, in: BArch R48/4355. Zitiert nach Führer, Wirtschaftsgeschichte des Rundfunks, S. 109.
33 Vgl. Gesetz über Fernmeldeanlagen vom 03.12.1927, in: Reichsgesetzblatt Teil 1 1/1928, S. 8.
34 Vgl. Verordnung zum Schutze des Funkverkehrs vom 8. März 1924. Abgedruckt in Lerg, Rundfunkpolitik in der Weimarer Republik, S. 101-103.
35 Nach § 1 galt das FAG jetzt ausdrücklich auch für Funkanlagen, die folgendermaßen definiert wurden: »Funkanlagen sind elektrische Sendeeinrichtungen sowie elektrische Empfangseinrichtungen, bei denen die Übermittlung oder der Empfang von Nachrichten, Zeichen, Bildern oder Tönen ohne Verbindungsleitungen oder unter Verwendung elektrischer, an einem Leiter entlang geführter Schwingungen stattfinden kann.« Außerdem stellte das Gesetz klar, dass die Genehmigung, Fernmeldeanlagen zu errichten, verliehen werden kann, worauf allerdings bei Funkanlagen kein Anspruch bestand (§2 Abs. 2). Da das Sondervermögen Reichspost nicht mehr mit der Reichsverwaltung identisch war, wurde nun auch der Reichswehr das Recht zugesprochen Fernmeldeanlagen zu betreiben. (§1 Abs. 2). Vgl. Thomas, Telefonieren in Deutschland, S. 219. Die strafrechtlichen Bestimmungen zur Durchsetzung des Monopols waren bereits durch die Notverordnung des Reichspräsidenten verschärft worden und fanden nun Eingang in das Gesetz. Die Polizei und die Reichspost durften nicht genehmigte Fernmeldeanlagen beschlagnahmen und auf der Suche nach ungenehmigten Funkgeräten auch Wohnungen durchsuchen (§21). Vgl. Fessmann, Rundfunk und Rundfunkrecht, S. 44.

Jahre die Strukturen ausgebildet, die bis in die 1990er Jahre hinein den westdeutschen Telekommunikationssektor prägten. Während das Fernmeldeanlagengesetz in der Fassung von 1927 bis 1989 nahezu unverändert weiter galt, wurde die interne Organisation der Post 1934 und 1953 an die veränderten politischen Situationen angepasst. Das Gesetz zur Vereinfachung und Verbilligung der Verwaltung[36] hob 1934 das Reichspostfinanzgesetz auf und baute die Reichspost nach dem Führerprinzip um.[37] Nach der Gründung der Bundesrepublik galten die weitreichenden Rechte des Postministers zunächst weiter,[38] bis der Bundestag 1953 ein neues Postverwaltungsgesetz beschloss. Auch wenn das neue Gesetz einen Verwaltungsrat mit Vertretern von Bundestag und Bundesrat sowie Wirtschaftsverbänden und Postmitarbeitern als »kleines Postparlament«[39] einführte, war die Leitung der Bundespost in erster Linie die Aufgabe des Postministers.

Nach welchen Grundsätzen der Minister die Bundespost führen sollte, bestimmte das Postverwaltungsgesetz nur allgemein. Der Minister hatte die Bundespost gemäß den »Grundsätzen der Politik der Bundesrepublik Deutschland, insbesondere der Verkehrs-, Wirtschafts-, Finanz- und Sozialpolitik« zu leiten und musste dabei den »Interessen der deutschen Volkswirtschaft Rechnung [...] tragen«. Ihre Anlagen hatte die Bundespost »in gutem Zustand zu erhalten und technisch und betrieblich den Anforderungen des Verkehrs entsprechend« weiterzuentwickeln (§ 2). Die finanziellen Beziehungen zwischen der Post und dem Bundeshaushalt waren dagegen detaillierter geregelt. Die Bundespost hatte jährlich mindestens 6,0 Prozent ihrer Betriebseinnahmen an das Finanzministerium abzuliefern, ab 2 Milliarden DM sogar 6,6 Prozent (§ 21). Durch diese Regelung profitierte der Bund unmittelbar von den Umsätzen der Bun-

---

36   Siehe Gesetz zur Vereinfachung und Verbilligung der Verwaltung vom 27. Februar 1934, in: Reichsgesetzblatt Teil 1, 1934, S. 130.

37   38Die Post behielt ihren Status als Sondervermögen und musste weiter Ablieferungen an den Reichshaushalt leisten. Der Postverwaltungsrat wurde abgeschafft und durch einen Beirat ersetzt, der nur beratende Funktion hatte. Alle wesentlichen Entscheidungen konnte der Reichspostminister allein treffen, nur in Haushaltsfragen musste er sich mit dem Finanzminister abstimmen. Vgl. Lotz, Die Deutsche Reichspost 1933-1939, S. 72-74. Zur Reichspost zwischen 1939 und 1945 siehe auch den dazugehörigen Band: Ueberschär, Die Deutsche Reichspost 1939-1945.

38   Vgl. Thomas, Telefonieren in Deutschland, S. 329-330. Der erste Bundespostminister, Hans Schuberth (CSU), veranlasste 1949 die Umbenennung des Postministeriums in »Bundesministerium für das Post- und Fernmeldewesen«. Vgl. Werle, Telekommunikation in der Bundesrepublik, S. 72.

39   Der Postverwaltungsrat bestand aus 24 Mitgliedern. Je fünf stellten jeweils Bundestag und Bundesrat, fünf weitere wurden von den Spitzenverbänden als Interessenvertreter der Wirtschaft vorgeschlagen. Das Personal der Bundespost stellte sieben Vertreter, zwei weitere Personen waren als Sachverständige des Nachrichten- und des Finanzwesens Mitglieder des Gremiums (§ 5). Der Postverwaltungsrat hatte jedoch nur wenige Kompetenzen. Er musste zwar den Haushalt und die Tarife der Post genehmigen (§ 12), in beiden Fällen war aber die Zustimmung eines weiteren Ministeriums erforderlich: Der Haushalt musste vom Finanzministerium bestätigt werden (§ 17), die Fernmeldetarife durch das Wirtschaftsministerium (§ 14). Wenn die Mitglieder des Postverwaltungsrates eine Vorlage des Postministers veränderten oder ablehnten – was durchaus vorkam – konnte dieser die Entscheidung vom Bundeskabinett überstimmen lassen (§ 13). Vgl. Gesetz über die Verwaltung der Deutschen Bundespost (Postverwaltungsgesetz) vom 24. Juli 1953, in: Bundesgesetzblatt I 1953, S. 676-683.

despost und konnte auch in Jahren, in denen die Post Verluste machte, mit Einnahmen rechnen.[40]

Der medienrechtliche Kompetenzstreit zwischen Bund und Ländern (1950er bis 1960er Jahre)

Während die Bundesregierung bei Post und Telekommunikation daher weitreichende Handlungsfreiheiten hatte, wurde der Einfluss, den der Bund durch das Fernmeldemonopol auf den Rundfunk nehmen konnte, nach 1945 schrittweise eingeschränkt. Bereits 1947 musste die Post auf Druck der Alliierten ihre Sendeanlagen an die Rundfunkanstalten abtreten; sie blieb aber für die Rundfunkgebühren, die Entstörung und Verfolgung von Schwarzhörern zuständig.[41]

Nachdem die Bundesrepublik 1955 die Funkhoheit wiedererlangt hatte, begann die CDU-Bundesregierung unter Konrad Adenauer mit dem Aufbau von neuen Rundfunksendern, über die das Fernsehprogramm der regierungseigenen Deutschland-Fernsehen GmbH ausgestrahlt werden sollte. Mit dieser Maßnahme wollte die Adenauer-Regierung ein Korrektiv zu den von ihr als regierungskritisch wahrgenommenen Rundfunkanstalten der Länder etablieren. Da die SPD-regierten Bundesländer bestritten, dass die Bundesregierung aus dem Fernmeldemonopol medienrechtliche Kompetenzen ableiten kann, legten sie Beschwerde beim Bundesverfassungsgericht ein.[42]

In seinem sogenannten ersten Rundfunkurteil schränkte das Bundesverfassungsgericht die Bedeutung des Fernmeldeanlagengesetzes für den Rundfunk stark ein. Zwar bestätigte das Gericht grundsätzlich das Fernmeldemonopol des Bundes, die Veranstaltung von Rundfunk ordnete es aber der Kulturhoheit der Länder zu. Die Kompetenz zur inhaltlichen Gestaltung und Organisation des Rundfunks lag daher allein bei ihnen, während die Bundespost für die technischen Aspekte der Rundfunkübertragung und die Verwaltung von Frequenzen zuständig blieb.[43]

Auch bei den Rundfunkgebühren wurde der Einfluss der Bundespost auf die Rundfunkanstalten juristisch eingeschränkt. 1960 hatte die Bundesregierung noch eigen-

---

40 Bis 1913 hatte die Reichspost regelmäßig Überschüsse an den Reichshaushalt abgeführt. Bei der Umwandlung in ein Sondervermögen wurde diese Praxis grundsätzlich beibehalten und festgelegt, dass die Reichspost nach Bildung von Rücklagen ihre Überschüsse an den Reichshaushalt abzuführen hat. Nachdem die Post seit 1926 wieder ihre Überschüsse an den Reichshaushalt abführte, wurde 1931 die Berechnungsgrundlage vereinfacht und auf 6,6 Prozent der Betriebseinnahmen festgelegt. Diese Regelung wurde 1934 im NS-Postgesetz und 1953 auch in das Postverwaltungsgesetz übernommen. Die Ablieferungspflicht der Post wurde damit gerechtfertigt, dass die Post von der Umsatzsteuer befreit war und dass der Bund als Eigentümer der Bundespost und Inhaber des Fernmeldemonopols mit seinem Eigentum Gewinne erzielen darf. Vgl. Bundesminister für das Post- und Fernmeldewesen, Gutachten der Sachverständigen-Kommission für die Deutsche Bundespost vom 6. November 1965, BT-Drs. V/203, Bonn 1966, S. 106-107; Schulz, Telekommunikation zwischen Ordnungs- und Finanzpolitik, S. 76-79.
41 Vgl. Hans Bausch, Rundfunkpolitik nach 1945. Erster Teil: 1945-1962, München 1980, S. 24-42.
42 Hierzu ausführlich Steinmetz, Freies Fernsehen; Humphreys, Media and media policy in Germany, S. 155-162.
43 Vgl. Bausch, Rundfunkpolitik nach 1945, S. 430-438.

mächtig entschieden, künftig auf Gebühren für Autoradios zu verzichten. Erst 1968 urteilte das Bundesverwaltungsgericht, dass Rundfunkgebühren keine Abgabe waren, die der Post wegen des Fernmeldemonopols zustand, sondern als »Anstaltsnutzungsgebühr« in den Zuständigkeitsbereich der Länder fiel.[44] Die Post zog sich daraufhin von der Erhebung der Rundfunkgebühr zurück, und mit der Gründung der Gebühreneinzugszentrale ging die Finanzierung des Rundfunks ab 1976 vollständig in den Verantwortungsbereich der Bundesländer über.[45]

Der Versuch des Bundes, über das Fernmeldemonopol Rundfunkpolitik zu betreiben, und der darauffolgende Kompetenzstreit hatten langfristig zur Folge, dass die Länder misstrauisch gegenüber allen Versuchen der Bundespost waren, neue Fernmeldedienste einzuführen, die im weiteren Sinne rundfunkähnlich waren, etwa Bildschirmtext (siehe hierzu Kapitel 6). Für die Bundespost war die langfristige Planung und Schaffung von neuen Kommunikationsmöglichkeiten und damit Einnahmequellen allerdings eine Konsequenz aus ihrer Wachstumskrise, unter der sie bis in die 1970er Jahre litt.

Die Wachstumskrise der Bundespost

Seit der Einführung des Telefons im 19. Jahrhundert war das deutsche Telefonnetz zwar kontinuierlich gewachsen, allerdings waren Telefonanschlüsse bis in die 1950er Jahre in Deutschland kein Massenphänomen. Ein Telefon war in erster Linie Statussymbol von Kaufleuten und hohen Beamten und hatte einen offiziösen Charakter. Vor 1933 sah die Reichspost die Versorgung breiter Bevölkerungskreise mit Telefonanschlüssen auch nicht als ihre Aufgabe an. Wohnungsanschlüsse galten als Zuschussgeschäft, da die Reichspost vermutete, dass ein Großteil der Bevölkerung nur ein geringes Kommunikationsbedürfnis hat. Die meisten Menschen hatten daher nur über öffentliche Sprechstellen Zugang zum Telefonnetz, die zunächst in den Postämtern aufgebaut waren und ab den 1920er Jahren häufig aus Münzfernsprechern in Telefonzellen bestanden. Bereits in der NS-Zeit weichte die Reichspost diese Position teilweise auf. Ab 1936 konnten Wohnungsanschlüsse auch als günstigere Gemeinschaftsanschlüsse installiert werden, was aufgrund des Vorrangs der Rüstungs- und Kriegswirtschaft aber keinen großen Effekt hatte. Private Telefonanschlüsse blieben eine Seltenheit.[46]

1940 kamen im Deutschen Reich auf 100 Einwohner nur 5,3 Telefonanschlüsse, wohingegen die USA mit 16,6 Anschlüssen eine dreimal so hohe Telefondichte aufwiesen; die Amerikaner telefonierten auch fast fünfmal so viel wie die Deutschen (jährlich 231 Telefongespräche pro Einwohner; Deutschland 45,8).[47] Durch den Zweiten Weltkrieg ging die Anschlussdichte in Deutschland zunächst zurück, 1947 gab es in den westli-

---

44 Vgl. Bundesverwaltungsgericht, Rundfunkgebührenurteil vom 15.03.1968, in: BVerwGE 29 (1968), S. 214-218.
45 Vgl. Hans Bausch, Rundfunkpolitik nach 1945. Zweiter Teil: 1963-1980, München 1980, S. 658-761; Humphreys, Media and media policy in Germany, S. 170-173.
46 Vgl. Thomas, Telefonieren in Deutschland, S. 267-276.
47 Telefondichte in anderen Länder 1940: Schweden 14,3; Kanada 12,8; Dänemark 11,95; Schweiz 11,2; Neuseeland 10,5; Norwegen 8,5; Australien 8,5; Großbritannien 7,0; Niederlande 5,3; Frankreich 3,9; Österreich 3,7; Russland 0,8. Zahlen aus Horstmann, 75 Jahre Fernsprecher, S. 317.

chen Besatzungszonen nur noch 3,3 Telefonanschlüsse je 100 Einwohner.[48] Bereits 1950 erreichte die Bundesrepublik mit 5,0 Anschlüssen pro 100 Einwohner allerdings wieder das Vorkriegsniveau.[49] Mit der wirtschaftlichen Erholung der Bundesrepublik ging der Wiederaufbau des Telefonnetzes dann direkt in seinen Ausbau über, und in den 1950er Jahren setzte langfristig eine hohe Nachfrage nach Telefonanschlüssen ein. Ein Grund für den Telefonboom der Nachkriegszeit war, dass die Post ihre Preise zwischen 1954 und 1964 nicht anhob.[50] Durch das steigende Einkommensniveau wurden Telefonanschlüsse so für viele kleine Betriebe und private Haushalte bezahlbar. Mit jedem neuen Anschluss wiederum wurde das Telefon nützlicher und war daher bald ein unverzichtbares Kommunikationswerkzeug sowohl für geschäftliche als auch für private Zwecke. Die Nachfrage nach Telefonanschlüssen verstärkte sich in der jungen Bundesrepublik daher aus sich selbst heraus. Zwischen 1959 und 1964 wurden im westdeutschen Telefonnetz jährlich 9 Prozent mehr neue Anschlüsse geschaltet, und auch die Anzahl der Gespräche wuchs um 7 Prozent, die der Ferngespräche sogar um 12 Prozent pro Jahr.[51]

Bei jedem neuen Telefonanschluss musste die Post zunächst mit mehr als 3.000 DM in Vorleistung gehen.[52] Die monatlichen Betriebskosten beliefen sich anschließend auf durchschnittlich 26 DM, von denen nur ein Teil durch die Grundgebühr abgedeckt war, die bis 1964 je nach Größe des Ortsnetzes zwischen 6 und 12 DM lag.[53] Die Differenz musste mit Gesprächsgebühren erwirtschaftet werden. In den 1950er Jahren bevorzugte die Bundespost daher zunächst Unternehmen, von denen sie ein hohes Gesprächsaufkommen erwartete.[54] Diese Strategie stieß zu Beginn der 1960er Jahre an ihre Grenzen. Ein Großteil der Unternehmen war mit Telefonanschlüssen versorgt. Neue Anschlüsse wurden jetzt vermehrt von privaten Haushalten beantragt, die aus Sicht der Post zu wenige Telefongespräche führten.[55] Verwehren konnte die Bundespost einen Telefonanschluss niemandem, da im Fernmeldeanlagengesetz festgelegt war, dass jeder Grundstücksbesitzer das Recht hat, an das öffentliche Netz angeschlossen zu werden.[56]

---

48 Hamburg hatte im Mai 1947 115.490 Telefonanschlüsse, 1939 waren es noch 151.900. In den USA erlebte das Telefon in der Kriegs- und Nachkriegszeit dagegen einen Boom. Die Telefondichte war 1947 mit 27,0 Anschlüssen pro Hundert Einwohnern fast doppelt so hoch wie 1940, bis 1950 wuchs sie sogar auf 37,0. Vgl. ebenda.

49 Vgl. ebenda, S. 326. Zum Wiederaufbau des Telefonnetzes siehe auch: Horst A. Wessel, Die Verbreitung des Telephons bis zur Gegenwart, in: Teuteberg/Neutsch (Hg.), Vom Flügeltelegraphen zum Internet, S. 67-112, hier S. 90-100.

50 In Ortsnetzen mit mehr als 1.000 Anschlüssen betrug die Grundgebühr im Jahr 1954 12 DM, erst 1964 wurde sie auf 18 DM erhöht. Vgl. Steinmetz/Elias (Hg.), Geschichte der deutschen Post 1945-1979, S. 397.

51 Vgl. Der Bundesminister für das Post- und Fernmeldewesen, Gutachten der Sachverständigen-Kommission, S. 80.

52 Im Jahr 1959 betrugen die Investitionskosten je Hauptanschluss 3060 DM, bis 1963 stieg dieser Wert auf 4630 DM. Vgl. ebenda, S. 78.

53 Vgl. Steinmetz/Elias (Hg.), Geschichte der deutschen Post 1945-1979, S. 397.

54 Vgl. Werle, Telekommunikation in der Bundesrepublik, S. 105-106.

55 Vgl. Steinmetz/Elias (Hg.), Geschichte der deutschen Post 1945-1979, S. 397.

56 § 8 des Gesetzes über Fernmeldeanlagen von 1927.: »Sind an einem Ort Fernmeldeanlagen für den Ortsverkehr, sei es von der Deutschen Bundespost, sei es von der Gemeindeverwaltung oder von einem anderen Unternehmer, zur Benutzung gegen Entgelt errichtet, so kann jeder Eigentümer

Um allen Anträgen auf Telefonanschlüsse sofort nachzukommen, fehlten der Bundespost allerdings die Mittel, sodass sie bis in die 1970er Jahre hinein lange Wartelisten führte.[57]

Die Kapitalknappheit der Bundespost lag auch daran, dass ihre Kosten schneller als ihre Einnahmen stiegen. In der Nachkriegszeit wuchs der Personalbestand der Post rapide an. 1964 beschäftigte die Bundespost bereits 433.000 Menschen, den Großteil davon in der personalintensiven Paket- und Briefzustellung.[58] Die wachsenden Löhne der Nachkriegszeit machten sich daher bei der Bundespost stark in Form steigender Ausgaben bemerkbar. 1965 bestanden 56 Prozent der Ausgaben der Bundespost aus Personalkosten, im Postdienst waren dies sogar 72 Prozent.[59]

Die gestiegenen Ausgaben konnte die Bundespost jedoch nicht durch höhere Gebühren kompensieren. Die Bundesregierung sah in den Tarifen der Post, vor allem im Briefporto, ein Symbol für die Preisstabilität der neuen D-Mark. 1952 verzichtete Postminister Hans Schuberth daher auf eine erste Gebührenerhöhung, nachdem der Bundestag Widerstand gegen diese Maßnahme angekündigt hatte.[60] Erst nach der Verabschiedung des neuen Postverwaltungsgesetzes setzte sein Nachfolger Siegfried Balke[61] eine moderate Tarifanpassung durch, die aber ausgerechnet die von den steigenden Lohnkosten am stärksten betroffene Brief- und Paketzustellung unverändert ließ.[62] Im Sommer 1964 verzichtete die Bundesregierung erneut auf eine vom Postverwaltungsrat beschlossene Erhöhung des Briefportos und hob stattdessen die Telefongebühren deutlich an.[63] Dass diese Erhöhung eine überraschend große Protestwelle verursachte, macht anschaulich, dass in den 1960er Jahren, entgegen der Wahrnehmung der Bundesregierung, ein Telefonanschluss bereits den Status eines Luxusgutes verloren hatte: Die Bildzeitung forderte ihre Leser zu einem Telefonboykott auf, und die oppositionelle SPD ließ den Bundestag in der Sommerpause zu einer Sondersitzung zusammenkommen, um die regierungskritische Stimmung auszunutzen.[64] Auch wenn das Parlament

---

    eines Grundstücks gegen Erfüllung der von jenen zu erlassenden und öffentlich bekanntzumachenden Bedingungen den Anschluß an das Lokalnetz verlangen.«

57 In den 1960er Jahren warteten in Westdeutschland nach Berechnungen der Bundespost jährlich zwischen 200.000 und 300.000 Unternehmen und Haushalte länger als vier Wochen auf einen Telefonanschluss. 1971 erreichte die Anzahl der wartenden Telefonkunden einen Spitzenwert: 610.000 potenzielle Anschlussinhaber mussten in diesem Jahr von der Bundespost vertröstet werden. Vgl. das Schaubild bei Rose, Der Staat als Kunde, S. 51.

58 Vgl. Der Bundesminister für das Post- und Fernmeldewesen, Gutachten der Sachverständigen-Kommission, S. 115.

59 Vgl. Steinmetz/Elias (Hg.), Geschichte der deutschen Post 1945-1979, S. 598.

60 Vgl. Posttarife. Investition über Portokasse, in: DER SPIEGEL 28/1952, S. 7-8; Werle, Telekommunikation in der Bundesrepublik, S. 104.

61 Zur Biografie Balkes siehe: Robert Lorenz, Siegfried Balke. Grenzgänger zwischen Wirtschaft und Politik in der Ära Adenauer, Stuttgart 2010.

62 Vgl. Steinmetz/Elias (Hg.), Geschichte der deutschen Post 1945-1979, S. 599.

63 Die Telefongrundgebühren wurden um 50 Prozent erhöht, und die Gesprächseinheit von 16 auf 20 Pfennig angehoben. Der Postverwaltungsrat hatte sich dagegen für die Erhöhung des Portos für einen Standardbrief von 20 auf 30 Pfennig ausgesprochen und wollte die Gesprächseinheiten nur auf 18 Pfennig anheben. Vgl. ebenda, S. 600.

64 Vgl. Telephon-Gebühren. Heißer Draht, in: DER SPIEGEL 32/1964 S. 20-23.

formal keinen Einfluss auf die Gebührenpolitik der Post hatte, führte dieser Widerstand angesichts des anstehenden Wahljahres dazu, dass die Bundesregierung im Herbst 1964 die beschlossene Erhöhung der Gesprächseinheit teilweise zurücknahm. Die höhere Grundgebühr wurde allerdings beibehalten, und das Briefporto blieb unverändert.[65]

Diese Gebührenpolitik und die Kostenverteilung der Bundespost führten dazu, dass sich die Erträge der unterschiedlichen Dienstzweige auseinanderentwickelten. Vor allem mit dem Brief- und Pakettransport machte die Post Verluste, da hier die Gebühren zu Beginn der 1960er Jahre nur noch knapp die Personalkosten deckten. Jedes ausgelieferte Paket musste die Bundespost daher durchschnittlich mit 1 DM aus anderen Bereichen bezuschussen.[66] Auch die Briefzustellung schrieb rote Zahlen, die 1964 insgesamt 51 Millionen DM betrugen.[67] Überschüsse, die die Bundespost mit dem Telefonnetz erwirtschaftete, flossen daher zu großen Teilen in die Finanzierung der defizitären Dienstzweige.[68]

Um den Ausbau des Telefonnetzes zu finanzieren, griff die Post daher in größerem Umfang auf Kredite zurück, die sich bis in die 1960er Jahre zu einer erheblichen Schuldenlast summiert hatten. So standen den 12 Milliarden DM Jahresumsatz, den die Bundespost 1968 verbuchen konnte, Verbindlichkeiten in Höhe von 15 Milliarden DM gegenüber.[69] Während die Post in den 1950er Jahren insgesamt noch Gewinne ausweisen konnte, führten Anfang der 1960er Jahre Lohnsprünge, die verstärkte Nachfrage nach Telefonanschlüssen und steigende Zinsen dazu, dass die Post als Ganzes hohe Verluste machte.[70] Eine weitere Kreditaufnahme und damit das Wachstum des Telefonnetzes waren angesichts einer kritischen Eigenkapitalquote, die 1964 nur noch 12,1 Prozent betrug, fragwürdig.[71]

Angesichts dieser Schuldenlast hatte die Bundesregierung bereits im Sommer 1964 eine Sachverständigenkommission eingesetzt. Die mehrheitlich aus Ökonomen bestehende Kommission[72] sollte untersuchen, wie die Post »auf Dauer ihre Aufgaben in

---

65   Vgl. Telephongebühren. Über Gebühr, in: DER SPIEGEL 44/1964 S. 32; Werle, Telekommunikation in der Bundesrepublik, S. 138-141.

66   Vgl. Der Bundesminister für das Post- und Fernmeldewesen, Gutachten der Sachverständigen-Kommission, S. 146. Die gesamte »Kostenunterdeckung« dieses Dienstleistungszweiges belief sich 1964 auf 330 Millionen DM. Vgl. ebenda, S. 29.

67   Vgl. ebenda, S. 15.

68   Vgl. Werle, Telekommunikation in der Bundesrepublik, S. 128.

69   Von den 12 Milliarden DM Umsatz entfielen 7 Milliarden auf Personalkosten. 2,9 Milliarden DM zahlte die Post für die Tilgung und die Zinsen der Kredite. Vgl. Briefträger und Satelliten. Wolfgang Müller-Haeseler und Kurt Simon sprachen mit Werner Dollinger, in: DIE ZEIT 28/1968.

70   1959 konnte die Post noch einen Gesamtgewinn von 38,6 Millionen DM verbuchen, 1960 von 70,6 Millionen DM. Ab 1961 fiel sie in die Verlustzone und machte einen Verlust von 142,5 Millionen DM, 1962 382 Millionen DM und 1963 250,1 Millionen DM. Vgl. Steinmetz/Elias (Hg.), Geschichte der deutschen Post 1945-1979, S. 599.

71   Vgl. Der Bundesminister für das Post- und Fernmeldewesen, Gutachten der Sachverständigen-Kommission, S. 130.

72   Mitglieder der Sachverständigenkommission waren Helmut Ammon, Ministerialdirektor a.D.; Dr.-Ing. Volker Aschoff, Professor für Fernmeldetechnik an der Technischen Hochschule Aachen; Dr. sc. pol. Albrecht Düren, Hauptgeschäftsführer des Deutschen Industrie- und Handelstages; Ernst Falkenheim, Direktor; Karl Glaser, Direktor und Vorstandsmitglied der Maschinenfabrik Weingarten AG; Dr. Walter Hamm, Professor für Volkswirtschaftslehre an der Universität Marburg/Lahn; Dr.

optimaler Weise ohne Defizite erfüllen kann«[73]. Die Sachverständigen empfahlen der Bundesregierung, die Bundespost grundsätzlich stärker nach unternehmerischen Gesichtspunkten auszurichten und die Einflussmöglichkeiten der Politik zu beschränken. Die Post sollte sich bei der Höhe ihrer Gebühren an den realen Kosten der einzelnen Dienstleistungen orientieren und zumindest das Post- und Fernmeldewesen getrennt abrechnen.[74] Besonders kritisch sahen die Sachverständigen die im internationalen Vergleich hohen Fernmeldegebühren der Post.[75]

Die Vorschläge der Sachverständigenkommission zur Neustrukturierung der Post wurden von der Bundesregierung verhalten aufgenommen; allerdings nahm sie das Gutachten zum Anlass, um die finanzielle Situation der Post mit einzelnen Maßnahmen zu verbessern.[76] Hierdurch verbesserte sich für kurze Zeit die finanzielle Situation der Post. Zwischen 1966 und 1969 konnte sie wieder Gewinne ausweisen.[77]

Mit der Regierungsübernahme der SPD wurden im Herbst 1969 die Vorschläge der Sachverständigenkommission zur Neustrukturierung der Bundespost wieder aktuell. In seiner Regierungserklärung versprach Willy Brandt, die unternehmerische Eigenständigkeit der Post zu stärken.[78] Der neue Postminister Georg Leber legte dazu Ende 1970 den Entwurf eines neuen Postverfassungsgesetzes vor,[79] das sich an den Vorschlägen der Sachverständigenkommission orientierte, die von einer neuen, breit aufgestellten Kommission angepasst worden waren. Der Entwurf sah vor, die Bundespost in ein öffentliches Unternehmen umzuwandeln, das nicht von einem Minister, sondern einem mehrköpfigen Vorstand und einem Aufsichtsrat geleitet wird, um ihre wirtschaftliche

---

Gert von Kortzfleisch, Professor für Betriebswirtschaftslehre an der Wirtschaftshochschule Mannheim. Vgl. Eberhard Witte, Telekommunikation. Vom Staatsmonopol zum privaten Wettbewerb, in: *Zeitschrift für Betriebswirtschaft, Ergänzungsheft* (2002), H. 3, S. 1-50, hier S. 41.

73 Der Bundesminister für das Post- und Fernmeldewesen, Gutachten der Sachverständigen-Kommission, S. 7.

74 Vgl. ebenda, S. 150.

75 »Die Höhe der Fernsprechgebühren [...] kann nur begründet werden, wenn man es als politisch notwendig betrachtet, daß das kapitalintensive Fernsprechwesen die personalintensiven und defizitären Postdienstzweige subventioniert. Von einem privatwirtschaftlichen Standpunkt aus erscheint diese Gebührenpolitik aber in einer Zeit nicht vertretbar, in der das Fernsprechwesen einen außerordentlich großen Nachholbedarf an Investitionsmitteln hat, um den berechtigten Wünschen der Öffentlichkeit in absehbarer Zeit nachkommen zu können.« Ebenda, S. 85.

76 Die sichtbarste Reaktion war die lange gemiedene Anhebung des Briefportos, das 1966 von 20 auf 30 Pfennig erhöht wurde. Zudem verzichte das Finanzministerium auf einen Teil der Ablieferungen und stockte so das Eigenkapital der Post auf. Vgl. Steinmetz/Elias (Hg.), Geschichte der deutschen Post 1945-1979, S. 606; Werle, Telekommunikation in der Bundesrepublik, S. 148.

77 1966 erwirtschaftete die Bundespost Gewinne in Höhe von 285 Millionen DM, 1967 441 Millionen DM, 1968 505 Millionen DM, 1969 320 Millionen DM. Vgl. Steinmetz/Elias (Hg.), Geschichte der deutschen Post 1945-1979, S. 606.

78 »Das Post- und Fernmeldewesen kann seine Aufgaben für unsere Gesellschaft besser erfüllen, wenn die ministerielle Aufsicht sich auf das politische Notwendige beschränkt. Dadurch wird die Eigenständigkeit der Bundespost gestärkt und eine wirtschaftliche Unternehmensführung erleichtert.« Brandt, Willy, Regierungserklärung von Bundeskanzler Willy Brandt am 28. Oktober 1969 vor dem Deutschen Bundestag in Bonn, in: Stenographische Berichte des Deutschen Bundestag 6/5, Bonn 1969, S. 25.

79 Vgl. Bundesregierung, Entwurf eines Postverfassungsgesetzes, BT-Drs. VI/1385, Bonn 1970.

und politische Unabhängigkeit zu stärken. Die Kontrolle der Bundespost und die Hoheitsaufgaben, die sich aus dem Fernmeldemonopol ergaben, sollten an einen »zuständigen Minister« delegiert werden, wofür der zwischen 1969 und 1972 ohnehin in Personalunion das Bundespostministerium leitende Verkehrsminister im Gespräch war.[80]

Obwohl die Gesetzesnovelle anfänglich von einer breiten Koalition aus Parteien, Gewerkschaften und Wirtschaftsverbänden unterstützt worden war, zogen sich die Beratungen über zwei Legislaturperioden hin und wurden nach der Bundestagswahl 1976 ergebnislos aufgegeben.[81] Der sichtbarste Anlass für die Verzögerungen und letzten Endes das Scheitern der Reform war ein Konflikt zwischen dem gewerkschaftsnahen Flügel der SPD und ihrem Koalitionspartner FDP. Die Gewerkschaften forderten, dass als Vorgriff auf ein neues Mitbestimmungsgesetz der Aufsichtsrat der Post mindestens zur Hälfte von den Mitarbeitern der Post gewählt werden sollte, während FDP und Wirtschaftsverbände auf einem Arbeitnehmeranteil von einem Drittel bestanden. Entscheidend für das Misslingen der Postreform war aber ebenso, dass im Laufe des Gesetzgebungsprozesses die wirtschaftliche Unabhängigkeit der neuen Bundespost durch das Finanz-, Wirtschafts- und Innenministerium wieder eingeschränkt worden war. Auch die reformierte Post sollte in zentralen Fragen von der Zustimmung der Bundesregierung abhängig sein, dann aber, ohne mit einem eigenen Minister im Kabinett ihre Interessen durchsetzen zu können. Da dies die politische Unabhängigkeit der Bundespost als das eigentliche Ziel der Reform infrage gestellt hätte, verlor der Entwurf damit die Unterstützung der Bundespost.[82] Hinzukam, dass die geplante Reform verfassungsrechtliche Bedenken aufwarf, da unklar war, ob die angestrebte Unabhängigkeit der Bundespost noch mit dem Grundgesetz vereinbar war, das festlegte, dass die Bundespost in »bundeseigener Verwaltung« geführt werden muss.[83]

Gleichzeitig mit der Debatte über eine Postreform hatte die Bundespost Anfang der 1970er Jahre erneut hohe Verluste gemacht und musste 1971 sogar ihren bisherigen höchsten Jahresverlust von 1,4 Milliarden DM verbuchen.[84] In dieser Situation sah sich die Bundesregierung gezwungen, massiv die Gebühren anzuheben. Die Telefongrundgebühr wurde zwischen 1971 und 1974 von 18 DM auf 32 DM fast verdoppelt,[85] und das Briefporto wurde 1972 zunächst auf 40 und 1974 schließlich auf 50 Pfennig erhöht.[86] Durch solche Maßnahmen verbesserte sich ab 1975 die Finanzlage der Bundespost grundlegend, und bis Ende der 1980er Jahre konnte sie dauerhaft steigende Gewinne verbuchen. Die Bundespost profitierte nun davon, dass sie in der Vergangenheit »auf Vorrat« investiert hatte und den Großteil der neuen Telefonanschlüsse nun mit vorhandener Infrastruktur realisieren konnte.[87]

Die Verbesserung der Finanzlage änderte allerdings an der Verteilung der Erträge nichts. Gewinne machte die Post in erster Linie mit dem Telefonnetz, während der

---

80   Vgl. Werle, Telekommunikation in der Bundesrepublik, S. 154-156.
81   Vgl. Steinmetz/Elias (Hg.), Geschichte der deutschen Post 1945-1979, S. 732-733.
82   Vgl. Witte 2002, Telekommunikation, S. 10.
83   Vgl. Werle, Telekommunikation in der Bundesrepublik, S. 156-158.
84   Vgl. Steinmetz/Elias (Hg.), Geschichte der deutschen Post 1945-1979, S. 1008.
85   Vgl. ebenda, S. 882-886.
86   Vgl. ebenda, S. 818-820.
87   Vgl. Werle, Telekommunikation in der Bundesrepublik, S. 219.

Postdienst defizitär war. So stieg die Kostendeckung des Fernmeldebereichs zwischen 1971 und 1977 von 105,6 Prozent auf 128,5 Prozent, während sich das Postwesen nur von 71,2 Prozent auf 80,7 Prozent verbesserte.[88] Den internen Finanzausgleich der Bundespost hatte das Bundesverfassungsgericht allerdings 1970 für rechtmäßig erklärt, da ein »Betrieb wie die Bundespost [...] wegen seiner Monopolstellung verpflichtet [war], auch unwirtschaftliche Dienste anzubieten.«[89] Daher konnte die Post sich an dem im Steuerrecht üblichen Äquivalenzprinzip orientieren. Bei ihren Gebühren musste sie sich nicht an den tatsächlichen Kosten orientieren, sondern sie konnte ihre Preise an dem Nutzen ausrichten, den ihre Kunden mit ihren Dienstleistungen erzielten.[90]

Die Post und die westdeutsche Fernmeldeindustrie

Um die Situation und das Handeln der Bundespost in den 1970er und 1980er Jahren deuten zu können, ist es auch wichtig, ihr Verhältnis zur Fernmeldeindustrie zu verstehen. Während die Dominanz von AT&T in den USA davon geprägt war, dass die Bell Labs Grundlagenforschung betrieben und das Bell System Ausrüstung exklusiv vom eigenen Ausrüster Western Electric bezog, war die Bundespost bei der Herstellung und Weiterentwicklung von Telekommunikationstechnik von den Unternehmen der bundesdeutschen Fernmeldeindustrie abhängig.[91] Durch das kontinuierliche Wachstum des Telefonnetzes war das Investitionsvolumen der Bundespost in der Nachkriegszeit allerdings zu einem erheblichen volkswirtschaftlichen Faktor geworden, von dem die Unternehmen der Fernmeldeindustrie ebenfalls in starkem Maßen abhängig waren.

Seit den Anfängen der Telegrafie bestand zwischen der vom preußischen Offizier Werner Siemens (ab 1888: von Siemens) und dem Mechaniker Johann Georg Halske gegründeten Telegrafenbauanstalt und den militärischen und später staatlichen Telegrafenverwaltungen ein enges Verhältnis.[92] Siemens & Halske entwickelten und produzierten Telegrafen und Kabel oder bauten ganze Telegrafenlinien im Auftrag der Telegrafenverwaltungen und konnten dieses Verhältnis nach der Erfindung des Telefons auf diese neue Technologie übertragen.[93] Um die Jahrhundertwende begannen Siemens & Halske ihre führende Position auf den europäischen Märkten für Fernmeldetechnik

---

88 Vgl. Steinmetz/Elias (Hg.), Geschichte der deutschen Post 1945-1979, S. 1008.
89 Bundesverfassungsgericht, Beschluss des Bundesverfassungsgerichtes über die Zulässigkeit von Postgebühren vom 24. Februar 1970, in: BVerfGE 28, 66.
90 Anlass war eine Verfassungsbeschwerde gegen die 1964 stattgefundene Erhöhung der Telefongrundgebühr. Drei Beschwerdeführer sahen sich hierdurch in ihren Grundrechten verletzt, und bemängelten, dass die Telefongebühren aufgrund des internen Kostenausgleichs der Bundespost unangemessen hoch seien. Vgl. Werle, Telekommunikation in der Bundesrepublik, S. 161.
91 Zwar unterhielten die Reichspost und die Bundespost Forschungsinstitute, diese planten und koordinierten aber in erster Linie in enger Kooperation mit der Industrie den Ausbau der Kommunikationsnetze, bewerteten Neuentwicklungen, definierten Standards und führten Verhandlungen mit den Produzenten. Vgl. Michael Reuter, 100 Jahre technische Zentralämter der Post, 40 Jahre FTZ und PTZ in Darmstadt, in: *Archiv für deutsche Postgeschichte* (1989), H. 1, S. 5-17; Hesse, Im Netz der Kommunikation, S. 67-69.
92 Vgl. Peschke, Elektroindustrie und Staatsverwaltung, S. 41-51. Zur Biografie Werner von Siemens siehe: Johannes Bähr, Werner von Siemens 1816-1892. Eine Biografie, München 2016.
93 Vgl. Thomas, Telefonieren in Deutschland, S. 62-64.

dann durch einen systematischen Aufkauf von Patenten abzusichern und brachten den Markt für Fernkabel und automatische Vermittlungsämter unter ihre Kontrolle.[94]

Trotz des engen Verhältnisses zu Siemens & Halske fürchtete die Reichspost, in Abhängigkeit zu geraten und förderte mit ihrem Einkaufsverhalten daher systematisch auch andere Hersteller.[95] Als sie unmittelbar vor dem Ersten Weltkrieg die Grundsatzentscheidung traf, die Telefonvermittlung zu automatisieren, zog sie daher neben Siemens auch Anlagen von Western Electric in Betracht. Als nach dem Krieg die Pläne zur Automatisierung wieder aktuell wurden, verzichtete die Post allerdings auf den Kauf der amerikanischen Vermittlungstechnik und entschied sich allein für das System von Siemens & Halske, das die Post als Einheitstechnik in sämtliche Vermittlungsämter einbauen wollte.[96] Um aber trotzdem nicht vollständig von Siemens abhängig zu werden, setzte die Post durch, dass auch andere Hersteller die Einheitstechnik herstellen dürfen, und sicherte Siemens als Gegenleistung eine feste Abnahmequote von mindestens 62,5 Prozent der verbauten Anlagen zu.[97] Die Post prüfte die Kalkulationen dieser Amtsbaufirmen und legte die Preise fest; zusätzlich koordinierte sie die Weiterentwicklung, sodass 1927 und 1929 verbesserte Typen der Einheitstechnik eingeführt werden konnten.[98]

Diese für Reichspost und Industrie bequeme Marktstruktur überstand die erste Internationalisierungswelle der Fernmeldeindustrie. In den 1920er Jahren begann der amerikanische Konzern International Telephone & Telegraph (IT&T), systematisch Telekommunikationsausrüster außerhalb der USA aufzukaufen und übernahm 1926 die ausländischen Tochterfirmen des Bell Systems. Ende der 1920er Jahre gelang es IT&T dann, drei der vier kleineren Amtsbaufirmen der Reichspost aufzukaufen.[99] Obwohl IT&T eigene Vermittlungstechnik im Angebot hatte, änderte die Reichspost ihr Einkaufsverhalten nicht. Die zum IT&T-Konzern gehörenden Unternehmen produzierten daher für den deutschen Markt weiter die von Siemens & Halske entwickelte Einheitstechnik. Als die Quotenaufteilung 1932 vertragsmäßig auslief, konnten sich Siemens

---

94 Vgl. Peschke, Elektroindustrie und Staatsverwaltung, S. 76-80.
95 Vgl. ebenda, S. 58-68.
96 Vgl. Thomas, Telefonieren in Deutschland, S. 224-225.
97 Die übrigen Hersteller wurden auf Betreiben der Post zur »Automatischen Fernsprech-Anlagen-Bau-Gesellschaft (Autofabag)« zusammengeschlossen. »Deutsche Telephon-Werke«, »Telephon Berliner« und »C. Lorenz« durften jeweils 10 Prozent liefern, von »Mix & Genest« kaufte die Post 7,5 Prozent ihrer Anlagen. Vgl. Thomas, Telefonieren in Deutschland, S. 225-226; Rose, Der Staat als Kunde, S. 61.
98 Vgl. Thomas, Telefonieren in Deutschland, S. 226. Um den Einfluss von Siemens im Fernkabelbau zu begrenzen, verfolgte die Reichspost eine ähnliche Strategie. 1921 organisierte sie die Gründung der »Deutschen Fernkabel-Gesellschaft«, an der sie selbst Anteile von 31 Prozent hielt. Für die Zusicherung, zwei Drittel der Fernkabel liefern zu dürfen, gestattete Siemens & Halske den übrigen Gesellschaftern die Nutzung ihrer Kabel-Patente. Vgl. Frank Thomas, Korporative Akteure und die Entwicklung des Telefonsystems in Deutschland 1877 bis 1945, in: *Technikgeschichte* 56 (1989), S. 39-65, hier S. 53; Thomas, Telefonieren in Deutschland, S. 236-243.
99 Mix & Genest und Telephon Berliner wurden von ITT in ihre Holding Standard Elektrizitäts Gesellschaft AG eingebracht. Die C. Lorenz AG blieb bis nach dem Krieg eigenständig im Besitz von IT&T. 1958 schloss der Konzern seine deutschen Beteiligungen zu Standard Elektrik Lorenz (SEL) zusammen. Vgl. Rose, Der Staat als Kunde, S. 61.

und IT&T auf eine Aufteilung des deutschen Marktes einigen, durch die die früheren Anteile nur unwesentlich verändert wurden.[100]

Beim Wiederaufbau des Telefonnetzes in der Nachkriegszeit orientierte sich die Bundespost an dem Verfahren und den Quoten der Vorkriegszeit. Als in den 1950er Jahren der Wiederaufbau in einen Ausbau überging, traf die Bundespost die Entscheidung, dass westdeutsche Telefonnetz vollständig zu automatisieren.[101] Da die bisherige Vermittlungstechnik nicht dafür geeignet war,[102] machte dies die Entwicklung einer neuen Generation von Einheitstechnik notwendig. Obwohl die westdeutschen Tochterfirmen von IT&T, die 1958 zu Standard Elektrik Lorenz (SEL) zusammengeschlossen wurden, der Post ein alternatives System anboten, entschied sich die Post erneut für eine Entwicklung von Siemens[103] und folgte auch ansonsten dem Verfahren der 1920er Jahre. Für ihre Entwicklungsleistung durfte Siemens daher den größten Anteil des »Postwählsystem 55« produzieren, musste aber den übrigen Amtsbaufirmen die Lizenz geben, die Einheitstechnik für die Bundespost nachzubauen.[104]

Bei Endgeräten versuchte die Bundespost ebenfalls durch einheitliche Technik Rationalisierungsvorteile zu erzielen, aber wegen der größeren Vielfalt an Geräten war der Kreis der Zulieferer größer. Bei Telefonen lag die Entwicklungsarbeit ebenfalls in den Händen der Amtsbaufirmen, aber eine überschaubare Zahl von mittelständischen Unternehmen produzierte für die Bundespost Telefonapparate, deren Technik sich seit dem 19. Jahrhundert nur unwesentlich weiterentwickelt hatte. Obwohl die Post versuchte, zwischen den Herstellern einen Preiswettbewerb in Gang zu bringen, veränderten sich die Einkaufspreise von Telefonen bis in die 1970er Jahre nur wenig. Erst nachdem das Bundeskartellamt nach einem anonymen Hinweis 1976 den Unternehmen die ver-

---

100 Siemens sollte 54 Prozent der Anlagen liefern, die zu IT&T gehörenden Unternehmen 34 Prozent. Die verbleibenden 10 Prozent wurden den Deutsche Telephon-Werken zugesprochen, an denen Siemens seit 1928 eine Minderheitsbeteiligung hatte. Vgl. Rose, Der Staat als Kunde, S. 62; Scherer, Telekommunikationsrecht und Telekommunikationspolitik, S. 438-439.
101 Vgl. Steinmetz/Elias (Hg.), Geschichte der deutschen Post 1945-1979, S. 316-317.
102 Im neuen Netz sollten Fernverbindungen vierdrahtig erfolgen, um eine hohe Gesprächsqualität zu ermöglichen, die bisherige Einheitstechnik war überwiegend für einen zweidrahtigen Betrieb ausgelegt. Vgl. Werle, Telekommunikation in der Bundesrepublik, S. 65.
103 Vgl. ebenda, S. 120-121.
104 Dieses Quotensystem basierte dieses Mal formal auf einen Vertrag zwischen den vier Amtsbaufirmen, der zwar durch das Betreiben der Post zustande gekommen war, für sie offiziell aber nur den Status einer Empfehlung hatte. Dennoch orientierte sich die Post bis in die 1970er Jahre hinein an den Quoten und beschaffte 40 bis 45 Prozent ihrer Vermittlungsanlagen von Siemens. Die Tochterfirmen von IT&T, die 1958 zu »Standard Elektrik Lorenz« (SEL) zusammengeschlossen wurden, durften zwischen 30 und 35 Prozent liefern. Weitere 15 Prozent produzierte der Berliner Hersteller »Deutsche Telephonwerke« (DeTeWe), der mit Siemens über eine Minderheitsbeteiligung verbunden war. Das Frankfurter Unternehmen »Telefonbau und Normalzeit« (TuN) erreichte 1954 durch ein Rechtsgutachten die Aufnahme in den Kreis der Amtsbaufirmen und stellte 6 Prozent der Vermittlungsanlagen her. Vgl. Scherer, Telekommunikationsrecht und Telekommunikationspolitik, S. 439-441. Ab 1968 wurde AEG-Telefunken Mehrheitseigentümer von TuN, und in den 1980er Jahren übernahm Bosch die Anteile von AEG. Vgl. Johannes Bähr/Paul Erker, Bosch. Geschichte eines Weltunternehmens, München 2013, S. 386-392.

botene Absprache von Preisen und Marktanteilen nachweisen konnte und Bußgelder verhängte hatte, kamen die Preise in Bewegung.[105]

4.c Zwischenfazit: Das »Unternehmen Bundespost« zu Beginn der 1970er Jahre

Wie gezeigt, war der deutsche bzw. ab 1949 der bundesdeutsche Telekommunikationssektor durch einen umfassenden Einfluss des Staates gekennzeichnet. Grundlage hierfür war das staatliche Fernmeldemonopol, das regelmäßig auf neue Kommunikationstechnologien ausgedehnt wurde. Obwohl das staatliche Alleinrecht ursprünglich nur für Telegrafie galt, weitete die Reichsregierung das Monopol bereits im 19. Jahrhundert auf das Telefon und kurz darauf auch auf den drahtlosen Funk bzw. Rundfunk aus. Ausgeübt wurde das Fernmeldemonopol von der Reichspost, die seit Anfang der 1920er Jahre Sondervermögen des Reichs war und sich allein aus den Gebühreneinnahmen finanzieren und zusätzlich finanzielle Beiträge zum Regierungshaushalt leisten musste. Die Ausweitung des Fernmeldemonopols kann daher auch mit finanziellen Interessen der Post begründet werden.

Das Fernmeldemonopol bildete auch die Grundlage für die Kontrolle des Rundfunks, der in den 1920er Jahren von der Reichspost als Massenmedium aufgebaut und von dem sie finanziell profitierte. Nach 1945 wurde die inhaltliche Verantwortung für den Rundfunk auf die Länder übertragen. Ein Versuch der Bundesregierung, das Fernmeldemonopol mit dem Aufbau eines zusätzlichen Fernsehsenders medienpolitisch zu nutzen, wurde 1961 vom Bundesverfassungsgericht gestoppt und hatte zur Folge, dass die Zuständigkeit der Bundespost auf technische Aspekte des Rundfunks reduziert wurde. Langfristig hatte dieser Versuch zur Folge, dass die Bundesländer Vorstößen der Bundesregierung oder der Bundespost, neue, medial nutzbare Telekommunikationsdienste zu etablieren mit einem großen Misstrauen begegneten.

Der schnelle Ausbau des Telefonnetzes und Lohnsteigerungen sorgten in den 1950er und 1960er Jahren schließlich dafür, dass die Bundespost hohe Schulden aufbaute und Forderungen nach einer Neustrukturierung der Post lauter wurden. Ab 1970 plante die sozialliberale Regierungskoalition dann eine umfangreiche Reform, mit der die politische Unabhängigkeit und das unternehmerische Denken der Bundespost gestärkt werden sollte, ohne dass ihr umfangreiches Fernmeldemonopol grundsätzlich infrage gestellt wurde.

Auch, wenn die gesetzliche Umsetzung der Reform letztlich scheiterte, prägte das Bild des »Unternehmens Bundespost« das Handeln des Postministeriums. Als zu Beginn der 1970er Jahre der Transformationsprozess des amerikanischen Telekommunikationssektors durch die Entscheidungen der FCC, Wettbewerb im Endgeräte- und Netzbereich zuzulassen, in eine neue Phase überging (siehe Kapitel 3), bereitete die Bundespost sich gerade auf ihre größere politische und wirtschaftliche Freiheit vor. Da abzusehen war, dass das Wachstumspotenzial des Telefonnetzes in den 1980er Jahren

---

105 Vgl. Kartelle. Zahlt und schweigt, in: DER SPIEGEL 30/1976, S. 50; Scherer, Telekommunikationsrecht und Telekommunikationspolitik, S. 447-448.

ausgeschöpft sein wird, begann die Bundespost mit langfristigen Planungen, welche Dienstleistungen und Märkte sie in Zukunft erschließen könnte. Da der Begriff der Fernmeldeanlage weit gefasst werden konnte, musste sie dabei nicht, wie das amerikanische Bell System, streng auf die Abgrenzung von Telekommunikation und Datenverarbeitung achten; auch Datenübertragung, Timesharing und die Verwendung des Computers als Kommunikationsmedium kamen als neue Wachstumsfelder für die Bundespost infrage.

Bei den Versuchen, das Fernmeldemonopol auch auf die Vernetzung von Computern auszudehnen, musste sich die Bundespost allerdings mit Widerstand von zwei Seiten auseinandersetzen. Wie im übernächsten Kapitel gezeigt wird, achteten die Bundesländer streng darauf, dass die Post bei neuen Kommunikationsmedien die Kultur- und damit die Medienhoheit der Bundesländer nicht verletzt. Für ihren Plan, ein neues, universelles Kommunikationsnetz mit Breitbandkabeln aufzubauen musste die Bundespost sich daher mit den Ländern auseinandersetzen. Dies galt ebenso für ihr ab 1976 laufendes Vorhaben, in der Bundesrepublik nach Vorbild des britischen Viewdata einen Fernmeldedienst mit dem Namen »Bildschirmtext« einzuführen.

Parallel hierzu wuchs, vor allem durch den Vergleich mit der Entwicklung in den USA, bei den Nutzern und Anbietern von Datenverarbeitung die Unzufriedenheit mit der Bundespost. Wie in Kapitel 7 gezeigt wird, musste die Bundespost ihr Fernmeldemonopol daher gegen eine zunehmend selbstbewusst agierende Datenverarbeitungsindustrie bis vor das Bundesverfassungsgericht verteidigen. Nachdem das Gericht im Herbst 1977 die Geltung des Fernmeldemonopols für Datenübertragung ausdrücklich bestätigt hatte, entdeckte die Bundesregierung die Bundespost und das Fernmeldemonopol als industriepolitisches Instrument und versuchte, über den Telekommunikationssektor eine neue Förderstrategie für die westdeutsche Datenverarbeitungsindustrie umzusetzen.

5. »Schlüsselindustrie Datenverarbeitung« – die westdeutsche Computerindustrie (1950er-1970er Jahre)

Obwohl bereits während des Zweiten Weltkrieges ein funktionsfähiger elektromechanischer Computer in Deutschland existierte und in den 1950er Jahren mit Siemens, AEG-Telefunken und Standard Elektrik Lorenz drei große westdeutsche Elektrounternehmen und Fernmeldeausrüster Computer herstellten, dominierten ab den 1960er Jahren amerikanische Hersteller den westdeutschen Computermarkt, allen voran IBM. Den westdeutschen Computerherstellern gelang es nicht, mit dem Verkauf von Computern genügend Geld zu verdienen, um mit der Entwicklungsgeschwindigkeit der amerikanischen Computerindustrie mithalten zu können.

Als Mitte der 1960er Jahre die langfristige Bedeutung von Computern absehbar wurde, wurde die technologische Vormachtstellung der USA von den politischen und ökonomischen Eliten Westdeutschlands als eine Gefahr erkannt, die unter Schlagwörtern wie »technologische Lücke« und der »amerikanischen Herausforderung« diskutiert wurde und den Kern des bundesdeutschen Nachkriegsselbstbewusstseins bedrohte: die Wirtschaftskraft und Wirtschaftsmacht der Bundesrepublik. Sofern es der Bundesrepublik nicht gelänge, bei Spitzentechnologien wie der Datenverarbeitung oder der Mikroelektronik mit den USA gleichzuziehen, drohten die Deutschen, wie es 1969 in einer Titelgeschichte des *Spiegels* hieß, zu »Heloten der Konsumgesellschaft im Schlepptau der führenden Wirtschaftsmächte«[1] zu werden. Seit Mitte der 1960er Jahre standen daher die westdeutschen Computerhersteller und die Datenverarbeitung im Fokus der Bundesregierung, die als neue Schlüsselindustrie mit umfangreichen Fördermaßnahmen bedacht wurden. Ziel war es, eine westdeutsche oder zumindest eine westeuropäische Computerindustrie zu schaffen, die im globalen Wettbewerb auf Augenhöhe mit ihren amerikanischen Konkurrenten agieren kann. Nachdem dies mit direkter finanzieller Förderung und durch politisch initiierte Zusammenschlüsse im Laufe der 1970er Jahre nicht gelungen war, bekam Telekommunikation angesichts ihrer wachsenden Bedeutung für Datenverarbeitung neue Relevanz. Der staatliche Einfluss auf

---

1 Unbewältigte Zukunft, in: *DER SPIEGEL* 9/1969, S. 38-54, hier S. 42.

diesen Sektor eröffnete neue Möglichkeiten, den Traum von einer wettbewerbsfähigen, westeuropäischen Mikroelektronikindustrie doch noch zu realisieren.

Dieses Kapitel thematisiert die Entwicklung und den politischen Umgang mit der westdeutschen Computerindustrie bis in die 1970er Jahre. Im ersten Unterkapitel stehen die Anfänge der Computerindustrie in der Bundesrepublik im Mittelpunkt, die in den 1950er Jahren die strukturellen Weichen dafür stellten, dass hier die Dominanz von IBM besonders groß war. Das zweite Unterkapitel thematisiert die Anfänge der Diskussion einer bundesdeutschen oder westeuropäischen »Computerlücke« in den 1960er Jahren, welche die Grundlage für die im dritten Unterkapitel thematisierten, politischen Initiativen zur Förderung der Computerindustrie bildete.

5.a Die westdeutsche Computerindustrie in den 1950er/1960er Jahren

Die Anfänge in den 1950er Jahren

Als weltweit erstes Unternehmen, das mit Computern Geld verdiente, gilt die 1949 von Konrad Zuse gegründete Zuse KG. Zuse, Jahrgang 1910, hatte nach seinem Studium als Bauingenieur in der zweiten Hälfte der 1930er Jahre in Berlin mit dem Bau von programmierbaren Rechenmaschinen begonnen. 1937 stellte er die rein mechanische Z1 fertig, 1941 folgte mit finanzieller Unterstützung durch die Deutsche Versuchsanstalt für Luftfahrt die Z3, die durch Einsatz von elektromechanischen Relais eine höhere Zuverlässigkeit erreichte. Die nächste Generation seiner Rechenmaschine, die mit finanzieller Unterstützung des Luftfahrtministeriums entwickelte Z4, konnte er Anfang 1945 aus Berlin wegtransportieren, wohingegen die Z1 und die Z3 bei Luftangriffen auf Berlin zerstört wurden. Über eine Zwischenstation in Göttingen gelangten Konrad Zuse und die Z4 schließlich ins Allgäu. Dort begann er geschäftliche Kontakte zu ausländischen Rechenanlagenherstellern aufzubauen und für Remington-Rand mechanische Lochkartenkomponenten herzustellen.[2] 1947 veröffentlichte er eine Beschreibung der Z4 in einer amerikanischen Fachzeitschrift.[3] Ein Mietvertrag mit der ETH Zürich für die aus Berlin gerettete Z4 schuf 1949 die wirtschaftliche Grundlage für die Gründung der Zuse KG.[4]

Zu diesem Zeitpunkt gab es in Westdeutschland neben der Zuse KG nur an den Hochschulen in Göttingen, Darmstadt und München Projekte, bei denen jeweils ein Computer für wissenschaftliche Zwecke entwickelt und gebaut werden sollte. Ab 1950 beteiligte sich die Deutsche Forschungsgemeinschaft (DFG), bis 1951 noch unter dem

---

2   Vgl. Konrad Zuse, Der Computer – Mein Lebenswerk, Heidelberg 2010, S. 29-102.
3   Vgl. Petzold, Moderne Rechenkünstler, S. 204.
4   Vgl. hierzu ausführlich: Herbert Bruderer, Konrad Zuse und die Schweiz. Wer hat den Computer erfunden?, München 2012. Die Z4 gilt damit als der erste kommerziell vermietete Rechner weltweit und der erste wissenschaftlich genutzte Computer auf dem europäischen Festland. Vgl. Herbert Bruderer, Konrad Zuse und die ETH Zürich. Festschrift zum 100. Geburtstag des Informatikpioniers Konrad Zuse (22. Juni 2010), 2011, S. 5.

Namen »Notgemeinschaft der Deutschen Wissenschaft«, an der Finanzierung der Rechnerentwicklung der Hochschulen.[5]

Die Entwicklung und Produktion von Computern durch etablierte Unternehmen setzte in der Bundesrepublik Mitte der 1950er Jahre ein. Bei Siemens & Halske fasste der Vorstand 1954 den grundsätzlichen Beschluss, sich im Bereich der Datenverarbeitung zu engagieren. Die Konzernspitze erwartete, dass von der »Nachrichtenverarbeitung«, wie Siemens die Datenverarbeitung in dieser Zeit bezeichnete, Impulse für ihr Traditionsgeschäft Nachrichtenübertragung ausgehen werden.[6] Der Einstieg wurde durch das Wiederaufleben eines seit 1924 bestehenden Patentvertrags mit dem amerikanischen Elektrogroßkonzern Westinghouse erleichtert, durch den Siemens mit der Fertigungstechnik von Germanium-Transistoren vertraut gemacht wurde.[7] 1957 war die Entwicklung des ersten Computers von Siemens abgeschlossen, der als »Siemens 2002« an Hochschulen in Aachen, Tübingen und Berlin verkauft wurde. Finanziert wurden diese Verkäufe über das Großgeräteprogramm der DFG, das dazu Gelder aus dem Haushalt des neu gegründeten Verteidigungsministeriums erhielt.[8]

Das Großgeräteprogramm der DFG bewegte auch den zweitgrößten westdeutschen Hersteller von Fernmeldetechnik zum kurzzeitigen Einstieg in den Computermarkt. Der Fernmeldeausrüster Mix & Genest, eine der deutschen Tochterfirmen des amerikanischen Telekommunikationskonzerns IT&T, wurde 1955 vom Versandhaus Quelle mit der Automatisierung der Bestellabwicklung beauftragt. Zur Weihnachtssaison 1957 konnte das mittlerweile zur Standard Elektrik Lorenz (SEL) zusammengeschlossene Unternehmen im Fürther Stammhaus des Versandhändlers fristgerecht das »Informatik System Quelle« in Betrieb nehmen. Mit diesem Projekt erwarb SEL einen Ruf als erfahrener und zuverlässiger Hersteller von Datenverarbeitungstechnik, und obwohl ein Universalcomputer von SEL zu diesem Zeitpunkt nur auf dem Papier existierte, beauftragten die Hochschulen in Stuttgart, Bonn und Köln mit dem Geld aus dem DFG-Großgeräteprogramm SEL mit dem Bau von Computern.[9]

Für SEL war die Entwicklung und Produktion von eigenständigen Computern allerdings nur eine kurze Episode. Nach der Auslieferung von nur neun Rechnern, die SEL als »ER 56« bezeichnete, stieg der Konzern Anfang der 1960er Jahre aus der Entwicklung von Computern aus.[10] Bei dieser Entscheidung spielten vermutlich verschiedene Gründe zusammen. Zum einen hatte der Kopf der Computerentwicklung, Karl

---

5 Vgl. Petzold, Moderne Rechenkünstler, S. 221-235; Friedrich Naumann, Computer in Ost und West. Wurzeln, Konzepte und Industrien zwischen 1945 und 1990, in: *Technikgeschichte* 64 (1997), S. 125-144, hier S. 130-132.
6 Vgl. Petzold, Moderne Rechenkünstler, S. 263; Hilger, »Amerikanisierung« deutscher Unternehmen, S. 78.
7 Vgl. ebenda, S. 75-76.
8 Vgl. Petzold, Rechnende Maschinen, S. 443-459; Petzold, Moderne Rechenkünstler, S. 262-266; Michael Eckert, Wissenschaft für Macht und Markt. Kernforschung und Mikroelektronik in der Bundesrepublik Deutschland, München 1989, S. 161-180. Zur Bedeutung und Finanzierung des Großgeräteprogramms über den Haushalt des Verteidigungsministeriums siehe Petzold, Moderne Rechenkünstler, S. 239-244; Zellmer, Die Entstehung der deutschen Computerindustrie, S. 200-209.
9 Vgl. Petzold, Moderne Rechenkünstler, S. 270-274.
10 Vgl. Zellmer, Die Entstehung der deutschen Computerindustrie, S. 234-249.

Steinbuch, das Unternehmen bereits 1958 für eine Professur an der Technischen Hochschule Karlsruhe verlassen. Zum anderen war aus Sicht der Konzernmutter IT&T die Computerentwicklung bei SEL nicht ausreichend rentabel. Die mittelfristige Entwicklungsperspektive dieser Sparte schien außerdem unklar, da SEL als hundertprozentiges Tochterunternehmen eines amerikanischen Konzerns in Zukunft von staatlichen Aufträgen und einer Förderung der Computerindustrie ausgeschlossen werden könnte.[11]

Der dritte westdeutsche Konzern, der Mitte der 1950er Jahre mit der Entwicklung von Computern begann, war AEG, genauer das seit 1941 zum AEG-Konzern gehörende Unternehmen Telefunken. Für Telefunken war die Entwicklung eines Universalcomputers anfänglich eng mit den strategischen Plänen des Konzerns auf dem Fernmeldemarkt verbunden. Als Hersteller von Richtfunktechnik und Nebenstellenanlagen hatte Telefunken in den 1950er Jahren bereits ein Standbein auf dem Telekommunikationsmarkt; Ziel des Konzerns war es aber, in den Kreis der Amtsbaufirmen der Bundespost aufgenommen zu werden.[12] Daher wollte Telefunken frühzeitig Kompetenzen für die nächste Generation von elektronischen, computergesteuerten Telefonvermittlungsanlagen erwerben. Im Herbst 1956 begann daher ein kleines Team im Telefunkenwerk im baden-württembergischen Backnang mit der Entwicklung von elektronischen Rechnerkomponenten und eines Computers; 1959 wurde die Rechnerentwicklung dann nach Konstanz verlegt. Während die Strategie von Telefunken, mit einem elektronischen Vermittlungssystem in den Kreis der Amtsbaufirmen der Bundespost aufgenommen zu werden, 1967 scheiterte,[13] war das Nebenprodukt dieses Plans, der Computer TR 4, erfolgreich. Obwohl Telefunken den Verkauf des Rechners ursprünglich nicht geplant hatte, ging er 1962 in Serienproduktion und wurde bis 1970 über 30-mal als Hochleistungscomputer an Hochschulen, Finanzverwaltungen und Forschungsinstituten installiert.[14]

Neben den drei bereits in anderen Geschäftsfeldern etablierten und daher kapitalstarken Computerproduzenten Siemens, SEL und Telefunken konnte sich in den 1950er Jahren schließlich auch die Zuse KG als Hersteller von programmierbaren Rechenanlagen etablieren. Das finanzielle Polster der Mieteinnahmen für die Z4 hatte es Konrad Zuse ermöglicht, an der Weiterentwicklung seiner elektromechanischen Rechnertechnik zu arbeiten, und 1953 gelang ihm der Verkauf einer Anlage für optische Berechnun-

---

11 Vgl. Petzold, Moderne Rechenkünstler, S. 270-274; Leimbach, Die Geschichte der Softwarebranche in Deutschland, S. 86.
12 Vgl. Werle, Telekommunikation in der Bundesrepublik, S. 183
13 Das elektronische Vermittlungssystem von Telefunken wurde 1967, trotz einer Versuchsinstallation, von der Bundespost zugunsten des EWS von Siemens abgelehnt. Vgl. Scherer, Telekommunikationsrecht und Telekommunikationspolitik, S. 290-293; Werle, Telekommunikation in der Bundesrepublik, S. 183-184. AEG-Telefunken war seit 1968 allerdings über eine Beteiligung an »Telefonbau und Normalzeit« (TuN) in den Kreis der Amtsbaufirmen eingebunden.
14 Vgl. Eike Jessen u.a, The AEG-Telefunken TR 440 Computer. Company and Large-Scale Computer Strategy, in: IEEE Annals of the History of Computing 32 (2010), H. 3, S. 20-29, hier S. 20-23. Auf Deutsch: Eike Jessen u.a., AEG-Telefunken TR 440. Unternehmensstrategie, Markterfolg und Nachfolger, in: Informatik – Forschung und Entwicklung 22 (2008), H. 4, S. 217-225; Petzold, Rechnende Maschinen, S. 468-473; Petzold, Moderne Rechenkünstler, S. 274-276; Zellmer, Die Entstehung der deutschen Computerindustrie, S. 250-262.

gen (Z5) an die Firma Leitz. Mit dem 1956 eingeführten Rechner Z11, der noch immer elektromechanisch arbeitete, konnte Zuse sich dann mit insgesamt 38 verkauften Geräten als Anbieter von Rechentechnik zur Landvermessung etablieren.[15] Den Technologiewechsel zur Elektronik vollzog die Zuse KG erst 1957 mit der Z22, die allerdings noch auf der zu dieser Zeit bereits veralteten Röhrentechnik basierte. Erst Anfang der 1960er Jahre wechselte Zuse mit der Z23 zu den zuverlässigeren Transistoren.[16]

Die Beschreibung der westdeutschen Computerindustrie der 1950er Jahre wäre ohne die Erwähnung eines weiteren – westdeutschen – Unternehmens unvollständig. Auch der weltweite Marktführer in der Datenverarbeitung, IBM, entwickelte und produzierte Computer in der Bundesrepublik.

Schon seit 1910 war IBM in Deutschland durch die Deutsche Hollerith Maschinen Gesellschaft (DEHOMAG) vertreten.[17] Nach dem Zweiten Weltkrieg zog die DEHOMAG von Berlin nach Sindelfingen, wo bereits seit 1927 ein Produktionsstandort bestand,[18] und benannte sich 1949 in Internationale Büro-Maschinen Gesellschaft mbH um. Im nahegelegenen Böblingen begann der Konzern zunächst mit der Wiederaufarbeitung von Rechenmaschinen, die durch den Marshallplan nach Deutschland geschickt wurden. 1955 begann IBM dort mit der Produktion von Elektronik, und 1956 wurde Böblingen einer der Produktionsstandorte für den meistverkauften Computer dieser Generation, den IBM 650.[19] Die westdeutsche Niederlassung von IBM war auch ein Entwicklungsstandort. Seit 1958 war die Sindelfinger Forschungsabteilung im Konzernverbund für kleine und mittlere Rechner zuständig. Beim konzernweiten Entwicklungsprogramm für das System/360 wurde dort das kleinste und günstigste Modell, der IBM 360/20 entwickelt.[20]

Bis 1955 war die Entwicklung von elektronischen Computern in der Bundesrepublik durch das Kontrollratsgesetz 25 eingeschränkt, das naturwissenschaftliche Forschung für militärische Zwecke teilweise verbot oder genehmigungspflichtig machte.[21] Auch wenn das Gesetz die Forschung mit »Röhren oder andere Elektronen aussendende Vorrichtungen« einschränkte, so kann die Gesetzgebung der Alliierten nicht als ein Start-

---

15 Vgl. Hermann Flessner, Konrad Zuses Rechner im praktischen Einsatz, in: Jürgen Alex u.a. (Hg.), Konrad Zuse. Der Vater des Computers, Fulda 2000, S. 159-192, hier S. 161.
16 Vgl. Zellmer 1990, Die Entstehung der deutschen Computerindustrie, S. 262-276; Wilhelm Mons, Konrad Zuse – Persönlichkeit und Werdegang, in: Jürgen Alex u.a. (Hg.), Konrad Zuse. Der Vater des Computers, Fulda 2000, S. 15-60, hier S. 42-44.
17 Zur Geschichte der DEHOMAG siehe Petzold 1985, Rechnende Maschinen, S. 197-228. Zur DEHOMAG in der NS-Zeit siehe Edwin Black, IBM und der Holocaust. Die Verstrickung des Weltkonzerns in die Verbrechen der Nazis, Berlin 2001; Lars Heide, Between Parent and »Child«. IBM and its German Subsidiary, 1901-1945, in: Christopher Kobrak/Per H. Hansen (Hg.), European business, dictatorship, and political risk, 1920-1945, New York 2004, S. 149-173.
18 Vgl. Gert H. Müller, Produktion im Wandel, in: Walter E. Proebster (Hg.), Datentechnik im Wandel, Berlin/Heidelberg 1986, S. 217-244, hier S. 221.
19 Vgl. Petzold 1985, Rechnende Maschinen, S. 442-443.
20 Vgl. Frederik Nebeker, Oral History Interview mit Karl Ganzhorn, Sindelfingen 1994.
21 Siehe Alliierte Kontrollrat, Kontrollratsgesetz Nr. 25, Regelung und Überwachung der naturwissenschaftlichen Forschung, 1946.

nachteil der westdeutschen Computerindustrie angesehen werden.[22] So schildert Konrad Zuse in seinen Erinnerungen, dass er bei seinen Geschäften mit der Schweiz keinerlei Beschränkungen durch die Siegermächte bemerkt habe.[23] Bei Siemens & Halske wurde außerdem bereits 1954 – also zu einem Zeitpunkt, als das Kontrollratsgesetz noch in Kraft war – der Einstieg in die Computerentwicklung beschlossen,[24] und auch Heinz Nixdorf begann schon 1952 mit der Produktion von elektronischen Rechnerkomponenten.[25] Im internationalen Vergleich kann der Beginn einer westdeutschen Computerindustrie Mitte der 1950er Jahre auch keinesfalls als verspätet gelten. Sieht man von IBM und Remington Rand ab, die 1950 das Pionierunternehmen UNIVAC aufgekauft hatten, begann sich auch in den USA erst nach dem Consent Decree eine Computerindustrie zu entwickeln, die vom Rüstungssektor unabhängig war.

Die Dominanz von IBM

Anfang der 1960er Jahre war die Aufbauphase der westdeutschen Computerindustrie abgeschlossen. Anschaulich zeigen dies die Auftritte der deutschen Computerhersteller auf der Hannover-Messe, die sich in der Nachkriegszeit als Leistungsschau der westdeutschen Industrie etabliert hatte. Die Zuse KG hatte dort dem Messepublikum schon 1957 ihren Z22-Rechner präsentiert, und im folgenden Jahr war IBM dort erstmalig mit einem Computer vertreten, der über einen Magnetplattenspeicher verfügte. Seit 1959 nutzte auch Siemens die Hannover-Messe als Bühne für seinen Computer und ging mit der »Siemens 2002« auf Käufersuche. 1962 ergänzte dann auch Telefunken seinen Messeauftritt mit einem weiteren Rechner aus westdeutscher Produktion.[26]

Der Markt für Computer wuchs in dieser Zeit stark. Gaben Unternehmen und Behörden im Jahr 1960 für Datenverarbeitung nur 118 Millionen DM aus, so erreichte der westdeutsche EDV-Markt fünf Jahre später schon ein Volumen von über 2 Milliarden DM, das bis 1970 auf über 7 Milliarden DM anstieg. Von dem Wachstum des westdeutschen Computermarktes profitierte aber in erster Linie IBM, das 1965 in Westdeutschland bei Universalcomputern auf einen Marktanteil von 73 Prozent kam.[27] Solche Marktanteile waren in den 1960er Jahren für IBM keine Seltenheit. Weltweit beherrschte der Konzern in dieser Zeit knapp drei Viertel des Computermarktes.[28]

Der Erfolg von IBM mit elektronischen Computern lässt sich zu einem großen Teil auf die langjährige Erfahrung des Unternehmens mit der Verarbeitung von Daten zu-

---

22 Anders Naumann, der in dem Kontrollratsgesetz einen Grund für eine verzögerte Entwicklung sieht. Vgl. Naumann 1997, Computer in Ost und West, S. 127.
23 Vgl. Zuse, Der Computer, S. 106. Unklar ist allerdings, inwieweit das Kontrollratsgesetz 25 für elektromechanische Rechenanlagen galt.
24 Vgl. Zellmer, Die Entstehung der deutschen Computerindustrie, S. 185-188; Leimbach, Die Geschichte der Softwarebranche in Deutschland, S. 69-70.
25 Vgl. Berg, Heinz Nixdorf, S. 61-78
26 Vgl. Rolf Bülow, Hölle 17 – Treffpunkt der neuen Computerindustrie. Die Geschichte der CeBIT, in: Zeitgeschichte-online, März 2015, https://zeitgeschichte-online.de/kommentar/holle-17-treffpunkt-der-neuen-computerindustrie (13.1.2021).
27 Vgl. die Tabelle bei Rösner, Wettbewerbsverhältnisse, S. 61.
28 Vgl. Campbell-Kelly/Aspray, Computer, S. 147

rückführen. Seit den 1890er Jahren hatte das Vorgängerunternehmen von IBM, die Tabulating Machine Company, die automatisierte Auswertung großer Datenbestände mittels Lochkarten und mechanischen Rechen- und Sortiermaschinen maßgeblich entwickelt und zur Marktreife gebracht und seitdem kontinuierlich optimiert. Unter der Leitung vom Thomas J. Watson hatte IBM in den 1920er Jahren dann eine leistungsfähige Vertriebsabteilung aufgebaut und konnte so neue Branchen für seine Lochkartenanlagen gewinnen. Das Kerngeschäft von IBM bestand daraus, seinen Kunden eine Zusammenstellung von speziell auf ihre Anforderungen abgestimmten Datenverarbeitungsanlagen zu vermieten. Über seine Außendienstmitarbeiter stand das Unternehmen in einem regelmäßigen und engen Kontakt mit seinen Kunden und erhielt dadurch detaillierte Einblicke in die Probleme und Bedürfnisse verschiedener Branchen. Das aus den Kundenbeziehungen gewonnene Wissen über Unternehmens- und Branchenstrukturen sowie Entwicklungstrends nutzte IBM, um aktiv an Lösungen für die Probleme seiner Kunden zu arbeiten und sich frühzeitig auf veränderte Bedürfnisse anzupassen. Als IBM sich 1952 entschied, seinen Kunden auch elektronische Computer anzubieten, war das Risiko für den Konzern daher überschaubar. Durch Rüstungsaufträge wie das SAGE-Projekt hatte der Konzern bereits Expertise mit Computern und Elektronik aufgebaut; gleichzeitig verfügte er über einen breiten Kundenstamm und Vertriebsstrukturen sowie dem Wissen, wie Computer in die Datenverarbeitungsabläufe seiner Kunden sinnvoll integriert werden können.[29]

Trotzdem war IBM vom Erfolg seiner elektronischen Computer überrascht. Vor allem von der 1953 eingeführten IBM 650 konnte der Konzern deutlich mehr Geräte absetzen als ursprünglich erwartet. Mit einer monatlichen Miete von anfänglich 3.250 US-Dollar ermöglichte das Gerät einen verhältnismäßig günstigen Einstieg in die elektronische Datenverarbeitung, bei dem die bereits vorhandenen Abläufe der mechanischen Lochkartenanlagen beibehalten werden konnten. Für viele Unternehmen und Hochschulen begann das Computerzeitalter daher mit der Miete einer IBM 650. Die mehr als 2.000 Geräte, die IBM bis Mitte der 1960er Jahre weltweit auslieferte, machten den Konzern aus dem Stand heraus zum größten und wichtigsten Hersteller von Universalcomputern.[30]

Im direkten Vergleich zu Ländern wie Frankreich und Großbritannien war die Dominanz von IBM in der Bundesrepublik allerdings besonders ausgeprägt. Sein Anteil am Computermarkt war hier in den 1960er und 1970er Jahren im Durchschnitt 10 Prozent höher als in anderen westeuropäischen Ländern und lag konstant bei über 60 Prozent.[31] Die Dominanz von IBM in der Bundesrepublik lässt sich zumindest teilweise mit den Strukturen der westdeutschen Computerindustrie erklären. Die westdeutschen Konzerne, die seit den 1950er Jahren auf dem Computermarkt mit IBM kon-

---

29 Vgl. Steven W. Usselman, IBM and its Imitators. Organizational Capabilities and the Emergence of the International Computer Industry, in: *Business and Economic History* 22 (1993), H. 2, S. 1-35,, hier S. 4-9; Campbell-Kelly/Aspray 1996, Computer, S. 43-52.
30 Vgl. Campbell-Kelly/Aspray 1996, Computer, S. 123-128.
31 1975 betrug der Marktanteil von IBM in Frankreich 54,9 Prozent, in Großbritannien 39,7 Prozent, in Westeuropa gesamt 54,4. In der Bundesrepublik kam IBM dagegen auf einen Marktanteil von 61,6 Prozent und damit fast auf ihren Wert in den USA (68,8 Prozent). Vgl. Rösner 1978, Wettbewerbsverhältnisse, S. 61.

kurrierten, hatten ihre Wurzeln nicht in der Büromaschinenindustrie, sondern in der Fernmelde- und Elektrogroßtechnik. Dies war in Frankreich und Großbritannien anders. Dort begannen in den 1950er Jahren einheimische Büromaschinenhersteller – in Frankreich Bull und in Großbritannien die British Tabulating Machine Company[32] – mit der Produktion und dem Verkauf von Computern. In der Bundesrepublik war die Büromaschinenindustrie zu diesem Zeitpunkt zu diesem Schritt nicht in der Lage. Dies lag zum einen daran, dass die Industrie traditionell von mittelständischen Unternehmen geprägt wurde, denen oft das Kapital für umfangreiche Entwicklungsprojekte fehlte. Hinzukam, dass das geografische Zentrum der deutschen Büromaschinenindustrie in der Nachkriegszeit in der sowjetischen Besatzungszone lag, sodass Unternehmen wie Wanderer und Exacta in der Bundesrepublik zunächst den Wegfall wichtiger Unternehmensstandorte kompensieren mussten.[33] Erst in den 1970er Jahren gelang der westdeutschen Büromaschinenindustrie daher mit der Entwicklung der Mittleren Datentechnik (MDT) und dem Aufstieg der Nixdorf-Computer AG der Einstieg in die elektronische Datenverarbeitung.

Das Fehlen der Büromaschinenindustrie unter den westdeutschen Computerherstellern wirkte sich vor allem in der Abwesenheit einer breit aufgestellten Vertriebsstruktur und etablierter Kundenkontakte aus. Gute Beziehungen hatten Siemens und AEG-Telefunken vor allem zu staatlichen Institutionen und anderen Großkonzernen, was es ihnen ermöglichte, über das DFG-Großgeräteprogramm erste Abnehmer für ihre Computer zu finden. Dies führte aber zu einer Perspektive auf Computer als Instrumente für mathematisch-wissenschaftliche Berechnungen, die Einsatzmöglichkeiten von Rechnern in der betrieblichen Datenverarbeitung standen für Siemens und AEG-Telefunken dagegen anfangs nicht im Fokus ihrer Unternehmensplanung. Die Hersteller verfügten über wenig Erfahrungen und Kontakte in diesem Bereich und hatten daher Schwierigkeiten, die technischen Fähigkeiten ihrer Computer in einen für Unternehmenskunden nachvollziehbaren Nutzen zu überführen. Ein Nachteil war auch, dass die deutschen Hersteller lange Zeit nicht über die notwendige Zubehörpalette verfügten, um ihre Rechner in die Datenverarbeitung von Unternehmen zu integrieren. Für den Betrieb eines Computers von Siemens war daher oft eine zusätzliche Geschäftsbeziehung mit IBM erforderlich, da nur diese Firma Zubehör wie Lochkartenleser oder Drucker zur Verfügung stellen konnte.[34] In direkter Konkurrenz zu IBM gelang es Siemens und AEG-Telefunken daher nur selten, im Bereich der betrieblichen Datenverarbeitung neue Kunden zu gewinnen, zumal noch andere amerikanische Hersteller, etwa Sperry Rand (Univac), in der Bundesrepublik aktiv waren. Auf Dauer war der Marktanteil von rund 10 Prozent, den die westdeutschen Hersteller Mitte der 1960er Jahre

---

32 Die »British Tabulating Machine Company« (BTM) fusionierte 1959 als Reaktion auf den Erfolg von IBM in Großbritannien mit ihrem Konkurrenten »Powers-Samas« zur »International Computers and Tabulators« (ICT). 1968 schloss sich ICT auf Druck der britischen Regierung mit zwei weiteren Unternehmen zu »International Computers Limited« (ICL) zusammen. Siehe zur Geschichte von ICL und seinen Vorgängerunternehmen: Martin Campbell-Kelly, ICL. A business and technical history, Oxford 1989.
33 Vgl. Zellmer, Die Entstehung der deutschen Computerindustrie, S. 179-183; Leimbach, Die Geschichte der Softwarebranche in Deutschland, S. 70.
34 Vgl. Petzold, Rechnende Maschinen, S. 456-459.

in der Bundesrepublik hatten, aber zu klein, um das Überleben einer eigenständigen westdeutschen Computerindustrie zu sichern.

Als erster westdeutscher Hersteller geriet die Zuse KG zu Beginn der 1960er Jahre in eine Krise. Die Marktnische, die Zuse mit Rechenautomaten für Landvermessung gefunden hatte, war auf Dauer zu klein, um den steigenden Aufwand der Computerentwicklung zu finanzieren. Zuse fehlte außerdem das Kapital, um die Finanzierung seiner Geräte über mehrere Jahre zu strecken, und konnte seine Rechner daher nicht, wie branchenüblich, vermieten, sondern musste von seinen Kunden sogar noch Vorschüsse verlangen.[35] Für ein westdeutsches Unternehmen, das Anfang der 1960er Jahre in die EDV einsteigen wollte, bedeutete der Kauf eines Rechners von Zuse daher ein erheblich größeres finanzielles Risiko als ein jederzeit wieder kündbarer Leasingvertrag mit IBM.[36] Eine weitere Schwierigkeit der Zuse KG war die Finanzierung der notwendigen Software, die in den 1960er Jahren zu einem erheblichen Kostenfaktor wurde. Während IBM bis zum Unbundling in den 1970er Jahren mit der Miete eines Rechners seinen Kunden gleichzeitig auch unentgeltlich die notwendige Software zur Verfügung stellte und diese an die Bedürfnisse des Kunden anpasste,[37] musste die Zuse KG diesen Aufwand ihren Kunden gesondert in Rechnung stellen.[38] Alle Versuche von Zuse, aus der Nische auszubrechen und auf dem Markt der betrieblichen Datenverarbeitung Fuß zu fassen, waren daher durch den Einfluss von IBM begrenzt. Als die Zuse KG 1964 aufgrund von einigen Managementfehlern – unter anderem konnte eine gesamte Jahresproduktion wegen fehlender Löttechnik nicht fristgerecht fertiggestellt werden – in finanzielle Schwierigkeiten geriet, zog Konrad Zuse für sich die persönlichen Konsequenzen und trennte sich von seinem Unternehmen. In der deutschen Tochtergesellschaft des Schweizer Elektrokonzerns Brown, Boveri & Cie (BBC) fand Zuse einen finanzstarken Käufer, der sich von dieser Akquise den Einstieg in den EDV-Markt erhoffte.[39] Aber auch der Schweizer Großkonzern war nicht in der Lage mit IBM zu konkurrieren. Nachdem das Computergeschäft für BBC in den Jahren 1965 und 1966 zu Verlusten von mehr als 40 Millionen DM geführt hatte, verkaufte der Konzern im folgenden Jahr 70 Prozent der Zuse KG an Siemens.[40] Zwei Jahre später übernahm Siemens die restlichen Anteile und stellte die Produktion und Entwicklung von Zuse-Computern zugunsten seiner eigenen Gerätelinien ein.[41]

---

35 Vgl. Zuse, Der Computer, S. 135.
36 Vgl. Rösner, Wettbewerbsverhältnisse, S. 40-43.
37 Zur Praxis des »Bundeling« von Hardware, Software und Service bei IBM sowie den Gründen des »Unbundeling« und der Auswirkung auf den Computer und Softwaremarkt siehe ausführlich: Leimbach, Die Geschichte der Softwarebranche in Deutschland, S. 168-182.
38 Vgl. Zuse, Der Computer, S. 132.
39 Vgl. ebenda, S. 137.
40 Vgl. Experiment Zuse, in: *DIE ZEIT* 24/1968.
41 Vgl. Zellmer, Die Entstehung der deutschen Computerindustrie, S. 276-281.

5.b Die Entdeckung der »Computerlücke« (1962 – 1967)

Strukturelle Veränderungen der Computerindustrie in den 1960er Jahren

Bis Mitte der 1960er Jahre hatten sich unter den westdeutschen Politikern nur wenige Rüstungs- und Wissenschaftsexperten für die Strukturen der Computerindustrie interessiert. Das politische Desinteresse für den Datenverarbeitungsmarkt wandelte sich allerdings in kurzer Zeit in sein Gegenteil um. Die Fähigkeit, Computer zu entwickeln und zu bauen, wurde von der westdeutschen Politik als volkswirtschaftliche Schlüsselqualifikation entdeckt, die von der eigenen Industrie beherrscht werden musste, um den in der Nachkriegszeit erarbeiteten Wohlstand langfristig abzusichern.

Dies lag zum einen daran, dass Computer mittlerweile einen Entwicklungsstand erreicht hatten, der das langfristige und erhebliche Veränderungspotenzial dieser Technologie erkennen ließ. In der öffentlichen Wahrnehmung galten Computer nicht länger nur als schnelle Rechenmaschinen, sondern die Möglichkeiten einer direkten Interaktion zwischen Menschen und Computern wurde in dieser Zeit erstmals außerhalb des engeren Kreises der akademischen Forschung diskutiert, und das Aufkommen von Timesharing und die Idee einer jederzeit verfügbaren Computer Utility produzierten vielfältige Erwartungen (siehe Kapitel 1 und 2). Solche Perspektiven auf den Computer wurden in der Bundesrepublik im Jahr 1966 durch ein Buch von Karl Steinbuch populär, in der er über »Die informierte Gesellschaft«[42] der Zukunft schrieb. Die Bedeutungszuschreibung von Computern überstieg in dieser Zeit erstmalig den engeren Bereich des wissenschaftlichen und kommerziellen Rechnens. Weder die wirtschaftliche Entwicklung noch der private Alltag schienen langfristig von Computern unbeeinflusst zu bleiben.[43]

Hinzukam, dass in dieser Zeit die finanziellen und technologischen Hürden größer wurden, die Unternehmen oder Volkswirtschaften überwinden mussten, um erfolgreich auf dem Computermarkt zu konkurrieren. Dies lag vor allem an der Mikroelektronik, die die technologischen und ökonomischen Grundlagen der Computerindustrie radikal veränderte. In den USA hatte der Bedarf von Rüstungs- und Raumfahrtprojekten nach robusten und energiesparsamen Elektronikbauteilen Ende der 1950er Jahre zur Entwicklung von integrierten Schaltkreisen (ICs) geführt, die unterschiedliche elektronische Bauteile auf einem Halbleiterkristall vereinten. In den 1960er Jahren setzte in den USA die industrielle Fertigung von ICs in hohen Stückzahlen ein. Der Einsatz von ICs ermöglichte es, Computer zu bauen, die leistungsfähiger und gleichzeitig preisgünstiger als ihre Vorgänger waren.[44] Die Mikroelektronik veränderte aber auch die ökonomischen Rahmenbedingungen der Computerproduktion. Während die

---

42 Vgl. Karl Steinbuch, Die informierte Gesellschaft. Geschichte und Zukunft der Nachrichtentechnik, Stuttgart 1966.
43 Vgl. Frank Bösch, Euphorie und Ängste. Westliche Vorstellungen einer computerisierten Welt, 1945-1990, in: Lucian Hölscher (Hg.), Die Zukunft des 20. Jahrhunderts. Dimensionen einer historischen Zukunftsforschung, Frankfurt a.M./New York 2017, S. 221-252, hier S. 235-240.
44 Vgl. Ceruzzi, A history of modern computing, S. 190-193.

Fertigung eines Computers in den 1950er und frühen 1960er Jahren noch ein überwiegend manueller Prozess war, bei dem Röhren oder Transistoren von Hand verdrahtet werden mussten, erforderte die Mikroelektronik wissens- und kapitalintensive Fertigungsprozesse. Um ICs in hoher Qualität zu konkurrenzfähigen Preisen herstellen zu können, mussten sie in hohen Stückzahlen gefertigt werden. Gerade in der Anfangszeit der Mikroelektronik konnten daher nur wenige spezialisierte amerikanische Unternehmen wie Texas Instruments oder Fairchild preisgünstige und leistungsfähige ICs herstellen.[45]

Gleichzeitig war den Unternehmen der Elektroindustrie bewusst, dass die Mikroelektronik mittelfristig zur maßgeblichen Technologie werden wird. Daher war es besonders für die Elektrokonzerne wichtig, diese Technologie zu beherrschen. In Westdeutschland begannen Siemens und AEG-Telefunken daher bereits Mitte der 1960er Jahre, mit großem finanziellem Aufwand eigene Entwicklungs- und Fertigungskapazitäten aufzubauen, und versuchten, mit der Entwicklungsgeschwindigkeit der amerikanischen Hersteller Schritt zu halten.[46]

Neben dem technologischen Wandel durch die Mikroelektronik veränderte sich die Wettbewerbssituation auf dem Computermarkt auch durch die Einführung von IBMs System/360 im Jahr 1964. Bis dahin hatten kleinere Hersteller noch Chancen, IBM Marktanteile abzunehmen, da der Konzern verschiedene inkompatible Computerserien im Angebot hatte, die jeweils eigene Software und Peripheriegeräte benötigten. Wollte ein Kunde von IBM auf einen leistungsfähigeren Computer wechseln oder seine Datenverarbeitung erweitern, so benötigte er dazu in der Regel neues Zubehör und Software. Dies bot kleineren Computerproduzenten eine Gelegenheit, die Preise von IBM zu unterbieten und den Kunden für sich zu gewinnen. Mit dem System/360 schloss IBM diese Lücke, da es den gesamten Kreis (daher der Name) von unterschiedlichen Kundenbedürfnissen mit einer Systemfamilie abdeckte. Die Kunden von IBMs System/360 konnten ihre Computer einfach durch andere Geräte der Systemfamilie austauschen oder ergänzen, ohne dass Software oder Zubehör angepasst werden musste.[47] Mit diesem Konzept wurde das System/360 ein großer Erfolg für IBM. Allein innerhalb der ersten vier Wochen nach der Produktankündigung gingen über 1.000 Bestellungen ein.[48] Mit dem System/360 konnte der Konzern daher Mitte der 1960er Jahre seine dominierende Stellung auf dem globalen Computermarkt festigen. Kein anderer Hersteller hatte die finanziellen Ressourcen, um eine vergleichbare Systemfamilie zu entwickeln. Selbst IBM war mit der Entwicklung ein hohes Risiko eingegangen und hatte zwischen 1959 und 1964 mehr als 5 Milliarden US-Dollar in das Projekt investiert. Dies war fast das Doppelte seines durchschnittlichen Jahresumsatzes, der 1962 bei 2,5 Milliarden US-Dollar lag. Der nächstgrößte amerikanische Computerhersteller,

---

45 Vgl. Ernest Braun/Stuart Macdonald, Revolution in Miniature, Cambridge 1980, S. 101-120.
46 Vgl. Bernhard Plettner, Abenteuer Elektrotechnik. Siemens und die Entwicklung der Elektrotechnik seit 1945, München 1994, S. 196-204.
47 Vgl. Kenneth Flamm, Creating the computer. Government, industry, and high technology, Washington, DC 1988, S. 96-102.
48 Vgl. Emerson W. Pugh, IBM System/360, in: *Proceedings of the IEEE* 101 (2013), S. 2450-2457.

Sperry-Rand, kam im selben Jahr nur auf einen Umsatz von 145 Millionen US-Dollar.[49] Von solchen Summen waren die westdeutschen Computerhersteller allerdings weit entfernt. Mit seiner Computersparte machte Siemens im Geschäftsjahr 1962/1963 nur einen Umsatz von 30 Millionen DM und musste dabei einen Verlust verbuchen, der fast ebenso hoch war.[50]

Die »amerikanische Herausforderung«

Diese Veränderungen des Computermarktes wurden in Westeuropa vor dem Hintergrund einer Diskussion über die Gefahren einer technologischen Lücke problematisiert, die durch einen Bericht der OECD ausgelöst wurde, die bei Forschungsinvestitionen und Hochtechnologien einen westeuropäischen Rückstand gegenüber den USA festgestellt hatte. Da bereits zuvor das hohe Investitionsvolumen von amerikanischen Unternehmen in Westeuropa zu einer kritischen Berichterstattung geführt hatte,[51] löste diese Beobachtung der OECD eine breit geführte Debatte aus, wie die westeuropäischen Staaten auf die amerikanische Herausforderung reagieren sollten.

Der auftaktgebende Bericht der OECD bestand zunächst aus nicht viel mehr als einer systematischen Erhebung der Ausgaben, die im Jahr 1962 in verschiedenen Ländern für Forschung und Entwicklung geleistet wurden, lieferte aber das anschauliche Ergebnis, dass in den USA hierfür 16-mal mehr als in der Bundesrepublik ausgegeben wurde. 1962 flossen demnach 3,1 Prozent des amerikanischen Bruttosozialprodukts in die Forschung, in der Bundesrepublik wurden hierfür nur 1,3 Prozent aufgewandt.[52] Als Konsequenz dieser Entwicklung stellte die Studie eine fortgesetzte Abwanderung von hochqualifizierten Menschen in die USA fest, die 8,2 Prozent der bundesdeutschen Hochschulabsolventen der Natur- und Ingenieurwissenschaften des Jahres 1959 in die USA geführt hatte.[53] Derartige Zahlen galten vor allem angesichts neuerer ökonomischer Theorien als problematisch, die Forschung und technischen Fortschritt als maßgeblichen Faktor des wirtschaftlichen Wachstums identifiziert hatten.[54]

Eine weitergehende Deutung erfuhren diese Zahlen durch einen weiteren Bericht der OECD, der 1968 das Schlagwort »gaps in technology« in die Debatte einführte.[55] Der Bericht erklärte einen Teil des amerikanischen Vorsprungs mit der größeren Bedeutung von staatlichen Rüstungs-, Weltraum- und Atomprojekten in den USA. Darüber würde der Staat den beauftragten Unternehmen die Entwicklung von neuen Technologien fi-

---

49 Vgl. Ceruzzi, A history of modern computing, S. 143-154.
50 Vgl. Plettner, Abenteuer Elektrotechnik, S. 252-254.
51 Vgl. Die Goldgräber, in: DER SPIEGEL 42/1961, S. 70-81.
52 Vgl. Christopher Freemann/A. Young/R. W. Davies, The research and development effort in Western Europe, North America and the Soviet Union. An experimental international comparison of research expenditures and manpower in 1962, Paris 1965; Thomas Wieland, Neue Technik auf alten Pfaden? Forschungs- und Technologiepolitik in der Bonner Republik, Bielefeld 2009, S. 70-72.
53 Vgl. ebenda S. 70-73.
54 Vgl. Robert M. Solow, Technical Change and the Aggregate Production Function, in: *The Review of Economics and Statistics* 39 (1957), S. 312.
55 Vgl. OECD General Report, Gaps in technology, Paris 1968.

nanzieren, die diese anschließend in ihren zivilen Geschäftsfeldern nutzen können.[56] Als weiteren Faktor für den Erfolg von amerikanischen Unternehmen im Technologiebereich identifizierte der Bericht den Größenvorteil des amerikanischen Marktes, durch den höhere Entwicklungskosten mit höheren Absätzen refinanziert werden können. Im Vergleich dazu stand europäischen Firmen nur ein geringes Budget für Entwicklungen zur Verfügung, da sie in der Regel auf ihre deutlich kleineren, nationalen Heimatmärkte beschränkt waren.[57]

Während die OECD-Studien den empirischen Grundstock der Debatte lieferten, entfaltete sie ihre Breitenwirksamkeit vor allem durch ein Buch des französischen Journalisten Jean-Jacques Servan-Schreiber. »Le défi américain« erschien 1967 in Frankreich[58] und war dort ein großer Erfolg, der durch schnelle Übersetzung international fortgesetzt werden konnte. In der Bundesrepublik gewann Servan-Schreiber den Bundesfinanzminister Franz Josef Strauß für ein Vorwort, sodass das Buch mit dem Titel »Die amerikanische Herausforderung« breit rezipiert wurde. Der *Spiegel* veröffentlichte einen Vorabdruck,[59] berichtete ausführlich über die westdeutsche »Fortschrittslücke«[60] und erteilte Bundesforschungsminister Gerhard Stoltenberg mit einer zwar differenzierenden, der Kernthese des Buches aber zustimmenden Besprechung das Wort.[61] In dem ereignisreichen Jahr 1968 war »Die amerikanische Herausforderung« eines der meistverkauften Bücher in der Bundesrepublik und führte die *Spiegel*-Jahresbestsellerliste an. Mit Karl Steinbuchs »Falsch programmiert«[62] und Klaus Mehnerts »Der deutsche Standort«[63] wurden die nächsten zwei Plätze ebenfalls von Büchern belegt, die unter Verweis auf die USA vor dem langfristigen Verlust der Konkurrenzfähigkeit der westdeutschen Volkswirtschaft warnten.[64]

Inhaltlich ergänzte Servan-Schreiber die Debatte vor allem durch die Forderung, dass die europäischen Länder mit vereinten Anstrengungen auf die amerikanische Herausforderung reagieren sollten. Eine besondere Bedeutung sprach er hierbei der Datenverarbeitung zu. Für ihn galt: »Kein industrieller Sektor kann jemals unabhängig sein, wenn man nicht bei den Computern beginnt. Wenn es einen Kampf um die Zukunft gibt, so wird er auf dem Felde der Datenverarbeitung ausgetragen.«[65]

---

56 Vgl. ebenda, S. 13-14.
57 Vgl. ebenda, S. 24.
58 Vgl. Jean-Jacques Servan-Schreiber, Le défi américain, Paris 1967.
59 Vgl. Jean-Jacques Servan-Schreiber, Europa – ein Markt ohne Macht, in: *DER SPIEGEL* 50/1967, S. 156-161.
60 Vgl. »Wir werden von den USA kolonisiert«. Eine Diskussion über das französische Buch »Die amerikanische Herausforderung«, in: *DER SPIEGEL* 6/1968, S. 84-87; »Sind wir Heloten der Amerikaner?«. SPIEGEL-Gespräch mit Forschungsminister Dr. Stoltenberg über Westdeutschland technologische Lücke, in: *DER SPIEGEL* 45/1968, S. 52-57.
61 Vgl. Gerhard Stoltenberg, Abendlands Untergang (II)? Gerhard Stoltenberg über Servan-Schreiber: »Die amerikanische Herausforderung«, in: *DER SPIEGEL* 11/1968, S. 154-157.
62 Vgl. Karl Steinbuch, Falsch programmiert. Über das Versagen unserer Gesellschaft in der Gegenwart und vor der Zukunft und was eigentlich geschehen müsste, München 1968.
63 Vgl. Klaus Mehnert, Der deutsche Standort, Stuttgart 1967.
64 Vgl. Bestseller 1968. Belletristik, Sachbücher, in: *DER SPIEGEL* 1/1969, S. 104.
65 Jean-Jacques Servan-Schreiber, Die amerikanische Herausforderung, Reinbek 1970, S. 114.

Abgesehen von den im Mittelpunkt der Debatte stehenden Sektoren Datenverarbeitung und Luft- und Raumfahrt war die »technologische Lücke« in den 1960er Jahren allerdings nicht so groß, wie in der Aufgeregtheit der Debatte gemutmaßt wurde. Schon Stoltenberg hatte 1968 darauf hingewiesen, dass die Lage des Maschinenbaus oder der Chemieindustrie keineswegs zum Bild eines europäischen Rückstandes passen würde.[66] Forschungen in den 1990er Jahren haben außerdem gezeigt, dass Unternehmen in der Bundesrepublik bereits seit dem Ende der 1950er Jahre aus eigenem Antrieb ihre Investitionen in Forschung und Entwicklung gesteigert hatten. Als die Lücke 1962 erstmalig mit Zahlen erfasst wurde, war sie daher bereits dabei, sich zu schließen.[67]

Dies galt allerdings nicht für den Bereich der Datenverarbeitung. Die geschilderten Branchenveränderungen hatten den Effekt, dass der Vorsprung der amerikanischen Industrie in den 1960er Jahren noch größer wurde. Als Indikator der »Computerlücke« galten vor allem die Marktanteile der amerikanischen Computerproduzenten, und daran gemessen schien die Lücke in der Bundesrepublik besonders groß. Hier hatten nach einer Erhebung des Beratungsunternehmens Diebold amerikanische Hersteller 1965 einen Marktanteil von mehr als 85 Prozent, davon befanden sich allein 73 Prozent in der Hand von IBM. Die westdeutschen Computerproduzenten Siemens, AEG-Telefunken und Zuse kamen dagegen nur auf insgesamt 9,2 Prozent.[68] Dieser Marktanteil war aber zu klein, um der westdeutschen Computerindustrie langfristig ein Überleben zu ermöglichen.

5.c Die Förderung der westdeutschen Computerindustrie (1967 – 1979)

Die Debatte über die »technologische Lücke« hatte zur Folge, dass die 1966 ins Amt gewählte Große Koalition die westdeutsche Datenverarbeitungsindustrie mit Fördermitteln unterstützte. Seit der zweiten Hälfte der 1960er Jahre war es das erklärte Ziel der Bundesregierung, in der Bundesrepublik Bedingungen zu schaffen, die einen langfristigen Erfolg der westdeutschen Computerindustrie ermöglichen. Dies geschah vor dem Hintergrund eines grundsätzlichen Wandels der staatlichen Forschungsförderung, der durch ein stärkeres Engagement des Bundes gekennzeichnet war.[69]

Die Maßnahmen, mit denen die Bundesregierung die westdeutsche Datenverarbeitungsindustrie bis Ende der 1970er Jahre förderte, orientierten sich an der Problemanalyse der OECD. Zum einen sollte durch eine finanzielle Förderung der Computerentwicklung der Wettbewerbsnachteil der westdeutschen Hersteller aufgrund der staatlichen Subventionen in den USA über die Weltraum- und Rüstungsforschung kompensiert werden. Zudem versuchte die Bundesregierung, die westdeutschen Hersteller zu

---

66 Vgl. Stoltenberg, Abendlands Untergang, in: *DER SPIEGEL* 11/1968, S. 154-157.
67 Vgl. Johannes Bähr, Die amerikanische Herausforderung. Anfänge der Technologiepolitik in der Bundesrepublik Deutschland, in: *Archiv für Sozialgeschichte* 35 (1995), S. 115-130, hier S. 117-118; Trischler, Die »amerikanische Herausforderung«, in: Ritter/Trischler/Szöllösi-Janze (Hg.), Antworten auf die amerikanische Herausforderung.
68 Vgl. Rösner, Wettbewerbsverhältnisse, S. 61.
69 Vgl. Bähr, Die amerikanische Herausforderung, S. 125-128.

Entwicklungskooperationen und Zusammenschlüssen zu bewegen, um den Größenvorteil der amerikanischen Unternehmen zu reduzieren. Als dies auf rein westdeutscher Ebene nicht erfolgreich war, wurde 1972 mit Unidata der Versuch gestartet, den Größenvorteil des europäischen Marktes zu nutzen.

Förderprogramme der Bundesregierung

Von der direkten finanziellen Förderung konnte in den ersten Jahren vor allem AEG-Telefunken profitieren. Bis 1964 hatte der Konzern noch damit geliebäugelt, sein nicht rentables Computergeschäft durch ein stärkeres Engagement bei der betrieblichen Datenverarbeitung zu retten, und kurzzeitig mit der Entwicklung eines kleinen und günstigen Computers (TR 10) begonnen. Nachdem IBM 1964 das System/360 vorgestellt hatte, verabschiedete sich Telefunken allerdings von diesen Plänen und versuchte, mit einer Doppelstrategie die Computersparte zu retten. Der Konzern machte sich – letztlich erfolglos – auf die Suche nach internationalen Kooperationsmöglichkeiten, um sich den Entwicklungs- und Vertriebsaufwand zu teilen. Bis dahin konzentrierte sich Telefunken auf seine bisherigen Kunden, die auf einen Nachfolger des Hochleistungsrechners TR 4 warteten. Für dessen Entwicklung bemühte sich AEG-Telefunken um staatliche Förderung und legte der Bundesregierung zusammen mit Siemens im Sommer 1965 ein Memorandum vor, in dem die beiden Unternehmen eine staatliche Förderung der Rechnerentwicklung vorschlugen.[70]

Die Bundesregierung war einem solchen Förderprogramm nicht abgeneigt, wünschte sich aber eine Zusammenarbeit der beiden Konzerne in einem gemeinsamen, staatlich geförderten Entwicklungsprogramm, das eine westdeutsche Alternative zu IBMs System/360 hervorbringen sollte.[71] Da der Fokus der beiden Konzerne zu dem Zeitpunkt auf internationalen Partnerschaften lag, hatten sie an einer rein westdeutschen Entwicklungskooperation allerdings kein Interesse. Die Mittel des im März 1967 von der Bundesregierung beschlossenen »Programm für die Förderung der Forschung und Entwicklung auf dem Gebiet der Datenverarbeitung für öffentliche Aufgaben«[72] flossen daher getrennt an AEG-Telefunken und Siemens.[73] Dieses erste Datenverarbeitungsprogramm der Bundesregierung wurde 1970 mit einem zweiten, umfangreicheren verlängert, das mit dem Aufbau von Forschungsinfrastrukturen[74]

---

70 Vgl. Jessen u. a, The AEG-Telefunken TR 440, S. 22-23.
71 Dem Memorandum von AEG-Telefunken und Siemens war eine Initiative des Bundesverteidigungsministeriums vorausgegangen, das infolge des deutsch-französischen Freundschaftsvertrags 1964 bei den beiden Unternehmen die Möglichkeiten eines deutsch-französischen Großrechnerprojekts abgefragt und öffentliche Mittel in Aussicht gestellt hatte. Vgl. Eckert, Wissenschaft für Macht und Markt, S. 178; Wiegand, Informatik und Großforschung, S. 71-73.
72 Bundesminister für wissenschaftliche Forschung, Programm für die Förderung der Forschung und Entwicklung auf dem Gebiet der Datenverarbeitung für öffentliche Aufgaben, Bonn 1967.
73 Zur Genese des 1. Datenverarbeitungsprogramms der Bundesregierung siehe: Wiegand, Informatik und Großforschung, S. 59-80.
74 Schon beim ersten DV-Programm waren Mittel für den Aufbau eines außeruniversitären Forschungsinstituts vorgesehen, die mit 50 Millionen DM gegenüber den für Industrieförderung vorgesehenen 380 Millionen DM allerdings gering ausfielen. Als neues Großforschungsinstitut sollte die aus dem bestehenden »Institut für instrumentelle Mathematik« in Bonn geschaffene »Ge-

und der Etablierung des Studienfaches Informatik[75] weitere Schwerpunkte setzte. 1976 folgte schließlich ein drittes und letztes Datenverarbeitungsprogramm, das bis 1979 lief.

Der neue Hochleistungsrechner TR 440 von AEG-Telefunken konnte besonders von den Mitteln des Förderprogramms profitieren. Der Hochleistungsrechner »made in Germany« wurde in den nächsten Jahren geradezu zum Aushängeschild der staatlich geförderten Rechnerentwicklung in Westdeutschland.[76] Alleine bis 1970 flossen insgesamt 47 Millionen DM staatliche Fördergelder in seine Entwicklung. Die staatlichen Gelder konnte die Situation der Rechnersparte von AEG-Telefunken allerdings nicht grundsätzlich verbessern; nach wie vor hatte der Konzern Schwierigkeiten, Käufer für seine Rechner zu finden. Von dem TR 440 wurden zwischen 1969 und 1974 zwar insgesamt 46 Geräte verkauft, sämtliche Verkäufe wurden aber indirekt vom Staat finanziert:

---

sellschaft für Mathematik und Datenverarbeitung« (GMD) nach den Plänen der Bundesregierung durch Demonstrationsprojekte wie Datenbanksysteme die Anwendung von Computern innerhalb der Bundesverwaltung voranbringen und darüber langfristige Nachfrageimpulse für die westdeutsche Computerindustrie setzen. Aufgrund des Fokus der GMD auf mathematische Grundlagenforschung bildete die Datenverarbeitung aber erst ab der Mitte der 1970er Jahre den Forschungsschwerpunkt, sodass kurzfristig keine Nachfrageimpulse von der GMD ausgingen. Vgl. Josef Wiegand, Die Gründung der GMD – Mathematik oder Datenverarbeitung?, in: Margit Szöllösi-Janze/Helmut Trischler (Hg.), Großforschung in Deutschland, Frankfurt a.M. 1990, S. 79-96; Wiegand, Informatik und Großforschung.

75 Mit dem zweiten Förderprogramm wurde die Ausbildung von Fachkräften ein Schwerpunkt. Hierzu wurden Hochschulen mit Mitteln des »Überregionalen Forschungsprogramm Informatik« versorgt, mit denen sie, in Anlehnung an das in den USA bereits etablierte Fach »computer science«, in der Bundesrepublik das neue Studienfach Informatik aufbauen sollten. Mit den Mitteln des Datenverarbeitungsprogramms wurden dazu an insgesamt 13 Hochschulen über sechzig Forschungsgruppen gefördert, deren Personal den Kern der neu eingerichteten Fachbereiche bildete. Die Impulse für eine verbesserte Ausbildung von Fachleuten waren Mitte der 1960er Jahre auch von den Computerherstellern und anwendenden Unternehmen ausgegangen, die einen Fachkräftemangel beklagt hatten. Berufsanfänger in der Datenverarbeitung waren bis dahin in der Regel von Unternehmen geschult worden und bekamen dabei Fachkenntnisse vermittelt, die für die Geräte eines Herstellers anwendbar waren, in den meisten Fällen also für Rechner von IBM. Die staatliche Ausbildung von Informatikern sollte daher auch ausgewogenere Wettbewerbsverhältnisse herstellen. Dies war auch einer der Gründe, warum die Bundesregierung mit sanftem Druck die Hochschulen dazu drängten, zur Ausbildung der künftigen Informatiker Computer von westdeutschen Herstellern zu kaufen, bevorzugt den hochsubventionierten »TR-440« von AEG-Telefunken. Bei der Gestaltung des Informatik-Curriculums und bei der Besetzung vieler Lehrstühle setzten sich allerdings vor allem Mathematiker durch, und das Selbstverständnis der jungen Disziplin war von Bild des »Informatikers als Ingenieur für abstrakte Objekte« geprägt, sodass die Industrie schon bald die Anwendungsferne der westdeutschen Informatik beklagte. Vgl. Pieper, Hochschulinformatik; Bernd Reuse, Schwerpunkte der Informatikforschung in Deutschland in den 70er Jahren, in: Bernd Reuse/Roland Vollmar (Hg.), Informatikforschung in Deutschland, Berlin, Heidelberg 2008, S. 3-26; Coy, Was ist Informatik, in: Hellige (Hg.), Geschichten der Informatik.

76 Friedrich v. Sydow, Die TR-440-Staffel. Vom mittleren Rechensystem zum dialogfähigen Teilnehmer-Rechensystem, in: *Datenverarbeitung. Beihefte der Technischen Mitteilungen AEG-Telefunken* 3 (1970), S. 101-104.

So ging die Hälfte der Rechner an Universitätsrechenzentren, die hierfür Mittel von der DFG bekamen.[77]

Auch Siemens hatte zu Beginn der 1960er Jahre noch Wachstumspotenzial für seine Computersparte in der betrieblichen Datenverarbeitung gesehen. Der Nachfolger der »2002«, die »Siemens 3003«, wurde daher mit Blick auf die Bedürfnisse von Unternehmen entwickelt.[78] Als das Gerät 1964 schließlich marktreif war, hatten sich aber auch für Siemens die Wettbewerbsbedingungen bei der betrieblichen Datenverarbeitung durch die Einführung des System/360 radikal verändert. Anders als AEG-Telefunken gelang es Siemens allerdings, einen internationalen Partner zu finden. Durch einen Kooperationsvertrag mit dem amerikanischen Computerhersteller RCA (Radio Corporation of America) erhielt Siemens ab 1965 Zugang zu dessen Entwicklungen und konnte RCAs Modellserie Spectra 70 als Siemens 4004 nachbauen.[79] Die Besonderheit von Spectra 70 war, dass es RCA gelungen war, innerhalb von nur wenigen Monaten eine eigene Systemfamilie zu entwickeln, die mit den Rechnern von IBMs System/360 kompatibel war. Die Käufer eines Spectra 70 oder Siemens-4004-Computers konnten das System daher gemeinsam mit der Hard- und Software von IBM verwenden und damit Geld sparen.[80]

Im Windschatten des Erfolgs des System/360 begann in der zweiten Hälfte der 1960er Jahre für die Computersparte von Siemens daher eine Zeit des stürmischen Wachstums. Die 30 Millionen DM Umsatz des Geschäftsjahres 1963/64 konnten schon 1965 mit über 100 Millionen DM mehr als verdreifacht werden. 1971/72 setzte Siemens mit Computern schließlich über 1 Milliarde DM um.[81] In dieser Zeit konnte Siemens sogar IBM Marktanteile wegnehmen und sich, auch durch die Übernahme der Zuse KG, als zweitgrößter Anbieter von Universalcomputern in der Bundesrepublik etablieren.[82]

»Großrechner-Union« und Unidata

Der Erfolg von Siemens war allerdings in starkem Umfang von externen Faktoren abhängig, insbesondere seinem Partner RCA und dem Verhalten von IBM. Daher geriet die Computersparte von Siemens im Jahr 1970 erneut in die Krise, als IBM mit dem System/370 den Nachfolger des Systems/360 ankündigte und RCA kurz darauf seinen Ausstieg aus dem Computermarkt ankündigte.[83] In dieser Situation wurde bei Siemens kurzzeitig über einen Ausstieg aus der Computerfertigung nachgedacht, denn trotz allen Wachstums war das Computergeschäft nicht profitabel. Allerdings war der Vorstand von Siemens davon überzeugt, dass die Datenverarbeitung und Mikroelek-

---

77 Vgl. Jessen u.a., The AEG-Telefunken TR 440, S. 23-26.
78 Vgl. Leimbach, Die Geschichte der Softwarebranche in Deutschland, S. 75.
79 Vgl. Hilger, »Amerikanisierung« deutscher Unternehmen, S. 82-83.
80 Vgl. Ceruzzi, A history of modern computing, S. 163.
81 Vgl. Plettner, Abenteuer Elektrotechnik, S. 252-254.
82 Laut Diebold stieg der Marktanteil von Siemens von 5,0 Prozent im Jahr 1965 auf 13,4 Prozent im Jahr 1970; 1968 überholte der Konzern durch die Übernahme von Zuse auch Remington Rand. Vgl. Rösner, Wettbewerbsverhältnisse, S. 61.
83 Vgl. Ceruzzi, A history of modern computing, S. 163-164.

tronik weiterhin eine Schrittmacherfunktion für andere Bereiche der Elektroindustrie haben, und war daher bereit, das Rechnergeschäft weiter zu bezuschussen.[84]

1971 wurde dagegen dem Vorstand von AEG-Telefunken klar, dass der Konzern trotz staatlicher Förderung ohne einen starken Partner mittelfristig keine Zukunft auf dem Computermarkt hat. Da ein Ausstieg von AEG-Telefunken aus dem Computergeschäft auch das Ende des Aushängeschildes der staatlichen Förderpolitik bedeutet hätte, des Hochleistungsrechners TR 440, war die Bundesregierung an der Rettung der Computersparte von AEG-Telefunken interessiert. Bundeswissenschaftsminister Hans Leussink brachte in dieser Situation erneut Pläne einer engen Kooperation zwischen Siemens und AEG ins Spiel. 1969 hatten die beiden Elektrokonzerne ihre Atomsparten in das gemeinsame Unternehmen Kraftwerk Union eingebracht, sodass diesmal eine Kooperation der beiden bundesdeutschen Computerhersteller mit dem Schlagwort »Großrechner-Union« diskutiert wurde. Bei diesen Plänen folgte die Bundesregierung Vorbildern aus Frankreich und Großbritannien. Um die Wettbewerbsfähigkeit ihrer Computerindustrien durch die Bildung von »nationalen Champions« zu verbessern, hatten bereits die britische und französische Regierung Unternehmenszusammenschlüsse angeregt, aus denen in Großbritannien die International Computers Limited (ICL) und in Frankreich die Compagnie internationale pour l'informatique (CII) hervorgegangen waren.[85]

Das Angebot, die Computersparte von AEG-Telefunken zu übernehmen, lehnte Siemens 1971 allerdings ab. Laut Siemens-Vorstandsmitglied Bernhard Plettner war eine Großrechner-Union kein sinnvoller Schritt, um die Computersparte von Siemens rentabel zu machen, da dieser Geschäftsbereich langfristig von staatlicher Förderung abhing.[86] Stattdessen fanden AEG-Telefunken und die Bundesregierung in der Firma Nixdorf einen kurzzeitigen Partner für das Großrechnergeschäft. Die Nixdorf Computer AG war zu Beginn der 1970er Jahre ein Newcomer auf dem westdeutschen Computermarkt, dessen Unternehmensgeschichte allerdings bis in die Nachkriegszeit zurückging. Der junge Physiker Heinz Nixdorf hatte Anfang der 1950er Jahre das Labor für Impulstechnik gegründet, das zunächst in Essen, später in Paderborn elektronische Bauteile für Büromaschinen herstellte, die in Geräte der Firma Wanderer und Kienzle eingebaut wurden. 1968 konnte Nixdorf den finanziell angeschlagenen Büromaschinenhersteller Wanderer übernehmen und schloss die beiden Unternehmen zur Nixdorf Computer AG zusammen.[87]

Der Weg von Nixdorf in die Computerindustrie erfolgte über die sogenannte mittlere Datentechnik (MDT). Mit diesem Begriff wurden seit der zweiten Hälfte der 1960er

---

84 Vgl. Plettner, Abenteuer Elektrotechnik, S. 255-256.
85 Für Großbritannien und den Zusammenschluss von ICL siehe: Campbell-Kelly, ICL, S. 245-264. In Frankreich versuchte die Regierung ab 1966, CII zum nationalen Champion aufzubauen. Vgl. Flamm, Creating the computer, S. 155-156.
86 Vgl. Plettner, Abenteuer Elektrotechnik, S. 257; Rechner-Union. Herz marschiert, in: DER SPIEGEL 8/1971 S. 68-70; Hermann Bößenecker, Selber rechnen ist teuer. Für deutsche Firmen ist der Bau von Groß-Computern ein Abenteuer, in: DIE ZEIT 11/1971; Kleinere Brötchen. »Großrechner-Union« zwischen Siemens -AEG geplatzt – jetzt AEG mit Nixdorf?, in: adl-nachrichten 69 (1971), S. 4.
87 Vgl. Berg, Heinz Nixdorf, S. 61-111.

Jahre elektronische Büromaschinen bezeichnet, die Fähigkeiten zur einfachen Datenverarbeitung hatten und als Tischgeräte beispielsweise Buchungskonten verwalten konnten. Mit der MDT konnte der Einstieg eines Unternehmens in die elektronische Datenverarbeitung mit einem einzigen Sachbearbeiter beginnen, während Computer von IBM oft eine eigene Abteilung für Datenverarbeitung voraussetzten.[88] Mit solchen niedrigschwelligen Angeboten waren die Anbieter von MDT in den 1970er Jahren relativ erfolgreich, und der Branchenführer, die Nixdorf Computer AG, konnte seit 1968 seinen Umsatz regelmäßig um mehr als 20 Prozent steigern und Gewinne erwirtschaften.[89]

Als im Sommer 1971 absehbar war, dass Siemens nicht zur Beteiligung an einer westdeutschen Rechner-Union bereit war, nutzte Heinz Nixdorf die Gelegenheit und ging ein Joint Venture mit AEG-Telefunken ein. Die beiden Partner hofften, dass das neue Unternehmen Telefunken Computer (TC) mit der Vertriebsstruktur von Nixdorf eine Trendwende beim Großrechnergeschäft bewirken könnte. Um das Geschäft allerdings in die Wege zu leiten, musste sich AEG-Telefunken bereit erklären, die anfallenden Verluste in den ersten zwei Jahren allein zu tragen.[90]

Das Angebot, gemeinsam mit AEG-Telefunken eine westdeutsche Großrechner-Union zu bilden, hatte Siemens auch deswegen ausgeschlagen, da im Hintergrund bereits Gespräche über eine Kooperation des Konzerns mit europäischen Partnern liefen, die schon Servan-Schreiber vorgeschlagen hatte.[91] Anfang 1972 waren die Verhandlungen so weit abgeschlossen, dass drei der vier »nationalen Champions« Westeuropas – die französische CII, der niederländische Philips-Konzern und Siemens – mit dem Segen ihrer Regierungen eine strategische Partnerschaft und einen gemeinsamen Marktauftritt unter dem Namen »Unidata« verkündeten. Kern des Unidata-Projekts war ein gemeinsames Entwicklungsprogramm für eine neue Rechnerfamilie, die kompatibel zu IBMs System/370 sein sollte.[92]

Die politische Unterstützung, die Unidata von den nationalen Regierungen erhielt, konnte aber nicht darüber hinwegtäuschen, dass die Zusammenarbeit der drei beteiligten Konzerne mit großen Schwierigkeiten verbunden war. Zu unterschiedlich waren die Firmenkulturen, und sowohl Philips als auch Siemens hatten das Gefühl, von ihrem französischen Partner bei der Aufgabenverteilung übervorteilt worden zu sein, da die leistungsstärksten Rechner von CII entwickelt werden sollten.[93] Als 1975 schließlich

---

88 Zur Mittlere Datentechnik siehe: Berg, Heinz Nixdorf, S. 90-111; Müller, Mittlere Datentechnik – made in Germany, in: Reitmayer/Rosenberger (Hg.), Unternehmen am Ende; Müller, Kienzle versus Nixdorf; Müller, Kienzle, S. 64-126.
89 Vgl. die Umsatzzahlen bei Berg, Heinz Nixdorf, S. 114.
90 Vgl. Heinz Nixdorfs zweiter Senkrechtstart? Gründung der Telefunken Computer GmbH – Kristallisationspunkt: TR 440, in: *adl-nachrichten* 71 (1971), S. 4; Berg, Heinz Nixdorf, S. 124-125.
91 Allerdings unter der Führung der britischen Computerindustrie. Vgl. Servan-Schreiber, Die amerikanische Herausforderung, S. 113. Für die Gründe der Nichtbeteiligung von ICL an Unidata siehe: Campbell-Kelly, ICL, S. 297-302.
92 Zur Geschichte des Unidata-Projekts siehe auch: Susanne Hilger, The European Enterprise as a »Fortress« Competition in the Early 1970s. The Rise and Fall of Unidata Between Common European Market and International Competition in the Early 1970s, in: Harm G. Schröter (Hg.), The European Enterprise, Berlin/Heidelberg 2008, S. 141-154 sowie Maria Michalis, Governing European Communications. From Unification to Coordination, Lanham 2007.
93 Vgl. Plettner, Abenteuer Elektrotechnik, S. 260-261.

auch die französische Regierung an dem Erfolg von Unidata zweifelte und einer Fusion von CII mit dem zweitgrößten französischen Computerproduzenten Bull zustimmte, zerbrach das europäische Kooperationsprojekt. Der offizielle Anlass für das Ende von Unidata war, dass Bull eine Tochterfirma des amerikanischen Konzerns Honeywell war und damit das Konzept, Unidata zum Mittelpunkt einer konkurrenzfähigen westeuropäischen Computerindustrie zu machen, durch die Beteiligung der Amerikaner an Substanz verloren hatte.[94]

Parallel zur Beteiligung an Unidata hatte Siemens auf Drängen der Bundesregierung im Jahr 1974 allerdings doch noch die Computersparte von AEG-Telefunken übernommen, nachdem klar geworden war, dass das Großrechnergeschäft des Konzerns auch nicht mit dem Vertrieb von Nixdorf Gewinne machen kann. Da sich ab 1974 auch die Nixdorf AG an den Verlusten von Telefunken Computer beteiligen musste, stieg Nixdorf aus dem Joint Venture aus.[95] In dieser Situation intervenierte erneut das Bundesforschungsministerium und drängte Siemens diesmal erfolgreich zur Übernahme. Die Computersparte von AEG-Telefunken wurde daher als Computer Gesellschaft Konstanz (CGK) in den Siemenskonzern integriert. Die Vereinigung der beiden großen westdeutschen Computerproduzenten hatte allerdings nicht den Charakter einer Großrechner-Union, die sich die Bundesregierung einst vorgestellt hatte. Siemens übernahm zwar einen Teil der Mitarbeiter in seine Entwicklungsabteilung, insgesamt wurde das Großrechnergeschäft von Telefunken aber abgewickelt. Die Produktion des TR 440 und die laufende Entwicklung eines Nachfolgers wurden eingestellt. CGK leistete noch eine Weile Kundenservice für die installierten Telefunkenrechner und wurde schließlich von Siemens an die niederländische océ-Gruppe verkauft.[96]

Im Jahr 1975 war Siemens somit der einzige verbliebene westdeutsche Hersteller von Universalcomputern. Der Konzern hatte zwar entwicklungstechnisch vom Unidata-Experiment profitiert und bot mit der 7000er-Serie wieder eine Rechnerfamilie an, die mit IBMs System/370 kompatibel war[97] und hatte außerdem seinen Anteil am bundesdeutschen Computermarkt seit 1965 von 6 Prozent auf mittlerweile 16 Prozent verbessern können,[98] eine Trendwende war dies aber nicht. Die Strukturen des westdeutschen Computermarktes hatten sich seit Mitte der 1960er Jahre nicht wesentlich verändert. Nach wie vor befanden sich mehr als 60 Prozent des westdeutschen Marktes in der Hand von IBM.[99] Siemens selbst schätzte den Entwicklungsvorsprung, den IBM Ende der 1970er Jahre hatte, auf etwa drei Jahre.[100] Das Ziel der Bundesregierung, eine nationale Computerindustrie zu haben, die auf dem Weltmarkt konkurrenzfähig war und ohne Zuschüsse überleben konnte, war noch nicht erreicht. Trotz staatlicher Förderung machte Siemens mit Computern regelmäßig Verluste. In internen Berechnungen

---

94 Vgl. Werner Abelshauser, Nach dem Wirtschaftswunder. Der Gewerkschafter, Politiker und Unternehmer Hans Matthöfer, Bonn 2009, S. 320-324; Plettner, Abenteuer Elektrotechnik, S. 262-263.
95 Vgl. Berg, Heinz Nixdorf, S. 122-130.
96 Vgl. Jessen u.a., The AEG-Telefunken TR 440, S. 28.
97 Vgl. Plettner, Abenteuer Elektrotechnik, S. 263-266.
98 Vgl. Rösner, Wettbewerbsverhältnisse, S. 61.
99 Vgl. ebenda.
100 Vgl. Plettner, Abenteuer Elektrotechnik, S. 268.

ging der Konzern davon aus, dass er den Umsatz seiner Computersparte mindestens verdoppeln muss, um das Geschäft kostendeckend betreiben zu können.[101]

5.d Zwischenfazit: Die »Computerlücke« als Handlungsauftrag

Als Ergebnis dieses Kapitels lässt sich festhalten, dass, als die langfristige Bedeutung von Computern und der mit ihnen verbundenen Technologien in den 1960er Jahren erstmalig breiter in der Bundesrepublik rezipiert wurde, der globale Markt bereits von amerikanischen Unternehmen, allen voran IBM, dominiert wurde. Den westdeutschen Computerproduzenten Siemens und AEG-Telefunken hatte es zunächst an einer breit aufgestellten Vertriebsstruktur gemangelt, wodurch sie nur schwer Zugang zum Markt der betrieblichen Datenverarbeitung gefunden hatten. Als Elektrogroßkonzerne verkauften sie ihre Computer daher vor allem an staatliche Institutionen und andere Großkonzerne. Ein Marktanteil von knapp 10 Prozent, die sie damit auf ihrem nationalen Heimatmarkt gewinnen konnten, war aber auf Dauer zu gering, um das wirtschaftliche Überleben einer westdeutschen Computerindustrie langfristig zu sichern.

Mit Schlagwörtern wie »Computerlücke« und »amerikanische Herausforderung« war die Datenverarbeitung daher politisch von Anfang an mit dem Gefühl der Unterlegenheit verbunden, die langfristig für die westdeutsche Volkswirtschaft gefährlich werden konnte und daher staatliches Handeln legitimierte. In der ersten Phase der staatlichen Interventionen in den 1960er und 1970er Jahren standen die direkte und indirekte Förderung westdeutscher Computerhersteller, gepaart mit politischem Druck zur engeren Zusammenarbeit, erst auf nationaler, später auch auf europäischer Ebene, im Vordergrund des politischen Wirkens. Diese Maßnahmen führten nur temporär und nur in Einzelfällen zu Erfolgen und konnten die Strukturen und die Wettbewerbsfähigkeit des bundesdeutschen Datenverarbeitungssektors bis Ende der 1970er Jahre nicht grundsätzlich verbessern.

Diese Entwicklung des westdeutschen Datenverarbeitungssektors ist allerdings der Schlüssel zum Verständnis des Umgangs mit Telekommunikation in der Bundesrepublik seit den 1970er Jahren. Die Wahrnehmung, dass die bundesdeutsche Schwäche im Bereich der Computer- und Mikroelektronikindustrie langfristig eine Gefahr für den in der Nachkriegszeit erlangten Wohlstand darstellte, prägte mindestens bis zum Ende des Betrachtungszeitraums in den 1990er Jahren den Umgang mit Datenverarbeitung und – je stärker die Erfolge der Liberalisierung des amerikanischen Telekommunikationssektors in das politische Bewusstsein vorrückten – auch der Telekommunikation.

Als in den 1970er Jahren absehbar wurde, dass die bisherigen Fördermaßnahmen nicht die gewünschte Wirkung hatten, setzte daher innerhalb der Bundesregierung ein Umdenken ein. Wie in vorherigen Kapiteln dargestellt, wurden die Grenzen zwischen Datenverarbeitung und Telekommunikation immer unschärfer – und auf dem Feld der Telekommunikation verfügte die Bundesregierung über weitreichende Gestaltungsmöglichkeiten, die sie zugunsten der bundesdeutschen Elektronik- und Datenverarbeitungsindustrie einsetzen konnte.

---

101 Vgl. ebenda, S. 266.

Die beiden nächsten Kapitel thematisieren daher verschiedene Versuche der Bundesregierung, ihren Einfluss auf den Telekommunikationssektor industriepolitisch zu nutzen und mit der Modernisierung der Telekommunikationsinfrastruktur Wachstumsimpulse für die westdeutsche EDV- und Elektronikindustrie zu setzen. Den Auftakt machte dabei in der ersten Hälfte der 1970er Jahre die Idee, ein universelles Breitbandkabelnetz für Telefonie, Rundfunk und Datenübertragung aufzubauen, was allerdings erneut den medienpolitischen Kompetenz- und Grundsatzstreit zwischen dem Bund und den Ländern aufflammen ließ und daher mit jahrelangen Auseinandersetzungen und Verzögerungen verbunden war (siehe Kapitel 6). Dies war einer der Gründe dafür, dass sich gegen Ende der Dekade der Fokus der Modernisierungsdebatte auf Individualkommunikation konzentrierte und mit OSI und ISDN schließlich zwei eng verknüpfte Technologieprojekte auf den Weg gebracht wurden (siehe Kapitel 7).

6. Telekommunikation und Medienpolitik in den 1970er/1980er Jahren

Anfang der 1970er Jahre begann auch in der Bundesrepublik die Diskussion darüber, wie mit den neuen Möglichkeiten von Telekommunikation und Computern umgegangen werden sollte. Während in der amerikanischen Debatte die Abgrenzung des staatlich regulierten Telekommunikationssektors vom wettbewerbsbasierten Datenverarbeitungsmarkt ein zentrales Thema war, wurde die monopolistische Struktur des westdeutschen Telekommunikationssektors erst gegen Ende der 1970er Jahre problematisiert (siehe Kapitel 7). Stattdessen führte die Entwicklung von Telekommunikation und Datenverarbeitung zunächst dazu, dass der medienpolitische und kompetenzrechtliche Streit zwischen der Bundesregierung und den Ländern erneut aufflammte. Im Kern ging es diesmal um die Frage, wie bei der Verwendung von Computern als Kommunikationsmedien das Fernmeldemonopol des Bundes von der Rundfunkhoheit der Bundesländer abgegrenzt werden kann und welche Rolle die Presse in einer computerbasierten Medienlandschaft der Zukunft haben sollte.

Ausgangspunkt der Debatten war die Idee, in der Bundesrepublik ein flächendeckendes Breitbandkabelnetz aufzubauen, über das Unternehmen und Haushalte mit Sprach-, Daten-, Text- und Rundfunkangeboten versorgt werden sollten. Für die Bundespost war ein solches Netz eine Gelegenheit, sich auf die Zeit nach dem Telefonboom vorzubereiten, sie versprach aber auch neue Absatzchancen für die westdeutsche Fernmelde- und Datenverarbeitungsindustrie. Als Bundesminister für Forschung und Technologie setzte Horst Ehmke daher 1973 eine Kommission für den technischen Ausbau der Kommunikationssysteme (KtK) ein, die den Aufbau eines Breitbandnetzes vorbereiten sollte. Die Diskussion um die Einsetzung der KtK und ihre Arbeit stehen im Mittelpunkt des ersten Unterkapitels.

Als die KtK Anfang des Jahres 1976 ihren Abschlussbericht vorlegte, riet sie allerdings vorerst von der flächendeckenden Breitbandverkabelung der Bundesrepublik ab und empfahl stattdessen den Ausbau und die Nutzung des Telefonnetzes für neue Dienste. Dies führte dazu, dass sich die Bundespost noch 1976 entschloss, das Konzept von Viewdata (siehe Kapitel 2.d) von der britischen Post zu übernehmen und zwischen 1977 und 1983 die Einführung eines neuen Fernmeldedienstes mit dem Namen Bildschirmtext (Btx) vorzubereiten, die im zweiten Unterkapitel thematisiert wird. Der dritte Abschnitt dieses Kapitels handelt davon, dass mit dem Bericht der KtK die Pläne zum Aufbau eines bundesweiten Breitbandnetzes keineswegs eingestellt wurden, sondern die Bundespost weiter Verkabelungspläne verfolgte. Ab dem Regierungswechsel 1982 nutzte die neue Bundesregierung die Breitbandverkabelung dann als medienpolitisches Instrument, um private Rundfunksender zu etablieren.

6.a Von der OECD-Studie zur KtK (1970 – 1976)

Die OECD und die wirtschaftliche Bedeutung der Telekommunikation (1970 – 1973)

Anfang der 1970er Jahre war es erneut die OECD, die mit einer Studie die bundesdeutsche Politik zur Beschäftigung mit einer technischen und ökonomischen Entwicklung anregte. Als Reaktion auf die Diskussion über den »gaps in technology«-Bericht hatten die Wissenschaftsminister der OECD-Mitgliedsländer im Jahr 1968 die Einrichtung einer neuen Studiengruppe angeregt. Die Computer Utilisation Group sollte sich mit neuartigen Anwendungsmöglichkeiten von Computern beschäftigen und Empfehlungen abgeben, wie ihre Verwendung politisch gefördert werden kann. Ab 1970 legte die OECD dazu eine Reihe von Studien vor, die sich vor allem mit der Verwendung von Datenbanken in öffentlichen Verwaltungen befassten.[1] In diesem Zusammenhang befasste sich die Studiengruppe aber auch mit dem Einfluss der nationalen Telekommunikationssektoren auf Datenverarbeitung. Im Sommer 1972 lud die OECD hierzu Regierungsvertreter zu einem Austausch ein, und ein knappes Jahr später legte die Studiengruppe hierzu einen Bericht vor.

Die Studie[2] verband eine Bestandsaufnahme der Entwicklungen des amerikanischen Datenverarbeitungs- und Telekommunikationssektors seit den 1960er Jahren und die Diskussionen über Computer Utility, Timesharing und Specialized Common Carrier (siehe Kapitel 1 und 3) mit politischen Handlungsvorschlägen.[3] Die OECD riet darin ihren Mitgliedsländern, Hemmnisse auf den Telekommunikationssektoren abzubauen, um das Wachstumspotenzial zu nutzen, dass sich aus der Konvergenz von Telekommunikation und Datenverarbeitung ergab.[4] Andernfalls seien die USA im Begriff, die

---

1 Vgl. Uwe Thomas, Computerised data banks in public administration. Trends and policies issues, Paris 1971. Die OECD hat sich in diesem Zusammenhang früh auch mit den Auswirkungen von Computerdatenbanken auf die Privatsphäre befasst und Datenschutzfragen diskutiert. Vgl. G. Niblett, Digital information and the privacy problem, Paris 1971. Mit dieser Studie und anschließenden Seminaren hat die OECD dazu beigetragen, dass die Debatte in den 1970er Jahren internationalisiert wurde. Vgl. Gloria González Fuster, The Emergence of Personal Data Protection as a Fundamental Right of the EU, Cham 2014, S. 76-80.
2 Vgl. Kimbel, Computers and Telecommunications. Die Studie erschien 1974 in einer deutschen Übersetzung: Dieter Kimbel, Computer und das Fernmeldewesen. Wirtschaftspolitische, technisch-technologische und organisatorische Aspekte, Bad Godesberg 1974.
3 Ein Blick in die Anmerkungen lässt erkennen, dass die Studie sich in vielen Punkten auf James Martin bezog, insbesondere auf »Telecommunications and the Computer« (1969) und »Future developments in telecommunications« (1971).
4 Vgl. Kimbel, Computers and Telecommunications, S. 9-10.

übrigen Mitgliedsländer in einem weiteren Bereich der Datenverarbeitung abzuhängen. Als größtes Hindernis sah die OECD dabei Monopole an, da dadurch nicht der Markt über den Erfolg von neuen Dienstleistungen oder Technologien entschied, sondern einzelne Institutionen, wodurch sich Telekommunikation deutlich langsamer als Datenverarbeitung entwickeln würde. Die Einbettung der Telekommunikationssektoren in staatliche Verwaltungen verhinderte aus Sicht der OECD zudem in vielen Fällen langfristige Investitionen in den Sektor, vor allem in Ländern, in denen die Überschüsse zur Finanzierung von Postdiensten genutzt werden.[5]

Mit dieser ökonomischen Kritik an Monopolen in der Telekommunikation lieferte die OECD-Studie zwar, wie bereits erwähnt, einen argumentativen Ausgangspunkt für die Debatte über die Neuordnung des Telekommunikationssektors, die in der Bundesrepublik allerdings erst Ende der 1970er Jahre aufgenommen wurde (siehe Kapitel 7). Die 1973 in der Bundesrepublik einsetzende Rezeption der Studie blendete die ordnungspolitische Kritik am Fernmeldemonopol zunächst aus. Politisch anschlussfähiger war stattdessen der Vorschlag, den Telekommunikationssektor zu nutzen, um technologische Anreize auf die Fernmelde- und Datenverarbeitungsindustrie auszuüben. Diesen Gedanken griff Horst Ehmke 1973 auf, als er zum Bundesminister für Forschung und Technologie ernannt wurde und in Personalunion auch das Postministerium übernahm.

Horst Ehmke als Post-, Forschungs- und Technologieminister (1973 – 1974)

Horst Ehmke war eine zentrale Figur der sozialliberalen Regierungskoalition. Der junge Juraprofessor (Jahrgang 1927) war beim Regierungsantritt von Willy Brandt 1969 Bundesminister für besondere Aufgaben geworden und galt in der Regierung als »Spezialist für alles«[6]. Als Chef des Bundeskanzleramts hatte er eine zentrale Funktion und koordinierte das umfangreiche innenpolitische Reformprogramm der sozialliberalen Koalition. Im Kanzleramt etablierte er eine zentrale Planungsabteilung und trieb die Nutzung von Computern voran.[7]

Nachdem er auf Druck seines innerparteilichen Rivalen Helmut Schmidt nach der vorgezogenen Bundestagswahl im Januar 1973 das Kanzleramt verlassen musste, übernahm er auf eigenen Wunsch das Bundesministerium für Forschung und Technologie.[8] Dass Ehmke in Personalunion auch zum Postminister ernannt wurde, muss vor dem Hintergrund der 1973 noch immer geplanten Postreform (siehe Kapitel 4.b) als bewusste Entscheidung gedeutet werden. Ehmke konnte davon ausgehen, dass das Postministerium mittelfristig aufgelöst werden würde und dass durch seine Ressortwahl die

---

5   Vgl. ebenda, S. 31-37.
6   »Unser Spezialist für alles«, in: *DER SPIEGEL* 17/1969, S. 38-48.
7   Vgl. Benjamin Seifert, Träume vom modernen Deutschland. Horst Ehmke, Reimut Jochimsen und die Planung des Politischen in der ersten Regierung Willy Brandts, Stuttgart 2010, S. 99-100; Svenja Schnepel, Im Maschinenraum der Macht, in: Thomas Großbölting/Stefan Lehr (Hg.), Politisches Entscheiden im Kalten Krieg, Göttingen 2019, S. 79-108, hier S. 97-107.
8   Vgl. Franz Walter, Ludger Westrick und Horst Ehmke – Wirtschaft und Wissenschaft an der Spitze des Kanzleramts, in: Robert Lorenz/Matthias Micus (Hg.), Seiteneinsteiger, Wiesbaden 2009, S. 303-318, hier 331-318.

politische Aufsicht über die Bundespost dann dem Forschungs- und Technologieministerium zufallen wird. In seiner Regierungserklärung im Januar 1973 kündigte Willy Brandt dementsprechend an, dass im Bereich der Forschung und Technologie künftig auch die Bundespost eine Rolle spielen werde:

> Neuerungen auf dem Gebiet der Informationsverarbeitung und Kommunikation beeinflussen mehr und mehr die technisch-wirtschaftliche Entwicklung, aber auch das Zusammenleben der Menschen. Für den Ausbau des technischen Kommunikationssystems wird die Bundesregierung zusammen mit den Ländern, der Wissenschaft und der Wirtschaft ihre Vorschläge entwickeln. Bei der Entwicklung der Nachrichtentechnologie fällt der Bundespost eine besondere Rolle zu.[9]

Mit Ehmke wechselte auch der studierte Physiker Uwe Thomas aus der Planungsabteilung des Kanzleramtes in das Bundesministerium für Forschung und Technologie.[10] Thomas war vor seinem Eintritt in die Bundesverwaltung als Berater bei der OECD in Paris tätig und vertrat im Mai 1973 die Bundesregierung beim Expertenworkshop der OECD, auf dem die Anwendungsmöglichkeiten von Computern und Telekommunikationssystemen diskutiert wurden.[11]

Es kann also davon ausgegangen werden, dass Ehmke mit der OECD-Studie vertraut und dass es seine bewusste Entscheidung war, ausgerechnet zwei Konzeptskizzen der Studie in die westdeutsche Debatte einzuführen, bei denen die Unterschiede zwischen Rundfunk, Presse und Individualkommunikation verschwammen. Dies war zum einen die Idee der »wired city«, die seit den späten 1960er Jahren in der Fernmeldeindustrie diskutiert wurde. Die damit verbundenen Vorstellungen gingen davon aus, die bestehenden Fernmeldenetze durch Breitbandnetze zu ersetzen, die in manchen Ländern bereits zur Übertragung von Fernsehsignalen verwendet wurden. Diese Netze sollten zur neuen universellen Infrastruktur der Telekommunikation werden, mit der die angeschlossenen Haushalte mit allen denkbaren Telekommunikationsdiensten versorgt werden. Dies schloss neben Telefon-, Text- und Datenverbindungen auch eine größere Zahl von Fernseh- und Hörfunksignalen mit ein (siehe hierzu auch Kapitel 2.a).[12]

---

9   Regierungserklärung von Willy Brandt am 18. Januar 1972 vorm Deutschen Bundestag, in: Stenographische Berichte des Deutschen Bundestag 7/7, Bonn 1973, S. 130.
10 Vgl. Mettler-Meibom, Breitbandtechnologie, S. 200.
11 Vgl. die Teilnehmerliste bei Kimbel, Computers and Telecommunications, S. 13. In einer Festschrift zum 50-jährigen Jubiläum des Wissenschaftsministeriums schrieb Uwe Thomas 2006 über die Pläne Ehmkes: »Neue Technologien wurden unter Forschungsminister Ehmke und seinem Parlamentarischen Staatssekretär Hauff zum politischen Thema. Das damalige BMFT verstand sich als Treiber des technischen Fortschritts in Deutschland und wollte sogar das damalige Bundesministerium für Post und Fernmeldewesen für seine Zwecke einspannen. Deshalb übernahm Horst Ehmke auch gleichzeitig die Leitung dieses Ministeriums, um es zu einem (öffentlichen) Unternehmen umzugestalten, mit einer Forschung, die den berühmten Bell Labs der USA nacheifert.« Uwe Thomas, Drei Jahrzehnte Forschungspolitik zur Modernisierung der Volkswirtschaft, in: Peter Weingart/Niels Christian Taubert (Hg.), Das Wissensministerium. Ein halbes Jahrhundert Forschungs- und Bildungspolitik in Deutschland, Weilerswist 2006, S. 158-165, hier S. 159.
12 Vgl. Kimbel, Computers and Telecommunications, S. 120-123.

Die Diskussion über Breitbandkabelnetze wurde auch durch Zukunftsplanungen der Bundespost angestoßen. Die Reformpläne, die, wie bereits erwähnt, mit größerer wirtschaftlicher und unternehmerischer Freiheit der Bundespost verbunden waren (siehe Kapitel 4.b), hatten im Bundespostministerium eine Diskussion über langfristige Unternehmensperspektiven ausgelöst, die über das absehbare Ende des Telefonbooms hinausging. In diesem Zusammenhang hatte die Bundespost die Breitbandverkabelung als langfristige Expansionsmöglichkeit entdeckt. Um das Potenzial dieser Technologie zu erproben, baute die Post 1972 in Hamburg und Nürnberg erste Versuchsnetze auf. Diese wurden gegenüber den Bundesländern offiziell damit begründet, dass der durch Hochhäuser beeinträchtigte Fernsehempfang verbessert werden sollte, aber gleichzeitig wollte die Post die technischen und ökonomischen Voraussetzungen für eine flächendeckende Verkabelung der Bundesrepublik erproben.[13]

Breitbandkabelnetze hatten allerdings das Potenzial, die bundesdeutsche Rundfunkordnung zu verändern. Diese basierte seit dem Urteil des Bundesverfassungsgerichts aus dem Jahr 1961 auf der Annahme, dass es wegen eines Mangels an geeigneten Rundfunkfrequenzen und des hohen finanziellen Aufwands nur eine begrenzte Anzahl von Rundfunksendern geben könne. Davon ausgehend hatte das Gericht den Sendern Binnenpluralismus verordnet und verlangt, dass jeder für sich die Meinungsvielfalt der Gesellschaft widerspiegeln muss, um eine Instrumentalisierung der begrenzten Ressource Rundfunkfrequenz durch einzelne Gruppen zu verhindern. Die Knappheit der Rundfunkfrequenzen bildete daher die zentrale Legitimationsgrundlage für das Monopol des öffentlich-rechtlichen Rundfunks.[14]

Das Monopol der öffentlich-rechtlichen Rundfunkanstalten wurde aber auch nach dem Rundfunkurteil weiterhin von den Presseverlegern angegriffen. In den 1960er Jahren beklagten die Verlage insbesondere, dass das neue Medium Fernsehen ihnen die Existenzgrundlage entziehe, indem ihnen Leser und Werbeeinnahmen verloren gehen, und forderten deswegen ihre Beteiligung am Rundfunk.[15] Parallel dazu war seit den frühen 1950er Jahren die Anzahl der Zeitungsverlage und unabhängigen Tageszeitungen kontinuierlich gesunken; Ende der 1960er Jahre war dieser Prozess auf seinem Höhe-

---

13 Vgl. Bundesregierung, Bericht der Bundesregierung über die Lage von Presse und Rundfunk in der Bundesrepublik Deutschland (1974), BT-Drs. 7/2104, Bonn 1974, S. 67-68; Scherer, Telekommunikationsrecht und Telekommunikationspolitik, S. 505-506.
14 Siehe hierzu Humphreys, Media and media policy in Germany, S. 161-162.
15 Der Bundesverband Deutscher Zeitungsverleger erreichte, dass der Bundestag 1964 eine Kommission einsetzte, die die intermedialen Wettbewerbsverhältnisse zwischen Presse, Rundfunk und Film untersuchte. Das nach ihrem Vorsitzenden Elmar-Michel als »Michel-Kommission« bezeichnete Gremium kam allerdings zu dem Schluss, dass der Wettbewerb zwischen den Zeitungen größer als der zwischen Rundfunk und Presse sei und riet daher von einer Beteiligung der Presseverleger am Rundfunk ab. Vgl. Humphreys, Media and media policy in Germany, S. 69-71; Steinmetz, Initiativen und Durchsetzung, in: Wilke (Hg.), Mediengeschichte der Bundesrepublik Deutschland, S. 175-176; Walter J. Schütz, Entwicklung der Tagespresse, in: Jürgen Wilke (Hg.), Mediengeschichte der Bundesrepublik Deutschland, Köln u. a 1999, S. 109-134, hier S. 115-117; Florian Kain, Das Privatfernsehen, der Axel Springer Verlag und die deutsche Presse. Die medienpolitische Debatte in den sechziger Jahren, Münster 2003, S. 167-189.

punkt.[16] In dieser Zeit hatte die SPD den Konzentrationsprozess auf dem Pressemarkt und den damit wachsenden Einfluss des Axel-Springer-Verlags als gesellschaftliches und politisches Problem identifiziert. Neben legislativen Maßnahmen, die 1976 in einem Pressefusionsgesetz mündeten,[17] diskutierte die SPD zu Beginn der 1970er Jahre auch, mit Breitbandnetzen den öffentlich-rechtlichen Rundfunk auf lokaler Ebene zu stärken. Auf einem außerordentlichen Medienparteitag beschloss die SPD daher 1971, dass das »publizistische Gleichgewicht im regionalen und lokalen Bereich« durch Ausweitung von lokalen Rundfunkangeboten ausgeglichen werden sollte und dass hierzu »[i]n den kommenden Jahren [...] der Ausbau des Kabelnetzes neue Möglichkeiten für lokale Kommunikation bringen«[18] werde.

Angesichts der Tatsache, dass die SPD damit den Presseverlagen angedroht hatte, dass auch die Lokalpresse künftig durch Kabelnetze Konkurrenz durch den Rundfunk bekommen könnte, wirkte es wie ein Entgegenkommen an die Verlage, dass Horst Ehmke im September 1973 ausgerechnet vor dem Bundesverband der deutschen Zeitungsverleger (BDZV) eine Kommission ankündigte, die die mit der Breitbandverkabelung verbundenen Fragen diskutieren sollte. In seiner Rede über »Möglichkeiten und Aufgaben der Nachrichtentechnologien«[19] informierte er die anwesenden Zeitungsverleger, dass die Bundesregierung sich den Aufbau eines universellen Breitbandnetzes vorstellen könne, das »unter Einschluss von Bildtelefon, Fernsehversorgung, Datenübertragung und Fernsprechen eine unabsehbare Vielfalt von Anwendungen erlaube.«[20] Als mögliche Nutzung solcher Netze erwähnte Ehmke neben Lokalfernsehsendern ausdrücklich auch »Faksimilezeitungen« und spekulierte, »ob damit nicht eine Umkehr im Konzentrationsprozess auf dem Pressesektor ermöglicht werden könnte.«[21] Er kündigte aber an, dass die Bundesregierung beim Thema Breitbandkabelnetz nicht auf Konfrontationskurs gehen, sondern zunächst eine unabhängige Kommission zur Klärung der grundsätzlichen Fragen einsetzen werde, die die »öffentliche Diskussion über Möglichkeiten und Aufgaben der Nachrichtentechnologien über den Kreis der technisch und wirtschaftlichen Interessierten hinaus zu einer allgemein politischen Diskussion«[22] machen solle.

---

16   Zur Pressekonzentration und ihren Gründen siehe Humphreys, Media and media policy in Germany, S. 74-83.

17   Vgl. Humphreys, Media and media policy in Germany, S. 99-104; Schütz, Entwicklung der Tagespresse, in: Wilke (Hg.), Mediengeschichte der Bundesrepublik Deutschland, S. 114-124.

18   Medien-Entschließung des außerordentlichen SPD-Parteitages vom 20. November 1971, in: *Rundfunk und Fernsehen* 19 (1971), H. 4, S. 444-460, hier S. 446. Debatte über die Partizipative Wirkung von regionalen und lokalen Fernsehprogrammen sowie Offenen Kanälen in den 1970er Jahren siehe: Gabriele Schabacher, »Tele-Demokratie«. Der Wiederstreit von Pluralismus im medienpolitischen Diskurs der 70er Jahre, in: Irmela Schneider/Christina Bartz/Isabell Otto (Hg.), Medienkultur der 70er Jahre. Diskursgeschichte der Medien nach 1945, Bd. 3, Wiesbaden 2004, S. 141-180, hier S. 161-173.

19   Horst Ehmke, Möglichkeiten und Aufgaben der Nachrichtentechnologien. Rede vor dem Bundesverband Deutscher Zeitungsverleger in Berlin, 3. September 1973, in: Horst Ehmke (Hg.), Politik als Herausforderung. Reden, Vorträge, Aufsätze, Karlsruhe 1974, S. 137-152.

20   Ebenda, S. 143.

21   Ebenda, S. 149.

22   Ebenda, S. 151.

Mit dem Schlagwort »Faksimilezeitung« hatte Ehmke in der Rede vor dem BDZB ein weiteres Konzept aus der OECD-Studie aufgegriffen, das den Kernbereich des Pressemarktes betraf. Auf Einladung der Wochenzeitung DIE ZEIT konnte Ehmke im März 1974 genauer ausführen, welche Auswirkung er von einer »Zeitung aus der Wand« für die Medienlandschaft der Bundesrepublik erwartete. Hinter dem Begriff der Faksimilezeitung verbarg sich die Idee, Presseartikel über Telekommunikationsnetze zu übertragen, die direkt beim Leser auf einem Bildschirm dargestellt oder auf Papier ausgedruckt werden. Für Ehmke passte ein solcher Faksimiledienst gut zu den medienpolitischen Grundsätzen der Sozialdemokratie, die den Schutz der freien Meinungsäußerung und eine Vielfalt an Informationsmöglichkeiten mit einer aktiven Beteiligung der Bürger am gesellschaftlichen Kommunikationsprozess zum Ziel hatte. Allerdings durchbreche ein solcher Informationsdienst »den gewollten und vom Bundesverfassungsgericht auch verfassungsrechtlich betonten Dualismus von Presse und Rundfunk.«[23] Obwohl augenscheinlich eine große Ähnlichkeit zur Presse besteht, seien die ökonomischen Grundlagen völlig andere, denn »im selben Maße, in dem sich die Druck- und Vertriebskosten verringern, verlieren auch die finanziellen Barrieren, die bisher die meisten Bürger an der aktiven Ausübung der Pressefreiheit hindern, an Gewicht.« Daher erwartete Ehmke, dass ein solcher Faksimiledienst zur Verbreitung von Informationen genutzt wird, die der Leser nach seinen individuellen Informationsbedürfnissen zusammenstellen wird.

> Die Technik der Faksimileübertragung wird nicht nur auf dem Vertriebssektor, sondern vor allem in der publizistischen Gestaltung und Zusammenstellung der Information zu tiefgreifenden strukturellen Änderungen gegenüber den heutigen Medien führen. Werden die von der Technik angebotenen Möglichkeiten wahrgenommen, so mag am Ende dieser Entwicklung ein neues Medium stehen, das – zumindest in kommunikations-soziologischer Sicht – weder Rundfunk noch Zeitungspresse im heutigen Sinne ist.[24]

Auch bei diesem neuen Medium müsse aber sichergestellt werden, dass es frei von jeder Form eines staatlichen Einflusses bleibt. Allerdings sah er die Gefahr, dass, »[w]ürde man die Entwicklung der Faksimiledienste sich selbst überlassen, [...] die künftigen Strukturen dieses Mediums allein von kommerziellen Gesichtspunkten bestimmt würden.«[25] Daher hielt er es für angebracht, die technische Infrastruktur für einen solchen Informationsdienst nicht in die Hände von privaten Anbietern zu geben, sondern die Bundespost damit zu beauftragen. »Darin liegt die sicherste Garantie dafür, daß jedermann Zugang zu den Übertragungseinrichtungen erhält.« Ehmke sah aber auch die Notwendigkeit, das neue Medium über die technische Infrastruktur hinaus zu organisieren. »Wie soll der Bürger A erfahren, was der Bürger B oder das Presseunternehmen X an Informationen anzubieten hat? Oder umgekehrt: Wer sagt ihm, bei wem er zu welchen Themen oder Sachgebieten welche Informationen finden kann?«[26] Diese Aufgabe

---

23 Ehmke 1974, Die Zeitung aus der Wand, in: DIE ZEIT 13/1974.
24 Ebenda.
25 Ebenda.
26 Ebenda.

der Informationsvermittlung sah er als die eigentliche Schlüsselfunktion des neuen Mediums an, denn davon, »wie diese Funktion wahrgenommen wird, wird ganz wesentlich das Maß an Offenheit und Pluralität des neuen Mediums bestimmt werden.«[27] Daher müsse »durch geeignete organisatorische Lösungen sichergestellt«[28] werden, dass diese Funktion mit der »von der Verfassung geforderten Pluralität und Staatsunabhängigkeit«[29] wahrgenommen wird.

Breitbandkabelnetze und die Verwendung von Computern als Kommunikationsmedium waren in der ersten Hälfte der 1970er Jahre insofern Elemente einer sozialdemokratischen Medienpolitik, und vieles sprach dafür, dass sie mittel- bis langfristig eingesetzt werden. Für die Bundespost eröffneten Breitbandnetze neue Tätigkeitsbereiche und Dienste, die sich im Anschluss an den Telefonausbau zu einem neuen, lukrativen Massenmarkt entwickeln könnten. Dieser neue Massenmarkt bot auch für die westdeutsche Fernmelde-, Datenverarbeitungs- und Elektronikindustrie neue Perspektiven und Absatzmöglichkeiten, denn für Faksimilezeitungen und Datendienste benötigten die Haushalte völlig neue Geräte. Als Bundesminister für Forschung und Technologie, der auch für die Bundespost zuständig war, hatte Ehmke daher ein doppeltes Interesse, die von dieser Entwicklung betroffenen Gruppen in den Diskussionsprozess einzubinden und politischen Konflikten und Hindernissen frühzeitig zu begegnen. Ein solches konsultatives Vorgehen war typisch für die von der sozialliberalen Koalition in dieser Zeit angestrebte Verwissenschaftlichung von Politik. Technische und soziale Entwicklungen sollten von unabhängigen Kommissionen bearbeitet werden, bevor die damit verbundenen Probleme ein Eingreifen der Politik erforderten, der dann nur noch eingeschränkte Handlungsoptionen zur Verfügung stehen.[30] Ähnlich war die Bundesregierung bereits 1971 mit der Einsetzung einer »Kommission für wirtschaftlichen und sozialen Wandel« verfahren, die eine wissenschaftliche Grundlage für ihre Reformpolitik liefern sollte.[31]

Die Kommission für den Ausbau des technischen Kommunikationssystems (1973 - 1976)

Das Bundeskabinett beschloss daher am 2. November 1973 die Einsetzung der Kommission für den Ausbau des technischen Kommunikationssystems (KtK) und beauftragte das Gremium, Vorschläge für ein »wirtschaftlich vernünftiges und gesellschaftlich wünschenswertes«[32] Kommunikationssystem zu entwickeln. Unter anderem sollte die Kommission klären:

---

27 Ebenda.
28 Ebenda.
29 Ebenda.
30 Vgl. Walter, Westrick und Ehmke, in: Lorenz/Micus (Hg.), Seiteneinsteiger, S. 316-317.
31 Vgl. Gabriele Metzler, Konzeptionen politischen Handelns von Adenauer bis Brandt. Politische Planung in der pluralistischen Gesellschaft, Paderborn 2005, S. 384-392; Tim Schanetzky, Die große Ernüchterung. Wirtschaftspolitik, Expertise und Gesellschaft in der Bundesrepublik 1966 bis 1982, Berlin 2007, S. 171-179.
32 KtK, Telekommunikationsbericht, S. 14.

1. Für welche Kommunikationsformen besteht ein gesellschaftliches, politisches und volkswirtschaftliches Bedürfnis?
2. Welche Möglichkeiten für neue Kommunikationsformen werden durch die sich abzeichnende technische Entwicklung – insbesondere Breitbandtechnik – eröffnet?[33]

Bereits der etwas umständliche Name der Kommission »für den Ausbau des technischen Kommunikationssystems« machte deutlich, dass die KtK nicht beanspruchen konnte, eine Medienkommission zu sein. Als Beratungsgremium der Bundesregierung konnte sie nur Empfehlungen für technische Aspekte des Mediensystems abgeben, da die verfassungsrechtlichen Kompetenzen zur Regelung von inhaltlichen und strukturellen Fragen der Medienpolitik bei den Ländern lagen, mit einer Ausnahme. Diese betraf die aus Artikel 75 des Grundgesetzes hervorgehenden Kompetenzen des Bundes, Rahmenvorschriften für die allgemeinen Rechtsverhältnisse der Presse zu erlassen.[34] Die presserechtlichen Kompetenzen des Bundes dürften auch der Grund dafür gewesen sein, dass Ehmke bei seiner Rede vor dem BDZV mit der Faksimilezeitung besonders die Auswirkung von Breitbandnetzen für die westdeutsche Presselandschaft in den Vordergrund gestellt hatte. Wie noch gezeigt wird, spielte diese Kompetenz des Bundes bei der Diskussion über die verfassungsrechtliche Einordnung von Bildschirmtext eine zentrale Rolle.

Bei der Zusammensetzung der KtK versuchte die Bundesregierung, die betroffenen gesellschaftlichen Gruppen einzubinden. Nur vier der insgesamt 22 Mitglieder vertraten die im Bundestag vertretenen Parteien. Die übrigen Mitglieder wurden zum einen von den Bundesländern (2 Sitze), Kommunen (1 Sitz), Wirtschaftsverbänden (2 Sitze) und Gewerkschaften (2 Sitze) entsandt. Hinzukamen Vertreter von betroffenen Gruppen, hierzu zählten die Fernmeldeindustrie (2 Sitze), die Rundfunkanstalten (2 Sitze) sowie Verleger (1 Sitz) und Journalisten (1 Sitz). Vier Mitglieder wurden als Vertreter verschiedener Wissenschaften von der Bundesregierung ausgewählt.[35] Den Vorsitz übernahm auf ausdrücklichen Wunsch Ehmkes der Betriebswirt Eberhard Witte. Witte hatte sich bereits beim Entwurf des Postverfassungsgesetzes einen Namen als Kenner der bundesdeutschen Telekommunikationslandschaft gemacht, der für technische Neuerungen aufgeschlossen war,[36] und sollte nun die unterschiedlichen Interessen der Kommissionsmitglieder moderieren.

Die Kommission begann im Februar 1974 ihre Beratungen, hörte Sachverständige an und beauftragte verschiedene sozialwissenschaftliche Forschungsinstitute mit Studien zum Bedarf von neuen Telekommunikationsangeboten. Nach knapp zwei Jahren, im

---

33 Die weiteren Fragen an die KtK lauteten: »3. Welche finanziellen Aufwendungen sind mit der Realisierung neuer Kommunikationsformen verbunden? 4. In welchen Zeitraum soll der Ausbau des technischen Kommunikationssystems realisiert und wie soll er finanziert werden? 5. Durch wen und unter welchen Rahmenbedingungen sollen die verschiedenen technischen Einrichtungen für ein künftiges Kommunikationssystem jeweils geplant, errichtet und betrieben werden?« ebenda.
34 Siehe Artikel 75 des Grundgesetzes in seiner Fassung bis zur Föderalismusreform 2006.
35 Je ein Sitz für die elektronische Nachrichtentechnik, Volkswirtschaft, Kommunikationswissenschaft, Rechtswissenschaft. Zu den Mitgliedern der Kommission siehe: KtK, Telekommunikationsbericht, S. 15-17.
36 Zur Wittes Beteiligung am Entwurf des Postverfassungsgesetzes siehe: Eberhard Witte, Mein Leben. Ein Zeitdokument, Norderstedt 2014, S. 183-189.

Januar 1976, legte die KtK der Bundesregierung ihre Ergebnisse in Form eines kurz gehaltenen »Telekommunikationsberichts« sowie acht voluminöse Anlagenbände vor.[37]

Horst Ehmke konnte den von ihm in Auftrag gegebenen Bericht allerdings nicht mehr als Postminister entgegennehmen. Er hatte bereits im Mai 1974 infolge der Affäre um den DDR-Spion Günter Guillaume – dessen Einstellung er 1969 als Chef des Kanzleramtes befürwortet hatte – seine Ministerämter aufgeben müssen. Als Forschungs- und Technologieminister wurde er von Hans Matthöfer abgelöst, der die Personalunion mit dem Postministerium nicht fortführte. Laut Matthöfers Biografen Werner Abelshauser hatte die Trennung der Ressorts keinen politischen oder strategischen Hintergrund, sondern Matthöfer habe aus persönlichen Gründen, vor allem der Furcht, der Doppelbelastung von zwei Ministerämtern nicht gewachsen zu sein, auf die Übernahme des Postministeriums verzichtet.[38] Neuer Postminister wurde daher Kurt Gscheidle, der das Amt, wie bereits Ehmkes Vorgänger Leber, in Personalunion mit dem Verkehrsministerium übernahm. Als Staatssekretär im Bundespostministerium hatte Gscheidle maßgeblich am Entwurf des neuen Postverfassungsgesetzes mitgewirkt, sodass diese Personalentscheidung als klares Bekenntnis zu den Zielen der Postreform verstanden werden konnte. Unter der Führung von Gscheidle wurde daher die wirtschaftliche Stärkung und unternehmerische Unabhängigkeit der Bundespost zur Richtschnur ihres Handelns, die nach dem endgültigen Scheitern des Postverfassungsgesetzes auch auf Basis der alten Rechtsgrundlage erzielt werden sollte. Als langjähriger Gewerkschaftsvertreter und führendes Mitglied der Deutschen Postgewerkschaft (DPG) verband Gscheidle die Stärkung der Bundespost auch mit einer Interessenpolitik zugunsten der Postbediensteten und einer Sicherung von Arbeitsplätzen bei der Bundespost.

Der Telekommunikationsbericht der KtK war durchaus von einer neuen Sachlichkeit geprägt, die dem Regierungsstil des neuen Bundeskanzlers Helmut Schmidt zugesprochen wird. Vom technologischen Optimismus, der noch wenige Jahre zuvor die Diskussion über Breitbandnetze begleitet hatte, war in dem einstimmig verabschiedeten Bericht nur noch wenig zu spüren. Stattdessen empfahl die Kommission, beim Ausbau des technischen Kommunikationssystems am Bewährten festzuhalten und nur in begrenztem Umfang Experimente zuzulassen. In einer Liste mit insgesamt 56 Feststellungen und 17 Empfehlungen riet die KtK daher von einer flächendeckenden Breitbandverkabelung »wegen des Fehlens eines ausgeprägten und drängenden Bedarfs [...] und da neue Inhalte – auch solche, die nicht Rundfunk sind – erst der Entwicklung be-

---

37 Bedürfnisse und Bedarf für Telekommunikation. Anlagenband 1 zum Telekommunikationsbericht, Bonn 1976; Technik und Kosten bestehender und möglicher neuer Telekommunikationsformen. Anlagenband 2 zum Telekommunikationsbericht; Bestehende Fernmeldedienste. Anlagenband 3 zum Telekommunikationsbericht; Neue Telekommunikationsformen in bestehenden Netzen. Anlagenband 4 zum Telekommunikationsbericht; Breitbandkommunikation. Anlagenband 5 zum Telekommunikationsbericht. Kabelfernsehen, Bonn 1976; Anlagenband 6 zum Telekommunikationsbericht; Organisation von Breitbandverteilnetzen. Anlagenband 7 zum Telekommunikationsbericht; Finanzierung von Telekommunikationsnetzen. Anlagenband 8 zum Telekommunikationsbericht.

38 Vgl. Abelshauser, Nach dem Wirtschaftswunder, S. 280.

dürfen«,³⁹ vorerst ab. Breitbandnetze sollten bis auf Weiteres nur als Modellversuche errichtet werden, um verschiedene Betreiber und Organisationsformen auszuprobieren. Bis die Ergebnisse dieser Versuche vorliegen, sollte die Bundespost mit Vorrang weiter das Telefonnetz ausbauen und für neue Telekommunikationsdienste ihre bereits bestehenden Netze nutzen.⁴⁰ Zu den Erfolgsaussichten von Faksimilezeitungen äußerte sich die KtK skeptisch. Sie sei zwar »eine technisch mögliche, rechtlich zulässige neue Telekommunikationsform«, die allerdings »in absehbarer Zeit wirtschaftlich nicht realisierbar ist.«⁴¹

Damit hatte die KtK, entgegen den Erwartungen, die mit ihrer Einsetzung verbunden war, der Bundesregierung von einer Breitbandverkabelung vorerst abgeraten. Schaut man sich die Interessen der beteiligten Gruppen an, wird dieses Ergebnis der Kommissionsarbeit nachvollziehbar. Weder die Fernmeldeindustrie noch die Bundesländer oder die Rundfunkanstalten hätten vom Aufbau eines Breitbandnetzes profitiert.⁴²

Die Fernmeldeindustrie war zwar, ebenso wie die Bundespost, langfristig an der Erschließung von neuen Massendiensten interessiert. Da sich die Bundespost während der KtK noch in einer finanziell angespannten Situation befand (siehe Kapitel 4.b), musste die Fernmeldeindustrie annehmen, dass ein schneller Aufbau eines flächendeckenden Kabelnetzes nur unter Vernachlässigung des Telefonnetzes finanziert werden könnte. Beim Telefonnetz hatte die Bundesrepublik aber noch einen Nachholbedarf. Trotz des Telefonbooms der vergangenen Jahre war die Telefondichte in der Bundesrepublik nur halb so hoch wie in den USA, Schweden oder der Schweiz.⁴³ Hinzukam, dass Siemens seit Ende der 1960er Jahre große Summen in die Entwicklung eines neuen elektronischen Telefonvermittlungssystems (EWS) investiert hatte, das die Bundespost demnächst in den Regelbetrieb übernehmen sollte (siehe Kapitel 7.c). Ein Breitbandnetz auf einer völlig anderen technologischen Grundlage hätte aber die bisherigen Investitionen in das EWS gefährdet und kostspielige Neuentwicklungen notwendig gemacht, deren internationale Marktchancen unklar waren. Insgesamt war daher für die Fernmeldeindustrie ein Festhalten an der bewährten Technik des Telefonnetzes mit weniger Risiken verbunden. Die Finanzierung von Breitbandkabelnetzen durch privatwirtschaftliche Investoren oder den Kommunen, die auch in der KtK diskutiert wurde, lag aber ebenfalls nicht in ihrem Interesse, da sie annehmen musste, dass dies langfristig das Fernmeldemonopol als wirtschaftliches Fundament der Post schwächen würde und daher auch den wirtschaftlichen Interessen der westdeutschen Fernmeldeindustrie schaden könnte.

Die Bundesländer waren trotz parteipolitischer Differenzen grundsätzlich daran interessiert, ein medienpolitisches Erstarken des Bundes zu verhindern. Ein Breitband-

---

39   KtK, Telekommunikationsbericht, S. 10.
40   Vgl. die Liste der Feststellungen und Empfehlungen in ebenda, S. 2-13.
41   Ebenda, S. 101.
42   Zu den Interessen innerhalb der KtK und den Empfehlungen siehe auch: Mettler-Meibom, Breitbandtechnologie, S. 221-248. Außerdem: Humphreys, Media and media policy in Germany, S. 194-211.
43   Sprechstellendichte je 100 Einwohner am 1.1.1974: USA 66,0; Schweden 61,2; Schweiz 55,7; Bundesrepublik 28,7. Vgl. KtK, Telekommunikationsbericht, S. 35.

netz hätte aber durch das Fernmeldemonopol und seine presserechtlichen Kompetenzen den Einfluss des Bundes in der Medienpolitik wieder erhöht. Die Interessenlage der öffentlich-rechtlichen Rundfunkanstalten war ähnlich. Ein Breitbandnetz, über das bis zu 30 Fernsehkanäle und Presseinformationen übertragen werden konnten, hätte über kurz oder lang ihren Monopolanspruch geschwächt. Die Presseverlage wiederum standen einem Breitbandnetz zu diesem Zeitpunkt eher neutral gegenüber. Zwar hätte es ihnen einen neuen Verbreitungsweg für ihre Inhalte eröffnet und potenziell auch den seit Langem angestrebten Zugang zum Rundfunk ermöglichen können, allerdings war unklar, inwieweit die SPD ein Breitbandnetz nicht für ihre medienpolitischen Ziele, die in einer größeren Vielfalt auf dem Pressemarkt bestand, nutzen würde. Mit dieser Interessenkonstellation war eine Breitbandverkabelung in der KtK aber nicht mehrheitsfähig. Als Kompromiss empfahl die Kommission aber im begrenzten Rahmen Pilotversuche mit Breitbandnetzen und die Verwendung der bestehenden Fernmeldenetze – und damit vor allem des Telefonnetzes – für neue Dienste.

Im Ergebnis führte die KtK dazu, dass sich die Diskussion über Telekommunikation aufspaltete. Zum einen gab die Bundespost auch nach dem Telekommunikationsbericht den Plan nicht auf, langfristig ein Breitbandnetz aufzubauen, und hielt daher an ihrer aus dem Fernmeldemonopol abgeleiteten Hoheit über Pilotversuche und zukünftige Netze fest. Zum anderen versuchte sie, die Empfehlungen der KtK umzusetzen und neue Dienste über das bestehende Telefonnetz zu realisieren, lief hier aber in neue Problemfelder. Der Versuch, einen medienpolitisch unbelasteten Dienst für »Fernkopien« als Unternehmenskommunikation über das Telefonnetz einzuführen, verschärfte die Auseinandersetzung über das Endgerätemonopol, das auch in der Bundesrepublik seit Anfang der 1970er Jahre von der Datenverarbeitungs- und Büromaschinenindustrie kritisiert wurde (siehe Kapitel 7.a). Der Versuch, mit der Übernahme von Viewdata als »Bildschirmtext« einen Teil der ursprünglich für das Breitbandnetz geplanten computerbasierten Informations- und Kommunikationsdienste über das Telefonnetz zu realisieren, eröffnete ab 1976 ein weiteres Konfliktfeld, in dem der Bund, die Länder und die Presseverlage über die Einordnung des Computers in die westdeutsche Medienlandschaft stritten.

6.b Bildschirmtext zwischen Rundfunk, Bildschirmzeitung und Datenkommunikation (1976 - 2001)

Elektronische Textmedien zwischen Rundfunk und Presse (1976 - 1977)

Die Bundesregierung reagierte im Sommer 1976 mit einer ausführlichen Pressemitteilung des Postministeriums auf den Bericht der KtK. In dem Dokument mit dem Titel »Vorstellungen der Bundesregierung zum weiteren Ausbau des technischen Kommunikationssystems«[44] zeigte sich die Bundespost gegenüber den Empfehlungen der KtK

---

44 Bundesregierung, Vorstellungen der Bundesregierung zum weiteren Ausbau des technischen Kommunikationssystems, abgedruckt in: *Media Perspektiven* 7/1976, S. 329-351.

grundsätzlich aufgeschlossen und signalisierte Bereitschaft, den Bedarf für Breitbandkabelnetze mit Pilotversuchen weiter zu erforschen. Sie machte allerdings deutlich, dass sie bei diesen Versuchsnetzen keine anderen Netzträger als die Bundespost zulassen werde. Obwohl die Post damit ihr Fernmeldemonopol schützen wollte, begründete sie dies offiziell mit Zweifeln, ob Gemeinden oder Privatunternehmen nach dem Ende der Pilotversuche zu einer flächendeckenden Verkabelung in der Lage wären. Welche Rundfunkprogramme in die Versuchsnetze eingespeist werden, sollte unabhängig davon das jeweilige Bundesland entscheiden.[45]

Darüber hinaus kündigte die Bundespost an, dass sie die Einführung von zwei neuen Informationsdiensten in Erwägung zieht. Die Bundesregierung hatte sich hier von den Entwicklungen und Plänen der BBC und der britischen Post inspirieren lassen und plante nun ebenfalls, den Fernseher als Darstellungsmedium für Textinformationen zu nutzen.[46] Als Videotext sollten diese Informationen entweder in der Austastlücke des Fernsehsignals oder als Bildschirmtext über das Telefonnetz übertragen werden, wobei die Bundespost einen gemeinsamen Standard für beide Dienste anstrebte. Mit der Feststellung, dass »zumindest Bildschirmtext nicht unter den Rundfunkbegriff fällt, [...] da wegen des individuellen Zugriffs jedes einzelnen Benutzers zu den Inhalten der Informationsdatenbanken die formalen Voraussetzungen [...] nicht erfüllt sind«[47], eröffnete die Bundespost eine neue kompetenzrechtliche Diskussion und warf die Frage auf, wer für ein Medium zuständig ist, das Elemente von Rundfunk (Fernseher), Presse (Textinformationen) und Individualkommunikation (Telefonnetz) kombiniert.[48]

Eine genaue Definition dessen, was als »Rundfunk« unter die Kulturhoheit der Länder fiel, konnte weder dem Grundgesetz noch den Rundfunkurteilen des Bundesverfassungsgerichts entnommen werden. Die Bundesländer hatten erstmalig 1968 ihren Rundfunkbegriff im Staatsvertrag zur Regelung der Rundfunkgebühren formuliert. Demnach war Rundfunk »die für die Allgemeinheit bestimmte Veranstaltung und Verbreitung von Darbietungen aller Art in Wort, in Ton und in Bild unter Benutzung elektrischer Schwingungen ohne Verbindungsleitung oder längs oder mittels eines Leiters.«[49]

Durch die immer günstiger werdende Ton- und Videotechnik führte diese Definition in den 1970er Jahren allerdings immer häufiger zu Abgrenzungsproblemen. So war es

---

45 Vgl. ebenda, S. 344-347.
46 Eine Motivation der Bundesregierung, die Funktionalität von Fernsehgeräten zu erweitern, dürfte auch die Situation der westdeutschen Fernsehgeräteindustrie gewesen sein. Seit Mitte der 1970er Jahre wurden die westdeutschen Hersteller zunehmend von Importen unter Druck gesetzt. Videotext und Bildschirmtext versprachen eine ähnliche Wirkung wie das Farbfernsehen, dass in den 1960er Jahren zu einem Absatzboom von neuen, hochpreisigen Geräten geführt hat. Zur Situation der Fernsehgeräteindustrie in den 1970er und 1980er Jahren sie Sebastian Teupe, Die Schaffung eines Marktes. Preispolitik, Wettbewerb und Fernsehgerätehandel in der BRD und den USA, 1945-1985, Berlin 2016, S. 75-87.
47 Bundesregierung, Vorstellungen der Bundesregierung zum weiteren Ausbau des technischen Kommunikationssystems, S. 342.
48 Vgl. ebenda, S. 340-343.
49 §1 des Staatsvertrags über die Regelung des Rundfunkgebührenwesens vom 05.12.1974, zitiert nach Hans J. Kleinsteuber, Rundfunkpolitik in der Bundesrepublik. Der Kampf um die Macht über Hörfunk und Fernsehen, Wiesbaden 1982, S. 29.

zunächst unklar, inwieweit auch private Übertragungen von Ton- oder Bildsignalen als Rundfunk genehmigungspflichtig sind, etwa Videoüberwachung in Kaufhäusern oder krankenhausinterne Musikübertragungen.[50] Außerdem hatten mehrere Bundesländer 1974 unter Verweis auf ihre Rundfunkhoheit einem privaten Veranstalter verboten, die Satellitenübertragung des »Rumble in the Jungle«, des Boxkampfes zwischen George Foreman und Muhammed Ali, live vor Publikum zu zeigen. Der Veranstalter konnte dieses Verbot jedoch umgehen, indem er den Kampf auf Videoband aufzeichnete und zeitversetzt vorführte.[51] Erst 1975 einigten sich die Rundfunkreferenten der Länder auf eine Einschränkung ihres Rundfunkbegriffs und erklärten, dass es sich bei Darbietungen vor Personen, die »durch gegenseitige Beziehungen oder durch Beziehungen zum Veranstalter persönlich untereinander verbunden sind«, und »Sendungen, die zur öffentlichen Meinungsbildung weder bestimmt noch geeignet sind«[52], zwar um Rundfunk handele, dieser aber ohne Genehmigung vorgeführt werden dürfe.

Ihr Rundfunkbegriff hatte auch zur Folge, dass die Bundesländer einige Dienste der Bundespost als Rundfunk bewerteten. Insbesondere für die telefonischen Ansagedienste, bei denen über das Telefonnetz Wettervorhersagen, Kinoprogramme oder vergleichbare Informationen von Band abgehört werden konnten, beanspruchten die Bundesländer Zuständigkeit.[53]

Unklar war allerdings, ob dies auch für die Übertragung von Textinformationen für mehrere Empfänger gelten konnte. Bereits in der KtK war darüber diskutiert worden, aber der Telekommunikationsbericht ließ diese Frage zunächst offen.[54] Bei Textübertragungen war nicht nur eine Definition als Rundfunk möglich. Ebenso plausibel konnten sie als presseähnlich eingeordnet werden. Die Einordnung von Textübertragungen war allerdings für die Kompetenzverteilung zwischen der Bundesregierung und den Ländern zentral. Als Rundfunk wäre die inhaltliche Regelung von Textmedien allein in den Aufgabenbereich der Bundesländer gefallen; hätte sich dagegen die Auffassung durchgesetzt, Textübertragungen seien presseähnlich, so hätten die Länder ihre Kompetenzen mit dem Bund teilen müssen, da dieser nach Artikel 75 des Grundgesetzes für die »allgemeinen Rechtsverhältnisse der Presse« zuständig war. Würden Textübertragungen dagegen weder als Presse noch als Rundfunk definiert, so wären nach Artikel 30 des Grundgesetzes ebenfalls allein die Länder zuständig. Unstrittig war nur, dass der Bund aufgrund seines Fernmeldemonopols für Individualkommunikation zuständig war, die sich an genau bestimmte Empfänger richtete.

Mit der Definition von elektronischer Textübertragung war daher auch die Frage verbunden, wer über computerbasierte Informationssysteme Informationen verbreiten darf, die sich an mehrere Empfänger richten. Hätten sich die Länder mit der Ansicht durchgesetzt, Textübertragungen seien rundfunkähnlich, so hätten sie bei diesem Medium auf ein Monopol der öffentlich-rechtlichen Rundfunkanstalten bestehen und

---

50 Vgl. Bausch, Rundfunkpolitik nach 1945 II, S. 884.
51 Vgl. Hoheit über Strippen, in: DER SPIEGEL 20/1975, S. 63-68, hier S. 68.
52 Ebenda, S. 65.
53 Vgl. Ebenda; Dietrich Ratzke, Netzwerk der Macht, Frankfurt a.M. 1975, S. 220-227.
54 Vgl. KtK, Telekommunikationsbericht, S. 103.

die privatwirtschaftlichen Presseverlage von der elektronischen Textübertragung ausschließen können. Bei einem presseähnlichen Medium dagegen wäre der Ausschluss von privatwirtschaftlichen Informationsanbietern mit dem Verweis auf die Pressefreiheit des Grundgesetzes nur schwer durchsetzbar gewesen.[55]

Die Bundesländer, die auch bei den Textmedien ein medienpolitisches Erstarken des Bundes verhindern wollten, reagierten daher im November 1976 mit einem Schreiben an den Bundespostminister auf die Ankündigung der Bundespost. Erwartungsgemäß widersprachen sie darin der Bundesregierung, dass Bildschirmtext kein Rundfunk sei, und vertraten die Ansicht, dass es bereits deswegen als Rundfunk eingeordnet werden müsse, da es auf den Fernseher als Anzeigemedium zurückgreife. Außerdem erfülle es funktional das Kriterium »Verbreitung für die Allgemeinheit«, da die über Bildschirmtext verfügbaren Informationen für jeden zugänglich seien. Welchen Einfluss die Bundesländer dem Kriterium des Darstellungsmediums beimaßen, zeigt ihre im selben Schreiben formulierte Position zur Faksimilezeitung. Sofern Informationen direkt auf Papier ausgedruckt werden, bewerteten sie dies als presseähnlich; sofern dieselben Texte aber auf Fernsehbildschirm sichtbar gemacht werden, sahen sie dies als Rundfunk an.[56]

Bei ihren Planungen von Bildschirmtext ging die Post allerdings davon aus, dass sich die Bundesländer mit ihrer Rechtsauffassung nicht dauerhaft durchsetzen werden, da Bildschirmtext trotz des Darstellungsmediums Fernseher mehr Ähnlichkeiten mit der Presse habe.[57] In dem Antwortschreiben des Postministers an die federführende Staatskanzlei von Rheinland-Pfalz forderte Postminister Gscheidle daher gegenüber den Ländern, dass die Presse »die Möglichkeit erhalten muss, im Interesse einer unbeeinträchtigten Funktionsfähigkeit an den technischen Innovationen in PRESSESPEZIFISCHER Weise teilzuhaben«[58], und daher nicht von Formen der Informationsverbreitung ausgeschlossen werden darf, »die die traditionellen Erscheinungsformen der Presse in eine elektronische Darbietungsform«[59] umsetzen. Der Bund habe »eine klare rahmenrechtliche Kompetenz für die Regelung der pressespezifischen Nutzung der Kabelkommunikation (als besonderen Vertriebsweg der Presse)«[60].

Da es aus Sicht des Postministeriums ebenfalls nicht wünschenswert war, Bildschirmtext allein dem freien Markt der Informationsanbieter zu überlassen, ging es in

---

55 Vgl. KtK, Anlagenband 7. Organisation von Breitbandverteilnetzen, S. 50-51.
56 Vgl. Schreiben der Bundesländer an den Bundespostminister vom 15.11.1976. In Auszügen abgedruckt in: Axel Buchholz/Alexander Kulpok, Revolution auf dem Bildschirm, München 1979, S. 203-204, hier S. 204.
57 Hilfsweise vertrat das Postministerium die Auffassung, dass Bildschirmtext aus technischen Gründen nicht unter die Rundfunkdefinition der Länder fiel, da ein Computer die Informationen für die Teilnehmer nicht zeitgleich sendet, sondern nacheinander jeden Teilnehmer einzeln bedient. Vgl. Detlev Müller-Using, Rechtsfragen des Bildschirmtextes, in: Kurt Gscheidle/Dietrich Elias (Hg.), Jahrbuch der Deutschen Bundespost 1982, Bad Windsheim 1982, S. 259-282, hier S. 261.
58 Schreiben des Bundespostministers Kurt Gscheidle an den Chef der Staatskanzlei des Landes Reinland-Pfalz vom 07.01.1977, in: BArch B 257/2051, Einführung von Bildschirmtext (BTX), 1976-1978, Bl. 47-52, hier Bl. 49. Hervorhebung im Original.
59 Ebenda.
60 Ebenda.

seinen ursprünglichen Planungen davon aus, dass die überlappenden Kompetenzen von Bund und Ländern auf eine gemeinsame inhaltliche Zuständigkeit hinauslaufen werden. Eine neue, vom Bund und den Ländern gemeinsam getragene öffentlich-rechtliche Anstalt sollte daher die inhaltliche Verantwortung für Bildschirmtext übernehmen und die allgemeine Zugänglichkeit und eine ausgewogene Meinungsvielfalt sicherstellen, aber darüber hinaus die Verbreitung von Inhalten nur von strafrechtlichen Kriterien oder Verstößen gegen die guten Sitten abhängig machen. Die Bundespost selbst sollte, genau wie beim Rundfunk, beim Bildschirmtext nur für technische Aspekte zuständig sein.[61]

Dass die Bundespost sich so vehement für eine Beteiligung der Presseverlage am Bildschirmtext einsetzte, hatte primär wirtschaftliche Gründe. Bildschirmtext sollte sich langfristig zu einem neuen, rentablen Dienst der Bundespost entwickeln. Für einen kommerziellen Erfolg musste es seinen Nutzern aber ein attraktives und vielfältiges Informationsangebot bieten. Dies war besonders wichtig, da früh klar war, dass die öffentlich-rechtlichen Rundfunkanstalten mit Videotext einen konkurrierenden Informationsdienst anbieten werden. Ohne zusätzliche Informationsanbieter hätte der kostenpflichtige Bildschirmtext aber nur einen geringen Mehrwert gegenüber dem kostenlosen Videotext der Rundfunkanstalten geboten. Gleichzeitig führte das vom Sozialdemokraten Gscheidle geführte Postministerium mit seinem Bildschirmtextkonzept die Grundsätze der sozialdemokratischen Medienpolitik fort, die Horst Ehmke 1974 am Beispiel der Faksimilezeitung formuliert hatte. Bildschirmtext sollte im regionalen und lokalen Bereich publizistische Alternativen zu den etablierten Presseverlagen ermöglichen, die durch eine öffentlich-rechtliche Verantwortung für die Inhalte vor der Marktmacht der Pressekonzerne geschützt werden. Dies war aber nur möglich, wenn private Informationsanbieter nicht von vornherein aus diesem neuen Medium ausgeschlossen werden.

Aus den Gewerkschaften kam dagegen die Forderung, auch beim Bildschirmtext ein Informationsmonopol der öffentlich-rechtlichen Rundfunkanstalten durchzusetzen. Die in der AG Publizistik zusammengeschlossenen Vertreter der Mediengewerkschaften[62] sahen anderenfalls in einer Beteiligung der Presseverleger am Bildschirmtext den ersten Schritt auf dem Weg zum privaten Rundfunk.[63]

Die westdeutschen Zeitungs- und Zeitschriftenverleger waren erwartungsgemäß an einem Zugang zum Bildschirmtext interessiert, allerdings war ihr Interesse am Videotext deutlich größer. Dahinter steckte aber weniger die Furcht vor neuer publizistischer Konkurrenz durch die Rundfunkanstalten, sondern die Angst, dass ihnen Werbeeinnahmen verloren gehen könnten. In den 1970er Jahren war Werbung zur zentralen Einnahmequelle der Presse geworden und hatte die Verkaufserlöse als Hauptfinan-

---

61 Vgl. Detlev Müller-Using, Neue meinungsbildende Formen der Telekommunikation, in: *Zeitschrift für das Post- und Fernmeldewesen* 1977, H. 4, S. 21-31.
62 In der »AG Publizistik« hatten sich Vertreter der »IG Druck und Papier«, der Gewerkschaft Kunst, der Gewerkschaft »Handel, Banken und Versicherung« sowie der Deutschen Postgewerkschaft zusammengeschlossen.
63 Vgl. Videotext und Bildschirmtext. Stellungnahme der AG Publizistik, in: *Media Perspektiven* 5/1977, S. 290-293.

zierung der Tageszeitungen abgelöst.[64] Ein kostenloser Videotext bedrohte diese Einnahmen indirekt. Wenn die Rundfunkanstalten in Zukunft ebenfalls Veranstaltungskalender oder Kinoprogramme veröffentlichen, würde der Fernseher in einem weiteren Bereich zur Konkurrenz der Zeitungen, was sinkende Auflagen zur Folge haben könnte.[65] Besonders Bildschirmtext bedrohte außerdem den lukrativen Kleinanzeigenmarkt der Tageszeitungen, denn hier hatten elektronische Informationssysteme klare Preis-, Aktualitäts- und Organisationsvorteile gegenüber einer gedruckten Zeitung.[66]

Industrievertreter forderten dagegen, bei Bildschirmtext auf Zugangsbeschränkungen zu verzichten. Mit dieser Position wandte sich im Sommer 1978 der Deutsche Industrie- und Handelstag (DIHT) mit einem Papier über »Bildschirmtext und Wirtschaft« an die Bundespost und äußerte Zweifel, ob medienrechtliche Kriterien geeignet seien, die Bedeutung von Bildschirmtext zu erfassen. Vielmehr würde sich der Dienst dazu eignen, die wachsenden Informationsbedürfnisse der Wirtschaft zu befriedigen. Hieraus leitete der DIHT die Forderung ab, dass der Zugang zum Bildschirmtext unbeschränkt sein müsse. »Wer Bildschirmtext anbietet und was als Bildschirmtext angeboten wird, muß sich daher im Interesse aller Teilnehmer nach marktwirtschaftlichen Regeln entscheiden, statt von einer öffentlich-rechtlichen Aufsichtsinstanz entschieden zu werden.«[67] Das Eintreten des DIHT für Bildschirmtext als ein offenes Medium muss auch vor dem Hintergrund gesehen werden, dass, wie noch im folgenden Kapitel vertieft wird, das Bundesverfassungsgericht im Oktober 1977 das Fernmeldemonopol der Bundespost bei Datenkommunikation gestärkt hatte (siehe Kapitel 8.a). Für Unternehmen, die an günstigen Möglichkeiten zur Datenübertragung interessiert waren, gewann Bildschirmtext durch dieses Urteil an Bedeutung. Ein medienrechtlich streng regulierter Bildschirmtext hätte seine Nutzung als Austauschplattform aber eingeschränkt.

Planung und Erprobung von Bildschirmtext (1977 - 1982)

Mit den technischen Vorbereitungen von Bildschirmtext hatte die Bundespost unmittelbar nach den »Vorstellungen der Bundesregierung« im Sommer 1976 begonnen. Im Herbst hatte sie Gespräche mit dem britischen Postoffice aufgenommen und von dessen Zulieferer, dem britischen Computerhersteller General Electric Company (GEC), eine angepasste Version des Viewdata-Systems als Prototyp gekauft.[68]

Die Struktur des geplanten Dienstes übernahm die Post ebenfalls vom britischen Viewdata. Technisch bestand Btx aus einem zentralen Computer, mit dem sich ein an

---

64 Vgl. Bösch, Politische Macht und gesellschaftliche Gestaltung, S. 202.
65 Vgl. Günter Götz, Der Markt für Videotext. Konsequenzen für Zeitungsbetrieb und Pressevielfalt, Düsseldorf 1980; Buchholz/Kulpok, Revolution auf dem Bildschirm, S. 107.
66 Vgl. Dietrich Ratzke, Handbuch der neuen Medien. Information und Kommunikation, Fernsehen und Hörfunk, Presse und Audiovision heute und morgen, Stuttgart 1982, S. 196.
67 Deutscher Industrie- und Handelstag: Bildschirmtext und Wirtschaft. Grundsätzliche Vorstellungen und Forderungen, in: BArch B 257/2051, Einführung von Bildschirmtext (BTX), 1976-1978, Bl. 13-15, hier Rückseite Bl. 13.
68 Vgl. Schneider, Technikentwicklung zwischen Politik und Markt, S. 92-94.

einem Fernseher angeschlossener Decoder über ein Modem und das Telefonnetz verbinden konnte. Über eine Fernbedienung konnten die Nutzer seitenweise aufgeteilte Informationen vom Computer anfordern, die der Decoder auf den Fernseher darstellte (zu Viewdata siehe Kapitel 2.d). Die Einsatzzwecke von Bildschirmtext unterteilte die Post in »Informationen für Mehrere«, »Informationen für Einzelne« sowie »Dialog mit dem Rechner«. Von diesen drei Nutzungsarten schätzte die Post nur »Informationen für Mehrere« als medienrechtlich kontrovers ein, da damit Informationen von Tageszeitungen, Wetterdiensten, Handelsunternehmen, Vereinen und Parteien angeboten werden sollten, die für alle Nutzer zugänglich waren.[69] Dagegen fielen »Informationen für Einzelne« sowie »Dialog mit dem Rechner« aus Sicht der Post eindeutig in den Bereich der Individualkommunikation. Hinter diesen Funktionen standen Nachrichtendienste, über die die Teilnehmer mit Versandhäusern, Banken und Versicherungen kommunizieren oder im direkten Dialog mit einem Computer Berechnungen ausführen oder einfache Spiele spielen konnten.[70]

Auf der Internationalen Funkausstellung (IFA) 1977 waren die unterschiedlichen Interessen an den neuen Textmedien erstmals öffentlich sichtbar. Drei unterschiedliche Akteure präsentierten dort jeweils eigenständige Systeme zur Textübertragung und Darstellung auf dem Fernsehbildschirm. ARD und ZDF zeigten einen gemeinsamen Videotext, der während der Messe über die Austastlücke des Fernsehsignals übertragen wurde. Die Presseverleger konterten mit einer eigenen, speziell für die IFA erstellten Bildschirmzeitung, die über ein messeinternes Breitbandkabel ihren Weg auf den Fernseher fand und als Faksimilezeitung ausgedruckt werden konnte.[71] Die Bundespost führte auf der IFA den Prototyp ihres Bildschirmtextsystems vor. Da zu dem Zeitpunkt der medienrechtliche Konflikt über die Einordnung von Bildschirmtext noch offen war, verzichtete sie bei der Präsentation aber vorerst auf »Informationen für Mehrere« und präsentierte Bildschirmtext stattdessen als Medium für individuelle Informationen und zum Dialog mit Computern.[72]

Bereits Anfang 1977 hatte sich die Post darauf festgelegt, vor der offiziellen Entscheidung über die Einführung von Bildschirmtext mit regional begrenzten Feldversuchen die Akzeptanz und den Bedarf für diesen neuen Fernmeldedienst zu ermitteln und als Startdatum hierfür das Jahr 1980 festgelegt. Ende des Jahres 1978 standen die Regionen und Bedingungen für die Feldtests fest. Ein Pilotversuch sollte in Düsseldorf sowie in Neuss und damit in einem halburbanen Gebiet stattfinden. Hier sollten nach repräsentativen Kriterien 2.000 Privathaushalte als Versuchsteilnehmer ausgewählt werden, weitere 1.000 Teilnehmer sollten die Informationsanbieter vorschlagen dürfen, um unternehmensbezogene Anwendungen zu testen.[73] Ein zweiter Feldversuch sollte

---

69 Vgl. Deutsche Bundespost. Bildschirmtext. Beschreibung und Anwendungsmöglichkeiten, August 1977, S. 42. Auch enthalten in: BArch B 257/2051, Einführung von Bildschirmtext (BTX), 1976-1978, Bl. 20-45.
70 Vgl. ebenda, S. 20-24.
71 Vgl. Funkausstellung. Medium aus der Lücke, in: DER SPIEGEL 35/1977, S. 46-54.
72 Vgl. Müller-Using, Neue meinungsbildende Formen der Telekommunikation, S. 47.
73 Vgl. Schreiben des Bundesministeriums für das Post- und Fernmeldewesens vom 21.12.1978, Betreff: Bildschirmtext; hier: Festlegung der Feldversuchsregion, in: BArch B 257/2051, Einführung von Bildschirmtext (BTX), 1976-1978, Bl. 2.

in Westberlin stattfinden und bis zu einer Obergrenze von 2.000 Teilnehmern für alle interessierten Haushalte offenstehen.[74]

Auf der Funkausstellung 1979 zeigte sich, dass die medienpolitische Diskussion in den vergangenen zwei Jahren kaum vorangekommen war. Erneut führten die Rundfunkanstalten und die Presseverlage den Besuchern jeweils eigene Videotextsysteme vor.[75] Seit der IFA 1977 hatte der BDZV zwar mehrfach Gespräche mit ARD und ZDF über eine Beteiligung am Videotext geführt, diese waren aber trotz eines Vermittlungsversuchs der bayerischen Staatskanzlei am Widerstand der Rundfunkanstalten gescheitert. Im März 1979 hatten die Rundfunkanstalten dann angekündigt, ab 1980 Videotext als bundesweiten Pilotversuch zu testen.[76] Unmittelbar vor der Funkausstellung hatten sich daher die Verleger mit einem offenen Brief an die Ministerpräsidenten gewandt und appelliert, eine kostenlos verbreitete Bildschirmzeitung der Rundfunkanstalten zu verhindern, vor deren Auswirkungen die Presse auch nicht mit ihrer Beteiligung am kostenpflichtigen Bildschirmtext geschützt werden könnte.[77] Im Frühjahr 1980, kurz vor dem Beginn des Videotext-Pilotversuchs, lenkten die Rundfunkanstalten ein und einigten sich mit dem BDZV auf eine Teilnahme der Presse am Videotext. Mit dem Start des gemeinsamen Videotextes von ARD und ZDF am 1. Juni 1980 konnten daher erstmals Inhalte von Tageszeitungen auf den Fernsehgeräten der Bundesrepublik empfangen werden.[78]

Auch die Bundespost präsentierte auf der IFA 1979 erneut ihren Bildschirmtext, während im Hintergrund die Vorbereitungen der Pilotversuche liefen. Seit den ersten Absichtserklärungen waren die Planungen im starken Umfang von interessierten Informationsanbietern begleitet worden. Bereits zu Beginn des Jahres 1977 hatte sich eine erste, spontan gebildete Interessengruppe aus Elektronikherstellern, Versandhäusern, Banken und Presse unter der Leitung des früheren KtK-Vorsitzenden Eberhard Witte an die Post gewandt und sich für eine rasche Einführung von Bildschirmtext ausgesprochen.[79] Witte übernahm 1976 auch den Vorsitz des Münchener Kreises, der sich als wirtschaftsnahes Diskussionsforum regelmäßig mit Tagungen und Positionen zu den Entwicklungspotenzialen von Telekommunikation in die Debatte einbrachte. Welche Erwartungen die Vertreter einzelner Wirtschaftszweige mit Bildschirmtext verbanden, kann beispielhaft anhand von Beiträgen einer Tagung abgelesen werden, die der Münchener Kreis 1978 zum Thema »Elektronische Textkommunikation« abgehalten hatte.

---

74 Vgl. Schneider, Technikentwicklung zwischen Politik und Markt, S. 101-102.
75 Vgl. Botschaft huckepack, in: *DER SPIEGEL* 36/1979, S. 49-55.
76 Vgl. Chronik der Verhandlungen und Gespräche über Videotext, in: BDZV (Hg.), Zeitung und neue Medien. Materialien zur aktuellen Diskussion, Bonn 1981, S. 118-119; Buchholz/Kulpok, Revolution auf dem Bildschirm, S. 112-115.
77 Vgl. Offener Brief des BDZV an die Ministerpräsidenten der Länder vom 22.08.1979, in: BDZV (Hg.), Zeitung und neue Medien. Materialien zur aktuellen Diskussion, Bonn 1981, S. 120-121.
78 Die fünf wichtigsten überregionalen Zeitungen (*Frankfurter Allgemeine Zeitung, Süddeutsche Zeitung, Die Welt, Frankfurter Rundschau, Handelsblatt*) durften jeweils drei Texttafeln mit einer Vorschau auf ihre Inhalte präsentieren. Vgl. Vereinbarung zwischen BDZV und ARD/ZDF über den gemeinsamen Videotext-Feldversuch vom 16. Mai 1980, abgedruckt in Ratzke, Handbuch der neuen Medien, S. 540-542.
79 Vgl. Schneider, Technikentwicklung zwischen Politik und Markt, S. 98-99.

Ein Vertreter des Versandhandels formulierte dort die Erwartung, dass »die Wohnung als Einkaufsplatz durch den ›Bildschirmtext‹ zusätzlich attraktiv«[80] werde. Die Presseverlage wiederum hofften, durch Bildschirmtext einen zusätzlichen Vertriebsweg zu bekommen, von dem vor allem die Fachverlage profitieren würden.[81]

Die Post bezog die potenziellen Informationsanbieter frühzeitig in ihre Planung ein, die sich Anfang des Jahres 1978 zum Arbeitskreis Bildschirmtextanwendungen zusammengeschlossen hatten, um an der Gestaltung des Bildschirmtextes und den Vorbereitungen der Feldversuche mitzuwirken.[82] In den geplanten Regionen der Feldversuche sprach die Post zusätzlich gezielt Verbände, Unternehmen und Vereine an, um sie als Anbieter zu gewinnen. Insgesamt kamen so bis Anfang des Jahres 1980 mehr als 300 Anbieter für die Pilotversuche zusammen.[83]

Damit die Anbieter bei den Pilotversuchen auch die medienrechtlich umstrittenen »Informationen für Mehrere« anbieten durften, war die Post allerdings auf die Mitwirkung der Bundesländer angewiesen. Ende 1978 bat das Postministerium die nordrhein-westfälische Landesregierung, die rechtlichen Voraussetzungen für den Pilotversuch in Düsseldorf zu schaffen.[84] Die Bundesländer waren nun aufgefordert, erneut eine gemeinsame Position zur Einordnung von Bildschirmtext zu finden, und diesmal wurde ihre Diskussion stark von den Interessen der potenziellen Informationsanbieter beeinflusst. Im Mai 1979 legten die Medienreferenten der Länder mit dem Würzburger Papier eine neue Stellungnahme zu den sogenannten Teleschriftformen vor. Darin bestanden die Bundesländer auf der grundsätzlichen Position, dass Teleschriftformen keinesfalls presseähnlich seien und allein in die Zuständigkeit der Länder fallen. Während sie Videotext aus technischen Gründen unter den Rundfunkbegriff einordneten,[85] gaben die Länder zu, dass technische Kriterien allein nicht für eine Zuordnung von Bildschirmtext zum Rundfunk sprechen, da dort jeder Teilnehmer einzeln Informationen abruft. Für die Einordnung von Bildschirmtext könnten aber auch funktionale Kriterien herangezogen werden. Rundfunk könne auch vorliegen, wenn »für die Allgemeinheit bestimmte

---

80 E. Lammers, Nutzungsmöglichkeiten von Bildschirmtext im Versandhandel, in: Wolfgang Kaiser (Hg.), Elektronische Textkommunikation/Electronic Text Communication. Vorträge des vom 12.-15. Juni 1978 in München abgehaltenen Symposiums/Proceedings of a Symposium Held in Munich, June 12-15, 1978, Berlin, Heidelberg 1978, S. 142-147, hier S. 147.

81 Vgl. C. Detjen, Elektronische Vertriebswege für die Presse, in: Wolfgang Kaiser (Hg.), Elektronische Textkommunikation/Electronic Text Communication. Vorträge des vom 12.-15. Juni 1978 in München abgehaltenen Symposiums/Proceedings of a Symposium Held in Munich, June 12-15, 1978, Berlin, Heidelberg 1978, S. 44-51.

82 Vgl. Schreiben des Bundesministeriums für das Post- und Fernmeldewesens vom 12.01.1978, Betreff: Arbeitskreis »Bildschirmtext-Anwendungen«, in: BArch B 257/2051, Einführung von Bildschirmtext (BTX), 1976-1978, Bl. 18.

83 Vgl. Schneider 1989, Technikentwicklung zwischen Politik und Markt, S. 102.

84 Vgl. Schreiben des Bundesministeriums für das Post- und Fernmeldewesens vom 21.12.1978, Betreff: Bildschirmtext; hier: Festlegung der Feldversuchsregion, In: BArch B 257/2051, Einführung von Bildschirmtext (BTX), 1976-1978, Bl. 2.

85 Als Rundfunk definierten die Bundesländer als »jeder an die Allgemeinheit gerichtete Verteildienst, durch den Darbietungen aller Art veranstaltet und mittels elektrischer Schwingungen verbreitet werden.« Rundfunkreferenten der Länder, Würzburger Papier, S. 401.

Darstellungen mittels elektrischer Schwingungen zwar nicht in Gestalt eines Verteildienst verbreitet werden, die Zugriffsmöglichkeiten sich aber praktisch wie ein Verteildienst auswirken.«[86] Ob Bildschirmtext dieses Kriterium erfüllte, sollte zunächst in den Pilotversuchen untersucht werden. Alternativ schlugen die Länder vor, Bildschirmtext als ein völlig neues Medium zu definieren. Mit dieser Formel war ein Kompromiss gefunden, mit dem zumindest bei den Pilotversuchen eine Beteiligung von privaten Informationsanbietern möglich wurde. Völlig unbeschränkt wollten die Bundesländer den Zugang zu den Pilotversuchen aber nicht lassen. Auch hier sollte die Meinungsvielfalt vor der Dominanz weniger Anbieter geschützt werden, wozu insbesondere die Chancengleichheit der Anbieter sichergestellt werden sollte.[87]

Wie die Bundesländer die Chancengleichheit der Anbieter beim neuen Medium gewährleisten wollten, zeigte die Gesetzgebung zu den Pilotversuchen. Nur wenige Wochen, nachdem sich die Medienreferenten der Bundesländer mit dem Würzburger Papier auf eine gemeinsame Linie geeinigt hatten, brachte die nordrhein-westfälische Landesregierung einen Gesetzesentwurf für den geplanten Pilotversuch in den Landtag ein, der sich sowohl an den Bestimmungen des Rundfunk- als auch des Pressegesetzes orientierte. Zentraler Aspekt des Gesetzes war, dass Informationsanbieter eine Zulassung der Landesregierung benötigten, die von der Zuverlässigkeit und Geschäftsfähigkeit des Anbieters abhängig war (§ 5). Die angebotenen Informationen mussten für alle Teilnehmer zugänglich sein, eine Zugangsbeschränkung war nur aus persönlichen Gründen oder wegen eines berechtigten Interesses des Anbieters möglich. Nachrichtenangebote hatten »wahrheitsgetreu, sachlich und objektiv« zu sein. Kommentare und Stellungnahmen mussten ausgewiesen werden (§ 6), Anbieter waren zu Gegendarstellungen verpflichtet (§ 7). Werbung war zulässig, musste aber gekennzeichnet werden (§ 6 Abs. 4).[88] In der parlamentarischen Beratung wurde der Entwurf noch um die Pflicht zur wissenschaftlichen Begleitung des Pilotversuchs und Datenschutzanforderungen für die Informationsanbieter ergänzt (§ 4 Abs. 3). Außerdem wurde die Neutralität der Bundespost gesetzlich festgeschrieben. Die Post durfte im Bildschirmtext nicht selbst als Informationsanbieter auftreten, sondern nur über die Pilotversuche und Postdienste informieren (§ 4 Abs. 4). Mit diesen Ergänzungen verabschiedete der nordrhein-westfälische Landtag Anfang 1980 das Gesetz, sodass es zum 18. März in Kraft treten konnte. Die Gesetzgebung des Berliner Senates für den dortigen Pilotversuch orientierte sich eng an den Bestimmungen des nordrhein-westfälischen Gesetzes, allerdings verzögerte sich dort das Gesetzgebungsverfahren, sodass das Berliner Bildschirmtextgesetz erst am 29. Mai Gültigkeit erlangte.[89]

Durch diese Verzögerung war die Post gezwungen, den ursprünglich für den 1. April 1980 geplanten Start der Pilotversuche zu verschieben. Erst am 2. Juni 1980 wurden die

---

86   Ebenda.
87   Vgl. ebenda, S. 415.
88   Vgl. Landesregierung Nordrhein-Westfalen, Gesetzesentwurf über die Durchführung eines Feldversuches mit Bildschirmtext vom 08.06. 1979, NRW-LT Drs. 4/4620. Auch abgedruckt in: *Media Perspektiven* 6/1979, S. 416-432.
89   Die Bildschirmtext-Versuchsgesetze sind ebenfalls abgedruckt in: Ratzke, Handbuch der neuen Medien, S. 533-539.

Feldversuche mit einem kleinen Festakt in Düsseldorf offiziell eröffnet. Damit startete Bildschirmtext einen Tag, nachdem die Rundfunkanstalten mit der Aussendung des ebenfalls als Pilotversuch bezeichneten Videotexts begonnen hatten. Während die Bundespost 1976 noch gehofft hatte, Synergien zwischen den beiden Textsystemen zu erzielen, basierten die beiden Systeme nun auf unterschiedlichen Standards, sodass Nutzer beider Dienste verschiedene Decoder benötigten. Dies war vor allem für Bildschirmtext ein Nachteil. Während die Rundfunkanstalten ein Jahr nach Beginn ihres Pilotversuchs die Zahl der Videotextnutzer auf ca. 100.000 schätzten,[90] hielt sich die Elektronikindustrie bei Bildschirmtext zunächst zurück. Nur wenige Elektronikhersteller hatten für die Pilotversuche Decoder entwickelt und diese nur in geringen Stückzahlen produziert. Die Bundespost hatte daher Schwierigkeiten, die benötigten 6.000 Geräte für die Teilnehmer der Pilotversuche zu beschaffen.[91] Die Zurückhaltung der Herstellerindustrie lag vor allem daran, dass die Zukunft des Dienstes über die Pilotversuche hinaus noch unklar war; außerdem diskutierten die Bundespost und die Informationsanbieter bereits zu diesem Zeitpunkt, für den Regelbetrieb einen neuen, international abgestimmten Standard zu nutzen, wodurch die Vorleistungen der Hersteller obsolet zu werden drohten.[92]

Für die wissenschaftliche Auswertung der Versuche hatte das Postministerium gemeinsam mit der Landesregierung von Nordrhein-Westfalen und dem Westberliner Senat zwei sozialwissenschaftliche Forschungsgruppen beauftragt.[93] Nachdem die Pilotversuche angelaufen waren, begannen die Gruppen im Herbst 1980 die Erfahrungen und Einschätzungen der Teilnehmer mit Fragebögen, Interviews und in Gruppendiskussionen zu erfassen und auszuwerten. Die nordrhein-westfälische Studie bezog in die Untersuchung außerdem die Informationsanbieter ein und analysierte ihre Organisation und die angebotenen Informationen und versuchte zusätzlich die Frage zu beantworten, ob Bildschirmtext Auswirkungen auf Arbeitsplätze haben könnte. In ihren Abschlussberichten[94] kamen beide Studien zu dem Ergebnis, dass die Teilnehmer der Pilotversuche Bildschirmtext mehrheitlich angenommen hatten, da sich mehr als 85 Prozent vorstellen konnten, den Dienst weiter zu nutzen. Die Mehrheit von ihnen erwartete von Bildschirmtext allerdings keine grundsätzlichen Veränderungen ihrer persönlichen Mediennutzung. Zu der Frage, ob Bildschirmtext dieselbe Wirkung wie Rundfunk habe, äußerten sich beide Studien eher skeptisch. Während die nordrhein-

---

90 Vgl. Ratzke, Handbuch der neuen Medien, S. 219.
91 Vgl. Müder Start für Bildschirmtext, in: DER SPIEGEL 35/1980, S. 85.
92 Vgl. Schneider, Technikentwicklung zwischen Politik und Markt, S. 105.
93 Die wissenschaftliche Begleitforschung des nordrhein-westfälischen Pilotversuchs wurde von einer Professorengruppe aus Medien- und Sozialwissenschaftlern (Bernd-Peter Lange, Wolfgang R. Langenbucher, Winfried B. Lerg, Renate Mayntz, Erwin Scheuch, Heiner Treinen), dem Fraunhofer-Institut für Systemtechnik und Innovationsforschung sowie dem Institut für Zukunftsstudien und Technologiebewertung durchgeführt. Der Berliner Versuch wurde vom Heinrich-Hertz-Institut, Socialdata sowie einer Forschergruppe um die Soziologin Brigitte Kammerer-Jöbges untersucht. Vgl. ebenda, S. 130.
94 Vgl. Mayntz, Wissenschaftliche Begleituntersuchung Feldversuch; Heinrich-Hertz-Institut für Nachrichtentechnik/Forschungsgruppe Kammerer/Socialdata, Wissenschaftliche Begleituntersuchung zur Erprobung von Bildschirmtext in Berlin, München 1983.

westfälische Studie auf diese Frage keine eindeutige Antwort gab, sprach sich die Berliner Forschungsgruppe klar dagegen aus.[95]

Als die Ergebnisse der Begleitforschung im Laufe des Jahres 1983 bekannt wurden, spielten sie für die Frage, ob Bildschirmtext eingeführt und ob er als Rundfunk definiert werden sollte, allerdings keine Rolle mehr. Die politischen Weichen für den neuen Informationsdienst waren bereits in den Jahren 1981 und 1982 gestellt worden.

Der Bildschirmtext-Staatsvertrag (1981 - 1983)

Das Bundeskabinett hatte bereits ein knappes Jahr nach dem Beginn der Pilotversuche die grundsätzliche Entscheidung getroffen, Bildschirmtext notfalls ohne die Länder und damit im Zweifel ohne die kompetenzrechtlich umstrittenen »Informationen für Mehrere« einzuführen.[96] Kurz darauf legte die Bundespost als geplanten Starttermin des bundesweiten Regelbetriebs die Funkausstellung 1983 fest. Zu einer solchen Grundsatzentscheidung hatten die Informationsanbieter seit Längerem gedrängt, da sie nicht länger im Unklaren über die Zukunft des Dienstes bleiben wollten und eine verbindliche Planungsperspektive für Investitionen forderten. Im März 1981 hatte sich auch der DIHT erneut an die Post gewandt und angesichts der laufenden Pilotversuche erneut für eine schnelle Einführung von Bildschirmtext als neuartiges Kommunikationsmittel der Wirtschaft plädiert.[97]

Hintergrund dieser wiederholten Forderungen der Anbieter und der Wirtschaftsverbände war, dass sich in den fünf Jahren, in denen über die Einführung von Bildschirmtext diskutiert wurde, die Erwartungen und Prognosen zu einer regelrechten Euphorie aufgeschaukelt hatten. Bereits nach der ersten Vorführung auf der IFA 1977 meinte die Bundespost, aus der Befragung des Messepublikums ein großes Nachfragepotenzial für Bildschirmtext ableiten zu können. Schon 1978 ging sie davon aus, dass der Dienst bis 1985 über eine Million Teilnehmer haben werde und langfristig deutlich höhere Zahlen zu erwarten seien.[98] Bei diesen Prognosen übertrug die Bundespost ihre Erfahrungen mit der exponentiell steigenden Nachfrage nach Telefonanschlüssen auf Bildschirmtext. In Analogie zur Ausbreitung des Telefons in den 1950er und 1960er Jahren erwartete sie, dass sich Bildschirmtext zuerst bei gewerblichen Nutzern und wohlhabenden Haushalten durchsetzen werde. Diese Pionierkunden würden dann

---

95 Vgl. zu den Ergebnissen der Studien: Renate Mayntz, Bildschirmtext im Feldversuch, in: Eberhard Witte (Hg.), Bürokommunikation/Office Communications. Ein Beitrag zur Produktivitätssteigerung/Key to Improved Productivity. Vorträge des am 3./4. Mai 1983 in München abgehaltenen Kongresses, Berlin, Heidelberg 1984, S. 137-145; Klaus Brepohl/Hans-Walter Rother, Akzeptanz und Nutzen sowie Wirkungen von Bildschirmtext. Die Begleituntersuchungen zu den Bildschirmtext-Feldversuchen in Kurzfassung, Berlin 1984; Werner Degenhardt, Akzeptanzforschung zu Bildschirmtext. Methoden und Ergebnisse, München 1986; 1989, Technikentwicklung zwischen Politik und Markt, S. 129-134.
96 Siehe Kabinettsprotokolle Online, Protokoll der 32. Kabinettssitzung der 3. Regierung Schmidt/Genscher am 24. Juni 1981, http://www.bundesarchiv.de/cocoon/barch/00/k/k1981k/kap1_1/kap2_26/index.html (13.1.2021).
97 Vgl. Schneider, Technikentwicklung zwischen Politik und Markt, S. 110.
98 Vgl. Elias, Entwicklungstendenzen im Bereich des Fernmeldewesens, in: Gscheidle/Elias (Hg.), Jahrbuch der Deutschen Bundespost 1977, S. 50-51.

die ökonomischen Grundlagen für ein attraktives Informationsangebot schaffen, das weitere Teilnehmer anlockt. Mit jedem neuen Teilnehmer würde der Nutzen von Bildschirmtext für die Informationsanbieter und die Teilnehmer größer, während die Kosten der Decoder durch Massenproduktion sinken, wodurch Bildschirmtext für weitere Bevölkerungsschichten leistbar wird. Am Ende dieser lawinenartigen Wachstumsdynamik sollte schließlich ein Großteil der Bevölkerung Zugang zu dem Dienst haben.[99]

Mit ihren Prognosen, dass über Bildschirmtext in wenigen Jahren ein Millionenpublikum erreicht werden kann, hatte die Bundespost die Erwartung der Informationsanbieter geweckt, dass sie mit Bildschirmtext Zugang zu einem vielversprechenden Markt erhalten werden, den es schnell zu besetzen und zu entwickeln galt.[100] Scheinbar unabhängige Studien des Beratungsunternehmens Diebold schienen diese Erwartungen zu bestätigen. Seit 1980 lud Diebold die Anbieter allerdings regelmäßig zu Fachkongressen ein und konnte so unmittelbar von den hohen Erwartungen profitieren.[101] Die Begleitforschung der Feldversuche äußerte sich dagegen eher zurückhaltend zum Wachstumspotenzial von Bildschirmtext; die Düsseldorfer Studie sah eine Million Teilnehmer in den ersten drei Jahren als Obergrenze an.[102]

Der Beschluss des Kabinetts und die Ankündigung der Bundespost, den bundesweiten Regelbetrieb bereits im September 1983 zu beginnen, setzte daher alle Beteiligten unter Druck, in zwei Jahren sowohl die technischen als auch die politischen Grundlagen für ein neues Massenmedium zu schaffen. Politisch hatte die Bundesregierung bereits mit dem Kabinettsbeschluss ihre Kompromissbereitschaft signalisiert, da sich die Entscheidung ausdrücklich nur auf Individualkommunikation bezog und sie nicht mehr auf einer Presseähnlichkeit bestand.[103] Mit dieser Entscheidung waren jetzt die Länder unter Zugzwang, die Erwartungen der Informationsanbieter zu erfüllen, denn an einem Bildschirmtext ohne die attraktiven »Informationen für Mehrere« hatten diese nur wenig Interesse. Bereits mit dem Würzburger Papier hatten die Bundesländer ihre grundsätzliche Position formuliert, dass sie ggf. im Rahmen eines Staatsvertrags

---

99   Vgl. Schneider, Technikentwicklung zwischen Politik und Markt, S. 120-125. Die Erfahrungen aus den Pilotversuchen schienen außerdem ein Beleg dafür zu sein, dass eine Massennachfrage für Bildschirmtext zu erwarten sei. Beim Pilotversuche in Berlin, offen für alle interessierten Haushalte war, gab es im Vorfeld eine große Nachfrage für die 2000 Plätze des Pilotversuches. Vgl. ebenda, S. 103. Diese Nachfrage lässt sich vermutlich zu einem Teil mit dem regionalen Werbeeffekt der Funkausstellung 1979 erklären.

100 Verstärkt wurden diese Prognosen noch durch die parallel stattfindenden Diskussionen über vergleichbare Dienste in anderen europäischen Ländern. Sowohl in Großbritannien als auch in Frankreich wurde vor der Einführung von Prestel und Minitel ebenfalls eine hohe Wachstumsrate vorausgesagt. Auch die Europäische Kommission hatte mit einer Konferenz im Sommer 1979 die Erwartungen angeheizt und durch solche Dienste einen Massenmarkt für Informationen und Dienstleistungen vorhergesagt. Vgl. Fedida/Malik, Viewdata revolution, S. 170-183.

101 Vgl. 2. Diebold-Kongreß über Bildschirmtext. BTX-Show in »Alter Oper«, in: *Computerwoche* 41/1981.

102 Vgl. Mayntz, Bildschirmtext im Feldversuch, in: Witte (Hg.), Bürokommunikation/Office Communications, S. 138-139.

103 Vgl. Kabinettsprotokolle Online, Protokoll der 32. Kabinettssitzung der 3. Regierung Schmidt/Genscher am 24. Juni 1981, www.bundesarchiv.de/cocoon/barch/00/k/k1981k/kap1_1/kap2_26/index.html (13.1.2021).

bundesweit einheitliche Regelungen für Bildschirmtext aufstellen werden, und Anfang des Jahres 1982 begannen die Bundesländer mit den Vorbereitungen hierzu.[104]

Mit ihren Unterschriften unter dem Bildschirmtext-Staatsvertrag beendeten die Ministerpräsidenten der Bundesländer am 11. März 1983 nicht nur den Kompetenzstreit zwischen dem Bund und den Ländern, sondern sie schufen erstmalig die juristischen Grundlagen für ein Medium, das nicht ausdrücklich im Grundgesetz erwähnt wird. Laut der amtlichen Begründung des Staatsvertrags unterschied sich Bildschirmtext von anderen Medien durch die aktive Rolle des Nutzers, da die Teilnehmer eigenständig Informationen von einer technisch nicht begrenzten Anzahl von Anbietern auswählen und abrufen können. Damit unterschied sich Bildschirmtext vom Rundfunkbegriff der Bundesländer, der von einer passiven Rolle des Nutzers ausging. Eine Definition von Bildschirmtext als Presse war dagegen wegen der Kompetenzen des Bundes keine Option; dies begründeten die Länder aber auch mit dem technischen Kriterium, dass Bildschirmtext durch den Fokus auf einen Bildschirm ein rein unkörperliches Medium sei.[105] Die Länder gaben aber zu, dass Bildschirmtext von seiner Funktion her Ähnlichkeiten mit der Presse hat, die eine Anlehnung des Staatsvertrags an Pressegesetze rechtfertigt.[106] Die Bedeutung des Bildschirmtext-Staatsvertrags ging damit über die Regelung des eigentlichen Dienstes der Bundespost hinaus. Der Staatsvertrag galt für alle über Fernmeldenetze zugänglichen Kommunikationssysteme, die (Text-)Informationen auf einem Bildschirm darstellen.[107] Damit galten die Regelungen des Staatsver-

---

104 Vgl. Scherer, Telekommunikationsrecht und Telekommunikationspolitik, S. 564-565.
105 »Danach unterscheidet sich Bildschirmtext von Rundfunk und Presse grundlegend. Im Gegensatz zum Rundfunk vermittelt dieses System dem Teilnehmer die Information nur auf Einzelabruf, hat kein mit Bewegtbild oder Ton verbundenes fortlaufend ausgestrahltes Programm und stellt in einigen Anwendungskategorien, z.B. bei Einzelmitteilungen, Individualkommunikation dar. Im Gegensatz zur – von der Programmwahl abgesehen – lediglich passiven Nutzung der Rundfunkangebote entscheidet bei Bildschirmtext der Teilnehmer allein, welches Angebot (Bildschirmtextseite) er wie lange auf seinem Bildschirm sichtbar machen will. Der Teilnehmer kann auch in einen Dialog mit einem Rechner eintreten, bei dem er selbst Informationen eingibt. Ein weiteres wichtiges Unterscheidungskriterium ist auch die technisch und von den finanziellen Voraussetzungen her nahezu unbegrenzte Zahl der Anbieter.« Hessische Landesregierung, Gesetzentwurf der Landesregierung für ein Gesetz zum Staatsvertrag über Bildschirmtext (Bildschirmtext-Staatsvertrag) vom 24.03.1983, HE-LT Drs. 10/642, S. 14.
106 Vgl. ebenda. Die Definition von Bildschirmtext als »neues Medium« war in der juristischen Fachdiskussion umstritten. So merkte Scherer an, dass dieser Begriff technische und funktionale Kriterien vermischt und die Grenzen zwischen Massenkommunikation mit einer Allgemeinheit und Individualkommunikation unter Einzelnen verwischt. Rein technisch müsse Bildschirmtext als Rundfunk aufgefasst werden, sobald darüber Informationen verbreitet werden, die sich an die Allgemeinheit richtet. Vgl. Joachim Scherer, Rechtsprobleme des Staatsvertrages über Bildschirmtext, in: Neue juristische Wochenschrift 36 (1983), S. 1832-1838.
107 Im Artikel 1 des Bildschirmtext-Staatsvertrags wird Bildschirmtext definiert: »Im Sinne dieses Staatsvertrages ist Bildschirmtext ein für jeden als Teilnehmer und als Anbieter zur inhaltlichen Nutzung bestimmtes Informations- und Kommunikationssystem, bei dem Informationen und andere Dienste für alle Teilnehmer oder Teilnehmergruppen (Angebote) und Einzelmitteilungen elektronisch zum Abruf gespeichert, unter Benutzung des öffentlichen Fernmeldenetzes und von Bildschirmtextvermittlungsstellen oder vergleichbaren technischen Vermittlungseinrichtungen individuell abgerufen und typischerweise auf dem Bildschirm sichtbar gemacht werden. Hierzu

trags auch für private Mailboxen und Onlinedienste sowie bis zu seinem Außerkrafttreten im Jahr 1997 auch für das Internet.[108]

Von der Gesetzgebung der Pilotversuche wich der Staatsvertrag in einem entscheidenden Punkt ab. Die Bundesländer verzichteten auf eine Zulassungspflicht der Informationsanbieter. An die Stelle einer vorherigen Zulassung traten nun abgestufte Sanktionsmöglichkeiten, die bis zur Sperrung einzelner Angebote durch die Behörden reichen konnten (Artikel 12). In der offiziellen Begründung des Staatsvertrags wurde der Verzicht damit begründet, dass eine vorherige Zulassung trotz des erheblichen Verwaltungsaufwandes keine verlässliche Prognose über die Legalität eines Angebotes ermöglichen würde. Beim Düsseldorfer Pilotversuch sei von den mehr als 2.500 Anbieterzulassungen nur ein einziger Antrag abgelehnt worden.[109] Sicherlich kann dieser Verzicht auch als ein Entgegenkommen an die Informationsanbieter gedeutet werden, die sich gegen Zulassungsbeschränkungen eingesetzt und stattdessen eine freiwillige Selbstkontrolle angeboten hatten.[110]

Ansonsten übernahm der Staatsvertrag die wesentlichen Regelungen der Pilotversuche. Die Anbieter waren verpflichtet, ein Impressum zu unterhalten (Artikel 5) und die Teilnehmer im Vorfeld über die Kosten ihres Angebotes zu informieren (Artikel 4). Ihre Nachrichtenangebote hatten wahrheitsgetreu und sachlich zu sein (Artikel 6), sie waren zur Veröffentlichung von Gegendarstellungen verpflichtet (Artikel 7) und mussten Werbung gesondert kennzeichnen (Artikel 8). Politische Meinungsumfragen waren verboten (Artikel 11), und vor dem Abrufen von Inhalten aus dem Ausland mussten die Teilnehmer darauf hingewiesen werden, dass der Staatsvertrag hier nicht gilt (Artikel 3, Abs. 2). Gegenüber den Pilotgesetzen wurden die Datenschutzbestimmungen verschärft, die nun nicht mehr nur für die Informationsanbieter, sondern auch für den Betreiber des Systems galten (Artikel 9), im Falle vom Bildschirmtext also für die Bundespost.[111]

Standard, Technik und Gebühren von Bildschirmtext (1981 - 1983)

Parallel zu der Ausformulierung des Staatsvertrags begann die Bundespost in der zweiten Hälfte des Jahres 1981, die technischen Grundlagen für den bundesweiten Regelbetrieb zu schaffen. Um nicht wie beim Telefonnetz in den 1960er Jahren der Nachfrage

---

gehört nicht die Bewegtbildübertragung.« Gesetzentwurf der Landesregierung für ein Gesetz zum Staatsvertrag über Bildschirmtext (Bildschirmtext-Staatsvertrag) vom 24.03.1983.

108 Im Jahr 1997 wurde der Bildschirmtext-Staatsvertrag durch einen neuen Staatsvertrag über Mediendienste ersetzt.

109 Vgl. Hessische Landesregierung, Bildschirmtext-Staatsvertrag, S. 16.

110 Der DHIT sah in einer solchen Regelung sogar ein Verstoß gegen das Zensurverbot des Grundgesetzes. Siehe Deutscher Industrie- und Handelstag, Bildschirmtext und Wirtschaft. Grundsätzliche Vorstellungen und Forderungen, in: BArch B 257/2051, Einführung von Bildschirmtext (BTX), 1976-1978, Bl. 13-15, hier Rückseite Bl. 14.

111 Hieraus ergaben sich beim Bildschirmtext erneut kompetenzrechtliche Probleme, da sich die Bundespost nicht an die Gesetzgebung der Länder gebunden sah. Zwar sagte sie zu, sich grundsätzlich an die Datenschutzbestimmungen des Staatsvertrags zu halten, verweigerte aber eine Überprüfung durch Landesbehörden. Vgl. Hessische Landesregierung, Bildschirmtext-Staatsvertrag, S. 22-23; Scherer, Telekommunikationsrecht und Telekommunikationspolitik, S. 565-567.

nicht gewachsen zu sein und Wartelisten führen zu müssen, richtete sie die technische und organisatorische Infrastruktur von vornherein darauf aus, innerhalb von kurzer Zeit mehrere Millionen Teilnehmer anschließen zu können. Die Pilotversuche wurden noch mit dem Computer durchgeführt, den die Bundespost 1976 als Prototyp in Großbritannien gekauft hatte. Dieses System stieß bereits mit den 6.000 Teilnehmern der Pilotversuche an seine Kapazitätsgrenzen, sodass ein neuer, deutlich leistungsfähiger Computer angeschafft werden sollte.

Außerdem stand jetzt fest, dass der Regelbetrieb auf einem neuen technischen Standard basieren sollte. Viewdata, das zu Beginn der 1970er Jahre entwickelt worden war, konnte nur 94 unterschiedliche Zeichen und wenige Farben darstellen. Andere Textsysteme, wie das kanadische Telidon oder das französische Antiope, die einige Jahre später entwickelt worden waren, arbeiteten dagegen mit einer größeren Farb- und Zeichenpalette. Mit dem Verweis auf die Möglichkeiten dieser Systeme hatten die Anbieter in der Konzeptphase darauf gedrängt, die visuellen Ausdrucksmöglichkeiten von Bildschirmtext zu erweitern. Die Elektronikhersteller hatten dagegen den Wunsch geäußert, einen Wildwuchs von unterschiedlichen Standards zu vermeiden, und daher auf eine internationale Norm für bildschirmtextartige Systeme gedrängt. Im Mai 1981 verabschiedete die Konferenz der europäischen Post- und Telekommunikationsunternehmen (CEPT) eine solche Norm. Der vom Fernmeldetechnischen Zentralamt (FTZ) der Bundespost gemeinsam mit den Anbietern entwickelte Standard entsprach mit einem größeren Zeichensatz und einer umfangreicheren Farbpalette sowie Blinkeffekten und 94 von den Anbietern frei definierbaren Zeichen mehr den Vorstellungen der Informationsanbieter.[112]

Der größere Zeichensatz des CEPT-Standards setzte aber eine aufwendigere und damit teurere Technik in den Decodern voraus. Das Hardwarekonzept der Bundespost ging auf der Teilnehmerseite davon aus, dass Fernseh- und Elektronikhersteller Decoder für Bildschirmtext entwickeln, die von ihr zugelassen werden müssen. Die Teilnehmer sollten diese Decoder im Fachhandel erwerben, mit steigender Nachfrage sollten die Preise dann so weit fallen, dass Bildschirmtextdecoder zur serienmäßigen Ausstattung von Fernsehgeräten werden. Ein Großteil der westdeutschen Haushalte würde dann mit dem Neukauf eines Fernsehers nach und nach die technischen Voraussetzungen für Bildschirmtext erwerben. Niedrige Festkosten sollten anschließend dafür sorgen, dass die Besitzer von btx-fähigen Fernsehern ihre Geräte tatsächlich auch an den Dienst anschließen. Von den Teilnehmern verlangte die Post nur eine monatliche Grundgebühr von 8 DM, die im Wesentlichen die Miete für das von der Post zur Verfügung gestellte Modem war.[113] Alle weiteren Gebühren waren nutzungsabhängig. Für die Telefonverbindung des Modems fielen zeitabhängige Gesprächsgebühren an; hinzukamen Entgelte für das Abrufen von kostenpflichtigen Informationsangeboten, die bis zu einem maximalen Betrag von 9,90 DM pro Seite von den Anbietern selbst festgelegt werden konnten. Pro Nachricht an andere Teilnehmer oder Anbieter stellte

---

112 Vgl. Schneider, Technikentwicklung zwischen Politik und Markt, S. 112-115.
113 Vgl. ebenda, S. 135-136.

die Post 40 Pfennig in Rechnung, eine Antwort auf eine Nachricht fiel mit 30 Pfennig etwas günstiger aus.[114]

Von den Informationsanbietern erwartete die Post, dass sie mit ihren Gebühren die technische Infrastruktur finanzieren. Für ein bundesweit verfügbares Angebot mussten sie eine monatliche Grundgebühr von 350 DM zahlen, hinzukam eine Speichergebühr von 2,25 DM pro Seite. Bei regional begrenzten Informationsangeboten reduzierte sich die Gebühren auf 50 DM pro Monat sowie auf 45 Pfennig pro Seite. Für die kostenpflichtigen Angebote der Anbieter übernahm die Bundespost gegen eine Grundgebühr von 20 DM und 2 Prozent des Betrags das Inkasso. Bis 1985 stellte die Post den Anbietern zur Einführung des Dienstes die Speichergebühren nicht in Rechnung, 1986 verlangte sie nur die Hälfte der Gebühren.[115] Mittelfristig sollte Bildschirmtext für die Post mindestens kostendeckend sein, langfristig sollte der Dienst Überschüsse produzieren.[116]

Bei der Wahl des Herstellers des Computersystems versetzte die Bundespost im Winter 1981 die europäische Fernmelde- und Computerindustrie in Erstaunen, da sie sich ausgerechnet für IBM entschieden hatte,[117] die sich mit seinem Angebot auch gegen die traditionellen Amtsbaufirmen der Post durchsetzen konnten, die mit einem System von SEL, an dem Siemens als Softwarepartner beteiligt war, an der Ausschreibung teilnahmen[118]. Dies war vor allem daher überraschend, da IBM noch immer den globalen Computermarkt dominierte und sich in jüngster Zeit mit einer expansiven Telekommunikationsstrategie den Ruf erworben hatte, seine Stärke in der Datenverarbeitung jetzt auch auf den nationalen Telekommunikationsmärkten ausspielen zu wollen. Wie Volker Schneider gezeigt hat, spricht aber vieles dafür, dass bei der Wahl von IBM letztlich finanzielle Gründe industriepolitischen Erwägungen vorgezogen wurden. Das Systemkonzept von IBM bestand aus einem hierarchischen Netzwerk, bei dem die am meisten abgerufenen Informationsseiten in kleineren, regional verteilten Computern vorgehalten wurden. Nur die selten abgefragten Seiten sollten direkt vom Zentralrechner ausgeliefert werden. Dieses Konzept benötigte im Vergleich mit den anderen Angeboten insgesamt weniger Speicherplatz und reduzierte den notwendigen Datenverkehr, was wiederum niedrigere Betriebskosten ermöglichte.[119]

Bildschirmtext in der Praxis (1983 - 1989)

Im Frühjahr 1983 schien mit der Ratifizierung des Bildschirmtext-Staatsvertrags die größte Herausforderung gemeistert, um auf der Funkausstellung im September des Jahres – sechs Jahre nach der ersten Präsentation auf dieser Messe – Bildschirmtext offiziell als neuen Fernmeldedienst einzuführen. Im Laufe des Frühjahrs 1983 wurde es

---

114 Vgl. Entscheidung fällt der Postverwaltungsrat erst am 21. März. Btx-Gebühren liegen endlich auf dem Tisch, in: *Computerwoche* 4/1983.
115 Vgl. ebenda.
116 Vgl. Schneider, Technikentwicklung zwischen Politik und Markt, S. 135.
117 Vgl. Helga Biesel, Big Blue stattet Bildschirmtext-Zentralen mit 4300-Rechnern und Serie 1-Minis aus. Btx-Landschaft wird Teil der IBM-Welt, in: *Computerwoche* 49/1981; Schneider 1989, Technikentwicklung zwischen Politik und Markt, S. 115-119.
118 Vgl. Dieter Eckbauer, Zeitzünder, in: *Computerwoche* 51/1981.
119 Vgl. Schneider, Technikentwicklung zwischen Politik und Markt, S. 115-119.

aber immer fragwürdiger, ob der feierliche Startschuss des Dienstes im Rahmen der IFA, der von einer umfangreichen Werbekampagne begleitet werden sollte, auch der Beginn des Regelbetriebs sein kann. Dies lag einerseits an IBM, das bereits Anfang des Jahres der Post mitteilen musste, dass die Entwicklung der neuen Zentraltechnik bis zur IFA im Herbst nicht so weit abgeschlossen sein wird, dass das System eingesetzt werden kann. Anstatt zum 2. September ein unfertiges und fehlerbehaftetes System abzuliefern, nahm IBM lieber eine Vertragsstrafe von 3,6 Millionen DM in Kauf.[120] Anfang April informierte die Bundespost die Informationsanbieter, dass sie trotzdem an dem offiziellen Starttermin festhält, aber erst Anfang des Jahres 1984 mit dem neuen IBM-System zu rechnen sei. Bis dahin werde die Technik der Pilotversuche weiterverwendet, die an den neuen Standard angepasst wird.[121] Auf der IFA konnte der neue Bundespostminister Schwarz-Schilling daher im Rahmen einer kleinen Zeremonie den bundesweiten Betrieb von Bildschirmtext mit einem symbolischen Tastendruck auf einen roten Knopf einleiten.[122]

Für Anlaufschwierigkeiten sorgten auch die mangelnde Verfügbarkeit und hohen Preise von Decodern. Zum Start des Dienstes hatten nur Loewe und Blaupunkt zertifizierte Decoder für den neuen CEPT-Standard im Angebot, verlangten für diese Geräte aber rund 2.000 DM, womit ihre Anschaffung eine hohe Einstiegshürde darstellte. Obwohl in den folgenden Jahren weitere Hersteller Decoder auf den Markt brachten, blieben die Preise lange Zeit auf einem Niveau, das die Nutzung von Bildschirmtext für einen Großteil von privaten Haushalten zu teuer machte. Die Bundespost war in ihren ursprünglichen Planungen davon ausgegangen, dass die Preise von Decodern durch Massenfertigung schnell unter 300 DM fallen werden. Damit die Hersteller diese Preisgrenze erreichen können, hatte die Post 1982 bei Valvo, einer Tochterfirma des Philips-Konzerns, die Entwicklung eines hochintegrierten Mikrochips in Auftrag gegeben. Der »EUROM« getaufte Decoderchip sollte in Großserie gefertigt und für den erwarteten Preis von 50 DM pro Chip Grundlage für einen günstigen Massenmarkt von Bildschirmtexthardware werden.[123] Erst im Frühjahr 1984 war Valvo aber in der Lage, größere Stückzahlen zu liefern, verlangte dafür allerdings 600 DM pro Chip.[124] Für den ersten Fernseher, der auf Grundlage des EUROM-Chips mit eingebauter Bildschirmtextfunktion auf dem Markt kam, verlangte der Hersteller Grundig daher knapp 3.000 DM[125] und für einen einzelnen Decoder 800 DM.[126]

Vor dem Hintergrund solcher Einstiegspreise blieb die prognostizierte Massenanfrage aus. Nach den Erwartungen der Post hätte der Dienst bereits Ende des Jahres 1984 rund 150.000 Teilnehmer haben sollen, in der Realität hatte die Post zu diesem Zeitpunkt aber nur 20.000 Teilnehmerkennungen vergeben.[127] Zwei Jahre nach dem of-

---

120 Vgl. ebenda, S. 140.
121 Vgl. Helga Biesel, Btx verzögert: Auch IBM kocht nur mit Wasser. Immer neue Spezifikationen von EHKP 4, 5 und 6 erschweren Software-Implementierung, in: *Computerwoche* 14/1983.
122 Vgl. Schneider, Technikentwicklung zwischen Politik und Markt, S. 143.
123 Vgl. ebenda, S. 126.
124 Vgl. Der Eurom kostet zirka 600 Mark, in: *Computerwoche* 16/1984.
125 Vgl. Schneider, Technikentwicklung zwischen Politik und Markt, S. 147.
126 Vgl. Professionelle Btx-Geräte von Grundig. Für Eurom 800 Mark, in: *Computerwoche* 16/1984.
127 Vgl. Schneider, Technikentwicklung zwischen Politik und Markt, S. 153-154.

fiziellen Start von Bildschirmtext musste die Post anlässlich der Funkausstellung 1985 schließlich zugeben, dass sowohl die Teilnehmerzahlen als auch die private Nutzung von Bildschirmtext weit hinter den Prognosen zurückgeblieben waren. Im September 1985 hatte der Dienst nur 32.000 Teilnehmer, die überwiegende Mehrheit davon nutzte Bildschirmtext aus gewerblichen Gründen.[128]

Die niedrigen Teilnehmerzahlen führten bei den Anbietern zu einem Umdenken. Vor allem die Verleger, die auf Bildschirmtext als Massenmarkt gehofft hatten, verkleinerten ihre Bildschirmtextangebote, da sie mit dem Verkauf von Presseinhalten über Bildschirmtext kein Geld verdienen konnten. Bereits Ende 1984 hatte der Axel-Springer-Verlag seine Bildschirmtextseiten deutlich reduziert. Der Fachverlag De Gruyter zog sich sogar vollständig zurück, nachdem seine medizinische Datenbank durchschnittlich nur einmal pro Monat abgerufen worden war. Auch andere Branchen reduzierten nach einer kurzen Experimentierphase ihre Bildschirmtextpräsenz, Daimler-Benz und Shell zogen sich komplett zurück, Volkswagen beschränkte sich dagegen nur auf eine Leitseite.[129]

Angesichts der erheblichen finanziellen Mittel, die die Bundespost in den Dienst investiert hatte – in der Presse kursierten Zahlen zwischen 600 und 700 Millionen DM[130] –, und der verhaltenen Entwicklung der Teilnehmerzahlen sowie der Unzufriedenheit der Anbieter sprach die Fachpresse bereits Ende 1984 von Bildschirmtext als »Flop des Jahrhunderts«[131]. Auch der »Bankraub« des Chaos Computer Clubs verstärkte im November 1984 das negative Image des Dienstes (siehe Kapitel 9.a) und führte zu einem Rückgang der Neuanschlüsse.[132] Finanziell war der Dienst von einer Kostendeckung weit entfernt. In der Antwort auf eine kleine Anfrage der Bundestagsfraktion der Grünen musste die Bundespost 1987 zugeben, dass der Dienst höchst defizitär war. 1985, im ersten vollen Jahr des Regelbetriebs, betrugen die Gebühreneinnahmen nur 4,6 Millionen DM, während allein Marketingkosten von 9 Millionen DM angefallen waren. 1986 waren die Gebühreneinnahmen zwar schon auf 13,6 Millionen DM gestiegen, einen kostendeckenden Betrieb erwartete die Post aber erst Mitte der 1990er Jahre.[133]

Die Bundespost stand daher unter einem erheblichen Druck, Bildschirmtext doch noch zu dem erwarteten und angekündigten Erfolg zu machen. Im Postministerium ging man weiter davon aus, dass ab einer gewissen Anzahl von Teilnehmern eine selbsttragende Wachstumsdynamik einsetzen werde, und schätzte die Schwelle hierfür auf etwa 100.000 bis 200.000 Teilnehmer.[134] Um auf diese Teilnehmerzahl zu kommen,

---

128 Vgl. Helga Biesel, Statusbericht im Vorfeld der Funkausstellung in Berlin. Btx-Anbieter: Noch keine Gebührenerhöhung, in: *Computerwoche* 35/1985.
129 Vgl. Btx. Blumen aufs Grab, in: *DER SPIEGEL* 24/1985, S. 88-91, hier S. 90.
130 Vgl. Störendes Flimmern, in: *DER SPIEGEL* 21/1984, S. 58-60.
131 Vgl. Paul Maciejewski, Derzeitige Situation in der Btx-Szene legt die Frage nahe: Bildschirmtext – der Flop des Jahrhunderts?, in: *Computerwoche* 45/1984.
132 Im Dezember 1984 sank die Zahl der bundesweiten Neuanschlüsse erstmalig unter 1000. Vgl. Schneider, Technikentwicklung zwischen Politik und Markt, S. 153.
133 Vgl. Bundesregierung, Antwort der Bundesregierung auf die Kleine Anfrage der Fraktion DIE GRÜNEN Wirtschaftlichkeit des Bildschirmtext-Dienstes der Deutschen Bundespost, vom 03.03.1987, BT-Drs. 11/28, Bonn 1987.
134 Vgl. Schneider, Technikentwicklung zwischen Politik und Markt, S. 160.

änderte die Bundespost Mitte der 1980er Jahre ihre Marketingstrategie. Bildschirmtext als Informationsmedium für private Haushalte rückte in den Hintergrund, stattdessen richtete die Bundespost ihre Werbematerialien nun gezielt auf gewerbliche Nutzer aus, bei denen die hohen Gerätepreise weniger ins Gewicht fielen. Als Zielgruppe, die für Bildschirmtext gewonnen werden sollte, sprach die Post jetzt besonders kleinere Gewerbebetriebe, Reisebüros, Einzelhändler und Freiberufler an, die den Dienst als günstiges Instrument zur Kommunikation und zum Datenaustausch mit ihren Geschäftspartnern entdecken sollten.

Die Nutzung von Bildschirmtext zur Datenkommunikation wurde in der zweiten Hälfte der 1980er Jahre dann auch zum eigentlichen Zugpferd des Dienstes, was sich an einer steigenden Zahl von externen Rechnern ablesen ließ, die an das Bildschirmtextsystem angeschlossen waren und mit denen die Nutzer interagieren konnten. Durch diese Möglichkeit konnten beispielsweise Autowerkstätten Btx nutzen, um von einem Computer des Zubehörlieferanten Bosch die Verfügbarkeit von Ersatzteilen abzufragen und direkt zu bestellen. Für Reisebüros bot die Neckermann-Tochter NUR eine ähnliche Funktion an und ermöglichte ihnen eine Recherche nach freien Reisekontingenten, die sie direkt buchen konnten.[135]

Mit der Schwerpunktverlagerung auf gewerbliche Kunden verband die Bundespost auch ein neues Hardwarekonzept. Der Fernseher als Darstellungsmedium verlor an Bedeutung, stattdessen förderte sie die Nutzung von Bildschirmtext über eigenständige Terminals. Im Sommer 1985 gab die Bundespost daher bei mehreren westdeutschen Elektronikherstellern die Herstellung von insgesamt 50.000 »MultiTels« in Auftrag. Diese Geräte erinnerten optisch an einen handelsüblichen Heimcomputer und kombinierten ein Telefon mit einem Zugangsterminal für Bildschirmtext.[136] Ab dem Frühjahr 1986 konnten Bildschirmtextnutzer dann statt eines Telefons für monatlich 48 DM auch ein MultiTel mit Schwarz-Weiß-Bildschirm von der Bundespost mieten, für 78 DM erhielten sie ein Gerät mit Farbmonitor.[137]

Bei den MultiTels hatte sich die Bundespost von der Entwicklung in Frankreich inspirieren lassen. Dort war die Telekommunikationsbehörde DGT bei der Einführung ihres nationalen Bildschirmtextdienstes Teltel bereits in der Konzeptionsphase in einem entscheidenden Punkt vom Vorbild des britischen Viewdata-Konzepts abgewichen und hatte, statt den Fernsehapparat in den Mittelpunkt des Dienstes zu stellen, von vornherein auf eigenständige Hardware gesetzt. Französische Elektronikkonzerne waren mit der Produktion einer großen Anzahl von sogenannten Minitels beauftragt worden, die Telefonbesitzern mit der Einführung von Teltel als Ersatz für ein gedrucktes Telefonbuch unentgeltlich zur Verfügung gestellt wurden.[138] Bis 1993 wurden fast 6,5 Millionen

---

135 Vgl. Peter Gruber, Konkurrenzfähiges Medium – kein Notnagel. ISDN könnte als Katalysator Btx in den Rang eines anerkannten Telekommunikations-Mediums heben, in: *Computerwoche* 40/1989.
136 20.000 Schwarz-Weiß-Geräte wurden von Siemens geliefert, 20.000 Farbgeräte von Loewe & Hagenuk. Jeweils 5.000 Geräte lieferten Nixdorf sowie ein Verbund von Neumann, Krone und Unipo. Vgl. Schneider, Technikentwicklung zwischen Politik und Markt, S. 161.
137 Vgl. ebenda, S. 160-162.
138 Vgl. Volker Schneider u.a., The Dynamics of Videotex Development in Britain, France and Germany. A Crossnational Comparison, in: *European Journal of Communication* 6 (1991), S. 187-212, hier S. 193-194.

Minitels an französische Haushalte ausgegeben, die Teltel zum meistgenutzten nationalen Bildschirmtextsystem mit einem vielfältigen Anbietermarkt machten.[139]

Bildschirmtext als Onlinedienst für Personal- und Heimcomputer (1989 - 2001)

Die Nutzung von Bildschirmtext mit einem Heimcomputer war bis 1990 relativ schwierig und das Verhältnis eher von Konkurrenz geprägt. Die Erprobungs- und Einführungsphase von Bildschirmtext zwischen 1977 und 1983 fiel mit der Verbreitung von Mikrocomputern zusammen (siehe Kapitel 8.b). Durch diese Parallelentwicklung war Bildschirmtext nun, anders als noch zu Beginn der 1970er Jahre, für ein kleines Unternehmen oder einen privaten Haushalt nicht mehr die einzige und auch keinesfalls die günstigste Möglichkeit, auf einen Computer zuzugreifen. Gewerbliche Nutzer konnten Datenbanken nun auf einem eigenen Mikrocomputer betreiben oder für komplexere Berechnungen ein Tabellenkalkulationsprogramm verwenden. Es ist daher anzunehmen, dass die Verbreitung von Heimcomputern einen negativen Effekt auf die Nachfrage nach Bildschirmtext hatte. Die Zielgruppe, von der die Bundespost eine Pionierfunktion erwartet hatte, gewerbliche Nutzer und technisch interessierte Haushalte mit gutem Einkommen, dürften sich eher für die positiv besetzte Anschaffung eines Personal- oder Heimcomputers entschieden haben, statt sich an den teuer und als Flop geltenden Bildschirmtext anzuschließen.

Bereits der »Erfinder von Viewdata«, Sam Fedida (siehe Kapitel 2.d) hatte 1979 erkannt, dass sich mit dem Mikroprozessor die Voraussetzungen verändert hatten, und daher vorgeschlagen, den Dienst zur Verteilung von »Telesoftware« zu nutzen. Bis Ende 1989 verhinderten technische und regulatorische Hürden allerdings, dass Bildschirmtext im größeren Umfang mit Personal- und Heimcomputern genutzt werden konnte. Vom Heimcomputerboom der 1980er Jahre konnte die Bundespost mit Bildschirmtext daher nicht profitieren. Technisch lag dies zunächst daran, dass die ersten Personal- und Heimcomputer nicht leistungsfähig genug waren, um die hohen Grafikanforderungen des CEPT-Standards zu erfüllen, und zur Darstellung von Bildschirmtext daher auf zusätzliche Hardware-Steckkarten angewiesen waren. Damit diese Steckkarten von der Bundespost für den Anschluss an Btx zugelassen werden, mussten sie allerdings den für den Fernseher konzipierten CEPT-Standard vollständig umsetzen und daher eine Möglichkeit zur farbigen Wiedergabe bieten, wozu sie in der Regel einen zusätzlichen Videoausgang für Fernseher oder Farbmonitore benötigten.[140] Daher unterschieden sich Btx-Steckkarten für Mikrocomputer nur geringfügig von Decodern für Fernseher und waren daher ebenfalls verhältnismäßig teuer.[141]

---

139 Siehe zum Erfolg von Teltel in Frankreich insbesondere: Mailland/Driscoll, Minitel; Fletcher, France enters the information age.

140 Die Schwarz-Weiß-Variante des MultiTel erfüllte diese Anforderung nur durch einen zusätzlichen Anschluss für einen optionalen Farbmonitor. Vgl. Schneider, Staat und technische Kommunikation, S. 160.

141 Im Jahr 1988 kosteten Bildschirmtext-Steckkarten für Personal Computer zwischen 500 und 1000 DM. Ein Btx-Stecker für den beliebten Heimcomputer Commodore C64 oder C128 war für Preise zwischen 300 und 400 DM erhältlich. Vgl. Btx-Studie wertet Fragebögen-Antworten von neuen Teilnehmern aus. Mikros sind Multitels dicht auf der Spur, in: *Computerwoche* 32/1988.

Die Nutzung von Bildschirmtext mit einer Steckkarte über einen PC oder Heimcomputer wurde Ende der 1980er Jahre zwar gängiger, wegen der hohen Kosten nutzten dies aber vor allem gewerbliche Kunden. In einer Umfrage unter den Btx-Neukunden ermittelte die Bundespost im Frühjahr 1988, dass 43,2 Prozent von den insgesamt 1.614 Antwortenden Bildschirmtext über ein MultiTel nutzten und fast genauso viele (42,9 Prozent) hierfür einen Computer verwendeten. Der Fernseher als Darstellungsmedium lag dagegen mit 9,5 Prozent weit abgeschlagen. Als Grund für die Bildschirmtextnutzung gaben 45,8 Prozent der Antwortenden ausschließlich geschäftliche Zwecke an, 22,5 Prozent dagegen hatten einen rein privaten Anlass für ihre Nutzung.[142]

Der Bundespost gelang es mit dem Fokus auf gewerblichen Kunden zwar, kontinuierlich neue Teilnehmer zu gewinnen, sodass sich ihre Anzahl von 60.000 im Jahr 1986 auf 194.000 im Jahr 1989 verdreifachte;[143] diese Zahlen waren aber noch immer weit von dem ursprünglich prognostizierten Massenmarkt entfernt. Selbst nach den ersten Startschwierigkeiten hatte die Bundespost 1984 noch geschätzt, dass Bildschirmtext spätestens 1987 mehr als eine Million Teilnehmer haben werde.[144]

Die Zahl der Btx-Teilnehmer wurde erst größer, nachdem die reformierte Bundespost-Telekom zu Beginn der 1990er Jahre die Nutzung des Dienstes mit Personal- und Heimcomputer ohne zusätzliche Hardware ermöglichte. Software-Decoder für Btx gab es zwar bereits seit Mitte der 1980er Jahre, bis 1989 waren sie aber kaum verbreitet, da die Bundespost sie nur für den Einsatz mit genau spezifizierter, relativ teurer Hardware zertifizierte.[145] Computerhersteller und Softwarehäuser hatten bereits 1985 von der Post gefordert, die Anforderungen des CEPT-Standards abzusenken und Bildschirmtext als einen günstigen Onlinedienst für Personal- und Heimcomputer neu aufzustellen. Dieser Vorschlag wurde aber lange von der Bundespost und den Anbietern abgelehnt, die in den grafischen Fähigkeiten ein entscheidendes Alleinstellungsmerkmal von Btx sahen.[146]

Erst 1989 veränderte die Bundespost die Anforderungen für Software-Decoder. Anstatt weiter auf der Möglichkeit einer farbigen Darstellung zu bestehen, reichte es nun aus, wenn sämtliche Zeichen des CEPT-Standards über einen Drucker wiedergegeben werden können. Diese neue Zulassungspraxis führte dazu, dass Software-Decoder auf den Markt kamen, mit denen die Nutzung von Btx ohne teure Zusatzhardware möglich wurde.[147] Für die Nutzung von Btx genügte seitdem ein handelsüblicher PC oder Heimcomputer. Das notwendige Modem, das allerdings nur für die Einwahl beim Bildschirmtext verwendet werden konnte, bekamen die Teilnehmer bis 1992 mit der Anschlussgebühr zur Verfügung gestellt. Durch das Ende des Endgerätemonopols zum 1. Juli 1990 wurde außerdem der Anschluss von privaten Modems an das Telefonnetz

---

142 Vgl. ebenda.
143 Vgl. Btx-Ziel 1989 nicht erreicht, in: *Computerwoche* 01/1990.
144 Vgl. Post korrigiert ihre ursprünglichen Annahmen, in: *Computerwoche* 38/1984.
145 Vgl. Helga Biesel, Software-Decoder von mbp hat FTZ-Zulassung, in: *Computerwoche* 01/1985 (1985).
146 Vgl. Schneider, Staat und technische Kommunikation, S. 152-153.
147 Vgl. Stelios Tsaousidis, So einfach wie der PC. Vier Btx-Software-Decoder im Vergleich, in: *c't* 06/1989, S. 102-108.

erleichtert, das auch für Mailboxen oder andere Onlinedienste genutzt werden konnte (siehe Kapitel 7.d).

Als Onlinedienst für Personal- und Heimcomputer erreichte Btx in der ersten Hälfte der 1990er Jahre dann doch noch eine größere Zahl von Teilnehmern. Zum 1. Januar 1993 zog die Bundespost die Konsequenzen aus den veränderten Nutzungsgewohnheiten und benannte Bildschirmtext in »Datex-J« um. Der neue Name symbolisierte, dass Bildschirmtext nicht länger nur ein Textinformationsdienst für den Fernseher war, sondern ein Datenkommunikationsdienst, welche die Bundespost schon seit den 1960er Jahren als »Datex« bezeichnete, das nun jedermann («-J«) zur Verfügung stand.[148]

Durch die Neuausrichtung als Onlinedienst und mithilfe von privatwirtschaftlichen Vertriebspartnern konnte die Bundespost-Telekom die Teilnehmerzahlen von Bildschirmtext und Datex-J zu Beginn der 1990er Jahre schließlich deutlich steigern. Ende 1991 nutzten schon 300.000 Teilnehmer Btx, 1995 hatte Datex-J dann bereits mehr als 780.000 Teilnehmer.[149] Auf der IFA 1995 wurde Datex-J dann von der mittlerweile in eine Aktiengesellschaft umgewandelten Telekom in »T-Online« umbenannt und mit dem Internet verbunden, das in den kommenden Jahren immer mehr in den Mittelpunkt des Dienstes rückte (siehe zum Internet den Epilog). Mit Beginn des Jahres 2002 wurden schließlich die verbliebenen Btx-Seiten und Dienste abgeschaltet, die zuletzt unter dem Namen »T-Online-Classic« firmierten.[150]

Btx im Kontext der Telekommunikationsentwicklung

Die Entwicklungsgeschichte von Btx zeigt, das bereits in den 1970er Jahren der Versuch unternommen wurde, den Computer als Kommunikationsmittel als ein neuartiges Medium zwischen Rundfunk und Presse in die Medienordnung der Bundesrepublik zu integrieren. Erfolgreich wurde der Dienst aber erst in den 1990er Jahren als Onlinedienst für Personal- und Heimcomputer und damit in einem wirtschaftlichen, politischen und medialen Umfeld, das sich stark von Diskussionskontext der 1970er Jahre unterschied. Wie im nächsten Kapitel noch gezeigt wird, erreichte der Konflikt über die Abgrenzung des vom Fernmeldemonopol bestimmten Telekommunikationssektors vom privatwirtschaftlich organisierten Datenverarbeitungsmarkt in den späten 1960er Jahren auch die Bundesrepublik und hatte auch hier zur Folge, dass der Fernmeldesektor ab den 1980er Jahren grundsätzlich liberalisiert wurde. Hierbei standen allerdings vor allem industriepolitische Erwägungen im Mittelpunkt.

Dass eine Liberalisierung der Telekommunikation auch neue Grundlagen für das Kommunikationsmedium Computer schafft, spielte beim Reformprozess dagegen nur eine untergeordnete Rolle. Die medienpolitische Debatte wurde in den 1980er Jahre zwar weiter von den Verkabelungsplänen der Bundespost dominiert, die in der öffentlichen Wahrnehmung aber kaum noch mit computerbasierten Diensten wie Faksimile-

---

148 Vgl. Nachfolgedienst Datex-J zielt primär auf professionelle Benutzer. Telekom erklärt ursprüngliche Btx-Konzeption für gescheitert, in: *Computerwoche* 12/1992.
149 Vgl. Dunkle Schatten, in: *DER SPIEGEL* 17/1995, S. 244-245, hier S. 244.
150 Vgl. Jürgen Hill, Deutscher Bildschirmtext-Pionier Eric Danke geht in den Ruhestand. Btx: Als Content noch Geld kostete, in: *Computerwoche* 12/2001, S. 12.

zeitungen oder Informationssystemen in Verbindung gebracht wurden. Als die Bundespost in den 1980er Jahren, trotz der ursprünglichen Skepsis der KtK, schließlich doch noch Breitbandnetze aufbaute, wurden diese daher von den Zeitgenossen vor allem mit der Einführung von Privatfernsehen in Verbindung gesetzt.

Ohne Kenntnis des Fortgangs der Diskussion über Breitbandnetze ist die bundesdeutsche Telekommunikationspolitik ab dem Jahr 1977 allerdings kaum zu verstehen. Die wechselhafte Debatte über den Aufbau von kupferbasierten Breitbandkabelnetzen im Anschluss an die KtK, die jetzt vor allem der Rundfunkversorgung dienen sollten, führte nämlich dazu, dass die Bundespost als Alternative hierzu zunächst den Aufbau eines Glasfasernetzes diskutierte und schließlich die Entscheidung traf, das Telefonnetz zu digitalisieren.

6.c Zwischen Kupfer und Glas. Von der Breitbandverkabelung zum Privatfernsehen (1976 – 1987)

Zwischen Investitionsplänen und Verkabelungstopp (1976 – 1979)

Der Schlüssel zum Verständnis der Verkabelungsdebatte im Anschluss an die KtK liegt darin, dass das Verhältnis der SPD zu Breitbandkabelnetzen schwieriger wurde. Wie bereits erwähnt, waren Kabelnetze zu Beginn der 1970er Jahre noch Bestandteil einer sozialdemokratischen Medienpolitik, mit der die Partei einem als problematisch empfundenen Konzentrationsprozess auf dem Pressemarkt entgegenwirken wollte, etwa durch Faksimilezeitungen und einer Stärkung des öffentlich-rechtlichen Rundfunks auf lokaler Ebene.

Mitte der 1970er Jahre entdeckte allerdings auch die CDU eine Breitbandverkabelung als medienpolitisches Instrument, mit dem sie ihre schon seit den 1950er Jahren verfolgten Pläne zur Einführung eines werbefinanzierten Rundfunks mit Beteiligung der Presseverlage im zweiten Anlauf durchsetzen konnte. Dies lag daran, dass mit der möglichen neuen Medienvielfalt der Kabelnetze aus Sicht der CDU das Monopol der öffentlich-rechtlichen Rundfunkanstalten seine Legitimationsgrundlage verliert. In seinem ersten Rundfunkurteil hatte das Bundesverfassungsgericht nämlich angesichts einer beschränkten Zahl von geeigneten Rundfunkfrequenzen den Binnenpluralismus der öffentlich-rechtlichen Rundfunkanstalten zur einzigen Möglichkeit erklärt, eine gesellschaftliche Meinungsvielfalt im Rundfunk abzubilden. Da mit Kabelnetzen aber mehr Rundfunkkanäle übertragen werden konnten, sah die CDU hierin eine Chance, das Bundesverfassungsgericht zu einer Änderung seiner Rundfunk-Rechtsprechung zu veranlassen.[151]

---

151 Die Positionen der Parteien zu der Einführung von Privatfernsehen sollen hier nicht im Mittelpunkt stehen, da sie bereits gut dokumentiert sind. Siehe dazu insbesondere: Bösch, Politische Macht und gesellschaftliche Gestaltung; Peter M. Spangenberg, Der unaufhaltsame Aufstieg zum »Dualen System«. Diskursbeiträge zu Technikinnovation und Rundfunkorganisation, in: Irmela Schneider/Christina Bartz/Isabell Otto (Hg.), Medienkultur der 70er Jahre. Diskursgeschichte der Medien nach 1945, Bd. 3, Wiesbaden 2004, S. 21-39; Alfred-Joachim Hermanni, Medienpolitik in den 80er Jahren. Machtpolitische Strategien der Parteien im Zuge der Einführung des dualen Rundfunksys-

Mit dieser Deutung von Breitbandkabelnetzen und Medienvielfalt durch die CDU wurden allerdings in der SPD und der sozialliberalen Bundesregierung die Bedenken größer. Sozialdemokratische Medienpolitiker wie Peter Glotz, aber auch der Bundeskanzler Helmut Schmidt standen einer Verkabelung mit dem Verweis auf die möglichen politischen und kulturellen Auswirkungen des Privatfernsehens skeptisch gegenüber und warnten, dass nicht alles, was technisch möglich ist, auch gemacht werden müsse. Auf der anderen Seite gab es innerhalb der Bundesregierung allerdings weiterhin Fürsprecher, die Breitbandkabelnetze als volkswirtschaftliches Modernisierungsprojekt für notwendig hielten. So verfolgte etwa die Bundespost, auch nach den Empfehlungen der KtK, weiter den Plan, Breitbandkabelnetze als einen wirtschaftlichen Stützpfeiler für die Zeit nach dem Telefonboom aufzubauen. Auch das Bundeswirtschaftsministerium sah mit Blick auf das Modernisierungspotenzial der Fernmeldeindustrie spätestens mit der Amtsübernahme von Otto Graf Lambsdorff im Oktober 1977 ebenfalls Vorteile in Breitbandnetzen, wenn auch primär unter Wettbewerbsaspekten (siehe Kapitel 7.b).

Neben der Spaltung der Bundesregierung wurde die Debatte über Breitbandnetze zusätzlich durch den Bund-Länder-Konflikt verkompliziert, bei dem es primär um die Kompetenzaufteilung zwischen Bundesregierung (Fernmeldemonopol) und Bundesländern (Rundfunkhoheit) ging. Wie die Bundesregierung waren die Länder in ihrer Position zur Verkabelung aber gespalten. Die CDU-geführten Bundesländer wollten mit der Breitbandverkabelung die technischen Weichen für einen privaten Rundfunk stellen, während die SPD-geführten Länder das Monopol des öffentlich-rechtlichen Rundfunks nicht gefährden wollten.

In dieser politischen Gemengelage verlief im Anschluss an die KtK die weitere Diskussion der Breitbandverkabelung. Die Bundesländer konnten sich zwar bald darauf einigen, den Vorschlag der KtK zu übernehmen und Kabelnetze in Pilotversuchen zu testen; wie diese Modellversuche aussehen und welche Anteile private Veranstalter und Netzbetreiber sowie die öffentlich-rechtlichen Rundfunkanstalten daran haben sollten, war jedoch zwischen den SPD- und CDU-regierten Ländern umstritten. Erst im Mai 1978 konnten sich die Länder auf insgesamt vier Pilotversuche in Dortmund, München, Berlin und Ludwigshafen einigen. Nur in einem dieser Versuche, in Ludwigshafen, war die Beteiligung von privaten Rundfunkveranstaltern vorgesehen.[152]

Noch bevor die Länder ihre Diskussion über mögliche Kabelprojekte überhaupt begonnen hatten, war Mitte des Jahres 1976 das Postministerium in die Offensive gegangen und hatte mit den bereits erwähnten »Vorstellungen der Bundesregierung zum weiteren Ausbau des technischen Kommunikationssystems« klargestellt, dass es auch bei den Pilotversuchen auf das Fernmeldemonopol bestehe und daher die Versuchsnetze selbst betreiben wird.[153] Das Postministerium wollte mit dieser Position einer langfristigen Schwächung seines Fernmeldemonopols entgegenwirken; außerdem sah

---

tems, Wiesbaden 2008. Zu Hermanni sei auf den Hinweis von Bösch verwiesen, dass Hermanni ab 1982 als Leiter der Abteilung Medienpolitik der CDU-Bundesgeschäftsstelle maßgeblich an der Einführung des privaten Rundfunks in der Bundesrepublik mitgewirkt hat und die Positionen der Parteien daher aus einer parteipolitisch gefärbten Perspektive schildert.

152 Vgl. Bausch, Rundfunkpolitik nach 1945 II, S. 904-909.
153 Vgl. Bundesregierung, Vorstellungen der Bundesregierung zum weiteren Ausbau des technischen Kommunikationssystems, S. 347-349.

es die Pilotversuche der Länder als ersten Schritt einer flächendeckenden Breitbandverkabelung, die weiterhin Bestandteil seiner langfristigen Investitionspläne war. Dies zeigte sich auch darin, dass die Post weiter an den technischen und organisatorischen Grundlagen von Breitbandnetzen arbeitete. Ohne die Bundesländer zu beteiligen und unbeeindruckt von der KtK begann die Post ihre Erfahrungen mit den Versuchsnetzen in Nürnberg und Hamburg auszuwerten und zusammen mit der Elektroindustrie die technischen und wirtschaftlichen Normen eines flächendeckenden Breitbandnetzes festzulegen.[154]

Im September 1978 traf Postminister Gscheidle dann die Entscheidung, dass die Bundespost beim Aufbau von Breitbandnetzen nicht auf die Bundesländer warten wird. Ohne die Länder vorab zu informieren, leitete er die flächendeckende Verkabelung von elf Großstädten ein, die in drei bis acht Jahren abgeschlossen sein sollte. Aus Rücksichtnahme auf die Länder bezeichnete die Post diesen Ausbau weiterhin als Betriebsversuch, aber in der internen Verfügung begründete Gscheidle die Verkabelung als langfristiges Konjunkturprogramm, durch das bei der Bundespost und der Fernmeldeindustrie Arbeitsplätze für die Zeit nach dem Ende des Telefonausbaus gesichert werden sollten.[155] Hintergrund dieser Verkabelungsinitiative war, dass die Bundespost seit Mitte der 1970er Jahre wieder Überschüsse erwirtschaftete und das Haushaltsjahr 1978 sogar mit einem Rekordgewinn von 2,1 Milliarden DM abschließen konnte. Die Post verfügte daher über freie Finanzmittel, die sie, ohne das Telefon zu vernachlässigen, in den Aufbau neuer Infrastruktur und Dienstleistungen investieren konnte. Aus unternehmenspolitischer Sicht war es in dieser Situation sinnvoll, die freien Mittel in einem langfristigen Investitionsprogramm zu verplanen, da ansonsten das Bundesfinanzministerium erneut einen größeren finanziellen Beitrag der Bundespost zum Bundeshaushalt verlangen könnte.[156]

Dieses Verkabelungsprogramm der Bundespost wurde allerdings am 26. September 1979 durch eine Richtlinienentscheidung des Bundeskanzlers gestoppt. Diesen »Verkabelungsstopp« begründete Helmut Schmidt mit den medienpolitischen Auswirkungen des Kabelfernsehens. Schmidt hatte sich bereits bei früheren Gelegenheiten kritisch über die Wirkung des Fernsehens geäußert und zum Schutz von Familien einen fernsehfreien Tag pro Woche gefordert.[157] Im Privatfernsehen sah er den »Weg und Boden, auf dem sich die Verführer, die ›großen Cäsaren‹ (Spengler), in die Seele der

---

154 Die Standardisierung der Bundespost hatte allerdings auch medienpolitische Auswirkungen, da sie die Übertragungskapazitäten von Breitbandnetzen auf zwölf Fernsehkanäle festlegte. Bei zwölf Fernsehkanälen blieben neben den öffentlich-rechtlichen Rundfunkanstalten aber nur wenige Kanäle für privaten Rundfunkveranstalter übrig. Vgl. Scherer, Telekommunikationsrecht und Telekommunikationspolitik, S. 517.
155 Vgl. ebenda, S. 520-522.
156 In den Jahren 1979 und 1980 musste die Bundespost eine Sonderablieferung an den Bundeshaushalt leisten. Im Mai 1981 wurde die im Poststrukturgesetz festgelegte Ablieferung dann von 6,6 Prozent auf 10 Prozent angehoben. Vgl. Werle, Telekommunikation in der Bundesrepublik, S. 235-237.
157 Vgl. Helmut Schmidt, Plädoyer für einen fernsehfreien Tag. Ein Anstoß für mehr Miteinander in unserer Gesellschaft, in: DIE ZEIT 22/1978.

Menschen einnisteten«[158], und begründete damit in der entscheidenden Kabinettssitzung seinen Entschluss. Mit dieser Richtlinienentscheidung hatten sich damit vorerst die medienpolitischen Skeptiker einer Breitbandverkabelung in der Bundesregierung durchgesetzt.

Glasfaser als medienpolitisch unbelastete Breitbandtechnologie

Auf der Seite der technologiepolitischen Modernisierer in der Bundesregierung verstärkte der Verkabelungsstopp die Hinwendung zur Individualkommunikation. Technologisch war dies mit dem Wechsel auf Glasfaser als neue Breitbandtechnologie verbunden. Während kupferbasierte Breitbandnetze in der medienpolitischen Debatte mittlerweile als Infrastruktur zur Verteilung von Kabelfernsehen galten, waren Glasfasern politisch unbelastet. Erst seit wenigen Jahren konnten sie in einer brauchbaren Qualität hergestellt werden, hatten sich aber bereits zum neuen Hoffnungsträger der Telekommunikationsindustrie entwickelt, die sich wegen ihrer hohen Bandbreite deutlich besser für den Einsatz in vermittelnden Fernmeldenetzen eigneten als kupferbasierte Koaxialkabel.[159] Die Bundespost gab daher im Anschluss an den Verkabelungsstopp eine Konzeptstudie in Auftrag, um die Eignung von Glasfasern als Trägermedium eines neuen, universellen Fernmeldenetzes bis zu den einzelnen Telefonanschlüssen zu erforschen, und startete 1980 ein Pilotversuch für ein »breitbandiges integriertes Glasfaser-Fernmeldeortsnetz« (BIGFON), über das Telefongespräche, Datenverbindungen und Videokonferenzen übertragen werden sollten.[160]

Der Glasfaser kam zugute, dass sich das Argument, dass die technisch überlegene Übertragungstechnik zunächst erprobt, bevor über eine flächendeckende Verkabelung entschieden werden sollte, als Kompromissformel eignete, mit der der Konflikt zwischen den skeptischen Medienpolitikern und den Befürwortern einer wirtschaftsnahen und modernisierungsfreundlichen Telekommunikationspolitik im Post- und Wirtschaftsministerium beigelegt werden konnte. Da die Post den Glasfaserausbau als Individualkommunikation deklarierte, standen die medienpolitischen Implikationen dieser Technologie nicht im Vordergrund, zumindest aber wurden sie auf eine ungewisse Zeit nach dem Ende der Versuchsphase verschoben. Gleichzeitig boten Glasfasernetze für die Bundespost und die Fernmeldeindustrie aber technologische Zukunftsaussichten, die politisch unbelastet waren. Als daher am 8. April 1981 Wirtschaftsminister Lambsdorff eine Vorlage ins Bundeskabinett einbrachte, wonach die Bundespost nach den Pilotversuchen direkt mit dem Aufbau eines flächendeckenden Glasfaser-Breitbandnetzes

---

158 Zitiert nach: Kabinettsprotokolle Online, Protokoll der 146. Kabinettssitzung am Mittwoch, dem 26. September 1979, TOP 3, www.bundesarchiv.de/cocoon/barch/0/k/k1979k/kap1_1/kap2_42/index.html (13.1.2021).

159 Vgl. Elias, Entwicklungstendenzen im Bereich des Fernmeldewesens, in: Gscheidle/Elias (Hg.), Jahrbuch der Deutschen Bundespost 1977.

160 Vgl. Scherer, Telekommunikationsrecht und Telekommunikationspolitik, S. 323-328; Bundespostminister trifft Grundsatzentscheidung für Glasfaser im Ortsnetz. Start mit Bigfon für Breitbandkommunikation, in: *Computerwoche* 20/1981.

beginnen sollte,[161] stimmte das Bundeskabinett zu, obwohl vorgesehen war, dass über ein solches Netz auch bis zu zwölf Fernsehkanäle übertragen werden können.[162]

Kupfer fürs Privatfernsehen (1982 - 1987)

Die Vorbereitungen der Glasfaserpilotversuche liefen noch, als im Oktober 1982 die FDP den Koalitionspartner wechselte und die Regierungsübernahme der CDU ermöglichte. Neuer Postminister wurde Christian Schwarz-Schilling, der bis dahin vor allem als der profilierteste Medienpolitiker der CDU und zentraler Fürsprecher von privaten Rundfunksendern in Erscheinung getreten war. Seit 1975 hatte er als medienpolitischer Sprecher der Partei immer wieder für die Zulassung von privaten Rundfunksendern geworben, und seit 1978 war diese Position Bestandteil des CDU-Grundsatzprogramms.[163]

Eine der ersten Maßnahmen von Schwarz-Schilling war daher die Fortsetzung der kupferbasierten Breitbandverkabelung. Seit dem Verkabelungsstopp von 1979 hatte die Bundespost den Aufbau von kupferbasierten Breitbandnetzen nicht komplett eingestellt, sondern weiterhin »bedarfsgerecht« Netze aufgebaut.[164] »Bedarfsgerecht« verkabelt wurde überall dort, wo der Fernsehempfang über Antenne gestört war, die Kommunen das Aufstellen von Fernsehantennen verboten hatten oder ein Kabelnetz für Neubaugebiete ausdrücklich wünschten. Trotz des nominellen Verkabelungsstopps waren die Investitionen der Post in diese Kabelnetze seit 1979 kontinuierlich gestiegen. 1982 gab sie hierfür bereits 280 Millionen DM aus. Noch im Oktober 1982, unmittelbar nach seiner Ernennung zum Postminister, erhöhte Schwarz-Schilling den Haushaltsansatz des Jahres 1983 für die Verkabelung von 410 Millionen DM auf über 1 Milliarde DM[165] und begründete dies in einem *Spiegel*-Interview als medienpolitische Weichenstellung. Unter seiner Führung werde die Bundespost die technischen Voraussetzungen für ei-

---

161 »Der FDP-Generalsekretär weist auf die gegenüber dem Medienpolitischen Beschluß vom 26. September 1979 etwas veränderte Lage hin. Der Beschluß vom 8. April 1981 zum Aufbau eines Breitbandkabelnetzes für Individualkommunikation habe einen großen Teil der zwischen den Koalitionsparteien bestehenden Schwierigkeiten ausgeräumt. Man dürfe aber nicht die Augen davor verschließen, daß auch im Bereich der Individualkommunikation revolutionäre Entwicklungen eintreten könnten.« Kabinettsprotokolle Online, Protokoll der 26. Kabinettssitzung am 13. Mai 1981, TOP 5, https://www.bundesarchiv.de/cocoon/barch/0000/k/k1981k/kap1_1/kap2_20/para3_10.html (13.1.2021).
162 Im BIGFON-Systemversuch sollten über eine Leitung gleichzeitig »zwei bis vier verteilvermittelte Fernsehkanäle oder alternativ 2x6 parallel angebotene Kanäle« übertragen werden. Vgl. Mettler-Meibom, Breitbandtechnologie, S. 319.
163 Vgl. Christian Schwarz-Schilling, Der Neuerer hat Gegner auf allen Seiten. Eine Bilanz, in: Günter Buchstab (Hg.), Die Ära Kohl im Gespräch. Eine Zwischenbilanz, Köln 2010, S. 63-79, hier S. 67; Bösch, Politische Macht und gesellschaftliche Gestaltung, S. 195.
164 Diesen bedarfsgerechten Aufbau hatte Schmidt 1979 auf direkte Nachfrage von Gscheidle »nicht als einen die künftige Medienpolitik der Bundesregierung präjudizierenden Schritt« bestätigt. Vgl. Kabinettsprotokolle Online, 146. Kabinettssitzung am Mittwoch, dem 26. September 1979, TOP 3, www.bundesarchiv.de/cocoon/barch/0/k/k1979k/kap1_1/kap2_42/index.html (13.1.2021).
165 Vgl. Scherer, Telekommunikationsrecht und Telekommunikationspolitik, S. 526.

ne größere Medienvielfalt schaffen, auf deren Grundlage die Bundesländer dann die Entscheidungen über die zukünftige Medienlandschaft treffen können.[166]

Vor allem aus der SPD kam in den Jahren nach dem Regierungswechsel der Vorwurf, mit dem Aufbau von Kupferkoaxialnetzen setzten Schwarz-Schilling und die Bundespost auf veraltete Technik, die in wenigen Jahren durch die technologisch fortschrittlichere Glasfaser ersetzt werden muss.[167] Die Kritik an der Kupferverkabelung wurde noch durch einen Korruptionsverdacht verstärkt. Erst unmittelbar vor seiner Vereidigung hatte Schwarz-Schilling sich von seiner Beteiligung an der »Projektgesellschaft für Kabel-Kommunikation« getrennt, die von der Verkabelungsinitiative der Bundespost wirtschaftlich profitieren konnte.[168]

Dafür, dass Schwarz-Schilling Kupferkoaxialkabel statt Glasfaser bevorzugte, sprachen aber in erster Linie politische Gründe. Das von der CDU politisch gewollte Privatfernsehen benötigte schnell Zugang zu einem großen Publikum, um sich durch Werbeeinnahmen finanzieren zu können, und daher mussten Breitbandnetze möglichst rasch eine große Zahl an Haushalten erreichen. Unter der Prämisse einer schnellen Breitbandverkabelung waren Glasfasern aber keine Option, da nach Berechnungen der Bundespost die Kosten eines Glasfasernetzes bis in die privaten Haushalte hinein um ein Vielfaches höher waren. Mit den gleichen Investitionsmitteln konnte ein Breitbandnetz auf Kupferbasis daher deutlich schneller aufgebaut werden.[169]

Als Postminister konnte Schwarz-Schilling allerdings nur die technischen Grundlagen für private Rundfunkveranstalter schaffen, über die Einführung mussten die Bundesländer entscheiden. Bei diesem Entscheidungsprozess spielten die seit 1978 vorgesehenen Kabel-Pilotprojekte, die erst 1984 begannen, allerdings nur eine Nebenrolle. Die Weichen wurden vielmehr vom Bundesverfassungsgericht gestellt. 1981 hatte das Gericht bestätigt, dass die gesellschaftliche Meinungsvielfalt auch durch Wettbewerb

---

166 Vgl. Christian Schwarz-Schilling, SPIEGEL Gespräch: Das kann wie eine Narkose wirken. Bundespostminister Christian Schwarz-Schilling über das totale Fernsehen, in: DER SPIEGEL 43/1982, S. 53-69.

167 So im Zwischenbericht der Enquete-Kommission »Neue Informations- und Kommunikationstechniken«, die im April 1981 vom Bundestag eingesetzt wurde. Bis zu seiner Ernennung zum Bundespostminister saß Christian Schwarz-Schilling der Kommission vor, die durch die vorgezogene Bundestagswahl im März 1983 nur einen Zwischenbericht vorlegen konnte. Vgl. Zwischenbericht der Enquete-Kommission »Neue Informations- und Kommunikationstechniken«, BT-Drs. 9/2442, Bonn 1983, S. 75-76.

168 Für Aufsehen sorgte auch, dass die Anteile von Schwarz-Schilling von der Nixdorf Computer AG übernommen wurden, die seit Längerem an einem besseren Verhältnis zur Bundespost interessiert waren. Vgl. Andere Umstände, in: DER SPIEGEL 45/1982, S. 124-126; Diskussion um Postminister und Kabelgesellschaft hält an. Nixdorf-Anteil an PKK jetzt 20 Prozent, in: Computerwoche 49/1982; Schwarz Schilling geht ausführlich auf PKK-Beteiligung ein. Post-Etat 83: Kein Hinweis mehr auf Btx-Start, in: Computerwoche 50/1982.

169 Laut Schwarz-Schilling basierte diese Kalkulation darauf, dass Glasfasern nicht in den für Haushaltsanschlüsse benötigen Radius gebogen werden konnten. In den Ecken hätten daher die Lichtsignale in Strom umgewandelt werden müssen, wofür pro Wandler Kosten zwischen 4000 und 5000 DM angefallen wären. Vgl. Schwarz-Schilling, Eine überfällige Reform, in: Büchner (Hg.), Post und Telekommunikation, S. 96.

zwischen Rundfunksendern sichergestellt werden kann. Im Anschluss an dieses Urteil hatten mehrere Bundesländer ihre Mediengesetze angepasst, um in Erwartung von Kabelnetzen die Zulassung von privaten Rundfunksendern zu ermöglichen. Nachdem das Bundesverfassungsgericht in einem weiteren Urteil 1986 zusätzlich den öffentlich-rechtlichen Rundfunkanstalten eine Existenzgarantie zur Grundversorgung der Bevölkerung gegeben hatte, konnten sich die Bundesländer 1987 auf einen Rundfunkstaatsvertrag einigen, der bundesweit einheitliche Bedingungen für private Rundfunkprogramme schuf. Auf diesem juristischen Fundament konnten sich private Rundfunksender, die zuerst 1984 im Rahmen der Kabelpilotversuche ihren Sendebetrieb aufgenommen hatten, seit der zweiten Hälfte der 1980er Jahre bundesweit etablieren.[170]

Für die Verbreitung des Privatfernsehens in der Bundesrepublik waren aber nicht allein die Breitbandnetze der Post verantwortlich. Diese erreichten bis 1992 zwar bereits mehr als elf Millionen Haushalte,[171] während weitere 2,7 Millionen Rundfunk über Satelliten empfangen konnten.[172] Entscheidend für die Etablierung des privaten Rundfunks und den (zumindest langfristigen) kommerziellen Erfolg der großen Privatfernsehsender wie Sat.1 und RTLplus war vielmehr, dass seit 1986 ihr Empfang in einigen Teilen der Bundesrepublik auch über Antenne möglich war.[173]

6.d Zwischenfazit: Medienrevolution in den Grenzen der Medienpolitik

Ende der 1980er Jahre gab es in der Bundesrepublik mit Bildschirmtext, Kabelfernsehen und Videotext drei neuartige Medienangebote, die sich auf die Idee eines universellen Breitbandnetzes für Sprache, Rundfunk und Daten der frühen 1970er Jahre zurückführen lassen. Fast 20 Jahre, nachdem Horst Ehmke als Post- und Technologieminister die Idee einer vernetzten »wired city« aufgegriffen hatte und damit Entwicklungsimpulse für die westdeutsche Telekommunikations- und Computerindustrie setzen wollte, gab es keine einheitliche Infrastruktur für diese Dienste. Lediglich Rundfunk wurde über ein neugebautes Breitbandnetz übertragen,[174] während Bildschirmtext auf die Technik des über hundert Jahre alten Telefonnetzes zurückgriff, und zur Datenübertragung mit ISDN gerade ein neues, digitales Schmalbandnetz aufgebaut wurde, dessen Hintergründe im nächsten Kapitel analysiert werden.

---

170 Zur Etablierung des Privatfernsehens in der Bundesrepublik siehe Humphreys, Media and media policy in Germany, S. 255-286; Hickethier/Hoff, Geschichte des deutschen Fernsehens, S. 416-430.
171 Vgl. Schwarz-Schilling, Eine überfällige Reform, in: Büchner (Hg.), Post und Telekommunikation, S. 97.
172 Vgl. Hickethier/Hoff, Geschichte des deutschen Fernsehens, S. 420.
173 Vgl. Technischer Kopfsprung, in: DER SPIEGEL 30/1986, S. 50-52; Sozusagen Löwenthal, in: DER SPIEGEL 6/1987, S. 48-53; Bösch, Politische Macht und gesellschaftliche Gestaltung, S. 197.
174 In den ersten Konzepten für die Kabelpilotversuche der Länder waren anfänglich noch Rückkanäle und Dialogdienste wie bedarfsabhängige Videosignale (Video-on-Demand) und ein bildschirmtextartiger Kabeltext vorgesehen, mit Bildschirmtext gerieten die Dialogdienste in den Breitbandkabelnetzen aber immer mehr in den Hintergrund und fielen schließlich zugunsten eines schnellen Netzausbaus weg. Zu dem schrittweisen Wegfall von Dialogdiensten zugunsten von Pay-TV beim Berliner Kabelversuch siehe: Fred Grätz, Kabelprojekt Berlin. Metamorphose der Konzepte, in: Media Perspektiven 9/1985, S. 669-676.

Ein Grund für das Scheitern der ursprünglichen Verkabelungspläne war die Vielzahl der beteiligten Akteure mit unterschiedlichen Interessen. Dies war bereits in der von Horst Ehmke eingesetzten KtK deutlich geworden, in der eine Allianz aus Fernmeldeindustrie und öffentlich-rechtlicher Rundfunksender sich nicht auf eine Gefährdung des für sie so vorteilhaften Status quo einigen konnten und Breitbandnetze lediglich in Pilotversuchen erproben wollten, und ansonsten auf das Entwicklungspotenzial des bestehenden Telefonnetzes verwies. Die Bundespost, die Mitte der 1970er Jahre auf der Suche nach langfristigen Wachstumsperspektiven war, hatte auf einen anderen Ausgang der KtK gehofft. Sie griff daher den Vorschlag auf, neue Dienste über das bestehende Telefonnetz zu realisieren und begann mit den Planungen von Bildschirmtext, dass nach dem Vorbild des britischen Viewdata ein neuer, interaktiver Kommunikationsdienst für den Fernseher werden sollte.

Es dauerte allerdings fast acht Jahre, bis Bildschirmtext seinen regulären Betrieb aufnehmen konnte. Diese lange Vorbereitungszeit wirkt überraschend, wenn man bedenkt, dass Btx von fast allen beteiligten Akteuren unterstützt wurde. Der Dienst wurde ab 1976 vom SPD-geführten Postministerium geplant und im Sommer 1981 von der SPD-geführten Bundesregierung unter Helmut Schmidt beschlossen. Seit der Regierungsübernahme von Helmut Kohl wurde das Projekt dann mit großem Engagement vom CDU-geführten Postministerium weiterverfolgt. Für die grundsätzliche Einführung von Bildschirmtext gab es zwischen 1976 und 1984 somit eine breite politische Koalition, die von der sozialdemokratischen Bundesregierung über den BDZV und den DIHT bis zur CDU reichte. Politisch umstritten war zwischen 1976 und 1982 »nur« die Kompetenzabgrenzung zwischen der Bundesregierung und den Ländern.

Erklären lässt sich die lange Planungszeit daher vor allen mit dem grundsätzlichen Misstrauen der Bundesländer gegenüber medienpolitischen Vorstößen des Bundes. Die Bundespost, die für den Erfolg des Dienstes auf die Bundesländer angewiesen war, agierte daher sehr vorsichtig und versuchte ein Scheitern ihrer Btx-Pläne zu verhindern. Genau wie Breitbandnetze, sollte daher auch Bildschirmtext zunächst in mehrjährigen, wissenschaftlich begleiteten Pilotversuchen erprobt werden. Erst 1984, und damit acht Jahre nach den ersten Planungen und mehr als zehn Jahre nach den ersten Konzepten der britischen Post, ging der Dienst in den Regelbetrieb.

Für den Erfolg von Bildschirmtext war diese lange Vorbereitungsphase aber fatal, da sich in dieser Zeit sein technologisches und ökonomisches Umfeld radikal verändert hatten. Wie in Kapitel 8 und 9 noch gezeigt wird, hatte das Aufkommen von Heimcomputern und die strukturellen Veränderungen des Telekommunikationssektors die Voraussetzungen für den Dienst verändert. Anstatt per Telefon auf einen entfernten Computer zuzugreifen, stand den Nutzern von Heimcomputern die Rechenleistung eines Computers jetzt direkt auf dem Schreibtisch zur Verfügung. In Verbindung mit einem liberaleren Zugang dieser Geräte zum Telefonnetz kamen, ausgehend von den USA, neuartige, dezentrale und unregulierte Formen der Kommunikation mit Computern auf. Bis Ende der 1980er Jahre war die Bundespost allerdings nicht in der Lage, angemessen auf den Wandel des technologischen Umfeldes zu reagieren und hielt zunächst an dem zu Beginn der 1970er Jahre entwickelten Konzepten fest. Erst, nachdem sie den Dienst zu Beginn der 1990er Jahre für den Heimcomputer öffnete, wurde er erfolgreicher.

Auch Breitbandnetze hatten nach Abschluss der KtK eine bewegte Geschichte. Trotz der Ablehnung einer flächendeckenden Verkabelung durch das Gremium arbeitete die Bundespost zunächst weiter an diesem Vorhaben, bis Bundeskanzler Helmut Schmidt, unter Verweis auf die medien- und gesellschaftspolitischen Auswirkungen dieser Technologie, den flächendeckenden Aufbau eines Kabelnetzes vorerst verbot. Dies war, neben weiteren Faktoren, die im nächsten Kapitel thematisiert werden, einer der Gründe dafür, dass sich der Fokus der Modernisierungsplanungen der Bundespost ab dem Ende der 1970er Jahre auf das Telefonnetz und die Individualkommunikation verschob. Mit der Regierungsübernahme der CDU wurden die Breitbandpläne allerdings reaktiviert, diesmal mit dem erklärten Willen, schnell die technischen Weichen für private Rundfunksender zu stellen. Damit sich dieses Vorhaben nicht noch weiter verzögert, verzichtete der neue Postminister Schwarz-Schilling auf aufwendige Rückkanaltechnik oder ein moderneres Glasfasernetz. Das Breitbandkabelnetz, das in den 1980er Jahren schließlich flächendeckend aufgebaut wurde, war daher nur für die Rundfunkübertragung vorgesehen.

Das Kabelnetz ist damit ein Beleg dafür, dass sich die medienpolitische Debatte seit den 1970er Jahren weitgehend von der Telekommunikationspolitik abgekoppelt hatte. Es kann daher als eine der Lehren der Bundespost aus dem Scheitern der ursprünglichen Verkabelungspläne in der KtK und den Verzögerungen beim Bildschirmtext angesehen werden, dass sich der Fokus ihrer Modernisierungsplanungen in den 1980er Jahren mit ISDN auf die Individualkommunikation verschob. Hier musste die Bundesregierung sich nicht mit den Bundesländern abstimmen, sondern konnte aus dem Fernmeldemonopol weitreichende Handlungsfreiheiten ableiten.

7. Datenübertragung und Industriepolitik in der Bundesrepublik (1967 – 1998)

Als mit der Ausbreitung von Computern in den 1960er Jahren auch in der Bundesrepublik eine Nachfrage für ihre Verbindung über Telekommunikationsnetze aufkam, nahm die Bundespost Datenübertragung in ihr Angebot auf. Zu Beginn der 1970er Jahre weitete die Bundespost ihre Aktivitäten in diesem lukrativen Geschäftsfeld aus und begann Datenkommunikation stärker zu regulieren. Während sich in den USA in diesem Zeitraum die Vernetzung von Computern und die Liberalisierung des Telekommunikationssektors gegenseitig verstärkten, bemühte sich die Bundespost, die Kontrolle über die Computervernetzung zu behalten, und bremste damit eine mit den USA vergleichbare Entwicklung zunächst aus. Je deutlicher sich aber abzeichnete, dass sich mit der Liberalisierung des amerikanischen Telekommunikationssektors die Verbindung von Computern über Telekommunikationsnetze zu einem neuen Leitparadigma der Datenverarbeitung entwickelt, desto lauter wurde in der Bundesrepublik die Kritik an den Gebühren und Bestimmungen der Bundespost. Der erste Versuch von einigen größeren Unternehmen aus der Datenverarbeitungsindustrie, auf juristischem Wege eine Liberalisierung des Fernmeldemonopols zu erzwingen, scheiterte 1977 vorm Bundesverfassungsgericht.

Erst danach setzte in der Bundesrepublik eine breitere Diskussion über die Wirkung des Fernmeldemonopols und über die Rolle der Bundespost in der Datenverarbeitung ein. Dies lag zum einen daran, dass sich Mitte der 1970er Jahre abzeichnete, dass die bisherigen Versuche, die »amerikanische Herausforderung« durch direkte finanzielle Zuwendungen an die Datenverarbeitungsindustrie zu meistern, nicht den gewünschten Erfolg gebracht hatten. Auch zehn Jahre nach dem Beginn des ersten Förderprogramms waren die Marktanteile der westdeutschen Computerhersteller nicht groß genug, um auf dem internationalen Markt wettbewerbsfähig zu sein. Durch die wirtschaftlichen Krisen der 1970er Jahre und den sich abzeichnenden industriellen Strukturwandel hatte sich allerdings die Bedeutung der Datenverarbeitung für die Zukunft der Volkswirtschaft nochmals weiter erhöht. Datenverarbeitung galt nun mehr noch als in den 1960er Jahren als Schlüsselsektor.

Parallel zu dieser Entwicklung begann der Einfluss einer angebotsorientierten Wirtschaftspolitik zu wachsen. Die Entwicklung in den USA schien ein Beleg dafür zu sein, dass eine Liberalisierung des Telekommunikationssektors neue Wachstums- und Innovationspotenziale freisetzen kann. Mit dem Amtsantritt des Bundeswirtschaftsministers Lambsdorff im Oktober 1977 begann daher auch in der Bundesrepublik ein Umdenken in der Telekommunikationspolitik. Die geplante Einführung von Telefax durch die Bundespost bot einen ersten Anlass, die Reichweite des Fernmeldemonopols und die Wettbewerbssituation auf dem westdeutschen Fernmeldemarkt politisch zu thematisieren.

Erst ab 1979 begann mit dem unerwarteten Entwicklungsstopp der analogen Telefonvermittlung durch Siemens und den im letzten Kapitel thematisierten medienpolitischen Verkabelungsstopp durch Helmut Schmidt auch im Postministerium eine Neuorientierung. Seit 1979 kam die Individualkommunikation und damit das Telefonnetz in den Fokus der Zukunfts- und Modernisierungspläne der Bundespost. Ab 1982 wurden die Digitalisierung und Vereinheitlichung der Fernmeldenetze zu ISDN dann zum zentralen Modernisierungsprojekt der Bundespost und der westdeutschen Telekommunikationsindustrie. Mit ISDN sollte ein digitales Telekommunikationsnetz geschaffen werden, das die Basis für verschiedenartige Endgeräte und Anwendungen sein sollte. Dies versprach die Interessen der Bundespost (Erhalt des Netzmonopols) mit den Interessen der Fernmeldeindustrie (Verkauf von neuer Fernmeldetechnik an Bundespost und Endverbraucher) und der Anwender von Datenübertragung (flexible und schnelle Datenübertragung) zu vereinen. ISDN sollte daher zur neuen Basisinfrastruktur des Telekommunikationssektors werden, auf deren Grundlage sich neues wirtschaftliches Wachstum und technische Innovationen entwickeln können.

Mit der Regierungsübernahme der CDU wurden dann die Forderungen lauter, die erwartete Dynamik der ISDN-Einführung mit einer Liberalisierung des Fernmeldemonopols zu verbinden. 1985 setzte die Bundesregierung dazu eine neue Regierungskommission ein, die Vorschläge für eine Reform der Bundespost und des Fernmeldemonopols entwickeln sollte. Nachdem die Kommission 1987 ihren Bericht vorgelegt hatte, begann die Bundesregierung mit der Umsetzung der Empfehlungen.

Im folgenden Kapitel wird diese skizzenhaft geschilderte Entwicklung der Datenkommunikation und des Telekommunikationssektors in der Bundesrepublik in vier Abschnitten vertiefend analysiert. Im ersten Unterkapitel steht die Entwicklung der Datenkommunikation bis Mitte der 1970er Jahre im Mittelpunkt. In diesem Zeitraum verursachte der neue Bedarf von Computeranwendern und der wachsende Regulierungsanspruch der Bundespost einen Konflikt, der 1977 vor das Bundesverfassungsgericht führte. Im zweiten Unterkapitel stehen die Diskussionen über die Bedeutung des Fernmeldemonopols zwischen 1977 und 1979 im Fokus, die die Grundlagen für die im dritten und vierten Teil thematisierte technologische und ordnungspolitische Neuausrichtung des bundesdeutschen Telekommunikationssektors in den 1980er Jahren schufen.

7.a Von der Datel GmbH zum Direktrufurteil (1967 – 1977)

Die Anfänge der Datenübertragung in der Bundesrepublik (1950er/1960er Jahre)

Als Ende der 1950er Jahre die ersten Computer in der Bundesrepublik aufgestellt wurden und bei ihren Nutzern der Wunsch aufkam, auf die Geräte aus der Ferne zugreifen zu können, griff die Bundespost zunächst auf die Technik der Telegrafie zurück. Schon seit 1933 gab es in der Bundesrepublik das Telexnetz, an das einige tausend Behörden und größere Unternehmen angeschlossen waren und das die automatische Anwahl von Fernschreibern und die Übermittlung von Textdokumenten ermöglichte. Da dieses Netz für den Betrieb von mechanischen Schreibmaschinen konzipiert war, war seine Übertragungsgeschwindigkeit auf 50 Baud beschränkt. Dies reichte zwar für die langsame Kommunikation zwischen Computern und einem menschlichen Benutzer noch aus, allerdings gab es bereits zu Beginn der 1960er Jahre die Forderung nach höheren Datenraten. 1967 führte die Bundespost daher ein zusätzliches »Telegraphenschnellverkehrsnetz« ein, das mit einer Geschwindigkeit von maximal 200 Baud als »Datexnetz« für die Verbindung von Computern vorgesehen war.[1]

Größeren Unternehmen stellte die Bundespost außerdem festgeschaltete Leitungen, sogenannte Stromwege, bereit, die diese für Datenübertragungen zwischen ihren Standorten nutzen konnten.[2] Seit 1965 ermöglichte die Bundespost auch die Nutzung des Telefonnetzes für Datenübertragungen und stellte hierzu Modems zur Verfügung.[3] Bis Ende der 1960er Jahre entwickelte sich die Nachfrage nach Datenübertragung über diese drei Netze relativ verhalten. Im Jahr 1970 waren nur knapp 2.000 Computer und Terminals an die Netze der Bundespost angeschlossen, die überwiegend für Terminalverbindungen zwischen Zweigstellen und unternehmenseigenen Rechenzentren genutzt wurden. Knapp drei Viertel dieser Verbindungen wurden mithilfe von Modems über das Telefonnetz realisiert.[4]

Der Streit um die Datel GmbH (1969 – 1974)

Als sich in den USA ab Mitte der 1960er Jahre Timesharing und der Verkauf von Computerleistung über Fernmeldenetze zu einem dynamischen Geschäftsbereich der Datenverarbeitung entwickelten (siehe Kapitel 1.b), beobachteten die Verantwortlichen im Postministerium dies sehr genau. Die amerikanische Entwicklung ließ den Schluss zu, dass es auch in der Bundesrepublik bei kleineren und mittleren Unternehmen eine Nachfrage für den bedarfsweisen Zugriff von Datenverarbeitungsdienstleistungen über das Fernmeldenetz geben könnte. Nachdem Bundespostminister Werner Dollinger 1969

---

1 Vgl. Jürgen Bohm, Stand und Entwicklung der Datenübertragung im Bereich der Deutschen Bundespost, in: Dietrich Elias (Hg.), Telekommunikation in der Bundesrepublik Deutschland 1982, Heidelberg/Hamburg 1982, S. 95-125, hier S. 107-109.
2 Vgl. ebenda, S. 98.
3 Vgl. ebenda, S. 102-107.
4 Vgl. Werle, Telekommunikation in der Bundesrepublik, S. 227.

bei einer Auslandsreise nach Japan das von der dortigen Fernmeldeverwaltung NTT betriebene Timesharing-Angebot kennengelernt hatte, beauftragte er die Bundespost mit dem Aufbau eines vergleichbaren Dienstes.[5]

Die Bundespost, die Ende der 1960er Jahre angehalten war, ihre wirtschaftliche Lage zu verbessern (siehe Kapitel 4.b), sah sich beim Timesharing aufgrund ihres Fernmeldemonopols in einer Schlüsselposition. Gegen einen unmittelbar posteigenen Timesharing-Dienst sprachen allerdings juristische Gründe, die sich aus dem ersten Rundfunkurteil des Bundesverfassungsgerichts ergaben. Das Gericht hatte die Bundespost auf die unveränderte Übermittlung von Signalen beschränkt und die Zuständigkeit für die Studiotechnik den Rundfunkanstalten zugeschlagen. Nach dem Verständnis der Postjuristen durfte die Bundespost damit Signale nicht verändern und somit keine Datenverarbeitung für andere betreiben.[6] Dies schloss aber nicht aus, dass eine privatrechtliche Tochterfirma der Bundespost Timesharing anbietet. Mit einem ähnlichen Modell war die Bundespost bereits auf den Werbemarkt aktiv und ließ die Werbeflächen der Post von der Postreklame GmbH vermarkten.[7]

Eine privatrechtliche Tochterfirma eröffnete auch die Möglichkeit, durch eine Beteiligung der westdeutschen Computerhersteller an der Datenfernverarbeitung die industriepolitischen Ziele der Bundesregierung zu unterstützen. Die bundesdeutschen Computerproduzenten Siemens und AEG-Telefunken verfügten zwar über leistungsstarke Großrechner, hatten aber noch nicht auf dem Markt der betrieblichen Datenverarbeitung Fuß gefasst (siehe Kapitel 5). Zwar gab es in der Bundesrepublik bereits Service-Rechenzentren, die Dienstleistungen und Rechenzeit anboten, dieser Markt wurde Ende der 1960er Jahre aber ebenfalls von IBM dominiert. Für die Bundesregierung war daher die Kooperation von Siemens und AEG-Telefunken mit der Bundespost bei der Erschließung des Marktes für Datenfernverarbeitung eine naheliegende Möglichkeit, beiden Unternehmen im Wettbewerb mit IBM unter die Arme zu greifen. Im September 1969, kurz vor der Bundestagswahl, unterzeichnete Dollinger daher mit den Vertretern von Siemens und AEG-Telefunken einen Vorvertrag über die Gründung eines gemeinsamen Unternehmens. Die Deutsche Datel GmbH sollte den beiden westdeutschen Computerherstellern Großrechner abkaufen und ihre Rechenkapazitäten über die Fernmeldenetze der Bundespost als günstige und bedarfsgerechte »Computerleistung aus der Steckdose« anbieten. Neben den zusätzlichen Verkäufen von Rechnern erhofften sich Siemens und AEG-Telefunken von dem Gemeinschaftsunternehmen vor allem Zugang zu kleineren und mittleren Betrieben.[8] Die Bundespost wollte mit ihrer Beteiligung an der Datel GmbH offiziell nur aus erster Hand Erfahrungen mit Datenübertragung sammeln, um die Weiterentwicklung ihrer Netze besser planen zu können.[9] Inoffiziell wird sicherlich auch eine Rolle gespielt haben, mit der Datenfernverarbeitung ein neues Geschäftsfeld zu erschließen.

---

5 Vgl. Scherer, Telekommunikationsrecht und Telekommunikationspolitik, S. 370.
6 Vgl. ebenda, S. 629-630.
7 Vgl. ebenda, S. 371.
8 Vgl. Norbert Kloten u.a., Der EDV-Markt in der Bundesrepublik Deutschland. Versuch einer Analyse, Tübingen 1976, S. 130-136.
9 Vgl. Datel-Gesellschaft, in: *Zeitschrift für das Post- und Fernmeldewesen* 1970, S. 371-373, hier S. 372.

Die Allianz aus Bundespost und den großen westdeutschen Computerherstellern führte bereits kurz nach dem Bekanntwerden des Vorvertrags zu scharfer Kritik. Vor allem die Hersteller der Mittleren Datentechnik, an erster Stelle die Nixdorf AG, drängten ebenfalls auf eine Beteiligung an dem Gemeinschaftsunternehmen. Dahinter stand einerseits die Angst, dass sich durch das Engagement der Bundespost die betriebliche Datenverarbeitung in zentrale Rechenzentren und auf Großrechner verlagert und diese zur Konkurrenz der Mittleren Datentechnik werden könnten. Andererseits konnte mit Datenfernverarbeitung relativ flexibel die Leistungslücke zwischen der Mittleren Datentechnik und Großrechnern überbrückt werden. Durch seine Kritik an den Plänen der Post konnte Heinz Nixdorf erreichen, dass die Nixdorf AG ebenfalls an der Datel beteiligt wurde. Auf Intervention von Georg Leber, der im Herbst 1969 das Postministerium übernommen hatte, wurden bei der offiziellen Gründung der Deutschen Datel-Gesellschaft für Datenfernverarbeitung mbH am 4. Mai 1970 auch die Nixdorf Computer AG sowie die AEG-Tochter Olympia in den Gesellschafterkreis aufgenommen.[10]

Entgegen den hohen Erwartungen, die Ende der 1960er mit Timesharing verbunden waren, entwickelte sich die Datel für ihre Gesellschafter allerdings zu einem wirtschaftlichen Debakel. Dies lag vor allem daran, dass die Unternehmensführung ihre Planungen nach optimistischen Prognosen aus den USA ausgerichtet hatte, die ein schnelles Wachstum des Datenfernverarbeitungsmarktes vorhergesagt hatten. Unmittelbar nach Gründung hatte die Datel daher einen kostspieligen Expansionskurs verfolgt und in kurzer Zeit durch Neubau und Kauf von Rechenzentren große Kapazitäten aufgebaut. Drei Jahre nach ihrer Gründung betrieben die über 600 Beschäftigten der Datel bundesweit bereits neun Rechenzentren[11] und residierten selbstbewusst in einem neu errichteten Hochhaus in direkter Nachbarschaft des Fernmeldetechnischen Zentralamts der Bundespost in Darmstadt. Allerdings blieb das Kundenwachstum deutlich hinter den Prognosen zurück, sodass die hohen Kosten für Personal, Betrieb und Investitionen nicht durch entsprechende Einnahmen gedeckt werden konnten und die Datel hohe Schulden anhäufte, für die die Gesellschafter bürgen mussten. Die Nixdorf AG trennte sich daher bereits 1973 von ihrer Beteiligung,[12] die übrigen Gesellschafter zogen schließlich 1974 die Konsequenzen aus der Geschäftsentwicklung und verkauften zum 01.01.1975 die Mehrheit an der Datel für einen symbolischen Preis und Übernahme der Schulden an das französische Serviceunternehmen Générale de service informatique (GSI).[13] Die Bundespost musste gegenüber dem Bundesrechnungshof ein Jahr später

---

10   Die Bundespost hielt 40 Prozent der Anteile an der Datel, Siemens und AEG-Telefunken jeweils 20 Prozent. Die Nixdorf AG und Olympia jeweils 10 Prozent. Vgl. Scherer, Telekommunikationsrecht und Telekommunikationspolitik, S. 372.
11   Vgl. Kloten u.a., Der EDV-Markt, S. 134.
12   Vgl. Gerhard Maurer, Angst vor IBM und Mut zum neuen System, in: *Computerwoche* 02/1974.
13   Sowohl die Bundespost als auch Siemens behielten nach dem Verkauf 5 Prozent der Anteile an der Datel GmbH. Vgl. Französisch-schweizerische Bankgruppe läßt weiterdateln. Deutsche Datel verkauft, in: *Computerwoche* 4/1974.

zugeben, dass sie 61,7 Millionen DM an Schulden von der Datel GmbH übernehmen musste.[14]

Trotz ihres wirtschaftlichen Scheiterns begann mit der Gründung der Datel im Jahr 1970 eine neue Epoche in der Beziehung der westdeutschen Datenverarbeitungsindustrie zur Bundespost. Dies lag vor allem daran, dass die Beteiligung der Bundespost an der Datel Anlass bot, einen unfairen Wettbewerb zwischen dem monopolbasierten Telekommunikationssektor und dem wettbewerbsorientierten Datenverarbeitungsmarkt zu thematisieren. Besonders die expansive Unternehmenspolitik der Datel, die vor allem darin bestand, mit dem Geld ihrer Gesellschafter Konkurrenten aufzukaufen, erinnerte an Praktiken von AT&T, mit niedrigen, durch das Telefonmonopol finanzierten Gebühren ihre Konkurrenten auf den Wettbewerbsmärkten zu verdrängen (siehe hierzu Kapitel 3). Seinen ersten Höhepunkt fand diese Auseinandersetzung während der Hannover-Messe 1971, auf der sowohl der Bundesverband der Büromaschinen-Importeure als auch der Verband Deutscher Rechenzentren Vorwürfe gegen die Datel und die Bundespost erhoben. Hinter der Kritik standen Befürchtungen, dass die Bundespost mit ihrer Beteiligung an der Datel den Wettbewerb auf dem Datenverarbeitungsmarkt verzerre, da sie mit den Einnahmen aus dem Fernmeldemonopol die Datel subventionieren und gegenüber anderen Benutzern technisch und benutzerrechtlich bevorzugen könnte. Langfristig würde die Bundespost mit der Datel GmbH daher die Monopolisierung des Timesharing-Marktes in der Bundesrepublik anstreben.[15]

Die Anwendervereinigungen hatten ohnehin ein kritisches Verhältnis zur Bundespost, da ihre Mitglieder im besonderen Maße von den im internationalen Vergleich hohen Fernmeldegebühren betroffen waren und die Finanzierung der defizitären Postdienste durch die Fernmeldegebühren als Monopolmissbrauch zu ihren Lasten deuteten.[16]

Das erste Aufflammen dieses Konflikts in der Bundesrepublik führte dazu, dass das Bundespostministerium sich verstärkt um einen Austausch mit den Herstellern und Anwendern von Computern bemühte. Im Spätsommer 1971 wurde beim Fernmeldetechnischen Zentralamt dazu der Ausschuss für Fragen der Datenfernverarbeitung (ADFA) eingerichtet, über den die Bundespost künftig die Spitzenverbände der betroffenen Branchen anhörte und informierte.[17]

---

14 Vgl. Bundesrechnungshof, Bemerkungen des Bundesrechnungshofes für das Haushaltsjahr 1975, BT-Drs. 8/1164, S. 28.
15 Vgl. »Einschränkung des freien Wettbewerbs«. Neue Bedenken gegen die Deutsche Datel GmbH, in: adl-nachrichten 68 (1971), S. 4.
16 Vgl. Werle, Telekommunikation in der Bundesrepublik, S. 161-163.
17 Dies war vor allem deswegen bedeutsam, da die Bundespost damit erstmalig auch die im Verein Deutscher Maschinenbau-Anstalten (VDMA) organisierten Computerhersteller wie IBM und Nixdorf einband. Siemens war, wie die übrige westdeutsche Fernmeldeindustrie, dagegen im Zentralverband der Elektrotechnischen Industrie (ZVEI) organisiert, der bereits über guten Zugang zum Postministerium verfügte. Vgl. Scherer, Telekommunikationsrecht und Telekommunikationspolitik, S. 373-374; Werle, Telekommunikation in der Bundesrepublik, S. 227-230.

Das Fernmeldemonopol vorm Bundesverfassungsgericht

Aber auch die Einrichtung des ADFA konnte nicht verhindern, dass der Konflikt zwischen Bundespost und Computeranwendern weiter eskalierte. Anlass hierfür waren die Pläne der Bundespost, ein neues Datennetz aufzubauen.

Auch wenn die Datel GmbH keinen wirtschaftlichen Erfolg hatte, wuchs die Nachfrage nach Datenübertragung in der Bundesrepublik seit Anfang der 1970er Jahre rasant. Bereits im Jahr 1969 hatte sich die Anzahl der von der Bundespost erfassten und an ihre Netze angeschlossenen Computer und Terminals von 1.273 auf insgesamt 4.258 verdreifacht. Ende des Jahres 1973 zählte die Post dann schon 17.553 Datenstationen, und zwei Jahre später hatte sich diese Zahl auf 37.346 erhöht. Dabei verteilte sich die Nachfrage nach Datenübertragung unterschiedlich auf die verschiedenen Netze. Beliebt waren bei Unternehmen vor allem die Datenübertragung über das Telefonnetz sowie festgeschaltete Leitungen, sogenannte Stromwege, während die Nachfrage nach Datenübertragung über das Telex- oder Datexnetz gering blieb. 1973 zählte die Bundespost nur 1.888 Datenstationen in diesen Netzen, während allein 8.701 Computer über festgeschaltete Stromwege verbunden waren.[18]

Für die Bundespost war diese Aufteilung der Datenübertragung in ihren Netzen problematisch. Die Übertragung von digitalen Daten über die für ein analoges Signal optimierten Telefonleitungen war zwar flächendeckend verfügbar und konnte mit Modems leicht realisiert werden, galt aber als störanfällig.[19] Festgeschaltete Standleitungen dagegen waren unternehmenspolitisch problematisch, da die Bundespost damit die Verfügungsgewalt über ihre eigene Infrastruktur verlor. Bis Ende der 1960er Jahre hatte sie daher nur in wenigen Ausnahmefällen anderen Behörden oder größeren Unternehmen Stromwege überlassen. Mit dem Boom der Computervernetzung in der Bundesrepublik ab 1969 wurde das Anmieten von Stromwegen aus dem Bestand der Bundespost allerdings zu einer gängigen Methode, mit der Unternehmen ihre Computer vernetzten. Mit Blick auf die Entwicklung des amerikanischen Telekommunikationssektors (siehe Kapitel 3.b) musste die Bundespost allerdings befürchten, dass dieser freizügige Umgang mit Stromwegen mittelfristig dazu führen könnte, dass Unternehmen diese Leitungen zu eigenen Datennetzen zusammenschalten und Zugang zu diesen Netzen weiterverkaufen, womit sie der Bundespost wirtschaftlich schaden würden.

Bereits Mitte der 1960er Jahre hatten die Ingenieure des Fernmeldetechnischen Zentralamts mit Überlegungen begonnen, wie die Datenübertragung vereinheitlicht werden könnte. Durch den Wechsel auf vollelektronische Vermittlungstechnik sollte ein neues, einheitliches Datennetz aufgebaut werden, das höhere Datenraten als die bestehenden Netze und neben Wählverbindungen auch festgeschaltete Verbindungen

---

18 Datenstationen im Fernmeldenetz: 1967: 170; 1968: 403; 1969: 559; 1970: 1407; 1971: 2570; 1972: 3607; 1973: 5936; 1974: 8463; 1975: 13.989. Stromwege: 1967: 97; 1968: 240; 1969: 440; 1970: 2316; 1971: 4245; 1972: 6430; 1973: 8701; 1974: 9486; 1975: 7121. Alle Zahlen aus Bohm, Stand und Entwicklung, in: Elias (Hg.), Telekommunikation, S. 99.

19 Vgl. W. Staudinger, Das Datexnetz, 4 Jahre nach seiner Einführung, in: *Zeitschrift für das Post- und Fernmeldewesen* 1971, S. 483-489, hier S. 486.

mit unterschiedlichen Bandbreiten ermöglichen sollte.[20] Ab 1968 begann Siemens mit der Entwicklung dieses elektronischen Datenvermittlungssystems (EDS); ein erster Betriebsversuch fand 1971 in München statt. Kurz darauf entschied die Bundespost, bis 1980 EDS zu einem bundesweiten Datennetz auszubauen, das die Datenübertragung über das Telex-, Datex- und Telefonnetz sowie Stromwege ablösen sollte.[21]

Da in der ersten Hälfte der 1970er Jahre allerdings die Nachfrage nach Datenübertragung schneller wuchs, als der Aufbau des EDS voranging, führte die Bundespost im Sommer 1974 als Übergangslösung einen neuen Datenübertragungsdienst ein. Der »Hauptanschluss für Direktruf« sollte die Vergabe von Stromwegen überflüssig machen und bot vergleichbare Funktionen wie festgeschaltete Verbindungen, konnte aber von der Bundespost innerhalb ihrer Netze flexibel geschaltet werden. Die meisten Direktrufanschlüsse wurden zunächst mit Modems über das Telefonnetz realisiert und sollten nach Fertigstellung des EDS in das neue Netz überführt werden.[22]

Eine Datenverbindung über Direktruf war bei Unternehmen durchaus beliebt, was sich in einer regen Nachfrage nach diesen Anschlüssen zeigte,[23] aber trotzdem ließ die Einführung des Direktrufdiensts den Konflikt zwischen der Bundespost und Teilen der Datenverarbeitungsanwender wiederaufleben, der diesmal bis vor das Bundesverfassungsgericht führte. Erneut ging es um die Frage, wo die Grenze zwischen der privatwirtschaftlichen Datenverarbeitungsindustrie und dem staatlich kontrollierten Fernmeldesektor verläuft. Aus Sicht ihrer Kritiker hatte die Bundespost mit den Benutzungsbedingungen des Direktrufs ihren aus dem Fernmeldemonopol abgeleiteten Regulierungsanspruch auf Bereiche ausgedehnt, die eindeutig zur privatwirtschaftlichen Datenverarbeitung gehörten.

Die strittigen Fragenkomplexe, die mit der juristischen Auseinandersetzung über die »Verordnung über das öffentliche Direktrufnetz für die Übertragung digitaler Nachrichten« verhandelt wurden, hatten bereits in den USA den Konflikt zwischen Datenverarbeitung und Telekommunikation begleitet. Mit der Definition des Modems als Netzabschluss betraf dies zum einen das Endgerätemonopol. Während in den USA schon seit der Carterfone-Entscheidung von 1968 der Anschluss von privaten Endgeräten an das Telefonnetz grundsätzlich erlaubt war, hatte die Post mit der Direktrufverordnung ihr Endgerätemonopol nochmals verschärft, da sie vorschrieb, dass die verwendeten Modems »posteigen« sein müssen (§ 3 Abs. 4). Zuvor hatte sie zumindest bei Stromwegen den Anschluss von eigenen Modems erlaubt. Aus Sicht der Bundespost behinderten private Modems aber eine spätere Überleitung der Direktrufanschlüsse in das neue, digitale EDS.

Darüber hinaus führte die Bundespost mit der Verordnung eine Zulassungspflicht für angeschlossene Computer und Terminals ein (§ 9). Die Bundespost verteidigte dies

---

20 Vgl. E. Hummel/Hermann G. Gabler, Über ein öffentliches Datenwählnetz der DBP, in: *Zeitschrift für das Post- und Fernmeldewesen* 1965, S. 769-773.

21 Vgl. Steinmetz/Elias (Hg.), Geschichte der deutschen Post 1945-1979, S. 334-335, S. 844-848; Bohm, Stand und Entwicklung, in: Elias (Hg.), Telekommunikation, S. 109-111; Werle, Telekommunikation in der Bundesrepublik, S. 205-208.

22 Vgl. Bohm, Stand und Entwicklung, in: Elias (Hg.), Telekommunikation, S. 118-121.

23 Datenstationen im Direktrufnetz: 1974: 1.028; 1975: 4.382; 1976: 14.168; 1977: 26.826; 1978: 34.105; 1979: 47.551; 1980: 60.562; 1981: 72.875. Zahlen nach ebenda, S. 99.

als eine in der Telekommunikationsindustrie übliche Praxis, mit der nur der störungsfreie Betrieb sichergestellt werden sollte. Für die Kritiker war dies aber eine problematische Regelung, da die Post damit den Anspruch erhob, Computer als Fernmeldetechnik zu regulieren, und davon mittelfristig weitere Bestimmungen für Datenverarbeitungstechnik ableiten oder ihr Endgerätemonopol ausweiten könnte.[24] Auch diese definitorische Trennung von Computern und Telekommunikationstechnik war in den USA eine zentrale Auseinandersetzung zwischen der Computerindustrie und den Telekommunikationsanbietern, auf die die FCC trotz ihrer Computer-I-Entscheidung Mitte der 1970er Jahre noch keine funktionierende Antwort gefunden hatte (siehe Kapitel 4.c).

Auch die dritte umstrittene Bestimmung der Direktrufverordnung war von den Konflikten in den USA geprägt. § 6 Abs. 6 schrieb vor, dass die angeschlossenen Computer »nicht ausschließlich oder überwiegend dem Zweck dienen [dürfen], digitale Nachrichten für andere Personen oder zwischen anderen Teilnehmern zu vermitteln.«[25] Mit dieser Regelung wollte die Bundespost ihr Monopol schützen und einen Weiterverkauf von Leitungskapazitäten verhindern. Die Betreiber von Service-Rechenzentren sahen in dieser Formulierung allerdings eine Klausel, durch die ihr gesamtes Geschäftsmodell, Datenverarbeitung für Dritte zu erbringen, vom Wohlwollen der Bundespost abhängig wird. Wie schon in der Auseinandersetzung um die Datel war damit erneut die Befürchtung verbunden, dass die Bundespost ihr Monopol auf Bereiche der Datenverarbeitung ausweiten könnte.[26]

In der zweiten Hälfte des Jahres 1974, unmittelbar nach dem Erlass der Direktrufverordnung, formierte sich daher unter westdeutschen Datenverarbeitungsanwendern eine erneute Protestwelle. Während der Arbeitskreis Fernmeldewesen des DIHT versuchte, im Gespräch mit der Bundespost einen Kompromiss zu den strittigen Regelungen zu finden,[27] ging der Verband der deutschen Postbenutzer e. V. auf Konfrontationskurs. Der im Jahr 1968 von Wilhelm Hübner als Interessenvertretung von Postkunden gegründete Verein hatte bereits zuvor auf juristischem Wege die Interessen seiner Mitglieder gegenüber der Bundespost durchgesetzt und 1970 vorm Bundesverwaltungsgericht einen Rechtsanspruch auf einen Telefonanschluss erstritten.[28] Auch die kontroversen Regelungen der Direktrufverordnung wollte der Verein von einem Gericht überprüfen lassen und damit ein Grundsatzurteil über die Rolle der Bundespost

---

24 Vgl. zu der Kontroverse über die Direktrufverordnung: Hugo Schwenk, Monopolist Bundespost, in: *Computerwoche* 02/1974; Paul Segert, DirRufV, in: *adl-nachrichten* 86 (1974), S. 3; Erwin H. Schäfer, Datenfernverarbeitung aus der Sicht der Hersteller, der Deutschen Bundespost und der Anwender. Teil 1, in: *adl-nachrichten* 95 (1975), S. 36-42; Meindrad Adelmann, Datenfernverarbeitung aus der Sicht der Hersteller, der Deutschen Bundespost und der Anwender. Teil 2, in: *adl-nachrichten* 96 (1976), S. 23-30.

25 Bundesminister für das Post- und Fernmeldewesen, Verordnung über das öffentliche Direktrufnetz für die Übertragung digitaler Nachrichten (DirRufV) vom 24.06.1974, in: Bundesgesetzblatt Teil 1, 1974, S. 1325-1388.

26 Vgl. Wolfgang Krüger, Gemeinsame Fernverarbeitung: Ja; Gemeinsame Datenübertragung: Nein, in: *Computerwoche* 35/1975.

27 Vgl. Schäfer, Datenfernverarbeitung aus der Sicht der Hersteller, der Deutschen Bundespost und der Anwender, in: *adl-nachrichten* 95 (1975).

28 Siehe die Entscheidung des Bundesverwaltungsgerichts vom 4. Dezember 1970, Anspruch auf Einrichtung eines Fernsprechanschlusses, in: BVerwGE 36, 352.

in der Datenverarbeitung herbeiführen. Im Februar 1975 beauftragte der Verein den Bielefelder Wettbewerbsjuristen Volker Emmerich daher, Ansatzpunkte für eine Klage gegen die Direktrufverordnung zu finden.[29]

In seinem Rechtsgutachten bezweifelte Emmerich, dass das Fernmeldemonopol des Bundes auch für Datenübertragung gilt. Dazu müssten Computer unter den Begriff der Telegrafen- bzw. Fernmeldeanlagen fallen, für den das Reichsgericht bereits 1889 das Kriterium der sinnlichen, durch einen Menschen wahrnehmbare Wiedergabe einer körperlos übermittelten Nachricht herangezogen hatte (siehe Kapitel 5.a). Aus Sicht von Emmerich erfüllte eine Datenübertragung zwischen Computern oder zwischen Terminals und Computern dieses Kriterium allerdings nicht, da die übertragenen Nachrichten in der Regel nicht auf beiden Seiten sinnlich wahrnehmbar sind, sondern unsichtbar für die menschliche Wahrnehmung im Speicher eines Computers verbleiben. Daher würden Computer nicht unter den Begriff der Fernmeldeanlage fallen und das Fernmeldemonopol könne dementsprechend nicht für Datenübertragungen gelten. Damit würde der Direktrufverordnung aber die gesetzliche Grundlage fehlen, um in die vom Grundgesetz garantierte Berufsfreiheit einzugreifen. Dies tue sie aber insbesondere dadurch, da sie den Vertrieb von Modems sowie eine Datenverarbeitung für Dritte einschränkt.[30]

Mit dieser Argumentation reichte der Verband der deutschen Postbenutzer im Sommer 1975 im Namen einiger seiner Mitglieder eine Verfassungsbeschwerde ein, die vom Bundesverfassungsgericht angenommen wurde. Der bekannteste Beschwerdeführer war die Nixdorf Computer AG sowie die Datenverarbeitungstochter des Industriekonzerns Mannesmann, ansonsten zählten vor allem Betreiber von Service-Rechenzentren zu den Klägern.[31]

Die Bedeutung des Direktrufurteils

In ihrem Urteil folgten die Richter des Bundesverfassungsgerichts allerdings nicht der Argumentation der Kläger und wiesen die Verfassungsbeschwerde im Herbst 1977 als unbegründet zurück. Der Karlsruher Richterspruch bildete dennoch ein Grundsatzurteil, da er erneut bestätigte, dass der Begriff »Fernmeldeanlagen« und damit das Monopol entwicklungsoffen und unabhängig von einer konkreten technischen Umsetzung sind. Nach dem Verständnis des Bundesverfassungsgerichts stand nicht die sinnliche Wahrnehmbarkeit eines übermittelten Signals durch einen Menschen im Mittelpunkt

---

29   Vgl. Dieter Eckbauer, »Verband der Postbenutzer« bleibt am Ball. Wer will die Post verklagen?, in: *Computerwoche* 15/1975.

30   Vgl. Beschluss des Bundesverfassungsgerichtes zur Direktrufverordnung vom 12.10.1977, in: BVerfGE 46, 120.

31   Beschwerdeführer waren neben der Nixdorf Computer AG unter der Mannesmann-Datenverarbeitung GmbH, die Enka Glanzstoff AG (Wuppertal), das Genossenschaftliches RZ (Mutterstadt), die Gesellschaft für automatisierte DV (Münster), die Video Data Systems GmbH (Bruchköbel). Vgl. »Verband der Postbenutzer« bleibt am Ball. Wer will die Post verklagen?, in: *Computerwoche* 18/1975; Verfassungsbeschwerde gegen Direktrufverordnung. Bundespost vor dem Kadi, in: *Computerwoche* 28/1975.

des Fernmeldemonopols, sondern die abstrakte Wiedererzeugung eines körperlos übertragenen Signals am Empfangsort. Ob das Signal am Empfangsort auch für menschliche Sinne wahrnehmbar gemacht wird, etwa durch Wiedergabe auf Bildschirmen, Druckern oder Lautsprechern, oder im Speicher eines Computers verbleibt, war für das Bundesverfassungsgericht dagegen eine untergeordnete Frage.[32] Die Karlsruher Richter entschieden daher, dass die strittigen Bestimmungen der Direktrufverordnung zulässig sind. Die Bundespost war grundsätzlich berechtigt, den Einsatz von privaten Modems zu verbieten und den Anschluss von Computern von einer Zulassung abhängig zu machen.[33] Auch die Frage, ob die Bundespost ihren Kunden den Weiterverkauf von Datenübertragung an Dritte verbieten darf, entschieden die Richter zugunsten der Bundespost. Interessant ist, dass das Bundesverfassungsgericht in diesem Zusammenhang erneut die Praxis der Bundespost bestätigte, mit den Überschüssen des Fernmeldesektors defizitäre Dienstleistungen zu subventionieren. Ein Verbot von privaten Datennetzen war daher zum Schutz des Gemeinwohls und der finanziellen Interessen der Bundespost grundsätzlich zulässig, allerdings nur, sofern bei diesen Netzen das Vermitteln und nicht das Verarbeiten von Daten im Vordergrund stehe.[34]

Obwohl das Urteil die Rechtsposition der Bundespost stärkte, schuf es auch für die Datenverarbeitungsindustrie Rechtssicherheit. Das Gericht bestätigte nämlich die Auslegung des Rundfunkurteils von 1961, wonach sich die Bundespost auf die unveränderte Übertragung von Signalen beschränken muss.[35] Dies schloss insbesondere einen Datenverarbeitungsdienst für Dritte durch die Bundespost aus.[36]

Mit diesem Urteil bestätigte das Bundesverfassungsgericht die zentrale Rolle der Bundespost und des Fernmeldemonopols bei der Datenübertragung und bremste damit Hoffnungen auf eine Liberalisierung des westdeutschen Telekommunikationssektors nach dem Vorbild der USA vorerst aus. Auf juristischem Wege konnten die Anwender von Computern in der Bundesrepublik keine privaten Datennetze oder den freizügigen Anschluss von Endgeräten durchsetzen. Bei der Computervernetzung in der Bundesrepublik führte vorerst kein Weg an der Bundespost vorbei. Gleichzeitig steht das Urteil aber am Anfang eines neuen Abschnitts der bundesdeutschen Telekommunikationspolitik. Mit der Bestätigung, dass das Fernmeldemonopol auch für Datenkommunikation gilt, stärkte das Bundesverfassungsgericht nicht nur die Position der Bundespost, sondern ermöglichte dem bundesdeutschen Telekommunikationssektor, einen von den

---

32 Vgl. Beschluss des Bundesverfassungsgerichtes zur Direktrufverordnung vom 12.10.1977, Abschnitte C.I, C.III.
33 Hier setzte das Gericht der Post aber Grenzen. Sie durfte die Zulassung nur von der Störsicherheit des Fernmeldenetzes abhängig machen und war ansonsten zur Genehmigung verpflichtet. Vgl. Konsequenzen aus dem Karlsruher Urteil für die DFÜ. Ein Postmonopol für Fernkopierer verhindert, in: *Computerwoche* 03/1978.
34 Vgl. Beschluss des Bundesverfassungsgerichtes zur Direktrufverordnung vom 12.10.1977, Abschnitt C.II.
35 Vgl. ebenda.
36 Vgl. Konsequenzen aus dem Karlsruher Urteil für die DFÜ. Ein Postmonopol für Fernkopierer verhindert, in: *Computerwoche* 03/1978; Steinmetz/Elias (Hg.), Geschichte der deutschen Post 1945-1979, S. 753-755; Scherer, Telekommunikationsrecht und Telekommunikationspolitik, S. 631-632.

USA abweichenden Entwicklungspfad einzuschlagen. Mit der Bundespost gab es nämlich einen zentralen Akteur, über den die Bundesregierung die Entwicklung des Sektors beeinflussen konnte. Dies eröffnete ihr die Möglichkeit, die Bundespost und das Fernmeldemonopol als industriepolitisches Instrument gegen die amerikanische Dominanz auf dem Datenverarbeitungsmarkt einzusetzen.

Möglich wurde dies auch durch eine neue Perspektive auf Telekommunikation, die in der zweiten Hälfte der 1970er Jahre an Popularität gewann. Es waren nicht länger nur Anwender und Hersteller von Datenverarbeitungstechnik, die auf die bremsende Wirkung des Fernmeldemonopols und der Bundespost auf die Innovationsgeschwindigkeit der Branche hinwiesen. In zunehmendem Maße fand diese Position auch Zugang zur Bundesregierung. Allerdings bedurfte es erst eines Impulses von außen, bevor bei der Bundespost ebenfalls ein Umdenken einsetzte.

7.b Telekommunikation als »deutsches Raumfahrtprogramm« (1977 – 1979)

»Modernisierung der Volkswirtschaft«

Als im Herbst des Jahres 1973 die Ölförderländer ihre Produktionskapazitäten überraschend drosselten, hatte dies nicht nur einen kurzfristigen Anstieg des Benzinpreises und autofreie Sonntage zur Folge. Die erste Ölkrise gilt mittlerweile als der Moment, an dem der Wirtschaftsboom der Nachkriegszeit endgültig sein Ende fand. Zusammen mit dem Ende des Währungssystems von Bretton Woods im Jahr zuvor gilt dies als der Ausgangspunkt eines langfristigen und tiefgreifenden Strukturwandels und einer wirtschaftspolitischen Neuorientierung der westlichen Industriestaaten.[37] Auch in der Bundesrepublik machte der nach 1973 dauerhaft erhöhte Ölpreis deutlich, wie sehr der erreichte Wohlstand vom billigen Erdöl abhängig war. Als Folge dieser Erkenntnis schwand innerhalb der sozialliberalen Regierungskoalition das Vertrauen in die Instrumente der keynesianischen Wirtschaftspolitik, die sich noch in der Rezession des Jahres 1966/67 als wirksam erwiesen hatten. Mit einer finanzpolitischen Globalsteuerung konnten die wirtschaftlichen Probleme und die Wachstumsschwäche der 1970er Jahre nicht mehr in den Griff bekommen werden.

Als alternative Methode einer langfristig orientierten Wirtschaftspolitik geriet Mitte der 1970er Jahre die Forschungs- und Technologieförderung erneut in den Fokus der Wirtschaftspolitik.[38] Innerhalb der Bundesregierung wurde dieser Ansatz besonders prononciert von den beiden sozialdemokratischen Politikern Volker Hauff und Fritz W. Scharpf vertreten, die ihre Vorschläge zur »Modernisierung der Volkswirtschaft«[39] 1975 in dem gleichnamigen Buch zusammenfassten. Der studierte Volkswirt Hauff war 1972 unter Horst Ehmke zum parlamentarischen Staatssekretär im Bundesministerium für

---

37   Vgl. Doering-Manteuffel/Raphael, Nach dem Boom, S. 39-60.
38   Vgl. Wieland, Neue Technik auf alten Pfaden?, S. 80-82.
39   Vgl. Volker Hauff/Fritz Wilhelm Scharpf, Modernisierung der Volkswirtschaft. Technologiepolitik als Strukturpolitik, Köln 1975.

Forschung und Technologie ernannt worden und übernahm 1978 die Leitung des Ressorts von Hans Matthöfer. Sein Mitautor Scharpf hatte 1964 bei Ehmke promoviert und war seit 1973 als Politikwissenschaftler am Wissenschaftszentrum Berlin tätig, das 1969 als sozialwissenschaftliche Forschungseinrichtung gegründet worden war und die Politik mit wissenschaftlichem Sachverstand beraten sollte. Ausgehend von ihrer Analyse der aktuellen Probleme der Industriestaaten schlugen die beiden vor, die westdeutsche Forschungs- und Technologiepolitik stärker als ein Instrument der wirtschaftlichen Strukturpolitik zu begreifen. Der Staat sollte vor allem Technologien fördern, von denen langfristige Impulse für eine Stabilisierung des Wirtschaftswachstums zu erwarten seien. In der derzeitigen Situation sei daher vor allem die Förderung von Rohstoff- und Energietechnik sinnvoll. Zusätzlich sollte der Staat aber auch die Datenverarbeitung und Telekommunikation als neue, energiesparsame Schlüsseltechnologie fördern. Hier sollte die staatliche Forschungspolitik dazu beitragen, dass die westdeutsche Industrie nicht bloß die Entwicklungen anderer Länder nacherfindet, sondern frühzeitig Marktnischen besetzt und auf dem Weltmarkt als Anbieter von Spitzentechnologie auftritt.[40]

Damit gelangte die westdeutsche Datenverarbeitungsindustrie erneut in den Fokus der staatlichen Förderpolitik. Fast zehn Jahre, nachdem die technologische Lücke zu einem Problem erklärt und die westdeutsche Computerindustrie in staatliche Förderprogramme eingebunden worden war, war das Ziel noch nicht erreicht, dass mindestens ein westdeutscher Computerhersteller technologisch und wirtschaftlich mit amerikanischen Herstellern mithalten kann. Das Scheitern von Unidata hatte außerdem im Sommer 1975 gezeigt, dass auch die Europäisierung der Computerindustrie vorerst keinen Ausweg aus diesem Defizit bot (siehe Kapitel 5.c).

Auf der Suche nach entwicklungsfähigen Technologiefeldern für die bundesdeutsche Elektronikindustrie geriet erneut die Telekommunikationstechnik in den Blick der Forschungspolitik. Nachdem der erste Versuch von Horst Ehmke, als Bundesforschungsminister die Bundespost über die Breitbandverkabelung zu einem Motor der technologischen Entwicklung zu machen, von der KtK gestoppt worden war (siehe Kapitel 6.a), startete das Bundesforschungsministerium 1977 einen neuen Versuch, mit einem Förderprogramm innovative Entwicklungen in der Telekommunikationstechnik zu unterstützen. Aufgrund der Erfahrung mit der KtK verzichtete das Ministerium allerdings zunächst auf eine Beteiligung der Bundespost. Erst nachdem das Bundesverfassungsgericht mit dem Direktrufurteil das Fernmeldemonopol gestärkt hatte, setzte sich im Forschungsministerium die Erkenntnis durch, dass ein Förderprogramm ohne die Beteiligung der Bundespost mit ihrem erheblichen Nachfragepotenzial nicht sinnvoll ist.[41]

Das »Programm der Bundesregierung zur Forschung und Entwicklung im Bereich der Technischen Kommunikation«[42] umfasste daher neben Projekten, die aus Mitteln

---

40 Vgl. ebenda, S. 86-94.
41 Vgl. Scherer, Telekommunikationsrecht und Telekommunikationspolitik, S. 301-303.
42 Vgl. Bundesregierung, Programm der Bundesregierung zur Förderung von Forschung und Entwicklung im Bereich der technischen Kommunikation, Bonn 1979. Zum Forschungsprogramm Technische Kommunikation siehe auch: Rose, Der Staat als Kunde, S. 78-85.

des Forschungsministeriums finanziert wurden, auch Entwicklungsprojekte der Bundespost. Die Post förderte aber nur Projekte, die einen unmittelbaren Bezug zu ihren Fernmeldenetzen hatten. Dazu zählten insbesondere Pilotprojekte mit Glasfasern sowie Studien zur Digitalisierung des Fernmeldenetzes, die den Kern für die späteren ISDN-Pläne bildeten.[43] Die vom Forschungsministerium geförderten Projekte hatten dagegen einen Schwerpunkt auf Endgeräte und Anwendungen, wobei ein besonderer Fokus auf Grundlagenforschung für Bildschirm- und Drucktechniken lag.

»Postbenutzer stark entwicklungsfähiger Markt für neue Dienstleistungen«

Innerhalb der Bundesregierung wuchs seit Mitte der 1970er Jahre auch im Bundeswirtschaftsministerium das Interesse an Telekommunikation. Die Beschwerden der großen Computeranwender, die Bundespost würde den Wettbewerb stören und Innovationen verhindern, nährten auch hier die Zweifel, ob das Fernmeldemonopol in seiner derzeitigen Form noch im Interesse der westdeutschen Volkswirtschaft war.

Zu einem wirtschaftspolitischen Schwerpunkt wurde der Telekommunikationssektor schließlich, als Otto Graf Lambsdorff im Oktober 1977 den bisherigen Bundeswirtschaftsminister Hans Friderichs ablöste. Mit dem Liberalen Lambsdorff stand nun ein Minister an der Spitze des Wirtschaftsressorts, der als Reaktion auf die ökonomischen Krisen der 1970er Jahre stärker auf die ordnenden Kräfte des Wettbewerbs setzte und den staatlichen Einfluss auf die Wirtschaft reduzieren wollte. In demselben Monat, in dem das Bundesverfassungsgericht das Fernmeldemonopol gestärkt hatte, wurde mit Lambsdorff damit ein Befürworter einer Liberalisierung des Monopols Mitglied der Bundesregierung.

Bereits wenige Tage nach seinem Amtsantritt, am 11. November 1977, fasste das für die Datenverarbeitungsindustrie zuständige Referat IV A4 des Bundeswirtschaftsministeriums die Strategie des Ministeriums für den Telekommunikationssektor in einem dreiseitigen Dokument stichpunktartig zusammen. In dem Papier betonte der Referent zunächst die Bedeutung des EDV- und Telekommunikationssektors. »Branche hat technologisch hohen Stand erreicht und ist strukturell besonders zukunftsträchtig (hoher F&E-Anteil, sehr personalintensiv, keine Rohstoff- und Umweltprobleme).«[44] Allerdings stehe die westdeutsche EDV-Industrie unter starkem internationalem Wettbewerbsdruck, vor allem durch IBM, das allein durch seine Größe einen Marktvorteil hat. Im Dokument heißt es dazu: »Anschauliches Beispiel: IBM-Jahresüberschuß beträgt ein Vielfaches des DV-Umsatzes des größten Deutschen Herstellers (Siemens).«[45] Auch die japanische Wirtschaft setzte die deutsche EDV-Industrie durch eine umfangreiche staatliche Industrieförderung, einen abgeschotteten Binnenmarkt und aggressive Exportpolitik unter Druck. Die deutsche Bundesregierung habe zwar bislang durch

---

43 Vgl. Manfred Lange/Heinz Wichards, Die nachrichtentechnische Forschung und Entwicklung in der Bundesrepublik, in: Dietrich Elias (Hg.), Telekommunikation in der Bundesrepublik Deutschland 1982, Heidelberg, Hamburg 1982, S. 141-154.

44 Vermerk »Nachrichtentechnische und Datenverarbeitungsindustrie« des Referats IV A 4 vom 11.11.1977, in: BArch B102/196034, Allgemeine technische und volkswirtschaftliche Fragen der EDV- und Elektronikindustrie, Band 17.

45 Ebenda. Im Original wurde der Hinweis »DV-« handschriftlich ergänzt.

Förderung von Forschung und Entwicklung der deutschen Industrie helfen können, ihren Technologierückstand aufzuholen, und sie dadurch wettbewerbsfähiger gemacht. Trotzdem habe die deutsche Elektronikindustrie Schwierigkeiten, auf dem Weltmarkt mitzuhalten, woran vor allem ihre geringen Marktanteile schuld seien. Das Problem sei, wie das Dokument stichwortartig aufzählt, dass »– auch technologisch komplizierte Produkte (Standardbeispiel elektronische Bauelemente) nur wettbewerbsfähig angeboten werden können, wenn Großserien hergestellt werden, – Großserien jedoch wegen Marktbeherrschung anderer für deutsche Industrie kaum möglich.«[46]

Aus dieser Analyse der Situation schloss der Referent, dass eine Änderung der bundesdeutschen Technologiepolitik notwendig ist. Die Förderung von Innovationen müsse durch eine Aktivierung der Nachfrage ergänzt werden. »Das bedeutet: Förderung nach bisherigem Schnittmuster (technological push) kann Wettbewerbsfähigkeit langfristig nicht sichern. Notwendig ist qualifizierte und breite Nachfrage (demand pull) nach technologischen Spitzenprodukten.«[47] Die Bundesrepublik könne dabei aber nicht wie die USA auf den Rüstungssektor zurückgreifen. Auch für die japanische Methode der industriellen Koordination fehlten in Westdeutschland die politischen und strukturellen Voraussetzungen. Hier böte sich stattdessen der Fernmeldemarkt an. »Potentester Anwender und wichtigster Markt für zahlreiche DV- und Telekommunikationstechniken ist die Deutsche Bundespost. Daneben sind Postbenutzer [ein] stark entwicklungsfähiger Markt für neue Dienstleistungen. Hier liegt [ein] Ansatzpunkt für Verstärkung eines ›Nachfragesoges‹«[48].

Die Nachfrage der Bundespost und ihrer Kunden nach technologischen Spitzenprodukten sei derzeit aber aufgrund der Struktur des westdeutschen Fernmeldesektors noch sehr unterentwickelt, der gesamte Sektor gelte als innovationsfeindlich. Dies liege zum einen an der Beschaffungspolitik der Bundespost, da ihre Zulieferer in einem geduldeten Quotenkartell bewährte Technologie vollkommen risikofrei verkaufen können. Insgesamt sei die Post bei technologisch innovativen Diensten sehr zurückhaltend (»Beispiel: Datentelefon der Fa. Nixdorf«[49]) und habe die Tendenz, ihre Verfügungsgewalt auszuweiten (»Beispiel: Modems müssen posteigen sein«[50]).

Aus industriepolitischer Sicht müsse es daher das Ziel des Bundeswirtschaftsministeriums sein, den westdeutschen Fernmeldesektor insgesamt innovationsfreundlicher zu machen. Dabei sah der Referent zwei mögliche Ansatzpunkte. Die Beschaffungspolitik der Bundespost könne verändert werden. Hier sei die »Aufweichung der festgefahrenen Lieferantenstrukturen durch Einwirkung auf Post und deren industrielle Partner«[51] notwendig. Darüber hinaus sollte das Wirtschaftsministerium auf das geplante Förderprogramm des Forschungsministeriums und der Bundespost einwirken. Es müsse sichergestellt werden, dass das Programm für die Industrie zusätzliche

---

46   Ebenda.
47   Ebenda.
48   Ebenda.
49   Ebenda.
50   Ebenda.
51   Ebenda.

Marktchancen etwa für den Export schafft und nicht nur eine weitere »Variante der Beziehung zwischen Monopolkunden Post und ›etablierten‹ Zulieferkreis wird.«[52]

Mit dieser Strategie im Hintergrund, die darauf hinauslief, zur Förderung der bundesdeutschen Industrie die Nachfrage der Post und ihrer Kunden nach innovativer Telekommunikations- und Datenverarbeitungstechnik anzukurbeln, begann das Bundeswirtschaftsministerium ab 1978 auf die Bundespost einzuwirken. Während das Forschungsministerium nur indirekt durch Forschungsprojekte Einfluss auf die Bundespost nehmen konnte, hatte das Bundeswirtschaftsministerium direkte Einflussmöglichkeiten, da es Änderungen von Benutzungsbedingungen oder Gebühren der Bundespost zustimmen musste. Als die Bundespost 1977 als Folge des Telekommunikationsberichts der KtK mit den Planungen eines neuen Dienstes für Fernkopien über das Telefonnetz begann, versuchte das Bundeswirtschaftsministerium seine Zustimmung von einer liberaleren Wahrnehmung des Fernmeldemonopols abhängig zu machen.

Bei dieser Politik konnte das Ministerium auf ein europäisches Vorbild zurückgreifen. In Frankreich, dessen Datenverarbeitungssektor sich in einer ähnlichen Situation wie die bundesdeutsche befand, hatten Simon Nora und Alain Minc in einem im Dezember 1977 veröffentlichten Bericht vorgeschlagen, der französische Staat solle seinen Einfluss auf den Telekommunikationssektor strategisch nutzen, um die nationale Wirtschaft zu stärken und insbesondere die Abhängigkeit von IBM zu verringern.[53]

»Volksfax« oder Wettbewerb? Der Streit um Telefax

Seit den Anfängen der Telegrafie hatten verschiedene Erfinder und Unternehmen nach Möglichkeiten gesucht, neben Text und Sprache auch Zeichnungen und Bilder über Fernmeldeleitungen zu übertragen, bis in die 1960er Jahre hinein hatte sich jedoch keines der dazu entwickelten Verfahren durchgesetzt. Erst nachdem sich mit der Xerografie das Vervielfältigen von Schriftstücken zu einer weit verbreiteten Bürotechnik entwickelt hatte, bekam das Fernkopieren eine neue Dynamik, die sich nochmals beschleunigte, nachdem die Cartefone-Entscheidung in den USA den Anschluss von Büromaschinen an das Telefonnetz vereinfacht hatte. Bis zur Mitte der 1970er Jahre hemmten allerdings unterschiedliche Herstellerstandards die Entwicklung. Der Austausch von Schriftstücken über Telefonleitungen war in der Regel nur zwischen den Geräten desselben Herstellers möglich. Die Internationale Fernmeldeunion (ITU) hatte sich zwar schon 1964 mit der Standardisierung befasst, der festgelegte G1-Standard fand aber keine Verbreitung. Erst der zweite Standardisierungsversuch war schließlich erfolgreich und brachte 1976 den internationalen Durchbruch des Fernkopierens. Mit dem G2-Standard konnte der Inhalt einer A4-Seite über eine normale Telefonleitung innerhalb von drei Minuten übertragen werden. Der 1980 verabschiedete G3-Standard redu-

---

52 Ebenda.
53 Vgl. Simon Nora/Alain Minc, L‹ informatisation de la société. Rapport à M. le président de la République, Paris 1978.

zierte diese Zeit durch die Anwendung von digitalen Kompressionstechniken nochmals auf etwa eine Minute.[54]

In der Bundesrepublik waren bis Ende der 1970er Jahre nur wenige Fernkopierer mit einer Sondergenehmigung der Bundespost an das Telefonnetz angeschlossen oder über Stromwege verbunden.[55] Vor dem Hintergrund des laufenden Standardisierungsprozesses hatte die KtK bereits 1974 über die Einführung des Fernkopierens als neuen Dienst der Bundespost diskutiert. Die Empfehlung, einen Telefaxdienst auf Grundlage des Telefonnetzes einzurichten, fand schließlich Eingang in den Telekommunikationsbericht[56] und wurde daraufhin von der Bundesregierung aufgegriffen.[57] Zur Gestaltung des Dienstes rief die Bundespost im Herbst 1976 den »Arbeitskreis Telefaxdienst« ins Leben, um im Dialog mit den Interessenverbänden von Anwendern und Herstellern die Bedingungen des neuen Fernmeldedienstes festzulegen.[58]

Während der Arbeitskreis sich schnell auf die technischen Grundlagen einigen konnte, blieb die Rolle der Bundespost beim Vertrieb von Faxgeräten umstritten. Während die Bundespost in Telefax einen Fernmeldedienst sah, den sie wie das Telefonnetz ausschließlich mit posteigener Einheitstechnik (»Volks-Fax«) betreiben wollte, ordneten der DIHT und VDMA Telefaxgeräte der Bürotechnik zu und wollten eine Ausweitung des Fernmeldemonopols in diesen Bereich unbedingt verhindern.[59] Über ihre Mitarbeit im Arbeitskreis Telefax konnten sie erreichen, dass dieser im Mai 1977 den Mehrheitsbeschluss traf, den Vertrieb von Faxgeräten ausschließlich der Privatwirtschaft zu überlassen. Die Bundespost war dagegen nur bereit, private Anbieter von Faxgeräten zuzulassen, aber auf keinen Fall wollte sie darauf verzichten, selbst Geräte anzubieten.[60]

In diesen Konflikt zwischen der Industrie und der Bundespost griff das Bundeswirtschaftsministerium Anfang des Jahres 1978 ein, um seine Vorstellungen eines marktwirtschaftlichen Kurses in der Telekommunikation umzusetzen. Im August 1978 veranstaltete das Ministerium öffentlichkeitswirksam ein »Telefax-Hearing«, in dem die

---

54 Siehe zur Entwicklungs- und Standardisierungsgeschichte von Telefax: Jonathan Coopersmith, Faxed. The rise and fall of the fax machine, Baltimore 2015. Für Details zur Entwicklung des G1 und G2-Standards: Jürgen Bohm u.a., Der Telefaxdienst der Deutschen Bundespost, in: Kurt Gscheidle/Dietrich Elias (Hg.), Jahrbuch der Deutschen Bundespost 1978, Bad Windesheim 1979, S. 172-228, hier S. 173-182.
55 Vgl. ebenda, S. 178.
56 Vgl. KtK 1976, Telekommunikationsbericht, S. 83-90; KtK 1976, Anlagenband 4. Neue Telekommunikationsformen in bestehenden Netzen, S. 147-172.
57 Vgl. Vorstellungen der Bundesregierung zum weiteren Ausbau des technischen Kommunikationssystems, S. 336-338.
58 Als Vertreter der Anwenderinteressen hatte die Bundespost den DIHT, den Ausschuss für wirtschaftliche Verwaltung in Wirtschaft und öffentlicher Hand sowie die Bundesstelle für Büroorganisation und Bürotechnik des Bundesverwaltungsamts eingeladen. Die potenziellen Hersteller und Lieferanten von Faxgeräten wurden vom ZVEI, VDMA und dem »Bundesverband der Büromaschinen-Import und Vertriebsunternehmen« vertreten. Vgl. Scherer, Telekommunikationsrecht und Telekommunikationspolitik, S. 381.
59 Vgl. Hoflieferanten gesucht, in: DER SPIEGEL 26/1978, S. 84-86.
60 Vgl. Bohm u.a., Der Telefaxdienst der Deutschen Bundespost, in: Gscheidle/Elias (Hg.), Jahrbuch der Deutschen Bundespost 1978, S. 182-197.

Interessenverbände und Unternehmen der Elektronikindustrie nochmals ihre Argumente gegen eine Beteiligung der Bundespost am Gerätemarkt vorbringen konnten. Hier standen dieselben Befürchtungen im Raum, die bereits den Konflikt um die Datel GmbH dominiert hatten: Die Bundespost könne kein gleichwertiger Marktteilnehmer sein, da sie Zulassungsbehörde und Wettbewerber zugleich wäre und auf Monopolgewinne zurückgreifen könnte, mit denen sie auf dem Telefaxmarkt konkurrierende Unternehmen unterbieten und den Markt für Bürotechnik monopolisieren könnte.[61]

Die Bundespost konnte die Intervention des Bundeswirtschaftsministeriums zwar nicht einfach ignorieren, trat in den anschließenden Gesprächen aber selbstbewusst auf und verteidigte ihren Anspruch. Aus Sicht der Post war ihre Beteiligung am Gerätemarkt eine Grundsatzfrage, da ein signifikanter Teil der Wertschöpfung des Telekommunikationsmarktes im Begriff war, sich in die Endgeräte zu verlagern. Wie beim Bildschirmtext und dem Aufbau eines Breitbandkabelnetzes ging es der Bundespost bei Telefax daher um die langfristige Absicherung ihrer wirtschaftlichen Grundlagen.[62] Im Dezember 1978 konnte Lambsdorff für sein Einvernehmen von Postminister Gscheidle daher nur die Zusage erhalten, dass die Bundespost bei Telefaxgeräten den Wettbewerb beachten und daher grundsätzlich keinen Marktanteil von mehr als 20 Prozent anstreben wird. Dieses Zugeständnis der Post entsprach keinesfalls den Vorstellungen des Wirtschaftsministeriums von einer Liberalisierung des Endgerätemarktes. Die prozentuale Begrenzung des Marktanteils galt daher nur als vorübergehende Einzelfalllösung, um die Einführung von Telefax nicht weiter zu verzögern.[63]

»Die Bremser auf dem gelben Wagen.« Öffentliche Kritik am Fernmeldemonopol

Damit konnte zum Jahresende 1978 zwar der Konflikt um eine Beteiligung der Bundespost am Markt für Faxgeräte vorerst beigelegt werden. Der dahinterstehende Vorwurf, dass die Bundespost mit dem Fernmeldemonopol die Marktwirtschaft und technologische Innovation behindert, hatte bis dahin nur eine kleine Zahl von Fachleuten in der Datenverarbeitung und Bürotechnik sowie die zuständigen Beamten der Bundesregierung beschäftigt. Mit dem Telefaxstreit wurde die Kritik an der Bundespost und der Wirkung des Fernmeldemonopols allerdings lauter und sichtbarer.

Dies war auch in der Berichterstattung der Medien zu spüren. Am 8. Dezember 1978 zeigte die ARD in der Dokumentationsreihe »Kraftproben« freitagabends zur besten Sendezeit eine vom WDR produzierte Episode über die Auseinandersetzungen des Elektronikingenieurs Ulrich Jochimsen mit der Bundespost. In der Fernsehdokumentation porträtierte der WDR-Redakteur Wolfgang Korruhn Jochimsen als einen Mann, der sich mit besten Absichten, nämlich die Bundesrepublik auf dem Telekommunikationssektor technisch auf Augenhöhe mit den USA zu bringen, jahrelang mit der Bundespost

---

61 Vgl. Telefax: Unerwünschter Mitbewerber Post. Hearing im Bundeswirtschaftsministerium macht Differenzen augenscheinlich, in: *Computerwoche* 36/1978.
62 Vgl. Werle, Telekommunikation in der Bundesrepublik, S. 239-240.
63 Vgl. Gscheidle und Lambsdorff einig über Telefax. Elias: Post hemmt keine Innovationen, in: *Computerwoche* 51/1978. Zu den Details der Verhandlungen siehe: Scherer, Telekommunikationsrecht und Telekommunikationspolitik, S. 405-414.

angelegt hatte und schließlich bis zum finanziellen Ruin an den Beharrungskräften des Postmonopols gescheitert war.[64]

Seit Mitte der 1960er Jahre betrieb Jochimsen in Wiesbaden ein Ingenieurbüro (Video Digital Technik), das sich zunächst auf Video- und Studiotechnik spezialisiert hatte. Anfang der 1970er Jahre hatte sich Jochimsen, inspiriert von der Entwicklung in den USA nach der Carterfone-Entscheidung, der Fernmeldetechnik zugewandt und ein System zur Funkbenachrichtigung entworfen. Für die Nixdorf AG war Jochimsen an der Konzeption eines Datentelefons (Nixdorf Datatel 8811) beteiligt, das Funktionen eines Telefons mit denen eines Datenterminals verband.

Da die Bundespost seinen Entwicklungen regelmäßig mit der Begründung die Zulassung verweigerte, dass durch sie eine Störung ihrer Netze nicht ausgeschlossen werden könne, hatte Jochimsen daraufhin eine von ihm so bezeichnete »Blackbox« entwickelt. Dieses Gerät sollte, in Anlehnung an die Schutzgeräte, die AT&T nach der Carterfone-Entscheidung zur Abgrenzung seines Netzes eingeführt hatte (siehe Kapitel 3.a), auch in der Bundesrepublik den Anschluss von privaten Endgeräten an das Telefonnetz ermöglichen.[65] Mit dem Konzept der Blackbox hatte sich Jochimsen 1975 an der Klage gegen die Direktrufverordnung beteiligt, und im selben Jahr wurde er als Sachverständiger des Bundeslands Hessen[66] von der KtK angehört. Als Reaktion auf den Telekommunikationsbericht der KtK legte das von ihm gegründete Institut für Kommunikationstechnologie und Systemforschung e. V. im April 1977 einen alternativen Telekommunikationsbericht vor, in dem er eine Begrenzung des Fernmeldemonopols bei Endgeräten forderte.[67]

Mit der Ausstrahlung der Dokumentation, in der auch ausführlich der technische Stand der amerikanischen Telekommunikationstechnik vorgeführt wurde, gab Jochimsen der Diskussion um die mangelnde Innovationskraft des bundesdeutschen Fernmeldesektors ein menschliches Gesicht.[68] Die dahinterstehende Erzählung, dass das Fernmeldemonopol nur den wirtschaftlichen Interessen der Bundespost und dem exklusiven Kreis der eng mit ihr verbundenen »Hoflieferanten« dient und innovative Entwicklungen durch andere Unternehmen blockiert, fand in dieser Zeit auch Eingang in die Berichterstattung der Presse. Nur wenige Wochen nach der Jochimsen-Sendung

---

64 Ulrich Jochimsen, der Mann, der sich mit der Post anlegt, TV-Dokumentation von Wolfgang Korruhn in der Senderreihe Kraftproben, gesendet in der ARD am Freitag, 08.12.1978 um 21:40.
65 Vgl. Ulrich Jochimsen. Regeln für Aufsteiger, in: Der Aufstieg. Ansporn für Vorwärtsstrebende 6/1974, S. 9-14.
66 Vgl. KtK 1976, Telekommunikationsbericht, S. 143.
67 Vgl. Institut für Kommunikationstechnologie und Systemforschung e.V., Analysen und Alternativen zum Telekommunikationsbericht, Wiesbaden 1977.
68 Dass die Bundespost eine Wiederholung der Sendung verhinderte, schien zum Bild des mächtigen Monopolisten zu passen. Nach der Veröffentlichung zeigte sich die Bundespost unzufrieden über die Aussage der Episode und forderte für den Fall einer erneuten Ausstrahlung das Recht zur Gegendarstellung. Dass der WDR daraufhin auf eine weitere Aussendung verzichtete, wurde in den darauffolgenden Monaten von der CDU politisch ausgenutzt, in dem sie sowohl dem WDR als auch der Bundespost eine politische Einflussnahme auf die Berichterstattung des Rundfunks vorwarf. Vgl. Stenographischer Bericht des Bundestages 8/159, S. 12708; WDR. Wände wackeln, in: DER SPIEGEL 4/1980, S. 156-159.

berichtete die Wochenzeitung *DIE ZEIT* in einem umfangreichen Artikel über die Bundespost als »Bremser auf dem gelben Wagen«, die mit dem Fernmeldemonopol die Innovationskraft der Industrie ausbremst.[69]

Politische und ökonomische Zweifel am Fernmeldemonopol

In dieser Zeit entdeckte auch die oppositionelle CDU die Telekommunikationspolitik als ein Thema, mit dem sie die SPD-geführte Bundesregierung als wirtschafts- und innovationsfeindlich vorführen konnte. Anfang des Jahres 1979 griffen daher die Wirtschaftsminister der CDU-regierten Bundesländer die Debatte über die Beteiligung der Bundespost am Telefaxmarkt auf. Auf dem Treffen der Wirtschaftsministerkonferenz setzten sie am 30. Januar 1979 eine Arbeitsgruppe ein, die sich unter der Führung des Landes Hessen mit den »ordnungs- und wettbewerbspolitischen Problemen der Tätigkeit der Deutschen Bundespost auf dem Gebiet der Telekommunikation« befassen und eine Antwort auf die Frage finden sollte, wie sich das Fernmeldemonopol mit einem freien Markt von Endgeräten verbinden lässt. Ein knappes Jahr später legte der Arbeitskreis seinen Abschlussbericht vor, in dem er zu dem Schluss kam, dass beim derzeitigen Stand der Telekommunikationstechnik eine klare Grenze zwischen Wettbewerb und Monopol nicht gezogen werden kann und es daher technische und betriebliche Gründe für eine Beteiligung der Post am Endgerätemarkt gäbe. Um die damit einhergehende Wettbewerbsverzerrung zu reduzieren, schlug der Arbeitskreis den Wirtschaftsministern aber eine Neuregelung des Zulassungsverfahrens der Bundespost vor. Dieses sollte künftig auf eindeutigen und überprüfbaren Kriterien basieren, damit die Anbieter ihre Ansprüche ggf. auch rechtlich gegenüber der Bundespost durchsetzen können.[70]

Den Bericht des Arbeitskreises nahm die Wirtschaftsministerkonferenz am 19. März 1980 zum Anlass, um sich in der Telekommunikationsdebatte mit eigenen Forderungen zu positionieren. Künftig sollte die Bundespost vom Endgerätemarkt ausgeschlossen und sämtliche Geräte im Wettbewerb durch private Unternehmen angeboten werden, sofern »nicht fernmeldetechnische oder betriebliche Gründe für eine Beteiligung der Deutschen Bundespost am Endgerätemarkt sprechen.«[71] Dazu sollte die Zulassung neu geregelt werden.

Diesen Beschluss nutzten die unionsregierten Bundesländer, um im Bundesrat in die Initiative zu gehen. Im Sommer legte die niedersächsische Wirtschaftsministerin Birgit Breuel einen Gesetzesentwurf zur Reform des Fernmeldeanlagengesetzes vor. Breuel, die sich seit Mitte der 1970er Jahre als lautstarke Befürworterin einer umfas-

---

69 Vgl. Richard Gaul, Die Bremser auf dem gelben Wagen. Der Monopolist in Staatsbesitz behindert technischen Fortschritt, in: *DIE ZEIT* 7/1979.

70 Vgl. Wirtschaftsministerkonferenz, Abschlussbericht des Arbeitskreis Deutsche Bundespost und Fernmeldemonopol der Wirtschaftsministerkonferenz der Länder vom Februar 1980, enthalten in: AdsD, Deutsche Postgewerkschaft (DPG), Hauptvorstand, 5/DPGA 100582; Heinrich Graffe/Günter Bilgmann, Die Deutsche Bundespost in der Sozialen Marktwirtschaft, in: Kurt Gscheidle (Hg.), Jahrbuch der Deutschen Bundespost 1980, Bad Windsheim 1980, S. 143-265, hier S. 204-205.

71 Beschluss der Wirtschaftsministerkonferenz der Länder am 19. 03. 1980 in Bonn, S. 2, enthalten in: AdsD, Deutsche Postgewerkschaft (DPG), Hauptvorstand, 5/DPGA 100582.

senden Privatisierung staatlicher Aufgaben hervorgetan hatte[72] und elf Jahre später als Präsidentin der Treuhandanstalt diese Politik im großen Umfang umsetzen konnte, verband die Reform der Endgerätepolitik allerdings mit einem medienpolitischen Vorstoß. Der Entwurf sah auch bei Breitbandnetzen eine Übertragung des Fernmeldemonopols auf die Länder und Kommunen vor. Dies hätte die faktische Entmachtung der Bundesregierung in der Verkabelungsdebatte bedeutet, wodurch der Entwurf in der aufgeheizten medienpolitischen Debatte nach dem Verkabelungstopp chancenlos war.[73]

Zeitgleich mit dem Vorstoß der Wirtschaftsminister begannen sich auch die Wirtschaftswissenschaften mit der Rolle von Telekommunikation und der Wirkung des Fernmeldemonopol zu befassen. Die bundesdeutsche Diskussion über Monopole in der Telekommunikation wurde vor allem durch ein Sondergutachten der Monopolkommission vorangetrieben, welches der Bundesrat Ende des Jahres 1979 angeregt hatte, um die Debatte mit ökonomischer Expertise zu unterfüttern. Die Monopolkommission hatte diesen Anstoß aufgenommen und im Laufe des Jahres 1980 eine Untersuchung der Strukturen des westdeutschen Fernmeldesektors durchgeführt, zu der Anfang des Jahres 1981 das Gutachten vorlag.[74]

Mit Blick auf den amerikanischen Deregulierungsprozess der letzten 15 Jahre kam die Monopolkommission zu dem Ergebnis, dass der Wettbewerb sich in den USA insgesamt positiv auf den Telekommunikationssektor ausgewirkt habe, und folgerte daraus, dass ein vergleichbarer Prozess in der Bundesrepublik ebenfalls vorteilhaft sein könnte.[75] Die konkreten Maßnahmen, die die Monopolkommission zur Liberalisierung des Fernmeldemonopol vorschlug, ähnelten den Vorstellungen der Wirtschaftsministerkonferenz und orientierten sich an der Aufteilung des amerikanischen Telekommunikationssektors in regulierte »basic«-Dienste und wettbewerbsbasierte »enhanced«-Angebote. Die Monopolkommission schlug vor, den Markt für Endgeräte grundsätzlich für den Wettbewerb zu öffnen und eine Beteiligung der Bundespost auf einfache Telefonapparate ohne Zusatzfunktionen zu beschränken.[76] Die Zulassung sollte nach dem Vorbild des Zertifizierungsprogramms der FCC gestaltet werden.[77] Das Monopol für den Betrieb von Leitungsnetzen sollte vorerst bei der Bundespost bleiben, allerdings

---

72 Vgl. Birgit Breuel, Es gibt kein Butterbrot umsonst. Gedanken zur Krise, den Problemen und Chancen unserer Wirtschaft, Düsseldorf 1976; Birgit Breuel, Den Amtsschimmel absatteln. Weniger Bürokratie – mehr Bürgernähe, Düsseldorf 1979.

73 Vgl. Niedersächsischer Minister für Wirtschaft, Bundesratsinitiative zur Begrenzung des Fernmeldemonopols der Deutschen Bundespost vom 24.06.1980, enthalten in: AdsD, Deutsche Postgewerkschaft (DPG), Hauptvorstand, 5/DPGA 100582. Außerdem: 6, 7, 8, 9, 10. Niedersachsen will der Post den Telephonvertrieb abnehmen und ihn, wie andere Postdienste, privatisieren, in: DER SPIEGEL 32/1980, S. 44-19.

74 Monopolkommission, Die Rolle der Deutschen Bundespost im Fernmeldewesen. Sondergutachten der Monopolkommission, Baden-Baden 1981 Zur Vorbereitung hatte die Kommission folgendes Gutachten in Auftrag gegeben: Knieps/Müller/Weizsäcker, Die Rolle des Wettbewerbs im Fernmeldebereich, S. 89-90.

75 Vgl. Monopolkommission, Die Rolle der Deutschen Bundespost im Fernmeldewesen, S. 89-90.

76 Vgl. ebenda, S. 101-106.

77 Vgl. ebenda, S. 106-107.

sollten private Sonder- und Datennetze erlaubt werden, um auch den Netzbereich für Wettbewerb und Innovationen zu öffnen.[78]

»Mit Postgebühren können keine Teflonpfannen entwickelt werden.« Reaktion der Bundespost

Dass ihr Vorhaben, Telefaxgeräte auf die gleiche Weise wie Telefone anzubieten, eine Grundsatzdebatte über das Fernmeldemonopol anstieß, überraschte die Verantwortlichen der Bundespost zunächst. Aus einer rein funktionalen Betrachtung zählte die Übermittlung von Schriftstücken und Informationen seit ihren Anfängen zur Kernaufgabe der Post, egal ob diese per Brief, Telegramm oder eben über moderne Formen wie Telefax oder Datenübertragungen durchgeführt wurden. Intern begründete die Bundespost ihre Beteiligung am Gerätemarkt daher auch mit einer möglichen Konkurrenz zwischen Fax und Brief. Dieser könne besser begegnet werden, »je intensiver sich die Deutsche Bundespost diesem neuen Dienst widme. Z.Z. sei es so, daß über private Zusatzeinrichtungen unkontrollierte Faksimileübertragungen durchgeführt werden können; betreibe die Deutsche Bundespost einen entsprechenden Dienst, habe sie verschiedene Steuerungsmöglichkeiten.«[79]

Das Direktrufurteil des Bundesverfassungsgerichts, das im Oktober 1977 und damit unmittelbar vor dem Beginn des Telefaxstreits erging, schien diese Haltung der Bundespost höchstrichterlich zu bestätigen. Unter einen entwicklungsoffenen Begriff von Fernmeldeanlagen, den das Bundesverfassungsgericht in seinem Urteil bestätigt hatte, konnten neben Telefonapparaten eben auch Modems oder andere, neuartige Endgeräte eingeordnet werden. Aus Sicht der Bundespost stand ihr daher ein Monopol auf Faxgeräte zu, und bereits ihre Bereitschaft, ihr Alleinrecht nicht voll auszuschöpfen und einen privaten Markt zuzulassen, wertete die Bundespost als ein Entgegenkommen an ihre Kritiker. Die Gerätehersteller müssten der Bundespost sogar dankbar sein, wie es in einem Vermerk der Bundespost heißt, denn nur durch ihre Initiative und ihr Fernmeldenetz sei ein privater Endgerätemarkt überhaupt denkbar.[80]

Diese selbstbewusste Haltung der Post wurde auch durch ihren wirtschaftlichen Erfolg gestützt. Wie bereits erwähnt, machte die Post seit 1975 wieder Gewinne, die von Jahr zu Jahr größer wurden. Im Jahr 1979 betrug ihr Überschuss nominell 2 Milliarden DM. Berücksichtigt man jedoch die Abgaben an den Bundeshaushalt und Sonderrücklagen, so erwirtschaftete die Bundespost nach Berechnungen der Monopolkommission in diesem Jahr insgesamt knapp 5 Milliarden DM und war mit einem Umsatz von über 36 Milliarden DM das größte Wirtschaftsunternehmen der Bundesrepublik.[81]

---

78   Vgl. ebenda, S. 97-101.
79   Bericht des Arbeitsausschusses des Verwaltungsrates der Deutschen Bundespost über die Einführung eines Fernmeldedienstes für Fernkopierer (»Telefaxdienst«) vom 7.9.1977, in: BArch B 257/31998, Unternehmenspolitik – Sonstiges.
80   Siehe Vermerk: In der Behauptung, die DBP gehe bei neuen Diensten »regelmäßig über ihre eigentliche Aufgabe, die Übertragungsmöglichkeiten zu schaffen« hinaus vom 12.8.1978, in: BArch B 257/31998, Unternehmenspolitik – Sonstiges.
81   Vgl. Monopolkommission, Die Rolle der Deutschen Bundespost im Fernmeldewesen, S. 13.

Durch die hohen Überschüsse, die sie vor allem mit dem Fernmeldewesen erwirtschaftete, wurden die im internationalen Vergleich hohen Fernmeldegebühren allerdings zunehmend schwerer vermittelbar. Um einer Kritik entgegenzuwirken, begann die Post daher 1978 mit einer Anpassung ihrer Tarifstrukturen und senkte die Fernmeldegebühren moderat, während das Brief- und Paketporto angehoben wurde.[82] Unternehmensstrategisch bereitete sich die Bundespost nach wie vor auf das baldige Ende des Telefonbooms vor und hatte daher ein grundsätzliches Interesse, die Überschüsse in neue Fernmeldedienste zu investieren, die langfristig den Telefondienst als Umsatzgarant ablösen sollten.[83]

Dass sich mit dem Telefaxstreit ein Bild der Post als fortschritts- und technologiefeindlicher Bremser etabliert hatte, war aus der Binnenperspektive der Bundespost nicht nachvollziehbar. Nach ihrem Selbstverständnis arbeitete sie in dieser Zeit mit der Breitbandverkabelung, Bildschirmtext und auch Telefax gerade im besonderen Maße an der Versorgung der Bevölkerung und Unternehmen mit innovativen Dienstleistungen und wurde dabei durch medien- und ordnungspolitische Konflikte ausgebremst. In der Kritik an ihrem Handeln und dem Fernmeldemonopol sah die Bundespost daher in erster Linie eine Kampagne, mit der einige wenige Unternehmen die finanziellen Erträge des Telekommunikationssektors zum Schaden der Allgemeinheit umleiten wollten.

Mit dieser Verteidigungsstrategie ging die Bundespost Anfang des Jahres 1979 in die Offensive. In den Akten des Postministeriums befindet sich eine ausführliche Erwiderung, die im Namen des Staatssekretärs Dietrich Elias als Antwort auf den ZEIT-Artikel »Die Bremser auf dem gelben Wagen« verfasst worden war.[84] Die Angriffe auf das Fernmeldemonopol und der Vorwurf, die Post würde durch ihr Verhalten die Wirtschaft schädigen und den technologischen Fortschritt behindern, werden darin als Bestandteil einer gezielten Kampagne dargestellt, hinter der Unternehmen aus der Büromaschinen- und Datenverarbeitungsindustrie stehen. Diesen Unternehmen ginge es nur vordergründig um Innovationen, in Wahrheit wollten sie nur Zugang zum profitträchtigen Fernmeldemarkt bekommen. Dazu würden sie aggressiv mit »normale[n], aber eben andere[n] technische[n] Lösungen, als sie die Post schon seit Jahren verwendet«[85], auf den Markt drängen oder technische Entwicklungen aus den USA importieren. Dabei würden sie aber die Komplexität des Fernmeldesystems unterschätzen und technische Standards ignorieren. Diese Normen seien aber zum Schutz eines zuverlässigen Fernmeldesystems unerlässlich. »Die Zulassung von Geräten, die nicht in jeder Beziehung mit dem System verträglich sind, käme der unkontrollierten Verabreichung von irgendeines in seiner Wirkung noch nicht voll erforschten Medikaments gleich: Erkrankung oder gar Kollabieren des Organismus wären die Folgen. Die Deutsche Bundespost nimmt ihre Aufgabe als Gesundheitsbehörde des

---

82   Vgl. Steinmetz/Elias (Hg.), Geschichte der deutschen Post 1945-1979, S. 889-890, S. 1009.
83   Vgl. Werle, Telekommunikation in der Bundesrepublik, S. 235-237.
84   Siehe Hartmut Nitsch, Entgegnung auf den Zeit-Artikel vom 08.02.1979, »Die Post ist keine NASA. Der Kampf um neue Märkte wird auf den Rücken der Post ausgetragen« vom 14.2.1979, in: BArch B 257/31998, Unternehmenspolitik – Sonstiges.
85   Ebenda.

Fernmeldewesens sehr ernst.«[86] Die Bundespost fühle sich ihren Kunden verpflichtet, die in erster Linie zuverlässige und günstige Dienstleistungen auf dem aktuellen Stand der Technik erwarten. Daher könne die Bundespost ihre finanziellen Mittel nicht für unsichere Experimente oder Innovationen mit unklarem Nutzen ausgeben, schließlich sei nicht die Bundespost, sondern das Technologieministerium für Industrieförderung zuständig. »Die Post kann für die deutsche Industrie nicht das sein, was die NASA mit dem Mondprogramm für die US-amerikanische Wirtschaft war.«[87] Daher können »[m]it Postgebühren [...] keine Teflonpfannen entwickelt werden.«[88]

Neben dieser für eine breite Öffentlichkeit bestimmten Verteidigungsstrategie sah sich die Bundespost auch genötigt, sich gegen die Vorwürfe der Wirtschaftsministerkonferenz und der Monopolkommission zu verteidigen, sie würde mit ihrer Sonderstellung gegen die Grundsätze der bundesdeutschen Wirtschaftsordnung verstoßen. Das »Jahrbuch der Bundespost 1980« stand daher ganz im Zeichen, die Bundespost und das Fernmeldemonopol in der politischen und wirtschaftlichen Ordnung der Bundesrepublik zu verorten.

In einem grundlegenden Beitrag, der als »Stellungnahme in der öffentlichen Auseinandersetzung über den Part, den die Deutsche Bundespost im Leben unserer Gesellschaft zu spielen hat«[89], gedacht war, argumentierte Postminister Kurt Gscheidle, dass Telekommunikation grundsätzlich nicht für Wettbewerb geeignet ist. In diesem Sektor sei stattdessen ein starkes Monopol sozialpolitisch und volkswirtschaftlich notwendig, da nur so die Versorgung der gesamten Bevölkerung mit gleichwertigen Kommunikationsmöglichkeiten gewährleistet werden kann. Durch ihr Fernmeldemonopol sei die Post nicht darauf angewiesen, Dienstleistungen ausschließlich nach dem Kriterium der Rentabilität anzubieten, sondern sie könne auch entlegene und dünn besiedelte Regionen versorgen und unwirtschaftliche, aber gesellschaftlich wünschenswerte Dienstleistungen wie kostenlose Blindensendungen anbieten. Selbst eine Teilöffnung des Telekommunikationssektors für Wettbewerb würde zulasten der Allgemeinheit gehen, da private Anbieter sich auf Dienstleistungen konzentrieren müssen, mit denen sie Profite erzielen können. Die Gewinne der privatwirtschaftlichen Unternehmen würden der Post dann aber zur Finanzierung eines umfassenden Leistungsangebots fehlen.[90] Daher sei es eine politische Entscheidung, ob der Staat bereit ist, zur Daseinsvorsorge seiner Bevölkerung einzelne Sektoren von der Marktwirtschaft auszunehmen, die nicht allein mit dem Verweis auf Marktwirtschaft als grundlegendes Ordnungsprinzip der bundesdeutschen Wirtschaft beantwortet werden kann. Darüber hinaus sei der Betrieb von Kommunikationsnetzen immer mit der Konzentration von Macht verbunden. Durch die Bundespost wird diese Macht in die demokratischen Kontroll- und Steue-

---

86 Ebenda.
87 Ebenda.
88 Ebenda.
89 Kurt Gscheidle, Die Deutsche Bundespost im Spannungsfeld der Politik. Versuch einer Kursbestimmung, in: Kurt Gscheidle (Hg.), Jahrbuch der Deutschen Bundespost 1980, Bad Windsheim 1980, S. 9-40, hier S. 10.
90 Vgl. ebenda, S. 35-36.

rungsfunktionen der Bundesrepublik eingebunden und ist hier grundsätzlich besser aufgehoben als bei privatwirtschaftlichen Unternehmen.[91]

Der Beitrag des Postministers zur politischen Debatte wurde im selben Band durch ein volkswirtschaftliches Gutachten über die Einordnung der Bundespost in die soziale Marktwirtschaft der Bundesrepublik unterstützt. Zwei Volkswirte der Bundespost formulierten darin eine Gegenposition zu der These, die Bundespost verstoße als staatliches Monopolunternehmen gegen die Prinzipien der westdeutschen Wirtschaftsordnung. In einer umfangreichen historischen Herleitung führten sie die Funktionsweise der sozialen Marktwirtschaft auf das Neben- und Miteinander von öffentlichem und privatem wirtschaftlichem Handeln zurück.[92] In diesem Zusammenspiel übernehmen öffentliche Unternehmen in der Regel solche Aufgaben, die vom Markt nur unzureichend erfüllt werden können, etwa den Aufbau und den Betrieb von Infrastrukturen. Besonders im Bereich der Kommunikation erfordere diese staatliche Infrastrukturaufgabe aber eine umfassende Verantwortung für das Gesamtsystem und sei daher »nicht teilbar. So besteht z.B. das Gesamtsystem des Fernmeldewesens aus vielen Einzelelementen, die in einem engen funktionalen Zusammenhang stehen. [...] Für die DBP hat dies zur Folge, daß sie z.B. von den Fernmeldeendgerätemärkten nicht ausgeschlossen werden darf. Nur durch eigene Erfahrungen kann sie sicherstellen, daß Netz und Endgeräte aufeinander abgestimmt sind und damit die Funktionsfähigkeit des Gesamtsystems (Gesamtinfrastruktur) garantieren.«[93]

Diese drei Debattenbeiträge aus dem Postministerium zeigen, dass die Bundespost als Reaktion auf die Angriffe gegen ihr Fernmeldemonopol ihre Rolle als staatliches Infrastrukturunternehmen in den Vordergrund stellte und sich zu einer ökonomischen und gesellschaftlichen Verantwortung bekannte, aber – zumindest vorerst – nicht die vom Bundeswirtschaftsministerium geforderte Funktion als Innovationsmotor der bundesdeutschen Technologie- und Industriepolitik übernehmen wollte.

Diese unternehmenspolitische Positionierung fiel allerdings mit einer schweren technologischen Krise der Bundespost zusammen. Erst die fast schockartige Realisierung, dass die westdeutsche Fernmeldeindustrie durch das jahrzehntelange Festhalten der Bundespost an veralteter Technologie den Anschluss an den Weltmarkt verloren hatte, machte ab 1979 den Weg frei für eine grundlegende Neuausrichtung der westdeutschen Telekommunikationspolitik.

7.c Telekommunikationspolitik für den Weltmarkt (1979 – 1993)

Der »Digitalisierungsschock« der westdeutschen Fernmeldeindustrie

Bereits Anfang der 1960er Jahre hatte sich die Bundespost gemeinsam mit der westdeutschen Fernmeldeindustrie auf die Suche nach einer Nachfolgetechnologie der

---

91 Vgl. ebenda, S. 34-35.
92 Vgl. Graffe/Bilgmann, Bundespost in der Sozialen Marktwirtschaft, in: Gscheidle (Hg.), Jahrbuch der Deutschen Bundespost 1980, S. 183-184.
93 Ebenda, S. 217.

mechanischen Telefonvermittlung gemacht. In den USA hatte das Bell System schon 1965 gezeigt, dass das mechanische Verbinden von Leitungen durch die bewegungslose, elektronische Durchschaltung eines analogen Signals ersetzt werden kann, als es das erste vollelektronische Vermittlungssystem ESS1 in den Regelbetrieb übernahm.[94] Die Bundespost traf 1966 daraufhin die Entscheidung, ebenfalls ein vollelektronisches Vermittlungssystem einzuführen, und folgte bei ihrem neuen Elektronischen Wählsystem (EWS) dem bereits seit den 1920er Jahren üblichen kooperativen Entwicklungsverfahren. Unter der Führung von Siemens sollte EWS als Einheitstechnik von den Unternehmen der westdeutschen Fernmeldeindustrie gemeinsam entwickelt und gefertigt und mit festen Marktanteilen von der Bundespost beschafft werden. Siemens schloss daher 1967 mit den übrigen Amtsbaufirmen, SEL, DeTeWe und TuN einen Vertrag, in dem die Entwicklungsleistungen und Nachbaulizenzen geregelt wurden.[95]

Obwohl in der ursprünglichen Vereinbarung zwischen der Post und den Herstellern vorgesehen war, dass die ersten EWS-Anlagen 1970 installiert werden, verschob sich der Abschluss der EWS-Entwicklung in den kommenden Jahren kontinuierlich nach hinten; 1972 war die Serienproduktion erst für 1977/78 geplant. Allerdings konnte eine erste Testinstallation in München nicht wie beabsichtigt Mitte 1973 in Betrieb genommen werden, sondern erst mit einem Jahr Verspätung im August 1974. Dass sich das EWS-Projekt so in die Länge zog, lag vor allem an der geringen Formalisierung des Entwicklungsprozesses, an dem neben Siemens und den übrigen Herstellern auch das Fernmeldetechnische Zentralamt beteiligt war. Die Anforderungen des Systems wurden von der Bundespost fortdauernd an neue technische Entwicklungen angepasst und den Herstellern informell mitgeteilt. Zu keinem Zeitpunkt wurde der Funktionsumfang des Systems eingefroren, sodass immer wieder einzelne Bestandteile neu entwickelt werden mussten.[96] Hinzukam, dass EWS das erste große Softwareprojekt der westdeutschen Fernmeldeindustrie war.[97] Wie andere Softwareprojekte der Epoche litt EWS daher auch unter der Softwarekrise. Die mangelnde Erfahrung mit komplexen Softwareprojekten und das Fehlen von geeigneten Entwicklungsinstrumenten bremste die gesamte Entwicklung erheblich.[98]

Die Verzögerung des EWS hatte zur Folge, dass die elektronische Telefonvermittlung von der Entwicklung digitaler Vermittlungs- und Übertragungstechniken überholt

---

[94] Vgl. Sheldon Hochheiser, Electromechanical Telephone Switching, in: *Proceedings of the IEEE* 101 (2013), S. 2299-2305, hier S. 2305.

[95] Die Bundespost hatte ursprünglich geplant, beim EWS auch AEG-Telefunken in den Kreis der Amtsbaufirmen aufzunehmen, die bereits seit den 1950er Jahren an einem elektronischen Vermittlungssystem gearbeitet hatten und hierüber den Weg in die Datenverarbeitungsindustrie gefunden hatte (siehe Kapitel 5). Nach Protesten von Siemens verzichtete die Post 1966 aber schließlich auf diesen Schritt. Ab 1968 war AEG-Telefunken dann über eine Beteiligung an TuN in den Kreis der Amtsbaufirmen eingebunden. Vgl. Scherer, Telekommunikationsrecht und Telekommunikationspolitik, S. 290-293.

[96] Vgl. ebenda, S. 293-294.

[97] Vgl. Bundesrechnungshof, Bemerkungen des Bundesrechnungshofes zur Bundeshaushaltsrechnung (einschließlich der Bundesvermögensrechnung) für das Haushaltsjahr 1979, BT-Drs. 9/978, Bonn 1981, S. 142-145.

[98] Zur »Softwarekriese« siehe: Campbell-Kelly/Aspray, Computer, S. 196-203.

wurde. Durch die rasante Entwicklung und den Preisverfall von Mikroelektronik wandelte sich die Informationstheorie von Claude Shannon (siehe Kapitel 1.b) innerhalb von wenigen Jahren von einem theoretischen Modell zu einem in der Telekommunikation ökonomisch nutzbaren Verfahren, die erstmalig seit der Erfindung des Telefons im 19. Jahrhundert eine völlig neue Herangehensweise an die Sprachübertragung ermöglichte. Das kontinuierliche Sprachsignal konnte nun mithilfe von Mikroelektronik in digitale Signale überführt und digital übertragen werden, die beim Empfänger wieder in Sprache zurückgewandelt wurden. Die Digitalisierung von Sprachsignalen löste eine ganze Reihe von technischen Problemen, die seit den Anfängen des Telefons die Ingenieure beschäftigt hatten. Digitale Signale konnten insbesondere ohne Qualitätsverlust beliebig oft verstärkt und mit geringem Aufwand vermittelt werden, da zwischen Sender und Empfänger keine durchgängige Leitung geschaltet werden muss. Der weltweite Durchbruch der Digitaltechnik erfolgte in der Telekommunikationstechnik, nachdem AT&T im Januar 1976 seine erste volldigitale Telefonvermittlungsanlage (4ESS) im Fernnetz eingeführt hatte. Innerhalb von wenigen Jahren verschob sich der technologische Fokus der Telekommunikationsindustrie daraufhin komplett auf die Digitaltechnik.[99]

In der Bundesrepublik hatte die Bundespost zu Beginn der 1970er Jahre zwar kurzzeitig auch die Entwicklung einer digitalen Variante des EWS erwogen, dieses Vorhaben wurde aber nicht weiter verfolgt, um die Fertigstellung des analogen EWS nicht noch weiter zu verzögern.[100] Die beiden führenden Unternehmen der westdeutschen Fernmeldeindustrie, Siemens und SEL, hatten angesichts des technologischen Wandels auf dem Weltmarkt Mitte der 1970er Jahre neben dem EWS-Projekt eigenständig mit der Entwicklung von digitalen Vermittlungssystemen begonnen, ohne dies mit der Bundespost zu koordinieren. SEL konnte dabei auf seine Einbindung in den IT&T-Konzern zurückgreifen, während Siemens eigenständige Entwicklungskapazitäten aufbaute. Im Laufe des Jahres 1978 wurden bei beiden Konzernen die Zweifel immer größer, ob unter den gewandelten technologischen Bedingungen des internationalen Fernmeldemarktes die Fortführung der EWS-Entwicklung noch sinnvoll ist. Vor allem Siemens befürchtete, dass es außerhalb der Bundesrepublik keinen Markt für ein analoges Telefonvermittlungssystem geben wird und dass es sein digitales Telefonvermittlungssystem nur zu wettbewerbsfähigen Preisen anbieten kann, wenn es einen Teil der Entwicklungskosten auf seinem Heimatmarkt finanzieren kann.[101]

Auch bei der Bundespost war der Paradigmenwechsel der Fernmeldeindustrie nicht unbemerkt geblieben,[102] allerdings erwartete sie für 1978 den Abschluss der EWS-Entwicklung. Die ersten Vermittlungsanlagen für Ortsnetze waren bereits in der Fertigung, und auch die Produktionsreife der Komponenten für das Fernnetz schien in greifbarer Nähe. Noch im November des Jahres hatte Siemens der Bundespost mitgeteilt, dass sie in einem halben Jahr mit der Fertigstellung rechnen könne. Als

---

99 Vgl. Hochheiser, Telephone Transmission, S. 109-110.
100 Vgl. Scherer, Telekommunikationsrecht und Telekommunikationspolitik, S. 293.
101 Vgl. Werle, Telekommunikation in der Bundesrepublik, S. 258-259.
102 Vgl. Elias, Entwicklungstendenzen im Bereich des Fernmeldewesens, in: Gscheidle/Elias (Hg.), Jahrbuch der Deutschen Bundespost 1977.

sich dieser Zeitraum Anfang Januar 1979 wieder um ein Jahr verlängerte, intervenierte Postminister Gscheidle bei Siemens. Beim Gespräch mit dem Minister im Bonn verkündeten der Vorstandsvorsitzende von Siemens Bernhard Plettner und der Leiter der Nachrichtensparte Dieter von Sanden am 25. Januar, dass sie für das analoge EWS auf dem Weltmarkt keine Absatzchancen mehr sehen und die Entwicklung daher aufgeben. Stattdessen werde Siemens sich ab sofort ausschließlich auf digitale Vermittlungstechnik konzentrieren.[103]

Die Nachricht, dass Siemens die Entwicklung des EWS abbricht, traf die Bundespost unvorbereitet. Ihre Fernmeldesparte hatte in den vergangenen Jahren sämtliche Bau- und Entwicklungsplanungen auf die neue Technik ausgerichtet und stand nun ohne tragfähige Zukunftsaussichten da.[104] Der Abbruch des EWS-Projekts verstärkte innerhalb des Bundespostministeriums allerdings die Bereitschaft, ihr Verhältnis zur Fernmeldeindustrie grundsätzlich neu auszurichten. In der sich nun entfaltenden postinternen Debatte über die Zukunft des westdeutschen Fernmeldesektors war der amerikanische Telekommunikationsmarkt der zentrale Referenzpunkt. Im Rahmen eines Eisenhower-Exchange-Fellowships hatte der im Bundespostministerium für Fernmeldetechnik zuständige Abteilungsleiter Franz Arnold im Frühjahr 1979 die USA bereist und sich bei verschiedenen Telefongesellschaften, Herstellern und Regulierungsbehörden über den technologischen Stand des amerikanischen Telekommunikationssektors informiert. Im Mai 1979 berichtete er vor den versammelten Abteilungsleitern und dem Postminister aus erster Hand über seine Erfahrungen in den USA.[105]

Das Protokoll der Sitzung, das von der Bundespost als Verschlusssache gekennzeichnet wurde, ist von einer grundsätzlichen Skepsis geprägt, ob die Strukturen des westdeutschen Fernmeldesektors noch zeitgemäß sind.[106] In seinem Bericht hob Arnold hervor, wie vorteilhaft sich der Wettbewerb auf alle Bereiche des amerikanischen Fernmeldesektors ausgewirkt habe und insbesondere den technologischen Stand und das Preis-Leistungs-Verhältnis der Telekommunikationstechnik verbessert hat. Im Vergleich zu dem technologischen Stand der USA befände sich die gesamte westdeutsche Fernmeldetechnik, von den Vermittlungsämtern bis zu den Endgeräten, um Jahre im Rückstand. Schuld daran sei vor allem das Festhalten an der Einheitstechnik, die eine schnelle Reaktion auf technologische Innovationen verhindern würde. Arnold schlug

---

103 Vgl. Telephon: Alte Mechanik, in: DER SPIEGEL 10/1979, S. 81-85.
104 Für den Einsatz im Ortsnetz war EWS bereits fertig entwickelt, sodass der Entwicklungsstopp offiziell nur das Fernnetz betraf. Ohne die darauf abgestimmte Fernvermittlungstechnik war der Einsatz von EWS im Ortsnetz jedoch insgesamt unwirtschaftlich und daher für die Bundespost keine zukunftsfähige Option. Um den Ausbau des Telefonnetzes nicht zu verlangsamen, kaufte die Post allerdings übergangsweise EWS-Ortsvermittlungsanlagen mit erheblichen Preisnachlässen. Der weitere Einsatz von mechanischen Edelmetalldrehwählern war für die Post dagegen eine Herausforderung, da sie den geringeren Platzbedarf des EWS bereits bei der Planung und Bau von neuen Fernmeldeämtern berücksichtigt und ihre Personalplanung auf die wartungsärmere Technik eingestellt hatte. Der SPIEGEL schätzte den Mehraufwand der Bundespost durch den Abbruch der EWS-Entwicklung daher auf 2 Milliarden DM. Vgl. »Milliarden sinnlos verpulvert«, in: DER SPIEGEL 37/1979, S. 39-57, hier S. 49-52.
105 Vgl. Mettler-Meibom, Breitbandtechnologie, S. 300.
106 Siehe Auszug aus der Ergebnis-Niederschrift Nr. 16 über die Abteilungsleiterbesprechung am 14.05.1979; in: BArch B 257/31998, Unternehmenspolitik – Sonstiges.

daher vor, dass die Bundespost sich von dem Prinzip der Einheitstechnik lösen und Fernmeldetechnik künftig im Wettbewerb und unter Berücksichtigung des Weltmarktes einkaufen sollte.[107]

In der anschließenden Diskussion fanden die Analysen und Empfehlungen von Arnold breite Zustimmung und wurden auch vom Minister geteilt. Im Protokoll heißt es dazu:

> Es besteht Einvernehmen darüber, daß die deutsche Industrie in den letzten 10 bis 15 Jahren ihre technische Vorrangstellung eingebüßt hat. Die DBP trifft hieran insofern eine Teilschuld, als sie sich mit ihrer Firmenpolitik zu sehr in eingefahrenen Gleisen bewegt hat.[108]

Der Postminister wies allerdings darauf hin, dass eine Öffnung des Fernmeldemarktes mit Risiken für die westdeutsche Industrie verbunden sei und daher mit politischen Reaktionen gerechnet werden könne. Die Bundespost müsse auf die in der Bundesrepublik entstandenen Marktstrukturen Rücksicht nehmen. Unabhängig davon sollte bei der Beschaffung von Fernmeldetechnik aber künftig Wettbewerb eine größere Rolle spielen.[109]

Die Digitalisierung des Telefonnetzes

Die Erkenntnis, dass die westdeutsche Fernmeldeindustrie in den letzten Jahren, auch durch das Verhalten der Bundespost, den technologischen Anschluss verpasst hatte, fiel zeitlich eng mit dem Stopp der Breitbandverkabelung im September 1979 zusammen (siehe Kapitel 6.c). Beides führte dazu, dass sich der Schwerpunkt der Investitions- und Zukunftsplanung der Bundespost von der Breitbandverkabelung auf das Telefonnetz verschob. Dies fiel mit dem vom Postminister angekündigten Wechsel der Beschaffungspolitik zusammen. Um ein erneutes Scheitern von Entwicklungsprojekten zu vermeiden, stellte die Bundespost ab 1979 ihr Verhältnis zur Fernmeldeindustrie um. An die Stelle von gemeinsamen Entwicklungsprojekten traten nun Angebots- und Entwicklungswettbewerbe zwischen konkurrierenden Unternehmen. Dieses neue Verfahren kam erstmalig im Sommer 1979 zur Anwendung, als die Bundespost einen Nachfolger für das gescheiterte EWS in Auftrag gab. Im August forderte sie die bisherigen Hersteller von Vermittlungsstellen sowie TeKaDe als Neueinsteiger auf, ihr bis zum Mai 1982 digitale Vermittlungsstellen zur Erprobung bereitzustellen. Nach ausgiebigen Tests wollte die Bundespost dann maximal zwei unterschiedliche Systeme kaufen. Ergebnis dieser beschränkten Ausschreibung war, dass sowohl SEL als auch Siemens der Bundespost Vermittlungsstellen präsentierten und sich die beiden kleineren Fernmeldeausrüster DeTeWe und TuN dem Angebot von Siemens anschlossen. Da TeKaDe die Frist zum Mai 1982 nicht einhalten konnte, schieden sie aus dem Wettbewerb aus,

---

107 Siehe ebenda.
108 Ebenda. Unterstreichung wie im Original.
109 Siehe ebenda.

sodass die Bundespost nur die digitalen Vermittlungsanlagen von SEL und Siemens testen konnte und beiden Unternehmen eine Kaufzusage machte.[110]

Während bei den beteiligten Unternehmen die Entwicklung der digitalen Vermittlungsanlagen allerdings lief, weitete sich die Digitalisierung der Vermittlungsämter zum umfassenden Konzept eines digitalen Fernmeldesystems aus. Im Dialog mit der Fernmeldeindustrie entwickelte die Bundespost die Idee, das gesamte Telefonnetz bis hin zu den Endgeräten auf Digitaltechnik umzustellen. Unter dem Kürzel ISDN wurde die Digitalisierung des Telefonnetzes zu einem zentralen technologischen Modernisierungsprojekt des Telekommunikationssektors, das bis Mitte der 1990er Jahre zu einem zentralen Faktor für den politischen Umgang mit den westdeutschen und später auch europäischen Telekommunikations- und Datenverarbeitungssektoren wurde. Dies lag vor allem daran, dass die Digitalisierung des Telefonnetzes gut zu einer internationalen Entwicklung passte, mit der das Verhältnis von Datenverarbeitung und Telekommunikation neu geordnet werden sollte: die Standardisierung von Datenkommunikation.

Standardisierung als Industriepolitik I - X.25

Sowohl die Datenverarbeitungs- als auch die Telekommunikationsindustrie hatten bis in die 1970er Jahre sehr unterschiedliche Standardisierungsregime ausgebildet. Im jungen und dynamischen Datenverarbeitungssektor hatten sich nur wenige herstellerunabhängige Normen oder brancheneinheitliche Standardisierungsverfahren etabliert. Dies lag auch an der Dominanz von IBM, das früh erkannt hatte, dass es mit seiner Marktmacht eigene Standards setzen und die Konkurrenz damit auf Abstand halten konnte. Die kleineren Computerhersteller waren entweder gezwungen, die Standards von IBM zu übernehmen, um Nutzer von IBM-Systemen nicht als Kunden zu verlieren, oder sie versuchten, ihre eigene Kundenbasis mit eigenen Standards an sich zu binden. Bis Ende der 1970er Jahre waren daher Versuche, in der Datenverarbeitung herstellerübergreifende Normen zu etablieren, nur wenig erfolgreich.[111]

Die Telekommunikationsindustrie blickte dagegen zu diesem Zeitpunkt auf eine mehr als 100-jährige erfolgreiche Standardisierungsgeschichte zurück. Seit dem Zeitalter der Telegrafie hatten sich die Telekommunikationsmonopolisten bemüht, gemeinsame Normen zu entwickeln, um den grenzüberschreitenden Austausch von Briefen, Telegrammen oder Telefonaten zu ermöglichen. Der institutionelle Rahmen für diese Standardisierungsarbeit war ein Unterausschuss der Internationalen Fernmeldeunion ITU. Seit 1956 verständigten sich die nationalen Postbehörden im CCITT (Comité Consultatif International Téléphonique et Télégraphique) über gemeinsame Standards und Protokolle. Verfahrenstechnisch war die Arbeit des CCITT in Studienperioden von jeweils vier Jahren organisiert. Nur am Ende einer Studienperiode trat die Vollversammlung zusammen und erkannte die von ihren Studiengruppen erarbeiteten Ergebnisse als offizielle Standards an und erteilte neue Arbeitsaufträge.[112]

---

110   Vgl. Scherer, Telekommunikationsrecht und Telekommunikationspolitik, S. 305-306.
111   Vgl. Russell, Open standards, S. 143-147.
112   Vgl. M. Sirbu/L. Zwimpfer, Standards setting for computer communication. The case of X.25, in: *IEEE Communications Magazine* 23 (1985), H. 3, S. 35-45, hier S. 35-37.

Angeregt von der Entwicklung von Timesharing hatte das CCITT in den 1960er Jahren begonnen, sich auch mit Datenübertragung zu befassen. Die ersten Normen, die das Komitee in diesen Bereich festlegte, regelten zunächst nur die Steckverbindungen zwischen Computer und den Modems der Telefongesellschaften. Als in den USA Ende der 1960er Jahre Timesharing-Anbieter wie GE und Tymnet sowie die ARPA begannen, Computer zu Datennetzwerken zusammenzuschalten, nutzten sie dazu selbstentwickelte Netzwerkprotokolle. Bereits bei seiner Vollversammlung im Jahr 1968 in Argentinien gab das CCITT allerdings durch die Einsetzung einer neuen Arbeitsgruppe (Joint Working Group on New Data Networks) zu verstehen, dass es sich auch für Computernetzwerke zuständig fühlt. Als das CCITT vier Jahre später in Genf zusammenkam, wurde die Arbeitsgruppe zu einer offiziellen Studiengruppe (Study Group VII on New Networks for Data Transmission) aufgewertet und beauftragt, bis 1976 Vorschläge zu entwickeln, wie das CCITT mit Computernetzwerken umgehen soll.[113]

Während die Studiengruppe prüfte, wie sich die mehrheitlich staatlichen Telekommunikationsmonopolisten zu Datennetzwerken verhalten sollten, gewann die Vernetzung von Computern weiter an Dynamik. Nachdem die ARPA im Herbst 1972 auf der International Computer Communications Conference in Washington, D.C. die Machbarkeit und Vorteile von paketbasierten Computernetzwerken präsentiert hatten, begannen die meisten Computerhersteller, ihren Kunden Netzwerkausrüstung und Protokolle anzubieten. Der Standardisierungspraxis der Computerindustrie folgend entwickelten sie dazu jeweils eigene Netzwerkprotokolle, mit denen nur die Computer eines Herstellers zu einem »geschlossenen« Netzwerk zusammengeschaltet werden konnten. Als IBM 1974 mit der Systems Network Architecture (SNA) gleich eine ganze Netzwerkarchitektur vorstellte,[114] weckte dies bei den kleineren Computerherstellern und den Betreibern von privaten Netzwerken wie Telenet und GE die Befürchtung, dass IBM mittelfristig auch den Netzwerkmarkt kontrollieren könnte. Verstärkt wurde diese Angst noch dadurch, dass IBM in eigene Telekommunikationsinfrastruktur investierte und sich mit dem Unternehmen Satellite Business Systems (SBS) an der Entwicklung von kommerziellen Kommunikationssatelliten beteiligte.[115]

Die Furcht, dass IBM bald auch eine dominierende Rolle bei Datennetzwerken und auf lange Sicht auch auf den Telekommunikationsmärkten spielen könnte, führte zu einer Interessenkoalition zwischen den kleineren Computerherstellern, den Betreibern von privaten Datennetzwerken wie Telenet und den in der ITU zusammengeschlossenen Telekommunikationsmonopolisten. Zum ersten Mal bestand damit die Chance, die Monopolmacht der Telekommunikationsindustrie gegen die Marktmacht von IBM auszuspielen. Mit einem herstellerunabhängigen Protokoll für paketbasierte Datennetzwerke, das vom CCITT zum offiziellen Standard der Telekommunikationsindustrie erklärt wird, sollte der Zusammenschluss von Computern unterschiedlicher Hersteller in einem offenen Netzwerk ermöglicht und die Kontrolle des Netzwerkmarktes durch IBM verhindert werden.

---

113 Vgl. Russell, Open standards, S. 172-173; Sirbu/Zwimpfer, Standards setting, S. 38.
114 Vgl. Russell, Open standards, S. 176.
115 Vgl. Gerhard Maurer, Satellite Business Systems informiert Federal Communications Commission. IBM's Satelliten-DFÜ soll 1979 starten, in: *Computerwoche* 4/1976.

Mit diesem Ziel beteiligte sich der frühere ARPA-Direktor Larry Roberts, der, wie bereits erwähnt, seit 1973 Geschäftsführer von Telenet war und in dieser Position daran arbeitete, die für die ARPA entwickelte Netzwerktechnologie kommerziell zu verwerten (siehe Kapitel 1.b sowie 3.b), ab 1975 am CCITT. Die Arbeit an dem neuen Protokoll erfolgte unter hohem Zeitdruck, denn bis zur Vollversammlung im Herbst 1976 musste es beschlussreif sein, ansonsten könnte das CCITT erst 1980 einen Standard für Datennetzwerke beschließen. Bis dahin hätten sich aber herstellereigene Standards bereits durchsetzen können.[116]

Um diesen knappen Zeitplan nicht zu gefährden, orientierte sich die Entwicklungsarbeit an den technischen Gewohnheiten der Telekommunikationsindustrie. Der im September 1976 schließlich vom CCITT beschlossene X.25-Standard für paketbasierte Datennetzwerke stellte den Nutzern daher nur virtuelle Verbindungen (»virtuell circuits«) zur Verfügung, die sich ähnlich wie leitungsgebundene Verbindung verhielten und abgerechnet werden konnten. Das Gegenmodell, bei dem das Netzwerk lediglich Datenpakete vermittelt und die Organisation der Verbindung den angeschlossenen Computern überlässt (»datagrams«), stand dagegen im Widerspruch zu dem Selbstverständnis der Telekommunikationsmonopolisten, eine Ende-zu-Ende-Verantwortung zu haben, und wurde daher nicht in den Standard aufgenommen.[117]

Als erstes Datennetzwerk setzte Telenet das neue Protokoll ab 1976 ein.[118] Über einen Netzknoten in Frankfurt a.M., der über X.25 Zugang zum Netz von Telenet und seinem amerikanischen Konkurrenten Tymnet bot, war X.25 ab 1977 auch in der Bundesrepublik verfügbar.[119] Auf europäischer Ebene ging im Sommer 1979 das EURONET als erstes X.25-Netzwerk in Betrieb. Das bereits 1971 auf Regierungsebene angestoßene Projekt sollte den europaweiten Zugriff auf Datenbanken und den Austausch von wissenschaftlichen und technischen Informationen erleichtern und wurde seit 1975 federführend von Frankreich aufgebaut.[120] Die Bundespost betrieb seit Januar 1979 das BERNET als X.25-Pilotnetz, über das die Computer von Berliner Hochschulen und

---

116 Vgl. Russell, Open standards, S. 76-177.
117 Vgl. Sirbu/Zwimpfer, Standards setting, S. 39; Russell, Open standards, S. 177-182. Der französische Informatiker und Netzwerkpionier Louis Pouzin deutete die Wahl von virtuellen Verbindungen anstelle von Datagrammen 1976 als Schicksalsentscheidung der Datenverarbeitungsindustrie, durch die der Einfluss von IBM lediglich durch die Macht der Netzbetreiber ersetzt werde. Vgl. Louis Pouzin, Virtual circuits vs. datagrams. Technical and political problems, in: Association for Computing Machinery (Hg.), AFIPS ›76. Proceedings of the June 7-10, 1976, national computer conference and exposition, New York 1976, S. 483. Siehe hierzu auch: Rémi Després, X.25 Virtual Circuits – TRANSPAC IN France – Pre-Internet Data Networking, in: *IEEE Communications Magazine* 48 (2010), H. 11, S. 40-46; John Day, The Clamor Outside as INWG Debated. Economic War Comes to Networking, in: *IEEE Annals of the History of Computing* 38 (2016), H. 3, S. 58-77.
118 Vgl. Mathison/Roberts/Walker, The history of Telenet, S. 38.
119 Vgl. Friedhelm Hillebrand, Datenpaketvermittlung. Die Erweiterung des Dienstleistungsangebotes der Deutschen Bundespost durch den paketvermittelten Datexdienst, in: Kurt Gscheidle/Dietrich Elias (Hg.), Jahrbuch der Deutschen Bundespost 1978, Bad Windesheim 1979, S. 229-294, hier S. 281.
120 Vgl. Alfred Schwall, Euronet. Ein europäisches Datenpaketvermittlungsnetz, in: Kurt Gscheidle/Dietrich Elias (Hg.), Jahrbuch der Deutschen Bundespost 1978, S. 56-101.

Forschungseinrichtungen zusammengeschlossen waren.[121] Seit August 1980 konnten schließlich bundesweit Computer über X.25 an das neue Datex-P-Netz der Bundespost angeschlossen werden.[122]

Standardisierung als Industriepolitik II - das OSI-Referenzmodell

Neben den Herstellern und dem CCITT versuchte seit den 1960er Jahren auch die Internationale Organisation für Normung (ISO) herstellerunabhängige Normen für Datenverarbeitung zu etablieren, wegen der Dominanz von IBM hatte die ISO in diesem Bereich aber nur wenige Erfolge erzielen können.[123] Nachdem das CCITT mit der Verabschiedung von X.25 gezeigt hatte, dass die Machtverhältnisse in der Telekommunikation anders sind, begann sich auch die ISO für die Standardisierung von Computervernetzung zu interessieren. Im März 1977 nahm daher das für Datenverarbeitung zuständige Komitee der ISO (Technical Committee 97, TC 97) einen Vorschlag der britischen Delegation an und richtete eine Untergruppe ein (Subcommittee 16, SC16), die Lösungen für Open System Interconnection (OSI) entwickeln sollte. Hinter diesen Begriff stand die bereits bei der Standardisierung von X.25 leitende Idee, dass Anwender von Computersystemen unterschiedlicher Hersteller über einheitliche Standards problemlos Daten und Programme austauschen und zusammenarbeiten können sollen.[124]

Obwohl sich auch die britische und die französische Delegation um den Vorsitz der neuen Untergruppe bewarben, fiel der Vorsitz an die Amerikaner, da die USA nur wenige Leitungsfunktionen bei der ISO besetzten. Die amerikanische Delegation wiederum beauftragte Charles Bachman, die Sitzungen des SC16 vorzubereiten und zu leiten. Bachman war innerhalb der internationalen Datenverarbeitungsindustrie eine angesehene und gut vernetzte Persönlichkeit. Seit den 1950er Jahren war er in der Industrie tätig und hatte bei GE Karriere gemacht. Von dort war er mit der Übernahme der Computersparte 1970 zu Honeywell gekommen, wo er sich mit der Entwicklung von Datenbankkonzepten einen Namen gemacht hatte. 1973 wurde er für seine Arbeiten auf diesem Gebiet mit der höchsten Auszeichnung der Informatik, dem Turing-Award geehrt.[125]

Als ambitionierter Konkurrent von IBM hatte Honeywell 1975 unter Bachmanns Leitung mit der Entwicklung eines eigenen Netzwerkprotokolls begonnen und sich da-

---

121 Vgl. Hillebrand 1979, Datenpaketvermittlung, in: Gscheidle/Elias (Hg.), Jahrbuch der Deutschen Bundespost 1978, S. 281-282.
122 Bis August 1981 lief Datex-P im kostenlosen Probebetrieb. Vgl. Bohm, Stand und Entwicklung, in: Elias (Hg.), Telekommunikation, S. 116-118.
123 Vgl. Russell, Open standards, S. 147-157.
124 Vgl. ebenda, S. 201-204.
125 Thomas Haigh und Andrew L. Russell haben 2004 und 2011 mit Charles Bachman ausführliche Oral-History-Interviews über seine Karriere und sein Mitwirken an dem OSI-Referenzmodell geführt, deren Transkripte online verfügbar sind: Thomas Haigh, Oral History Interview mit Charles Bachmann, Tucson 2004, ACM Oral History Interviews, Interview No. 2, https://dl.acm.org/citation.cfm?doid=1141880.1141882 (13.1.2021); Andrew L. Russell, Oral-History Interview mit Charles Bachman, Boston 9.4.2011, IEEE History Center, https://ethw.org/Oral-History:Charles_Bachman (13.1.2021).

bei am Design von IBMs SNA-Netzwerkarchitektur orientiert. Um die Komplexität beherrschbar zu machen, die sich aus der Vielzahl der unterschiedlichen Computersysteme und Peripheriegeräte ergab, die IBM im Angebot hatte, hatte es seine Protokollfamilie in fünf verschiedene Schichten (»layers«) aufgeteilt. In jeder Schicht erfüllten unterschiedliche Protokolle einen begrenzten Satz von Funktionen und stellten diese der nächsthöheren Schicht zur Verfügung. Auf diese Weise war die Netzwerkarchitektur flexibel und anpassbar; in jeder Schicht konnten unterschiedliche Standards eingesetzt oder Protokolle ausgetauscht und verbessert werden, ohne dass dies notwendigerweise Änderungen in den darüber oder darunterliegenden Schichten erforderte.

Bei der Arbeit an Honeywells Netzwerkprotokollen hatte Bachman die Vorteile des IBM-Konzepts kennengelernt, und als er 1977 mit Überlegungen begann, wie die Grundzüge einer Open System Interconnection aussehen könnten, orientierte er sich an der Aufteilung in Schichten. In der zweiten Jahreshälfte 1977 skizzierte Bachmann ein Konzept mit sieben Schichten, in die alle Standards und Protokolle eingefügt werden sollten, die für eine Verbindung von unterschiedlichen Computersystemen notwendig sind. Als die Arbeitsgruppe der ISO im Februar 1978 zu ihrer ersten Sitzung zusammenkam, übernahm sie diese Vorarbeiten und beschloss, das Konzept zu einem Referenzmodell weiterzuentwickeln und daraus einen offiziellen ISO-Standard zu machen, in dem alle weiteren Standards und Protokolle für Datennetzwerke eingepasst werden sollen.

Dass die ISO bei der Etablierung von herstellerunabhängigen Netzwerkprotokollen auf die Unterstützung der Telekommunikationsmonopolisten angewiesen war, war der Arbeitsgruppe bewusst. Bereits 1978 nahm die ISO daher Kontakt mit dem CCITT auf und konnte die zuständige Studiengruppe überzeugen, dass das geplante Referenzmodell die Basis für eine Zusammenarbeit zwischen CCITT und ISO bilden kann.[126]

Die Idee, die Datenkommunikation in Schichten aufzuteilen, machte das OSI-Referenzmodell auch für die Telekommunikationsbranche attraktiv. Dies lag vor allem daran, dass eine Unterteilung der verschiedenen, für den Austausch von Daten notwendigen Funktionen auch einen neuen Ansatz bot, das angespannte Verhältnis und die wachsenden Abhängigkeiten zwischen monopolbasierter Telekommunikation und wettbewerbsbasierter Datenverarbeitung auf eine neue Grundlage zu stellen. Die Datenverarbeitungsbranche erhoffte sich vom OSI-Referenzmodell, eine Dominanz von IBM auf dem Netzwerkmarkt zu verhindern, und für die Telekommunikationsanbieter versprach das Schichtenmodell klare Zuständigkeitsbereiche und die Möglichkeit, eindeutige Grenze zwischen einem geschützten Monopolbereich und einem für Wettbewerb offenen Aufgabenbereich der Datenverarbeitung zu ziehen. Von diesen klaren Verhältnissen sollten dann beide Branchen profitieren.

Relativ schnell waren daher mit dem OSI-Referenzprotokoll hohe Erwartungen verbunden, und in den folgenden Jahren fand die Ausformulierung von Bachmans Konzept zu einem formalen Entwurf im engen Austausch zwischen der ISO und dem CCITT und einer breiten Beteiligung von Vertretern aus beiden Branchen statt. Hatte Bachman anfangs noch gehofft, dass innerhalb eines Jahres die Arbeit an dem Referenzmodell abgeschlossen werden könnte und bis Ende 1980 erste Protokolle für die einzelnen

---

126 Vgl. Russell, Open standards, S. 207-215.

Schichten vorliegen,[127] verzögerte sich durch die große Beteiligung bereits die formale Annahme des Referenzmodells. Erst im November 1980 erhielt es den Status eines offiziellen ISO-Entwurfs (»draft proposal«), und im Mai 1983 erklärten die ISO und das CCITT es schließlich zu einem offiziellen Standard (ISO 7498: Reference Model of Open Systems Interconnection; CCITT: X.200).[128]

Standarisierung als Industriepolitik III - ISDN

Für die Bundespost und die deutsche Fernmeldeindustrie bot das OSI-Referenzmodell eine Gelegenheit, um sich mit der geplanten Digitalisierung des deutschen Telefonnetzes einen internationalen Entwicklungstrend anzuschließen und seine Dynamik zu nutzen, um ebenfalls die Beziehung zwischen der Bundespost, der westdeutschen Fernmeldeindustrie und der Datenverarbeitungsbranche neu zu ordnen.

Bei Siemens war bereits die Entscheidung, die Entwicklung des analogen EWS abzubrechen, von grundsätzlichen Überlegungen zur digitalen Zukunft der Telekommunikationsindustrie begleitet worden. Ab 1978 verwendete der Leiter der Telekommunikationssparte von Siemens, Dieter von Sanden, auf brancheninternen Zusammenkünften den Begriff »ISDN« für ein »integrated services digital network«, ein voll digitalisiertes Telekommunikationsnetz, das unterschiedlichste Telekommunikationsdienste zusammenfasst.[129]

Bei der Bundespost verschob sich, wie bereits erwähnt, mit dem medienpolitisch begründeten Stopp der Breitbandverkabelung im September 1979 der Fokus der Unternehmensplanung auf Individualkommunikation und Glasfaser, sodass das Postministerium, ebenso wie das Wirtschafts- und Technologieministerium, für die Ideen von Siemens empfänglich wurden. Zu diesem Zeitpunkt befand sich die Post im Rahmen des Entwicklungswettbewerbs von digitalen Telefonvermittlungsanlagen in einem engen Austausch mit Siemens und SEL. Gemeinsam entwickelten sie das Vorhaben, das gesamte Telefonnetz bis hin zu den Endgeräten zu digitalisieren und mit dem neuen, einheitlichen Datennetz der Bundespost zusammenzulegen. Noch bevor SEL und Siemens ihre Versuchsanlagen an die Bundespost übergaben, gab diese am 26.03.1982 gegenüber der Fernmeldeindustrie die Erklärung ab, dass mit der Digitalisierung der Telefonvermittlung auch das ISDN eingeführt werden soll.[130]

Die Motivation, die die Bundespost zu dieser Erklärung verleitete, war der, die das CCITT zur Mitarbeit an OSI verband, ähnlich. ISDN bot auf technischer Ebene einen Lösungsansatz für den Interessenkonflikt zwischen der Bundespost und den Herstellern der Datenverarbeitungs- und Bürotechnikindustrie, da sich in einem vollständig digitalisierten Fernmeldenetz ein Monopolbereich klar vom Wettbewerbsbereich abgrenzen lässt. In einem solchen Netz könnte das Fernmeldemonopol auf die Vermitt-

---

127 Vgl. ebenda, S. 210.
128 Vgl. ebenda, S. 213-225.
129 Vgl. Arthur D. Little International, Management des geordneten Wandels, Wiesbaden 1988, S. 85. In der deutschen Diskussion wurde ISDN auch mit »Integriertes Sprach- und Datennetz« übersetzt.
130 Vgl. Zwischenbericht der Enquete-Kommission »Neue Informations- und Kommunikationstechniken«, S. 27.

lung und Übertragung von digitalen Signalen beschränkt werden, unabhängig von ihrer Bedeutung und Funktion. Über eine standardisierte Schnittstelle könnten dann zertifizierte und im Wettbewerb angebotene Endgeräte an das digitale Übertragungsnetz der Bundespost angeschlossen werden. Die eigentlichen Telekommunikationsdienste wie Sprachtelefonie, Telefax oder Terminalverbindungen würden dann durch die Endgeräte realisiert, während das Fernmeldemonopol darauf beschränkt wird, digitale Daten unverändert zu übertragen.[131]

Durch die Digitalisierung des Telefonnetzes sollte ein großer und offener Endgerätemarkt bei den Telefonkunden geschaffen werden, den die Fernmelde-, Bürotechnik- und Datenverarbeitungsindustrie mit innovativen, digitalen und in Großserien gefertigten Endgeräten bedienen kann. Dadurch sollte ISDN den vom Bundeswirtschaftsministerium geforderten »Nachfragesog« erzeugen und für die westdeutsche Mikroelektronik eine ähnliche Rolle übernehmen, der das Raumfahrtprogramm in den 1960er Jahren für die amerikanische Hochtechnologie zugeschrieben wurde. Die westdeutsche Elektronikindustrie sollte von den Investitionen der Bundespost in ISDN profitieren und sowohl digitale Vermittlungstechnik als auch neuartige Endgeräte in Großserien produzieren und zu wettbewerbsfähigen Preisen auf dem Weltmarkt anbieten können.

Ein integriertes, digitales Telefonnetz versprach auch für die Bundespost Vorteile. Dies war zum einen die Sicherung ihres Netzmonopols. Schon mit der Einführung des elektronischen Datenvermittlungssystems EDS zu Beginn der 1970er Jahre hatte die Post das Ziel verfolgt, sämtliche Datenübertragung in ihrem Hoheitsgebiet in einem einheitlichen Datennetz (IDN) zu bündeln, um die Entwicklung von privaten Sondernetzen und damit eine Schwächung des Fernmeldemonopols wie in den USA zu verhindern. ISDN weitete diese Politik des einheitlichen Datennetzes auf das Telefonnetz aus, das damit seinen Sonderstatus verlor. Nach Abschluss der Digitalisierung hätte die Bundespost nur noch ein einziges, digitales Fernmeldenetz betreiben müssen und hätte die Rationalisierungsvorteile eines natürlichen Monopols voll ausschöpfen können. ISDN verband damit die Stärkung des Fernmeldemonopols durch das Direktrufurteil des Bundesverfassungsgerichts mit der Entwicklung der Datenverarbeitung und den Forderungen nach mehr Wettbewerb in der Telekommunikation.

Das in dieser Zeit entwickelte Konzept von ISDN sah vor, auf der zweidrahtigen Kupferleitung zwischen dem Teilnehmeranschluss und der Vermittlungsstelle ein digitales Signal mit einer Bandbreite von 144 kbit/s zu übertragen, das in zwei Basiskanäle zu jeweils 64 kbit/s sowie einen Steuerkanal von 16 kbit/s aufgeteilt ist, sodass pro Anschluss gleichzeitig zwei Telefongespräche oder Text- und Datenverbindungen übertragen werden können.[132] Auf der Teilnehmerseite sollte das digitale Netz in einer Steckverbindung enden, an der mit den untersten drei Schichten des OSI-Modells auch der

---

131 Dass durch die Digitalisierung des Telefonnetzes auch auf dem Endgerätemarkt neue Bedingungen geschaffen werden, merkte die Bundespost bereits im Jahr 1980 gegenüber der Wirtschaftsministerkonferenz der Länder und der Monopolkommission an. Vgl. Monopolkommission, Die Rolle der Deutschen Bundespost im Fernmeldewesen, S. 103.
132 Vgl. Zwischenbericht der Enquete-Kommission »Neue Informations- und Kommunikationstechniken«, S. 27.

Monopolbereich der Bundespost endet. Alle über die reine Transportleistung hinausgehenden Aufgaben sollten von den angeschlossenen Endgeräten übernommen werden, die im freien Handel gekauft werden können. Mittelfristig war der Ersatz der Kupferkabel durch Glasfasern und die Überführung des ISDN zum »integrierten breitbandigen Fernmeldenetz« (IBFN) vorgesehen, über das auch Videokonferenzen übertragen werden sollten. Wie bereits erwähnt, hatte die Bundespost nach dem medienpolitischen Verkabelungsstopp 1980 im Rahmen des BIGFON-Pilotversuchs mit der Erprobung eines solchen Netzes begonnen.[133]

Das Konzept und die Absichtserklärung von ISDN existierten also schon, als im Herbst 1982 die CDU die Regierung übernahm und der neue Postminister Schwarz-Schilling die Pläne der Bundespost für ein kupferbasiertes Breitbandkabelnetz zur Verteilung von Rundfunksignalen reaktivierte. Dies verunsicherte die Hersteller von Telekommunikationstechnik zunächst, da sie ihre Planungen bereits auf die glasfaserbasierte Zukunft eines ISDN ausgerichtet hatten und nun fürchteten, dass durch die Medienpolitik der CDU die Investitionsmittel der Bundespost für veraltete Technik ausgegeben werden. Um das Verhältnis zur Fernmeldeindustrie nicht zu stören, bekräftigte Schwarz-Schilling daher erneut die Grundsatzentscheidung, das Telefonnetz zu digitalisieren.[134] In den nächsten Jahren wurde dieses Vorhaben dann zu einem Eckpfeiler der bundesdeutschen Technologiepolitik der 1980er Jahre.

Telekommunikationspolitik als Industriepolitik

Bereits in seiner ersten Regierungserklärung nach der gewonnenen Bundestagswahl kündigte der neue Bundeskanzler Helmut Kohl im Mai 1983 an, dass die neue Bundesregierung die Förderung der Mikroelektronik sowie der Informations- und Kommunikationstechniken auf eine neue Grundlage stellen werde.[135] Ein knappes Jahr später legte das Bundesministerium für Forschung und Technologie dazu ein Konzept vor, in dem der Aufbau von ISDN eine zentrale Rolle spielte.[136]

Durch den »zukunftsorientierten Ausbau der Kommunikationsinfrastruktur und Innovationen im Endgerätebereich« wollte die Bundesregierung eine »Belebung innovationsorientierter Märkte«[137] erreichen. Dies bedeutete, dass die Bundespost ISDN einführen und der westdeutschen Fernmeldeindustrie damit die Entwicklung von Vermittlungs- und Netztechnik finanzieren sollte, die sie anschließend erfolgreich auf

---

133 Vgl. Rosenbrock, ISDN – eine folgerichtige Weiterentwicklung des digitalen Fernsprechnetzes, in: Schwarz-Schilling/Florian (Hg.), Jahrbuch der Deutschen Bundespost 1984.
134 Vgl. Claudia Rose/Dieter Klumpp, ISDN – Karriere eines technischen Konzepts, in: Werner Fricke (Hg.), Jahrbuch Arbeit + Technik 1991. Technikentwicklung – Technikgestaltung, Bonn 1991, S. 103-114.
135 Vgl. Regierungserklärung von Helmut Kohl am 4. Mai 1983, in: Stenographische Berichte des Deutschen Bundestag 10/4, S. 63.
136 Vgl. Bundesregierung, Konzeption der Bundesregierung zur Förderung der Entwicklung der Mikroelektronik, der Informations- und Kommunikationstechniken vom 11.04.84, BT-Drs. 10/1281, Bonn 1984.
137 Ebenda, S. 26.

dem Weltmarkt verkaufen konnte. Mit diesem Förderkonzept griff die Bundesregierung den Vorschlag der bereits erwähnten OECD-Studie von 1973 auf (siehe Kapitel 6.a),[138] der seit 1977 auch die Fernmeldepolitik des Bundeswirtschaftsministeriums leitete. Der Telekommunikationssektor sollte, angetrieben von den Modernisierungsplänen der Bundespost und der Liberalisierung des Endgerätemonopols, zu einem zentralen Baustein der westdeutschen Technologiepolitik werden.

Der Erfolg dieses technologiepolitischen Ansatzes war allerdings von der »Standardisierungsstrategie«[139] abhängig, die die von der Bundespost und ihren Fernmeldekunden erzeugte Inlandsnachfrage nach innovativer Telekommunikations- und Datenverarbeitungstechnik in einen Exporterfolg überführen sollte.[140] Diese Strategie ging davon aus, dass das umfangreiche westdeutsche Fernmeldemonopol als eine Stärke begriffen und als industriepolitisches Instrument genutzt werden kann. Der durch das Fernmeldemonopol der Bundespost weitgehend abgeschlossene Markt für Telekommunikationstechnik hatte die westdeutsche Fernmeldeindustrie, anders als die Computer- und Unterhaltungselektronikhersteller, bislang davor bewahrt, international bedeutungslos zu werden. Gleichzeitig verfügte die Bundesregierung durch das Fernmeldemonopol über einen großen Einfluss auf den Telekommunikationssektor, den sie für Großprojekte wie ISDN nutzen konnte. Die Geschlossenheit des westdeutschen Fernmeldesektors und der Einfluss der Bundesregierung galten vor allem gegenüber der Situation auf dem amerikanischen Markt für Fernmeldetechnik und Datenverarbeitung als Stärke, da der amerikanische Fernmeldesektor durch die Liberalisierung, das Consent Decree und ab 1982 durch die Aufteilung des Bell Systems nicht in gleichem Maße gegenüber der Datenverarbeitungsindustrie handlungsfähig war (siehe Kapitel 3). Durch die Konvergenz von Telekommunikation, Datenverarbeitung und Unterhaltungselektronik sollte ISDN im Zusammenwirken mit der OSI-Standardisierung daher die Grundlage für einen Neuanfang der bundesdeutschen Elektronik- und Informationsindustrie bilden. Dabei war diese Standardisierungsstrategie kein rein deutsches Projekt, sondern hatte eine starke europäische Komponente, da nur ein einheitlicher europäischer Markt groß genug war, den Größenvorteil des amerikanischen Marktes auszugleichen.[141] Um diese technologiepolitische Strategie zum Erfolg zu führen, musste in erster Linie die Bundespost aktiv werden und zwei formal unabhängige, aber eng miteinander verbundene Aufgaben erfüllen. Sie musste

---

138 Vgl. Kimbel, Computers and Telecommunications.
139 Peter F. Cowhey/Jonathan D. Aronson, Telekommunikation als Retter der europäischen Informationsindustrien, in: Alfred Pfaller (Hg.), Der Kampf um den Wohlstand von morgen. Internationaler Strukturwandel und neuer Merkantilismus, Bonn 1986, S. 131-147, hier S. 138.
140 Vgl. Wolfgang Berndt, Die Bedeutung der Standardisierung im Telekommunikationsbereich für Innovation, Wettbewerb und Welthandel, in: Christian Schwarz-Schilling/Winfried Florian (Hg.), Jahrbuch der Deutschen Bundespost 1986, Bad Windsheim 1986, S. 87-117.
141 Vgl. Cowhey/Aronson, Telekommunikation als Retter, in: Pfaller (Hg.), Der Kampf um den Wohlstand von morgen; Helmut Schön, ISDN und Ökonomie, in: Schwarz-Schilling/Florian (Hg.), Jahrbuch der Deutschen Bundespost 1986, S. 9-49; Berndt, Die Bedeutung der Standardisierung im Telekommunikationsbereich, in: Schwarz-Schilling/Florian (Hg.), Jahrbuch der Deutschen Bundespost 1986; Eli M. Noam, Telecommunications in Europe, New York 1992, S. 360-368.

die Standardisierung von ISDN im CCITT und die Integration in das OSI-Modell abschließen. Anschließend musste sie das westdeutsche Telefonnetz rasch digitalisieren, um schnell einen großen Markt für ISDN-Endgeräte zu schaffen, der den erhofften Nachfragesog erzeugen sollte.

Beim CCITT arbeitete die zuständige Studienkommission XVIII bereits seit 1980 unter dem Vorsitz des deutschen Fernmeldeingenieurs Theodor Irmer an der Standardisierung eines volldigitalen Fernmeldenetzes. Gleichzeitig mit der offiziellen Verabschiedung des OSI-Referenzmodells beschloss das CCITT 1984 auch die ersten Spezifikationen für ISDN. Die Grundlage von ISDN bildeten dabei die drei untersten Schichten des OSI-Models, in denen ISDN grundlegende Transportdienste (»bearer services«) zur Verfügung stellte. In seiner nächsten Studienperiode wollte das CCITT dann bis 1988 für die obersten vier Schichten sogenannte Teledienste (»teleservices«), etwa das klassische Fernsprechen oder Dokumentenübertragungen über Telefax standardisieren, die eine herstellerunabhängige Kommunikation zwischen Endgeräten ermöglichen sollten.[142]

Die Einführung von ISDN

Mit welcher Geschwindigkeit die Bundespost das Telefonnetz auf ISDN umstellen sollte, war Mitte der 1980er Jahre umstritten. Grundsätzlich setzte ISDN den Austausch der elektromechanischen Vermittlungsämter durch digitale Anlagen voraus. Erst im nächsten Schritt sollte anschließend auf Nachfrage der Anschlussinhaber die digitale Übertragung bis zum Teilnehmeranschluss fortgeführt werden. Nachdem die Bundespost im Oktober 1983 die Sieger des Entwicklungswettbewerbs präsentierte und wenig überraschend Siemens und SEL mit der Lieferung von digitalen Vermittlungsämtern beauftragte,[143] ging sie in ihren ersten Investitionsplanungen von einem langfristigen Austausch der Vermittlungsanlagen aus. Erst im Jahr 1990 sollten zum letzten Mal mechanische Vermittlungsstellen beschafft werden und die Anlagen dann erst nach Erreichen ihrer üblichen Betriebsdauer von 30 Jahren ausgetauscht werden, sodass erst 2020 die letzte Ortsvermittlungsstelle ISDN-fähig sein sollte.[144]

Relativ früh gab es daher Forderungen aus der Industrie, die Einführung von ISDN deutlich zu beschleunigen. Hierfür setzte sich vor allem der frühere Post-Abteilungsleiter Franz Arnold ein, der seit seiner USA-Reise 1979 auf eine rasche Modernisierung des westdeutschen Fernmeldesektors drängte und nach dem Regierungswechsel 1982 wegen seiner SPD-Mitgliedschaft vom Postministerium zur Unternehmensberatung SCS gewechselt war.[145] 1984 forderte er in einer Studie, dass »[d]ie Umstellung von den Fernsprechnetzen auf integrierte digitale Technik (ISDN) […] zu einem nationalen Ziel höchster Priorität erklärt werden«[146] und unter Vernach-

---

142 Vgl. Theodor Irmer, ISDN-Standardisierung im CCITT, in: Franz Arnold (Hg.), ISDN: viele Kommunikationsdienste in einem System, Köln 1987, S. 60-72.
143 Vgl. Scherer, Telekommunikationsrecht und Telekommunikationspolitik, S. 306.
144 Vgl. Franz Arnold, Die künftige Entwicklung der öffentlichen Fernmeldenetze in der Bundesrepublik Deutschland und ihre Auswirkungen auf den Benutzer, Hamburg 1984, S. 88.
145 Vgl. Dieter Piel, Bonner Kulisse, in: DIE ZEIT 52/1982.
146 Arnold, Die künftige Entwicklung der öffentlichen Fernmeldenetze, S. 30.

lässigung von betriebswirtschaftlichen Bedenken der Bundespost schnellstmöglich durchgeführt werden sollte. Hinter solchen Forderungen stand erneut die Vorstellung, dass die Digitalisierung des Telefonnetzes, die später durch den Ausbau eines Glasfasernetzes für breitbandige Individualkommunikation ergänzt werden sollte, als »nationale Anstrengung« eine vergleichbare Bedeutung für die technologische Entwicklung der Bundesrepublik haben könnte wie das amerikanische Weltraum- und Rüstungsprogramm der 1960er Jahre für die Mikroelektronik in den USA.[147]

Die eindeutig industriepolitisch motivierten ISDN-Pläne der Bundespost und das Vorhaben, mittelfristig ein Breitbandnetz auf Glasfaserbasis aufzubauen, riefen Mitte der 1980er Jahre auch Kritik und Ängste hervor, die vor allem im Umfeld der Gewerkschaften formuliert wurden.[148] Zu den lautstärksten Kritikern zählten der Trierer Informatikprofessor Herbert Kubicek (ab 1987 in Bremen) und die Sozialwissenschaftlerin Barbara Mettler-Meibom. Beide sahen in ISDN eine Großtechnologie, deren Einführung aus rein ökonomischen Gründen und ohne eine langfristige soziale Technikfolgenabschätzung vorangetrieben wird. Dabei sahen sie ISDN als eine besonders gefährliche Technologie an, da durch sie die Rationalisierungs- und Überwachungspotenziale von Computern bis in die privaten Haushalte vordringen. Anders als in Betrieben, in denen der Einsatz von Computern durch die Arbeit der Gewerkschaften kollektiv eingehegt werden kann, seien die Betroffenen im privaten Alltag bei der Bewältigung der sozialen Folgen der Computerisierung auf sich allein gestellt.[149]

Solche Kritik an den Digitalisierungsplänen der Bundespost blieb aber weitgehend folgenlos. Anders als in der medienpolitischen Debatte über die Breitbandverkabelung und Bildschirmtext fielen bei ISDN die Bundesländer als Widerpart der Bundesregierung und als Resonanzraum für Kritik aus, und es kam nicht zu einer parteipolitischen

---

147 Vgl. ebenda, S. 15-22.
148 So verzögerten gewerkschaftliche Proteste 1986 die Erprobung von ISDN-Telefonanlagen durch die nordrhein-westfälische Landesregierung. Siehe hierzu: Verzögerungstaktik von seiten der Gewerkschaften und der Personalräte. ISDN-Modellversuch in Nordrhein-Westfalen ist blockiert, in: *Computerwoche* 27/1986.
149 Vgl. Barbara Mettler-Meibom, Straßen der Computer-Gesellschaft, in: *DIE ZEIT* 47/1984; Herbert Kubicek/Arno Rolf, Mikropolis. Mit Computernetzen in die »Informationsgesellschaft«, Hamburg 1985; Barbara Böttger/Barbara Mettler-Meibom, Das Private und die Technik. Frauen zu den neuen Informations- und Kommunikationstechniken, Wiesbaden 1990. Barbara Mettler-Meibom sah zusätzlich im Breitband-ISDN die Gefahr, dass »die über die Breitbandtechnologie vorangetriebene Computerisierung und Mediatisierung u.a. auch durch Überschwemmung mit massenmedialen Programmen, den Prozeß der Entsinnlichung und Entmaterialisierung von Erfahrungen bedrohlich verschärft.« Mettler-Meibom, Breitbandtechnologie, S. 146. In der Debatte wurden Parallelen zwischen der Einführung von ISDN und der Atomkraft gezogen. So lehnten sich Herbert Kubicek und Peter Berger 1990 mit ihrer ISDN-Kritik am Format der »66 Erwiderungen« an, in dem 1975 erstmalig eine wissenschaftlich fundierte, allgemeinverständliche Kritik an der Kernenergie erschienen war. Vgl. Klaus Bätjer, Zum richtigen Verständnis der Kernindustrie. 66 Erwiderungen; Kritik des Reklamehefts »66 Fragen, 66 Antworten: Zum besseren Verständnis der Kernenergie«, Berlin 1975; Herbert Kubicek/Peter Berger, Was bringt uns die Telekommunikation? ISDN – 66 kritische Antworten, Frankfurt 1990.

Polarisierung. Sieht man von den Grünen ab,[150] kann man sogar von einem parteiübergreifenden Konsens zur Einführung von ISDN sprechen. Dies lag vor allem daran, dass bei ISDN nicht Medienpolitik, sondern Individualkommunikation im Mittelpunkt stand. Dies machte die Digitalisierung des Telefonnetzes zu einem Projekt, das sich diskursiv in der Arena des Fernmeldewesens und der Bürokommunikation bewegte und daher bevorzugt für technologie- und wirtschaftspolitische Argumente zugänglich war.[151]

Der politische Konsens wurde zusätzlich durch eine breite Zustimmung der westdeutschen Elektronikindustrie gestützt. Erwartungsgemäß verbanden vor allem die Hersteller von Fernmelde- und Datenverarbeitungstechnik große Erwartungen mit ISDN. So hatte Siemens in Erwartung der digitalen Kommunikationsrevolution den Konzern umstrukturiert und seine kriselnde Computersparte mit Teilen der Nachrichtentechnik zusammengelegt. Mit einer neuen Generation von digitalen Telefonnebenstellen (HICOM) setzte der Konzern auch bei lokalen Datennetzen auf ISDN und hoffte, von seiner Führungsrolle bei ISDN auch auf dem Datenverarbeitungsmarkt profitieren zu können.[152] Auch die Nixdorf AG setzte Hoffnungen in ISDN. Das Unternehmen hatte schon Mitte der 1970er Jahre ein Telefon entwickelt, mit dem auch Daten übertragen werden konnten (Datatel 8810). Da der Vertrieb dieses Gerätes allerdings an der Zulassungspolitik der Bundespost gescheitert war, hatte sich Hans Nixdorf zu einem lautstarken Kritiker des Fernmeldemonopols entwickelt. Nach der technologischen Wende der Bundespost hatte das Bundesforschungsministerium 1979 bei Nixdorf die Entwicklung einer digitalen Nebenstellenanlage (System 8818) gefördert, sodass das Unternehmen erwartete, mit ISDN einen neuen Geschäftszweig in der Telekommunikation erschließen zu können. Dies hinderte Heinz Nixdorf allerdings nicht daran, bis zu seinem Tod 1986 weiter Stimmung gegen die Bundespost zu machen, die aus seiner Sicht viel zu spät mit der Digitalisierung des Telefonnetzes angefangen hatte.[153]

Die westdeutschen Großanwender von Datenverarbeitung hatten dagegen ein gespaltenes Verhältnis zu ISDN. Einerseits versprachen die Digitalisierung des Telefonnetzes und die OSI-Protokolle den Datenaustausch einfacher zu machen, andererseits stärkte ein einheitliches, integriertes Fernmeldenetz aber auch das Monopol der Bundespost. Mit Blick auf die niedrigen Telekommunikationskosten in den USA wünschten sich die Großanwender daher eher eine grundsätzliche Liberalisierung des westdeut-

---

150 Vgl. Die Grünen im Bundestag, Vorsicht Telekommunikation, Bonn [1987]; Die Grünen im Bundestag, Die restlose Vernetzung. Mit den neuen Postdiensten in die Informationsgesellschaft, Bonn [1986].
151 Zudem befanden sich CDU und SPD in der Mitte der 1980er Jahre bereits auf dem Weg zu einem medienpolitischen Kompromiss. Siehe hierzu Kapitel 6.c.
152 Vgl. Helga Biesel, Weltpremiere für Bürosystem auf der Basis der CCITT-Normen. Siemens legt mit »Hicom« ISDN-Meßlatte auf, in: *Computerwoche* 01/1985.
153 Vgl. Claudia Marwede-Dengg, Nach der 8818-Förderung nochmals Mittel für ein neues PBX-System. Nixdorf entwickelt ISDN-Anlage mit BMFT-Geld, in: *Computerwoche* 33/1985.

schen Telekommunikationssektors, mit der nicht nur das Endgerätemonopol, sondern auch das Netzmonopol der Bundespost aufgehoben wird.[154]

Bei den 1987 anlaufenden ISDN-Pilotversuchen in Stuttgart (SELs System 12) und Mannheim (Siemens EWSD) konnte die Bundespost daher zumindest auf die Unterstützung der westdeutschen Elektronikindustrie setzen, die – anders als beim Bildschirmtext – bereits zu den Feldversuchen fertig entwickelte Endgeräte in ausreichenden Stückzahlen im Angebot hatte.[155] Nach zweijähriger Erprobung von ISDN erklärte die Bundespost auf der Cebit im März 1989 dann die Versuchsphase für beendet. Telefonanschlüsse, die in der Nähe einer der zunächst nur wenigen, bereits digitalisierten Vermittlungsstellen lagen, konnten ab diesem Zeitpunkt für eine einmalige Gebühr von 130 DM auf ISDN umgestellt werden. Anschließend kassierte die Bundespost für einen Basisanschluss künftig eine monatliche Grundgebühr von 74 DM und damit mehr als das Doppelte der üblichen Telefongrundgebühr von 27 DM. Dafür erhielten die Anschlussinhaber zwei digitale Kanäle mit jeweils 64 Kbit/s und mussten je nach Nutzung noch zeit- und entfernungsabhängige Verbindungskosten zahlen.[156]

Mit solchen Preisen, zu denen noch die Anschaffungskosten von neuen Endgeräten kamen, richtete die Post ihr ISDN-Marketing in der Anfangszeit vor allem auf gewerbliche Kunden aus und war damit relativ erfolgreich. Ende 1991 waren bereits 59.000 Telefonanschlüsse in einen ISDN-Basisanschluss umgewandelt, hinzukamen noch 5.600 sogenannte Primärmultiplexanschlüsse von Großkunden, die 30 Leitungen zum Anschluss an eine Telefonanlage enthielten.[157] Zu einem »ISDN-Boom« kam es aber erst nach Absenkung der Gebühren und durch die wachsende Nachfrage nach Internetzugängen Mitte der 1990er Jahre. Allein zwischen 1995 und 1996 verdoppelte sich die Zahl der ISDN-Basisanschlüsse in Deutschland von knapp über 600.000 Anschlüsse auf mehr als 1,3 Millionen.[158] Zu diesem Zeitpunkt hatte sich der bundesdeutsche Te-

---

154 Vgl. Arno Gottschalk, Wem nützt ISDN? Fernmeldepolitik als Industriepolitik gegen IBM?, in: Herbert Kubicek (Hg.), Telekommunikation und Gesellschaft. Kritisches Jahrbuch der Telekommunikation, Karlsruhe 1991, S. 155-172. Ähnlich war auch die Perspektive von IBM auf ISDN und die Standardisierungsstrategie der Bundesregierung. Private Telekommunikationsnetze auf Grundlage von IBM-Protokollen schienen für den Konzern langfristig mehr Vorteile zu haben, gleichzeitig kamen IBM, zumindest in Europa, vorerst nicht an Fernmeldemonopolen vorbei. Daher verfolgte der Konzern bei ISDN eine Doppelstrategie und versuchte, seine Computersysteme und Netzwerkprotokolle einerseits so weit mit OSI- und ISDN kompatibel zu machen, um bei einem Erfolg nicht abgehängt zu werden und war gleichzeitig bemüht, die Bedeutung der eigenen Protokolle nicht zu gefährden. Vgl. Claudia Marwede-Dengg, Vor dem Hintergrund verzögerter Systementwicklungen für das DFN. IBM bekräftigt »halbes Ja« in Richtung OSI, in: *Computerwoche* 30/1985; Claudia Marwede-Dengg, Zwischen Profilierung und Kompetenz. IBM verstärkt die Kritikerfront gegen die Bundespost, in: *Computerwoche* 14/1986.
155 Vgl. Anken-Frauke Bohnhorst, Die ersten fünf Schritte auf dem Weg zum ISDN-Erfolg, in: *Computerwoche* 10/1987.
156 Vgl. Bernhard Langen/Marita Kampling, DFÜ-Kosten im künftigen ISDN. Zwei Zeitzonen und Tarifgruppen im ISDN-Gebührenmodell, in: *Computerwoche* 33/1987.
157 Vgl. Joachim Jung, Das digitale Universalnetz kommt langsam in Fahrt. Technische Möglichkeiten und rechtliche Probleme bei ISDN, in: *Computerwoche* 09/1992.
158 Vgl. Helga Biesel/Hadi Stiel, ISDN passt ins Corporate Network, in: *Computerwoche* 28/1996, S. 37-40.

lekommunikationssektor allerdings bereits stark verändert und seine Strukturen ähnelten nur noch wenig denjenigen, die 15 Jahre zuvor den Anstoß zum ISDN-Projekt gegeben hatten.

7.d Die Reformen der Bundespost (1984 - 1998)

Die Regierungskommission Fernmeldewesen (1984 - 1987)

Da mit der Entscheidung der Bundespost, ISDN aufzubauen und den Fortschritten beim OSI-Referenzmodell eine neue technische Grundlage des Telekommunikationssektors absehbar wurde, die eine Abgrenzung des Netzmonopols von einem wettbewerbsbasierten Endgerätebereich möglich machte, kam in der ersten Hälfte der 1980er Jahre wieder Bewegung in die Diskussion über eine Reform des bundesdeutschen Telekommunikationssektors. Die Standardisierungsstrategie der Bundesregierung ging davon aus, dass mit dem digitalen Fernmeldenetz auch eine neue Grundlage für Wettbewerb im Endgerätebereich geschaffen wird. Ungeklärt war allerdings, inwieweit sich die Bundespost am Endgerätemarkt beteiligen sollte.

Bereits die sozialliberale Regierungskoalition hatte sich gezwungen gesehen, auf die Kritik der Wirtschaftsministerkonferenz und der Monopolkommission zu reagieren. Zum 01.07.1982 hatte die Bundespost die Zulassung von Endgeräten in ein neu gegründetes Zentralamt für Zulassung im Fernmeldewesen (ZZF) ausgegliedert, um den Interessenkonflikt zwischen Zulassungsbehörde und Wettbewerbern bei Endgeräten zu reduzieren. Durch die institutionelle Neuorganisation veränderte sich die Zulassungspolitik der Bundespost aber nicht grundlegend und bot weiter Anlass für Kritik, zumal die Bundesregierung diesen Schritt mit der Erklärung verbunden hatte, dass sie an der Beteiligung der Bundespost am Endgerätemarkt festhält.[159]

Unmittelbar nach dem Regierungswechsel im Herbst 1982 lag der Arbeitsschwerpunkt des neuen Postministers Schwarz-Schilling zunächst auf den medienpolitischen Weichenstellungen durch die Breitbandverkabelung. Erst im Mai 1984 erhielt die Reformdebatte des Telekommunikationssektors mit der bereits erwähnten »Konzeption der Bundesregierung zur Entwicklung der Mikroelektronik, der Informations- und Kommunikationstechniken« wieder Dynamik. In dem Konzept erklärte die Bundesregierung, dass sie durch ISDN »im Endgerätebereich eine intensive Wettbewerbssituation mit hohen Innovationsraten und dadurch hervorgerufenem Wachstum«[160] erwartete, und kündigte an, dass eine neue Kommission prüfen soll, ob »für die Hoheits- und Unternehmensaufgaben der DBP neue Strukturen gefunden werden können, die ein rascheres Reagieren auf technische, wirtschaftliche und politische Entwicklungen ermöglichen.«[161]

---

159 Vgl. Werle, Telekommunikation in der Bundesrepublik, S. 316.
160 Bundesregierung, Konzeption der Bundesregierung zur Förderung der Entwicklung der Mikroelektronik, der Informations- und Kommunikationstechniken, S. 36.
161 Ebenda.

Wie zehn Jahre zuvor die KtK sollte eine Regierungskommission Vorschläge für Veränderungen des bundesdeutschen Fernmeldesektors entwickeln. Während 1974 allerdings technische Fragen und medienpolitische Erwägungen im Mittelpunkt standen, erhielt die neue Kommission nun einen dezidiert wirtschaftspolitischen Auftrag. Sie sollte einen Bericht über die »Möglichkeiten zur Verbesserung der Aufgabenerledigung im Bereich des Fernmeldewesens vorlegen«[162] und dabei die Konzeption der Bundesregierung zugrunde legen. Dabei wurde die industriepolitische Stoßrichtung der Kommission klar benannt. »Ziel des Auftrags ist die bestmögliche Förderung technischer Innovationen, die Entwicklung und Wahrung internationaler Kommunikationsstandards sowie Sicherung des Wettbewerbs auf dem Markt der Telekommunikation.«[163]

Das Verfahren, mit dem die Kommission eingesetzt wurde und ab März 1985 ihre Sitzungen durchführte, ähnelte dem Modus, in dem bereits zehn Jahre zuvor die KtK gearbeitet hatte. Dies lag vor allem daran, dass auf Wunsch von Schwarz-Schilling erneut Eberhard Witte den Vorsitz übernahm. Wittes Diskussionsleitung in der KtK galt als beispielhaft dafür, wie unterschiedliche Positionen auf einen Nenner gebracht und in einem knappen, verständlichen und konsensfähigen Bericht zusammengefasst werden können.[164] Als Vorsitzender des Münchener Kreises war Witte seit 1976 allerdings eine zentrale Figur in der wirtschaftsnahen Diskussion über die Potenziale von Telekommunikation und damit international gut vernetzt. Für die Kritiker einer Liberalisierung des Fernmeldesektors, vor allem aus dem Umfeld der Deutschen Postgewerkschaft, hatte Schwarz-Schilling mit dieser Personalie daher bereits ein wirtschaftsnahes Ergebnis der Kommission vorgegeben und dies auch mit der Auswahl der übrigen Mitglieder bestätigt. Von den zwölf Mitgliedern vertraten allein vier die Interessen von Wirtschaftsverbänden. Zusammen mit den drei Vertretern der Wissenschaft (Betriebswirtschaft, Wirtschafts- und Handelsrecht sowie Mikroelektronik), bildeten sie die Mehrheit der Kommission. Gesellschaftliche Interessen waren dagegen mit vier Vertretern der Parteien sowie einem Gewerkschaftsvertreter in der Minderheit.[165]

Erst nachdem die CDU-FDP-Koalition im Januar 1987 die Bundestagswahl gewonnen hatte, beendete die Kommission ihre Arbeit und legte im September 1987 ihren Abschlussbericht vor. Darin empfahl sie erwartungsgemäß, dass bis auf das Netzmonopol und die Sprachtelefonie sämtliche Bereiche des westdeutschen Telekommunikationssektors für den Wettbewerb geöffnet werden, an dem sich allerdings auch die

---

162 Eberhard Witte (Hg.), Neuordnung der Telekommunikation. Bericht der Regierungskommission Fernmeldewesen, Heidelberg 1987, S. 9.
163 Ebenda.
164 Vgl. Mettler-Meibom, Breitbandtechnologie, S. 216.
165 Vgl. Helga Biesel, Deutsche Postgewerkschaft nimmt Teilungs- und Privatisierungsmodelle für die Bundespost ins Visier. DPG macht Front gegen Regierungskommission, in: *Computerwoche* 24/1987. Vertreter der Wirtschaft: Tyll Necker (BDI), Gerd Wiegand (ZVEI), Horst Schwabe (Verband von Aufbaufirmen für Fernmeldeanlagen), Jürgen Terrahe (Commerzbank). Vertreter der Wissenschaft: Eberhard Witte (Betriebswirtschaft), Wernhard Möschel (Handels- und Wirtschaftsrecht), Ingolf Ruge (Mikroelektronik). Vertreter der Politik und Gewerkschaften: Hansheinz Hauser (CDU), Edmund Stoiber (CSU), Peter Glotz (SPD), Dieter Fertsch-Röver (FDP), Albert Stegmüller (Deutsche Postgewerkschaft). Vgl. Witte (Hg.), Neuordnung der Telekommunikation, S. 10-11.

Bundespost beteiligen durfte.¹⁶⁶ Wettbewerb bei den Endgeräten sollte allerdings nicht erst im digitalen Netz zugelassen werden, sondern bereits beim bestehenden, analogen Telefonnetz. Wie in den USA sollte daher der Monopolbereich des Netzes an einer Steckverbindung enden, an denen beliebige, zugelassene Endgeräte angeschlossen werden durften.¹⁶⁷ Im Netzbereich sollte die Bundespost der einzige Betreiber eines physikalischen Netzes bleiben; allerdings sollte es anderen Unternehmen erlaubt werden, die Leitungen der Post zu sogenannten Mehrwertnetzen zusammenzuschalten, damit auch in der Bundesrepublik private Datennetze wie Telenet möglich werden. Die Telefonie sollte vorerst vom Wettbewerb ausgenommen werden, um die Ertragskraft der Bundespost nicht zu gefährden.¹⁶⁸

Obwohl sich der Arbeitsauftrag nur auf das Fernmeldewesen bezog, schlug die Kommission auch einen Umbau der Bundespost vor. Da die Post nach der vorgeschlagenen Reform zumindest in manchen Geschäftsbereichen mit anderen Unternehmen konkurrieren musste, griff die Kommission die bereits seit den 1960er Jahren diskutierte Neustrukturierung der Bundespost wieder auf. Vor allem die Trennung der staatlichen Hoheitsaufgaben von den Unternehmensaufgaben sollte nun endlich vollzogen werden, um einen fairen Wettbewerb zu ermöglichen und der Bundespost mehr unternehmerische Freiheiten zu geben.¹⁶⁹ Zu diesen Maßnahmen gehörte auch die Aufteilung der Bundespost in eine Post- und eine Fernmeldesparte, mit der die ebenfalls schon seit den 1960er Jahren kritisierte Subventionierung des Brief- und Pakettransports durch die Telefongebühren aufgegeben, zumindest aber transparenter werden sollte.¹⁷⁰

Von den Kommissionsmitgliedern stimmten nur Albert Stegmüller als Vertreter der Postgewerkschaft und Peter Glotz, der für die SPD in der Kommission saß, gegen diese Empfehlungen. In einem Sondervotum begründete Glotz seine Ablehnung mit der Befürchtung, dass der Wettbewerb die Fähigkeit der Bundespost, industriepolitische Infrastrukturprojekte wie ISDN zu finanzieren, einschränken wird und die westdeutsche Fernmeldeindustrie dadurch zu einem weiteren Opfer des internationalen Wettbewerbs werde.¹⁷¹ Der Gewerkschafter Stegmüller verteidigte seine Ablehnung damit, dass die Kommission von den Interessen weniger großer Unternehmen geprägt gewesen sei, die bewährte Strukturen mit ideologischen Argumenten zerschlagen wollten. Die Folgen dieses Vorhabens müssten die Allgemeinheit in Form von höheren Gebühren bei schlechteren Angeboten zahlen.¹⁷²

Der Tübinger Wirtschaftsjurist Wernhard Möschel enthielt sich dagegen bei der finalen Abstimmung, da ihm der Abschlussbericht nicht weit genug ging und das Festhalten am Netzmonopol seinen ordnungspolitischen Vorstellungen widersprach. Gemeinsam mit den Vertretern von FDP, BDI und der Commerzbank empfahl er in einem

---

166 Vgl. ebenda, S. 82-83.
167 Vgl. ebenda, S. 100-101.
168 Vgl. ebenda, S. 90-91.
169 Vgl. ebenda, S. 106-110.
170 Vgl. ebenda, S. 112-113.
171 Vgl. ebenda, S. 140-141.
172 Vgl. ebenda, S. 142-149.

weiteren Sondervotum, auch im Netzbereich Wettbewerb zuzulassen.[173] Das Netzmonopol der Bundespost hatte in der Kommission durchaus auf der Kippe gestanden. Ein entsprechender Antrag, der Bundesregierung die Zulassung von weiteren Netzbetreibern zu empfehlen, fand mit 6 zu 6 Stimmen nur knapp keine Mehrheit. Da bis auf die FDP aber sämtliche Vertreter der Parteien gegen diesen Vorschlag gestimmt hatten, wäre eine Aufhebung des Netzmonopols zu diesem Zeitpunkt vermutlich ohnehin politisch nicht durchsetzbar gewesen. So hatte etwa der CSU-Vertreter in der Regierungskommission, Edmund Stoiber, angekündigt, seine Partei werde am Netzmonopol festhalten, da er andernfalls die Telefonversorgung in den ländlichen Regionen Bayerns gefährdet sah.[174]

Für den Fortbestand des Netzmonopols sprach außerdem, dass die ISDN-Planung und die Standardisierungsstrategie auf der Idee einer finanzstarken Bundespost mit Netzmonopol aufbauten. ISDN sollte ja gerade in Verbindung mit dem OSI-Referenzmodell eine klare Abgrenzung des Monopolbereichs des Netzes von dem Wettbewerbsbereich der Endgeräte ermöglichen und so das Monopol der Bundespost stärken, damit diese die Digitalisierung des Netzes finanzieren kann, auf dessen Grundlage dann innovative Dienste und Endgeräte im Wettbewerb angeboten werden können. Weitere Netzbetreiber, die der Bundespost auf der Ebene der physikalischen Netze mit eigenen Leitungen Konkurrenz machen würden, hätten die technologiepolitischen Steuerungsmöglichkeiten der Bundesregierung daher stark reduziert und den Erfolg der ISDN- und Standardisierungsstrategie gefährdet.

Telekommunikationspolitik der EG (1979 - 1993)

Mit ihrem Bericht hatte die Regierungskommission die künftigen Eckpfeiler für eine Neuordnung des bundesdeutschen Fernmeldesektors festgelegt: Fortbestand des Netz- und Sprachmonopols, Wettbewerb bei Endgeräten und allen anderen Diensten. Es war gewiss kein Zufall, dass die Kommission ihren Bericht erst im September 1987 offiziell vorlegte, womit er in einem engen zeitlichen Zusammenhang mit einem weiteren Dokument zur Zukunft der europäischen Telekommunikationssektoren stand. Ebenfalls im September 1987 legte die EG-Kommission mit einem »Grünbuch über die Entwicklung des gemeinsamen Marktes für Telekommunikationsdienstleistungen und Telekommunikationsgeräte«[175] ihre Vorschläge für die Gestaltung der Telekommunikationssektoren ihrer Mitgliedstaaten vor.[176]

---

173 Vgl. ebenda, S. 134-139.
174 Vgl. Grande, Vom Monopol zum Wettbewerb? S. 215; Reimut Zohlnhöfer, Die Wirtschaftspolitik der Ära Kohl. Eine Analyse der Schlüsselentscheidungen in den Politikfeldern Finanzen, Arbeit und Entstaatlichung, 1982-1998, Wien 2001, S. 149; Witte, Mein Leben, S. 229-231.
175 Kommission der Europäischen Gemeinschaft, Auf dem Wege zu einer dynamischen europäischen Volkswirtschaft. Grünbuch über die Entwicklung des Gemeinsamen Marktes für Telekommunikationsdienstleistungen und Telekommunikationsgeräte, BT-Drs. 11/930, Brüssel 1987.
176 Zur Telekommunikationspolitik der EG siehe auch Karl-Heinz Neumann, Die Deutsche Bundespost vor den Herausforderungen der europäischen Telekommunikationspolitik, in: Joachim Scherer (Hg.), Nationale und europäische Perspektiven der Telekommunikation, Baden-Baden 1987, S. 30-46; Petra Schaper-Rinkel, Die Macht von Diskursen. Europäisierung, Ökonomisierung und

Eine europäische Dimension der Telekommunikationspolitik war in den 1980er Jahren verhältnismäßig neu. Obwohl es bereits seit dem Ende der 1940er Jahre Bemühungen gab, ein gemeinsames Vorgehen der westeuropäischen Länder in Post und Telekommunikation zu erreichen, blieb der europäische Gedanke in diesem Bereich bis in die späten 1970er Jahre unterrepräsentiert. Nur im Rahmen der 1959 gegründeten Conférence Européenne des Administrations des Postes et des Télécommunications (CEPT) fand eine regelmäßige Absprache der europäischen Post- und Fernmeldebehörden statt, die sich aber auf die Empfehlung von technischen und organisatorischen Standards beschränkte.[177]

Erst durch die zunehmende Verschränkung von Datenverarbeitung und Telekommunikation entdeckte die EG-Kommission in den späten 1970er Jahren den Telekommunikationssektor als industriepolitisches Handlungsfeld und legte mit dem sogenannten Dublin-Report im November 1979 zum ersten Mal eine telekommunikationspolitische Leitlinie vor.[178] In dem Papier konstatierte sie, dass mehr als zehn Jahre, seitdem die europäischen Länder mit verschiedenen Maßnahmen versucht haben, die technologische Lücke zu verkleinern, die westeuropäischen Datenverarbeitungsindustrien noch immer nicht an die USA herangerückt waren und nun zusätzlich auch von japanischen Unternehmen unter Druck gesetzt werden. Da mit dem Scheitern von Unidata auch der Versuch erfolglos geblieben war, die wichtigsten europäischen Computerhersteller zu einer international wettbewerbsfähigen Größe zusammenzuschließen, schlug die Kommission vor, dass die Europäer jetzt Telekommunikation nutzen sollten, um endlich ihre »wichtigste Trumpfkarte, die kontinentale Dimension«[179], auszuspielen. Die Kommission schlug vor, dass ihre Mitgliedsländer durch Öffnung und Vereinheitlichung ihrer Telekommunikationssektoren einen einheitlichen europäischen Markt für Informationstechnologie schaffen sollen, in dem europaweit einheitliche Standards gelten und die Endgerätemonopole aufgehoben sind.[180]

Mit ihrer Forderung, einen einheitlichen europäischen Fernmeldesektor zu schaffen, stieß die Kommission in der ersten Hälfte der 1980er Jahre allerdings nur auf wenig Resonanz in den Mitgliedsstaaten. Daher arbeitete die EG-Kommission zunächst nur indirekt an der Vereinheitlichung und setzte sich für ein gemeinsames europäisches Vorgehen bei der ISDN- und OSI-Standardisierung in dem CCITT und der ISO ein. Mit zwei Forschungsprogrammen beteiligte sie sich außerdem an der Grundlagenfor-

---

Digitalisierung der Telekommunikation, in: Franz X. Eder (Hg.), Historische Diskursanalysen. Genealogie, Theorie, Anwendungen, Wiesbaden 2006, S. 223-237; Steinbicker, Pfade in die Informationsgesellschaft, S. 216-255.
177 Vgl. Raymund Werle/Volker Schneider, Die Eroberung eines Politikfeldes. Die Europäische Gemeinschaft in der Telekommunikationspolitik, in: Jahrbuch zur Staats- und Verwaltungswissenschaft 3 (1989), S. 247-272, hier S. 249-251; Michalis 2007, Governing European Communications, S. 31-99.
178 Vgl. Europäische Kommission, Die europäische Gesellschaft und die neuen Informationstechnologien. Eine Antwort der Gemeinschaft, KOM 79/650, Brüssel 1979, S. 5.
179 Ebenda.
180 Vgl. ebenda.

schung und Produktentwicklung von Datenverarbeitungs- und Telekommunikationstechnik.[181]

Ab Mitte der 1980er Jahre setzte die Kommission dann ihre Kompetenzen in der Wettbewerbspolitik ein, um die Mitgliedsländer zur Öffnung ihrer Endgerätemärkte zu zwingen.[182] 1985 leitete die EG-Kommission daher zwei Verfahren gegen die Bundesrepublik und die Bundespost ein. Eins davon betraf den Markt für schnurlose Telefone. Diese neue Form des Telefonapparats hatte die Bundespost wie herkömmliche Telefone behandelt und ein Monopol auf diese Geräte beansprucht. Mit dem zweiten Verfahren ging die EG-Kommission gegen das schon seit Anfang der 1970er Jahre umstrittene Modemmonopol vor. Anders als zehn Jahre zuvor vorm Bundesverfassungsgericht zeigte sich die Bundesregierung diesmal aber in beiden Fällen kompromissbereit, da sich in den Beratungen der Regierungskommission ohnehin eine Mehrheit für das Ende des Endgerätemonopols abzeichnete. Die Bundesregierung erklärte daher, dass die Bundespost bei Modems und schnurlosen Telefonen in Zukunft auf ihr Monopol verzichten wird. Allerdings verweigerte der Postverwaltungsrat der dafür notwendigen Änderung der Fernmeldeordnung seine Zustimmung, da er darin einen Vorgriff auf die Ergebnisse der Regierungskommission sah und Zweifel hatte, dass die EG-Kommission die Kompetenzen hat, auf den Telekommunikationssektor einzuwirken. Das Bundeskabinett überstimmte im Juli 1986 allerdings das Votum des Verwaltungsrates und beschloss die Novelle der Fernmeldeordnung.[183]

Mit dem »Grünbuch über die Entwicklung des gemeinsamen Marktes für Telekommunikationsdienstleistungen und Telekommunikationsgeräte« ging die EG-Kommission 1987 schließlich in der Telekommunikationspolitik in die Offensive und formulierte weitergehende Vorschläge für die Neustrukturierung der europäischen Fernmeldesektoren. Der unmittelbare Anlass für das Grünbuch war die Einheitliche Europäische Akte, die kurz zuvor, am 1. Juli 1987, als ein weiterer Meilenstein des europäischen Einigungsprozesses in Kraft getreten war. In dem Vertrag hatten sich die Mitgliedsstaaten der EG darauf geeinigt, bis zum Jahr 1993 einen gemeinsamen Binnenmarkt zu schaffen, und die EG-Kommission wollte dies nutzen, um auf den Telekommunikationssektoren ihre technologiepolitische Strategie umzusetzen.

---

181 Zur Forschungsförderungspolitik der EG siehe: Edgar Grande/Jürgen Häusler, Industrieforschung und Forschungspolitik. Staatliche Steuerungspotentiale in der Informationstechnik, Frankfurt a.M. 1994, S. 201-315. Mit dem »European Strategic Program for Research in Information Technologies« (ESPRIT) förderte die EG-Kommission zwischen 1984 und 1992 Forschungen in der Datenverarbeitung. Vgl. Dimitris Assimakopoulos/Rebecca Marschan-Piekkari/Stuart Macdonald, ESPRIT. Europe's Response to US and Japanese Domination in Information Technology, in: Richard Coopey (Hg.), Information technology policy. An international history, Oxford 2004, S. 247-261. Beim Programm »Research on advanced communications in Europe« (RACE) standen dagegen die Fernmeldetechnik und die Entwicklung eines Breitband-ISDNs im Mittelpunkt. Vgl. Spyros Konidaris, The RACE programme-research for advanced communications in Europe, in: IEEE Global Telecommunications Conference GLOBECOM ›91: Countdown to the New Millennium. Conference Record 1991, S. 1496-1500.
182 Vgl. Michalis, Governing European Communications, S. 145-146.
183 Vgl. »Ja, aber« zum neuen Modemkonzept der Post. Liberalisierung: Verwaltungsrat gegen Präjudiz, in: *Computerwoche* 30/1986.

Im Mittelpunkt des Grünbuches stand die Idee, durch gemeinsame Infrastrukturvorhaben der Mitgliedsländer eine Harmonisierung und Liberalisierung des europäischen Telekommunikationssektors zu erreichen. Insbesondere schlug die EG-Kommission dazu eine europaweit »koordinierte Einführung des diensteintegrierten digitalen Netzes (ISDN)«[184] vor, das mittelfristig zu einem Breitbandnetz ausgebaut werden und von einem digitalen Mobilfunknetz ergänzt werden sollte. Zur Finanzierung dieser Infrastrukturprojekte sollte den nationalen Fernmeldebehörden vorerst das Netz- und Sprachmonopol belassen werden,[185] damit diese bis 1993 ein ISDN-Netz aufbauen, das mindestens 80 Prozent der europäischen Telefonanschlüsse erreicht und die Grundlage für einen europaweiten, offenen Markt für Endgeräte und Dienstleistungen bilden sollte.[186]

Obwohl die EG-Kommission mit dem Grünbuch nur eine gemeinsame Diskussionsgrundlage schaffen wollte, wurden ihre Vorschläge diesmal von den Mitgliedsländern unterstützt. Für die Bundesregierung war das Grünbuch als weitere Argumentationshilfe willkommen, da es auffällig genau mit den Empfehlungen der deutschen Regierungskommission übereinstimmte. Die Bundesregierung unterstützte daher die Umsetzung des Grünbuches. Im Frühjahr 1988 verpflichteten sich die Mitgliedstaaten der EG in der Endgeräterichtlinie, die Endgerätemonopole der Netzbetreiber aufzuheben.[187] Dies ging mit der Einrichtung eines neuen Gremiums einher. Auf Betreiben der EG-Kommission schlossen sich im selben Jahr unterschiedliche, am Telekommunikationssektor beteiligte Akteure zusammen und gründeten das European Telecommunications Standards Institute (ETSI), das von der CEPT die Aufgabe übernahm, Standards des europäischen Telekommunikationssektors festzulegen. Damit waren nicht länger nur die nationalen Fernmeldebehörden für die Definition von Normen in der Telekom-

---

184 Kommission der Europäischen Gemeinschaft, Grünbuch über die Entwicklung des Gemeinsamen Marktes für Telekommunikationsdienstleistungen, S. 3.
185 »[W]ährend einerseits mehr Wettbewerb notwendig ist, muß andererseits die gegenwärtige und zukünftige Integrität der grundlegenden Netzinfrastruktur erhalten — oder geschaffen — werden. Dies setzt insbesondere eine fortdauernde starke Rolle der Fernmeldeverwaltungen bei der Bereitstellung der Netzinfrastruktur und besonderen Nachdruck bezüglich der Einführung europaweiter offener Netzstandards voraus. Es macht ferner die Erhaltung der finanziellen Lebensfähigkeit der Fernmeldeverwaltungen notwendig, um den Ausbau der neuen Generationen der Telekommunikationsinfrastruktur und die erforderlichen Investitionen sicherzustellen«. ebenda, S. 9.
186 Vgl. ebenda, S. 14-15.
187 Vgl. Ritter, Deutsche Telekommunikationspolitik 1989, S. 29-30.

munikation zuständig, sondern auch die Betreiber von privaten Netzen, Endgerätehersteller oder Dienstanbieter konnten künftig daran mitwirken.[188]

Die Postreform (1987 - 1990)

Nachdem im September 1987 der Bericht der Regierungskommission und das Grünbuch der EG-Kommission vorlagen und damit der Rahmen für eine Reform des bundesdeutschen Fernmeldesektors abgesteckt war, begann die Bundesregierung mit einer raschen Umsetzung der Reformvorschläge. Bereits am 1. März 1988 legte das Postministerium einen Entwurf vor, der die Empfehlungen der Regierungskommission und des Grünbuches in ein Gesetz überführte.

Es ist auffällig, dass in der politischen Auseinandersetzung über die Reform des bundesdeutschen Telekommunikationssektors die technologie- und industriepolitischen Ziele und Maßnahmen der Reform kaum umstritten waren. Dass bei den Endgeräten das Postmonopol wegfallen und bei den Diensten nur noch ein Monopol auf Telefonie bleiben sollte, war – mit Ausnahme der Grünen – politischer Konsens unter den Parteien. Umstritten war dagegen die beabsichtigte Neustrukturierung der Bundespost. Die Mehrzahl der kritischen Anmerkungen und Änderungsvorschläge bezogen sich daher auf organisatorische Details, die mit der geplanten Aufteilung der Bundespost und der Trennung von Hoheits- und Unternehmensaufgaben verbunden waren. Während die Regierungskommission eine Zweiteilung der Bundespost vorgeschlagen hatte, war im Gesetzesentwurf vorgesehen, sie in drei unabhängige Unternehmen aufzuteilen, unter denen aber weiterhin Quersubventionen zulässig sein sollten. Neben dem Postdienst sowie der Fernmeldesparte, die künftig unter dem Namen »Deutsche Bundespost Telekom« auftreten sollte, war nun auch eine unabhängige Postbank geplant.

Lautstärkster Gegner der Aufteilung war die Deutsche Postgewerkschaft, die darin eine rein profitorientierte »Zerschlagung« der Post sah und fürchtete, in den drei Einzelunternehmen künftig weniger Einfluss zu haben. Bereits während die Regierungskommission noch tagte, hatte die Postgewerkschaft daher ihre Mitglieder zu umfangreichen Protestdemonstrationen und Aktionen unter dem Motto »Sichert die Post – Rettet das Fernmeldewesen« aufgerufen und unter anderem 16 Millionen Exemplare einer als »bürgerpost« bezeichneten Flugschrift von den gewerkschaftlich organisierten Postboten verteilen lassen.[189] Die Bundesregierung hatte durchaus Respekt vor dem

---

188 Vgl. Michalis, Governing European Communications, S. 147. Die Aufgabe von ETSI war die europaweite Vereinheitlichung der unterschiedlichen ISDN-Konzepte. Da die Bundespost bei der Einführung von ISDN nicht auf den Abschluss des Standardisierungsverfahrens warten wollte, hatte das Fernmeldetechnische Zentralamt für ihre Pilotversuche und den Beginn des Regelbetriebes eine eigene technische Richtlinie festgelegt (»FTZ 1 TR 6«). Nachdem die ETSI 1989 die Norm für ein europäisches ISDN (»E-DSS1«) festgelegt hatte, verpflichtete sich die Bundespost Telekom, bis 1993 ihr Netz auf diesen neuen Standard umzustellen, um einen europaweiten einheitlichen Endgerätemarkt zu ermöglichen. Vgl. Joachim Jung, Das digitale Universalnetz kommt langsam in Fahrt. Technische Möglichkeiten und rechtliche Probleme bei ISDN, in: *Computerwoche* 09/1992.

189 Vgl. Hauptvorstand der Deutschen Postgewerkschaft (Hg.), Deutsche Postgewerkschaft, 1979-1989. Chronik der Kongresse, Bundeskonferenzen und Bundesfachtagungen, Frankfurt a.M. 1989,

Mobilisierungspotenzial der DPG, immerhin waren fast 75 Prozent der Postbediensteten in der Gewerkschaft organisiert.[190] Als Entgegenkommen an die Postgewerkschaft fügte sie daher im Gesetzesentwurf ein weiteres Gremium ein. Künftig sollten die Vorsitzenden der drei Postnachfolgeunternehmen in einem gemeinsamen Direktorium zusammenkommen und die sozialpolitischen Grundsätze der Unternehmen mit einem Hauptpersonalrat abstimmen.

Die Bundesländer beklagten dagegen, dass der Postverwaltungsrat ersatzlos wegfallen sollte. Auch hier wurde als Kompromiss ein weiteres Gremium in den Entwurf vorgesehen. Ein aus Vertretern des Bundesrats und Bundestags gebildeter »Infrastrukturrat« sollte künftig Sorge dafür tragen, dass die Unternehmen der Bundespost die Daseinsvorsorge der Bevölkerung in der Fläche nicht vernachlässigen.[191]

Mit diesen Ergänzungen war die Reform der Bundespost und des Fernmeldemonopols im Bundestag und Bundesrat mehrheitsfähig. Am 20. April 1989 beschloss die Regierungskoalition im Bundestag die neue Struktur der Post gegen die Stimmen der SPD[192] und der Grünen[193]. Am 12. Mai folgte auch der Beschluss des Bundesrats. Die Änderung des Fernmeldeanlagengesetzes – seine erste grundsätzliche Änderung seit 1927 – wurde schließlich am 21. Juli vom Bundestag beschlossen. Seit dem 1. Juli 1990 war damit das Endgerätemonopol aufgehoben und der Telefonapparat nicht mehr Bestandteil des staatlichen Fernmeldemonopols. Schon seit 1987 hatten die Fernmeldetechniker der Bundespost den Wettbewerb bei den Endgeräten vorbereitet und Telefonanschlüsse mit neuen Steckverbindungen ausgestattet. Anschlussinhaber konnten nun in jedem Kaufhaus, Elektronikgeschäft oder über den Versandhandel aus einer großen Vielfalt an Telefonen, Anrufbeantwortern, Faxgeräten oder Modems wählen und die Geräte an ihren Anschluss anschließen. Während das klassische Telefon damit zu einem »Lifestyle-Produkt [wurde], das nach Lust und Laune passend zur Zimmereinrichtung gekauft wird«[194], wie der *Spiegel* einen Elektronikhändler zitierte, erleichterte das Ende des Endgerätemonopols auch die Vernetzung der in der Bundesrepublik mittlerweile relativ zahlreichen Heim- und Personal Computer und erleichterte damit, wie in Kapitel 9 gezeigt wird, die Nutzung des Computers als Kommunikationsmedium.

S. 26-31. Außerdem Kurt van Haaren, Das Jahrzehnt der Deregulierung, Privatisierung und Liberalisierung im Post- und Telekommunikationssektor, in: Lutz Michael Büchner (Hg.), Post und Telekommunikation. Eine Bilanz nach zehn Jahren Reform, Heidelberg 1999, S. 185-197, hier S. 187-188.

190   Vgl. Schneider, Transformation der Telekommunikation, S. 246.
191   Zu den Details des Gesetzgebungsverfahrens siehe: Grande, Vom Monopol zum Wettbewerb? S. 224-238; Ritter, Deutsche Telekommunikationspolitik, S. 53-56; Metzler, »Ein deutscher Weg«, S. 170-176.
192   Die SPD hatte zuletzt ihre Zustimmung zum geänderten Gesetz signalisiert, nach Intervention der Postgewerkschaft, die das Gesetz strikt ablehnte, stimmte sie im Bundestag aber dagegen. Vgl. Metzler, »Ein deutscher Weg«, S. 176; Grande, Vom Monopol zum Wettbewerb? S. 259-260.
193   Die Bundestagsfraktion der Grünen lehnte die Postreform ab, da sie darin eine »Plünderung der Post« zugunsten von Wirtschaftsinteressen sahen. Vgl. Die Grünen im Bundestag, Plünderung der Post, Bonn [1987]; Grande, Vom Monopol zum Wettbewerb?, S. 260.
194   Nach Lust und Laune, in: *DER SPIEGEL* 27/1990, S. 74-75.

Die Privatisierung der Bundespost (1990 - 1998)

Die Liberalisierung des Fernmeldemonopols und die Aufteilung der Bundespost durch die erste Postreform 1989 darf nicht mit ihrer eigentumsrechtlichen Privatisierung oder dem Ende ihres Netzmonopols verwechselt werden. Auch nach 1990 waren die drei Nachfolgeunternehmen der Bundespost noch Teil der staatlichen Verwaltung. Dies lag vor allem daran, dass das Grundgesetz eine staatliche Organisationsform der Bundespost verlangte. Artikel 87 des Grundgesetzes schrieb fest, dass die Bundespost in »bundeseigener Verwaltung mit eigenem Verwaltungsunterbau [...] geführt« werden musste. Das Grundgesetz bildete daher eine hohe Hürde für eine Privatisierung der Bundespost, da jede Änderung der Eigentumsverhältnisse eine Zweidrittelmehrheit des Bundestags und Bundesrats erforderte. Als Mitte der 1980er Jahre die Diskussionen über eine Reform des Fernmeldesektors in den Fokus der Bundesregierung geriet, hielt sie es für unwahrscheinlich, dass die SPD einer Privatisierung der Bundespost zustimmen würde. Vor dem Hintergrund des Scheiterns der Poststrukturreform in den 1970er Jahren hatte die Bundesregierung daher den Auftrag der Regierungskommission darauf beschränkt, von einer Fortgeltung des Artikel 87 auszugehen.[195] Erst nach 1990 verschoben sich die politischen Mehrheiten zugunsten einer Privatisierung der Bundespost, und mit der zweiten Postreform wurden die Nachfolgeunternehmen der Bundespost zum 01.01.1995 schließlich in privatrechtliche Aktiengesellschaften umgewandelt.

Der unmittelbare Anlass dafür, dass wenige Jahre nach der ersten Umstrukturierung der Bundespost und der Liberalisierung des Fernmeldesektors eine erneute Reform auf die Tagesordnung kam, war die finanzielle Situation der Postnachfolgeunternehmen. Die Finanzen der Bundespost Telekom befanden sich in der ersten Hälfte der 1990er Jahre durch den beschleunigten Aufbau des ISDN und der Breitbandverkabelung, vor allem aber durch die hohen Kosten für den Infrastrukturaufbau in den neuen Bundesländern, in einer kritischen Situation. Die finanziellen Probleme der Post wurden ergänzt von Zweifeln, ob die Postnachfolgeunternehmen mit ihren nach wie vor behördenartigen Strukturen bei einem europaweiten Wettbewerb auf dem Telekommunikations- und Postmarkt konkurrenzfähig sein können.[196]

Vor diesem Hintergrund erklärte sich schließlich die SPD zu Beginn des Jahres 1994 bereit, einer Änderung des Grundgesetzes zuzustimmen, und machte damit den Weg frei, die Postunternehmen aus der Verwaltung des Bundes zu entlassen und in Aktiengesellschaften umzuwandeln. Als Gegenleistung handelte die SPD aus, dass das Grundgesetz um Artikel 87f ergänzt wird, in dem der Bund verpflichtet wurde, »flächendeckend angemessene und ausreichende Dienstleistungen« im Postwesen und der Telekommunikation zu gewährleisten. Da das Netzmonopol bereits in der Regierungskommission auf der Kippe gestanden hatte, stand es nun erneut zur Debatte. Eine privatrechtlich organisierte Aktiengesellschaft, die bei einigen Diensten mit anderen Unternehmen konkurriert, während sie in anderen Bereichen auf ein geschütztes Monopol

---

195 Vgl. Witte (Hg.), Neuordnung der Telekommunikation, S. 9.
196 Vgl. »Der gefesselte Gigant«, in: *DER SPIEGEL* 51/1992.

zugreifen konnte, war politisch nicht mehr durchsetzbar, zumal die EG (bzw. seit 1993 die EU) auf eine weitere Liberalisierung des Telekommunikationsmarktes drängte.[197]

Mit der Umwandlung der Bundespost Telekom in eine Aktiengesellschaft wurde daher die Grundlage des Fernmeldemonopols, das Fernmeldeanlagengesetz sowie das Telegrafenwegegesetz, bis Ende 1997 befristet. 1996 wurden sie durch ein neugeschaffenes Telekommunikationsgesetz ersetzt, das die Monopole der Telekom AG im Netz und Telefonie zum 01.01.1998 aufhob. Zu diesem Zeitpunkt wurde auch das Ministerium für Post- und Telekommunikation aufgelöst und die noch verbliebenen hoheitlichen Aufgaben auf das Finanz- und Wirtschaftsministerium sowie die hierzu neu gegründete Regulierungsbehörde für Post und Telekommunikation übertragen.[198]

7.e Zwischenfazit: Telekommunikationspolitik als Industriepolitik

In diesem Kapitel lassen sich drei Phasen des Umgangs mit Digitalkommunikation in der Bundesrepublik unterscheiden. Der erste Zeitraum, der in den 1960er Jahren begann und bis Ende der 1970er Jahre andauerte, stand im Zeichen eines wachsenden Konfliktes zwischen Teilen der Datenverarbeitungsindustrie und der Bundespost, bei dem es, ähnlich wie in den USA, um die Frage ging, wie sich ein wettbewerbsgeprägter Datenverarbeitungsmarkt von einem monopolbasierten Telekommunikationssektor abgrenzen lässt. Kristallisationspunkte dieses Konfliktes waren die Gründung der Datel GmbH, mit der sich die Bundespost am Datenverarbeitungsmarkt beteiligen wollte, sowie die Direktrufverordnung, durch die sie das Regulierungsregime der Telekommunikation auf Bereiche ausweitete, die bis dahin von der Datenverarbeitungsbranche beansprucht wurden, etwa Modems. Mit dem Urteil des Bundesverfassungsgerichtes wurde 1977 allerdings die starke Rolle der Bundespost in der Telekommunikation und im Besonderen auch der Datenübertragung bestätigt.

Die zweite Phase, die vom Ende der 1970er Jahre bis zum Ende der 1980er Jahre andauerte, war geprägt von dem Versuch, den Konflikt zum Vorteil aller Beteiligten beizulegen. Hierbei fielen drei Entwicklungen zusammen: (1) Politisch entdeckten Teile der Bundesregierung, genauso wie die EG-Kommission, in dieser Zeit den Einfluss des Staates auf den Telekommunikationssektor als industriepolitisches Instrument, mit dem ein neuer Massenmarkt für Mikroelektronik geschaffen und die Wettbewerbsfähigkeit der bundesdeutschen und europäischen Datenverarbeitungsindustrien verbessert werden kann. (2) Zweitens sah sich die Bundespost nach dem Scheitern der EWS-Entwicklung – und dem im vorherigen Kapitel thematisierten medienpolitisch motivierten Verkabelungsstop – gezwungen, ihre gesamte Netz- und Zukunftsplanung neu auszurichten. (3) Drittens hatte der Trend zum vernetzten Computer auch bei Teilen

---

197 Zum detaillierten Verlauf der Diskussion der zweiten Postreform siehe: Ritter, Deutsche Telekommunikationspolitik 1989; Andreas Etling, Privatisierung und Liberalisierung im Postsektor. Die Reformpolitik in Deutschland, Großbritannien und Frankreich seit 1980, Frankfurt a.M. 2015, S. 74-95. Außerdem: Witte, Marktöffnung und Privatisierung, in: Büchner (Hg.), Post und Telekommunikation, S. 172-175; Steinbicker, Pfade in die Informationsgesellschaft, S. 192-204.

198 Vgl. Wolfgang Bötsch, Postreform II, in: Lutz Michael Büchner (Hg.), Post und Telekommunikation. Eine Bilanz nach zehn Jahren Reform, Heidelberg 1999, S. 149-153.

der globalen Datenverarbeitungsindustrie zu einem Strategiewechsel geführt. Mittels einer herstellerunabhängigen Standardisierung von Datenkommunikation und der Zusammenarbeit mit den Telekommunikationsmonopolisten sollten die festgefahrenen Marktstrukturen der Industrie aufgebrochen werden, was in der Entwicklung des OSI-Referenzmodells resultierte.

In der Bundesrepublik liefen diese drei Entwicklungen bis 1982 in der Planung und dem Aufbau des digitalen ISDN-Netzes zusammen. Während die Bundespost mit ISDN die grundlegende Übertragungsinfrastruktur weiter als Monopol betreiben wollte, eröffnete die Integration von ISDN in das OSI-Referenzmodell darauf aufbauend Möglichkeiten, Endgeräte und Dienstleistungen im Wettbewerb anzubieten.

In einer dritten Phase, die etwa von der Mitte der 1980er Jahre bis zum Ende der 1990er Jahre dauerte, geriet das Fernmeldemonopol allerdings vollständig in die Defensive und Wettbewerb entwickelte sich zum zentralen Orientierungsrahmen der Telekommunikation. Im Laufe der 1990er Jahre wurde daher das ehemals umfangreiche Fernmeldemonopol der Bundespost schließlich zugunsten von Wettbewerb auf allen Ebenen aufgegeben.

Wie in den nächsten beiden Kapiteln gezeigt wird, hatte dieses Auf und Ab des Fernmeldemonopols in den 1980er und 1990er Jahren Auswirkungen auf die Nutzung von Computern als Kommunikationsmedien. Anders als in den USA, wo die Bedeutung des Computers als Medium der zwischenmenschlichen Kommunikation durch die Liberalisierung des Telekommunikationssektors in den 1980er Jahren an Dynamik gewann, stärkten die ISDN-Pläne in der Bundesrepublik zunächst die Rolle der Bundespost und das Fernmeldemonopol. Mitte der 1980er Jahre sollte in der Bundesrepublik erst nach Abschluss der Digitalisierung Wettbewerb bei Endgeräten zugelassen werden. Bis dahin stand als digitales Kommunikationsmedium nur der medienpolitisch stark regulierte Bildschirmtext zur Verfügung. Die Nutzung von Heimcomputern als privates Kommunikationsmedium, die, wie in den folgenden Kapiteln gezeigt wird, in den 1980er Jahren zu einer verbreiteten Praxis wurde, war nicht vorgesehen. Zwischen Btx und ISDN gab es in der Bundesrepublik zunächst nur wenige Freiräume, um mit Heimcomputern als Kommunikationsmedium zu experimentieren.

Diese Freiräume wurden erst größer, als ordnungspolitische Argumente an Bedeutung gewannen. Durch die Wettbewerbspolitik der EG wurde das Endgerätemonopol bei Modems bereits 1986 aufgehoben und bis 1998 glichen sich die Strukturen des amerikanischen und des bundesdeutschen Telekommunikationssektors an. Dies schuf auch in der Bundesrepublik neue Grundlagen für die Nutzung von Heimcomputern als Kommunikationsmedien.

Teil III

8. Von »phone freaks« zur »Modemwelt«. Alternative Praktiken der Telekommunikation und des Computers in den USA (1960er – 1990er Jahre)

Vermutlich ist es ein historischer Zufall, dass in demselben Jahr, in dem in den USA mit der Carterfone-Entscheidung das Endgerätemonopol aufgehoben und Licklider und Taylor ihre Gedanken zum »Computer as a Communication Device« veröffentlicht haben (siehe Kapitel 1 und 3), in vielen Ländern der Welt die Jugend gegen die bestehenden Verhältnisse rebellierte und sich die Bewegung, die mittlerweile unter der zur Chiffre gewordenen Jahreszahl 1968 zusammengefasst wird, auf ihrem Höhepunkt befand.[1] In den Jahren danach zerfiel das, was den gemeinsamen Kern von »Achtundsechzig« ausgemacht hatte – die Kritik an den bestehenden Verhältnissen und der Wunsch nach einer anderen, besseren Welt –, in unterschiedliche Subkulturen, Initiativen und politische Strömungen, die alternative Wege zu denken, zu leben, zu arbeiten oder politisch zu handeln anstrebten.[2]

Zeitgleich mit dieser Konjunktur des Alternativen begann Ende der 1960er Jahre auch die amerikanische Computerwissenschaft, beeinflusst von der Kybernetik und der Entwicklung von Timesharing, unvoreingenommen über neuartige Einsatzzwecke von Computern nachzudenken. Computer waren nicht länger auf ihren Einsatz als elektronische Rechenmaschinen beschränkt, sondern ihre Verwendung als interaktive Hilfsmittel zum Denken und als persönliches Medium wurde nun vorstellbar und in Forschungslaboren erprobt. Es war jedoch nicht die Wissenschaft oder Industrie, die den Schritt vom Konzept zu marktreifen Produkten machte, sondern Elektronikbastler, die in den 1970er Jahren aus Spaß und Faszination für die Technik den Computer als Heimcomputer und Werkzeug für alltägliche Aufgaben neu erfanden.

Mit der Verbreitung von Heimcomputern bekam auch ihre Verbindung mit dem Telefonnetz eine neue Bedeutung. Was in den 1960er Jahren als Zugriffsmethode für

---

1   Vgl. Norbert Frei, 1968. Jugendrevolte und globaler Protest, München 2008.
2   Für das alternative Milieu in der Bundesrepublik nach 1968 siehe: Sven Reichardt/Detlef Siegfried (Hg.), Das Alternative Milieu. Antibürgerlicher Lebensstil und linke Politik in der Bundesrepublik Deutschland und Europa, 1968-1983, Göttingen 2010; Sven Reichardt, Authentizität und Gemeinschaft. Linksalternatives Leben in den siebziger und frühen achtziger Jahren, Berlin 2014.

kommerzielle Timesharing-Anbieter begann (siehe Kapitel 1) und in den 1970er Jahren in Europa mit Viewdata und Bildschirmtext zu einem neuartigen Mediendienst für den Fernsehbildschirm weiterentwickelt wurde (siehe Kapitel 2.d sowie 6.b), erhielt durch die Deregulierung des Telekommunikationssektors in den USA (siehe Kapitel 3) und die massenhafte Verbreitung von Mikrocomputern in den USA der 1980er Jahre eine neue Dynamik. Im Zusammenspiel mit der Liberalisierung des Telekommunikationssektors wurden Heimcomputer, Modems und das Telefonnetz zuerst in den USA Zugangsinstrumente zu einem vielfältigen und dezentralen Kommunikationsraum, der von einigen professionellen Onlinediensten sowie einer Vielzahl von privaten, kommerziellen und halbkommerziellen Bulletin Board Systems (BBS) gebildet wurde. Die kommunikative Praxis des Heimcomputers und der kommunikative Lebensraum der »Modemwelt« führten dazu, dass sich die Szenen der telefonbegeisterten »phone freaks« und die vom Computer und seinen Möglichkeiten faszinierten Hacker zu einer gemeinsamen Subkultur vereinten.

Im folgenden Kapitel wird die Entstehung der amerikanischen »Modemwelt« und der Hackersubkultur der 1980er Jahre in drei Schritten nachvollzogen. Im ersten Unterkapitel stehen die Perspektiven und Praktiken der amerikanischen Counterculture der 1960er Jahre in Zusammenhang mit Telekommunikation und der Telefongesellschaft AT&T im Mittelpunkt. Da das Telefonnetz der USA, das sich bei der Organisation von Protesten als ein nützliches Instrument erwiesen hatte, vom größten, reichsten und mutmaßlich mächtigsten Konzern des Landes kontrolliert wurde, hatten einige Aktivisten der Counterculture nur wenig Skrupel, dieses Werkzeug auf Kosten der Telefongesellschaft zu nutzen. Das zweite Unterkapitel behandelt schließlich die verschiedenen technischen und sozialen Entwicklungen, die in den 1970er Jahren im Phänomen des Heimcomputers resultierten. Ab dem Ende der Dekade wurde diese Geräte angesichts eines zunehmend liberalisierten Telekommunikationssystems immer öfters mit dem Telefonnetz verbunden und entwickelten sich damit zu einem neuartigen, vielfältigen und dezentralen Kommunikationsmedium, dessen Entwicklung im dritten Unterkapitel thematisiert wird.

8.a Telekommunikation und die amerikanische Counterculture (1960er/1970er Jahre)

»Ma Bell« (1964 – 1971)

Das Verhältnis der amerikanischen Counterculture zu »Ma Bell«, wie das Bell System umgangssprachlich bezeichnet wurde, war in den 1960er Jahren ambivalent. Auf der einen Seite profitierten die Aktivisten der Counterculture von der Leistungsfähigkeit des amerikanischen Telefonsystems, das die Unternehmen des Bell Systems in den letzten 90 Jahren aufgebaut hatten, und nutzten das Telefonnetz als alltägliches Werkzeug. Während Lautsprecher und Megafone die Botschaften der Protestbewegung auf Versammlungen und Kundgebungen verbreiteten und mit Matrizendruckern Flugblätter und Raubdrucke hergestellt werden konnten, war das Telefonnetz vor allem ein Instrument zur internen Koordinierung der Protestbewegungen.

Die Funktion des Telefonnetzes für die amerikanische Counterculture lässt sich am Beispiel des Free Speech Movement (FSM) im kalifornischen Berkeley zeigen. Als sich der Widerstand gegen das Verbot von politischen Initiativen auf dem Campus der Universität zu einer Bewegung ausweitete, bildete ein Telefonanschluss den organisatorischen Mittelpunkt. In seinen Erinnerungen beschreibt David Lance Goines, FSM-Aktivist der ersten Stunde, dass in der unmittelbaren Anfangszeit die Kommunikation und Koordination der vielen Aktivisten ein großes Problem war. »Our big problem was that nobody knew where anybody else was, and communication were impossible.«[3] Auf seinen Vorschlag hin riefen einige Aktivisten daher regelmäßig bei einem zentralen Telefonanschluss an. »So I put the twenty or so main people on a staggered list, and told them that they were supposed to call me every half hour and tell me where they were.«[4] Dieses System ermöglichte ein schnelles Agieren. Die »Zentrale« wurde durch Telefonanrufe regelmäßig über die Ereignisse auf den Campus und den Aufenthaltsort der verschiedenen Gruppen informiert. »Centrals primary responsibilities were internal communications: to know where people were, and call them together for meeting, and to convey messages from one party to another.«[5] Außer zur internen Koordinierung nutzte die FSM die große Verbreitung von Telefonanschlüssen unter ihren Anhängern zur Mobilisierung von Ressourcen und Sympathisanten:

> Seems to me what took up most of the times was making phone calls. We had a list of everybody who had cars, and everybody that had telephones and was willing to do phoning, and everybody that had something that we´d likely to need, like the ability to type, an when we need something we would just call down these list until we got somebody who would do it. [...] We took our list of people who had volunteered to do phoning in the past, and we called them up and asked, ›Would you be willing to call a couple pf pages of the student directory for us?‹ [...] We just got a couple of copies of the student directory and ripped them up and passed them out. There was an instructions-to-phoners-sheet, with a very specific wording that was to be followed.[6]

Als sich die amerikanische Counterculture in den späten 1960er Jahren in verschiedene Strömungen aufteilte, war das Telefonnetz ebenfalls Werkzeug der lokalen und regionalen Subkulturen, Milieus und Szenen. In seinem Revolutionshandbuch »Steal this Book« empfahl der amerikanische Aktivist Abbie Hoffman, Telefonlisten oder nach dem Schneeballprinzip organisierte Telefonketten zu führen, um schnell auf aktuelle Ereignisse reagieren zu können.[7]

Für die Verbreitung von weniger zeitkritischen Informationen nutzten die Aktivisten der Counterculture besonders in der Region um San Francisco die im Zusammenhang mit »Community Memory« bereits erwähnten telefonischen »switchboards« (siehe Kapitel 2.c). Mit einem Anruf bei einem »switchboard« konnte der Anrufer In-

---

3   Goines, The free speech movement, S. 251.
4   Ebenda.
5   Ebenda, S. 253-254.
6   Ebenda, S. 254-255.
7   Vgl. Hoffman, Steal this book, S. 134.

formationen aus der lokalen Szene erfragen oder selbst Informationen mitteilen. Dies waren üblicherweise Termine, Adressen oder weitere Telefonnummern.[8]

> Basically, a switchboard is a central telephone number or numbers that anybody can call night or day to get information. [...] it can be as sophisticated as the community can support. The people that agree to answer the phone should have a complete knowledge of places, services and events happening in the community.[9]

Während die Aktivisten der amerikanischen Counterculture das Telefonnetz zur Organisation und Verbreitung von Informationen nutzten, lehnten sie das Bell System mehrheitlich ab. Eine kritische Einstellung zu AT&T war in der amerikanischen Gesellschaft um das Jahr 1970 herum nicht ungewöhnlich, wie der Erfolg des Buches des Journalisten Joseph C. Goulden zeigte. In »Monopoly«[10] beschrieb Goulden das Bell System als skrupellosen und einflussreichen Konzern, dem es seit dem 19. Jahrhundert mit Lobbyismus und schmutzigen Tricks gelungen war, ein Monopol aufzubauen und damit zum wertvollsten Unternehmen der Welt aufzusteigen, das auf Kosten seiner Kunden und ohne jedes Risiko hohe Renditen an seine Anteilseigner auszahlt. »The System«[11], wie der Konzern intern bezeichnet wurde, beschrieb er als eine zentralistische und von außen unzugängliche Welt, in der eigene Regeln galten, die durch die über 88 Millionen Telefonanschlüsse und die fast 1 Million Beschäftigten des Bell Systems im Leben vieler Amerikaner eine größere Rolle als der Staat spielte. Laut Goulden hatte AT&T kaum Skrupel, in die Privatsphäre seiner Kunden einzudringen, und belauschte aus Eigeninteresse, ebenso wie im Auftrag der Regierung, regelmäßig Telefongespräche. Durch seine Nähe zur Regierung und dem Militär beschrieb er das Bell System zudem als einen zentralen Baustein eines »militärisch-industriellen Komplexes«.[12]

Das Bell System, wie es von Goulden in »Monopoly« beschrieben wurde, vereinte damit viele Eigenschaften, die die Aktivisten der Counterculture ablehnten. Als es in den Jahren 1969 und 1970 dann auch noch zu einer Reihe von spektakulären Telefonstörungen kam,[13] wurde das Bell System auch von einer breiteren Öffentlichkeit immer kritischer bewertet. Durch das schlechte Image und die Größe des Konzerns hatten viele Amerikaner nur wenige moralische Bedenken, Leistungen von AT&T zu erschleichen.

Dies lag auch daran, dass der Betrug des Bell Systems und die Manipulation des amerikanischen Telefonnetzes in den 1960er und 1970er Jahren relativ leicht waren. Auf der Suche nach technischen Lösungen, wie das ständig wachsende Fernnetz automatisiert werden kann, hatten die Ingenieure der Bell Labs in den 1930er Jahren eine weitreichende Designentscheidung getroffen: Die Steuerungssignale wurden als Töne über dieselben Leitungen wie die Gespräche übermittelt.[14] Durch dieses »in-band signaling«

---

8 Zur Rolle von »switchboards« siehe auch: Wagner, Community Networks in den USA, S. 127.
9 Hoffman, Steal this book, S. 134.
10 Vgl. Goulden, Monopoly.
11 Ebenda, S. 14.
12 Vgl. ebenda, S. 8-13.
13 Vgl. Brooks, Telephone, S. 288-295.
14 Vgl. Hochheiser, Electromechanical Telephone Switching, S. 2304.

konnten zwar Leitungskapazitäten eingespart werden, aber die Entwickler hatten nicht die Möglichkeit in Betracht gezogen, dass die Nutzer während eines laufenden Gesprächs mit bestimmten Tönen ebenfalls das Telefonnetz steuern konnten. Durch diese Anfälligkeit des amerikanischen Telefonnetzes erforderte das Führen eines Telefongesprächs auf Kosten des Bell Systems daher nur das Wissen über die richtigen Töne sowie Möglichkeiten, diese zu erzeugen. Beides bildete für technisch versierte Personen keine besonderen Schwierigkeiten. Die Funktionsweise ihres Netzes und die Steuerungssignale waren von den Bell Labs dokumentiert und konnten in jeder gut ausgestatteten technischen Bibliothek in Erfahrung gebracht werden,[15] während die benötigten Töne mit relativ einfachen elektronischen Schaltungen, Tonbändern, Musikinstrumenten oder der menschlichen Stimme erzeugt werden konnten.[16]

Trotzdem verbreitete sich das Wissen über die Anfälligkeit des Telefonnetzes in den 1960er Jahren zunächst nur langsam. Die erste Gruppe, von der gesagt wird, dass sie das Telefonnetz systematisch zur Verwischung ihrer Spuren manipulierte, sollen die Buchmacher der amerikanischen Mafia gewesen sein.[17] Gegen Ende der 1960er Jahre waren elektronische Geräte zur Manipulation des Telefonnetzes dann in einigen Städten und Universitäten unter der Hand als »Blue Box« erhältlich. Eine breitere Öffentlichkeit lernte im November 1971 durch einen Artikel im amerikanischen Lifestyle-Magazin *Esquire* das Phänomen des »blue boxing« kennen.[18] Im Stil einer subjektiven Erlebnisreportage des zu der Zeit populären New Journalism berichtete Ron Rosenbaum darin über seine Reise in die Welt der telefonbegeisterten »phone-phreaks«, die aus Spieltrieb und Entdeckerfreude mit dem Telefonnetz experimentierten und es unter ihre Kontrolle brachten.[19]

Danach war zumindest bei Studierenden der amerikanischen Westküste das Wissen um die Manipulationsmöglichkeiten des Telefonnetzes verbreitet,[20] und in den fol-

---

15   Vgl. A. Weaver/N. A. Newell, In-Band Single-Frequency Signaling, in: *Bell System Technical Journal* 33 (1954), S. 1309-1330; C. Breen/C. A. Dahlbom, Signaling Systems for Control of Telephone Switching, in: *Bell System Technical Journal* 39 (1960), S. 1381-1444.
16   Mit einem kontinuierlichen Ton von 2600 Hz konnte dem Vermittlungssystem während eines laufenden Gesprächs vorgetäuscht werden, dass die Leitung frei war. Anschließend konnte mit zwei überlagerten Tönen eine Verbindung zu einem anderen Anschluss aufgebaut werden, für die die Kosten der ursprünglichen Verbindung in Rechnung gestellt wurde. Handelte es sich dabei um eine kostenfreie Nummer, so war das gesamte Gespräch kostenlos. Zu den technischen Hintergründen siehe: Phil Lapsley, Exploding the phone. The untold story of the teenagers and outlaws who hacked Ma Bell, New York, Berkeley 2013, S. 41-63.
17   Vgl. ebenda, S. 98-116.
18   Vgl. Ron Rosenbaum, Secrets of the Little Blue Box. A story so incredible it may even make you feel sorry for the phone company‹, in: *Esquire 1971*, Oktober, S. 117-125, S. 222-226.
19   Zur Szene der »phone freaks« der 1960er und frühen 1970er Jahre siehe: Lapsley, Exploding the phone, S. 135-184.
20   Die beiden Gründer von Apple Computer, Steve Jobs und Steve Wozniak, wurden durch den Artikel von Ron Rosenbaums im Esquire zum Bau einer eigenen »Blue Box« inspiriert, die am Anfang ihrer gemeinsamen Beschäftigung mit Elektronik stand. Vgl. Wozniak 2006, iWoz, S. 93-111; Walter Isaacson/Antoinette Gittinger, Steve Jobs. Die autorisierte Biografie des Apple-Gründers, München 2011, S. 47-51.

genden Jahren stieg die Zahl der Betrugsfälle durch »blue boxing«, die das FBI und die Telefongesellschaften bearbeiteten, deutlich an.[21]

Von der YIPL zur TAP – der Newsletter der Phreakerszene (1971 – 1979)

Das Image als gewissenloser Großkonzern, seine alltägliche Gegenwart im Leben vieler Amerikaner, seine Zuordnung zum »militärisch-industriellen Komplex« und die Beteiligung an Überwachungsmaßnahmen der Regierung machten das Bell System zu einer Zielscheibe für Aktionen der Counterculture. Hinzukam, dass sich der Konzern zumindest indirekt an der Finanzierung des Vietnamkriegs beteiligte, da für regulär bezahlte Ferngespräche eine Steuer von 10 Prozent anfiel, die mit dem Finanzbedarf des Kriegs begründet war.[22] Innerhalb der amerikanischen Counterculture wurde »blue boxing« daher als Akt des politischen Widerstandes gegen einen als gewissenlos geltenden Großkonzern und den Krieg in Vietnam legitimiert.

Dies galt auch für das Umfeld der Yippies. Die Yippies waren eine aktivistische Gruppe, die 1967 unter anderem durch Abbie Hoffman und Jerry Rubin als Youth International Party gegründet worden war. Mit ihren bewussten Provokationen und spektakulären Guerillatheater waren sie ein Kristallisationspunkt des gegenkulturellen Protestes in den USA.[23] Die charismatische Führungspersönlichkeit der Yippies, Abbie Hoffman, warb dabei für ein Leben, das von Geld unabhängig sein sollte. Alle Güter, die zum Leben benötigt werden, sollten kostenlos (»free«) sein, im Zweifel auch gegen den Willen ihrer Eigentümer. Bereits 1967 hatte er in einer Broschüre mit dem Titel »Fuck the System« Hinweise gesammelt, wo im Umfeld von New York kostenlose Nahrung, Wohnungen oder Bücher verfügbar sind. 1970 erweiterte er diese Broschüre zu einem Handbuch (»a manual of survival in the prison that is Amerika[sic!]«[24]), in dem er beschrieb, wie Überleben und politischer Aktivismus mit geringen finanziellen Ressourcen möglich sind.[25] Da Kommunikation und Vernetzung für Hoffman eine wesentliche Voraussetzung für die Verwirklichung von politischen Zielen waren, enthielt »Steal this Book« auch Tricks und Ideen, wie das Telefonnetz kostenlos genutzt werden kann.[26]

Das Wissen über die Manipulationsmöglichkeiten des Telefonnetzes hatte Hoffman von Alan Fierstein, der als politisch und technisch interessierter Student Ende

---

21 Vgl. Lapsley, Exploding the phone, S. 215. Darunter waren auch Fälle, die es in die Medien schafften. So wurde der Rockstar Ike Turner 1974 wegen der Benutzung einer »Blue Box« angeklagt. Vgl. ebenda, S. 243.
22 Eine Telefonsteuer zur Finanzierung von Kriegen hatte in den USA Tradition. Bereits 1898 hatte der Kongress zur Finanzierung des Spanisch-Amerikanischen Kriegs eine Steuer auf Ferngespräche erhoben, und seitdem war die »federal telephone excise tax« bei Kriegen und Krisensituationen regelmäßig erhoben worden, so auch 1966 beim Ausbau des militärischen Engagements der Amerikaner in Vietnam. Vgl. ebenda, S. 192.
23 Zur Person Abbie Hoffman und den Yippies siehe: Jonah Raskin, For the hell of it. The life and times of Abbie Hoffman, Berkeley 1996.
24 Hoffman, Steal this book, S. XXI.
25 Vgl. Raskin, For the hell of it, S. 223-224.
26 Vgl. Hoffman, Steal this book, S. 75-81.

der 1960er Jahre zu den Yippies gestoßen war. Da sich Fiersteins Aktivismus besonders gegen das Bell System und seine Kontrolle über das Telefonnetz richtete, entwickelte er zu Beginn des Jahres 1971 gemeinsam mit Hoffman die Idee, die gegenkulturell geprägte Öffentlichkeit durch einen regelmäßigen Rundbrief über die Machenschaften von AT&T und die Schwachstellen des Telefonnetzes aufzuklären. Ein erstes Flugblatt, das mit dem Slogan »FUCK THE BELLSYSTEM« um Abonnenten für den neuen Newsletter warb, ließen Fierstein und Hoffman am 1. Mai 1971 bei einer zentralen Antikriegsdemonstration der Counterculture in Washington, D. C. verteilen. Da mehr als 50 Personen auf das Flugblatt reagierten, verschickte Fierstein im Juni 1971 die erste Ausgabe seines Newsletters, die Youth International Party Line (YIPL).[27]

Die ersten Ausgaben der YIPL bestanden grafisch aus einer Mischung von maschinengetippten Texten, handgezeichneten Schaubildern und fotokopierten Artikeln aus Zeitungen und Zeitschriften. Wiederkehrendes Symbol war eine gesprungene Glocke, die an das Logo des Bell Systems erinnerte und durch den Sprung gleichzeitig auf die Liberty Bell verwies, die als Wahrzeichen des amerikanischen Unabhängigkeitskrieges ein Symbol für Freiheitskämpfe war. Inhaltlich erklärte Fierstein unter seinem Pseudonym »Al Bell« in den Rundbriefen vor allem die Funktionsweise des amerikanischen Telefonnetzes, schilderte die verschiedenen Möglichkeiten, auf Kosten des Bell Systems oder anderer Unternehmen zu telefonieren, und berichtete über Skandale, in die AT&T verwickelt war.[28] Mit diesem Programm konnte Fierstein in den nächsten Jahren weitere Abonnenten gewinnen. Als er vierzig Jahre später vom Autor Phil Lapsly zur YIPL befragt wurde, gab Fierstein an, dass er einzelne Ausgaben an 2.000 bis 3.000 Personen verschickt habe und vermutete, dass die Zahl der Leser deutlich darüber gelegen habe.[29]

In der ersten Hälfte der 1970er Jahre wurde die YIPL zu einem publizistischen Sammelpunkt und Wissensspeicher einer in den gesamten USA verteilten, lose verbundenen Szene aus telefon-, technik- und politikinteressierten Menschen, die sich als »phone freaks« oder »phreaks« bezeichneten und sich mit Leserbriefen und Beiträgen an der YIPL beteiligten. Ein Teil dieser Szene traf sich im Sommer 1972 zur World's First Phone Phreak Convention. Die Convention sollte ursprünglich zusammen mit einem Treffen der Yippie-Bewegung in Miami stattfinden, wurde aber kurzfristig nach New York verlegt, wo Ende Juli 1972 etwa 75 Phreaks zusammenkamen, um sich über das Telefonnetz und seine Anwendungsmöglichkeiten auszutauschen.[30]

Die Verbindung zwischen der YIPL und der Yippi-Bewegung um Abbie Hoffman löste sich im August 1973, nachdem Hoffman für den Besitz von Kokain verhaftet worden war und daraufhin in den Untergrund ging.[31] Im September des Jahres wurde die

---

27   Vgl. Lapsley, Exploding the phone, S. 186-187.
28   Vgl. ebenda, S. 197-200.
29   Vgl. ebenda, S. 198.
30   Vgl. ebenda, S. 213-215.
31   »It was three and a half years into the seventies when the sixties finally ended for Abbie and many of his fans«[610], beschrieb die Biografin von Abbie Hoffmann diesen Moment. Vgl. Raskin, For the hell of it, 229-233, Zitat S. 230.

YIPL in TAP umbenannt, was Fierstein als Abkürzung von »Technological American Party« bezeichnete. Obwohl die TAP zunächst Spenden für Hoffmans Verteidigung sammelte,[32] rückte mit der Umbenennung die kulturelle Einbettung in die Counterculture in den Hintergrund. Unmittelbare Bezüge zu den Themen der Counterculture wurden Mitte der 1970er Jahre in der TAP seltener; was aber blieb, war eine konsequente Anti-Establishment-Haltung, die sich vor allem in fehlendem Respekt vor technischen und politischen Autoritäten, der Ablehnung des Bell Systems sowie einer Selbstermächtigung des Einzelnen durch Wissen und Können ausdrückte.

Dieser Wandel war ab 1975 mit personellen Veränderungen verbunden. Fierstein zog sich aus der inhaltlichen Verantwortung zurück und teilte diese Aufgabe zunächst mit zwei weiteren Personen, die unter den Pseudonymen »Tom Edison« und »Mr. Phelps« auftraten. Dies fiel auch mit einer Teilprofessionalisierung des Rundbriefes zusammen. Das Team richtete ein Büro in New York ein, und neue Ausgaben wurden nun fast monatlich an die Abonnenten verschickt. Im Mai 1977 übernahm mit Ausgabe 44 schließlich »Tom Edison« offiziell die redaktionelle Verantwortung für die TAP.[33] Bereits mit dem Namenswechsel 1973 hatte die TAP ihr Themenspektrum erweitert und vereinzelt Informationen über die Funktionsweisen und Schwächen von Strom-[34], Gas-[35] und Kabelfernsehnetzen[36] veröffentlicht, aber das Telefonnetz blieb der thematische Schwerpunkt.

Unter der inhaltlichen Verantwortung von »Tom Edison« weitete sich gegen Ende der 1970er Jahre das Themenspektrum auch auf Computer und Computernetze aus. Dies war vor allem dem gewandelten Interesse der TAP-Macher und ihrer Leser geschuldet. Für die Szene der amerikanischen Elektronikbastler, aus der sich ein Großteil der TAP-Leser rekrutierte, waren Computer mittlerweile zu einem Gegenstand geworden, mit dem sie ebenso wie mit Radiotechnik oder dem Telefonnetz experimentieren konnten. Dies lag vor allem an der Entwicklung von Mikro- und Heimcomputern.

8.b   Die Wurzeln des Heimcomputers

»Ready or not, computers are coming to the people« (1963 - 1974)

Die Jahre um das Jahr 1970 herum gelten als Zeitraum, in dem der Computer innerhalb der amerikanischen Computerwissenschaft neu erfunden wurde. Seine Verwendung als leistungsfähiger Rechenautomat, als »number cruncher«, rückte in den Hintergrund seiner Weiterentwicklung. Stattdessen geriet, beeinflusst von Kybernetik und Timesharing, nun verstärkt der Mensch in den Fokus, an dessen intellektuelle und motorische Fähigkeiten Computer angepasst werden sollten, damit sie ihn bei seinen individuellen

---

32   Vgl. DEFENSE FUND, in: *TAP* 21, August/September 1973, S. 1.
33   Vgl. TOM EDISON, *TAP RAP*, in: *TAP* 44, Mai/Juni 1977, S. 1.
34   Vgl. Special Energy Crisis Issue, in: *TAP* 23, November 1973, S. 1-3.
35   Vgl. The methane game it´s a gas!, in: *TAP* 25, Januar/Februar 1974, S. 3f.
36   Vgl. The Magician, Free Pay TV »legally«, in: *TAP* 78, Oktober 1978, S. 1

Gedankenprozessen unterstützen können.³⁷ Wie in Kapitel 1.b bereits erwähnt, war durch Timesharing der Zugang zu Computern zunächst einfacher und günstiger geworden, und als Folge hiervon kamen Anfang der 1960er Jahre Ideen und Konzepte auf, die von einer Symbiose zwischen Mensch und Computer³⁸ und der universellen Verfügbarkeit von Computerleistung aus der Steckdose (»Computer Utility«³⁹) ausgingen. Im Laufe der 1960er Jahre setzte sich zudem die Erkenntnis durch, dass eine breite gesellschaftliche Akzeptanz und Nutzung von Computern nicht ausschließlich von ihrer Verfügbarkeit abhängen, sondern auch von der Zugänglichkeit ihrer Bedienkonzepte. Nur wenn für die Nutzung von Computern kein Expertenwissen oder längere Einarbeitungszeit notwendig ist, können sie sich als alltägliche Hilfsmittel durchsetzen.

Der geografische Schwerpunkt, in dem an dieser Neuerfindung des Computers gearbeitet wurde, war die kalifornische Bay Area. Hier beschäftigte sich seit 1963 ein Team um Douglas Engelbart damit, Menschen und Computer näher zusammenzubringen. Engelbart hatte, inspiriert von der Kybernetik, Anfang der 1960er Jahre am Stanford Research Institute (SRI) eine Antwort auf die Frage gesucht, wie die Problemlösungsfähigkeit des menschlichen Verstandes mithilfe von Computern verbessert werden kann (»Augmenting Human Intellect«) und dazu 1962 eine Konzeptstudie vorgelegt,⁴⁰ mit der er finanzielle Unterstützung von der ARPA und der NASA einwerben konnte. Anschließend hatte er sich gemeinsam mit einem Team aus Wissenschaftlern daran gemacht, die Möglichkeiten des Informationsaustauschs zwischen Computern und Menschen zu erforschen und zu verbessern. Das Ergebnis war ein Computersystem, mit dem ein Mensch über eine grafische Schnittstelle, die aus einem Bildschirm, einer Schreibmaschinentastatur und einem als »Maus« bezeichneten Gerät zur Auswahl von Bildschirmelementen bestand, Textdokumente auswählen, verknüpfen und direkt auf dem Bildschirm bearbeiten konnte.⁴¹

Dieses für die 1960er Jahre revolutionäre Bedienkonzept stellte Engelbart am 9. Dezember 1968 auf der jährlichen Herbsttagung der amerikanischen Computerwissenschaften in San Francisco vor. Für diese 90-minütige Präsentation hat der Journalist Steven Levy in den frühen 1990er Jahren den Begriff »The Mother of All Demos« geprägt und sie als eine Art mystisches Erweckungserlebnis der amerikanischen Computerindustrie beschrieben, in dem die Anwesenden die Vision eines multimedialen, interakti-

---

37 Vgl. Michael Friedewald, Computer Power to the People! Die Versprechungen der Computer-Revolution, 1968 – 1973, in: *kommunikation@gesellschaft* 8 (2007), S. 1-18, hier S. 2-3.
38 Vgl. Licklider, Man-Computer Symbiosis; Licklider/Clark 1962, On-line man-computer communication, in: Barnard (Hg.), Proceedings of the spring joint computer conference 1962.
39 Vgl. Greenberger, The Computers of Tomorrow.
40 Vgl. Douglas C. Engelbart, Augmenting Human Intellect. A Conceptual Framework, Menlo Park, Calif. 1962.
41 Zu Engelbart, seiner Arbeit am »Augmentation Research Center Lab« des SRI sowie dem Einfluss seiner Forschungen siehe: Friedewald, Der Computer als Werkzeug und Medium, S. 139-235; Friedewald, Konzepte der Mensch-Computer-Kommunikation; Thierry Bardini, Bootstrapping. Douglas Engelbart, coevolution, and the origins of personal computing, Stanford, Calif. 2000; John Markoff, What the dormouse said. How the sixties counterculture shaped the personal computer industry, New York 2006; Friedewald, Computer Power to the People!.

ven und persönlichen Computers empfangen haben sollen.[42] Eine solche Deutung kann dieser Präsentation aber allenfalls retrospektiv zugeschrieben werden. Ihr unmittelbarer Einfluss auf die amerikanische Computerindustrie war zunächst gering. Etablierte Computerhersteller wie IBM zeigten keinerlei Interesse an den von Engelbart vorgestellten Konzepten.[43]

Daher war es ein Neueinsteiger und damit ein Außenseiter der Computerindustrie, der sich von Engelbarts Vorstellungen beeinflussen ließ: Xerox. Das Unternehmen hatte in den 1950er Jahren, noch unter dem Namen Haloid, die Technik des Trockenkopierens perfektioniert und unter dem Namen Xerografie marktfähig gemacht. In den 1960er Jahren stieg Xerox damit zum weltweit unangefochtenen Branchenführer auf. Um seine Abhängigkeit von der Technologie des Fotokopierens zu verringern, hatte Xerox im Jahr 1969 für die nach damaligen Verhältnissen überraschend hohe Summe von 920 Millionen US-Dollar den Computerhersteller Scientific Data Systems (SDS) gekauft, der bis dahin vor allem spezialisierte Computersysteme für wissenschaftliche und technische Zwecke hergestellt hatte. Im kalifornischen Palo Alto gründete Xerox 1970 dann das Palo Alto Research Center (PARC), das als unternehmenseigenes Forschungszentrum daran arbeiten sollte, Computer zu einem integralen Bestandteil der Bürotechnik zu machen.[44]

Die Ortswahl war keineswegs zufällig. Zum einen lag hier der Firmensitz von SDS, gleichzeitig konnte Xerox sich aus dem Pool der Wissenschaftler bedienen, die von den nahegelegenen Universitäten Stanford und Berkeley sowie aus Engelbarts Forscherteam kamen. In den frühen 1970er Jahren konnte das PARC daher zahlreiche innovative Computerwissenschaftler anwerben, die in einer kreativen Atmosphäre und mit einem offen formulierten Arbeitsauftrag, weitab vom Tagesgeschäft der Konzernzentrale an der Ostküste, unvoreingenommen über Computer nachdenken konnten. Zu den Dingen, an denen am PARC gearbeitet wurde, gehörten der ALTO, ein Computersystem, das von seinem Bedienkonzept an die Entwicklungen von Douglas Engelbart erinnerte und an ein lokales Computernetzwerk angeschlossen war,[45] sowie die Konzeptstudie des »Dynabook«. Das von Alan Kay erdachte Dynabook sollte ein Computer in Form eines Notizbuches werden, dessen Benutzer – Kay dachte in erster Linie an Kinder – seine Bedienung über eine grafische Schnittstelle mit verständlichen Symbolen und Interaktionsmöglichkeiten intuitiv erlernen sollten.[46]

Einen Einblick in die kreative Atmosphäre und die Faszination für Computer und ihre (künftigen) Möglichkeiten in der Computerszene der kalifornischen Bay Area in

---

42 Vgl. Levy, Insanely great, S. 42.
43 Vgl. Friedewald, Der Computer als Werkzeug und Medium, S. 217.
44 Siehe zum Xerox PARC: Douglas K. Smith/Robert C. Alexander, Fumbling the future. How Xerox invented, then ignored, the first personal computer, New York 1988; Levy, Insanely great, S. 51-74; Thierry Bardini/August T. Horvath, The Social Construction of the Personal Computer User, in: *Journal of Communication* 45 (1995), S. 40-66, H. 3; Michael A. Hiltzik, Dealers of lightning. Xerox PARC and the dawn of the computer age, New York 1999; Friedewald, Der Computer als Werkzeug und Medium, S. 237-245.
45 Zum Xerox Alto siehe: Friedewald, Der Computer als Werkzeug und Medium, S. 261-280.
46 Vgl. zu Person von Alan Kay und dem Dynabook: Hiltzik 1999, Dealers of lightning, S. 80-96; Friedewald, Der Computer als Werkzeug und Medium, S. 249-261.

dieser Zeit vermittelt ein Artikel, den das Lifestyle- und Musikmagazin *Rolling Stone* im Dezember 1972 veröffentlichte. Die Reportage griff die Stimmung der alternativ geprägten Hightech-Szene rund um die San Francisco Bay auf, in der gerade der Computer neu erfunden wurde, und machte sie für ein breites, an alternativer Kultur und Lebensstilen interessiertes Publikum erfahrbar.[47] Autor der Reportage war Stewart Brand, der in der amerikanischen Counterculture keine unbekannte Persönlichkeit war. Zwischen 1968 und 1972 hatte er den »Whole Earth Catalog« herausgegeben, der als regelmäßig aktualisierter und erweiterter Katalog vor allem durch seine Vorstellung und Besprechung von alternativen Produkten und Hilfsmitteln (»tools«) und ihrer Bezugsquellen für die amerikanische Counterculture selbst die Funktion eines einflussreichen Hilfsmittels hatte, über das die unterschiedlichen Strömungen und Gemeinschaften Informationen austauschten und sich vernetzten.[48]

Im Auftrag des *Rolling Stone* hatte sich Brand im Herbst 1972 mehrere Wochen bei Douglas Engelbart am Stanford Research Institute und beim Xerox PARC aufgehalten und anschließend seine Eindrücke in einer reich bebilderten Reportage verarbeitet. Im Zentrum seines Erlebnisberichts stand das Computerspiel Spacewar!, bei dem sich zwei menschliche Spieler mit Raumschiffen bekämpfen, die von der Gravitation eines Sterns angezogen werden. Da das Spiel zu Brands Erstaunen von den langhaarigen Computerwissenschaftlern an den Forschungsinstituten viel gespielt wurde, war es für ihn ein Symbol für einen neuen Umgang mit Computern. Spacewar! war ursprünglich 1961 am MIT aus Faszination für die grafischen Fähigkeiten eines neuen Computers von Computernutzern – Brand verwendet für sie den Begriff »Hacker«[49] – in ihrer Freizeit entwickelt und seitdem kontinuierlich verbessert und auf andere Computersysteme übertragen worden. Dies war für Brand ein Beleg, dass Computer die Kreativität von Menschen anregen und auf eine spielerische Weise genutzt werden können. Computer könnten

---

47 Vgl. Stewart Brand, SPACEWAR. Fanatic Life and Symbolic Death Among the Computer Bums, in: *Rolling Stone*, Dezember 1972.

48 Zur Person von Brand siehe: Turner, From Counterculture to Cyberculture, S. 69-102, zur Einordnung des Artikels in die Biografie von Brand, S. 116-118. Für den »Whole Earth Catalog« siehe zusätzlich: Diedrich Diederichsen/Anselm Franke (Hg.), The whole earth. Kalifornien und das Verschwinden des Außen, Berlin 2013.

49 Zur Definition des Begriffes »Hacker« zitiert Brand Alan Kay vom Xerox PARC: »I'm guessing that Alan Kay at Xerox Research Center (more on them shortly) has a line on it, defining the standard Computer Bum: ›About as straight as you'd expect hotrodders to look. It's that kind of fanaticism. A true hacker is not a group person. He's a person who loves to stay up all night, he and the machine in a love-hate relationship... They're kids who tended to be brilliant but not very interested in conventional goals. And computing is just a fabulous place for that, because it's a place where you don't have to be a Ph.D. or anything else. It's a place where you can still be an artisan. People are willing to pay you if you're any good at all, and you have plenty of time for screwing around.‹ The hackers are the technicians of this science – ›It's a term of derision and also the ultimate compliment.‹ They are the ones who translate human demands into code that the machines can understand and act on. They are legion. Fanatics with a potent new toy. A mobile new-found elite, with its own apparat, language and character, its own legends and humor. Those magnificent men with their flying machines, scouting a leading edge of technology which has an odd softness to it; outlaw country, where rules are not decree or routine so much as the starker demands of what's possible.« Brand, SPACEWAR.

somit den menschlichen Verstand erweitern, ähnlich wie die Counterculture der 1960er Jahre dies mit Drogen und Musik versucht hätte. »Ready or not, computers are coming to the people. That's good news, maybe the best since psychedelics.«[50] Dabei belegte die Entwicklungsgeschichte von Spacewar! für Brand, dass vor allem ein offener und unbeschränkter Zugang zu Computern einen fantasievollen und ungeplanten Schöpfungsprozess in Gang setzen kann, durch den erst das wahre Potenzial von Computern entdeckt werden kann. »Until computers come to the people we will have no real idea of their most natural functions.«[51]

Dass ein freier Zugang zu Computern erst das wahre Potenzial dieser Technologie hervorbringen wird, war auch die Botschaft eines weiteren Dokuments aus der ersten Hälfte der 1970er Jahre. Mit Computer Lib/Dream Machines[52] griff Ted Nelson ebenfalls eine Perspektive auf Computer auf, die in der gegenkulturell geprägten Computerszene der USA verbreitet war. Ted Nelson, Jahrgang 1937, hatte in den 1950er Jahren am Swarthmore College Philosophie mit medienwissenschaftlichem Schwerpunkt studiert und war Anfang der 1960er Jahre zur Soziologie nach Harvard gewechselt. Seitdem er dort in seinem ersten Jahr einen Computerkurs besucht hatte, war er fasziniert von den Möglichkeiten, Computer zur Reorganisation und Verknüpfung von Texten und anderen Medienformaten zu nutzen und damit neuartige Formen von nicht linearer Literatur und individueller Wissensorganisation zu erschaffen. Ohne formale Anbindung an die Computerindustrie oder -wissenschaft entwickelte er in der ersten Hälfte der 1960er Jahre seine Ideen weiter und präsentierte sie 1965 auf der Jahrestagung der Association for Computing Machinery (ACM) und prägte dabei den Begriff »Hypertext«.[53] In den folgenden Jahren bewegte Nelson sich als Autodidakt und Außenseiter in den amerikanischen Computerwissenschaften an der Ost- und Westküste, warb für seine Ideen und versuchte Fördermittel für sein Konzept eines verknüpften, interaktiven Textsystems namens Xanadu einzuwerben. 1973 begann er mit der Niederschrift des Buches, das seine Perspektive auf Computer und die Computerindustrie wiedergeben sollte.[54]

Das im Herbst 1974 im Selbstverlag veröffentlichte »Computer Lib/Dream Machines« brach bereits äußerlich mit gängigen Normen des Buchmarktes: Es bestand aus zwei an ihren Rückseiten aneinandergebundenen Büchern, die jedes für sich einen eigenständigen Zugang in das Thema ermöglichten. Inhaltlich bestand der erste Teil,

---

50 Ebenda.
51 Ebenda. Für das Management von Xerox stellte der Artikel im Rolling Stone ein PR-Desaster dar, immerhin wurde ihr kalifornisches Forschungszentrum und damit die Zukunft des Konzerns in einem Zusammenhang mit psychodelischen Drogen gebracht. In den Monaten nach der Veröffentlichung führte Xerox beim PARC daher strenge Zugangsregelungen ein und stellte die Öffentlichkeitsarbeit des Instituts unter die Kontrolle der Konzernzentrale. Vgl. Hiltzik, Dealers of lightning, S. 155-162.
52 Theodor Holm Nelson, Computer Lib. You can and must understand computers now, Chicago 1974.
53 Vgl. Theodor Holm Nelson, Complex information processing. A file structure for the complex, the changing and the indeterminate, in: Lewis Winner (Hg.), Proceedings of the 1965 20th national conference, New York 1965, S. 84-100.
54 Zur Biografie von Ted Nelson siehe seine autobiografische Schrift: Nelson, Possiplex – My computer life; Howard Rheingold, Tools for thought. The history and future of mind-expanding technology, New York 1985, S. 299-305; Douglas R. Dechow/Daniele C. Struppa (Hg.), Intertwingled. The work and influence of Ted Nelson, Cham 2015.

»Computer Lib«, aus einer Mischung aus einem Computerhandbuch für Einsteiger sowie einer Generalabrechnung mit der etablierten Computerindustrie und ihrer eingeschränkten Sichtweise auf die Geräte. Für Nelson hatte die »Computer Priesthood«[55] bislang nur wenig Interesse gezeigt, breitere Kreise der Bevölkerung an ihrem Wissen über die Funktionsweisen und Einsatzmöglichkeiten von Computern teilhaben zu lassen, und den Mythos gepflegt, Computer seien langweilig, korrekt, steril und kompliziert. Mit »Computer Lib« rief Nelson dazu auf, sich von diesem Irrglauben zu trennen und Computer als »a necessary and enjoyable part of life, like food and books«[56] zu begreifen, die grundsätzlich von jedem Menschen verstanden werden können. Nelson verglich dabei Computer mit Fotografie, die ursprünglich auch eine Tätigkeit von Spezialisten war, aber mittlerweile eine populäre Freizeitbeschäftigung war, die viel Kreativität freisetzt. Genauso könnten auch Computer das Leben der Menschen bereichern und Neues hervorbringen. Sein Ziel war es daher, Computer für den einzelnen Menschen nützlich zu machen. »I want to see computers useful to individuals, and the sooner the better, without necessary complication or human servility being required.«[57]

Die Rückseite von Computer Lib, Dream Machines, machte die Leser mit dem Computer als Hilfsmittel der menschlichen Fantasie vertraut. Dazu gab Nelson einen Einblick in seine grafischen Fähigkeiten und schilderte seine Vision, mithilfe von Computern Texte, Bilder und Töne zu einem neuen, interaktiven, nicht linearen Medienerlebnis zu kombinieren.

Die Stimmung, die Brand und Nelson zu Beginn der 1970er Jahre aus der alternativ geprägten amerikanischen Computerszene aufgriffen, verdichtete sich in dieser Zeit, unter anderem durch ihre Texte, zu einer neuen Erzählung einer bevorstehenden »Computer-Revolution«, die Einflüsse der Kybernetik mit gegenkulturellen Elementen verband. Im Mittelpunkt dieses Narratives stand die Vorstellung, dass der Computer eine Technologie ist, mit deren Hilfe der menschliche Verstand erweitert werden kann, ähnlich wie dies in den 1960er (und 1950er[58]) Jahren mit psychedelischen Effekten und Drogen versucht wurde, und dass das wirkliche Potenzial von Computern erst dann absehbar wird, wenn ein breiter und unbeschränkter Zugang zu dieser Technologie möglich ist. Dieses Narrativ der »Computer-Revolution« bildete bis in die 1990er Jahre und darüber hinaus einen Referenzrahmen, in dem die Entwicklung von Computern eingeordnet und gedeutet wurde.[59] Während Brand und Nelson sich allerdings noch auf Timesharing-Computer bezogen, beeinflusste diese Erzählung vor allem die Deutung des Heimcomputers, dessen Entwicklung nur wenige Monate nach der Veröffentlichung von »Computer Lib« an Dynamik gewann. Allerdings war es nicht der kulturelle Überbau der »Computer-Revolution«, der amerikanische Elektronikbastler zum Bau

---

55   Nelson, Computer Lib, S. 2.
56   Ebenda.
57   Ebenda, S. 3.
58   Vgl. Fred Turner, The democratic surround. Multimedia and American liberalism from World War II to the psychedelic sixties, Chicago, London 2013.
59   Zum Beispiel: Rheingold, Tools for thought; Stewart Brand, The media lab. Inventing the future at MIT, Harmondsworth 1988.

der ersten Mikrocomputer bewegte. Stattdessen lässt sich dies durch den Wandel von Elektronik als Hobby durch die Mikroelektronik erklären.

A »micro-programmable computer on a chip« – der Mikroprozessor (1969 – 1974)

In den 1960er Jahren hatte sich in den USA ein kompetitiver Markt für Mikroelektronik entwickelt. Aufgrund der stabilen Nachfrage durch Rüstung und Raumfahrt war die Bereitschaft groß, in diesen neuen Markt zu investieren und erfahrene Persönlichkeiten mit Risikokapital zu unterstützen. Eine wachsende Zahl von Unternehmen beherrschte die Technologie des integrierten Schaltkreises immer besser. Die Integrationsdichte der Bauteile nahm zu, während Leistung, Qualität und die verfügbaren Stückzahlen gesteigert und die Chips zu immer günstigeren Preisen produziert werden konnten.[60] Ende der 1960er Jahre befand sich die Mikroelektronikindustrie allerdings vor der Herausforderung, dass sie zwar immer mehr Bauteile auf einen Chip integrieren konnte, die Auslastung und zusätzliche Nutzen jedes einzelnen Elements aber immer geringer wurden, während die Komplexität der Schaltung mit jedem weiteren Teil wuchs und mit den bisherigen Designmethoden nur noch schwer beherrschbar war. Gleichzeitig konnten nur geringe Stückzahlen der immer spezialisierter werdenden Chips abgesetzt werden. Das Kosten-Nutzen-Verhältnis von hochintegrierten Mikrochips drohte daher zu kippen. In dieser Situation bot der Mikroprozessor einen neuen Ansatz für einen universell einsetzbaren Mikrochip.[61]

Langfristig einflussreich für den Mikroprozessor war Intel, das 1967 von Robert Noyce und Gordon Moore gegründet worden war. Die beiden waren schon 1959 an der Gründung von Fairchild Semiconductors beteiligt und hatten dort die Serienproduktion von integrierten Schaltungen aufgebaut.[62] Da sie unzufrieden mit der Firmenpolitik waren, stiegen sie bei Fairchild aus und gründeten ein neues Unternehmen. Mit Intel wollten sie sich eigentlich auf die Entwicklung und Produktion von neuartigen Speicherbausteinen für Computer konzentrieren, übergangsweise übernahmen sie aber Auftragsentwicklungen für andere Unternehmen.[63]

Zu dieser Zeit war ein erster ziviler Markt für Mikroelektronik entstanden: elektronische Taschenrechner. Ingenieure, Buchhalter und andere Berufsgruppen, die mit Zahlen arbeiteten, hatten Bedarf für transportable und batteriebetriebene elektronische Rechenmaschinen und verfügten über ausreichende Kaufkraft. Seit 1965 hatten daher

---

60   Vgl. Braun/Macdonald, Revolution in Miniature, S. 101-145
61   Vgl. Robert Noyce/Marcian Hoff, A History of Microprocessor Development at Intel, in: *IEEE Micro* 1 (1981), H. 1, S. 8-21, hier S. 8.
62   Während seiner Zeit bei Fairchild hat Gordon Moore den Begriff des »Moorschen Gesetzes« geprägt, wonach sich die Integrationsdichte der Mikroelektronik, zumindest bis 1975, jährlich verdoppeln und neue Anwendungen von Elektronik ermöglichen wird. »Integrated circuits will lead to such wonders as home computers – or at least terminals connected to a central computer – automatic controls for automobiles, and personal portable communications equipment.« Gordon E. Moore, Cramming more components onto integrated circuits, in: *Electronics* 38 (1965), H. 8, S. 114-117, hier S. 114.
63   Vgl. Ceruzzi, A history of modern computing, S. 198.

die Hersteller von Mikroelektronik, allen voran Texas Instruments, den Taschenrechnermarkt als ein ziviles Standbein aufgebaut. Technisch bestanden die Taschenrechner dieser Generation aus einer zweistelligen Anzahl einzelner Mikrochips, in denen die Rechenlogik fest verschaltet war.[64]

Als der japanische Elektronikhersteller Busicom im Sommer des Jahres 1969 das junge Unternehmen Intel mit der Entwicklung der Elektronik für einen Taschenrechner beauftragte, hielten die Entwickler von Intel die gewünschten Schaltungen für zu komplex, um sie zu vertretbaren Kosten herstellen zu können. Stattdessen schlugen sie vor, die festgeschaltete Logik durch eine zentrale und relativ einfache Recheneinheit zu ersetzen, die auf Speicher zugreifen und dort Programme abrufen und Zwischenergebnisse ablegen kann. Die Komplexität einer festverdrahteten Schaltung wurde damit durch den höheren Speicher- und Programmierbedarf eines universellen Computers ersetzt. Im Herbst 1969 erklärte sich Busicom mit diesem neuen Ansatz einverstanden, sodass Intel das Chipdesign im Laufe des Jahres 1970 zur Produktionsreife entwickelte. Als die Preise für Taschenrechner 1971 aufgrund einer Vielzahl an Wettbewerbern unter Druck gerieten, einigten sich Intel und Busicom auf einen Preisnachlass, und im Gegenzug erhielt Intel das Recht, seine Entwicklung auch selbst zu verkaufen.[65]

Intels Markteinführung des Micro-Computer Set-4, in dessen Mittelpunkt der als »Intel 4004« bezeichnete Mikroprozessor stand, markierte im November 1971 den Beginn einer neuen Ära der Mikroelektronik. Mikroprozessoren und Speicherbausteine konnten einmal entwickelt und in großen Stückzahlen hergestellt werden, um dann für unterschiedlichste Einsatzzwecke programmiert zu werden. Damit veränderten Mikroprozessoren die Ökonomie der Mikroelektronik. Spezialisierte und komplexe festverdrahtete Schaltungen konnten nun zu geringeren Kosten von Mikroprozessoren mit gespeicherten Programmabläufen ersetzt werden, was langfristig nahezu universelle Einsatzmöglichkeiten eröffnete.

Im April 1972 stellte Intel einen weiteren Mikroprozessor vor (»8008«), der ursprünglich für den Betrieb eines Computerterminals designt wurde und daher mit einer Wortbreite von 8 Bit besonders für die Verarbeitung von Text geeignet war.[66] Seinen Durchbruch erlebte der Mikroprozessor schließlich mit der zweiten Generation, die ab 1974 verfügbar war. Der Intel 8080 verfügte über eine zehnfach höhere Arbeitsgeschwindigkeit als seine Vorgänger und erzeugte erstmalig eine relevante Nachfrage nach Mikroprozessoren,[67] sodass weitere Hersteller ähnliche Prozessoren anboten. Schon im Herbst 1974 kam Motorola mit dem 6800-Mikroprozessor auf dem

---

64   Vgl. Kathy B. Hamrick, The History of the Hand-Held Electronic Calculator, in: *The American Mathematical Monthly* 103 (2018), S. 633-639.
65   Vgl. Noyce/Hoff, Microprocessor Development at Intel, S. 9-13.
66   Vgl. Noyce/Hoff, Microprocessor Development at Intel, S. 9-13; Friedewald, Der Computer als Werkzeug und Medium, S. 363.
67   Vgl. Stanley Mazor, Intel 8080 CPU Chip Development, in: *IEEE Annals of the History of Computing* 29 (2007), H. 2, S. 70-73.

Markt, und 1976 stellte das neu gegründete Unternehmen Zilog mit dem Z80 den meistgenutzten Mikroprozessor der frühen Heimcomputerära vor.[68]

Für die Hersteller waren Mikroprozessoren ursprünglich nur ein neuer Ansatz, um die steigende Komplexität festgeschalteter Elektronik in den Griff zu bekommen. Dass ein Mikroprozessor als ein »micro-programmable computer on a chip«[69], wie Intel den 4004 bereits 1971 bewarb, auch eine neue Klasse von Computern möglich machte, kam den Unternehmen zunächst nicht in den Sinn. Auch die etablierten Hersteller von Computer sahen die Verwendungsmöglichkeiten des neuen Bauteils allenfalls im Peripheriebereich, etwa bei Terminals. Um die Prozessoren der Mainframe- und Minicomputer durch einen einzigen Chip zu ersetzen, waren die ersten Mikroprozessoren bei Weitem nicht leistungsfähig genug. Daher waren es nicht Halbleiterhersteller oder die Computerindustrie, sondern Amateure und Elektronikbastler, für die der Mikroprozessor eine technische Herausforderung darstellte und die mit dem Mikrocomputer einen Computertyp schufen, der einen breiteren und direkteren Zugang zu Computern möglich machte.

Elektronik als Hobby (1920er - 1970er)

Seitdem sich gegen Ende des 19. Jahrhunderts in den USA eine Kultur einer »beschäftigten Freizeit« etabliert hatte, gehörte die Selbstaneignung und kreative Auseinandersetzung mit technologischen Innovationen zum gängigen Repertoire solcher Hobbys, etwa bei der Fotografie oder dem Modellbau von Flugzeugen und Raketen.[70] Mit der Entdeckung der Elektrizität und von Radiowellen begannen sich ab der Jahrhundertwende auch einige Amerikaner in ihrer Freizeit mit den Erscheinungen und Möglichkeiten dieser neuen Technologien zu beschäftigen und Sendeanlagen und Empfänger zu konstruieren. Mit der Regulierung des Radiospektrums durch den Radio Act wurde 1912 der Amateurfunk offiziell anerkannt und bekam einen eigenen Frequenzbereich zugeordnet.[71] Nach dem Ersten Weltkrieg erhielt Amateurfunk einen Popularitätsschub, da erstmals Elektronenröhren verfügbar und während des Krieges Rekruten mit Funktechnik ausgebildet worden waren. Einen vergleichbaren Effekt hatte auch der Zweite Weltkrieg: Beim Militär wurden Soldaten mit grundlegenden Elektronikkenntnissen ausgebildet, und nach dem Krieg verkaufte das US-Militär einen Großteil seines überflüssigen Funkequipments an Amateure. In der Nachkriegszeit setzte in den USA dann ein kontinuierliches Wachstum des Amateurfunks ein. Zwischen 1945 und 1965 verdreifachte sich die Zahl der von der FCC vergebenen Amateurfunklizenzen auf über 250.000.[72]

---

68 Der Zilog-Gründer Federico Faggin war zuvor bei Intel für das Design des 4004 und 8080 verantwortlich, wodurch der Z80 auch Programme ausführen konnte, die für den Intel 8080 geschrieben wurden. Vgl. Noyce/Hoff, Microprocessor Development at Intel, S. 15.

69 Werbeslogan von Intel zur Vorstellung des »Micro-Computer Set-4«, abgedruckt in: *Electronic News*, 15. November 1971, S. 9.

70 Vgl. Steven M. Gelber, Hobbies. Leisure and the culture of work in America, New York 1999.

71 Vgl. Susan Jeanne Douglas, Inventing American broadcasting. 1899-1922, Baltimore 1987, S. 187-239.

72 Vgl. Kristen Haring, Ham radio's technical culture, Cambridge, Mass. 2007, S. 57-58.

Die Amateurfunker, die in der Mehrzahl männlich und weiß waren, aus der Mittelschicht stammten und in technischen Berufen arbeiteten,[73] hatten vor allem zwei Gründe, die sie zu diesem Hobby motivierten. Viele empfanden den Erkenntnis- und Kontrollgewinn, der mit der intensiven Beschäftigung mit Elektronik verbunden war, als befriedigend. Für diese Amateurfunker bildeten Elektronik und der Selbstbau oder die Modifizierung von Funkequipment den Mittelpunkt ihres Hobbys. Eine zweite Motivationsquelle war die eigentliche Kommunikation. Mit ihrem selbst gebauten Equipment konnten sich Amateurfunker über größere Distanzen austauschen und Mitglied einer Gemeinschaft mit eigenen Regeln und Codes werden. Diese beiden Motivationsarten waren lange Zeit eng miteinander verbunden. Nur wer als Initiationsritus die Elektronik gemeistert und sein eigenes Funkgerät von Grund auf selbst zusammengebaut hatte, konnte an der Kommunikationsgemeinschaft der Amateurfunker teilnehmen.

Mit dem Nachkriegsboom sank die Zugangsschwelle in die Welt des Amateurfunks allerdings kontinuierlich. Dies lag zum einen daran, dass Amateurfunker und Elektronikbastler ein profitabler Nischenmarkt für Elektronikhersteller wurden, auf dem sie mit fertig konfektionierten Bausätzen überschüssige Bauteile absetzen konnten.[74] Als gegen Ende der 1960er Jahre die Anbieter ihre Bausätze weiter vereinfachten und integrierte Schaltkreise einsetzten, wuchs bei fortgeschrittenen Amateurfunkern die Unzufriedenheit, da für sie die Auseinandersetzung mit Elektronik im Vordergrund ihres Hobbys stand. Da integrierte Schaltkreise viele Komponenten in einem einzelnen Chip vereinten und somit ihre Funktionsweise vor dem Nutzer verbargen, ging das Gefühl, die eigene Technik bis ins Detail zu verstehen und Kontrolle darüber zu haben, verloren. Der Bau eines Funkgerätes oder anderer Elektronik aus Bausätzen und Mikrochips stellte daher für fortgeschrittene Elektronikbastler nur noch eine geringe Herausforderung und Befriedigung dar.[75]

Hinzukam, dass der Selbstbau eines Funkgerätes seit den 1950er Jahren nicht mehr die einzige Möglichkeit war, mit der Privatpersonen über Funk kommunizieren konnten. Seit 1945 hatte die FCC die Nutzung eines »citizen band« (CB) freigegeben. Für diese Frequenzen galten vereinfachte Zugangsregelungen. Ohne Elektronikkenntnisse nachweisen zu müssen, konnte jede Person eine entsprechende Funklizenz beantragen und ein CB-Funkgerät im Fachhandel erwerben und sich darüber mit anderen CB-Funkern austauschen. Als in den 1960er Jahren die Preise für solche Funkgeräte zu sinken begannen, wurde diese Art der Amateurkommunikation in den USA populär und die Zahl der lizenzierten CB-Funker überstieg die der Amateurfunker. In den 1970er Jahren wurde der CB-Funk in den USA dann vor allem durch seine unlizenzierte Nutzung zu einem Massenphänomen, an dem sich nach Schätzungen der Fachpresse zwischen 15 und 20 Millionen Menschen beteiligten.[76]

---

73   Vgl. Kristen Haring, The »Freer Men« of Ham Radio. How a Technical Hobby Provided Social and Spatial Distance, in: *Technology and Culture* 44 (2003), S. 734-761, hier S. 735-736.
74   Vgl. Haring, Ham radio's technical culture, S. 66-73.
75   Vgl. ebenda, S. 147-148.
76   Vgl. ebenda, S. 155.

Zu Beginn der 1970er Jahre waren der klassische Amateurfunk und die üblichen Elektronikbasteleien daher keine Tätigkeitsbereiche mehr, die für engagierte Hobbyisten eine besondere Herausforderung waren. In dieser Situation boten Mikroprozessoren und der Selbstbau von Computern ein neues Tätigkeitsfeld, durch den ein neuer Aspekt der Elektronik kennengelernt, Kreativität und technisches Geschick präsentiert und Anerkennung erlangt werden konnte. Zeitschriften, die sich an Elektronikbastler und Amateurfunker richteten, publizierten daher verschiedene Projekte zum Selbstbau von Computerzubehör oder Computern. So veröffentlichte die *Radio Electronics* im September 1973 eine Anleitung zum Bau eines Computerterminals, das als »TV Typewriter« an einen Fernseher angeschlossen werden konnte.[77] Im Juli des folgenden Jahres folgte die Anleitung für den Selbstbau des Mark-8, eines Computers auf Grundlage von Intels 8008.[78] Einflussreicher war allerdings ein Projekt, das ein halbes Jahr später im Konkurrenzmagazin *Popular Electronics* vorgestellt wurde. Mit dem Altair 8800 begann im Januar 1975 das Zeitalter des Computers für den persönlichen Gebrauch.

Vom Selbstbau-Computer zum Heimcomputermarkt (1975 - 1977)

Der Altair 8800 war eine Entwicklung des amerikanischen Elektronikhändlers MITS. Das 1968 vom Ingenieur Ed Roberts als Micro Instrumentation and Telemetry Systems gegründete Unternehmen hatte sich ursprünglich auf den Versandhandel mit elektronischen Bausätzen und Komponenten für Modellbauer konzentriert und war Anfang der 1970er Jahre mit Bausätzen für Taschenrechner erfolgreich. Als zu Beginn des Jahres 1974 die Gewinnspannen von Taschenrechnern zurückgingen, entschied Roberts, dass MITS auch einen Computerbausatz anbieten wird. Anders als vorherige Selbstbaucomputer konnte MITS dabei bereits auf den leistungsfähigeren Intel-8080-Mikroprozessor zurückgreifen. Da es Roberts gelang, den Prozessor zu einem reduzierten Preis von nur 75 US-Dollar pro Stück einzukaufen, konnte er den gesamten Bausatz zu einem Gesamtpreis von 397 US-Dollar anbieten, während allein die Bauteile des deutlich leistungsschwächeren Mark-8-Computers bereits rund 1.000 US-Dollar kosteten.

Neben seinem guten Preis-Leistungs-Verhältnis verdankte der Altair seinen Erfolg aber vor allem seiner prominenten Vorstellung in der Zeitschrift *Popular Electronics*. Als rivalisierende Elektronikzeitschrift wollte die Redaktion mit ihrem Computerprojekt die Konkurrenzzeitschrift *Radio Electronics* übertrumpfen und entschied sich daher für den leistungsstarken Altair 8800. In der Januar-Ausgabe des Jahres 1975, die kurz vor Weihnachten des Jahres 1974 in den Verkauf ging, präsentierte die *Popular Electronics* daher den Altair 8800 auf ihrem Titelblatt und warb damit, dass dieser Selbstbaucomputer zu einem Preis von 397 US-Dollar den deutlich teureren, kommerziellen Computern überlegen ist.[79]

---

77 Vgl. Don Lancaster, TV Typewriter, in: *Radio Electronics* 9/1973, S. 43-52.
78 Vgl. Jonathan Titus, Build the Mark-8. Your Personal Minicomputer, in: *Radio Electronics* 7/1974, S. 29-33; Freiberger/Swaine, Fire in the valley, S. 27.
79 Vgl. Edward Roberts/William Yates, Altair 8800. The most powerful minicomputer project ever presented – can be built for under $400, in: *Popular Electronics* 1/1975, S. 33-38; Freiberger/Swaine, Fire in the valley, S. 31-36.

Die Ankündigung eines Computerbausatzes für unter 400 US-Dollar traf einen Nerv der amerikanischen Elektronikbastlerszene. Innerhalb weniger Wochen gingen bei MITS tausende Bestellungen ein, mehr, als das kleine Unternehmen zunächst bewältigen konnte. Die meisten Kunden erhielten ihren Bausatz daher erst im Sommer des Jahres 1975.[80]

Für den langfristigen Erfolg des Mikrocomputers war der Altair vor allem deswegen relevant, da er die Machbarkeit eines solchen Gerätes aufzeigte und zum Kristallisationspunkt eines kommerziellen Ökosystems wurde, in dem Computer mit Mikroprozessoren, sogenannte Mikrocomputer, von Bastelprojekten für Elektronikfans zum Konsumgut »Heimcomputer« reifen konnten.[81] Bereits im Laufe des Jahres 1975 gründeten sich in den USA zahlreiche Clubs und Vereine, deren Mitglieder sich mit dem Bau und den Anwendungsmöglichkeiten von Mikrocomputern beschäftigten. Relativ bekannt und gut dokumentiert ist in diesem Zusammenhang der Homebrew Computer Club, der sich erstmalig im April 1975 in Menlo Park traf und viele Akteure der alternativen Computerszene und der künftigen Heimcomputerbranche in der kalifornischen Bay Area zusammenbrachte.[82] Der historiografische Fokus auf den Homebrew Computer Club und sein langfristiger Einfluss auf die Entwicklung der kalifornischen Mikrocomputerszene sollten aber nicht darüber hinwegtäuschen, dass sich zur selben Zeit in anderen Städten der USA ähnliche Vereinigung gründeten, in denen Menschen zusammenkamen, die sich für Mikrocomputer interessierten, Informationen teilten, Bauprojekte vorstellten und sich gegenseitig halfen.[83]

Ergänzt wurden die Clubs durch Zeitschriften. Magazine wie *Byte* (*The small system magazine*, ab August 1975) oder *Dr. Dobb's Journal of Computer Calisthenics & Orthodontia* (ab Januar 1976) versorgten die Szene der Hobbybastler mit Informationen und Anleitungen rund um den Bau und Betrieb eines Mikrocomputers. Im Ökosystem des Mikrocomputers übernahmen diese Magazine die Funktion der Informationsverteilung und schufen mit ihren Produktvorstellungen und Anzeigen einen Marktplatz, auf dem geschäftstüchtige Computerbastler Zubehör und Software für den Mikrocomputer anbieten konnten.[84]

Dass schnell ein Markt für Zubehör entstand, lag auch daran, dass der Altair in seiner Grundfunktionalität sehr beschränkt war und als Ein- und Ausgabemöglichkeit nur Kippschalter und blinkende Lampen zur Verfügung stellte, sich aber relativ leicht mit standardisierten Einsteckkarten erweitern ließ. Erst durch solche Hardwareerweiterungen wurde der Altair zu einem Computer, der sinnvoll und produktiv genutzt werden konnte. Üblich waren Erweiterungskarten, mit denen der Altair an einen Fernseher angeschlossen werden konnte und Eingaben von einer Tastatur entgegennahm. Um

---

80 Vgl. Freiberger/Swaine, Fire in the valley, S. 37-38.
81 Vgl. Paul E. Ceruzzi, Inventing personal computing, in: Donald A. MacKenzie/Judy Wajcman (Hg.), The social shaping of technology, Maidenhead 1999, S. 64-86, hier S. 72-82.
82 Zum »Homebrew Computer Club« siehe: Freiberger/Swaine, Fire in the valley, S. 104-108; Wozniak, iWoz, S. 150-172; Levy, Hackers, S. 201-223; Elizabeth Petrick, Imagining the Personal Computer. Conceptualizations of the Homebrew Computer Club 1975-1977, in: *IEEE Annals of the History of Computing* 39 (2017), H. 4, S. 27-39.
83 Vgl. Freiberger/Swaine, Fire in the valley, S. 179-180.
84 Vgl. ebenda, S. 157-178.

Programme nicht bei jedem Start von Hand neu einzugeben, mussten seine Besitzer ihren Computer zusätzlich noch mit Band- oder Diskettenlaufwerken ausrüsten;[85] die Verbreitung solcher Massenspeicher wiederum schuf die Voraussetzung, um mit anderen Hobbyisten Programme auszutauschen oder zu handeln.[86]

Der Erfolg des Altairs und das wachsende Ökosystem rund um selbst gebaute Computer veranlassten schließlich weitere Unternehmen, eigene Computerbausätze auf den Markt zu bringen. Bereits im Dezember 1975 war mit dem IMSAI 8080 ein kompatibler Nachbau des Altairs verfügbar,[87] und im März 1976 präsentierte Steve Wozniak bei einem Treffen des Homebrew Computer Clubs den Apple I.[88] Mit der zweiten Gerätegeneration, die 1977 auf den Markt kam, war die Reifung des Selbstbau-Computers zum Konsumprodukt Heimcomputer dann abgeschlossen. Die drei wichtigsten Heimcomputer dieser Generation waren der Apple II, der sich sowohl an erfahrene Elektronikbastler als auch computerbegeisterte Laien richtete, der Commodore PET 2001 (»Personal Electronic Transactor«), den der Taschenrechnerproduzent Commodore vor allem an Ingenieure vermarktete, und der vor allem als Spieleplattform beliebte TRS-80 der Elektronikkette Radioshack. Kennzeichnend für diese drei Geräte war, dass ihre Käufer keine Elektronikkenntnisse mehr benötigten. Die Geräte wurden einsatzbereit mit Monitor und Tastatur verkauft und konnten daher neben Fernsehgeräten und Radios im Elektroeinzelhandel angeboten werden. Damit fanden sie in den nächsten Jahren in großen Stückzahlen in Hobbyräumen, Jugendzimmern und Büros ihren Einsatzort.[89]

Während die ersten Computerbastler für gewöhnlich die Software für ihre Computer selbst schrieben und mit anderen Bastlern austauschten, entwickelte sich mit dem Erfolg des Heimcomputers auch eine Nachfrage für Software als Konsumprodukt. Mit den Verkaufserfolgen und dem Marketing für einzelne Softwareklassen etablierten sich übliche Anwendungsbereiche von Heimcomputern. Wichtig war der Heimcomputer in dieser Zeit als Spieleplattform, dessen Kauf sich mit weiteren Anwendungszwecken rechtfertigen ließ.[90] Für die Wahrnehmung des Heimcomputers als professionelles Werkzeug war dagegen der Verkaufserfolg der Software VisiCalc ein wichtiger Faktor, die ab 1979 zuerst nur für den Apple II angeboten wurde. VisiCalc bot eine neuartige und intuitive Methode, Berechnungen und Ergebnisse in Zeilen und Spalten zu

---

85 Vgl. Ceruzzi, A history of modern computing, S. 230-232.
86 Ob Software unentgeltlich weitergegeben werden darf oder der Autor für jede Kopie bezahlt werden sollte, war in der Anfangszeit der Mikrocomputerszene eine kontroverse Frage, die bereits im Januar 1976 durch Bill Gates mit seinem »Open Letter to Hobbyists« im Newsletter des Homebrew Computer Club thematisiert wurde. Siehe hierzu: Kevin Driscoll, Professional Work for Nothing. Software Commercialization and »An Open Letter to Hobbyists«, in: *Information & Culture: A Journal of History* 50 (2015), S. 257-283.
87 Vgl. Freiberger/Swaine, Fire in the valley, S. 61-78.
88 Vgl. Wozniak, iWoz, S. 167-185.
89 Vgl. Freiberger/Swaine, Fire in the valley, S. 196-199; Ceruzzi, A history of modern computing, S. 263-266; Martin Campbell-Kelly, From airline reservations to Sonic the Hedgehog. A history of the software industry, Cambridge, Mass. 2003, S. 202-203.
90 Vgl. Campbell-Kelly/Aspray, Computer, S. 250; Campbell-Kelly, From airline reservations to Sonic the Hedgehog, S. 276-281.

visualisieren, die bald auch von anderen Programmen übernommen wurde.[91] Die Entwicklung des Heimcomputers zu einem sinnvoll nutzbaren Werkzeug zur Textverarbeitung fand dagegen erst ab Mitte der 1980er Jahre statt. Zwar gab es mit dem »Electric Pencil« schon Ende 1976 ein Programm zur Textverarbeitung auf dem Altair, aber die frühen Mikrocomputer konnten für gewöhnlich nur Großbuchstaben darstellen, und lange Zeit mangelte es an preisgünstigen Druckern, mit denen das Geschriebene auf Papier gebracht werden konnte. Bis weit in die 1980er Jahre hinein waren daher elektrische Schreibmaschinen oder teure und spezialisierte Textcomputer Heimcomputern als Schreibwerkzeuge überlegen.[92]

Mit der Einführung eines Mikrocomputers durch IBM erkannte schließlich die traditionelle Computerindustrie im Jahr 1981 den Nutzen dieser Geräteklasse.[93] Einflussreich war der Personal Computer (PC) von IBM vor allem deswegen, da er aus Standardbauteilen zusammengesetzt war und leicht nachgebaut werden konnte. Durch Nachbauten von Firmen wie Compaq koppelte sich die Entwicklung des PCs im Laufe der 1980er Jahre von IBM ab und in den 1990er Jahren konnte er sich als dominierendes Mikrocomputersystem etablieren.[94]

Eine besondere Bedeutung erhielt die Entwicklung des Heimcomputers allerdings im Zusammenhang mit der Liberalisierung des amerikanischen Telekommunikationssektors. In Verbindung mit dem Telefonnetz konnte er als neuartiges Medium der zwischenmenschlichen Kommunikation genutzt werden. Als Kommunikationsmedium verband der Heimcomputer das Narrativ der »Computer-Revolution« mit den Praktiken der telefon- und kommunikationsbegeisterten »phone freaks« rund um die TAP zu einem neuen Phänomen und einer neuen Szene von computer- und kommunikationsbegeisterten Menschen, für die sich zu Beginn der 1980er Jahre der Begriff »Hacker« etablierte.

---

91 Vgl. Campbell-Kelly, From airline reservations to Sonic the Hedgehog, S. 212-214; Burton Grad, The Creation and the Demise of VisiCalc, in: IEEE Annals of the History of Computing 29 (2007), H. 3, S. 20-31; Martin Campbell-Kelly, Number Crunching without Programming. The Evolution of Spreadsheet Usability, in: IEEE Annals of the History of Computing 29 (2007), H. 3, S. 6-19; Campbell-Kelly/Aspray, Computer, S. 250-252; Ceruzzi, A history of modern computing, S. 266-268.

92 Vgl. Campbell-Kelly, From airline reservations to Sonic the Hedgehog, S. 216-219; T. J. Bergin, The Origins of Word Processing Software for Personal Computers. 1976-1985, in: IEEE Annals of the History of Computing 28 (2006), H. 4, S. 32-47; T. J. Bergin, The Proliferation and Consolidation of Word Processing Software. 1985-1995, in: IEEE Annals of the History of Computing 28 (2006), H. 4, S. 48-63. Zur Geschichte des Computers als Schreibwerkzeug siehe außerdem: Heilmann, Textverarbeitung; Thomas Haigh, Remembering the Office of the Future. The Origins of Word Processing and Office Automation, in: IEEE Annals of the History of Computing 28 (2006), H. 4, S. 6-31.

93 Zur Planung und Einführung des Personal Computers durch IBM siehe: James Chposky/Ted Leonsis, Blue magic. The people, power and politics behind the IBM personal computer, London 1989.

94 Vgl. Ceruzzi, A history of modern computing, S. 268-272; Campbell-Kelly/Aspray, Computer, S. 253-258.

8.c Der Heimcomputer als Kommunikationsmedium (1978 – Mitte der 1990er Jahre)

Der Heimcomputer als soziales Medium

Anders als bei seinen Vorgängern, den Mainframes und Minicomputern der 1960er und 1970er Jahre, gab es beim Mikrocomputer zunächst weniger Gründe, ihn über Kommunikationsnetze zu verbinden. Dies lag paradoxerweise daran, dass die Käufer eines Heimcomputers einen vollwertigen Computer erwarben. Dies widersprach den Erwartungen der Datenverarbeitungsindustrie, die seit den 1960er Jahren davon ausgegangen war, dass sich eine persönliche Computernutzung nur über Timesharing und den Fernzugriff auf Großcomputer ökonomisch sinnvoll realisieren lasse. Mit dem Mikroprozessor ging der finanzielle Vorteil des Fernzugriffs aber zunächst zurück. Die Rechenleistung, die die meisten Nutzer für alltägliche Tätigkeiten benötigten, konnte mit einem Heimcomputer direkt auf ihrem Schreibtisch erzeugt werden. Um den Heimcomputer als Computer zu nutzen, musste er daher nicht vernetzt werden.

Dass einige Hobbyisten ihre Computer trotzdem an das Telefonnetz anschlossen, hatte daher vor allem soziale Gründe. Hierbei stand der Austausch mit anderen Computernutzern im Vordergrund und damit die Nutzung des Computers als neuartiges Medium zur zwischenmenschlichen Kommunikation. Dass mit Computern Informationen und Nachrichten zwischen Personen oder Gruppen ausgetauscht werden können, war wie in Kapitel 1.b bereits erwähnt mit der Entwicklung von Timesharing in den 1960er Jahren zunächst als Zusatzfunktion von Computern entdeckt, genutzt und erforscht worden. Mit der Verbreitung von Heimcomputern war nicht länger der Zugang zu einem zentralen Timesharing-Computer notwendig, um über Computer zu kommunizieren. Der Mikrocomputer schuf zumindest die technischen Voraussetzungen für eine Demokratisierung dieser neuartigen Form der Kommunikation.

Um mit dem Heimcomputer Kontakt zu anderen Menschen aufzunehmen, benötigte sein Nutzer allerdings einen Zugang zu einem Kommunikationsnetz. Seit der bereits erwähnten Carterfone-Entscheidung 1968 durfte in den USA jedes Endgerät an das Telefonnetz angeschlossen werden. Mit dem neuen Zulassungsverfahren der FCC, das nach langem Ringen im Januar 1978 in Kraft trat, wurde das Telefonnetz dann auch praktisch zu einer technisch offenen Kommunikationsplattform (siehe Kapitel 4). Damit hatte, nahezu zeitgleich mit der Ausbreitung von Heimcomputern, fast jeder Haushalt der USA Zugang zu einem preisgünstigen Kommunikationsnetz, das für die Vernetzung von Heimcomputern genutzt werden konnte.

Modems als Heimcomputerzubehör

Die größte Schwierigkeit für die Verbindung von Heimcomputern über das Telefonnetz stellte daher zunächst die Verfügbarkeit von Modems dar. Obwohl das Bell System seit dem SAGE-Projekt in den 1950er Jahren Modems zur Datenübertragung im Telefonnetz im Angebot hatte (siehe Kapitel 1.b), hatte sich erst mit der Carterfone-Entscheidung ein freier Markt für diese Geräte entwickelt. Mitte der 1970er Jahre waren Modems allerdings noch relativ teuer und nur in geringen Stückzahlen verfügbar.[95]

Für Elektronikbastler, die gerade ihren ersten Mikrocomputer fertiggestellt hatten, war der Selbstbau eines Modems daher häufig eines ihrer nächsten Projekte. Dies lag daran, dass die Umwandlung von Daten zu Tönen nicht nur zur Datenübertragung eingesetzt werden konnte, sondern auch neue Möglichkeiten zur Speicherung von Daten eröffnete, was besonders in der Anfangszeit des Heimcomputers eine Herausforderung darstellte. Als Töne konnten Programme und Daten mit preiswertem Audioequipment auf handelsüblichen Tonbändern und Audiokassetten gespeichert werden.[96] Im März 1976 veröffentlichte die *Popular Electronics* daher eine Anleitung zum Bau eines Pennywhistle-Modems, das aus Komponenten in Wert von unter 100 US-Dollar gefertigt werden und zur Datenspeicherung sowie zur Datenübertragung genutzt werden konnte.[97]

Mit der Kommerzialisierung des Heimcomputers entwickelte sich in der zweiten Hälfte der 1970er Jahre in den USA schließlich auch ein kommerzieller Markt für Modems als Heimcomputerzubehör. Marktführer war hier schon seit den späten 1970er die Firma Hayes Microcomputer Products. Die Firma war Anfang des Jahres 1977 von Dennis Hayes und Dale Heatherington gegründet worden, die Modems zunächst als Erweiterungskarten für den Altair in Kleinserie fertigten. Ab 1978 bot Hayes auch Modems für den Apple II (Micromodem II) und weitere Heimcomputersysteme an, die – jetzt zertifiziert durch die FCC – mit einer Steckverbindung direkt an das Telefonnetz angeschlossen werden durften. Mitte der 1980er Jahre kontrollierte Hayes mit seinen Modems dann rund die Hälfte des amerikanischen Marktes.[98]

Die »Modemwelt« der 1980er Jahre

Die Modems, die Hayes sowie andere Unternehmen wie USRobotics an die Besitzer von Heimcomputer verkauften, wurden vor allem zur Datenübertragung eingesetzt, da durch die Verbreitung von Diskettenlaufwerken Tonbänder als Datenspeicher an Relevanz verloren. Ihre hohen Verkaufszahlen –1982 setzte Hayes 140.000 Modems ab[99] – verdankten die Hersteller daher vor allem der Tatsache, dass der Kauf eines Modems in

---

95 Vgl. Driscoll, Hobbyist Inter-Networking, S. 140-141.
96 Ein weiterer Vorteil eines Modems war, dass damit Terminals, wie das verbreitete »Teletype Modell 33«, an einen Mikrocomputer angeschlossen werden konnten. Elektronikbastler, die bereits über ein Terminal verfügten, etwa um Timesharing zu nutzen, konnten mit einem Modem ihren eigenen Computer daran anschließen. Vgl. ebenda, S. 141-142.
97 Vgl. Lee Felsenstein, Build »PENNYWHISTLE«. The Hobbyist`s Modem, in: *Popular Electronics* 3/1976, S. 43-50. Lee Felsenstein war zuvor am Community Memory Project beteiligt (siehe Kapitel 2.c).
98 Einflussreich für den amerikanischen Modemmarkt der 1980er Jahre war Hayes vor allem mit seinen Smartmodems, die ab 1981 auf den Markt kamen. Smartmodems konnten über eine externe Schnittstelle mit unterschiedlichen Mikrocomputern genutzt werden und definierten den Defacto-Standard für die Steuerung von externen Modems. Vgl. Hayes Corporation History, in: International directory of company histories, Bd. 24, Chicago 2007.
99 Vgl. ebenda.

den USA der 1980er Jahre dem Besitzer eines Heimcomputers den Zugang zu einer vielfältigen Informationslandschaft eröffnete. In dieser »Modemwelt«, die aus kommerziellen Onlinediensten und privaten Bulletin Boards bestand, konnte er sich mit neuen und alten Bekannten austauschen, Diskussionen führen, auf Informationen zugreifen oder sich von der sicheren Umgebung seines heimischen Schreibtisches aus auf eine Entdeckungsreise zu unbekannten Computersystemen und Netzwerken begeben.

Zwischen 1978 und Mitte der 1990er Jahre bestand diese Informationslandschaft in ihren Grundzügen aus drei Elementen. Verbreitet war die Einwahl bei einer überschaubaren Zahl von kommerziellen Onlinediensten, die einen kostenpflichtigen Zugang zu unterschiedlichen Dienstleistungen anboten. Vielfältiger und unübersichtlicher dagegen war die Welt der Bulletin Board Systems (BBS), die häufig von privaten Nutzern mit einfachster Technik betrieben wurde. Als dritter Aspekt ermöglichten Heimcomputer und Modems auch den Zugang zu fremden Computernetzen und Timesharing-Systemen, die oftmals kaum gegen ein unbefugtes Eindringen geschützt waren. Diese Art der Modemnutzung entstand aus der Adaption des Mikrocomputers durch die Phreakerszene, fand medial große Beachtung und führte dazu, dass sich im Laufe der 1980er Jahre die Bedeutungsdimension der Figur des »Hackers« veränderte.

Bulletin Board Systems (1978 – 1990er)

Wie erwähnt hatte der Anschluss von Heimcomputern an das Telefonnetz vor allem soziale Gründe. Bereits das erste Bulletin Board System entstand in den Anfangsjahren des Mikrocomputers mit der Absicht, den Austausch zwischen den Mitgliedern eines Mikrocomputerclubs im Großraum Chicago zu verbessern. Dort hatten Elektronikbastler im Jahr 1975 CACHE gegründet, den ›Chicago Area Computer Hobbyist‹ Exchange, der Sammelpunkt einer lokalen Mikrocomputerszene war. Ein Mitglied des Clubs, Ward Christensen, hatte im Sommer 1977 ein Programm (MODEM.ASM) geschrieben, mit dem die Mitglieder des Clubs Software über das Telefonnetz austauschen konnten. Da es nur wenig Software zur Datenübertragung mit Modems gab, verbreiteten sich das Programm und Modifikationen davon in den nächsten Jahren in der gesamten amerikanischen Mikrocomputerszene, und das von Christensen eingeführte Übertragungsprotokoll wurde unter dem Namen XMODEM zum De-facto-Standard für die Übertragung von Daten zwischen Mikrocomputern über das Telefonnetz.[100]

Anfang des Jahres 1978 begann Christensen ein neues Projekt, mit dem er die interne Kommunikation des Clubs verbessern wollte. Dessen Informationsaustausch basierte zu diesem Zeitpunkt vor allem auf einem gedruckten Newsletter sowie einem Anrufbeantworter, bei dem aktuelle Nachrichten und Termine abgehört werden konnten. Christensen hatte die Idee, diese beiden Informationskanäle mithilfe eines Mikrocomputers zu verbinden, der als »computerisierte Pinnwand« über das Telefonnetz angerufen werden kann. Anrufer sollten mit ihrem Heimcomputer auf dieses »computerized bulletin board system« (CBBS) zugreifen und Mitteilungen »anpinnen« oder Einträge von anderen Nutzern lesen. Im Januar 1978 begann er gemeinsam mit seinem

---

100 Vgl. Ward Christensen/Randy Suess, The Birth of the BBS (1989), https://www.chinet.com/html/cbbs.html (13.1.2021).

Freund Randy Suess diese Idee umzusetzen. Während Christensen die Software für das System schrieb, kümmerte sich Suess um die Hardware, die aus einem Intel-8080-Prozessor, einen Modem von Hayes sowie einem Diskettenlaufwerk bestand. Mitte Februar 1978 war das System fertiggestellt und ging an einer zusätzlichen Telefonleitung in Suess' Wohnung in Betrieb. Nach eigener Aussage hatten Christensen und Suess erwartet, dass vielleicht eine Handvoll Clubmitglieder über die technischen Voraussetzungen verfügen, um CBBS zu nutzen. Als sie ihr Projekt bei CACHE vorstellten, bekundeten allerdings mehr als 25 Personen, dass sie über ein Modem verfügen und Interesse an dem System haben.[101]

Über den Großraum Chicago hinaus wurde CBBS im November 1978 bekannt, nachdem Christensen und Suess im Mikrocomputermagazin *Byte* einen Bericht über ihr Projekt veröffentlicht hatten.[102] Der Artikel verleitete weitere Computerclubs, ähnliche Systeme für ihre Mitglieder einzurichten. Dies lag zum einen daran, dass der Aufbau eines Systems wie CBBS für erfahrene Computerhobbyisten keine besondere Schwierigkeit darstellte. Mit einem Mikrocomputer, Modem und einem Diskettenlaufwerk waren die Hardwareanforderungen relativ gering, wobei oft überflüssige Hardware einen neuen Verwendungszweck fand. Ein solches System hatte für die Mitglieder eines Computerclubs allerdings einen großen Nutzen, da es den Austausch von Informationen und Kommunikation unabhängig von Clubtreffen oder unregelmäßig erscheinenden Newslettern machte. Ein Bulletin Board System (BBS) konnte zu jeder Tages- oder Nachtzeit angewählt werden, um andere Clubmitglieder um Hilfe zu bitten oder ihnen mit dem eigenen Fachwissen auszuhelfen. Mit der Zeit wurde ein solches System zu einer Wissens- und Softwaredatenbank des Clubs, zumindest bis die Nachrichten wegen des beschränkten Speicherplatzes gelöscht werden mussten. Als das Mikrocomputermagazin *Dr. Dobb's* im Juni 1980 eine Ausgabe mit einem Schwerpunkt auf Computernetzwerke veröffentlichte (»On The Subject of Networking«), enthielt ihr *Electric Phone Book* bereits 144 Telefonnummern von Bulletin Board Systems in den gesamten USA.[103]

Mit der weiteren Ausbreitung von Heimcomputern wurde die Zahl der Boards in den USA größer. Der Historiker und Dokumentarfilmer Jason Scott Sadofsky, der seit 1998 das historische Erbe der amerikanischen Bulletin Boards, die sogenannten Textfiles, archiviert, kommt in einer Auswertung von BBS-Listen auf eine Zahl von über 93.000 Boards, die zwischen 1978 und 1998 auf verschiedenen Listen verzeichnet waren. Dabei konnte er in den ersten Jahren ein moderates Wachstum feststellen. Bis 1987 stieg die Anzahl der in den USA aktiven Boards auf einige tausend an. In den nächsten Jahren fand dann ein exponentielles Wachstum statt. 1994, auf dem Höhepunkt des

---

101 Vgl. Christensen/Suess 1978, Hobbyist Computerized Bulletin Board, S. 151. Die Entstehungsgeschichte von CBBS basiert vor allem auf den Artikel von Ward Christensen und Randy Seuss in der »Byte« sowie den Erinnerungen der beiden, die sie 1989 für »Chinnet«, einem lokale BBS in Chicago, aufgezeichnet haben. Vgl. Christensen/Suess 1978, Hobbyist Computerized Bulletin Board, S. 151; Christensen/Suess 1989, The Birth of the BBS. Zu der Geschichte von CBBS siehe darüber hinaus: Howard Rheingold, The virtual community. Homesteading on the electronic frontier, Cambridge 1993, S. 135-136; Driscoll 2014, Hobbyist Inter-Networking, S. 167-169.
102 Vgl. Christensen/Suess, Hobbyist Computerized Bulletin Board.
103 Vgl. THE ELECTRIC PHONE BOOK. A Directory of 144 Computerized Bulletin Board Systems, in: *Dr. Dobb's Journal of Computer Calisthenics & Orthodontia* 5 (1980), S. 239.

Phänomens in den USA, kommt er auf eine Gesamtzahl von 45.000 als aktiv gelisteten Boards, von denen in den folgenden Jahren ein Großteil in das Internet abwanderte.[104]

Diese relativ große Zahl von BBS in den USA lag zum einen an der Gebührenstruktur des Telefonnetzes. Anrufe innerhalb eines Vorwahlbereichs waren in der Regel kostenlos oder sehr günstig, während Verbindungen zu entfernten Boards schnell zu hohen Telefonrechnungen führen konnten. Daher waren die meisten Boards lokal ausgerichtet. Ein Großteil der Anrufer eines Boards kam aus dem geografischen Umfeld und hatte einen ähnlichen sozialen Hintergrund und eine homogene Altersstruktur. Viele Nutzer kannten sich persönlich, entweder vom Verein, von dem die Initiative zum Aufbau des Boards ausgegangen war, oder durch informelle Zusammenkünfte oder Feiern, die von den Mitgliedern des Boards organisiert wurden.[105]

Mit der Zeit etablierten sich zwei Hauptaktivitäten, derentwegen Bulletin Boards angerufen wurden: Datenaustausch und Kommunikation. Verbreitet war die Nutzung von privaten BBS als Austauschplattform für Programme und Daten. Anrufer konnten Dateien hochladen und andere Nutzer diese herunterladen. Dieses Filesharing war eine beliebte Möglichkeit, durch die ein Besitzer eines Heimcomputers und eines Modems neue Programme oder Spiele für sein System erhalten konnte. Da Programme in der Regel nur zwischen kompatiblen Heimcomputern getauscht werden konnten, war Filesharing ein weiterer Grund für die große Zahl der Boards. In jedem Vorwahlbereich konnte es verschiedene Boards für einzelne Heimcomputerfamilien wie Apple oder Commodore geben.[106]

Der zweite Nutzungsschwerpunkt war die Kommunikation unter den Anrufern. Viele Boards boten die Möglichkeit, Benutzerkonten anzulegen und mit anderen Mitgliedern private Nachrichten auszutauschen. Daneben gab es auf den meisten Boards ein öffentliches Diskussionsforum, in dem Nachrichten und Antworten öffentlich sichtbar waren. Thematisch waren diese Diskussionsforen von technischen Themen geprägt. Dies lag zum einen an der institutionellen Verankerung der ersten Boards, die in der Regel von Computerclubs eingerichtet worden waren. Auch in späteren Jahren bildete ein grundlegendes Interesse an Computern und Technik oft ein verbindendes Element der Anrufer. Je vielfältiger aber ab Mitte der 1980er Jahre die Nutzer wurden, desto größer wurde die Themenvielfalt der Diskussionsforen. Vor allem in Großstädten konnten sich Boards mit speziellen Interessenschwerpunkten etablieren, für die Anrufer aus

---

104 Vgl. Jason Scott Sadofsky: Statistics Generated by the BBS List. http://bbslist.textfiles.com/support/statistics.html (13.1.2021). In seiner Videodokumentation der amerikanischen BBS-Szene der 1980er und 1990er Jahre gibt Jason Scott Sadofsky eine Gesamtzahl von 150.000 Boards an, die auf dem Höhepunkt des Phänomens in Nordamerika, also den USA und Kanada, existierten. Vgl. Jason Scott Sadofsky, BBS: The Documentary, USA 2005, Episode 1, 37:20.
105 Vgl. Driscoll, Hobbyist Inter-Networking, S. 18.
106 Der Austausch von Programmen geschah oft ohne Berücksichtigung von Urheberrechten oder Lizenzen. Allerdings schuf diese Form des Datenaustauschs auch neue Möglichkeiten der Softwaredistribution. Shareware durfte mit Erlaubnis des Urhebers frei auf Bulletin Boards verteilt werden und von ihren Nutzern für eine bestimmte Zeit getestet werden, bevor eine Nutzungsgebühr fällig wurde. Diese Art des Softwarevertriebs war besonders für einzelne Programmierer oder kleine Unternehmen attraktiv, da sie nicht auf den Einzelhandel angewiesen waren. Vgl. ebenda, S. 265–305.

entfernten Regionen auch die Gebühren für Ferngespräche in Kauf nahmen. Beliebte Themenfelder solcher Boards waren, neben seltenen Hobbys, auch Sport und popkulturelle Phänomene wie Musikstile und Bands.[107] In den frühen 1990er Jahren wurden außerdem Erwachsenenboards populär, die für eine monatliche Mitgliedsgebühr Zugang zu erotischen und pornografischen Inhalten boten oder Freiräume schufen, in denen ein offener Austausch über Sexualität und Partnersuche möglich war, die von gesellschaftlichen Normen abwich.[108]

Bulletin-Board-Netzwerke

Eine Besonderheit der »Modemwelt« waren Bulletin-Board-Netzwerke. Treibende Kraft hinter diesen Zusammenschlüssen von mehreren Boards war oft der Wunsch der Nutzer, über die Grenzen des eigenen Boards oder eines Vorwahlbereichs hinaus Nachrichten auszutauschen und an Diskussionen teilzunehmen, ohne die eigene Telefonrechnung in die Höhe zu treiben.

Ein Vorbild für den privat organisierten, dezentralen Nachrichtenaustausch zwischen verschiedenen Boards war das Usenet, das seit 1979 von Nutzern des Betriebssystems Unix aufgebaut wurde. Mit der Entwicklung von Unix hatten die Bell Labs 1969 begonnen, nachdem sie sich aus dem Multics-Projekt zurückgezogen hatten (siehe Kapitel 1.b). Wegen seiner klaren und modularen Struktur sowie der Verfügbarkeit des Quellcodes wurde Unix im Laufe der 1970er Jahre zu einem populären Betriebssystem an amerikanischen Hochschulen und Kristallisationspunkt einer Gemeinschaft von Fachleuten, die das Betriebssystem kollaborativ weiterentwickelten und sich gegenseitig bei der Nutzung, Anpassung und Portierung unterstützten. In dieser Nutzergemeinschaft kam 1979 die Idee auf, eine im Betriebssystem enthaltene Funktion, mit der Dateien zwischen zwei Systemen ausgetauscht werden können (Unix to Unix Copy Protocol, UUCP), zu nutzen, um über das Telefonnetz Nachrichten zwischen Unixsystemen auszutauschen und so die Kommunikation der Gemeinschaft zu verbessern.[109] Die ersten Knoten des Unix User Networks wurden 1979 von Tom Truscott und Jim Ellis an der Duke University und der University of North Carolina at Chapel Hill eingerichtet; aber bereits nach kurzer Zeit schlossen sich Unix-Nutzer an weiteren amerikanischen Universitäten und Institutionen diesem Nachrichtenaustausch an, ab 1982 erreichte das Usenet auch Europa (siehe hierzu auch den Epilog).[110]

Da die Teilnahme am Usenet den Zugang zu einem Unix-Computer erforderte, hatten die Nutzer von Heimcomputern zunächst keinen Zugang zu diesem Netz, sodass einige Bulletin Boards ein eigenes Netzwerk zum Nachrichtenaustausch aufbauten. Zum größten Netzwerk von privaten Bulletin Boards entwickelte sich in den 1980er Jahren

---

107 Vgl. ebenda, S. 308-310.
108 Vgl. ebenda, S. 341-367.
109 Vgl. Beatrice Bressan/Howard Davies, A history of international research networking. The people who made it happen, Weinheim 2010, S. 79; Michael Hauben/Ronda Hauben, Netizens. On the history and impact of Usenet and the Internet, Los Alamitos, Calif 1997, S. 51.
110 Vgl. Hauben/Hauben, Netizens, S. 181-185.

das FidoNet, das sich bis Anfang der 1990er Jahre global ausbreitete.[111] Nucleus des FidoNet war das Bulletin Board »Fido« in San Francisco. Um die günstigen Gebühren für nächtliche Ferngespräche auszunutzen, richtete der Betreiber von Fido, Tom Jennings, 1984 einen automatisierten Nachrichtenaustausch mit befreundeten Boards in anderen Städten ein. Anfang des Jahres 1985 nahmen bereits mehr als 200 Boards an diesem nächtlichen Nachrichtentransfer teil, sodass ihre Betreiber das Netzwerk neu organisierten und eine hierarchische Netzwerkstruktur einrichteten. Anstatt mehrere Boards in derselben Stadt anzurufen, wurden Nachrichten zunächst lokal gesammelt und anschließend weitergereicht. Mit dieser Struktur konnte das FidoNet bis Mitte der 1990er Jahre wachsen. Im Jahr 1993 waren mehr als 20.000 Boards in der ganzen Welt an den Nachrichtenaustausch des FidoNet angeschlossen.[112]

Kommerzielle Bulletin Boards

Die Erwähnung von gebührenpflichtigen Erwachsenenboards hat schon angedeutet, dass die Strukturen von Bulletin Boards zwischen den späten 1970er Jahren und frühen 1990er Jahren vielfältiger wurden. Während viele Boards private Hobbyprojekte blieben, die sich allenfalls mit Spendenaufrufen an ihre Nutzer wandten, machte die wachsende Zahl von Heimcomputern und Modems in den USA den Betrieb von Bulletin Boards auch für profitorientierte Unternehmen zu einem interessanten Markt. Vor allem in der zweiten Hälfte der 1980er Jahre nahm die Professionalisierung der amerikanischen BBS-Szene zu, und seit 1987 hatten kommerzielle Bulletin Boards mit der monatlich erscheinenden *Boardwatch* sogar ein eigenes Branchenmagazin.

Ein gut dokumentiertes Beispiel eines profitorientierten Boards ist The WELL, das 1985 als »Whole Earth ›Lectronic Link« vom bereits erwähnten Stewart Brand und dem Unternehmer Larry Brilliant gegründet wurde. Für die Mitgliedschaft auf The WELL mussten die Nutzer pro Monat 8 Dollar Grundgebühr zahlen sowie zusätzlich 2 Dollar pro Stunde, die sie auf dem Board eingewählt waren.[113] Bekannt und langfristig einflussreich wurde The WELL vor allem deswegen, da sich seine Mitglieder aus dem Umfeld der Counterculture in der kalifornischen Bay Area rekrutierten und viele Journalisten, Schriftsteller und Mäzene sich regelmäßig bei The WELL einwählten. Die Gemeinschaft, die sie durch das Board erfuhren, erlebten viele Mitglieder als prägende Erfahrung, die ihre Deutung von Computern und Kommunikation nachhaltig beeinflusste. Ein Beispiel hierfür ist der Journalist Howard Rheingold, der seine Erfahrungen mit The WELL 1993 in einem einflussreichen Buch über »virtuelle Gemeinschaften« verarbeitet hat.[114] Für Rheingold war die Gemeinschaft von The WELL ein Beispiel dafür, dass Computer und Telekommunikationsnetze neue Formen der Vergemeinschaftung

---

111   Laut Randy Bush war 1993 die geografische Verteilung der über 20.000 Netzwerkknoten des FidoNets folgendermaßen: 59 Prozent waren in Nordamerika, 30 Prozent in Europa, 4 Prozent in Australien und Neuseeland sowie 7 Prozent in Asien, Lateinamerika und Afrika. Vgl. Randy Bush, FidoNet. Technology, tools, and history, in: *Communications of the ACM* 36 (1993), H. 8, S. 31-35.
112   Vgl. ebenda.
113   Vgl. Turner, From Counterculture to Cyberculture, S. 145-146.
114   Vgl. Rheingold, The virtual community. Auf Deutsch: Howard Rheingold, Virtuelle Gemeinschaft. Soziale Beziehungen im Zeitalter des Computers, Bonn 1994.

ermöglichen und damit zu einem Werkzeug werden, mit dem die Ideale der Counterculture der 1960er Jahre auf eine neue Art umgesetzt werden können. Mit dieser Interpretation beeinflussten Rheingold und The WELL in den 1990er Jahren die Diskussionen über die positiven Aspekte von Computern und ihrer Vernetzung stark.[115]

Kommerzielle Onlinedienste (1979 – Mitte der 1990er Jahre)

Bulletin Boards Systems waren keineswegs die einzige Möglichkeit, wie die Nutzer von Heimcomputern in den USA der 1980er Jahre online gehen konnten. Seit 1979 versuchten auch kommerzielle Onlinedienste für Nutzungsgebühren ab 5 US-Dollar pro Stunde, die Besitzer von Heimcomputern und Modems zu einer Einwahl bei ihnen zu verleiten. Anders als Bulletin Boards hatten diese Dienste ihre Wurzel im Timesharing-Markt und waren daher in der Regel landesweit über die Einwahlknoten von Tymnet und Telenet zugänglich (siehe Kapitel 1.b). Neben der Möglichkeit, mit anderen Nutzern des Dienstes Nachrichten auszutauschen, zu chatten oder zu diskutieren, boten sie auch weitere Dienstleistungen wie Datenbankzugänge an.

Mit solchen Onlinediensten waren in den USA der 1980er Jahre ähnlich hohe Erwartungen wie mit dem bundesdeutschen Bildschirmtext verbunden. Vor allem Medienkonzerne sahen in den 1980er Jahren Onlinedienste als einen langfristig einflussreichen Teil des amerikanischen Medienmarktes an. Dies lag neben dem wachsenden Kundenpotenzial durch die Verbreitung von Heimcomputern vor allem an der Deregulierung des Telekommunikationssektors. 1980 hatte die FCC mit ihrer Computer-II-Entscheidung auf die Regulierung von Onlinediensten verzichtet und den Markt damit geöffnet (siehe Kapitel 3.c). Bis Mitte der 1990er Jahre versuchten verschiedene Firmen, in einem zunehmend von intensivem Wettbewerb geprägten Markt der kommerziellen Onlinedienste Kunden zu gewinnen, und konnten bis Anfang der 1990er Jahre bereits mehrere Millionen Haushalte von ihren Diensten überzeugen.[116]

Pioniere auf diesem Markt waren CompuServe und The Source. CompuServe war bereits seit Ende der 1960er Jahre als Anbieter von Timesharing aktiv. Da seine Computer allerdings nur zu Bürozeiten ausgelastet waren, startete das Unternehmen im August 1979 unter dem Produktnamen »MicroNET« ein zusätzliches Angebot, das auf die Nutzung seiner Timesharing-Computer durch Privatpersonen in den Abendstunden abzielte. Mit einem Heimcomputer oder Terminal konnten sich erfahrenere Computerfans bei CompuServe einwählen und eigene Programme auf Großrechnern ausführen. Für eine monatliche Grundgebühr von 9 US-Dollar erhielten sie 128 Kilobyte Speicherplatz und mussten pro Stunde 5 US-Dollar für die Nutzung zahlen. Nach der Deregulierung von Telekommunikationsdiensten durch die FCC erweiterte CompuSer-

---

115   Zu The WELL siehe auch: Katie Hafner, The Well. A story of love, death and real life in the seminal online community, New York 2001 sowie insbesondere: Turner 2005, Where the Counterculture met the New Economy; Turner, From Counterculture to Cyberculture, S. 141-174.
116   Zur Entwicklung des Marktes und der Preisstrategien der Anbieter siehe: Campbell-Kelly/Garcia-Swartz/Layne-Farrar, The Evolution of Network Industries, S. 437-438.

ve im Herbst 1980 sein Angebot und bot zusätzlich Zugriff auf Informationsdienste wie Wetterberichte, Aktienkurse oder Zeitungsartikel an.[117]

The Source dagegen ging auf eine Idee des Unternehmers William von Meister zurück, der in den 1970er und 1980er Jahren mit mehreren Neugründungen versuchte, im Telekommunikationsmarkt Fuß zu fassen. Seit Juni 1979 bot The Source seinen Kunden Zugriff auf den Presseticker von UPI sowie zur bibliografischen Datenbank der *New York Times* an. Mit diesem Angebot konnte The Source im ersten Jahr knapp 4.000 Kunden gewinnen, die für diese Dienstleistung am Abend 2,75 US-Dollar pro Stunde zahlten, während zu Geschäftszeiten 15 US-Dollar pro Stunde anfielen.[118] Allerdings stand der Dienst in dieser Zeit mehrmals vor dem Konkurs, bis der Medienkonzern Readers Digest im September 1980 für insgesamt 4 Millionen US-Dollar die Mehrheit übernahm.[119] Von diesen beiden Pionieren entwickelte sich CompuServe in der ersten Hälfte der 1980er Jahre zum Marktführer. 1985 wählten sich bereits 200.000 Haushalte regelmäßig bei CompuServe ein, während The Source nur 63.000 Kunden hatte.[120]

Der Erfolg von CompuServe und The Source machte auch andere Unternehmen auf die Chancen solcher Informationsdienste aufmerksam. Ausgehend von einer Studie des Beratungsunternehmens Booz Allen Hamilton vom Juni 1983, wonach der amerikanische Markt für Onlinedienste bereits 1985 ein Potenzial von über 30 Milliarden US-Dollar haben könnte, begannen vor allem Zeitungskonzerne in diesem Markt zu investieren. Mit Blick auf die Bedürfnisse ihrer Werbekunden und die grafischen Fähigkeiten von europäischen Diensten wie Btx setzten die amerikanischen Verlage allerdings zunächst auf den Fernseher als Zugangsmedium. Knight Ridder, ein Verlagshaus, zu dem zahlreiche regionale Tageszeitungen gehörten, kaufte daher 1983 die Nutzungsrechte des britischen Viewdata und versuchte in ausgewählten Regionen der USA Kunden für die Nutzung seines Viewtron zu gewinnen. Der Times-Mirror-Verlag übernahm das kanadische Telidon-System und startete in Los Angeles mit »Gateway« ebenfalls den Versuch, seine Inhalte auf den Fernsehbildschirm zu bringen. Beide Dienste litten aber an denselben Problemen wie der bundesdeutsche Bildschirmtext. Nur wenige Haushalte waren bereit, 600 Dollar für die notwendige Hardware auszugeben und ein von AT&T produziertes Grafikterminal für den Fernseher (AT&T Sceptre) zu kaufen. Bis März 1986 konnte Gateway nur 3.000 Kunden gewinnen und wurde daraufhin von Times-Mirror eingestellt. Wenige Tage später folgte Knight Ridder diesem Beispiel und schrieb die

---

117 Vgl. Art Kleiner, A Survey of Computer Networks, in: *Dr. Dobb's Journal of Computer Calisthenics & Orthodontia* 5 (1980), S. 226-229, hier S. 227; Alfred Glossbrenner, The complete handbook of personal computer communications, New York 1990, S. 103-104; Campbell-Kelly/Garcia-Swartz/Layne-Farrar, The Evolution of Network Industries, S. 437-438; Michael A. Banks, On the way to the web. The secret history of the internet and its founders, Berkeley 2012, S. 15-24.
118 Vgl. Kleiner, A Survey of Computer Networks, S. 227.
119 Zur Rolle von William von Meister bei der Gründungsgeschichte von »The Source« siehe: Banks, On the way to the web, S. 25-38.
120 Vgl. Campbell-Kelly/Garcia-Swartz/Layne-Farrar, The Evolution of Network Industries, S. 438.

55 Millionen US-Dollar ab, die es in Viewtron investiert hatte, und stellte den Betrieb ein.[121]

Erfolgreicher waren dagegen Onlinedienste, die sich an CompuServe orientierten und die Besitzer von Heimcomputern und PCs in den Blick nahmen. Ab 1985 richtete die Timesharing-Sparte von General Electric mit GEnie (General Electric Network for Information Exchange)[122] einen Onlinedienst für private Nutzer ein. Mit diesem Angebot konnte der Elektrogroßkonzern bis 1989 über 150.000 Kunden gewinnen und stieg damit zum zweitgrößten amerikanischen Onlinedienst nach CompuServe auf, das 1989 bereits eine halbe Million Kunden hatte.[123]

Ab 1988 begann die zweite Generation von Onlinediensten die verbesserten grafischen Fähigkeiten der Heimcomputer und PCs zu nutzen. Vorreiter bei grafischen Onlinediensten war das 1985 gegründete Unternehmen Quantum Computer Services, dessen Onlinedienst (Q-Link) zunächst nur mit Heimcomputern von Commodore genutzt werden konnte. Diese Einschränkung hatte allerdings den Vorteil, dass Quantum die grafischen Fähigkeiten der Heimcomputer seiner Kunden genau kannte und dies unter anderen für Onlinespiele mit mehreren Spielern nutzte. Zusätzlich eröffnete dies eine Möglichkeit zur Marketingkooperation mit dem Heimcomputerhersteller. Als kostenlose Beigabe zu einem Computer oder einem Modem von Commodore erhielten viele Käufer einige Stunden gebührenfreie Nutzungszeit bei Q-Link und wurden so zu einer ersten Einwahl verleitet. Mit diesem Konzept war Quantum erfolgreich, sodass es 1988 sein Angebot auf weitere Computerfamilien ausweitete. Gemeinsam mit Tandy, einem Hersteller von IBM-kompatiblen PCs, startete Quantum PC-Link und kurz darauf AppleLink für die Besitzer eines Apple II.[124] Ab 1989 fasste Quantum seine verschiedenen Dienste dann unter dem Namen »America Online« (AOL) zusammen.

1988 startete mit Prodigy ein weiterer Onlinedienst der zweiten Generation. Das Gemeinschaftsunternehmen von IBM und der Kaufhauskette Sears nutzte ebenfalls die grafischen Fähigkeiten von PCs und konnte damit besonders Werbekunden gewinnen. Mit einem günstigen Einführungspreis von 9,95 US-Dollar pro Monat ohne zeitbasierte Nutzungsgebühren basierte das Geschäftsmodell von Prodigy daher in erster Linie auf der Ausspielung von Werbeanzeigen.[125]

In den frühen 1990er Jahren versuchten dann CompuServe, Prodigy und AOL sich die Vorherrschaft auf dem insgesamt stark wachsenden Markt der kommerziellen Onlinedienste abzunehmen. Obwohl CompuServe 1989 seinen Mitpionier The Source aufgekauft hatte und allein zwischen 1989 und 1992 die Zahl seiner Kunden auf nahezu 1 Million Haushalte verdoppeln konnte, gelang es Prodigy und AOL mit hohem Marketingaufwand, einem werbebasierten Geschäftsmodell und einer intuitiven grafischen

---

121 Vgl. Glossbrenner, The complete handbook of personal computer communications, S. 160-161. Trotzdem starte France Telecom 1991 den erfolglosen Versuch, in den USA mit »101 Online« an ihren Erfolg mit Minitel in Frankreich anzuknüpfen. Siehe dazu: Mailland, 101 Online.
122 Vgl. GE Information Service, 20 Years of Excellence, S. 10.
123 Vgl. Campbell-Kelly/Garcia-Swartz/Layne-Farrar, The Evolution of Network Industries, S. 440.
124 Vgl. Glossbrenner, The complete handbook of personal computer communications, S. 153-154.
125 Vgl. Ebenda, S. 165-167; Campbell-Kelly/Garcia-Swartz/Layne-Farrar, The Evolution of Network Industries, S. 440-441.

Benutzerführung in wenigen Jahren mit CompuServe gleichzuziehen.[126] Ab Mitte der 1990er Jahre ermöglichten CompuServe, Prodigy und AOL ihren fast 5 Millionen Kunden dann, ebenso wie viele kommerzielle Bulletin Boards, den Zugang zum Internet und starteten damit einen Transformationsprozess zu Internetprovidern (siehe hierzu den Epilog).[127]

»Computer Phreak out« – die Hackersubkultur der 1980er Jahre

Ein weiteres Element der amerikanischen »Modemwelt« der 1980er Jahre hatte seine Wurzeln in der Szene der »phone freaks« rund um die TAP. Die telefoninteressierten Amateure folgten dabei dem Entwicklungstrend der Telekommunikationsindustrie, die seit Mitte der 1970er Jahre dabei war, die technischen Grenzen zur Datenverarbeitung einzureißen. Mit dem Heimcomputer erhielten die »Phreaks« ein Werkzeug, mit dem sie ihre Praktiken des spielerischen Umgangs mit Kommunikationstechnik und des fehlenden Respekts vor technischen und politischen Autoritäten sowie der Selbstermächtigung des Einzelnen durch Wissen in der Welt der digitalen Kommunikation fortsetzen konnten.

Die TAP hatte in der zweiten Hälfte der 1970er Jahre begonnen, ihr Themenspektrum zu erweitern und ihre Leser auch über Möglichkeiten zu informieren, die sich aus der Verbindung von Computern und Telekommunikationsnetzen ergaben. Im Juli 1978 kündigte eine Person, die unter dem Pseudonym »The Wizzard« auftrat, an, dass die TAP sich künftig auch für »COMPUTER PHREAK-OUT« interessieren würde. »It's become increasingly obvious to all of us down at TAP that a lot of the phone freaks out there are also computer hacks«[128]. Aus diesem Grund wollten die Macher der TAP in Zukunft auch »information of interest to both phone and computer hacks«[129] veröffentlichen und forderten die Leser auf, ihnen Informationen über Verwendungsarten von Mikrocomputern im Telefonsystem oder Computersicherheit zu senden. Anfang des Jahres 1980 erfuhren die Leser der TAP in Ausgabe 61 dann von einer Person mit dem Pseudonym »A. Ben Dump«, wie sie sich mit Methoden des Social Engineerings, die ihnen von Phreaking bekannt waren, Zugang zu Timesharing-Computern großer Konzerne oder in die Netze von Telenet oder Tymnet verschaffen können. Sobald sie eine Zugangsmöglichkeit gefunden hätten, könnten sie dort ihre Fähigkeiten eines Computerhackers einsetzen, um ungenutzte Rechenkapazitäten für andere Zwecke zu verwen-

---

126 Aufgrund der unterschiedlichen Zählmethoden sind die Kundenzahlen von Prodigy, CompuServe und AOL nicht direkt vergleichbar. Während CompuServe einen Haushalt als einen Kunden zählte, orientierte sich Prodigy an den Erhebungsmethoden des Werbemarktes und erfasste daher pro Haushalt mehrere Kunden. Vgl. Campbell-Kelly/Garcia-Swartz/Layne-Farrar 2008, The Evolution of Network Industries, S. 440-441.
127 Zur Rolle der kommerziellen Onlinedienste und von BBS für die Verbreitung des Internets in den USA der 1990er Jahren siehe: Banks, On the way to the web; Greenstein, How the Internet Became Commercial, S. 130-156.
128 The Wizard, COMPUTER PHREAK-Out, in: TAP 51, Juli 1978, S. 3.
129 Ebenda.

den.¹³⁰ Die Themen Computer, Computernetzwerke und Computersicherheit wurden in den folgenden Jahren ein regelmäßiges Thema der TAP. So informierte eine Person unter dem Pseudonym »Paul Montgomery« im April 1982 die Leser darüber, wie sie Zugang zum Timesharing-Netzwerk Telenet (»the best computer network to phreak around«¹³¹) erhalten können und welche Computersysteme darüber erreichbar sind. Wenige Wochen später folgte ein Bericht eines »Simon Jester« über eine Sicherheitslücke im Betriebssystem Unix,¹³² und im September 1982 berichtete die TAP darüber, mit welchen Methoden das FBI gegen Finanzbetrug mittels Computer vorgeht.¹³³

Organisatorisch wurde die TAP zu Beginn der 1980er Jahre von »Tom Edison« in New York herausgegeben, der diese Aufgabe 1977 von Alan Fierstein (»Al Bell«) übernommen hatte. Unterstützt wurde Edison dabei von einer kleinen Gruppe von Männern, die sich regelmäßig freitagabends in Restaurants trafen, um sich über ihre gemeinsamen Interessen wie »computer hacking, the de-regulation of the Bull-System[sic!], public key encryption standards, and other topics of similar interest«¹³⁴ auszutauschen und die TAP vorbereiteten.

Ab 1982 begannen sich die etablierten Medien der USA für das Thema Computerkriminalität zu interessieren. Auf der Suche nach Gesichtern und Geschichten zum Thema Unsicherheit von Computern und Telekommunikationssystemen geriet damit das Team der TAP als greifbare Vertreter eines »Technological Underground« in den Fokus der Medien. Im Oktober veröffentlichte die populärwissenschaftliche Zeitschrift *Technology Illustrated* daher ein Porträt von Richard Cheshire und der TAP. Cheshire gehörte seit 1978 zum Kreis um den TAP-Herausgeber »Tom Edison« und galt als Experte für die Manipulationsmöglichkeiten des Fernschreibernetzes.¹³⁵ Unter dem Titel »The Intruder«¹³⁶ stellte der Journalist Douglas Colligan Cheshire als Mitglied eines »underground movement, a nationwide assortment of people devoted to satisfying their sense of adventure with the best that Apple and IBM and the phone system have to offer«¹³⁷ vor und beschrieb die TAP als Zentralorgan dieser Bewegung. »The newsletter is to phone phreaks what The Wall Street Journal is to stockbrokers«¹³⁸.

Der Artikel ist ein Beispiel dafür, wie sich zu Beginn der 1980er Jahre die Bedeutungsdimensionen des Begriffs »Hacker« veränderten. Bis dahin wurde der Begriff in erster Linie für Menschen verwendet, die von Computern fasziniert waren und ein umfangreiches Verständnis für die Technik besaßen, deren Begeisterung und Beschäftigung mit Computern aber mitunter zwanghafte Züge annehmen und zur Vernachläs-

---

130 Vgl. A. Ben Dump, Computing for the Masses. A Devious Approach, in: *TAP* 61, Januar/Februar 1980, S. 2.
131 Paul Montgomery, Telenet, in: *TAP* 74, April 1982, S. 1.
132 Vgl. Simon Jester, Computer Security and the breaking threof, in: *TAP* 75, Mai/Juni 1982, S. 4.
133 Vgl. Mountain Bill, An FBI-View of Computer Crime, in: *TAP* 77, September 1982, S. 1.
134 Cheshire Catalyst (Richard Cheshire), How to Infiltrate TAP, in: *TAP* 86, Juli/August 1983, S. 3.
135 Vgl. Cheshire (Richard Cheshire), The Principles of TWX Phreaking, in: *TAP* 49, März/April 1978, S. 2.
136 Douglas Colligan, The Intruder. Whether it´s the phone system or a computer network, there´s always a way to slip in for free, in: *Technology Illustrated* 10/1982, S. 48-54, hier S. 49.
137 Ebenda, S. 48.
138 Ebenda, S. 49.

sigung der eigenen Bedürfnisse und sozialer Kontakte führen konnte. Mit dieser Definition hatte Stewart Brand 1972 in seinem *Rolling-Stone*-Magazin den Begriff »Hacker« verwendet und dazu Alan Kay vom Xerox PARC zitiert.[139] Auch Joseph Weizenbaum hatte in seinem 1976 erschienenen Buch »Computer Power and Human Reason« den Begriff »Hacker« mit einem zwanghaften Programmierer gleichgesetzt, der ein brillanter Techniker ist, für den allerdings die Auseinandersetzung mit Computern Selbstzweck ist.[140] Von dieser Bedeutungsdimension ging auch Steven Levy in seinem 1984 veröffentlichten Buch aus, aber er erklärte die Hacker zu den »Heroes of the Computer Revolution«, die mit ihrer kreativen Faszination für Computer das wahre Potenzial dieser Technologie aufzeigen würden.[141]

In »The Intruder« nahm Colligan diesen Hackerbegriff (»a hacker is a person who has an almost addictive fascination for playing around with computers«[142]), und verband ihn mit der Figur des »phone freaks« der 1970er Jahre, der aus Faszination für das Telefonsystem und einer kritischen Haltung zur Telefongesellschaft das Telefonnetz manipulierte, um Spaß zu haben oder um kostenlose Telefongespräche zu führen (»whose hobby was to make as many phone calls for as little money as possible«[143]). Die neue Bedeutungsdimension des Begriffs »Hacker«, den Colligan in »The Intruder« verwendete, bezog sich somit auf eine Person, die die Sicherheitsmechanismen von Computer- oder Telekommunikationssystemen umgeht. Dabei unterschied er zwischen einem »light-side hacker« wie Richard Cheshire, der nur aus Faszination und Spaß in ein System eindringt und der allein durch das Erleben seines eigenen Könnens zu diesem Handeln motiviert werde. Dagegen nutzten »dark-side hacker« den Zugang zu fremden Computern, um Daten zu verändern oder Programme zum Absturz zu bringen.[144]

---

139 »It's that kind of fanaticism. A true hacker is not a group person. He's a person who loves to stay up all night, he and the machine in a love-hate relationship... They're kids who tended to be brilliant but not very interested in conventional goals.« Brand, SPACEWAR.
140 »Überall, wo man Rechenzentren eingerichtet hat, d.h. an zahllosen Stellen in den USA wie in fast allen Industrieländern der Welt kann man aufgeweckte junge Männer mit zerzaustem Haar beobachten, die oft mit tief eingesunkenen, brennenden Augen vor dem Bedienungspult sitzen; ihre Arme sind angewinkelt, und sie warten nur darauf, daß ihre Finger – zum Losschlagen bereit – auf die Knöpfe und Tasten zuschießen können, auf die sie genauso gebannt starren wie ein Spieler auf die rollenden Würfel. Nicht ganz so erstarrt sitzen sie oft an Tischen, die mit Computerausdrucken übersät sind, und brüten darüber wie Gelehrte, die von kabbalistischen Schriften besessen sind. Sie arbeiten bis zum Umfallen, zwanzig, dreißig Stunden an einem Stück. Wenn möglich, lassen sie sich ihr Essen bringen: Kaffee, Cola und belegte Brötchen. Wenn es sich einrichten läßt, schlafen sie sogar auf einer Liege neben dem Computer. Aber höchstens ein paar Stunden – dann geht es zurück zum Pult oder zum Drucker. Ihre verknautschten Anzüge, ihre ungewaschenen und unrasierten Gesichter und ihr ungekämmtes Haar bezeugen, wie sehr sie ihren Körper vernachlässigen und die Welt um sich herum vergessen. Zumindest solange sie derart gefangen sind, existieren sie nur durch und für den Computer. Das sind Computerfetischisten, zwanghafte Programmierer. Sie sind ein internationales Phänomen.« Weizenbaum 1978, Die Macht der Computer, S. 161. Ähnlich auch: Sherry Turkle, Die Wunschmaschine. Vom Entstehen der Computerkultur, Reinbek 1984.
141 Vgl. Levy, Hackers.
142 Colligan, The Intruder, S. 50.
143 Ebenda, S. 49.
144 Vgl. ebenda, S. 53.

Der Artikel von Douglas Colligan stand im Kontext eines breiteren medialen und gesellschaftlichen Diskurses, in dem viele unspezifische Ängste vor den Veränderungen, die mit der Ausbreitung von Computern verbunden waren, auf die Figur des »Computerkriminellen« und des unbedarften, jugendlichen Hackers projiziert wurden. Eine Ursache für diesen Prozess war, dass der gesellschaftsverändernde Einfluss von Computern und Telekommunikation Anfang der 1980er Jahre allmählich wahrnehmbar wurde. Während sichtbare Veränderungen, etwa die Aufspaltung des Bell Systems (siehe Kapitel 3.d), in diesem Zeitraum zusätzlich zu Verunsicherungen führten, blieben die Zusammenhänge und genauen Funktionsweisen von Computer und Telekommunikationsnetzen für viele Menschen unsichtbar und unverständlich.

Anschaulich wurden die vermeintlichen Gefahren von Computern und des naiven Herumspielens mit vernetzten Systemen stattdessen in einem Hollywoodfilm. In »WarGames«, der Anfang Juni 1983 in die amerikanischen Kinos kam, löste der jugendliche Computerfan David Lightman, gespielt von Matthew Broderick, beinahe einen Atomkrieg aus, als er sich, aus bloßem Spieltrieb und Entdeckerdrang, mit seinem Heimcomputer in einem Supercomputer des Pentagons einwählte.[145] Damit verband der Film geschickt die Ängste vor einer Computerisierung mit der Furcht vor einem Atomkrieg, die in dieser Zeit ebenfalls Konjunktur hatte[146], und prägte damit die Diskussion über die Gefahren der Computerisierung und des naiven Umgangs mit vernetzten Computern nachhaltig.

Quasi als Bestätigung, dass die im Kino gezeigte Bedrohung der nationalen Sicherheit nicht nur gut gemachte Science Fiction war, sondern dass das Szenario schnell Realität werden könnte, deckte das FBI im Sommer des Jahres 1983 unter großer medialer Anteilnahme das Treiben einer Gruppe von jugendlichen Computerfans auf. Die HighSchool-Schüler aus Milwaukee hatten sich nach ihrer Telefonvorwahl als die »414s« bezeichnet und waren, wie der fiktive David Lightman, mit Modems, Heimcomputern und dem Telefonnetz auf eine Entdeckungsreise gegangen, auf der sie in Computersysteme von Banken, Krankenhäusern und der US-Regierung eingedrungen waren. Als Motivation für ihr Handeln gaben die Mitglieder der Gruppe an, dass sie sich aus Langeweile in fremde Computersysteme eingewählt hätten, nachdem sie auf dem bei Phreakern beliebten Bulletin Board OSUNY aus New York auf Listen mit Telefonnummern und Passwörtern gestoßen waren. In andere Systeme seien sie durch das Ausprobieren von Standardpasswörtern gekommen.[147] Nachdem das amerikanische Nachrichtenmagazin *Newsweek* die Geschichte der 414s im September 1983 mit einer Coverstory unter dem Titel »Beware: Hackers at Play« bekannt gemacht hatte,[148] war in der medialen Öffentlichkeit der USA der Begriff »Hacker« und »hacking« vor allem mit der Bedeu-

---

145 Vgl. WarGames, Spielfilm von John Badham, USA 1983.
146 Vgl. Susanne Schregel, Konjunktur der Angst. »Politik der Subjektivität« und »neue Friedensbewegung«, 1979-1983, in: Bernd Greiner/Christian Th. Müller/Dierk Walter (Hg.), Angst im Kalten Krieg, Hamburg 2009, S. 495-520.
147 Vgl. Beware: Hackers at Play. Computer capers raise disturbing new questions about security and privacy, in: *Newsweek*, 5. 9. 1983, S. 36-41.
148 Vgl. ebenda.

tungsdimension des unerlaubten Eindringens in fremde Computersysteme und den unklaren Gefahren der Computerisierung verbunden.

Für die TAP und Richard Cheshire waren die Ereignisse der Jahre 1982 und 1983 ein Wendepunkt. Nach der Veröffentlichung des Artikels in der *Technology Illustrated*, der zusammen mit einem nur leicht anonymisierten Bild von Cheshire in einer Telefonzelle gedruckt wurde, verlor Cheshire seine Arbeitsstelle bei einer New Yorker Bank.[149] Seine neu gewonnene Zeit nutzte er als Verkörperung der ansonsten unsichtbaren Figur des Computerhackers und Gesicht der TAP in den amerikanischen Medien.[150] In dieser Rolle wurde er im März 1983 sogar namentlich als »umherschweifender Hack-Rebell« in einem Artikel des westdeutschen *Spiegels* über das amerikanische Phänomen der Hacker erwähnt.[151] Nachdem im Juli 1983 in die Wohnung des bisherigen TAP-Herausgebers »Tom Edison« eingebrochen und Feuer gelegt worden war, wollte dieser in der aufgeheizten Stimmung nichts mehr mit der TAP zu tun haben und übergab die Herausgabe an Richard Cheshire.[152]

In der ersten Ausgabe der TAP nach dem Brand reflektierte Cheshire über das Interesse der Öffentlichkeit an der TAP und seiner Person: Um das Phänomen der Computerkriminalität zu verstehen, müssten sich die Mainstreammedien an die TAP wenden, da wahre Kriminelle ihr Wissen ungern teilen würden. Da das Anliegen der TAP aber die Verbreitung von Informationen sei, sehe er keinen Grund, sich zu verstecken. »The principle that the TAP operates under is in getting our Information to The People. A noble Concept, that, but it means getting the publicity to attract a crowd so we'll be heard.«[153] Mit dieser Pressearbeit wollte Cheshire der Öffentlichkeit verständlich machen, dass »echte Hacker« keine Kriminellen sind, sondern bloß eine intellektuelle Herausforderung suchen. »Getting into the network/computer that you're not supposed to be able to crack is an intellectual challenge. That challenge is the driving force behind the True Hacker.«[154]

Im Herbst des Jahres 1983 reiste Cheshire nach Europa, wo er in Genf die alle vier Jahre stattfindende Messe der ITU, die TELECOM ›83 besuchte. In der TAP berichtete er anschließend, dass ihm erst durch die Messe die politischen Dimensionen von Telekommunikation bewusst geworden seien, nachdem er dort mit Statistiken der ITU konfrontiert worden war, wonach der Ausbau von Kommunikationsverbindungen zwischen Ländern auch mit einem Anstieg des Handels verbunden war. Der zurzeit stattfindende Wandel der Telekommunikationstechnik durch Computer könnte daher Länder aus

---

149 Vgl. Cheshire Catalyst (Richard Cheshire), Technology Illustrated – What that was about, anyway, in: *TAP* 81, Januar 1983.
150 Vgl. Cheshire Catalyst (Richard Cheshire), Publicity – What´s Going On Around Here? Or The Philosophy of a Phone Phreak, in: *TAP* 87, September/Oktober 1983, S. 2.
151 Vgl. Schweifende Rebellen, in: *DER SPIEGEL* 21/1983, S. 182-185.
152 Vgl. Cheshire Catalyst (Richard Cheshire), THE GREAT FIRE OF ´83, in: *TAP* 87, September/Oktober 1983, S. 1.
153 Cheshire Catalyst (Richard Cheshire), Publicity – What´s Going On Around Here? Or The Philosophy of a Phone Phreak, in: *TAP* 87, September/Oktober 1983, S. 2.
154 Ebenda.

der Armut führen und insgesamt eine friedlichere Welt möglich machen.[155] Sein neues Verständnis des Wandels der Telekommunikation spiegelte auch der neue Untertitel der TAP wider. Seit November 1983 trug sie den Zusatz »The Hobbyist's Newsletter for the Communications Revolution«[156].

Wie im nächsten Kapitel gezeigt wird, spielten die Europareisen von Cheshire für den Transfer des Phänomens und des Begriffs »Hacker« in die Bundesrepublik eine zentrale Rolle, sowohl als Projektionsfläche für unspezifische Ängste vor der Computerisierung als auch in der Bedeutungsdimension des spielerischen Umgangs und Faszination mit Computern und Kommunikation. In Europa verkörperte Cheshire für die Medien den prototypischen amerikanischen Hacker und wurde aus Anlass des Deutschlandstarts von »WarGames« in dieser Rolle vom westdeutschen *Spiegel* interviewt.[157] Im Frühjahr 1984 reiste er erneut nach Europa, da er von der Leuro GmbH als Sprecher bei einem Seminar für Führungskräfte zum Thema Computerkriminalität engagiert worden war.[158] Bereits auf der TELECOM ›83 war er mit Wau Holland zusammengetroffen, der für die linksalternative Tageszeitung *taz* von der Messe berichtete (siehe Kapitel 9.a). Anfang April 1984 trafen die beiden erneut zusammen, nachdem Cheshire in der Dezemberausgabe der TAP im Anschluss an das Seminar in München zur Euro-Party ›84 im Frankfurter Sheraton-Hotel eingeladen hatte. Als Cheshire in der folgenden Ausgabe der TAP über seine zweite Europareise berichtete, fand er lobende Worte für Wau Holland:

> He and his buddies are my hope for European Computing. The type of 9-to-5 programmers that are the ›European Mentality‹ can't even program a videotex system made up of only menu trees. It takes ›Hacker Mentality‹ to provide creative programs that do inspiring things.[159]

»Networked Computers will be the printing press of the twenty-first century«

Mit der Ausgabe 91 vom Frühjahr 1984 stellte Cheshire die TAP ein. Drei Jahre später begründete er dieses abrupte Ende damit, dass ihm die Ressourcen gefehlt hätten, um weitere Ausgaben zu veröffentlichen, da er seit dem *Technology-Illustrated*-Artikel keine feste Beschäftigung gefunden hatte und Anfang 1984 seine Wohnung räumen musste. Allerdings sah Cheshire im Jahr 1987 auch keinen Bedarf mehr für einen gedruckten Newsletter, da Bulletin Boards mittlerweile die Funktion der TAP übernommen hätten, Informationen zu verbreiten, die andernfalls unveröffentlicht geblieben wären. Die Verfügbarkeit von solchen Informationen sei aber zentrale Voraussetzung für freie

---

155 Vgl. Cheshire Catalyst (Richard Cheshire), TELECOM`83 – TECHNO TOYLAND, in: *TAP* 88, November 1983, S. 1
156 Vgl. *TAP* 88, November 1983, S. 1.
157 Vgl. »Zack, bin ich drin in dem System«. *SPIEGEL*-Gespräch mit dem Computer-Experten Richard Cheshire über seine Erfahrungen als »Hacker«, in: *DER SPIEGEL* 46/1983, S. 222-233.
158 Außerdem war Cheshire eingeladen worden, für eine Fernsehsendung mit dem Titel »Computer in America« interviewt zu werden. Vgl. Cheshire Catalyst (Richard Cheshire), EURO-PARTY'84, in: *TAP* 89, Dezember 1983, S. 1. Dies bezog sich vermutlich auf einen »ARD Brennpunkt«, der am 28. Mai 1984 zum Thema »Computerkriminalität« in der ARD gezeigt wurde.
159 Cheshire Catalyst (Richard Cheshire), Europe – Not Half Bad, in: *TAP* 91, Frühjahr 1984, S. 3.

Entscheidungen, und daher sei es problematisch, dass computerbasierte Medien noch nicht im gleichen Maße von der amerikanischen Verfassung geschützt werden wie papierbasierte:[160]

> In fact, this is why I don't feel there is as heavy a need to publish TAP, or TAP like things anymore. The readers who need TAP and others like it are in the corporate arena, wondering what those kids are up to now. The kids have the electronic Bulletin Board Systems (BBS's). [...] I'll admit that computerized ›publishing‹ of information may not yet have the First Amendment protection that print media seems to enjoy.[161]

Diese Beschreibung von Cheshire fasst die Veränderungen der Kommunikationsstrukturen und die damit verbundene Erweiterung des Themenspektrums der amerikanischen Phreacker- und Hackerszene in den 1980er Jahren zusammen. Zwar war nach den Ereignissen des Jahres 1983 im Kontext der Debatte um die 414s und als Reaktion auf das unregelmäßige Erscheinen der TAP mit der 2600 Anfang des Jahres 1984 ein neuer, gedruckter Newsletter entstanden, der seitdem regelmäßig erschien,[162] allerdings waren Bulletin Boards mittlerweile das zentrale Kommunikationsmedium der Szene. Mit diesem Wandel der Kommunikationsstrukturen stellte sich für die Akteure der Hacker- und Phreackerszene allerdings die Frage, wie der Informationsaustausch über Computernetzwerke und Bulletin Boards rechtlich zu bewerten sei.

Das übliche Format, in dem Informationen auf Bulletin Boards gesammelt und weitergereicht wurden, waren die sogenannten Textfiles. Dies waren Dateien, die Texte und einfache Grafiken im von nahezu allen Computern unterstützten ASCII-Format enthielten und daher leicht mit Modems oder Disketten kopiert und über Bulletin Boards, dem Usenet oder kommerzielle Onlinedienste verbreitet werden konnten. Während die meisten Textfiles für sich standen und nur Informationen zu einem Thema enthielten, etablierte sich Mitte der 1980er Jahre auch die Praxis, regelmäßig erscheinende elektronische Newsletter, sogenannte »e-zines«, als Textfiles zu verbreiten.[163]

Ab 1985 entwickelte sich die *Phrack* zum wichtigsten »e-zine« der amerikanischen Phreaker- und Hackerszene. Eine Ausgabe der *Phrack* bestand für gewöhnlich aus mehreren Artikeln, in denen die Funktionsweise und die Schwächen von Telefon- und Datennetzen beschrieben wurden.[164] Damit hatte das »e-zine« eine vergleichbare Funktion wie zuvor die TAP. Mit der Verbreitung von brisanten Informationen über Bulletin

---

160 Cheshire Catalyst (Richard Cheshire), TAP: The Legend is Dead, in: 2600 1/1987, S. 4-5, S. 11, S. 15, S. 21.
161 Ebenda, S. 15.
162 Namensgebend für die 2600 war die Frequenz, die AT&T für die Steuerung ihres Telefonsystems verwendet hatte, und die Zeitschrift verbreitete Informationen über dasselbe Themenspektrum wie zuvor die TAP, Telefonsystem und Computernetze. Die 2600 wurde von Eric Corley herausgegeben, der sich anlässlich des Erscheinens der ersten Ausgabe im Januar des Jahres »Orwelljahres« 1984 das Pseudonym »Emmanuel Goldstein« gab, dem fast mystischen Staatsfeind aus Orwells 1984.
163 Zu Textfiles als Kulturgut der Modemszene der 1980er und frühen 1990er Jahre siehe: Driscoll, Hobbyist Inter-Networking, S. 290-303.
164 Zur Phrack siehe: Bruce Sterling, The hacker crackdown. Law and disorder on the electronic frontier, London 1994, S. 88-89; Douglas Thomas, Hacker culture, Minneapolis 2002, S. 113-140.

Boards und Kommunikationsnetze warf die *Phrack* allerdings die Frage auf, ob sich elektronisch verbreitete Publikationen auf die gleichen Freiheiten berufen können, mit denen die Verfassung der USA gedruckte Publikationen vor staatlichen Repressionen und Zensur schützte.

Mit dieser grundsätzlichen Frage hatte sich bereits 1983 der amerikanische Politologe und Kommunikationswissenschaftler Ithiel de Sola Pool in seinem Buch »Technologies of freedom. On free speech in an electronic age«[165] auseinandergesetzt. Sola Pool hatte dabei argumentiert, dass Computer in vielen Aspekten den Druckerpressen des 18. Jahrhunderts ähneln. Angesichts der absehbaren Konvergenz von Presse und Rundfunk durch die Verwendung von Computern als Kommunikationsmedium war er zu dem Schluss gekommen, dass die Meinungs- und Pressefreiheit nur fortbestehen kann, wenn Kommunikation mittels Telekommunikationsnetzen und Computern auf die gleiche Weise geschützt wird, wie dies seit dem 18. Jahrhundert in den USA bei papierbasierten Medien der Fall war.[166]

> Networked Computers will be the printing press of the twenty-first century. If they are not free of public control, the continued application of constitutional immunities to nonelectronic mechanical press, lectures halls, and man-carried sheets of papers may become no more than a quaint archaism, a sort of Hyde Park Corner where a few eccentrics can gather while the major policy debates take place elsewhere.[167]

Die Rede- und Meinungsfreiheit und der Schutz vor staatlichen Repressionen im Zeitalter der elektronischen Kommunikation wurden in der zweiten Hälfte der 1980er Jahre zu einem Thema, von dem Bulletin Boards und die amerikanische Hackerszene unmittelbar betroffen waren, was zu einer Politisierung der Szene führte. In der politischen Kultur der USA war das Thema »Free Speech« in viele Richtungen des politischen Spektrums anschlussfähig. Nicht zuletzt hatte die Forderung nach Redefreiheit an Universitäten als Free Speech Movement in den 1960er Jahren den ersten Kulminationspunkt der Counterculture gebildet.

Konkret wurde die Auseinandersetzung über Bürgerrechte in elektronischen Medien im Jahr 1990. Wegen des Verdachts, dass Informationen über das telefonische Notrufsystem E911, die die *Phrack* im Februar 1989 veröffentlicht hatte, mit einer großflächigen Störung des amerikanischen Telefonnetzes am 15. Januar 1990 in Verbindung stehen könnten, war der zuständige Secret Service mit Hausdurchsuchungen, Befragungen und Beschlagnahmung von Datenträgern und Bulletin Boards gegen Mitglieder der Hackerszene und die *Phrack* vorgegangen.[168] Das Vorgehen der Sicherheitsbehörden wurde innerhalb der amerikanischen Bulletin-Board-Szene als Eindringen des Staates in den Kommunikationsraum der elektronischen Medien und als Versuch, die Verbreitung von Informationen zu verhindern, gedeutet. Als Reaktion gründeten John Perry

---

165 Vgl. Pool, Technologies of freedom.
166 Vgl. ebenda sowie das erst nach seinem Tod im Jahr 1984 aus seinem Nachlass veröffentlichte Buch: Pool 1990, Technologies without boundaries.
167 Pool 1983, Technologies of freedom, S. 224-225.
168 Die Hintergründe des Ausfalls und der Ermittlungen werden ausführlich geschildert in: Sterling, The hacker crackdown.

Barlow und Mitch Kapor im Juni 1990 die Electronic Frontier Foundation (EFF). Beide waren wohlhabende und einflussreiche Mitglieder der amerikanischen Heimcomputer- und Modemszene, die auch in der Offlinewelt gut vernetzt waren. Kapor hatte Anfang der 1980er Jahre die Firma Lotus mitgegründet und war mit dem Verkauf von Bürosoftware (Lotus 1-2-3) reich geworden. Barlow dagegen bewegte sich seit den frühen 1970er Jahren als Texter im Umfeld der in der amerikanischen Counterculture einflussreichen Rockband The Greatful Dead und lebte als wohlhabender Rancher in Wyoming. Beide kannten sich durch ihre Mitgliedschaft und Diskussionen auf dem Bulletin Board The WELL. Nachdem Barlow im Mai 1990 Besuch von Ermittlern des FBI bekommen hatte, die ihn zu seinen Kontakten mit einigen Hackern befragten, mit denen er sich auf The WELL ausgetauscht hatte, veröffentlichte er dort einen Beitrag über dieses Erlebnis. Nachdem Kapor diesen Bericht gelesen hatte, beschlossen die beiden bei einem persönlichen Treffen, eine Stiftung zu gründen, die sich für den Schutz der Bürgerrechte und Redefreiheit bei elektronischen Medien einsetzen sollte. Der finanzielle Grundstock, den Kapor und Barlow für die EFF zur Verfügung stellten, wurde durch weitere Großspenden aus dem Umfeld der kalifornischen Heimcomputerszene ergänzt. Seit dem Sommer 1990 setzte sich die EFF mit Instrumenten des politischen Lobbyismus und mit Gerichtsverfahren dafür ein, die liberalen Rechtstraditionen der USA auch in der Welt der elektronischen Kommunikation fortzusetzen.[169]

Als Aktivist für Bürgerrechte im digitalen Zeitalter ist John Perry Barlow am meisten für die »Unabhängigkeitserklärung des Cyberspaces« bekannt, die er am 8. Februar 1996 vom Weltwirtschaftsgipfel im schweizerischen Davos, auf dem er als Vertreter der Onlinewelt eingeladen war, auf elektronischem Wege verkündete. Wortgewaltig und in Anlehnung an die amerikanische Unabhängigkeitserklärung forderte Barlow darin von den Regierungen der Welt, den digitalen Kommunikationsraum in Frieden zu lassen:

> Governments of the Industrial World, you weary giants of flesh and steel, I come from Cyberspace, the new home of Mind. On behalf of the future, I ask you of the past to leave us alone. You are not welcome among us. You have no sovereignty where we gather.[170]

Anlass für diesen symbolischen Akt war der Telecommunications Act of 1996, der am Tag zuvor in Kraft getreten war. Als Abschluss einer fast 15-jährigen Transformationsphase des amerikanischen Telekommunikationssektors, die 1982 mit der Aufteilung des Bell Systems begonnen hatte (siehe hierzu Kapitel 3.d), stellte das Gesetz die erste grundlegende legislative Neuordnung des amerikanischen Rundfunk- und Telekommunikationssektors seit 1934 dar. Für die EFF war vor allem problematisch, dass das Gesetz erstmalig auch Bestimmungen für Onlinemedien enthielt. Mit dem Communications Decency Act (CDA) sollten »unanständige« (»obscene or indecent«) Inhalte in Onlinemedien auf eine ähnliche Weise reguliert werden, wie dies im Rundfunk üblich war.

---

169   Zur Gründungsgeschichte und den Anfängen der EFF siehe: Turner, From Counterculture to Cyberculture, S. 162-174; Sterling, The hacker crackdown, S. 229-313.
170   John Perry Barlow, A Declaration of the Independence of Cyberspace, 8.2.1996, https://www.eff.org/de/cyberspace-independence(13.1.2021).

Barlow und die EFF sowie andere Bürgerrechtsbewegungen sahen darin eine grundsätzliche Bedrohung der Rede- und Meinungsfreiheit im digitalen Zeitalter, deren Bedeutung nicht auf Onlinemedien begrenzt werden konnte. Für das Leben von zahlreichen Amerikanern, die wie Barlow bereits seit den 1980er Jahren mit Heimcomputern und Modems auf Bulletin Boards und kommerziellen Onlinediensten aktiv waren, spielte der Austausch über Computer und Telekommunikationsnetze eine andere Rolle als der Medienkonsum über Rundfunk und Fernsehen. In der Onlinewelt konnten sie sich mit alten Freunden austauschen oder neue Menschen kennenlernen, ebenso konnten sie vom heimischen Schreibtisch aus den eigenen Horizont erweitern, sich weiterbilden oder ihr Leben organisieren. Dieser »Cyberspace« – ein Begriff, mit dem Barlow ein Konzept aus der Science-Fiction-Literatur der 1980er Jahre aufgriff – war für viele ein Ort, den sie gestalten konnten und in dem sie sich zu Hause fühlten, eben ihr »new home of Mind«.[171]

Dieses Gefühl der geistigen Heimat griff Barlow mit seiner »Unabhängigkeitserklärung des Cyberspaces« auf und stellte einen historischen Bezug zur Gründung der USA im 18. Jahrhundert und ihrer Verfassung her, in der die Erzeugnisse von Druckerpressen als eine Grundlage für die Freiheit des Geistes verstanden und vor staatlichen Repressionen geschützt wurden. Mit der Perspektive, dass Computernetze im Begriff waren, diese Funktion zu übernehmen, sah Barlow im Telecommunications Act daher einen Verrat an den Idealen der amerikanischen Gründerväter, die es zu verteidigen gelte. »[T]he Telecommunications Reform Act [...] insults the dreams of Jefferson, Washington, Mill, Madison, DeToqueville, and Brandeis. These dreams must now be born anew in us.«[172]

Was das unmittelbare Ziel der »Unabhängigkeitserklärung des Cyberspaces« anbelangte, die Onlinewelt auf die Bedeutung des Acts aufmerksam zu machen und dazu beizutragen, die umstrittenen Regelungen des Telecommunications Act zu beseitigen, kann die Erklärung als erfolgreich gelten. Der amerikanische Supreme Court erklärte 1997 den Communications Decency Act für ungültig, nachdem eine breite Koalition aus Bürgerrechtsorganisationen dagegen geklagt hatte.

8.d Zwischenfazit: Der Heimcomputer als Medium der »Computer-Revolution«

Der Kommunikationsraum der »Modemwelt«, der in den 1980er Jahren in den USA entstand, war das Resultat der Entwicklungen des Telekommunikationssektors und der Datenverarbeitung, die in vorherigen Kapiteln thematisiert wurden. Dies waren zum einen das bereits in den 1960er Jahren entwickelte Timesharing und die damit verbundene Erkenntnis, dass Computer auch als Informations- und Kommunikationsmedien eingesetzt werden können. Die ungeklärte Zukunft des amerikanischen Telekommunikationssektors zwischen Monopol und Wettbewerb hatte in den 1970er Jahren allerdings

---

171 Ebenda.
172 Ebenda.

vorerst die Nutzung von Computern als Kommunikationsmedien im größeren Umfang verhindert.

Erst, nachdem die Liberalisierung des amerikanischen Telekommunikationssektors Ende der 1970er Jahre so weit vorangeschritten war, dass die Regulierungsbehörde FCC auf eine Regulierung von Telekommunikationsdiensten verzichtete und beliebige Endgeräte an das Telefonnetz angeschlossen werden durften, konnte sich in den USA die Nutzung von Computern als Kommunikationsmedium in der Breite etablieren. Zu diesem Zeitpunkt befand sich die Datenverarbeitung durch den Heimcomputer allerdings in einer Transformationsphase. Während zu Beginn der 1970er Jahre große und zentrale Timesharing-Systeme die Branche und die Vorstellungen von Computern als Kommunikationsmedien geprägt hatten, war nun erstmalig der Privatbesitz eines Computers für viele Haushalte denkbar und leistbar – dies aber veränderte auch die mediale Praxis des Computers.

Der Heimcomputer hatte verschiedene Wurzeln. Während sein Aufkommen sich mit der Entwicklung der Elektronik, allen voran des Mikroprozessors, sowie einem Wandel des Hobbys Elektronikbasteln in den USA erklären lässt, erhielt er seine Deutung von der alternativ geprägten Hightech-Szene rund um die kalifornische Bay Area. Der private Heimcomputer schien perfekt zum dort kursierenden Narrativ einer bevorstehenden »Computer-Revolution« zu passen, demzufolge erst der breite und unbeschränkte Zugang zu Computern das wahre Potenzial dieser Technologie offenbaren wird.

In der amerikanischen »Modemwelt« der 1980er Jahre vermischten sich die Entwicklungstrends der Datenverarbeitung und Telekommunikation. So lagen die Wurzeln von kommerziellen Onlinediensten wie CompuServe oder The Source in der Timesharing-Industrie, ihren Erfolg verdankten sie aber der massenhaften Verbreitung von Modems und Heimcomputern. Mit hohem Marketingaufwand konnten diese Dienste vor allem seit der zweiten Hälfte der 1980er Jahre Millionen Kunden für sich gewinnen, und machten damit den Computer als Kommunikationsmedium für einen breiten Nutzerkreis zugänglich. Hiervon wiederum profitierten auch Bulletin Boards, die in der Subkultur der Heimcomputerfans oftmals aus Faszination für die Möglichkeiten der Technologie entstanden waren, aber schnell zu einer kommunikativen Säule der Szene wurden.

Für die Szene der amerikanischen »phone freaks«, die sich seit den späten 1960er Jahren spielerisch und ohne Respekt vor technischen und politischen Autoritäten mit Telekommunikation und dem Telefonnetz auseinandergesetzt hatten, eröffneten Heimcomputer in Verbindung mit dem liberalisierten amerikanischen Telekommunikationssektor und der steigenden Zahl von vernetzten Computern ein neues Aktivitätsfeld. Die Szene und die TAP als ihr zentrales, noch papierbasiertes Kommunikationsmedium in den 1970er Jahren, hatten seit ihrem Entstehen Wissen und Informationen über die Manipulationsmöglichkeiten des Telefonnetzes veröffentlicht und es dem Empfänger überlassen, auf dieser Grundlage die Entscheidung zu treffen, ob und wie er diese Informationen nutzen möchte. Mit der Computerisierung der Telekommunikation schloss dies auch Informationen über Sicherheitslücken und Missbrauchsmöglichkeiten von Computern und Computernetzwerken mit ein.

Die Annäherung von Datenverarbeitung und Telekommunikation führte dazu, dass ein »phone freak« nur noch schwer von einem computerfaszinierten Menschen unterschieden werden konnte, für den sich seit den 1960er Jahren der Begriff »Hacker« etabliert hatte. In der amerikanischen Öffentlichkeit verschmolzen daher seit dem Jahr 1982 »phone freaks« und fanatische Computerexperten zur scheinbar neuartigen Figur des Hackers, der aus der Ferne in fremde Computersysteme eindringen und diese unter seine Kontrolle bringen kann. Die Figur des Hackers fungierte dabei als Projektionsfläche für gesellschaftlich verankerte Ängste vor den unklaren und unsichtbaren Auswirkungen der Computerisierung und wurde in den 1980er Jahren in zunehmendem Maße kriminalisiert. Menschen wie Richard Cheshire, die sich selbst als Phreaker oder Hacker bezeichneten, handelten aus Faszination für die Technik, dem Gefühl des Kontrollgewinns sowie aus Spaß an der Provokation und legitimierten ihr Handeln als Autonomiegewinn in einer zunehmend technisierten Welt.

Mit der Verlagerung der Szenekommunikation in die »Modemwelt« wurde die Rede- und Meinungsfreiheit im Zeitalter der digitalen Kommunikation ein zentrales Thema dieser Szene. Während die TAP als gedruckte Publikation vor Zensur oder Repression geschützt war und daher Informationen veröffentlichen konnte, die die Grundlage für das Handeln und den Autonomiegewinn der Phreaker bildeten, war unklar, inwieweit die Verbreitung solcher Informationen über Onlinemedien ebenfalls geschützt war. Für die amerikanische Hackerszene wurde daher in den 1980er Jahren der Schutz der Bürgerrechte im Zeitalter der digitalen Kommunikation ein zentrales Thema.

Mit dem Heimcomputer, der zu Beginn der 1980er Jahre auch in Westdeutschland Verbreitung fand, wurden auch das Narrativ der »Computer-Revolution« und die Praxis, Computer als Kommunikationsmedien am Telefonnetz zu nutzen, in die Bundesrepublik übertragen, was angesichts des andersartigen Telekommunikationssektors zu Konflikten führte. Zwischen dem Versuch der Bundespost, mit Bildschirmtext eine zentrale Infrastruktur für den Computer als Kommunikationsmedium aufzubauen, und dem industriepolitisch motivierten Großprojekt der Digitalisierung des Telefonnetzes, waren Heimcomputer als dezentrale Kommunikationsmedien nicht vorgesehen.

9. Heimcomputer und Telekommunikation in der Bundesrepublik (1980er/1990er Jahre)

In der Bundesrepublik gab es in den 1970er Jahren keine Hobbycomputerszene, die vom Umfang und dem Aktivitätsgrad mit der amerikanischen vergleichbar war. Das Hobby des Amateurfunks und Elektronikbastelns erlebte in dieser Zeit in der Bundesrepublik allerdings einen Aufschwung, was sich in einer Vielzahl von neu gegründeten Zeitschriften wie *elektor* (seit 1970), *ELO* (1975), *Populäre Elektronik* (1976) oder der *Elrad* (1977) sowie der erstmalig 1978 in Dortmund veranstalteten Fachmesse Hobbytronic ablesen lässt.[1] In solchen Zeitschriften wurden Ende der 1970er Jahre auch erste Anleitungen und Projekte zum Selbstbau von Mikrocomputern veröffentlicht,[2] aber der westdeutschen Elektronikbastlerszene gelang es nicht im selben Maße wie der amerikanischen, um den Selbstbaucomputer ein kommerzielles Ökosystem zu etablieren und aus den Hobbyprojekten einen erfolgreichen Wirtschaftszweig zu machen.

In der Bundesrepublik konnten Mikrocomputer daher zunächst nur als Importe gekauft werden. Während die Geräte in den USA mit Preisen von deutlich unter 1.000 US-Dollar in die Kategorie der Konsumelektronik fielen, wurden die ersten »Mikros« in der Bundesrepublik für Preise von über 2.000 DM angeboten. Mit solchen Anschaffungskosten galten sie zunächst als Investitionsgüter und wurden vor allem von mittelständischen Unternehmen gekauft, die sie als Arbeitsplatzrechner oder »Personal Computer« einsetzten, während etablierte Computerhersteller sich darum bemühten, die neue Geräteklasse als unzuverlässige »Bastel-Computer« abzuwerten.[3] Erst, nachdem zu Beginn der 1980er Jahre das Angebot größer wurde und die Einstiegspreise auf unter 1.000 DM fielen, wurden die Geräte in größeren Stückzahlen auch von privaten Haushalten

---

1   Zur deutschen Amateurfunkerszene bislang nur: Ernst Fendler/Günther Noack, Amateurfunk im Wandel der Zeit, Baunatal 1986.
2   Vgl. das Sonderheft der *ELO*: Reinhard Gössler, Dem Mikrocomputer auf's Bit geschaut. Leichtverständliche Einführung in die Mikrocomputer-Technik, München 1979.
3   Vgl. Zwerge im Vormarsch. Neue Kleinst-Computer bedrängen allenthalben die größeren Rechenmaschinen, in: *DER SPIEGEL* 12/1979, S. 70-71; Kompaktcomputern auf Mikroprozessor-Basis haftet noch das Spielzeug-Image an. Erstanwender-Markt: Personal Computer contra MDT, in: *Computerwoche* 23/1979.

gekauft. Als Startpunkt einer breiteren gesellschaftlichen Adaption des Heimcomputers in der Bundesrepublik gilt das Weihnachtsgeschäft des Jahres 1983, bei dem erstmals in größerem Umfang Heimcomputer verkauft wurden.[4]

Für den Anschluss des Heimcomputers an das Telefonnetz und die Entstehung einer »Modemwelt« wie in den USA fehlten in der Bundesrepublik zu diesem Zeitpunkt allerdings die Voraussetzungen. Hier gab es zwischen dem Versuch, mit Bildschirmtext Computer auf den Fernsehbildschirm zu bringen (siehe Kapitel 6.b), und dem industriepolitisch motivierten Großprojekt der Digitalisierung des Telefonnetzes (siehe Kapitel 7.c) nur wenige Freiräume, in denen die Besitzer von Heimcomputern mit den kommunikativen Möglichkeiten ihrer Geräte experimentieren konnten.

Dennoch steht in diesem Kapitel die Auseinandersetzung mit dem Heimcomputer als Kommunikationsmedium in der Bundesrepublik in den 1980er Jahren im Mittelpunkt. Das Fehlen von Freiräumen, um die kommunikativen Möglichkeiten von Computern und eine mit der amerikanischen »Modemwelt« vergleichbaren Praxis des Mediums Computer zu erproben, wurde seit 1981 von einer Gruppe kritisiert, die von der amerikanischen Phreaker- und Hackerszene beeinflusst war und ab 1983 unter dem Namen »Chaos Computer Club« auftrat. Die Mitglieder des Clubs wurden in den folgenden Jahren medial als »heimliche Experten für Computersicherheit« bekannt, was im ersten Unterkapitel analysiert wird. Gleichzeitig bewegten sich aber in einer Szene, für die der freie Datenaustausch über Kommunikationsnetze eine Grundsatzfrage der Medienordnung war.

9.a Hacker in der Bundesrepublik (1970er – 1990er Jahre)

Alternative Perspektiven auf Mikrocomputer (1970er Jahre – 1981)

Eine Wurzel der westdeutschen Hackerszene liegt in der Medienkritik der Protestbewegungen der 1960er Jahre. Die protestierenden Studenten sahen in der »Manipulationskraft« und der Konsumorientierung der Massenmedien, allen voran des Axel-Springer-Verlags, einen Grund, warum die Mehrheit der Bevölkerung passiv blieb und sich nicht ihrem Aufbegehren anschloss.[5] In den Jahren nach 1968 versuchten daher verschiedene Initiativen, durch Medienprojekte eine alternative Gegenöffentlichkeit aufzubauen, in der auch die subjektiven Erfahrungen und Probleme einzelner Menschen Platz finden sollten, für die sich die konventionellen Massenmedien nicht interessierten.[6] Diese alternative »Medienarbeit« führte in den 1970er Jahren zum Entstehen einer alternativen Presselandschaft, die ein breites politisches Spektrum abdeckte, das von linksradikalen

---

4   Vgl. Computer – das ist wie eine Sucht. Das Geschäft mit dem neuesten Spielzeug der Elektronikindustrie kommt kurz vor Weihnachten in Deutschland erstmals so richtig in Schwung, in: *DER SPIEGEL* 50/1983, S. 172-183; Thomas von Randow, Droge Computer. Das Ding, das spielt, nachdenkt, rechnet und die Zeit stiehlt, in: *DIE ZEIT* 05/1984.
5   Ohne den Multiplikationseffekt der Massenmedien wäre die Wahrnehmung und Wirkung von »1968« allerdings ebenfalls geringer ausgefallen. Vgl. Reichardt, Authentizität und Gemeinschaft, S. 223-231.
6   Vgl. ebenda, S. 231-315.

Zeitschriften wie der Berliner *Agit883* über Szeneblätter wie den Frankfurter *Pflasterstrand* und kulturorientierte Stadtmagazine wie die Berliner *Zitty* bis zur linksalternativen Tageszeitung *taz* reichte, die 1979 als Gemeinschaftsprojekt gestartet wurde.[7]

Während sich im Printbereich damit in den 1970er Jahren eine Gegenöffentlichkeit etablieren konnte, war das Verhältnis der alternativen Medieninitiativen zu audiovisuellen Medien kompliziert. Zwar war, wie bereits erwähnt, zu Beginn des Jahrzehnts etwa bei der SPD die Erwartung verbreitet, dass der öffentlich-rechtliche Rundfunk durch eine Breitbandverkabelung zu einem Gegengewicht der privaten Presse bei der Lokalberichterstattung werden könnte (siehe Kapitel 6.a). Gegen Mitte der 1970er Jahre setzte sich in den Medieninitiativen allerdings die Perspektive durch, dass von einer Verkabelung und neuartigen Medien wie Bildschirmtext in erster Linie die großen Medienkonzerne profitieren werden, die damit als Veranstalter eines privaten »Kommerzfernsehens« noch mehr Einfluss gewinnen werden.

Im audiovisuellen Bereich beschränkte sich die Medienarbeit des alternativen Milieus daher vor allem auf Projekte mit Video. Die Entwicklung von neuartigen, kompakten Videokameras und die unkomplizierte Handhabung der Magnetbänder hatten seit den späten 1960er Jahren das Anfertigen von Bild- und Tonaufnahmen günstiger gemacht und vereinfacht. Zunächst wurde Video von Kunsthochschulen für Experimente und künstlerische Produktionen eingesetzt. Mitte der 1970er Jahre gründeten sich dann, häufig im Umfeld von Kunsthochschulen, alternative Videogruppen, die mit der Technik audiovisuelle Stadtteilarbeit machen wollten und dazu die lokalen Konflikte sowie das alltägliche Arbeiten und Leben der Menschen dokumentieren oder den Betroffenen die Technik und das Wissen zur Verfügung stellten, ihre Situation eigenständig aufzuzeichnen. Was diesen lokalen Medienläden und Videogruppen allerdings fehlte, war ein Verbreitungsweg für ihre Produktionen. In der Regel fanden die Ergebnisse der alternativen Videoszene ihr Publikum nur innerhalb der eigenen Szene und wurden in Medienläden, bei überregionalen Treffen oder in alternativen Kinos gezeigt.[8]

Im Umfeld der alternativen Videoszene Hamburgs trafen um das Jahr 1980 herum mehrere Männer aufeinander, die sich neben Video auch für Computer interessierten. Klaus Schleisiek war seit Mitte der 1970er Jahre in der alternativen Videoszene aktiv und hielt als Techniker die Ausrüstung verschiedener Initiativen am Laufen. Als er 1979 ein Angebot bekam, an einer interaktiven Kunstinstallation im Botanischen Garten von St. Paul in Minnesota mitzuwirken, ging er für eineinhalb Jahre in die USA und verbrachte auch einige Monate in San Francisco, wo er mit der alternativen Mikrocomputerszene in Kontakt kam. Als er Mitte des Jahres 1981 wieder nach Hamburg zurückkehrte, brachte er einen transportablen Mikrocomputer[9] mit und kam zunächst bei Jochen Büttner

---

7   Vgl. Nadjaz Büteführ, Zwischen Anspruch und Kommerz. Lokale Alternativpresse 1970-1993, Münster 1995; Reichardt, Authentizität und Gemeinschaft, S. 24-257; Jörg Magenau, Die taz. Eine Zeitung als Lebensform, München 2007.
8   Vgl. zur Geschichte und Anspruch der alternativen Videoszene in der Bundesrepublik: Gerhard Lechenauer (Hg.), Alternative Medienarbeit mit Video und Film, Reinbek 1979; Margret Köhler (Hg.), Alternative Medienarbeit. Videogruppen in der Bundesrepublik, Wiesbaden 1980.
9   Der Osborne 1 war von dem bereits mehrfach erwähnten Lee Felsenstein mit der Prämisse entwickelt worden, einen Mikrocomputer zu schaffen, den seine Nutzer samt Monitor und Tastatur mitnehmen können und der mit wenigen Handgriffen betriebsbereit gemacht werden kann. Zum

unter. Büttner, Jahrgang 1949, war ebenfalls in der Hamburger Videoszene engagiert und arbeitete seit 1977 im Medienladen Hamburg mit[10] und betrieb 1981 ein alternatives Kino und Stadtteilzentrum im Hamburger Stadtteil Eimsbüttel. Im »Blimp« sollten die Erzeugnisse der alternativen Medienszene, Bilder, Musik und Videos für die lokale Bevölkerung zugänglich gemacht werden. Über das Blimp kamen Büttner und Schleisiek in Kontakt mit Herwart Holland-Moritz, genannt Wau Holland, sowie Wulf Müller und Wolf Gevert. Gevert hatte bereits seit längerer Zeit Erfahrung mit Computern, da er seit den 1950er Jahren als Programmierer für Banken arbeitete.[11]

Im Sommer des Jahres 1981 diskutierten die fünf über die Bedeutung von Computern und den möglichen Nutzen, den die günstigen und kleinen Mikrocomputer für die alternative Bewegung und Gegenöffentlichkeit in der Bundesrepublik haben können.[12] Anknüpfungspunkt war dabei die Videotechnik. Der Wandel, der in der Datenverarbeitungstechnik gerade durch den Mikroprozessor stattfand, wurde von den fünf in Analogie zu den Veränderungen gedeutet, den die Filmbranche durch den technologischen Schritt vom Film zum Video erlebt hatte. Durch beide Entwicklungen wurde die Nutzung der Technologien günstiger und unabhängiger von zentralen Institutionen. Während das Magnetband die Abhängigkeit von einem aufwendigen Entwicklungsprozess und teuren Kopierwerken reduziert hatte, machte der Mikrocomputer die Datenverarbeitung unabhängig von zentralen Rechenzentren.

Auf der Suche nach Menschen, die eine ähnliche Perspektive auf Mikrocomputer hatten, gaben die fünf unter der Überschrift »TUWAT,TXT« in der *taz* vom 1. September 1981 eine Anzeige auf, die sich an »Komputerfrieks« richtete, die glaubten, dass sich mit »Kleinkomputern [...] sinnvolle Sachen machen lassen, die keine zentralisierten Großorganisationen erfordern«[13], und luden zu einem Treffen am 12. September in den Berliner Redaktionsräumen der *taz* ein. Ort und Datum des Treffens waren nicht zufällig gewählt. Seit August 1981 lief in Berlin der Tuwat-Kongress. Zu diesem vierwöchigen Festival und »Spektakel« hatten Berliner Hausbesetzer die alternative Szene aus ganz Europa eingeladen, um die erwartete Räumung mehrerer besetzter Häuser zu verhindern. Parallel dazu fand vom 4. bis zum 13. September in Berlin die Internationale Funkausstellung IFA statt, die technik- und medieninteressierte Menschen in die Stadt lockte. 1981 präsentierte die Bundespost auf der Messe erneut ihr Bildschirmtextsystem, das nun bis zur nächsten Funkausstellung in zwei Jahren bundesweit eingeführt werden sollte (siehe Kapitel 6.b).

Am 12. September traf die Hamburger Gruppe mit etwa 20 weiteren Personen in den Redaktionsräumen der *taz* zusammen und diskutierte mit ihnen über alternative Einsatzmöglichkeiten von Mikrocomputern. In einem Erinnerungsprotokoll, das Klaus Schleisiek wenige Tage nach dem Treffen auf seinem Computer niedertippte, ordnete er die in Berlin diskutierten Themen in drei Bereiche ein. Man habe zum einen über die

---

Osborn 1 und der Geschichte des Unternehmens Osborne Computer siehe: Adam Osborne/John Dvorak, Hypergrowth. The rise and fall of Osborne Computer Corporation, Berkeley 1984.
10 Vgl. »Die Autoren«, in: Lechenauer (Hg.), Alternative Medienarbeit mit Video und Film, S. 203.
11 Vgl. Tim Pritlove, Podcast mit Klaus Schleisiek/Jochen Büttner/Wolf Gevert, Chaosradio Express 77, veröffentlicht am 05.03.2008, https://cre.fm/cre077-tuwat-txt (13.1.2021).
12 Vgl. ebenda.
13 Klaus Schleisiek u. .a, tuwat,txt Version, in: *taz*, 01.09.1981, S. 2.

»Alternative Nutzung von Komputern [sic!]« gesprochen. Nach Schleisieks Verständnis bedeutete dies vor allem, Mikrocomputer dafür zu nutzen, um Daten und »existierende Systeme [...] neuen sozialen Gruppen zugaenglich zu machen«[14] und für alternative oder ökologische Fragestellungen zu nutzen. Ein Szenario, das bei dem Treffen diskutiert wurde, war die Umkehr der polizeilichen Rasterfahndung für die Zwecke der Hausbesetzerszene. Das Bundeskriminalamt hatte 1979 aus den Kundendaten der Elektrizitätswerke die Barzahler herausgefiltert, um so die konspirativen Wohnungen von Terroristen zu identifizieren. Bei dem Treffen wurde überlegt, dass aus dem gleichen Datenbestand auch Informationen über leerstehende Wohnungen ermittelt werden könnten, die besetzt und als Wohnraum genutzt werden könnten.[15]

Das zweite Thema des Berliners Treffens war der »Kommunikationsaspekt« von Mikrocomputern. Hier, so notierte Schleisiek in seinem Protokoll, könne die westdeutsche Alternativszene viel von den Praktiken in den USA lernen. Dort gebe es eine Reihe von Computersystemen wie CBBS, »die dazu gedacht sind, einen Informationsaustausch zwischen Personen/Gruppen zu ermoeglichen, die sich nicht zur gleichen Zeit am gleichen Ort versammeln und auch nicht zur gleichen Zeit ihr Ohr am Telefonhoerer haben – sondern Zeitverschoben[sic!] kommunizieren koennen.«[16] Dabei sei besonders bei privater Kommunikation »der Problemkreis ›Verschluesselung‹ der Daten wichtig.«[17] Den bisherigen Systemen konstatierte er eine gewisse Blauäugigkeit. »[E]s ist nicht schwer zu prognostizieren, dass in einigen Jahren von Grosskonzernen Mitarbeiter eingestellt werden, deren Aufgabe es sein wird, die oeffentlichen Datenbanksysteme regelmaessig nach verwertbaren Informationen, Anregungen, Erkenntnissen zu durchforsten.«[18]

Den dritten Gesprächsschwerpunkt bildeten laut Schleisieks Erinnerungsprotokoll »Gesellschaftliche Aspekte« von Computern. Hier drehte sich die Diskussion vor allem um die Frage, inwieweit »staatliche und halbstaatliche Datenbanksysteme durch fortschreitenden Datenverbund immer perfektere Sozialsteuerungen ermöglichen« und sich gesellschaftliche »Konfliktherde ›Im Vorfeld‹ diagnostizieren lassen, um mit gezielten Befriedungstaktiken politisch gegenzusteuern.«[19] Hierbei bezog sich Schleisiek auf ein im Herbst 1980 veröffentlichtes Gespräch, das der scheidende Präsident des Bundeskriminalamtes Horst Herold mit dem Juristen und Journalisten Sebastian Cobler geführt hatte. Cobler zitierte Herold darin mit der Aussage, dass der Polizei eine »gesellschaftssanitäre Aufgabe« zukomme, mit dem »Computer als

---

14   Klaus Schleisiek, Protokoll TUWAT Komputerfriektreffen Berlin 12.10.1981, S. 1.
15   »Und wir haben uns überlegt, warum muss man eine Rasterfahndung eigentlich immer nur so negativ sehen. Man kann ja auch andersherum rangehen. Wenn man beispielsweise die kompletten Stromdaten von Berlin hätte, so überlegten wir uns 1981, dann könnte man ja auch feststellen, in welchen Wohnungen kein Strom verbraucht wird; die also als gesellschaftlicher Luxus einfach leer stehen, und danach schreien, dass sich dieser Zustand doch mal ändern könnte.« Wau Holland, Geschichte des CCC und des Hackertums in Deutschland. Vortrag auf dem 15. Chaos Communication Congress, Berlin 1998.
16   Schleisiek 1981, Protokoll TUWAT Komputerfriektreffen, S. 1.
17   Ebenda.
18   Ebenda, S. 2.
19   Ebenda.

gesamtgesellschaftlichem Diagnoseinstrument« die Ursachen von »sozialschädlichen Verhaltensweisen« zu identifizieren, um ihnen präventiv gegenzusteuern.[20]

Ein Ergebnis des Treffens in Berlin war eine Einladung der Hamburger Gruppe nach München, wo die Diskussion im Umfeld der Messe »Systems« weitergeführt werden sollte. Anders als die IFA in Berlin, die als Publikumsmesse konzipiert war, war die Systems seit 1969 eine Branchenmesse der Datenverarbeitungsindustrie, die mit einem angeschlossenen Kongress vor allem Fachpublikum anzog. Dementsprechend erwartete die Hamburger Gruppe um Klaus Schleisiek, dass dort vor allem die Veränderungen der professionellen Datenverarbeitungsindustrie durch den Mikrocomputer diskutiert werden würden.

Das Thesenpapier zum Treffen in München, das Schleisiek vor dem Treffen verfasste, spiegelte daher seine Erwartungen wider, dass dort der Wandel der Datenverarbeitungsindustrie durch den Mikrocomputer im Mittelpunkt stehen werde. Das Dokument ist geprägt von der Hoffnung, die Treffen könnten sich zu einer Art gesellschaftlich wirkenden Selbsthilfegruppe von Computerfachleuten verstetigen, die in Mikrocomputern in erster Linie eine Chance sehen. Ein solcher Zusammenschluss sei sinnvoll, argumentierte Schleisiek in dem Thesenpapier, da sich die Anwendungsmöglichkeiten und Strukturen der Datenverarbeitung aufgrund des Mikroprozessors gerade veränderten und sich der DV-Markt »in einer Übergangsperiode von einem Investitions- zu einem Konsumgütermarkt befindet«, an dem die »traditionellen DV Firmen großenteils[sic!] ›den Anschluß‹ verpasst haben«[21]. Auch die Universitäten hätten sich noch nicht an den Mikroprozessor angepasst und würden daher die Programmierer am zukünftigen Bedarf vorbei ausbilden.

> Hieraus leite ich ab, daß es nötig ist, zu einem unabhängigen, überregionalen, fachübergreifenden Zusammenschluss derjenigen zu kommen, die ihre Spezialistenbegabungen Anderen nutzbar und in Arbeitskreisen und Fortbildungsveranstaltungen weiteren Kreisen vermitteln wollen.[22]

Dies dürfe sich nicht nur auf » ›fachidiotische‹ Themenstellungen« beziehen, sondern das Treffen in Berlin hätte gezeigt, dass die »sozialen Fragen, die aus der Tatsache ›intelligente Maschinen‹ resultieren«, ein Thema dieser Arbeitskreise sein müssen.

Also: Nicht nur die Weiterbildung der Profis tut not, viel mehr noch eine Verbreiterung des Wissens um die Möglichkeiten des Rechnereinsatzes als auch die Verdeutlichung

---

20 Das Interview sollte ursprünglich im *Kursbuch* erscheinen. Nachdem Herold die ursprüngliche Fassung aber dermaßen redigiert hatte, dass laut Cobler »nichts von dem mehr übrig blieb, was tatsächlich ins Mikrophon gesprochen worden war«, entschied er sich, das Gespräch als journalistischen Scoop im neugegründeten Kulturmagazin *TransAtlantik* zu veröffentlichen, woraufhin Rudolf Augstein im *SPIEGEL* ebenfalls Auszüge aus dem Interview veröffentlichte. Vgl. Sebastian Cobler/Horst Herold, Herold gegen Alle. Gespräch mit dem Präsidenten des Bundeskriminalamtes, in: *TransAtlantik* 11/1980, S. 29-40; Rudolf Augstein, Der Sonnenstaat des Doktor Herold. Rudolf Augstein über ein Interview, dass nicht gedruckt werden sollte, in: *DER SPIEGEL* 44/1980, S. 42-49. Zur Perspektive von Herold auf das Interview siehe: Dieter Schenk, Der Chef. Horst Herold und das BKA, Hamburg 1998, S. 430-433.
21 Klaus Schleisiek, Thesenpapier zum münchener Treffen 1981, S. 1.
22 Ebenda.

der Gefahren, die sich z. B. den Bürgerrechten durch staatliche und private Informationspools stellen.[23]

Um dieses Ziel zu erreichen, schlug Schleisiek vor, dass auf dem Treffen in München Koordinatoren für Themenschwerpunkte ernannt werden, die als Informationsknoten fungieren sollten.

Solche Informationsknoten bildeten sich nach dem Treffen in München allerdings nicht in der von Schleisiek erwarteten Form, wobei unklar ist, inwieweit sein Thesenpapier in München überhaupt diskutiert wurde. Nach dem Treffen in München reiste Schleisiek erneut für mehrere Monate in die USA. Als er anschließend wieder nach Deutschland kam, so erinnerte er sich 2008, habe Wau Holland ihn angegrinst und erzählt, sie hätten den »Chaos Computer Club« gegründet.[24]

Die Anfänge des Chaos Computer Clubs (1982 - 1984)

Als Wau Holland im Jahr 1998 über die »Geschichte des CCC und des Hackertums in Deutschland« sprach, erinnerte er sich, dass nach den Treffen in Berlin und München in Hamburg ein Stammtisch entstand, zu dem regelmäßig computerinteressierte Menschen zusammenkamen. Zunächst einmal pro Monat, dann 14-tägig und schließlich jeden Dienstag hätten sie sich in einer Kneipe getroffen, um in ausgelassener Stimmung über Computer zu philosophieren. Nach einiger Zeit sei für diesen Stammtisch der Name »Chaos Computer Club« aufgekommen und die Idee entstanden, die besprochenen Themen nach dem Vorbild der amerikanischen TAP als gedruckten Newsletter zu verbreiten.[25]

Von der TAP, Richard Cheshire und der amerikanischen Mediendiskussion um »Hacker« in den Jahren 1982 und 1983 (siehe Kapitel 8) zur Entstehung einer westdeutschen Hackerszene lässt sich in erster Linie über die Person Wau Holland eine Kontinuitätslinie ziehen. Herwart Holland-Moritz, genannt Wau Holland, Jahrgang 1951, hatte zu Beginn der 1970er Jahre in Marburg ein Studium der Informatik, Mathematik und Politik begonnen und war ohne Abschluss gegen Ende des Jahrzehnts nach Hamburg gezogen, wo er sich im alternativen Milieu bewegte.[26] Über die Zeitschriften des linksalternativen Verlegers Werner Pieper wie *Humus* und *Kompost* stieß er auf Publikationen der amerikanischen Alternativszene. Durch Lektüre des von Stewart Brand herausgegebenen »Whole Earth Catalog« und der Zeitschrift *CoEvolution Quarterly* lernte er die TAP kennen, die er um das Jahr 1980 herum zu abonnieren begann. 1985 bezeichnete er die

---

23   Ebenda, S. 2.
24   Vgl. Pritlove, Podcast mit Klaus Schleisiek/Jochen Büttner/Wolf Gevert.
25   Vgl. Wau Holland, Geschichte des CCC und des Hackertums in Deutschland. Vortrag auf dem 15. Chaos Communication Congress, Berlin 1998.
26   Als er im Januar 1984 von Werner Heise für die Zeitschrift konkret interviewt wurde, stellte dieser ihm mit »Wau Holland, 32. Studium von Politik, Elektrotechnik, Informatik, Mathematik, stud. bruch, Dr. h(a) c(k), mehrjährige Programmiererfahrung, Verkauf von Textsystemen« vor. Vgl. Werner Heine, So wird »gehackt«. In einem Interview mit Werner Heine erklärt der Informatiker Wau Holland, wie man in fremde Computer eindringt und warum sich auch die Friedensbewegung etwas mehr um die Elektronik kümmern sollte, in: *konkret* 01/1984, S. 64-66, hier S. 66.

TAP als seine »Einstiegsdroge« in die Welt der »Telefonfreaks«, durch die er sein persönliches Interesse an Telekommunikation und Computern in einen größeren Zusammenhang einordnen konnte. »Die TAPs las ich wie im Rausch. Viele bruchstückhafte Informationen fügten sich plötzlich zu einem ganzen[sic!] zusammen.«[27]

Im Oktober 1983 hatte Holland die Gelegenheit, als Journalist für die *taz* Richard Cheshire, den damaligen Herausgeber der TAP, auf der Messe der ITU in Genf, der TELECOM ›83‹ persönlich zu treffen (siehe hierzu auch Kapitel 8.c). Das journalistische Ergebnis seiner Reise nach Genf war eine Doppelseite, die am 8. November 1983 mit der Überschrift »COMPUTER GUERILLA« in der *taz* erschien. Im Stil einer subjektiven Erlebnisreportage schilderte Holland den Lesern darin aus der Perspektive eines bekennenden Telekommunikationsfans seine Erlebnisse auf der Messe und sein Treffen mit Cheshire. Seine Versuche, dort über das angebotene »›electronic mail‹ für Messegäste« ein Treffen zu vereinbaren, sei an einer nicht funktionierenden Zugangskarte gescheitert, aber über Pinnwand und Papier hätten die beiden schließlich doch einen Treffpunkt vereinbaren können. Zusammen seien sie anschließend über die Messe geschlendert, hätten nach Passwörtern Ausschau gehalten und sich über das Telefonnetz, Telekommunikation und die TAP unterhalten.[28] Den Lesern der *taz* gab Holland noch Literaturhinweise. Neben der TAP und der *CoEvolution Quarterly* empfahl er ihnen die Einwahl in Bulletin Boards:

> Computernetzwerke, mit Telefon und Modem anwählbare »bulletin boards«, sind ein neues Medium. So etwas wie Bildschirmtext ohne eingebaute Staatsaufsicht. Jetzt auch in diesen Landen. Auf den gerade entstehenden bundesdeutschen Netzwerken gibt es u.a. Infos über neue Piratensender[29].

Die Leserbriefe und Reaktionen, die er nach Veröffentlichung der Doppelseite erhielt, veranlassten Wau Holland, über eine Anzeige in der *taz* Kontakt zu anderen »computer-freaks« aufzunehmen. Am 11. November 1983 veröffentlichte er eine Anzeige mit seiner Kontaktadresse, an die sich alle »computer-freaks« wenden konnten, »die die TAZ-doppelseite vom 8. 11. über die ›hacker‹ gelesen haben und wissen wollen, wie sie dem deutschen ›chaos computer club‹ beitreten können.«[30]

Anfang Januar 1984 veröffentlichte er schließlich einen Artikel in der *taz*, in dem er eine deutschsprachige Version der TAP ankündigte. In literarischer Form schrieb er,

---

27 Wau Holland, *TAP. Meine Einstiegsdroge*, in: Chaos-Computer-Club (Hg.), Die Hackerbibel. Teil 1, Löhrbach 1985, S. 179.

28 Vgl. Wau Holland, *Schweizer Geschichten. Ein Fan auf der »telecom 83«*, in: *taz*, 08.11.1983, S. 10; *Telefonitis. Das groesste Datennetz der Welt*, in: *taz*, 08.11.1983, S. 11. Fünfzehn Jahre später erinnerte sich Holland noch, dass Cheshire ihm beim Stand von AT&T wegen seiner Anzugjacke in den Firmenfarben von AT&T für Mitarbeiter des gehobenen Dienstes gehalten wurde und selbstbewusst einen Kaffee aus den Hinterraum holte. Vgl. Wau Holland, *Geschichte des CCC und des Hackertums in Deutschland*. Vortrag auf dem 15. Chaos Communication Congress, Berlin 1998.

29 Wau Holland, *T.A.P.T.H.E.M. – Zapf sie an. Zeitschriftentips*, in: *taz*, 08.11.1983, S. 10. Die Empfehlungen sind mit »wau – chaos computer club« unterzeichnet. Dies ist vermutlich die früheste öffentliche Erwähnung des Namens Chaos Computer Club.

30 Wau Holland, *Inserat »hacker«*, in: *taz*, 19. 11. 1983, S. 1. Mit gleichem Wortlaut auch in: *taz*, 23. 11. 1983, S. 10.

dass die Anleitungen und Informationen, mit denen »Datenpunker« und »Hacker« das »aufgeblähte Phantom ›big brother‹ « zum Beginn des »Orwelljahrs« hart getroffen hätten, »auf ›alternativen Datenbanken‹, per Telefon frei zugänglich« seien. »Für die nichtcomputerisierten gibt es die Zeitung ›Die Datenschleuder‹ auf Papier«[31], gefolgt von einer Bestelladresse. Bei diesem nur vage geschilderten »Großeinsatz von Hackern« zu Beginn des Orwelljahrs 1984 handelte es sich vermutlich um eine reine Fiktion von Holland, und auch die *Datenschleuder* existierte zu diesem Zeitpunkt noch nicht. Nachdem aber in wenigen Tagen mehr als 100 Bestellungen für die *Datenschleuder* eingegangen waren, machte er sich zusammen mit weiteren Mitgliedern des Stammtischs daran, einen deutschsprachigen Newsletter nach dem Vorbild der TAP zu erstellen.

Mit der ersten Ausgabe der *Datenschleuder*, die im Februar 1984 verschickt wurde, nahm der Chaos Computer Club weiter Gestalt an. Im Mittelpunkt stand ein von Wau Holland verfasstes Manifest, in dem er die Ziele des Clubs formulierte. Als eine »galaktische Vereinigung ohne feste Strukturen« stünde hinter dem Club das Vorhaben, »durch Ausbildung und Praxis im richtigen Umgang mit Computern« die Zukunft vielfältig und abwechslungsreich zu machen.[32] Worin für den Club der »richtige« Umgang mit Computern bestand, verdeutlichten die folgenden Sätze des Manifests:

Computer sind Spiel-, Werk- und Denk-Zeug: vor allem aber: »das wichtigste neue Medium«. Zur Erklärung: Jahrhunderte nach den ›Print‹-Medien wie Büchern, Zeitschriften und Zeitungen entständen Medien zur globalen Verbreitung von Bild und Ton; also Foto, Film, Radio und Fernsehen. Das entscheidende heutige neue Medium ist der Computer. Mit seiner Hilfe lassen sich Informationen »über alles denkbare[sic!]« in dieser Galaxis übermitteln und – kraft des Verstandes – wird neues geschaffen.[33]

Wau Holland verstand Computer im Jahr 1984 damit als Medium, und der »richtige« Umgang mit dem Medium Computer konnte sich daher an der Medienpraxis des linksalternativen Milieus orientieren. Genau wie Zeitungen und Video sollte daher auch der Computer durch praktische Medienarbeit angeeignet, erprobt und hinterfragt werden:

> Alle bisher bestehenden Medien werden immer mehr vernetzt durch Computer. Diese Verbindung schafft eine neue Medien-Qualität. Es gibt bisher keinen besseren Namen für dieses neue Medium als Computer.
>
> Wir verwenden dieses neue Medium – mindestens – ebenso (un)kritisch wie die alten. Wir stinken an gegen die Angst- und Verdummungspolitik in Bezug auf Computer sowie die Zensurmaßnahmen von internationalen Konzernen, Postmonopolen und Regierung.[34]

Um praktische Erfahrungen mit dem Medium Computer sammeln zu können, mussten zunächst die Beschränkungen und Verbote, denen der Informationsaustausch mit

---

31 Wau Holland, Prost Neujahr! big Brother brutal zerhackt, in: *taz*, 2.1.1984, S. 5.
32 »Nach und die Zukunft: vielfältig und abwechslungsreich durch Ausbildung und Praxis im richtigen Umgang mit Computern« wird oft auch als »hacking« bezeichnet). [sic!]« Chaos Computer Club, Der Chaos Computer Club stellt sich vor.
33 Ebenda.
34 Ebenda.

dem Computer unterlag, überwunden werden. Der zentrale Satz der Selbstvorstellung lautete daher:

> Wir verwirklichen soweit wie möglich das ›neue‹ Menschenrecht auf zumindest weltweiten freien, unbehinderten und nicht kontrollierten Informationsaustausch (Freiheit für die Daten) unter ausnahmslos allen Menschen und anderen intelligenten Lebewesen.[35]

Hacker als »heimliche Experten« für Computersicherheit – die mediale Rezeption des Chaos Computer Clubs (1984 – 1989)

Dass bei der Verwirklichung des »neuen Menschenrechts auf freien Informationsaustausch« nicht auf bestehende Gesetze oder Monopole Rücksicht genommen werden kann, war bei dieser Selbstdarstellung mitgedacht. Wau Holland und der Chaos Computer Club setzten in den folgenden Jahren das Image der Halblegalität bewusst ein, um mediale Aufmerksamkeit auf sich zu lenken. Ab 1984 hatte der Chaos Computer Club und Wau Holland in Westdeutschland eine vergleichbare Funktion wie die TAP und Richard Cheshire in den USA (siehe Kapitel 8.c). Als eine Verkörperung und Projektionsfläche für die abstrakte Thematik Computersicherheit und die Gefahren von vernetzten Systemen, über die zwar viel debattiert und geschrieben wurde, die aber abseits von Kinofilmen wie »WarGames«[36] unsichtbar blieben, war der Chaos Computer Club seit 1984 regelmäßig in den westdeutschen Medien präsent.

Vor allem Wau Holland nutzte dabei relativ geschickt die unterschiedlichen Bedeutungsdimensionen, die mittlerweile mit dem Begriff »Hacker« verbunden waren. Einerseits spielte er mit dem Bild des unbedarften jugendlichen Computerfans, der bei seinen Datenreisen aus Spaß und Zufall auf Sicherheitslücken stößt und in fremde Computersysteme eindringt, dann wiederum deutete er an, dass die auf diesem Wege erlangte Macht auch politisch genutzt werden könnte, um schließlich auf den Hacker als brillanten Computerfan zu verweisen, für den die Auseinandersetzung mit Computern und Datenübertragung vor allem Selbstzweck ist, die er aber bereitwillig der Gesellschaft zur Verfügung stellt.

Im Januar 1984 sprach Wau Holland in einem Interview mit der linken Zeitschrift *konkret* vom »hacking« als einem politischen Akt. Befragt von Werner Heine, ob es sich bei Hackern um frustrierte Programmierer handele, antwortete Holland: »Das schließt sich aus. Hacking ist eine schöpferische Tätigkeit«, bei der es darum gehe, »Macht ad absurdum zu führen, nicht, mich als neuen Machthaber hinzustellen. Das ist viel entscheidender. Das Ergebnis ist dann Chaos.«[37] Als Beispiel für so eine Aktion nannte er: »Ich halte es für sinnvoll, die militärischen Ressourcen für friedliche Zwecke einzusetzen. Das kann man über das Mittel Computer machen«, etwa indem ein Hacker dafür sorgt, dass die Bundeswehr 100.000 Hemden bestellt. »Aber die Bundeswehr weiß von

---

35   Ebenda.
36   Vgl. »Zack, bin ich drin in dem System«. *SPIEGEL*-Gespräch mit dem Computer-Experten Richard Cheshire über seine Erfahrungen als »Hacker«, in: *DER SPIEGEL* 46/1983, S. 222-233.
37   Werner Heine, So wird »gehackt«, in: *konkret* 01/1984, S. 66.

dieser Bestellung gar nichts, und dann werden die Hemden eben verramscht. Dann tragen die Leute aus der Alternativszene olivgrünes Zeug, weil das so billig ist, zu friedlichen Zwecken.«[38]

Für die großen Wochenzeitschriften waren Hacker zu diesem Zeitpunkt vor allem unpolitische Computerfans, die aus Spaß und Geltungsdrang handelten. Der *Spiegel* informierte seine Leser Ende Februar 1984 über den Chaos Computer Club und beschrieb ihn als Herausgeber von »einem neuen Informationsdienst für Computer-Freaks, die sich einen Spaß daraus machen, die Codes fremder Datenbanken zu knacken und Informationen abzuzapfen«[39]. Im Mai nahm der *Stern* den Deutschlandaufenthalt von Richard Cheshire und die »Euro-Party ›84« der TAP im Sheraton-Hotel in Frankfurt a.M. (siehe Kapitel 8.c) zum Anlass, um über »Hacker« zu berichten. »Nichts bringt ihnen mehr Lust, als im fremden elektronischen Netzen herumzugeistern und durch alle Maschen zu schlüpfen.«[40] » ›Im Grunde ist es ein pubertärer Wettstreit darum, wer am weitesten pinkeln kann‹, urteilt ein Kenner der Hacker-Szene«, für den »[i]n Hamburg der ›Chaos Computer Club‹ gegründet worden« sei, der die »Datenschleuder, eine Hackerpostille voll heißer Tips«[41] vertreibt.

Der Höhepunkt der medialen Rezeption des Chaos Computer Clubs war die Berichterstattung einer vom Club als »Btx-Hack« bezeichneten, medienwirksam inszenierten Auseinandersetzung mit dem Bildschirmtextsystem der Bundespost. Der Club bewegte sich damit in einem medialen Umfeld, das den Dienst seit seinem offiziellen Start im Herbst 1983 kritisch begleitet hatte. Auf der IFA 1983 hatte die Bundespost Bildschirmtext zwar feierlich eröffnet, aber wegen der Verzögerung durch IBM konnte der Regelbetrieb erst im Sommer 1984 aufgenommen werden. Diese Anlaufschwierigkeiten, die Studienergebnisse der Pilotversuche und ein schwaches Teilnehmerwachstum hatten bereits in der ersten Jahreshälfte zu skeptischen Medienberichten geführt, ob den Versprechungen der Bundespost zum Bildschirmtext getraut werden kann (siehe Kapitel 6.b).[42]

Beim Chaos Computer Club zweifelte vor allem Steffen Wernéry an dem Versprechen der Post, dass die Teilnahme an Bildschirmtext sicher sei. Bereits kurz nach der Umstellung auf die IBM-Technik hatte er in der *Datenschleuder* Missbrauchsszenarien mit fremden Benutzerkennungen und Passwörtern geschildert.[43] Am 15. November 1984 bekräftigte Wau Holland auf der Tagung der Datenschutzbeauftragten die Skepsis des Clubs am Sicherheitskonzept der Post und beschrieb Btx als ein »Eldorado für Hacker«.[44] Diesen Vortrag griff das ZDF auf und zeigte in der Nachrichtensendung *heute journal* eine Präsentation von Wau Holland, auf der er das Bildschirmtextmodem trotz

---

38 Ebenda.
39 Service für Computer-Hacker, in: *DER SPIEGEL* 09/1984, S. 209.
40 Dieter Brehde/Christa Kölblinger, »Wir hacken, hacken, hacken«, in: *Stern* 21/1984, S. 66-68, hier S. 66.
41 Ebenda, S. 68.
42 Vgl. Störendes Flimmern, in: *DER SPIEGEL* 21/1984, S. 58-60.
43 Vgl. BTX heißt Bildschirm-Trix, in: *Die Datenschleuder* 3, Sommer 1984, S. 3.
44 Vgl. Wau Holland, Btx. Eldorado für Hacker?, in: Hans Gliss (Hg.), Datenschutz-Management und Bürotechnologien. Tagungsband; Schwerpunkte der 8. DAFTA, Datenschutzfachtagung, 15. und 16. Nov. 1984; Referate und Ergebnisse, Köln 1985, S. 133-144.

Verplombung unbemerkt mit einer Heftklammer öffnete und damit seine Manipulationsmöglichkeit demonstrierte.[45]

Um das Missbrauchspotenzial von Bildschirmtext noch weiter zu veranschaulichen, wählten sich Holland und Wernéry am darauffolgenden Wochenende mit der Benutzerkennung und dem Passwort der Hamburger Sparkasse beim Bildschirmtext ein und riefen die kostenpflichtige Seite des Chaos Computer Clubs so oft auf, bis eine Summe von 134.694,70 DM zu Lasten der Hamburger Sparkasse zusammengekommen war. Diesen indirekten »Bankraub« meldeten die beiden am darauffolgenden Montag den Medien und den Hamburger Landesdatenschutzbeauftragten. Bereits am Abend war die Sicherheit von Btx durch diesen Vorfall erneut Aufmacher des *heute journals*. Dort äußerte Benno Schölermann, Vorstandsmitglied der Hamburger Sparkasse, seine Hochachtung vor der Tüchtigkeit von Holland und Wernéry, da sie bewiesen hätten, dass Bildschirmtext entgegen allen Beteuerungen der Post doch nicht sicher sei.[46] In den darauffolgenden Tagen und Wochen nahmen verschiedene Zeitungen die Aktion zum Anlass, um lobend über die Hamburger Hacker zu berichten, die der Bundespost und ihrem »Lieblingskind Bildschirmtext« eine »schallende Ohrfeige mit dem Sparkassen-Trick«[47] erteilt hätten und mit ihren »[l]ustigen Spielchen«[48] nur die Teilnehmer des Dienstes schützen wollten.

Durch die Berichterstattung rund um den »Btx-Hack« verfestigte sich in der medialen Öffentlichkeit ein Bild von den Mitgliedern des Chaos Computer Clubs als Hacker, die sich aus Faszination für Computer auf »heimliche Streifzüge durch die Datennetze«[49] begeben und als »heimliche Experten«[50] für Computersicherheit nur Gutes im Sinn haben. Diese Erzählung des Hackers als »Robin Hood im Daten-Wald«[51] war in der westdeutschen Medienlandschaft verbreitet und führte im Anschluss an den »Btx-Hack« zum Auftritt des Clubs in unterschiedlichen Medien. So porträtierte das ZDF für seinen Jahresrückblick »Menschen ›84‹« Anfang Januar 1985 Wau Holland und Steffen Wernéry. Auch Buchverlage nutzten die Geschichte rund um den Chaos Computer Club, sodass in der ersten Jahreshälfte gleich zwei Taschenbücher erschienen, die den Lesern versprachen, sie »in die heimliche Welt der Hacker«[52] einzuführen. Der Club selbst profitierte von dieser Aufmerksamkeit durch wachsenden Zulauf und steigende Abonnements der *Datenschleuder* und veröffentlichte im November 1985 über den alternativen Verleger Werner Pieper eine »Hackerbibel«, die neben einer Dokumentation von Presseberichten auch die bis dahin erschienenen *Datenschleudern* sowie die ersten Jahrgänge der TAP enthielt.[53]

---

45 Vgl. ZDF, heute journal vom 15.11.1984.
46 Vgl. Ebenda.
47 Thomas von Randow, Ein Schlag gegen das System. Ein Computerclub deckt Sicherheitslücken im Btx-Programm der Post auf, in: *DIE ZEIT* 49/1984.
48 Lustige Spielchen, in: *DER SPIEGEL* 48/1984, S. 238-242.
49 Thomas Ammann/Matthias Lehnhardt, Die Hacker sind unter uns. Heimliche Streifzüge durch die Datennetze, München 1985.
50 Ebenda, S. 52.
51 Werner Heine, Die Hacker. Von der Lust, in fremden Netzen zu wildern, Reinbek 1985, S. 10.
52 Ammann/Lehnhardt, Die Hacker sind unter uns, Rückseite.
53 Vgl. Chaos-Computer-Club (Hg.), Die Hackerbibel. Teil 1, Löhrbach 1985.

Während die Medien sich mit einer gewissen Faszination mit den halblegalen Aktivitäten der Hacker beschäftigten, befeuerte die Berichterstattung auch die Debatte über den juristischen Umgang mit Computersicherheit.[54] Seit 1983 diskutierte der Bundestag über Gesetzesänderungen, die juristische Lücken bei der Verwendung von Computern schließen sollten. So war es beispielsweise schwer, einen Betrug mit dem Tatmittel Computer strafrechtlich zu verfolgen, etwa durch die Verwendung von fremden Passwörtern, da der Tatbestand des Betrugs die Täuschung eines Menschen voraussetzte. Dies änderte sich erst zum 1. August 1986 mit dem Inkrafttreten des Zweiten Gesetzes zur Bekämpfung der Wirtschaftskriminalität[55]. Der neue § 202a[56] verbot, in Analogie zum Briefgeheimnis, das unbefugte Ausspähen von Daten, während § 263a[57] die Manipulation von Computersystemen und die Verwendung fremder Benutzerdaten unter Strafe stellte.

Bis dahin bestand der »Club« im Wesentlichen aus dem jeden Dienstag stattfindenden Stammtisch, aus dem heraus sich die Redaktion der *Datenschleuder* rekrutierte. Als Kontaktadresse diente zunächst der Infoladen »Schwarzmarkt« in der Bundesstraße, später die Kellerwohnung von Wau Holland in der Schwenckestraße. Obwohl das unerlaubte Eindringen in Computersysteme auch nach der Gesetzesänderung nur dann strafbar war, wenn dahinter Gewinnabsichten standen oder Daten entwendet wurden, befürchteten die Mitglieder des Clubs, dass Aktionen wie der Btx-Hack in Zukunft zu strafrechtlichen Verfolgungen führen könnten, unabhängig von den eigentlichen Absichten. Als Sammelstelle und Multiplikator von Sicherheitslücken könnte der Club dann als eine kriminelle Vereinigung definiert und die Mitglieder verfolgt werden. Um dies zu vermeiden, gab sich der Club Anfang des Jahres eine formale Struktur und gründete einen eingetragenen Verein.[58]

Dieser Schritt ging mit der Entwicklung eines neuen Selbstverständnisses einher. Der Club wollte sein positives Image nutzen, um Hacker vor einer Kriminalisierung zu schützen, wenn diese ohne böse Absichten auf Sicherheitslücken gestoßen waren und diese für ihre Streifzüge in Datennetzen ausgenutzt hatten, entweder durch die diskrete Information des betroffenen Rechnerherstellers oder durch den Schritt an die Öffentlichkeit.

---

54 Vgl. Kai Denker, Heroes Yet Criminals of the German Computer Revolution, in: Gerard Alberts/Ruth Oldenziel (Hg.), Hacking Europe. From computer cultures to demoscenes, New York 2013.
55 Vgl Zweites Gesetz zur Bekämpfung der Wirtschaftskriminalität (2. WiKG) vom 15.05.1986, in: Bundesgesetzblatt Teil 1, 1986, S. 721-729.
56 § 202a Strafgesetzbuch in der Fassung vom 1. August 1986: »Ausspähen von Daten: Wer unbefugt Daten, die nicht für ihn bestimmt und die gegen unberechtigten Zugang besonders gesichert sind, sich oder einem anderen verschafft, wird mit Freiheitsstrafe bis zu drei Jahren oder mit Geldstrafe bestraft.«
57 § 263a Strafgesetzbuch in der Fassung vom 1. August 1986: Computerbetrug: »Wer in der Absicht, sich oder einem Dritten einen rechtswidrigen Vermögensvorteil zu verschaffen, das Vermögen eines anderen dadurch beschädigt, daß er das Ergebnis eines Datenverarbeitungsvorgangs durch unrichtige Gestaltung des Programms, durch Verwendung unrichtiger oder unvollständiger Daten, durch unbefugte Verwendung von Daten oder sonst durch unbefugte Einwirkung auf den Ablauf beeinflußt, wird mit Freiheitsstrafe bis zu fünf Jahren oder mit Geldstrafe bestraft.«
58 Vgl. Satzung des Chaos Computer Club, in: *Die Datenschleuder* 15, März 1986, S. 4-5.

> Der Chaos Computer Club gilt in der Öffentlichkeit als eine Art Robin Data, vergleichbar mit Greenpeace, Robin Wood und anderen. Spektakuläre Aktionen, wie beispielsweise der Btx-Coup, [...] werden als nachvollziehbare Demonstrationen über Hintergründe im Umgang mit der Technik verstanden. Der CCC hat damit eine aufklärerische Rolle für den bewußten Umgang mit Datenmaschinen übernommen. [...] Durch dieses Image in der Öffentlichkeit, hat sich der CCC in den letzten Jahren einen Freiraum erkämpft, in dem unter gewissen Voraussetzungen Hacks möglich sind, die Einzelpersonen in arge Schwierigkeiten bringen würden. [...] Gleichzeitig besteht wegen der gesellschaftlichen Aufgabe des CCC die Notwendigkeit, einer Kriminalisierung von Hackern entgegenzuwirken.[59]

Der Versuch, sich auf diese Weise schützend vor andere Hacker zu stellen und zwischen der Szene, Unternehmen, Sicherheitsbehörden und der Öffentlichkeit zu vermitteln, führte Ende der 1980er Jahre zu einem ernsten Konflikt innerhalb des Hamburger Kernteams, der 1989 zum Bruch führte. Hintergrund war, dass in dem Betriebssystem VMS, das der Hersteller Digital Equipment Corporation (DEC) bei Computern des Typs VAX einsetzte, mehrere Sicherheitslücken vorhanden waren. Als günstige und leistungsfähige Minicomputer waren VAX-Rechner vor allem im Forschungs- und Wissenschaftssektor verbreitet und daher Mitte der 1980er Jahre häufig an Datennetze angeschlossen, etwa das X.25-Netz der Bundespost (Datex-P) oder Telenet und Tymnet. Dies machte VAX-Computer in den 1980er Jahren zu einer beliebten Zwischenstation von Hackern, wenn sie auf Datenreisen in Computernetzen gingen. Über die telefonische Einwahl in das X.25-Netz der Bundespost verbanden sie ihren Heimcomputer mit einem VAX-Rechner, brachten ihn unter Kontrolle und konnten von dort Verbindungen zu anderen Rechnern und Datennetzen in Westeuropa und den USA aufbauen. Auf diesen Streifzügen konnten die Hacker auch auf Computer der NASA zugreifen und von dort Daten kopieren. Als Mitte des Jahres 1987 absehbar wurde, dass die Sicherheitslücken und die gekaperten Rechner bald an die Öffentlichkeit gelangen werden, da Journalisten mit Recherchen begonnen hatten und Namen von beteiligten Hackern kursierten, wandten sich einige der beteiligten Hacker an den Chaos Computer Club.[60] In dieser Situation bemühten sich Wau Holland und Steffen Wernéry um Schadensbegrenzung und informierten die Öffentlichkeit über die Aktivitäten der Hacker und die Sicherheitslücken. Durch Kontakte zu Journalisten konnten sie das Thema am 15. September 1987 in der ARD-Sendung *Panorama*[61] platzieren und dort den Zuschauern die Hintergründe des »NASA-Hacks« erklären.

Anders als drei Jahre zuvor beim Btx-Hack folgten auf die Offenbarung allerdings strafrechtliche Ermittlungen. Der unmittelbare Anlass der Sicherheitsbehörden, gegen den Chaos Computer Club vorzugehen, waren Anzeigen des europäischen Kernforschungszentrums (CERN) in Genf sowie des französischen Philips-Konzerns, deren VAX-Computer ebenfalls Besuch von Hackern bekommen hatten. Auf der Suche

---

59   Jürgen Wieckmann, Thema Hacken. Ein Statement, in: *Die Datenschleuder* 17, Dezember 1986, S. 7.
60   Vgl. Andy Müller-Maguhn/Reinhard Schrutzki, Welcome to NASA-Headquarter, in: Jürgen Wieckmann/Chaos Computer Club (Hg.), Das Chaos Computer Buch. Hacking made in Germany, Reinbek 1988, S. 32-53, hier S. 32-47.
61   Vgl. Panorama vom 15. September 1987, gesendet in der ARD.

nach Beweisen durchsuchte die Polizei am 28. September die Wohnungen von Holland und Wernéry und beschlagnahmte ihre Computer sowie die Abonnentenliste der *Datenschleuder*.[62] Als Steffen Wernéry im März 1988 dann für einen Vortrag zu einem Sicherheitskongress nach Paris flog, wurde er am Flughafen von der französischen Polizei verhaftet. Hintergrund war, dass er sich im Vorfeld der Reise mit einem Brief an Philips gewandt, seine Zusammenarbeit bei der Aufklärung angeboten und um ein Treffen gebeten hatte, was der Konzern als Erpressungsversuch gedeutet hatte.[63] Nachdem Wernéry im Mai 1988 aus der französischen Untersuchungshaft entlassen wurde und wieder nach Hamburg kam, kippte die Stimmung im Hamburger Kernteam um Holland und Wernéry und war fortan von Misstrauen und gegenseitigen Vorwürfen geprägt.[64]

Als Anfang 1989 bekannt wurde, dass Personen aus dem erweiterten Umfeld des Clubs die Sicherheitslücken in den VAX-Rechnern ausgenutzt und erbeutete Daten gegen Geld an den sowjetischen Geheimdienst KGB weitergegeben hatten, kam es endgültig zum Bruch.[65] Wau Holland verließ in der Folge des Konflikts noch im Jahr 1989 Hamburg und ließ sich, nach einer Zwischenstation in Heidelberg, nach der Wiedervereinigung schließlich in der thüringischen Stadt Ilmenau nieder. Steffen Wernéry zog sich in dieser Zeit aus der Öffentlichkeit weitgehend zurück. Die Strukturen des Chaos Computer Clubs waren in den letzten Jahren ohnehin unabhängiger vom Hamburger Führungsteam geworden. Seit 1984 hatten sich in mehreren Städten Gruppen gebildet, die als »Erfa-Kreise« (Erfahrungsaustauschkreise) die Aktivitäten des Clubs auf regionaler Ebene fortgesetzt hatten. Nach 1989 übernahm zunächst der Lübecker Erfa-Kreis die Herausgabe der *Datenschleuder*. In Hamburg hatte zunächst Andy Müller-Maguhn die Verwaltung des Clubs übernommen. Mit seinem Umzug nach Berlin Anfang 1990 entstand schließlich ein neuer Schwerpunkt des Clubs im wiedervereinigten Berlin.[66]

9.b »Menschenrecht auf freien Datenaustausch« – Heimcomputer als Kommunikationsmedien in der Bundesrepublik

Datenübertragung als Grundsatzfrage der Medienordnung

Entfernt man sich von der zeitgenössischen Berichterstattung der etablierten Medien über das Phänomen »Hacker« und den Chaos Computer Club in den 1980er Jahren und schaut auf die Themen, die im Umfeld des Clubs diskutiert wurden, so fällt auf, dass die Ausnutzung von Sicherheitslücken für die Szene nicht im Mittelpunkt stand,

---

62 Vgl. Müller-Maguhn/Schrutzki, Welcome to NASA-Headquarter, in: Wieckmann/Chaos Computer Club (Hg.), Das Chaos Computer Buch; Die Hacker, in: *DIE ZEIT* 44/1987.
63 Vgl. In die Falle, in: *DER SPIEGEL* 12/1988, S. 109-111; Im Netz der Fahnder. Ein Vorstandsmitglied des Hamburger Chaos Computer Clubs sitzt in Paris in Untersuchungshaft, in: *DIE ZEIT* 16/1988.
64 Vgl. Daniel Kulla, Der Phrasenprüfer. Szenen aus dem Leben von Wau Holland, Mitbegründer des Chaos-Computer-Clubs, Löhrbach 2003, S. 64-65.
65 Vgl. ebenda, S. 56-69.
66 Vgl. Julia Gül Erdogan, Technologie, die verbindet. Die Entstehung und Vereinigung von Hackerkulturen in Deutschland, in: Frank Bösch (Hg.), Wege in die digitale Gesellschaft. Computernutzung in der Bundesrepublik 1955-1990, Göttingen 2018, S. 227-249.

anders, als die mediale Rezeption vermuten lässt. Bei den Szenetreffen wie dem seit 1984 jährlich zwischen Weihnachten und Silvester stattfindenden Chaos Communication Congress und in Szenepublikationen wie der *Datenschleuder* oder der *Bayrischen Hackerpost* standen stattdessen die Verwendung des Computers als Kommunikationsmedium und die Überwindung von Hindernissen bei der Datenfernübertragung (DFÜ) mit Heimcomputern im Mittelpunkt. Die Ausnutzung von Sicherheitslücken, das unerlaubte Eindringen in Computersysteme oder die Nutzung von fremden Zugangsdaten war hiervon nur ein Aspekt unter anderen, der in der Szene selbst umstritten war. Was die westdeutsche Hacker- und Heimcomputerszene vereinte, war eine kritische Perspektive auf die Bundespost und die Strukturen des westdeutschen Telekommunikationssektors, die mit ihrem Festhalten am Fernmeldemonopol die Nutzung von Computern als Kommunikationsmedium ausbremste und damit eine alternative Computer- und Medienpraxis verhinderte.

Den kritischen und mitunter spöttischen Umgang mit der Bundespost hatte die westdeutsche Hackerszene, zumindest teilweise, von der amerikanischen Phreakerszene übernommen. Die TAP hatte seit 1971 mit Slogans wie »FUCK THE BELLSYSTEM« und »Ma Bell is a Cheap Mother« die Ablehnung des amerikanischen Telekommunikationsmonopolisten mit Kapitalismuskritik verbunden. Im Vergleich zu diesen Slogans wirkte der Umgang der westdeutschen Hackerszene mit der Bundespost fast schon zurückhaltend. Im Umfeld des Chaos Computer Clubs etablierte sich 1984 für die Bundespost der Begriff »Gilb«,[67] der auf die Farbe Gelb als Erkennungsmerkmal der Briefkästen und Telefonzellen der Bundespost anspielte.

Für die westdeutschen DFÜ-Fans stellte vor allem der Umgang der Bundespost mit Datenübertragung im Telefonnetz ein zentrales Hindernis bei der Verwirklichung des »neuen Menschenrechts« auf freien und nicht kontrollierbaren Informationsaustausch dar. Am deutlichsten spürbar war die Wirkung des Fernmeldemonopols bei der Verfügbarkeit von Modems. Anders als in den USA, wo, wie im vorherigen Kapitel thematisiert, der Besitz von Modems und damit die Datenübertragung im Telefonnetz in den 1980er Jahren ein Massenphänomen wurde, war die Anschaffung eines Modems für westdeutsche Heimcomputerbesitzer bis in die 1990er Jahre hinein eine aufwendige und teure Angelegenheit. Hier zeigten sich die Auswirkungen der bereits erwähnten westdeutschen Telekommunikationspolitik der vergangenen Jahrzehnte. Die Bundespost hatte schon in den 1960er Jahren Datenübertragung im Telefonnetz mit Skepsis betrachtet und durch den Aufbau des »elektronischen Datenvermittlungssystems« versucht, Datenverkehr in einem einheitlichen Datennetz zu vereinen. Mit seinem Urteil zur Direktrufverordnung hatte das Bundesverfassungsgericht 1977 diese Praxis bestätigt und bekräftigt, dass auch Datenfernübertragung unter das Fernmeldemonopol fällt. Mit den ISDN-Plänen wurde die Digitalisierung des Telefonnetzes dann Anfang

---

[67] In einen in der Datenschleuder abgedruckten Glossar definierte der Chaos Computer Club den Begriff folgendermaßen: »Gilb. Das sind die von der Post, die bei dir ›nen Sender, ein Funktelefon oder gar do-it-yourself-Nebenstellenanlage finden und beschlagnahmen lassen. Dann kriegst du ein Formblatt mit den Text ›Sind sie mit der Zerstörung der beschlagnahmten Geräte einverstanden?‹ Es ist oft gut, bei JA anzukreuzen und zu unterschreiben.« Bedienungsantung[sic!], in: *Die Datenschleuder* 4, August 1984, S. 2.

der 1980er Jahre zu einer tragenden Säule der westdeutschen Industriepolitik (siehe Kapitel 7).

Preiswerte und kurzfristig verfügbare Möglichkeiten zur privaten Datenübertragung mit Heimcomputern waren in den Plänen der Bundespost nicht vorgesehen. Im Interview mit der Mikrocomputer-Fachzeitschrift *mc* bezeichnete Walter Tietz vom Fernmeldetechnischen Zentralamt der Bundespost die Datenübertragung zwischen Mikrocomputern über das Telefonnetz Anfang des Jahres 1983 als »Sonderwünsche einer sehr kleinen Minderheit« und verwies auf Bildschirmtext als Dienst zur »Informationsübertragung für breiteste Schichten«[68]. Allerdings werde sich die Lage des »Mikrocomputer-Mann« durch ISDN langfristig verbessern: »In fünf Jahren wird das sogenannte ISDN kommen, das wesentliche Vorteile für alle Arten der Kommunikation mit sich bringen wird.«[69]

Es wäre verkürzt, in der Forderung der Heimcomputernutzer nach günstigeren Möglichkeiten zur Datenübertragung bloß eine Fortsetzung des Konflikts zwischen der Bundespost und der Datenverarbeitungsindustrie über die Reichweite des Fernmeldemonopols zu sehen. In den 1970er Jahren hatte sich der Konflikt an der Frage entzündet, wie sich ein staatlich kontrollierter Fernmeldesektor von einer privatwirtschaftlichen Datenverarbeitung abgrenzen lässt. Diesbezüglich zeichnete sich zu Beginn der 1980er Jahre mit dem Schichtenmodell von OSI und ISDN allerdings ein Lösungsansatz ab, von dem sich alle Beteiligten Vorteile erhoffen konnten (siehe Kapitel 7.c). Bei der Kritik der Hackerszene an den Praktiken der Bundespost ging es zwar erneut um die Frage, wo das Fernmeldemonopol endet, allerdings war dies für die Hackerszene kein ordnungs- oder wirtschaftspolitisches Thema, sondern eine medienpolitische Grundsatzfrage. Letztlich ging es darum, welchen Einfluss der Staat bzw. staatliche Institutionen wie die Bundespost auf das Medium Computer und damit langfristig auf das gesamte Mediensystem haben sollten.

Beim Computer als Kommunikationsmedium existierten in den 1980er Jahren mit Bildschirmtext und der amerikanischen »Modemwelt« zwei unterschiedliche Modelle. Bildschirmtext stand für ein zentrales und in seinen Grundstrukturen vom Staat organisiertes System, das sich an der Ordnung der »alten« Medien orientierte, auch wenn sich die Bundesregierung und die Länder in zähen Verhandlungen darauf verständigt hatten, dass es als »Teleschriftformen« weder Presse noch Rundfunk sein darf. Durch seine Entstehungsgeschichte aus den Breitbandkabelplänen der Bundesregierung stand Btx zudem in einem engen Zusammenhang mit der Diskussion über eine Verkabelung, die wiederum seit dem Regierungswechsel 1982 mit der politisch gewollten Einführung des Privatrundfunks verknüpft war (siehe Kapitel 6.c).

Mit dem Slogan »Kabelsalat ist gesund«[70] und der Abwandlung des Kabelfernsehlogos der Bundespost durch einen Knoten drückten die Mitglieder des Chaos Computer Clubs aus, dass sie eine andere Ordnung des Mediums Computer favorisierten. Ihnen stand das amerikanische Modell einer dezentralen, vielfältigen und mitunter auch chaotischen »Modemwelt« näher, in deren Mittelpunkt Mikrocomputer als persönliche

---

68 Interview: mc im FTZ, in: *mc – Die Mikrocomputer-Zeitschrift* 01/1983, S. 46-47, hier S. 46.
69 Ebenda, S. 47.
70 So auf dem Titelbild von: Chaos-Computer-Club (Hg.), Die Hackerbibel. Teil 1.

Werkzeuge zur Kommunikation und der Datenaustausch über das Telefonnetz standen. Dieses Modell passte besser zu den Vorstellungen einer alternativen Gegenöffentlichkeit und emanzipativen Medienarbeit, die seit 1981 für den Chaos Computer Club prägend waren. Als Wau Holland 1984 in der *Datenschleuder* schrieb, der Club setze sich für »das ›neue‹ Menschenrecht auf zumindest weltweiten freien, unbehinderten und nicht kontrollierten Informationsaustausch (Freiheit für die Daten) unter ausnahmslos allen Menschen und anderen intelligenten Lebewesen«[71] ein, hatte er damit die Verwirklichung einer westdeutschen »Modemwelt« vor Augen.

Mit dieser Perspektive auf Computer und Telekommunikation traf der Club in der linksalternativen Szene auf ein gewisses Unverständnis. In den linken Medieninitiativen hatte sich, wie bereits erwähnt, Mitte der 1970er Jahre die Position durchgesetzt, dass die Diskussion über »Neue Medien« und die Verkabelung der Bundesrepublik »von Anbeginn an unter falscher Flagge«[72] geführt worden sei und es nicht darum ginge, die Bürger besser mit Informationen zu versorgen, sondern einen »›Rationalisierungsnutzen‹ für die Wirtschaft«[73] zu erzielen und die Einführung von privaten Rundfunksendern zu erzwingen, was letztlich dazu führe, dass die Bürger »einsam, überwacht und arbeitslos«[74] werden.

Die Forderung des Chaos Computer Clubs, sich auf Computer einzulassen und eigene Erfahrungen mit dem Medium zu machen, klang aus der Perspektive der alternativen Medieninitiativen daher naiv bis gefährlich.[75] In den linken Medieninitiativen kursierte stattdessen die Forderung, Computer und Telekommunikationstechnik so lange zu boykottieren, bis ihre gesellschaftliche Unschädlichkeit nachgewiesen ist. Anfang Februar 1985 warf die Hamburger Mediengruppe »Schwarz & Weiß« dem Chaos Computer Club daher in der *taz* vor, er würde mit seinem öffentlichen Auftreten nur die gesellschaftliche Akzeptanz von Computern fördern. »Hacker haben sich wohl damit abgefunden, daß alles so kommt, wie es kommen muß, und versuchen sich es in den Lücken bequem zu machen« und würden als alternative Experten für Computersicherheit mithelfen, die Technik zu perfektionieren.

> Für den ›zarten Keim‹ einer Anti-Computer-Bewegung sind Praxis und Verhalten des CCC's gefährlich. Der Club verwischt das, worum es eigentlich geht, und trägt noch dazu bei, daß die Akzeptanz von neuen Techniken in linken Kreisen immer weiter voranschreitet.[76]

Der Chaos Computer Club begegnete diesen Vorwürfen mit der Gegenthese, dass vielmehr die linksalternative Politik der Totalverweigerung schuld daran sei, »daß der ›Computer‹ nur mit den Interessen herrschender Kreise besetzt wird und als

---

71   Chaos Computer Club, Der Chaos Computer Club stellt sich vor.
72   Hans Peter Bleuel, Die verkabelte Gesellschaft. Der Bürger im Netz neuer Technologien, München 1984, S. 42.
73   Ebenda, S. 49.
74   Vgl. Fritz Kuhn (Hg.), Einsam überwacht und arbeitslos. Technokraten verdaten unser Leben, Stuttgart 1984.
75   Vgl. Dieter Volpert, Zauberlehrlinge. Die gefährliche Liebe zum Computer, Weinheim 1985.
76   Gruppe »Schwarz & Weiß«, Wo bleibt das Chaos. Kritik am Chaos Computer Club, in: *taz hamburg*, 05.02.1985, S. 15.

›Strukturverstärker‹ ausschließlich zentralistische Ideologie transportiert«[77], da die linksalternative Bewegung mit ihrer Verweigerungshaltung eine alternative Computer- und Medienpraxis blockiere.

Anlass für diese Auseinandersetzung mit den medien- und telekommunikationspolitischen Positionen des linksalternativen Milieus war eine Studie, mit der im Spätsommer 1986 einige Mitglieder des Chaos Computer Clubs sowie des Arbeitskreises Politischer Computereinsatz (APOC) für die Grüne Bundestagsfraktion die Frage beantworten sollte, ob sie sich am Informationssystem PARLAKOM beteiligen sollte, das als ISDN-Pilotversuch im Bundestag eingeführt werden sollte. Hinter der APOC stand eine Gruppe um Klaus Schleisiek, der aus Skepsis gegenüber der Faszination des Clubs für Regelverstöße und das Halblegale eine unabhängige Gruppe ins Leben gerufen hatte. Zwar rieten der CCC und der APOC den Grünen in der Studie, sie sollen sich nicht an PARLAKOM beteiligen, da das geplante System unflexibel und zu teuer sei und keine Kommunikationskanäle zur Basis bereitstelle, allerdings sollten sie mit den vorgesehenen Mitteln kleine und tragbare Computer anschaffen und eine »Orientierungsstube« einrichten, in der die Fraktion ihre Berührungsängste abbauen und aus erster Hand Erfahrungen mit der Technik sammeln kann, um so zu einer differenzierteren medien- und telekommunikationspolitischen Position zu gelangen.[78]

Modems in der Bundesrepublik

Unabhängig von dieser politischen Debatte bedeutete die Verwirklichung des »Menschenrechtes auf freien, unbehinderten und nicht kontrollierten Informationsaustausch« für die Hackerszene zunächst rein praktisch die Versorgung der westdeutschen Heimcomputerbesitzer mit bezahlbaren Modems. Während, wie bereits erwähnt, sich in den USA seit dem Ende des Endgerätemonopols ein reger Markt für Modems entwickelt hatte (siehe Kapitel 8.c), existierte in der Bundesrepublik im Jahr 1984 trotz der seit Längerem laufenden Reformdiskussion (siehe Kapitel 7.b) noch kein freier Markt für die Geräte. Die Bundespost bestand 1984 auch im Hinblick auf ihre ISDN-Pläne weiterhin darauf, dass Modems als »Zusatzeinrichtung zur Datenübertragung« nur von ihr betrieben werden dürfen. Die Datenübertragung im Telefonnetz mittels Akustikkoppler, der Daten als Töne über den Lautsprecher und Mikrofon eines Telefonhörers akustisch übertragen, war zunächst offiziell nur als »Notbehelf, der nur im Falle des beweglichen Einsatzes gerechtfertigt ist«[79], erlaubt, wenn sich auf der Gegenseite ein Modem der Bundespost befand. Erst im Sommer 1983 weichte die Bundespost diese Regelung auf und erlaubte eine Verbindung zwischen zwei Akustikkopplern, um die Datenübertragung zwischen Mikrocomputern zu erleichtern.[80] Akustikkoppler

---

77 Chaos Computer Club/Arbeitskreis Politischer Computereinsatz, Trau keinem Computer, den du nicht (er-)tragen kannst. Entwurf einer sozialverträglichen Gestaltungsalternative für den geplanten Computereinsatz der Fraktion »Die Grünen im Bundestag« unter besonderer Berücksichtigung des geplanten Modellversuchs der Bundestagsverwaltung (PARLAKOM), Löhrbach 1987, S. A-5, Hervorhebung im Original kursiv.
78 Vgl. ebenda, S. D.2-D.3.
79 mc im FTZ, S. 47.
80 Vgl. Mikros jetzt per Akustikkoppler DFÜ-fähig, in: Computerwoche 23/1983.

hatten allerdings den Nachteil, dass ihre Geschwindigkeit auf 300 Baud pro Sekunde beschränkt war, während direkt mit dem Telefonnetz verbundene Modems höhere Geschwindigkeiten erreichen konnten. Hinzukam, dass Akustikkoppler weiterhin eine Zulassung der Bundespost benötigten. 1982 war zwar die Zulassung auf das neu geschaffene Zentralamt für Zulassung im Fernmeldewesen (ZZF) in Saarbrücken übertragen worden, aber die Hersteller beklagten sich weiter über die lange Dauer des Zulassungsverfahrens.[81] Dies alles hatte zur Folge, dass Modems und Akustikkoppler, verglichen mit den Preisen in den USA, in der Bundesrepublik teuer und daher nur bei wenigen westdeutschen Heimcomputerbesitzern vorhanden waren. In den ersten Ausgaben der *Datenschleuder* waren daher Hinweise, wo günstige Modems zu bekommen sind, relativ häufig. »Bei Tandy gibts (demnächst) ein 300 Baudmodem mit ZZF-Zulassung (vormals: FTZ-Nummer) für 350 DM.«[82]

Neben dem Import war für technisch versierte Heimcomputerbesitzer auch der Selbstbau eine Möglichkeit. Zu einer der ersten Aktionen des Chaos Computer Clubs gehörte daher die Veröffentlichung einer Anleitung zum Bau eines Modems. Im Jargon des Clubs wurde das Modem auch als »Datenklo« bezeichnet, da zur akustischen Abschirmung Gummidichtungen aus der Sanitärabteilung des Baumarktes verwendet wurden.[83] Beide Optionen hatten aber den Nachteil, dass die selbst gebauten oder importierten Modems offiziell nur an das Telefonnetz angeschlossen werden durften, wenn sie von der Bundespost geprüft und zugelassen waren.

> Das billigste und beste ist der Selbstbau (Einzelprüfung beim ZZF, Zentralamt für Zulassungen von Fernmeldescheiß Saarbrücken erforderlich[...]) [...] Eins umschaltbar für ›alle‹ Baudraten (300, 1200, 1200/75, 75/1200, CCITT und Bell-Norm) ist in Arbeit, Bauanleitung folgt im Februar (Bausatz ca. 300DM, näheres auf Anfrage).[84]

Die »Modemwelt« der Bundesrepublik

Die Verbreitung von Modems und Akustikkopplern schuf allerdings nur die technischen Voraussetzungen für eine westdeutsche »Modemwelt«. Bulletin Boards wie in den USA waren in der Bundesrepublik zunächst selten. Als eine der ersten Möglichkeiten, mit einem Heimcomputer Daten über die Telefonleitung zu übertragen, bot der Verlag des Mikrocomputer-Fachmagazins *mc* seinen Lesern ab Sommer 1983 an, über einen Telefon-Daten-Service (TEDAS) »Informationen und Programme direkt von Franzis-Computer über die Telefonleitungen« zwischen 14 Uhr nachmittags und 9 Uhr morgen per Modem und Telefonleitung zu überspielen.

---

81 Vgl. mc im FTZ, S. 47-48.
82 Vgl. Hardware für Hacker, in: *Die Datenschleuder* 1, Februar 1984, S. 4.
83 »DATENKLO. MUPIM des CCC! Mit IC 7911, hiesige und US-Normen von 75 bis 1200 Baud. Bauplan 10, Plat. 20, Kit 300 VKS- Akustikkoppler mit Sanitärgummidichtungen oder direct connect. Akust. Ankopplung ans Telefon mit Original Postkapseln! Rechtshilfe: Datenklo+DBP=verboten. Gilb!!!« Bedienungsantung[sic!], in: *Die Datenschleuder* 4, August 1984, S. 2.
84 Vgl. Ebenda. Mit der Bauanleitung für ihr »CCC-Modem« folgte der Club der Tradition der amerikanischen Heimcomputerszene, die mit dem »Pennywhistle Modems« bereits 1976 eine Anleitung für ein preisgünstiges Selbstbaumodem veröffentlicht hatte (siehe Kapitel 8.c).

Egal, welches Modem Sie auch verwenden, es muss vom Fernmeldetechnischen Zentralamt zugelassen sein, also eine FTZ-Nummer besitzen; ein Selbstbau-Modem (z.B. Funkschau 1980, Heft 10, Seite 105) darf deshalb auf keinen Fall verwendet werden.[85]

Während zu Beginn noch verschiedene Begriffe für solche an das Telefonnetz angeschlossene Computer, etwa die amerikanische Bezeichnung CBBS oder »elektronischer Briefkasten« verwendet wurden, etablierte sich 1984 im deutschsprachigen Raum der Scheinanglizismus »Mailbox«. Als der Chaos Computer Club im April des Jahres in der *Datenschleuder* über »Mailboxen in der Bundesrepublik« berichtete, konnte er bereits eine Handvoll aufzählen, darunter neben TEDAS in München auch eine studentische Mailbox an der Universität Hamburg sowie eine von der Firma RMI-Nachrichtentechnik betriebene, die auch über Datex-P und damit bundesweit unabhängig von Ferngesprächsgebühren erreichbar war. Verglichen mit den USA bezeichnete der Club die Situation in der Bundesrepublik allerdings als verbesserungsfähig und forderte seine Leser auf, aktiv zu werden und sich für den Aufbau von Mailboxen einzusetzen.

> In Sachen Mailboxen ist die BRD noch ein Entwicklungsland. Private User tun sich schwer, eine Mailbox zu installieren. Das liegt aber auch an den dämlichen Fernmeldevorschissen. Mehr Initiative von Operatoren, die auch in ihren Systemen eine öffentliche Mailbox einrichten, ist wünschenswert. Schreibt entsprechende Briefe an Firmen und die taz, Berlin !!![86]

Der Club setzte sich auch dafür ein, dass die westdeutschen Heimcomputerbesitzer mit Mailboxen als Alternative zum Bildschirmtext der Bundespost experimentieren. Noch bevor Wau Holland und Steffen Wernéry mit dem Btx-Hack als »heimliche Experten für Computersicherheit« bekannt wurden, gaben sie der Heimcomputerzeitschrift *64'er* ein Interview, bei dem sie als »Kommunikationsexperten, die das neue Medium Datenfernübertragung per Modem zur weltweiten Kommunikation nutzen«, vorgestellt wurden. Auf die Eingangsfrage, was der Chaos Computer Club überhaupt macht, antworteten sie, dass im Mittelpunkt ihrer Aktivitäten der Computer als Medium stehe:

> Wir verbreiten Informationen über neue Medien und unsere Erfahrungen und tauschen Informationen über die verschiedensten Sachen aus. Computer sind so etwas wie ein neues Medium für uns und diese Datenverbindungen sind für uns eine neue Form von Straßen und öffentlichen Plätzen, auf denen wir uns bewegen.[87]

Um mit diesem neuen Medium Erfahrungen zu sammeln, würden sie auch bestehende Gesetze ignorieren:

> Wir erheben grundsätzlich nicht den Anspruch, daß wir uns an alle Gesetze und Regeln halten, zum Beispiel bezogen auf die Verwendung von nicht FTZ-geprüftem Gerät. [...] Wir wollen die Bundespost davon überzeugen, daß das wie in England gehandhabt wird, also grob gesagt, die Nutzung von nicht FTZ-geprüftem Gerät zugelassen wird.

---

85 Telefon-Datendienst, in: *mc – Die Mikrocomputer-Zeitschrift* 07/1983.
86 Öffentliche Mailboxen in der Bundesrepublik, in: *Die Datenschleuder* 2, April 1984, S. 1.
87 Kreatives Chaos, in: *64'er* 10/1984, S. 12-13, S. 176, hier S. 12.

> Das ist eine klare Forderung von uns. Wir sind das Gegenteil von Computerkriminellen, die wegen des eigenen finanziellen Vorteils in Computersysteme eindringen und irgendwelche Sachen von dort verkaufen.[88]

Ihr Ziel sei dabei, die Menschen zu einem kreativen Umgang mit dem Computer als Medium zu ermuntern.

> Wir wollen versuchen, die Leute von ihren Daddelspielen wegzuziehen und zu einem kreativeren Umgang mit dem Medium zu bewegen. Unsere Hoffnung ist, daß der Computer als neues Medium positiv zur Verständigung beiträgt.[89]

Dazu sei es wichtig, dass die Besitzer von Heimcomputern eigene Erfahrungen mit Computern als Medien machen.

> Online! Rein in die Dinger! [...] Wer da ein bißchen ernsthaft herangeht, wird relativ bald mit allem, was er sieht, unzufrieden sein. Er wird sagen: Verdammt noch mal, ich mache meine eigene Mailbox. Das ist ja das elektronische Äquivalent zu einer Zeitung. Die Medien per DFÜ ermöglichen so etwas für alle, die etwas sagen, etwas mitteilen wollen.[90]

Dieses Interview fand vor dem Hintergrund statt, dass 1984 in der Bundesrepublik ein erster, bescheidener Boom von Mailboxen stattfand. Nach Zählung von Wolfgang Spindler, der Anfang des Jahres 1985 ein »Mailbox-Jahrbuch« herausgab, gingen 1984 in der Bundesrepublik rund 50 Mailboxen ans Telefonnetz, die nach seiner Schätzung von rund 10.000 Nutzern angerufen wurden.[91]

Die Mailboxen, die in dieser Zeit in der Bundesrepublik entstanden, lassen sich in vier Gruppen einteilen. Zum einen gab es auch in der Bundesrepublik Mailboxen, die von Privatpersonen als Hobbyprojekte betrieben wurden. Erleichtert wurde dies durch Programme, die seit dem Frühjahr 1984 in der westdeutschen Heimcomputerszene kursierten und mit denen sich das populäre Computersystem Commodore 64 ohne eigenen Programmieraufwand als Mailbox nutzen ließ,[92] sofern ein Modem vorhanden war. Die einfachste, juristisch sauberste und zugleich teuerste Lösung hierfür war die Miete eines Modems von der Bundespost, für das monatlich mindestens 50 DM bezahlt werden musste. Die Verwendung eines Akustikkopplers für den Betrieb einer Mailbox war dagegen ohne monatliche Mietgebühren möglich, stellte den Heimcomputerbesitzer allerdings vor die Herausforderung, dass ein Koppler ankommende Gespräche nicht automatisch annehmen konnte. Einige private Mailboxbetreiber behalfen sich allerdings mit einer selbst gebauten Mechanik, die die Telefongabel bei ankommenden Gesprächen automatisch anhob und nach Gesprächsende wieder senkte, während der Telefonhörer dauerhaft mit dem Koppler verbunden war. Eine solche Konstruktion wur-

---

88   Ebenda, S. 13.
89   Ebenda.
90   Ebenda, S. 13, S. 176.
91   Vgl. Wolfgang Spindler, Das Mailbox-Jahrbuch. Ein Nachschlagewerk für Computer-Freaks und alle, die es werden wollen, Frankfurt a.M. 1985, S. 5.
92   Vgl. ebenda, S. 30.

de in der DFÜ-Szene als »Katze« bezeichnet, deren Einsatz als eine juristische Grauzone galt, solange die Apparatur nicht induktiv mit der Telefonklingel verbunden war.[93]

Solche Basteleien waren bei Mailboxen, die von Unternehmen betrieben wurden, eher unüblich. Die zweite Gruppe bildeten unternehmensinterne Mailboxen, über die Außendienstmitarbeiter mittels Akustikkoppler und tragbare Heimcomputer mit ihrer Firmenzentrale in Kontakt bleiben konnten oder die von Journalisten genutzt wurden, um Texte an ihre Redaktionen zu senden. Drittens betrieben einige Unternehmen auch Boxen, mit denen sie sich im weiteren Sinne an die Öffentlichkeit richteten. Hierunter fielen Angebote von Fachzeitschriften, die damit Zusatzdienstleistungen für ihre Leser erbrachten, wie die bereits erwähnte TEDAS der mc-Redaktion. In diese Gruppe fielen auch Mailboxen, mit denen Softwareproduzenten Kundenservice betrieben und Updates für ihre Programme verteilten.

Viertens entstanden ab 1984 auch in der Bundesrepublik größere, kommerzielle und kostenpflichtige Mailboxsysteme, die sich in erster Linie an professionelle und zahlungskräftige Nutzer richteten. Solche Systeme waren in der Regel neben dem Telefonnetz auch über das Datex-P-Netz der Bundespost angeschlossen und konnten von mehreren Kunden gleichzeitig genutzt werden. Der Anschluss an das Datex-Netz hatte den Vorteil, dass diese Systeme bundesweit zumindest aus Großstädten mit Einwahlknoten zu den Gebühren eines Ortsgesprächs erreichbar waren, wobei allerdings noch nutzungsabhängige Gebühren für das Datex-Netz hinzukamen.[94] Die Bundespost selbst begann Anfang des Jahres 1984 mit der Erprobung der »Telebox« als posteigenes Mailboxsystem im Telefon- und Datex-Netz. Für eine monatliche Mitgliedsgebühr von 80 DM konnten die Nutzer über Telebox elektronische Nachrichten mit anderen Nutzern des Systems austauschen.[95]

Die Bundespost sah sich auf dem Markt der professionellen Mailboxen aber der für sie ungewohnten Situation ausgesetzt, dass sie starke Konkurrenz hatte. Neben dem bereits erwähnten Dienst von RMI prägte in den 1980er Jahren vor allem Günther Leue mit seinem Unternehmen IMCA den westdeutschen Markt der kommerziellen Mailboxen. Leue war bereits in den 1950er Jahren als Vertreter von Remington Rand in den Datenverarbeitungsmarkt eingestiegen und war Ende der 1960er Jahre zum Beratungsunternehmen Diebold gewechselt. Zusammen mit seinem Sohn Christian Leue, der in den 1970er Jahren in den USA studiert hatte, gründete er 1981 im hessischen Haunetal das Unternehmen IMCA, das für den internationalen Markt Hard- und Software für Mailboxsysteme entwickelte und verkaufte. Seit Herbst 1982 betrieb IMCA im Datex-P-Netz der Bundespost eine Mailbox für den deutschen Markt. Für eine monatliche Gebühr von 40 DM erwarben die Nutzer formal die Mitgliedschaft im Verein zur Förderung der Telekommunikation und konnten das System nutzen, um mit anderen Vereinsmitgliedern Nachrichten auszutauschen oder in Foren zu diskutieren. Diese juristische

---

93 Vgl. »Die Katze darf das...«, in: *Die Datenschleuder* 13, Oktober 1985, S. 6; Für MAILBOX-Betreiber und solche, die es werden wollen. Aufbau eines legalen automatischen »Carier«- Beantworters, in: *Die Datenschleuder* 14, Dezember 1985, S. 5.
94 Vgl. Andreas Schmitt-Egenolf, Kommunikation und Computer. Trends und Perspektiven der Telematik, Wiesbaden 1990, S. 169-173.
95 Vgl. Spindler, Das Mailbox-Jahrbuch, S. 29.

Konstruktion wurde gewählt, da Leue befürchtete, mit dem elektronischen Nachrichtenaustausch könnte die Mailbox in einem Konflikt mit dem Postmonopol geraten, das der Bundespost das alleinige Recht zur Übermittlung von schriftlichen Nachrichten von Person zu Person gewährte.[96] Größere Verbreitung fand das Mailbox-System von IMCA in der Bundesrepublik, nachdem Leue im Jahr 1984 Lizenznehmer gefunden hatte und Unternehmen wie die Deutsche Mailbox GmbH begonnen, das System unter dem Namen »GeoNet« professionell zu vermarkten. 1986 schlossen sich die Lizenznehmer des Systems zum GeoMail-Verbund zusammen und organisierten den gegenseitigen Austausch und die Abrechnung von Nachrichten zwischen GeoNet-Mailboxen.[97]

GeoNet entwickelte sich in der zweiten Hälfte der 1980er Jahre zu einer wichtigen Kommunikationsplattform der westdeutschen DFÜ-Szene und wurde auch vom Chaos Computer Club zur Kommunikation und Diskussion genutzt. Seit 1986 bot der Club in Kooperation mit dem Bremer Unternehmen Infex den Mitgliedern des CCC e. V unter der Bezeichnung »Chaos Communication Center« einen Zugang zu einem GeoNet-System für nur 8 DM pro Monat an und bewarb dies als emanzipatorische Alternative zum Bildschirmtext.[98]

> Bildschirmtext hat gezeigt, daß man ein 2-Klassen-System (Anbieter und Abrufer) keinem bewußtem Menschen zumuten kann. Mailbox-Systeme kennen nur eine Klasse. Jeder Teilnehmer kann Informationen abrufen, kommentieren oder selber welche über die Schwarzen Bretter anbieten. Eine Mitgliedschaft im CCC e.V. ermöglicht die Teilnahme am Nachrichtenverkehr auf einem Geonet-System zu Preisen der Wunschmaschine Bildschirmtext. Alle Mailbox-Teilnehmer sind gleichberechtigte Informationsanbieter in einem Informationsbasar rund um Wissenschaft, Technik und alles was Spaß macht und wenig kostet. Kommerzielle Aktivitäten der Mitglieder sind dort unerwünscht.[99]

Mailboxen als alternative Medienpraxis

Das aktive Werben für die Mitgliedschaft auf einer kommerziellen Mailbox war allerdings im Umfeld des Clubs umstritten. Der jährliche Chaos Communication Congress des Clubs war gleichzeitig auch eine Zusammenkunft von privaten Mailboxbetreibern, die im Jargon der Szene als »System Operator«, abgekürzt »SysOps« bezeichnet wurden. Innerhalb der westdeutschen Hacker- und Mailboxszene bestand zwar große Übereinstimmung, dass zentrale Kommunikationssysteme wie Bildschirmtext durch eine vielfältige, dezentrale und zugängliche Kommunikationslandschaft ersetzt

---

96 Vgl. Spindler, Das Mailbox-Jahrbuch, S. 66; Günther Leue, Vom Glück der frühen Geburt. Ein Rückblick auf die Anfangsjahre der E-Mail, München 2009, S. 8.
97 Vgl. Leue, Vom Glück der frühen Geburt. Zum Funktionsumfang der GeoNet-Mailboxen siehe: Günter Musstopf, Mailbox-ABC für Einsteiger, Hamburg 1985.
98 Vgl. »Chaos Communication Center« – Fragen und Antworten. Wie komme ich auf die CCC-Mailbox?, in: *Die Datenschleuder* 16, September 1986, S. 14.
99 Chaos Computer Club. Partner auf den Weg zur Informationsgesellschaft, in: *Die Datenschleuder* 16, September 1986, S. 16.

werden sollten. Wie genau aber alternative Strukturen des Computers als Kommunikationsmedium aussehen und finanziert werden sollten, darüber gab es in der Szene unterschiedliche Vorstellungen. Einerseits bestand ein breiter Konsens, dass privat betriebene Mailboxen sinnvoll und wünschenswert sind, allerdings waren vor allem die politisch engagierteren Akteure der Szene der Meinung, dass die Informationen und Diskussionen auf einem Großteil der Boxen wenig Mehrwert bieten würden. »Wenige unterscheiden sich, die meisten fallen durch einheitliche Gleichmäßigkeit der Inhalte auf.«[100]

Konsens bestand ebenfalls darüber, dass sich die Aufgaben von SysOps nicht nur auf die Bereitstellung der technischen Infrastruktur und die Veröffentlichung der Rufnummer auf anderen Boxen beschränken könne. Damit Mailboxen sich zu einem zuverlässigen und alternativen Informationssystem entwickeln können, war eine aktive redaktionelle Betreuung notwendig, was sich bei unentgeltlichen Hobbyprojekten nur schwer realisieren ließ. Einige private Mailboxen gingen daher dazu über, die Nutzer finanziell an den Kosten zu beteiligen, was angesichts der Konkurrenz von kommerziellen Systemen und »der unzähligen C64-Boxen, die zum Nulltarif am Netz hangen[sic!], schon ein schwieriges Unterfangen [war], das nur durch die erhebliche Leistungssteigerung gegenüber den herkömmlichen Systemen sinnvoll und damit machbar wird.«[101] Für Reinhard Schrutzki, der in Hamburg die Mailbox CLINCH betrieb[102] und im Vorstand des CCC e. V. aktiv war, war daher ein kommerzielles GeoNet-System als »CCC Mailbox« problematisch:

> Diese Entwicklung kann durchaus dazu fuhren, daß[sic!] die augenblicklichen Versuche, eine autonome Informationsszene hohen Standards aufzubauen, im Keime erstickt, oder zumindest auf lange Sicht behindert werden und es stellt sich die Frage, ob das tatsachlich[sic!] im Sinne des Chaos Computer Clubs ist.[103]

Die Bemühungen, mit Mailboxen eine alternative Informationsszene und Medienpraxis zu etablieren, trugen in der zweiten Hälfte der 1980er Jahre allerdings Früchte. Dies lag einerseits daran, dass sich die strukturellen Voraussetzungen für Mailboxen und Datenkommunikation langsam verbesserten. Durch das Verfahren der EG-Kommission gegen die Bundespost begann sich bereits 1986 die Modemsituation zu entspannen. Der Anschluss von privaten Modems an die Telefonleitung war seit Dezember 1986 grundsätzlich erlaubt, auch wenn die nach wie vor notwendige Zulassung durch die Bundespost weiter mit Beschwerden über Verzögerungen und höheren Preisen für Modems in

---

100 Chaos Communication Congress ›85. Die Europäische Hackerparty, in: *Die Datenschleuder* 14, Dezmeber 1985, S. 1.
101 CCC auf kommerziellen Boxen – Rückschlag für private Betreiber?, in: *Die Datenschleuder* 16, September 1986, S. 7.
102 Zu Schrutzkis Erfahrungen als Mailbox-Betreiber siehe: Reinhard Schrutzki, Ein Mailboxbetreiber erzählt, in: Chaos-Computer-Club (Hg.), Die Hackerbibel Teil 2. Das Neue Testament, Löhrbach 1988, S. 96-104.
103 CCC auf kommerziellen Boxen – Rückschlag für private Betreiber? In: *Die Datenschleuder* 16, September 1986, S. 7.

Verbindung gebracht wurde.[104] Mit dem Bericht der Regierungskommission Fernmeldewesen und dem Grünbuch der EG war seit Herbst 1987 zudem absehbar, dass sich die Strukturen des bundesdeutschen Fernmeldesektors langfristig in Richtung einer liberalen Endgerätepolitik ändern wird (siehe Kapitel 7.d). Innerhalb der Mailboxszene war die sich abzeichnende Liberalisierung mit der Hoffnung verbunden, dass die Onlinekommunikation sich in der Bundesrepublik mittelfristig aus ihrem Nischendasein verabschieden und eine mit den USA vergleichbare Entwicklung einschlagen wird, und Mailboxen zu einem sichtbaren und relevanten Bestandteil der westdeutschen Medienlandschaft werden.

Neben diesen strukturellen Verbesserungen entspannte sich in der zweiten Hälfte der 1980er Jahre allmählich auch das Verhältnis der westdeutschen Alternativszene zum Computer. Nach der Reaktorkatastrophe von Tschernobyl wuchs hier die Bereitschaft, sich auf computerbasierte Gegenöffentlichkeiten und eine alternative Kommunikationsinfrastruktur einzulassen. Dies lag unter anderem daran, dass Hacker aus dem Umfeld der *Bayrischen Hackerpost* bereits wenige Tage nach dem Reaktorunfall eigene Messdaten in Mailboxen verbreitet hatten, die auch in der Bundesrepublik erhöhte Strahlungswerte zeigten, während die Bundesregierung in offiziellen Stellungnahmen noch eine Gefährdung der westdeutschen Bevölkerung bestritt.[105]

Diese Entwicklung führte dazu, dass sich die Beziehungen zwischen der Hacker- und Mailboxszene und der westdeutschen Alternativszene sowie Anspruch und Organisation von nicht profitorientierten Mailboxen verbesserten. In München gründeten 1986 einige politisch engagierte Heimcomputerfans und linke Journalisten um Joachim Graf und Gabriele Hooffacker den Sozialistischen Computerclub, der 1987 die Mailbox LINKS als eine dezidiert politische Kommunikations- und Diskussionsplattform ans Telefonnetz anschloss.[106]

Ende 1987 vereinbarten dann einige engagiertere SysOps auf dem jährlichen Chaos Communication Congress, sich und ihre Mailboxen enger zu vernetzen und nach dem Vorbild des amerikanischen Fidonetzes (siehe Kapitel 8.c) ein eigenes Mailboxnetz aufzubauen und den gegenseitigen Austausch von Nachrichten und Diskussionsbeiträgen zwischen ihren Boxen zu ermöglichen. Das Fidonetz selbst hatte sich mittlerweile zwar bereits in die Bundesrepublik ausgedehnt, stieß aber wegen seiner starren Netzwerkstruktur und des Verbots von verschlüsselten Nachrichten in der westdeutschen Hacker- und Alternativszene auf Vorbehalte. Stattdessen wurde die Mailbox-Software Zerberus, deren Entwicklerteam um Wolfgang Mexner und Hartmut Schröder sich offen für Anregungen aus der Mailboxszene zeigte, netzwerkfähig gemacht und konnte damit zur Grundlage eines eigenen Mailboxnetzes der westdeutschen Szene werden.[107] Von 1988 bis in die Mitte der 1990er Jahre bildete der nächtliche Nachrichtenaustausch

---

104 Vgl. ZZF-Zulassungsbedingungen vorerst nur für 2400S nach CCITT-Empfehlung V.26. Transparenz im Modem-Markt erst Ende ›87, in: *Computerwoche* 23/1987.
105 Vgl. NetzWorkShop, in: *Die Datenschleuder* 18, Februar 1987, S. 18; Martin Goldmann/Gabriele Hooffacker, Politisch arbeiten mit dem Computer. Schreiben und drucken, organisieren, informieren und kommunizieren, Reinbek 1991, S. 159.
106 Vgl. ebenda, S. 161-164.
107 Vgl. ebenda.

der Zerberus-Mailboxen über das Telefonnetz als Z-Netz einen wichtigen Bestandteil einer alternativen Kommunikationsinfrastruktur der bundesdeutschen Heimcomputerbesitzer, an der sich im Jahr 1990 schon 80 Mailboxen beteiligten,[108] und 1996 schließlich 450 Mailboxen teilnahmen.[109] Für den Erfolg des Z-Netzes war vor allem seine offene Struktur verantwortlich. Grundsätzlich konnte sich jede Mailbox am Datenaustausch des Z-Netzes beteiligen und mit jeder anderen Mailbox Nachrichten oder Diskussionsbeiträge austauschen, die in thematisch und hierarchisch gegliederte »Bretter« aufgeteilt waren. Nicht jede Mailbox musste dabei alle Bretter übernehmen, sondern konnte sich auch auf bestimmte Themengebiete beschränken.

Damit bot das Z-Netz eine flexible Infrastruktur für eine große thematische Bandbreite an Diskussionsforen, die neben den auf Mailboxen üblichen Computer- und Technikthemen auch kulturelle und politische Themenfelder abdeckten. Eine Besonderheit waren dabei sogenannte Overlaynetze, dessen Mailboxen innerhalb des Z-Netzes thematische Schwerpunkte setzten. Bereits 1988 waren außerhalb von München weitere LINKS-Mailboxen entstanden, die untereinander ihre Diskussionsforen austauschten. Im selben Jahr entstand in Hannover mit /COMPOST ein Bereich des Z-Netzes, der einen Schwerpunkt auf die Themen der Ökologiebewegung legte. Ab 1990 begannen die Organisatoren dieser beiden Overlaynetze eine engere Zusammenarbeit und gründeten im Oktober 1990 den Dachverein ComLink. 1991 legten LINKS und COMPOST ihre Diskussionsforen zusammen und verbreiteten als »Computernetzwerk Linksysteme« (/CL-Netz) Informationen und Diskussionen aus dem linksalternativen Spektrum.[110] Anfang der 1990er Jahre entstanden schließlich weitere Overlaynetze, die das Z-Netz zum Nachrichtenaustausch nutzten, wie das gewerkschaftliche SoliNet[111] oder das feministische Netzwerk WOMEN[112].

Mit dem Aufleben der westdeutschen Mailboxszene in der zweiten Hälfte der 1980er Jahre war auch die Diskussion verbunden, die Tradition der linksalternativen Medienläden und -initiativen der 1970er Jahre in Form von »Computerläden« wieder aufleben zu lassen, in denen eine alternative Medienarbeit mit Computern betrieben und erfahren werden sollte. In der *Datenschleuder* wurde dieser Gedanke im Jahr 1986 folgendermaßen zusammengefasst:

> Aufgabe dieser Computerläden sei unter anderem, anwendungsorientiertes Wissen zu vermitteln und Interessenten anhand referierbarer Projekte dazu zu befähigen, das Medium zur Umsetzung eigener Interessen sachgerecht einzusetzen.[113]

---

108 Vgl. Klemens Polatschek, Natur am Netz. Über die ersten Versuche, mit elektronischen Mitteln ökologische Informationssysteme aufzubauen, in: DIE ZEIT 4/1990, S. 48.

109 Vgl. padeluun, Das Z-Netz – die Mutter aller Netze, in: FoeBuD e.V. (Hg.), MailBox auf den Punkt gebracht. Mit Zerberus und CrossPoint zu den Bürgernetzen, Bielefeld 1996, S. S. 1.3-1.8.

110 Vgl. Peter Lokk, Zur Geschichte von CL-Netz und Link-M. Die ersten zehn Jahre, in: Gabriele Hooffacker (Hg.), Wem gehört das Internet? Dokumentation zum Kongress »20 Jahre Vernetzung« am 16. und 17. November 2007 in München, München 2008, S. 17-31.

111 Vgl. Andreas Hoppe/Markus Koch, Das SoliNet, in: FoeBuD e.V. (Hg.), MailBox auf den Punkt gebracht. Mit Zerberus und CrossPoint zu den Bürgernetzen, Bielefeld 1996, S. 1.19-1.28.

112 Vgl. Sabine Stampfel, Das WOMEN-Netzwerk, in: FoeBuD e.V. (Hg.), MailBox auf den Punkt gebracht. Mit Zerberus und CrossPoint zu den Bürgernetzen, Bielefeld 1996, S. 1.41-1.43.

113 Jürgen Wieckmann: NetzWorkShop. In: *Die Datenschleuder* 18, Februar 1987, S. 18.

Die Idee, einen Begegnungsort mit dem Computer als Medium zu schaffen, veranlasste 1987 auch das CCC-Mitglied Reinhard Schrutzki dazu, seine Mailbox CLINCH als virtuelle Anlaufstelle der Hamburger Hackerszene mit dem Betrieb eines kleinen Ladengeschäftes im Hamburger Stadtteil Horn zu verbinden.

> [In dem] Laden sollte das große Konzept realisiert werden, einer der Träume fast jedes Hackers der damaligen Zeit: Das eigene Wissen und die eigene Fähigkeit zur Informationswiederbeschaffung in bare Münze für den Lebensunterhalt einschließlich der jeweils neuesten Computer umzusetzen.[114]

Zwischen 1987 und 1989 war der CLINCH-Laden zwar Anlaufstelle der Hamburger Hackerszene, war aber ein kommerzieller Misserfolg, sodass das CCC-Vorstandsmitglied Schrutzki den Laden im Kontext des konflikthaften Auseinanderbrechens des Clubs im Oktober 1989 schließlich aufgab.[115]

Erfolgreicher war dagegen ein Projekt der Bielefelder Medienkünstler Rena Tangens und padeluun, ihre 1984 gegründete Kunstgalerie mit dem Betrieb einer Mailbox zu verbinden. 1987 waren die beiden an der Gründung des FoeBuD e. V. (Verein zur Förderung des öffentlichen bewegten und unbewegten Datenverkehrs) beteiligt, der mit der Mailbox BIONIC zu einer zentralen Institution des Z-Netzes wurde. Die Mitglieder des FoeBuD engagierten sich vor allem durch Workshops, Dokumentation und Anleitungen dafür, Computer und Mailboxen zu einem Medium zu machen, das auch für weniger technikaffine Menschen zugänglich und nützlich ist.[116]

9.c Zwischenfazit: Der Medienaktivismus der Hacker

Im linksalternativen Milieu Westdeutschlands wurde in den 1970er Jahren eine rege Medienarbeit betrieben, durch die eine Gegenöffentlichkeit zu den etablierten Medien aufgebaut werden sollte. Ergebnis dieser Aktivitäten waren vor allem gedruckte Zeitungen und Zeitschriften, sowie im audiovisuellen Bereich Experimente mit Video. Die anfänglich noch offene Haltung dieser Bewegung zu »Neuen Medien« wie Breitbandkabelnetze oder Bildschirmtext waren im Laufe der Dekade immer kritischer geworden. Die Mehrheit der linksalternativen Medienaktivisten befürchtete, dass solche Technologien in erster Linie zur Kommerzialisierung des Mediensystems führen und die Manipulation der Bevölkerung erleichtern wird. Als zu Beginn der 1980er Jahre die ersten Heimcomputer in der Bundesrepublik verfügbar waren, ordneten die Mehrheit der Medienaktivisten sie in diese Interpretation ein, da die Geräte von einem großen Teil der Bevölkerung und Wirtschaft nur als neuartiges Spielzeug oder unzuverlässige »Bastel-Computer« gedeutet wurden.

---

114 Reinhard Schrutzki, Der CLINCH-Laden, www.schrutzki.net/texte/eigene/clinch/clinch_1.php3 (26.2. 2019).
115 Vgl. ebenda.
116 Vgl. FoeBuD e.V. (Hg.), MailBox auf den Punkt gebracht. Mit Zerberus und CrossPoint zu den Bürgernetzen, Bielefeld 1996.

Die in der amerikanischen Alternativszene verbreitete Deutung von Heimcomputern als Verkörperung der nahenden »Computerrevolution« fand dagegen in der Bundesrepublik zunächst nur wenig Resonanz. Hier waren es die Akteure aus dem Umfeld des Chaos Computer Clubs, die das Narrativ der »Computerrevolution« aufgriffen, es mit dem Grundgedanken der alternativen Medienarbeit verknüpften und so zu einer differenzierteren Deutung des Heimcomputers kamen. Während sie die linksalternative Kritik am Bildschirmtext teilten, dass durch die Trennung von Anbietern und Konsumenten nur die Strukturen der alten Medien reproduziert werden, bewerteten sie Heimcomputer anders. Durch ihre Vernetzung mit dem Telefonnetz konnten die kostengünstigen Geräte als preisgünstige, dezentrale und zugängliche Medientechnologie genutzt werden, durch die eine partizipative und autonome digitale Gegenöffentlichkeit möglich wird.

Der Versuch, für ihre Kritik am Bildschirmtext mediale Aufmerksamkeit mit einem »virtuellen Bankraub« zu generieren, führte allerdings zu einer medialen Dynamik, die den existierenden Trend aufgriff, die gesellschaftlichen Ängste vor der zwar spürbaren, aber ansonsten weitgehend noch unsichtbaren Computerisierung auf die neuartige Figur des Hackers zu projizieren. Das Image der im halblegalen agierenden »heimlichen Experten für Computersicherheit« verschaffte den Mitgliedern des Clubs zwar die Aufmerksamkeit der etablierten Medien, dominierte aber auch seine mediale Rezeption. Seine Forderung nach einer neuartigen Medien- und Telekommunikationspolitik ohne Einschränkung durch das Fernmeldemonopol wurde daher außerhalb der eigenen Szene kaum wahrgenommen und rezipiert. Daher trat der Chaos Computer Club, von der breiten Öffentlichkeit weitgehend unbemerkt, vor allem szeneintern für die Verwirklichung des »Menschenrechts auf freien Datenaustausch« ein, zunächst vor allem durch die Versorgung der westdeutschen Heimcomputerszene mit Modems.

Davon unabhängig verbesserte sich vor allem durch die einsetzende Reform des Fernmeldesektors, die vornehmlich mit ökonomischen Argumenten geführt wurde, seit Mitte der 1980er Jahre auch in der Bundesrepublik die Voraussetzungen für das Kommunikationsmedium Heimcomputer. Ab dem Ende des Jahrzehnts gelang es der Szene dann, durch den Aufbau von Mailboxnetzen wie dem Z-Netz, den Heimcomputer als alternatives Kommunikationsmedium zu etablieren. Anfang der 1990er Jahre, nach der ersten Postreform, nutzten dann auch kommerzielle Onlinedienste wie CompuServe die neuen Freiheiten der Telekommunikation in Deutschland und konnten neben dem ebenfalls zu einem Onlinedienst für Heimcomputer umgestalteten Bildschirmtext zahlreiche Kunden gewinnen. Wie im folgenden Epilog gezeigt wird, schuf dies die Voraussetzung dafür, dass ab der Mitte der 1990er Jahre immer mehr Haushalte Zugang zum Internet als universelles Datennetz erhielten.

Epilog: Und das Internet?

In den 1990er Jahren breitete sich, ausgehend von den USA, in fast allen Ländern der Welt das Internet aus. Seitdem gilt das Netz als Verkörperung und Treiber der medialen Revolution des Computers und der damit einhergehenden Veränderungen der gesellschaftlichen und politischen Kommunikationsstrukturen. Diese Wirkmacht verdankte das Internet dem Umstand, dass es die verschiedenen Entwicklungspfade in sich vereinte, in die sich die Verbindung von Datenverarbeitung und Telekommunikation seit den 1960er Jahren aufgespalten hatte. Mit dem Internet verschmolzen die Vielzahl der unterschiedlichen privaten und kommerziellen Computernetzwerke und der Kommunikationsraum der »Modemwelt« zu einem einheitlichen, globalen Phänomen.

Diesen Erfolg verdankte das Internet, oder genauer, das dem Internet zugrundeliegende Netzwerkprotokoll TCP/IP, vor allem der Tatsache, dass es ein Problem löste, das durch die wachsende Vielfalt an unterschiedlichen Computernetzwerken und Kommunikationsmöglichkeiten in den 1980er Jahren immer relevanter geworden war: Kommunikation und Datenaustausch über die Grenzen eines Systems oder Netzwerks hinaus.

Die Matrix

Seit den 1970er Jahren hatten sich durch die Liberalisierung des amerikanischen Telekommunikationssektors in den USA verschiedene Datennetzwerke und Netzwerkprotokolle etablieren können. Neben den öffentlichen Datennetzwerken wie Telenet und Tymnet hatten auch Computerhersteller eigene Netzwerkprotokolle entwickelt und boten ihren Kunden Zugang zu Datennetzen an, etwa das BITNET von IBM oder das EASYnet von DEC. Hinzukam eine größere Zahl von forschungs-, firmen- und organisationsinterne Netzwerke sowie kooperative Netze wie das FidoNet oder das Usenet, bei denen die Nutzer den Austausch von Nachrichten und Daten zwischen verschiedenen Computern eigenständig organisierten. Die Nutzer von Heimcomputern konnten außerdem über kommerzielle Onlinedienste wie CompuServe oder The Source, größeren Bulletin Boards wie The Well sowie einer wachsenden Zahl von privaten BBS am Daten- und Nachrichtenaustausch teilnehmen. Außerhalb der USA wurde diese Vielfalt noch durch Datennetze und Dienste der Telekommunikationsmonopolisten ergänzt, etwa das Datex-P-Netz oder Bildschirmtext und Telemail der Bundespost.

Diese Netze und Dienste waren nicht hermetisch voneinander abgeschlossen, sondern ein Datenaustausch war über verschiedene Übergänge zwischen den Netzen möglich. Den computerbasierten Kommunikationsraum, der sich aus den lose verbundenen Computernetzwerken und Diensten ergab, beschrieb der Amerikaner John S. Quarterman 1989 in einem voluminösen Buch und bezeichnete ihn in Anlehnung an einen Begriff des Science-Fiction-Autors William Gibson als »Matrix«:

> The Matrix is a worldwide metanetwork of connected computer networks and conferencing systems that provides unique services that are like, yet unlike, those of telephones, post offices, and libraries.[1]

Als kleinster gemeinsamer Nenner der digitalen Kommunikation hatte sich der Austausch von Textnachrichten herausgebildet, die als persönliche Nachrichten (»messages«, »electronic mail«) oder öffentliche Diskussionsbeiträge (»echo mails«, »articles«) auch zwischen unterschiedlichen Diensten und Netzen ausgetauscht wurden. Für Quarterman bildeten sie den Kern der Matrix. »There is on service that is converted and interconnected almost universally: electronic mail. This is the glue that holds the Matrix together.«[2]

Der Nachrichtenaustausch zwischen unterschiedlichen Netzen und Diensten war allerdings komplex und von der Verfügbarkeit von Gateways abhängig. So konnten die Nutzer eines Bulletin Boards des FidoNet über ein entsprechendes Gateway zwar Nachrichten mit den Nutzern des Usenets austauschen,[3] die Kunden des Onlinedienstes GEnie waren dagegen auf den Dienst beschränkt,[4] während CompuServe die Nachrichten seiner Nutzer auch mit dem Dienst MCI Mail des amerikanischen Telekommunikationsanbieters MCI austauschte.[5] Für Quarterman glich der Nachrichtenaustausch über die Matrix daher einem Dschungel.

> The moral of all this is that there is no magic formula to get mail between any two points in the matrix. It's a jungle with trails that may cross and conflict, lead to wrong place, or become overgrown.[6]

Vor allem die Europäer setzten zur Vereinheitlichung des Nachrichtenaustauschs in den 1980er Jahren auf das OSI-Referenzmodell, das mit den Empfehlungen der X.400-Serie seit 1984 auch Standards für den Austausch von Nachrichten zwischen verschiedenen Diensten vorsah. Der Nachrichtenaustausch über X.400 war allerdings integraler Be-

---

1 John S. Quarterman, The matrix. Computer networks and conferencing systems worldwide, Boston 1989, S. xxiii.
2 Ebenda, S. 216.
3 Vgl. ebenda, S. 256-257.
4 Vgl. ebenda, S. 611.
5 Vgl. ebenda, S. 608.
6 Ebenda, S. 224.

standteil der OSI-Protokollfamilie und setzte daher ein OSI-kompatibles Netzwerk und Computersystem voraus, die in den 1980er Jahren selten waren.[7]

Das Internetprotokoll

Bereits in den 1980er Jahren spielte daher das Internetprotokoll für den Nachrichtenaustausch zwischen den verschiedenen Netzwerken und Diensten eine zentrale Rolle. Dies lag vor allem an der Flexibilität des Protokolls, das Mitte der 1970er Jahre mit dem Ziel entwickelt worden war, eine zuverlässige Kommunikation über unterschiedliche und bis zu einem gewissen Grad auch unzuverlässige Netzwerke zu ermöglichen.

Hintergrund war, dass bei der ARPA, nachdem sie mit dem ARPANET Anfang der 1970er Jahre die Machbarkeit von paketbasierten Datennetzen über festverbundene Leitungen gezeigt hatte (siehe Kapitel 1.b), mit alternativen Übertragungsmethoden experimentiert wurde. Da die Datenübertragung über Funk oder Satelliten andere Anforderungen an die verwendeten Protokolle stellte, konnte das Protokoll des ARPANET hierfür nicht einfach übernommen werden. Für das funkbasierte PRNET (»packed radio network«) und das satellitenbasierte SATNET musste die ARPA daher andere Netzwerkprotokolle entwickeln. Die neuen Netze hatten daher zunächst keine Verbindung zum bereits bestehenden ARPANET. Im Frühjahr 1973 beauftragte Robert Kahn als zuständiger Programmdirektor der ARPA daher Vincent Cerf mit der Entwicklung eines zusätzlichen Netzwerkprotokolls, das ein »Internetting« zwischen den unterschiedlichen Netzwerken ermöglichen sollte. 1974 legten beide einen ersten Entwurf für ein Protokoll vor, mit dem unterschiedliche Netzwerke zu einem einheitlichen Metanetzwerk zusammengeschaltet werden konnten.[8]

Kern ihres Entwurfs war das Transmission Control Protocol (TCP), über das die an den unterschiedlichen Netzwerken angeschlossenen Computer mithilfe von Gateways miteinander Daten austauschen konnten. Die Funktion der einzelnen Netzwerke bestand lediglich daraus, Datenpakete von den Computern zu den Gateways zu übertragen; sämtliche darüberhinausgehende Aufgaben übernahmen die beteiligten Computer und die Gateways. TCP verbarg damit die Unterschiede der beteiligten Netzwerke vor den Nutzern, die den Eindruck hatten, über ein einziges, einheitliches Metanetzwerk zu kommunizieren. Nach einigen Versuchen und weiteren Versionen wurde das »internetwork protocol« 1978 weiter vereinfacht und aufgeteilt. Gateways waren seitdem nur für die Weiterleitung von Datenpaketen über das Internet Protocol (IP) zuständig, während die weitergehenden Funktionen von TCP, wie die Gewährleistung einer stabilen Verbindung, von den beteiligten Computern übernommen wurden.[9]

---

[7] Vgl. Kai Jakobs, Why then did the X.400 e-mail standard fail? Reasons and lessons to be learned, in: *Journal of Information Technology* 28 (2013), S. 63-73.

[8] Vgl. Vinton G. Cerf/Robert E. Kahn, A Protocol for Packet Network Intercommunication, in: *IEEE Transactions on Communications* 22 (1974), S. 637-648.

[9] Vgl. Abbate 1999, Inventing the Internet, S. 113-133; Barry M. Leiner u.a., A brief history of the internet, in: *ACM SIGCOMM Computer Communication Review* 39 (2009), H. 5, S. 22; Russell, OSI: The Internet That Wasn't.

Das Internet entsteht

Mit der Übernahme von TCP/IP durch verschiedene Netzwerke entstand im Laufe der 1980er Jahre ein einheitliches Metanetzwerk, das als Internet bezeichnet wurde. Den Nukleus des Internets bildeten dabei zwei Netzwerke: das ab 1981 neu geschaffene Forschungsnetzwerk CSNET sowie das bereits seit 1969 bestehende ARPANET.

Die ARPA, die seit 1972 als Defense Advanced Research Projects Agency (DARPA) ihre Zugehörigkeit zum Militär stärker betonte, hatte 1975 den Betrieb des ARPANET an die Defense Communications Agency (DCA) abgegeben. Im Kern blieb das Netzwerk zwar ein Forschungsnetzwerk, an das Hochschulen und Forschungsinstitute mit militärischen Forschungsprojekten angeschlossen waren. Zusätzlich nutzten nun aber auch die amerikanischen Streitkräfte das Netz. Eine militärische Nutzung des ARPANET war allerdings nur übergangsweise vorgesehen, mittelfristig sollte hierfür ein neues Netzwerk aufgebaut werden, das seit 1976 von Western Union unter dem Namen »AUTODIN II« entwickelt wurde. AUTODIN II wurde zwar als eigenständiges Netzwerk geplant; da dem DCA aber eine Verbindung mit dem bestehenden ARPANET sinnvoll erschien, erklärte das amerikanische Verteidigungsministerium das Internetprotokoll TCP/IP zum militärischen Standard, das beide Netze verbinden sollte. Im Jahr 1981 wurde die Entwicklung von AUTODIN II allerdings aus Kostengründen gestoppt und durch ein neues Datennetzwerk (Defense Data Network) ersetzt, das auf bestehender Netzwerkinfrastruktur und auf mittlerweile erhältlicher, handelsüblicher Netzwerktechnik basierte, die durch TCP/IP zu einem einheitlichen Datennetzwerk vereint werden sollten. Im März 1981 ordnete die DCA daher an, dass das ARPANET bis zum 01.01.1983 auf TCP/IP umgestellt werden muss. Unter großem Zeitdruck wurde das ARPANET daher auf das neue Protokoll umgestellt, und seit dem Juni 1983 nutzten die an das ARPANET angeschlossenen Computer nur noch das Internetprotokoll TCP/IP.[10]

Das zweite Netzwerk, das TCP/IP übernahm und sich mit dem ARPANET zum Internet zusammenschloss, war das Computer Science Network (CSNET). Entstehungskontext des CSNET war, dass in der zweiten Hälfte der 1970er Jahre an den Computerfakultäten der amerikanischen Hochschulen die Unzufriedenheit mit der Netzwerksituation wuchs. Das ARPANET hatte sich in dieser Zeit zu einem viel genutzten Werkzeug der amerikanischen Computerwissenschaft entwickelt, zu dem allerdings nur ausgewählte Hochschulen mit militärischen Forschungsprojekten Zugang hatten. Um diese Zweiklassengesellschaft zu beenden, begannen ab 1979 einige Fachbereiche bei der amerikanischen Forschungsförderungsgesellschaft National Science Foundation (NSF) Mittel für ein Forschungsnetzwerk einzuwerben, zu dem alle Hochschulen und Forschungseinrichtungen Zugang haben sollten. Als die NSF 1981 schließlich Gelder für das Computer Science Network (»CSNET«) bewilligte, entschieden die Netzwerkplaner, bei diesem neuen Netzwerk ebenfalls TCP/IP einzusetzen und es mit dem ARPANET zu verbinden. Auf diese Weise konnten die Hochschulen, die Zugang zum ARPANET hatten, darüber auch am CSNET teilnehmen und das CSNET die Infrastruktur des ARPANET mitnutzen.[11] Möglich war dies, da die DCA unter dem Eindruck der medialen

---

10 Vgl. Abbate, Inventing the Internet, S. 133-143.
11 Vgl. ebenda, S. 183-185.

Debatte über Aktivitäten von Phreakern und Hackern in Datennetzen (siehe Kapitel 8.c) die militärische Nutzung in das MILNET ausgelagert hatte. Das ARPANET war daher seit 1982 wieder ein reines Forschungsnetzwerk, das nur über wenige Gateways mit dem MILNET verbunden war.[12]

Durch die Verwendung des Netzwerkprotokolls TCP/IP und den Zusammenschluss des ARPANET mit dem CSNET entstand ab 1983 das Internet als Metanetzwerk, mit dem Computerbenutzer aus unterschiedlichen Netzwerken auf entfernte Computer zugreifen und mit ihren Nutzern kommunizieren konnten.

Seinen langfristigen Erfolg verdankte das Internet der Tatsache, dass es sich relativ einfach und unbürokratisch erweitern ließ und so eine wachsende Zahl von Netzwerken, Computern und Menschen Teil des Kommunikationsraums werden konnten.

Alles, was eine amerikanische Hochschule oder ein Forschungsinstitut in den 1980er Jahren machen musste, um seine lokalen Computer mit dem Internet zu verbinden, war es, auf den Rechnern das Netzwerkprotokoll TCP/IP zu installieren und den Geräten eindeutige Internetadressen zuzuteilen. Da für das an Hochschulen und Forschungsinstituten populäre Betriebssystem Unix seit 1983 eine Implementierung von TCP/IP vorhanden war, stellte dies keine große Herausforderung dar. Anschließend mussten die Rechner nur noch mit dem Internet verbunden werden. Sofern die Hochschule an das ARPANET angeschlossen war, konnten die Rechner über ein lokales Netzwerk damit verbunden werden; andere Teilnehmer des CSNET nutzten den kommerziellen Netzwerkanbieter Telenet und übertrugen ihren IP-Datenverkehr über eine X.25-Verbindung. Kleinere Hochschulen konnten auch bedarfsabhängige Verbindung über das Telefonnetz (»Phonenet«) aufbauen, um am Nachrichtenaustausch innerhalb des CSNET teilzunehmen.

Im Laufe der 1980er Jahre schlossen daher immer mehr Hochschulen und Forschungseinrichtungen ihre lokalen Netzwerke an das CSNET und damit dem Internet an. Einzige Bedingung war, dass sie die Verbindung selbst finanzieren und Mitgliedsgebühren an das CSNET zahlen mussten; außerdem durfte das Netzwerk nicht für kommerzielle Zwecke genutzt werden. 1986 waren bereits die Computer von über 200 lokalen Netzwerken über TCP/IP zusammengeschlossen. Bis 1989 stieg diese Zahl auf über 500 an.[13]

Die Professionalisierung der Internetinfrastruktur begann in der zweiten Hälfte der 1980er Jahre mit dem Aufbau einer nationalen Netzwerkinfrastruktur durch die NSF. Hintergrund war, dass die NSF die Nutzung der von ihr finanzierten Supercomputer erleichtern und durch den Aufbau eines Hochgeschwindigkeitsnetzes für die wissenschaftliche Forschung zugänglicher machen wollte. Im Umfeld einiger »Supercomputer-Centers« finanzierte die NSF dazu den Aufbau von regionalen Datennetzen, die 1988 über das landesweite Hochgeschwindigkeitsnetz NSFNET miteinander verbunden wurden. Da das NSFNET ebenfalls TCP/IP verwendete, löste es bis 1990 das ARPANET als grundlegende Infrastruktur (»Backbone«) des Internets vollständig ab.[14]

---

12   Vgl. ebenda, S. 142-143.
13   Vgl. ebenda, S. 186-188.
14   Vgl. Quarterman, The matrix, S. 301-345; Abbate, Inventing the Internet, S. 191-195.

In dem von Quarterman als Matrix bezeichneten Verbund von lose verbundenen Computernetzwerken und Diensten hatten die vielen lokalen, regionalen und nationalen Netzwerke, die über TCP/IP zu einem einheitlichen Internet zusammengeschlossen waren, bereits 1989 eine Sonderrolle. Schon Anfang der 1970er Jahre hatte die Nutzergemeinschaft des ARPANET einen ersten Standard entwickelt, wie Textnachrichten auf entfernten Computersystemen hinterlegt werden können. Diese Methode des elektronischen Nachrichtenaustauschs unter den Teilnehmern hatte sich zur meistgenutzten Funktion des ARPANET und später des Internets entwickelt.[15] Als relativ große und kontinuierlich wachsende Teilmenge der Matrix verband der Austausch von Textnachrichten über die Protokolle des Internets nicht nur die direkten Teilnehmer des Netzes, seit Ende der 1980er Jahre hatte auch eine wachsende Zahl von Nutzer anderer Netze und Nachrichtendienste Zugang zum E-Maildienst des Internets. So konnten die Nutzer des FidoNet seit 1988 mit den Nutzern des Internets E-Mails austauschen;[16] CompuServe verband seine Nachrichtenfunktion ab 1989 ebenfalls mit dem Internet.[17]

In den 1990er Jahren wurde die Infrastruktur des Internets dann privatisiert. Diese Entwicklung basierte auf zwei Grundlagen. Zum einen gründeten sich ab 1989 im Umfeld von amerikanischen Hochschulen Unternehmen, die einen kommerziellen Markt für TCP/IP-basierte Netzwerke erschlossen. Da eine kommerzielle Nutzung des NSFNET zu diesem Zeitpunkt noch nicht erlaubt war, mussten die ersten Internet Service Provider, UUNET und PSInet, sich von Telekommunikationsunternehmen Leitungen mieten und eigene Netzwerke aufbauen. Im Juli 1991 schlossen sie ihre Netzwerke gemeinsam mit den Betreibern des kalifornischen CERFNET zusammen und schufen mit der Gründung des ersten Commercial Internet Exchange (CIX) eine alternative Infrastruktur des Internets. Zum anderen ermöglichte die Entstehung einer kommerziellen Internetinfrastruktur der NSF, sich bis 1995 aus der Finanzierung des NSFNET zurückzuziehen und den Betrieb des Internets vollständig in private Hände zu legen.[18]

Wie das Internet nach Europa kam

In Westeuropa konkurrierte das Netzwerkprotokoll TCP/IP bis zur ersten Hälfte der 1990er Jahre mit den Protokollen des OSI-Referenzmodells, dessen Einsatz in der Bundesrepublik von der Bundesregierung als Teil ihrer Standardisierungsstrategie gefördert wurde (siehe Kapitel 7.c). Dies galt insbesondere für den Hochschulbereich, in dem es seit Anfang der 1980er Jahre ebenfalls Projekte zum Aufbau von Forschungsnetzwerken gab.

---

15 Vgl. Abbate, Inventing the Internet, S. 106-110. Siehe zur Entwicklung von E-Mail auch: Siegert, Die Geschichte der E-Mail.
16 Vgl. Quarterman, The matrix, S. 256-257.
17 Vgl. ebenda, S. 608-613. Siehe auch: Thomas Haigh, Protocols for Profit. Web and E-mail Technologies as Product and Infrastructure, in: Paul E. Ceruzzi/William Aspray (Hg.), The Internet and American business, Cambridge, Mass. 2008, S. 105-158, hier S. 110-116.
18 Vgl. Janet Abbate, Privatizing the Internet. Competing Visions and Chaotic Events, 1987-1995, in: *IEEE Annals of the History of Computing* 32 (2010), H. 1, S. 10-22; Greenstein 2017, How the Internet Became Commercial, S. 65-96.

Eine Initiative ging dabei von IBM aus, das ab 1984 den Aufbau des EARN (European Academic and Research Network) finanziell unterstützte, das über ein Gateway mit dem amerikanischen BITNET verbunden war. Das EARN war, wie das BITNET, ein auf IBM-Rechnern und Netzwerkprotokollen basierendes Store-and-Foreward-Netzwerk und daher vor allem zum Versand von zeitunkritischen Daten wie persönlichen Nachrichten und Forschungsergebnissen geeignet.[19] Die Netzwerkaktivitäten von IBM wurden allerdings von der Bundesregierung als problematisch bewertet, da sie eine Ausweitung von IBMs Marktmacht auf den Telekommunikations- und Netzwerkbereich befürchtete. Auf Initiative des Bundesministeriums für Forschung und Technologie schlossen sich die westdeutschen Hochschulen und Forschungsinstitutionen daher 1984 zum Verein zur Förderung eines Deutschen Forschungsnetzes e. V. zusammen, der ein westdeutsches Forschungsnetzwerk aufbauen und damit die Nachfrage für OSI-kompatible Netzwerktechnik in Gang bringen sollte.[20] Da die Unterstützung des EARN durch IBM ohnehin nur bis 1987 vorgesehen war und die Hochschulen nicht zwei parallele Netzwerke finanzieren wollten, sollte das EARN in das DFN integriert werden.[21] Um die Verbindung der nationalen Forschungsnetzwerke zu koordinieren, gründeten die westeuropäischen Betreiber von Forschungsnetzwerken wie dem DFN im Jahr 1986 außerdem die RARE (Réseaux Associés pour la Recherche Européen).[22]

Als Teil des DFN-Projekts konnten seit 1984 auch Nachrichten zwischen der Bundesrepublik und den Nutzern des amerikanischen CSNET ausgetauscht werden. Die Verbindung mit dem CSNET wurde dabei vom Rechenzentrum der Universität Karlsruhe über eine X.25-Verbindung zwischen dem Datex-P-Netz der Bundespost und dem amerikanischen Netzbetreiber Telenet realisiert.[23] Eine erste Anwendung von TCP/IP in einem größeren Umfang in Europa fand ab demselben Jahr beim europäischen Kernforschungszentrum CERN in Genf statt, wo mit dem Protokoll die gewachsene Vielfalt und Komplexität der unterschiedlichen Netzwerke vereinheitlicht wurde. Das TCP/IP-Netz des CERN war bis 1989 allerdings nicht mit dem Internet verbunden.[24]

Ein Datenaustausch zwischen Europa und dem amerikanischen NSFNET mittels TCP/IP wurde zuerst vom europäischen Zweig des Usenets (siehe Kapitel 8.c) organisiert. In Westeuropa hatten sich Ende der 1970er Jahre ebenfalls Nutzergruppen des Betriebssystems Unix gebildet, die sich 1981 zur European UNIX Users Group (EUUG)

---

19 Vgl. Franz Busch/Hagen Hultzsch/Roland Wolf, EARN. Status und Perspektiven, in: W. Brauer u.a. (Hg.), Kommunikation in Verteilten Systemen I, Bd. 95, Berlin/Heidelberg 1985, S. 248-256.
20 Vgl. OSI-Konformität hat Vorrang vor Eigenentwicklungen. Viele neue Fische im Deutschen Forschungsnetz, in: *Computerwoche* 26/1986.
21 Vgl. EARN-Engagement schließt Mitarbeit beim DFN nicht aus: Im Forschungsbereich fährt IBM zweigleisig, in: *Computerwoche* 49/1984.
22 Vgl. Bressan/Davies, A history of international research networking, S. 11-14.
23 Vgl. Werner Zorn/Michael Rotert/M. Lazarov, Zugang zu internationalen Netzen, in: W. Brauer u.a. (Hg.), Kommunikation in Verteilten Systemen I, Berlin 1985, S. 145-167. Zu den Hintergründen der »ersten deutschen Internet E-Mail« siehe auch: Werner Zorn, Zum 30. Jahrestag der 1. deutschen Internet E-Mail vom 03. August 2014, 2014, https://www.informatik.kit.edu/downloads/zu-30Jahre Internet-EMail-V01-28Jul2014.pdf (13.1.2021).
24 Vgl. Ben Segal, A Short History of Internet Protocols at CERN, April 1995, http://ben.web.cern.ch/b en/TCPHIST.html (12.1.2021).

zusammengeschlossen hatten. Nach dem Vorbild des amerikanischen Usenets organisierte die EUUG ab 1982 das EUnet als ein kooperatives Netzwerk, mit dem über das Telefon oder X.25 europaweit Nachrichten zwischen verschiedenen Unix-Systemen ausgetauscht wurden. Die Verbindung zwischen dem europäischen EUnet und dem amerikanischen Usenet wurde dabei über einen Unix-Rechner (»mcvax«) beim Centrum Wiskunde & Informatica in Amsterdam realisiert, der über X.25 mit einem Rechner am seismologischen Institut der University of Maryland (»seismo«) verbunden war.[25] Über diese Verbindung wurden ab 1988 IP-Pakete mit dem amerikanischen CSNET ausgetauscht, was Ausgangspunkt für ein erstes europaweites IP-Netz war, das als »InterEUnet« von den europäischen Unix-Nutzergruppen aufgebaut wurde.[26] Der deutsche Knotenrechner des EUnet und des InterEUnet befand sich an der Universität Dortmund (»unido«).[27]

Im größeren Umfang erreichte das Internet Europa dann über eine Hochgeschwindigkeitsverbindung (T1, 1.5 Mbps) zwischen dem NSFNET an der Cornell University in den USA und dem CERN, die von IBM ab 1989 als Teil seines Supercomputerprogramms finanziert wurde. Da das CERN mit Netzwerken in fast allen westeuropäischen Ländern verbunden war, wurde es durch diese Verbindung vorübergehend zum Mittelpunkt des sich langsam entwickelnden europäischen Internets.

Im Mai 1989 wurde mit der Gründung der RIPE (Réseaux IP Européens) bei einem Treffen der europäischen Betreiber von IP-Netzwerken in Amsterdam die Organisation und Koordination des Internets in Europa schließlich formalisiert. Als ab 1990 innerhalb und zwischen den europäischen Forschungsnetzwerken der TCP/IP-Verkehr dann immer weiter zunahm, begann RARE als Dachorganisation der Forschungsnetzwerke von ihrer strikten OSI-Orientierung abzurücken und unterstützte, zuerst nur übergangsweise, die Nutzung von TCP/IP und begann mit der RIPE zusammenzuarbeiten.[28]

Ab 1993 entstanden dann auch in der Bundesrepublik im Umfeld der universitären Netzwerke erste Anbieter von kommerziellen, TCP/IP-basierten Datennetzen, die über Modem, ISDN oder Datex-P Zugang zum Internet anboten. Bereits Anfang des Jahres gliederte das EUnet seine kommerziellen Netzwerkaktivitäten in eine gleichnamige GmbH aus, und im November entstand mit »Xlink« ein weiterer kommerzieller Internetanbieter in der Bundesrepublik, der aus den Internetaktivitäten der Universität Karlsruhe hervorgegangen war.[29] Die deutschen Betreiber von IP-Netzen konnten in den ersten Jahren die Daten ihrer Kunden nur über amerikanische Netze austauschen, sodass EUnet, Xlink und das Mikroelektronik Anwendungszentrum Hamburg sich Anfang des Jahres 1995 zusammentaten und mit der Gründung des DE-CIX in Frankfurt a.M. als gemeinsamem Netzaustauschknoten der deutschen Internetprovider die Professionalisierung der Internetinfrastruktur in Deutschland einleiteten.[30]

---

25 Vgl. Bressan/Davies, A history of international research networking, S. 78-83.
26 Vgl. Segal, A Short History of Internet Protocols at CERN; Bressan/Davies, A history of international research networking, S. 83-84.
27 Vgl. Quarterman, The matrix, S. 452-456.
28 Vgl. Carpenter, Network Geeks, S. 88-90.
29 Vgl. GUUG beteiligt sich an großem Unix-Netzwerk, in: Computerwoche 37/1992; Eunet startet mit dem Betrieb der Netzdienste, in: Computerwoche 8/1993, S. 19.
30 Vgl. Stefanie Schneider, Provider verbessern Datenfluss, in: Computerwoche 14/1995, S. 41.

Die große Konvergenz. Von der Modemwelt der 1980er zum Internet der 1990er Jahre

Der Aufbau von privaten IP-Netzen in den USA und Europa schuf die Grundlage dafür, dass sich in den 1990er Jahren auch private Haushalte mit dem Internet verbinden konnten, wodurch es sich von einem Metanetzwerk aus Hochschul- und Forschungsnetzwerken zur zentralen Infrastruktur des Kommunikationsmediums Computer und zum Inbegriff einer Medienrevolution wandelte.

Bei dieser Entwicklung spielte die »Modemwelt« eine zentrale Rolle. Wie gezeigt, hatte sich in den USA durch die Liberalisierung des amerikanischen Telekommunikationssektors und die parallele Verbreitung von Heimcomputern in den 1980er Jahren ein Kommunikationsraum entwickelt, in dem neben privaten BBS und größeren Onlinediensten auch ein Markt für kommerzielle Bulletin Boards existierte. In fast allen Städten und Regionen der USA gab es Boards, deren Betreiber ihren Kunden kostenpflichtige Dienstleistungen wie Diskussionsforen, Chats oder Pornografie anboten. Diese Betreiber verfügten über die technische Infrastruktur und die Kundenbeziehungen, um das Internet in die privaten Haushalte zu bringen. Um zu einem Internet Service Provider (ISP) zu werden, mussten sie ihre Systeme lediglich an ein kommerzielles TCP/IP-Netzwerk anschließen. Etwa ab dem Jahr 1993 wurde es in den USA daher üblich, dass kommerzielle Boards ihren Kunden als zusätzlichen Service auch Zugang zum Internet anboten. Hinter diesem Angebot stand zunächst die Absicht, sich von der Konkurrenz abzuheben und die Kunden zu zusätzlichen, kostenpflichtigen Verbindungen zu motivieren.[31]

Um von ihren heimischen Rechnern auf sämtliche Computer und Dienste des Internets zugreifen zu können und damit eine neue Dimension der digitalen Kommunikation zu erleben, mussten die Kunden dieser Boards auf ihren Computern nur das Netzwerkprotokoll TCP/IP installieren. Damit waren sie nicht länger auf die Bulletin Boards in ihrem Vorwahlbereich oder kommerzielle Onlinedienste beschränkt, sondern konnten auf eine unüberschaubar wirkende Zahl an Informationsangeboten und Diensten des Internets zugreifen. Über »ftp« konnten sie Dateien und Programme von Universitätsrechnern oder Softwareherstellern herunterladen, mit »telnet« eine Terminalverbindung zu entfernten Computern aufbauen und Dienste und Programme auf dem System nutzen, oder mit »irc« mit Computernutzern in der ganzen Welt chatten. Auch der Austausch von persönlichen Nachrichten wurde durch das Internet leichter. Mit der Popularisierung des Internets löste der E-Mail-Austausch über den Internetstandard die Nachrichtenfunktionen von Bulletin Boards oder die Nutzung von Mailboxnetzen wie dem FidoNet fast vollständig ab und wurde Mitte der 1990er Jahre zum Defacto-Standard des elektronischen Nachrichtenaustauschs. Aufgrund der Vorteile des Internets verlagerte ein Großteil der amerikanischen Heimcomputernutzer, die zuvor den Kommunikationsraum der »Modemwelt« bevölkert hatten und sich mit Modems

---

31 Vgl. Shane Greenstein, Innovation and the Evolution of Market Structure for Internet Access in the United States, in: Paul E. Ceruzzi/William Aspray (Hg.), The Internet and American business, Cambridge, Mass. 2008, hier S. 54-64; Greenstein, How the Internet Became Commercial, S. 130-156.

und dem Telefonnetz in Bulletin Boards oder Onlinedienste eingewählt hatten, ihre Aktivitäten ins Internet. Viele Betreiber von privaten Bulletin Boards folgten diesen veränderten Nutzergewohnheiten und machten ihr Board ebenfalls über das Internet erreichbar.

Die Popularisierung des Internets über die erfahreneren und technikaffinen Nutzer von Heimcomputern ging allerdings mit der Verbreitung eines weiteren Internetprotokolls einher. Mit der Auszeichnungssprache HTML und dem dazugehörigen Übertragungsprotokoll http hatte der Brite Tim Berners-Lee ab 1989 am CERN die Grundlagen für das World Wide Web geschaffen, mit dem die Informationsressourcen und Dienste des Internets über eine intuitive und grafische Oberfläche für breitere Bevölkerungskreise zugänglich wurden.[32]

Zu einem Massenphänomen wurde der Zugang zum Internet in den USA dann durch die großen kommerziellen Onlinedienste wie Prodigy, CompuServe und AOL, die ab 1995 ihren Kunden ebenfalls den Zugang zum Internet ermöglichten. Durch ihre in großer Zahl verbreitete Zugangsprogramme senkten sie die technischen Hürden weiter ab und sorgten durch massives Marketing dafür, dass neue Nutzer Onlinedienste und damit auch das Internet für sich entdecken konnten.[33]

Angesichts der wachsenden Nutzerzahlen des Internets und des World Wide Web in den USA hatte bereits 1994 eine Debatte eingesetzt, ob diese Technik die Medienmärkte der Zukunft bestimmen werde. Als Schlüssel zur Kontrolle dieses neuen Marktes galt in dieser Zeit die Software, mit der das Web auf den Computern der Nutzer dargestellt wurde. Als im August 1995 das Unternehmen Netscape als Anbieter des Webbrowsers Netscape Navigator an die Börse ging und am ersten Tag bereits für mehr als 2 Milliarden US-Dollar gehandelt wurde,[34] setzte eine Dynamik ein, durch die Investoren und Risikokapitalgeber immer mehr Geld in das Internet und das Web investierten. In den nächsten Jahren stieg die Bewertung von nahezu allen Unternehmen, die mit dem Internet in Verbindung gebracht wurden. Von dieser Entwicklung konnte zunächst vor allem AOL profitieren, das 1998 den Konkurrenten CompuServe übernahm und Ende der 1990er Jahre mit deutlichem Abstand Marktführer unter den amerikanischen ISPs war. 1999 kaufte es dann den Browserhersteller Netscape auf und konnte sogar kurzfristig den Medienkonzern Time Warner übernehmen, ehe sich mit dem Platzen der

---

32 Vgl. Abbate, Inventing the Internet, S. 212-218; Haigh, Protocols for Profit, in: Ceruzzi/Aspray (Hg.), Internet and American business, S. 124-128.

33 Vgl. Haigh, Protocols for Profit, in: Ceruzzi/Aspray (Hg.), Internet and American business, S. 128-147; Thomas Haigh, The Web's Missing Links. Search Engines and Portals, in: Ceruzzi/Aspray (Hg.), The Internet and American business, S. 159-199, hier S. 174-181; Greenstein, Innovation and the Evolution of Market Structure for Internet Access, in: Ceruzzi/Aspray (Hg.), Internet and American business, S. 64-74.

34 Vgl. Robert H. Reid, Architects of the Web. 1,000 days that built the future of business, New York 1997, S. 1-68; Haigh, Protocols for Profit, in: Ceruzzi/Aspray (Hg.), Internet and American business, S. 129-130.

sogenannten Dotcom-Blase im März 2000 das Börsenumfeld für Internetunternehmen vorerst deutlich abkühlte.[35]

In der Bundesrepublik ging die Ausbreitung des Internets abseits des Hochschulbereichs ebenfalls von der »Modemwelt« aus. Anfang der 1990er Jahre kam innerhalb der deutschen Mailboxszene ebenfalls der Wunsch auf, an der Kommunikation über internationale Datennetze teilzunehmen und insbesondere Zugang zum Internet zu bekommen. In einigen Regionen taten sich Hochschulabsolventen zusammen und gründeten selbstorganisierte Netzanbieter, um die Kommunikationsmöglichkeiten des Internets auch unabhängig vom Zugang zu universitären Rechenzentren nutzen zu können. Mehrere dieser regionalen Initiativen schlossen sich 1991 zum Individual Network e. V. zusammen. Der Verein schloss für die Initiativen mit den Betreibern von TCP/IP-Netzwerken in der Bundesrepublik Verträge, durch die ihre Mitglieder sich an die IP-Netze des EUnet oder des DFN anschließen konnten.[36]

Ab dem Jahr 1995 wurde dann auch in der Bundesrepublik das Internet im größeren Umfang für private Haushalte zugänglich. Im Frühjahr schaltete der in der Bundesrepublik populäre Onlinedienst CompuServe das Internet für seine Kunden vollständig frei und ermöglichte ihnen damit insbesondere die Nutzung des WWW. Auch AOL entschied sich in diesem Jahr für den Markteintritt in der Bundesrepublik. Nachdem der Burda Verlag angekündigt hatte, unter dem Namen »Europe Online« (EOL) einen eigenen Onlinedienst in der Bundesrepublik aufzubauen, gründete AOL gemeinsam mit dem Medienkonzern Bertelsmann eine deutsche Tochterfirma, die den Onlinedienst samt Internetzugang auch in der Bundesrepublik verfügbar machte.[37] Im Herbst, in der Tradition, Neuerungen bei seinem Onlinedienst auf der IFA zu verkünden, folgte schließlich auch die mittlerweile in eine Aktiengesellschaft umgewandelte Bundespost-Telekom diesem Trend und schaltete für seine mittlerweile 840.000 Kunden des ursprünglichen Bildschirmtexts, der mittlerweile mit dem Namen »Datex-J« als Onlinedienst für Heimcomputer vermarktet wurde (siehe Kapitel 6.b), den Zugang zum Internet frei und nannte in diesen Zusammenhang den Dienst in »T-Online« um.[38]

Die Ausbreitung des Internets in den 1990er Jahren wurde von der deutschen Hacker- und Mailboxszene begrüßt und aktiv gefördert. Dies lag vor allem daran, dass TCP/IP nicht zwischen Sender und Empfänger unterscheidet und daher jeder mit dem Internet verbundene Computer Informationen gleichberechtigt mit allen anderen Computern austauschen konnte. Damit glich das Internet von der Zugänglichkeit her dem Telefonnetz, bei dem ebenfalls an jedem Anschluss eine Mailbox betrieben werden konnte, wobei das Internet den Vorteil hatte, dass es einen weltweiten

---

35 Vgl. Greenstein, Innovation and the Evolution of Market Structure for Internet Access, in: Ceruzzi/Aspray (Hg.), Internet and American business, S. 64-69; Haigh, Protocols for Profit, in: Ceruzzi/Aspray (Hg.), Internet and American business, S. 124-131.

36 Vgl. Martin Scheller u.a., Internet Werkzeuge und Dienste. Von »Archie« bis »World Wide Web«, Berlin 1994, S. 16; Klaus Kamps, Elektronische Demokratie? Perspektiven politischer Partizipation, Wiesbaden 1999, S. 199-200.

37 Vgl. Minderheitsbeteiligung und Joint-venture beschlossen. Bertelsmann macht gemeinsame Sache mit America-Online-Dienst, in: *Computerwoche* 10/1995, S. 4.

38 Vgl. Telekom benennt Datex-J in T-Online um. Mit einem frischen Make-up im heißen Online-Herbst überleben, in: *Computerwoche* 35/1995, S. 4.

Informationsaustausch ohne Zusatzkosten ermöglichte. Während Ende der 1970er Jahre in der Bundesrepublik noch darüber debattiert worden war, ob das Verbreiten von »Informationen für Mehrere« über elektronische Textsysteme den öffentlich-rechtlichen Rundfunkanstalten vorbehalten werden sollte, und beim Bildschirmtext Informationsanbieter anfangs eine staatliche Zulassung benötigten (siehe Kapitel 6.b), konnte nun jeder Teilnehmer des Internets beliebige Informationen veröffentlichen.

Das dezentrale, vielfältige und mitunter auch chaotische Internet der 1990er Jahre kam damit den Vorstellungen eines »Mediums Computers« nahe, die vom Chaos Computer Club Anfang der 1980er Jahre formuliert wurden. Es ermöglichte eine alternative Medienpraxis mit Computern als Kommunikationsmedium, die zumindest in der Anfangszeit weitgehend frei vom Einfluss staatlicher Institutionen oder den Strukturen des traditionellen Medienmarktes war. Mit dem Internet schien damit das »›neue‹ Menschenrecht auf zumindest weltweiten freien, unbehinderten und nicht kontrollierbaren Informationsaustausch (Freiheit für die Daten) unter ausnahmslos allen Menschen und anderen intelligenten Lebewesen«[39] Realität geworden zu sein, dessen Verwirklichung der Chaos Computer Club 1984 zu seiner Aufgabe erklärt hatte.

---

39   Chaos Computer Club 1984, Der Chaos Computer Club stellt sich vor.

Schluss

Am Anfang dieses Buches wurde die These aufgestellt, dass die Aktivitäten des Chaos Computer Clubs von einem für die frühen 1980er Jahre neuen Verständnis des vernetzten Computers als Kommunikationsmedium geprägt waren und sich in einen langfristigen Aushandlungsprozess einordnen lassen, durch den zwischen den späten 1960er und 1990er Jahren der Computer als Kommunikationsmedium geformt wurde. An dieser Stelle können diese Thesen nun belegt werden, der Aushandlungsprozess analysiert und die Frage beantwortet werden, welche Rolle der Chaos Computer Club in diesem Prozess innehatte.

Vor allem zwei Faktoren haben die Entwicklung des Computers zu einem Kommunikationsmedium beeinflusst. Dies war erstens der Umstand, dass die technische Entwicklung von Computern und Telekommunikation schneller verlief, als sie politisch und gesellschaftlich verstanden und bewältigt werden konnte. Hinzu kam zweitens, dass diese Entwicklung mit unterschiedlichen Maßstäben bewertet wurde. Während für die amerikanische und bundesdeutsche Hackerszene der freie Zugang zu Telekommunikation Voraussetzung für die individuelle Freiheit in einer digitalen Gesellschaft war, war in der Arena der Politik die Debatte über Telekommunikation vor allem von ökonomischen Argumenten definiert.

In Kapitel 1 wurde gezeigt, dass die Entwicklung des Computers in den USA zwischen den 1950er und 1980er Jahren maßgeblich von zwei Strukturmerkmalen geprägt war. Dies war zum einen das Verhältnis des Bell Systems zur Computerindustrie. Durch das Consent Decree musste AT&T seit 1956 seine Geschäftstätigkeit auf den regulierten Telekommunikationssektor beschränken. Dies hatte zur Folge, dass sich in den USA die Datenverarbeitung, trotz ihrer technologischen Nähe, zunächst weitgehend unabhängig vom Telekommunikationssektor entwickelte. Zweitens beeinflusste die Kybernetik die Entwicklung des Computers. In den 1950er Jahren machte das SAGE-Projekt den Computer zu einem interaktiven Kommunikationspartner des Menschen. In den 1960er Jahren führten dann die Entwicklung von Timesharing und das Konzept der Computer Utility schließlich dazu, dass die Datenverarbeitungsbranche die Vorteile einer Verbindung von Computern über Telekommunikationsnetze entdeckte. In diese Phase fiel auch die Erkenntnis, dass vernetzte Computer mächtige Werkzeuge der zwischenmenschlichen Kommunikation sein können.

In Kapitel 2 wurde dann gezeigt, dass schon in den 1970er Jahren die gesellschaftlichen Potenziale von vernetzten Computern als Kommunikationsmittel bekannt waren. Obwohl durch den in Kapitel 3 geschilderten Liberalisierungsprozess, etwa durch die Carterfone-Entscheidung der FCC, die Verbindung von Computern über Telekommunikationsnetze erleichtert wurde, verletzte die Nutzung von Computern als Kommunikationsmedium weiter die durch das Consent Decree notwendige Grenze zwischen Telekommunikation und Datenverarbeitung. Das Bell System durfte einem Dienst wie Bildschirmtext nicht anbieten, während Timesharing-Anbietern mit einem elektronischen Nachrichtendienst eine Regulierung durch die FCC gedroht hätte.

Dies führt zum ersten Einflussfaktor: Der Aushandlungsprozess des Computers als Kommunikationsmedium wurde in starkem Umfang davon beeinflusst, dass die technische Entwicklung schneller verlief, als sie politisch, gesellschaftlich oder regulatorisch bewältigt werden konnte, was zu Spannungen und Widersprüchen führte. Dies zeigte sich besonders bei der Reaktion auf das Aufkommen von Heimcomputern, die sich Mitte der 1970er Jahre in den USA innerhalb weniger Monate von Hobbyprojekten einiger Elektronikbastler zu einem kommerziellen Massenprodukt entwickelten und damit die etablierte Computerindustrie überraschte.

An dieser Stelle spielte ein zeitlicher Zusammenfall eine entscheidende Rolle. Der Interessenkonflikt zwischen der Telekommunikationsindustrie und der Datenverarbeitungsbranche hatte die Nutzung des Kommunikationsmediums Computer in den USA zunächst verzögert. Erst nachdem die FCC mit der Computer-II-Entscheidung 1979 auf eine Regulierung von sogenannten hybriden Diensten verzichtet und es dem Wettbewerb überlassen hatte, die gemeinsamen Entwicklungsdynamiken von Telekommunikation und Datenverarbeitung zu nutzen, gewann der vernetzte Computer als Kommunikationsmedium an Dynamik. Zu diesem Zeitpunkt hatte sich der Heimcomputer allerdings bereits zu einem Massenprodukt entwickelt, der in Verbindung mit dem liberalisierten Telekommunikationssektor einen niedrigschwelligen Zugang zum Computer als Kommunikationsmedium ermöglichte. Neben kommerziellen Onlinediensten wie CompuServe oder The Source etablierte sich in den USA daher auch die Praxis, Heimcomputer am Telefonnetz als dezentrales Kommunikationsmedium zu nutzen.

Diese Entwicklung in den USA wirkte sich auch auf die Bundesrepublik aus. Auch hier verzögerte sich die Nutzung des Computers als Kommunikationsmittel durch Kompetenzstreitigkeiten über seine Einordnung in das Mediensystem so lange, bis sich seine technologischen Grundlagen durch den Heimcomputer verändert hatten. Wie in Kapitel 6 gezeigt wurde, plante die Bundesregierung seit Sommer 1976 unter dem Namen Bildschirmtext die Einführung eines neuen Fernmeldedienstes, mit dem über das Telefonnetz Informationen von einem zentralen Computersystem zur Darstellung auf dem Fernsehbildschirm abgerufen werden konnten. Diese Form des Computers als Kommunikationsmedium sah eine Regulierung der Kommunikation und Trennung von Informationsanbietern und Nutzern vor. Erst 1984 konnte Bildschirmtext allerdings in seiner endgültigen Form genutzt werden. Zu diesem Zeitpunkt waren aber auch in der Bundesrepublik Heimcomputer verbreitet, und einige ihrer Nutzer forderten mit Blick auf ihre Nutzungspraxis als dezentrales Kommunikationsmedium in den USA ebenfalls eine Liberalisierung des Fernmeldemonopols.

Aus dieser Differenz zwischen dem bereits liberalisierten Telekommunikationssektor der USA und dem stockenden bundesdeutschen Reformprozess erklärt sich der Konflikt des Chaos Computer Clubs und der westdeutschen Hacker- und Mailboxszene mit der Bundespost. In Kapitel 9 wurde gezeigt, dass eine Wurzel des Chaos Computer Clubs in der politischen Medienarbeit des alternativen Milieus der 1970er Jahre lag. In weiten Teilen der linksalternativen Medieninitiativen hatte sich in der zweiten Hälfte der 1970er Jahre die Haltung durchgesetzt, dass von den »neuen Medien«, wie sie von der Bundesregierung geplant waren, in erster Linie die großen Medienkonzerne profitieren werden. Die Akteure des Chaos Computer Clubs, wie Klaus Schleisiek und Wau Holland, teilten diese Bewertung, waren aber auch von der amerikanischen Rezeption einer »Computer-Revolution« beeinflusst und gingen davon aus, dass sich erst durch eine breite Adaption und kreativen Einsatz der Technologie das wahre, gesellschaftsverändernde Potenzial von Computern zeigen wird. In der Verwendung des Heimcomputers als Kommunikationsmedium nach amerikanischem Vorbild sahen sie daher Möglichkeiten, die Medienarbeit des alternativen Milieus fortzusetzen und mit einer dezentralen und kostengünstigen Medientechnologie eine autonome Gegenöffentlichkeit aufzubauen.

Im Jahr 1984, als der Chaos Computer Club erstmalig von der bundesdeutschen Öffentlichkeit wahrgenommen wurde, basierten sowohl die politische Bewertung des Kommunikationsmediums Computer durch das alternative Milieu als auch seine Umsetzung als Bildschirmtext durch die Bundespost noch auf dem technologischen Stand der frühen 1970er Jahre, der sich mittlerweile durch Heimcomputer allerdings grundlegend verändert hatte. Der CCC lehnte das Bildschirmtextsystem der Bundespost daher als ein in dieser Form nicht notwendiges, zentrales und letztlich vom Staat organisiertes Modell des Computers als Kommunikationsmedium ab und setzte sich stattdessen für eine partizipative und dezentrale Praxis des Heimcomputers als Medium ein.

»Alle bisher bestehenden Medien werden immer mehr vernetzt durch Computer.«[1] Diese Erkenntnis beeinflusste die Aktivitäten des Chaos Computer Clubs in besonderer Weise. Hinter der Forderung nach »freie[m], unbehinderte[m] und nicht kontrollierte[m] Informationsaustausch« und »Freiheit für die Daten«[2] stand daher die Einsicht, die etwa zeitgleich auch von Ithiel de Sola Pool in den USA formuliert wurde: In einer vernetzten Medienwelt wird die Presse- und Meinungsfreiheit letztlich von der Freiheit des Computers als Kommunikationsmedium definiert. Und in der Bundesrepublik der 1980er Jahre wurde diese Freiheit vor allem durch das staatliche Fernmeldemonopol eingeschränkt.

Dies führt zum zweiten Einflussfaktor, der den Aushandlungsprozess des Computers als Kommunikationsmedium geprägt hat. Während der Zugang zu Telekommunikation für die Mitglieder des Chaos Computer Clubs eine Grundsatzfrage der Meinungsfreiheit und damit letztlich einer freiheitlichen Gesellschaft war, bewertete die Mehrzahl der Akteure, die sich mit dem Thema befassten, den Zugang zu Telekommunikation primär als ökonomische Frage.

---

1 Chaos Computer Club 1984, Der Chaos Computer Club stellt sich vor.
2 Ebenda.

Wie in Kapitel 5 gezeigt wurde, war die Perspektive der Bundesregierung auf Computer seit den 1960er Jahren von der Wahrnehmung einer volkswirtschaftlich bedrohlichen »Computerlücke« geprägt, die in den 1970er Jahren auch nicht mit staatlichen Fördermitteln geschlossen werden konnte. In Kapitel 7 wurde dann der Umgang der Bundespost mit der Vernetzung von Computern thematisiert, die seit den späten 1960er Jahren bemüht war, aus finanziellen Gründen eine Einschränkung des Fernmeldemonopols wie in den USA zu verhindern. Der Konflikt zwischen der Bundespost und Teilen der westdeutschen Computerindustrie endete 1977 mit der Stärkung des Fernmeldemonopols durch das Bundesverfassungsgericht.

In dieser Situation wurde im Bundeswirtschaftsministerium und von der Industrie dann eine neue industriepolitische Strategie formuliert, die das Fernmeldemonopol als Stärke verstand, die der westdeutschen Computer- und Telekommunikationsindustrie helfen sollte, auf dem Weltmarkt konkurrenzfähig zu werden. Kernelement dieser Strategie war die Digitalisierung des Telefonnetzes mit ISDN und die Standardisierung von Datenkommunikation durch das OSI-Referenzmodell. ISDN und OSI versprachen durch eine klare Aufgabenteilung den Interessenkonflikt zwischen der Computerindustrie und dem staatlichen Fernmeldemonopol beizulegen. Während die Bundespost mit ISDN ihr Monopol auf die Übertragung von Daten behalten sollte, ermöglichte das OSI-Referenzmodell auf den darüberliegenden Schichten Wettbewerb bei Endgeräten und Diensten.

An dieser Stelle zeigt sich erneut, dass unterschiedliche Geschwindigkeiten und daraus entstehende Widersprüche ein wesentliches Element des Aushandlungsprozesses des Computers als Kommunikationsmedium waren. Erste Planungen, mit der Standardisierung von Datenkommunikation einen Interessenausgleich zwischen Telekommunikation und Datenverarbeitung herzustellen, begannen 1977, und die Fernmeldeindustrie und die Bundespost fingen 1979 mit der Vorbereitung der Digitalisierung des Telefonnetzes an. Aber erst 1988, nach Abschluss von zwei vierjährigen Studienperioden des CCITT, war der Prozess so weit abgeschlossen, dass die Bundespost mit dem Aufbau von ISDN beginnen konnte.

Als ab 1983 auch in der Bundesrepublik Heimcomputer in größeren Stückzahlen verkauft wurden und die Bundespost mit Forderungen konfrontiert wurde, zur Vernetzung der Geräte einen liberaleren Umgang mit Datenübertragung zuzulassen, musste sie die Nutzer darauf vertrösten, dass sich in voraussichtlich fünf Jahren mit der Einführung von ISDN die Situation für private Heimcomputerbesitzer verbessern wird, und konnte bis dahin nur auf Bildschirmtext verweisen. Wäre die Bundespost den Wünschen nach einem liberaleren Umgang mit Modems zu diesem Zeitpunkt nachgekommen, hätte ihr allerdings der Kontrollverlust über Datenübertragung gedroht, ähnlich wie dies AT&T passiert war, und damit wäre mittelfristig ihr Fernmeldemonopol gefährdet. Dies sollte mit der Digitalisierung des Telefonnetzes verhindert werden, die gleichzeitig ein zentraler Baustein der industrie- und technologiepolitischen Strategie der Bundesregierung war. Mit seiner Forderung nach einem Menschenrecht auf freien Informationsaustausch und seiner aktiven Verwirklichung, etwa durch die Verwendung von nicht postzugelassenen Modems, stellte der Chaos Computer Club daher das Fernmeldemonopol in Frage und bedrohte damit die Zukunft der Bundespost sowie die industriepolitischen Pläne der Bundesregierung.

Am Anfang dieses Buches wurde die Frage formuliert, welche Funktion der Chaos Computer Club innerhalb des Aushandlungsprozesses des Computers als Kommunikationsmedium hatte. Hier kann nun eine Antwort gegeben werden. Der Chaos Computer Club griff in der ersten Hälfte der 1980er Jahre die Widersprüche auf, die sich aus dem komplexen Aushandlungsprozess des Computers als Kommunikationsmedium in der Bundesrepublik ergaben, und wies auf Alternativen hin. Zu Widersprüchen kam es durch den Versuch der Bundespost und der Bundesregierung, aus ökonomischen Gründen die Kontrolle über Datenübertragung zu behalten, obwohl sie damit die Möglichkeiten, bereits jetzt von der »Computer-Revolution« und dem Computer als Kommunikationsmedium zu profitieren, einschränkte. Als Alternative zur ökonomischen Instrumentalisierung von Telekommunikation warb der Chaos Computer Club für die Nutzung des Heimcomputers und des Telefonnetzes als Instrument eines »freien, unbehinderten und nicht kontrollierten Informationsaustausch[es]« und setzte sich damit für ein Ende des staatlichen Fernmeldemonopols ein.

Diese Erkenntnis liefert auch eine Teilantwort auf die Frage, welchen Anteil die Aktivitäten einzelner Individuen oder Gruppen gegenüber dem Handeln staatlicher Institutionen oder langfristigen, technologischen und politischen Wandlungsprozessen bei der Aushandlung des vernetzten Computers als Kommunikationsmedium hatten. Der vernetzte Computer als Kommunikationsmedium wurde durchaus vom Erfindergeist und der Kreativität einzelner Menschen geformt, die Handlungsräume nutzten und Widersprüche thematisierten, die während des komplexen Zusammenspiels der verschiedenen, parallel verlaufenen Entwicklungs- und Aushandlungsprozesse entstanden waren. So machte Alan Fierstein ab 1971 mit der YIPL auf den Widerspruch aufmerksam, dass das amerikanische Telefonnetz als Werkzeug zur Vernetzung der Counterculture sich im Besitz eines als mächtig und skrupellos geltenden Konzerns befindet, und verbreitete Informationen, wie dieses Werkzeug genutzt werden kann, ohne dass das Bell System davon profitiert.

Auch die Elektronikbastler, die Anfang der 1970er Jahre begannen, kleine und preisgünstige Computer zu bauen, nutzten die brachliegenden Handlungsmöglichkeiten, die der Mikroprozessor geschaffen hatte, mit dem Mikroelektronikhersteller zunächst nur die wachsende Komplexität ihrer Schaltungen beherrschbar machen wollten, und veränderten damit den Computer und seine Nutzung als Kommunikationsmedium nachhaltig. Auch Dennis Hayes und Dale Heatherington sowie Ward Christensen und Randy Suess nutzten mit der Kommerzialisierung des Modems bzw. dem Aufbau des ersten Bulletin Board Systems Freiräume, die durch die Verbindung des Heimcomputers mit dem Liberalisierungsprozess des amerikanischen Telekommunikationssektors entstanden waren, und griffen damit nachhaltig in den Aushandlungsprozess des Computers als Kommunikationsmedium ein.

In der Bundesrepublik sahen Wau Holland und die Mitglieder des Chaos Computer Clubs schließlich zu Beginn der 1980er Jahre die Widersprüche zwischen der Ablehnung von Computern durch das alternative Milieu und den Möglichkeiten des Heimcomputers als alternatives Medium.

Dass das staatliche Fernmeldemonopol in der Bundesrepublik zwischen der ersten Hälfte der 1980er Jahre und den späten 1990er Jahren kontinuierlich an Bedeutung verlor, ist allerdings nicht der Erkenntnis zu verdanken, dass der freie Zugang zur Telekommunikation in einer digital vernetzten Medienwelt die Grundlage für eine freiheitliche Gesellschaft bildet. Stattdessen verschob sich ab Mitte der 1980er Jahre der Diskussionsrahmen und die Ökonomisierung von Telekommunikation in der Bundesrepublik beschleunigte sich. Durch einen diskursiven Bedeutungsgewinn von Wettbewerb geriet das Argument, dass das starke deutsche Fernmeldemonopol im globalen Wettbewerb ein strategischer Vorteil sein kann, in die Defensive. Stattdessen orientierte sich die Reformdebatte immer stärker am Vorbild der USA. Durch die Wettbewerbspolitik der EG und die Empfehlungen der Regierungskommission wurde daher das Endgerätemonopol bereits beim analogen Telefonnetz aufgehoben, und bis 1998 wurde Telekommunikation in der Bundesrepublik vollständig für den Wettbewerb freigegeben. Da sich durch diesen Prozess der westdeutsche Telekommunikationssektor dem amerikanischen anglich, veränderte sich damit auch in der Bundesrepublik die Voraussetzung für die Verwendung des Heimcomputers als Kommunikationsmedium. Wie in Kapitel 9 dargestellt, konnte sich daher ab der zweiten Hälfte der 1980er Jahre auch in der Bundesrepublik eine »Modemwelt« entwickeln, die 1995 in das Internet überging.

Als Wau Holland aus der Perspektive des Jahres 1998 auf den bundesdeutschen Fernmeldesektor zu Beginn der 1980er Jahre zurückblickte, so kam ihm das so fremd »wie's Mittelalter auf ner anderen Ebene«[3] vor. Aus der Perspektive der wettbewerbsgeprägten Telekommunikations- und Medienmärkte der 1990er Jahre schien der nur zwanzig Jahre zurückliegende Versuch, mit Bildschirmtext das staatliche Fernmeldemonopol auf den Computer als Kommunikationsmedium auszuweiten, merkwürdig fremd. Der vormals starke Einfluss des Staates auf die Telekommunikation seiner Bürger war mittlerweile durch die Herrschaft der Ökonomie ersetzt. Langfristig führte die Ökonomisierung der Telekommunikation allerdings zur Entstehung von neuen Widersprüchen mit dem »Menschenrecht auf zumindest weltweiten freien, unbehinderten und nicht kontrollierten Informationsaustausch«, die das Medium Computer bis heute prägen.

---

3   Holland, Geschichte des CCC und des Hackertums in Deutschland, 54:35 – 55:13.

Quellen- und Literaturverzeichnis

Archive

Archiv der sozialen Demokratie, Bonn

Bestand 5 DPAG, Deutsche Postgewerkschaft (DPG), Hauptvorstand,
Ordner 100582, Vorstandbereich, Privatisierung Post- und Fernmeldewesen.

Bundesarchiv, Koblenz

Bestand B 257, Bundesministerium für Post und Telekommunikation,
Ordner 31998, Unternehmenspolitik – Sonstiges.
Ordner 2051, Einführung von Bildschirmtext (BTX).

Bestand B 102, Bundesministerium für Wirtschaft
Ordner 196034, Referat IV A4, Nachrichtentechnische und Datenverarbeitungs-Industrie, Bd. 17 (10.1977 – 06.1978).

Ausgewertete Zeitungen und Zeitschriften

adl-nachrichten (Zeitschrift der Arbeitsgemeinschaft für Elektronische Datenverarbeitung und Lochkartentechnik)
Computerwoche
Die Datenschleuder
DIE ZEIT
mc – Die Mikrocomputer-Zeitschrift
SPIEGEL
taz

Audio- und Videodokumente

Badham, John, Spielfilm WarGames, 108 Minuten, USA 1983.

Holland, Wau, Geschichte des CCC und des Hackertums in Deutschland. Vortrag, gehalten auf dem Chaos Communication Congress am 27. 12. 1998 in Berlin, Audioaufzeichnung ftp://ftp.ccc.de/congress/1998/doku/mp3/geschichte_des_ccc_und_des_hackertums_in_deutschland.mp3 (08.07.2019).

Korruhn, Wolfgang, Ulrich Jochimsen, der Mann, der sich mit der Post anlegt, TV-Dokumentation in der Sendereihe Kraftproben, gesendet in der ARD am Freitag, 08.12.1978, 21.40.

Pritlove, Tim, Podcast mit Klaus Schleisiek/Jochen Büttner/Wolf Gevert, Chaosradio Express 77, veröffentlicht am 05.03.2008, https://cre.fm/cre077-tuwat-txt (13.01.2021).

Sadofsky, Jason Scott, Dokumentationsreihe BBS: The Documentary, 8 Episoden, USA 2005.

Rechtsdokumente

Gerichtsurteile

Bundesverwaltungsgericht, Rundfunkgebührenurteil vom 15.03.1968, BVerwGE 29, 214.

Bundesverfassungsgericht, Beschluss des Bundesverfassungsgerichtes über die Zulässigkeit von Postgebühren vom 24. Februar 1970, BVerfGE 28, 66.

Bundesverfassungsgericht, Beschluss des Bundesverfassungsgerichtes zur Direktrufverordnung vom 12.10.1977, BVerfGE 46, 120.

Reichsgerichts, Erkenntnis des Reichsgerichts über die Eigenschaften der Reichs-Fernsprechanlagen als öffentliche Telegraphenanstalten im Sinne des Gesetzes, Entscheidungen des Reichsgerichts 19 (1889), S. 55.

Gesetze und Verordnungen

Gesetz über das Telegraphenwesen des Deutschen Reichs von 1892, in: Deutsches Reichsgesetzblatt 1892, Nr. 21, S. 467 – 470.

Gesetz, betreffend die Abänderung des Gesetzes über das Telegraphenwesen des Deutschen Reichs vom 7. März 1908, in: Deutsches Reichsgesetzblatt 1908, Nr. 13, S. 79-80.

Reichspostfinanzgesetz vom 24.03.1924, in: Reichsgesetzblatt Teil 1, 1924, S. 287-290.

Verordnung zum Schutze des Funkverkehrs vom 8. März 1924, abgedruckt in: Lerg, Rundfunkpolitik in der Weimarer Republik, S. 101-103.

Gesetz über Fernmeldeanlagen vom 03.12.1927, in: Reichsgesetzblatt Teil 1, 1928, S. 8.

Gesetz zur Vereinfachung und Verbilligung der Verwaltung vom 27. Februar 1934, in: Reichsgesetzblatt Teil 1, 1934, S. 130.

Kontrollratsgesetz Nr. 25, Regelung und Überwachung der naturwissenschaftlicher Forschung 1946.

Gesetz über die Verwaltung der Deutschen Bundespost (Postverwaltungsgesetz) vom 24. Juli 1953, in: Bundesgesetzblatt Teil 1, 1953, S. 676-683.
Verordnung über das öffentliche Direktrufnetz für die Übertragung digitaler Nachrichten (DirRufV) vom 24.06.1974, in: Bundesgesetzblatt Teil 1, 1974, S. 1325-1388.
Zweites Gesetz zur Bekämpfung der Wirtschaftskriminalität (2. WiKG) vom 15.05.1986, in: Bundesgesetzblatt Teil 1, 1986, S. 721-729.

Onlinedokumente

Barlow, John Perry, A Declaration of the Independence of Cyberspace (1996), https://www.eff.org/de/cyberspace-independence (13.1.2021).
Ben Segal, A Short History of Internet Protocols at CERN (1995) http://ben.web.cern.ch/ben/TCPHIST.html (13.1.2021).
Bundesregierung, Protokoll der 146. Kabinettssitzung am Mittwoch, dem 26. September 1979, TOP 4, in: Kabinettsprotokolle Online, www.bundesarchiv.de/cocoon/barch/0/k/k1979k/kap1_1/kap2_42/index.html (13.1.2021).
Bundesregierung, Protokoll der 26. Kabinettssitzung am 13. Mai 1981, in: Kabinettsprotokolle Online, https://www.bundesarchiv.de/cocoon/barch/0000/k/k1981k/kap1_1/kap2_20/index.html (13.1.2021).
Bundesregierung, Protokoll der 32. Kabinettssitzung der 3. Regierung Schmidt/Genscher am 24. Juni 1981, in: Kabinettsprotokolle Online, www.bundesarchiv.de/cocoon/barch/00/k/k1981k/kap1_1/kap2_26/index.html (13.1.2021).
Bülow, Rolf, Hölle 17 – Treffpunkt der neuen Computerindustrie. Die Geschichte der CeBIT (2015), https://zeitgeschichte-online.de/kommentar/holle-17-treffpunkt-der-neuen-computerindustrie (13.1.2021).
Schleisiek, Klaus, Protokoll TUWAT Komputerfriektreffen Berlin 12.09.1981 [im Orginal: 12.09.1981], https://berlin.ccc.de/~tim/tmp/tuwat-protokoll.pdf (13.1.2021).
Schleisiek, Klaus, Thesenpapier zum münchener Treffen, Hamburg, 17.10.1981, https://berlin.ccc.de/~tim/tmp/tuwat-protokoll.pdf (13.1.2021).
Schrutzki, Reinhard, Der CLINCH-Laden, www.schrutzki.net/texte/eigene/clinch/clinch_1.php3 (9.7.2019).
Zorn, Werner, Zum 30. Jahrestag der 1. deutschen Internet E-Mail vom 03. August 1984 (2014), https://www.informatik.kit.edu/downloads/zu-30JahreInternet-EMail-V01-28Jul2014.pdf (13.1.2021).
Christensen, Ward/Suess, Randy, The Birth of the BBS (1989), https://www.chinet.com/html/cbbs.html (13.1.2021).

Oral History Interviews

Thomas Haigh, Oral History Interview mit Charles Bachmann, Tucson 25.-26.09.2004, ACM Oral History Interviews, Interview No. 2, https://dl.acm.org/citation.cfm?doid=1141880.1141882 (13.1.2021).

Andrew L. Russell, Oral-History Interview mit Charles Bachman, Boston 9.4.2011, IEEE History Center, https://ethw.org/Oral-History:Charles_Bachman (13.1.2021).

Nebeker, Frederik, Oral History Interview mit Karl Ganzhorn, Sindelfingen, 2.9.1994, IEEE History Center, https://ethw.org/Oral-History:Karl_Ganzhorn (13.1.2021).

James L. Pelkey, Oral History Interview mit Lawrence G. »Larry« Roberts, Burlingame, California Juni 1988, Computer History Museum, https://www.computerhistory.org/collections/catalog/102746626 (13.1.2021).

Hardy, Ann/Johnson, Luanne, Oral History Interview mit LaRoy Tymes, Cameron Park, California 11.06.2004, Computer History Museum, https://www.computerhistory.org/collections/catalog/102657988 (13.1.2021).

Gedruckte Quellen und Literatur

Abbate, Janet, Inventing the Internet, Cambridge, Mass. 1999.

Abbate, Janet, Privatizing the Internet. Competing Visions and Chaotic Events, 1987-1995, in: *IEEE Annals of the History of Computing* 32 (2010), H. 1, S. 10-22.

Abbate, Janet, What and where is the Internet? (Re)defining Internet histories, in: *Internet Histories* 1 (2017), S. 8-14.

Abelshauser, Werner Nach dem Wirtschaftswunder. Der Gewerkschafter, Politiker und Unternehmer Hans Matthöfer, Bonn 2009.

Ammann, Thomas/Lehnhardt, Matthias, Die Hacker sind unter uns. Heimliche Streifzüge durch die Datennetze, München 1985.

Arnold, Franz, Die künftige Entwicklung der öffentlichen Fernmeldenetze in der Bundesrepublik Deutschland und ihre Auswirkungen auf den Benutzer, Hamburg 1984.

Arthur D. Little International, Management des geordneten Wandels, Wiesbaden 1988.

Assimakopoulos, Dimitris/Marschan-Piekkari, Rebecca/Macdonald, Stuart, ESPRIT. Europe's Response to US and Japanese Domination in Information Technology, in: Richard Coopey (Hg.), Information technology policy. An international history, Oxford 2004, S. 247-261.

Astrahan Morton M./Jacobs, John F., History of the Design of the SAGE Computer-The AN/FSQ-7, in: *IEEE Annals of the History of Computing* 5 (1983), S. 340-349.

Aumann, Philipp, Mode und Methode. Die Kybernetik in der Bundesrepublik Deutschland, Göttingen 2009.

Bähr, Johannes, Die amerikanische Herausforderung. Anfänge der Technologiepolitik in der Bundesrepublik Deutschland, in: *Archiv für Sozialgeschichte* 35 (1995), S. 115-130.

Bähr, Johannes, Werner von Siemens 1816-1892. Eine Biografie, München 2016.

Bähr, Johannes/Erker, Paul, Bosch. Geschichte eines Weltunternehmens, München 2013.

Banks, Michael A., On the way to the web. The secret history of the internet and its founders, Berkeley 2012.

Bardini, Thierry, Bootstrapping. Douglas Engelbart, coevolution, and the origins of personal computing, Stanford, Calif. 2000.

Bardini, Thierry/Horvath, August T., The Social Construction of the Personal Computer User, in: *Journal of Communication* 45 (1995), H. 3, S. 40-66.

Bätjer, Klaus, Zum richtigen Verständnis der Kernindustrie. 66 Erwiderungen; Kritik des Reklamehefts »66 Fragen, 66 Antworten: Zum besseren Verständnis der Kernenergie«, Berlin 1975.

Bausch, Hans, Rundfunkpolitik nach 1945. Erster Teil: 1945-1962, München 1980.

Bausch, Hans, Rundfunkpolitik nach 1945. Zweiter Teil: 1963-1980, München 1980.

BDZV (Hg.), Zeitung und neue Medien. Materialien zur aktuellen Diskussion, Bonn 1981,

Beere, M./Sullivan, N., TYMNET. A Serendipitous Evolution, in: *IEEE Transactions on Communications* 20 (1972), S. 511-515.

Berg, Christian, Heinz Nixdorf. Eine Biographie, Paderborn 2016.

Bergin, T. J., The Origins of Word Processing Software for Personal Computers. 1976-1985, in: *IEEE Annals of the History of Computing* 28 (2006), H. 4, S. 32-47.

Bergin, T. J., The Proliferation and Consolidation of Word Processing Software. 1985-1995, in: *IEEE Annals of the History of Computing* 28 (2006), H. 4, S. 48-63.

Bergmann, Nicole, Volkszählung und Datenschutz. Proteste zur Volkszählung 1983 und 1987 in der Bundesrepublik Deutschland, Hamburg 2009.

Berkeley, Edmund Callis, Giant brains or machines that think, New York 1949.

Berndt, Wolfgang, Die Bedeutung der Standardisierung im Telekommunikationsbereich für Innovation, Wettbewerb und Welthandel, in: Christian Schwarz-Schilling/Winfried Florian (Hg.), Jahrbuch der Deutschen Bundespost 1986, Bad Windsheim 1986, S. 87-117.

Black, Edwin, IBM und der Holocaust. Die Verstrickung des Weltkonzerns in die Verbrechen der Nazis, Berlin 2001.

Bleuel, Hans Peter, Die verkabelte Gesellschaft. Der Bürger im Netz neuer Technologien, München 1984.

Bluma, Lars, Norbert Wiener und die Entstehung der Kybernetik im Zweiten Weltkrieg. Eine historische Fallstudie zur Verbindung von Wissenschaft, Technik und Gesellschaft, Münster 2005.

Bohm, Jürgen, Stand und Entwicklung der Datenübertragung im Bereich der Deutschen Bundespost, in: Dietrich Elias (Hg.), Telekommunikation in der Bundesrepublik Deutschland 1982, Heidelberg, Hamburg 1982, S. 95-125.

Bohm, Jürgen u.a., Der Telefaxdienst der Deutschen Bundespost, in: Kurt Gscheidle/Dietrich Elias (Hg.), Jahrbuch der Deutschen Bundespost 1978, Bad Windesheim 1979, S. 172-228.

Bolz, Norbert, Computer als Medium – Einleitung, in: Norbert Bolz/Friedrich A. Kittler/Christoph Tholen (Hg.), Computer als Medium, München 1999, S. 9-16.

Bösch, Frank, Politische Macht und gesellschaftliche Gestaltung. Wege zur Einführung des privaten Rundfunks in den 1970/80er Jahren, in: *Archiv für Sozialgeschichte* 52 (2012), S. 191-210.

Bösch, Frank, Vorreiter der Privatisierung. Die Einführung des kommerziellen Rundfunks, in: Nobert Frei/Dietmar Süß (Hg.), Privatisierung. Idee und Praxis seit den 1970er Jahren, Göttingen 2012, S. 88-107.

Bösch, Frank, Euphorie und Ängste. Westliche Vorstellungen einer computerisierten Welt, 1945-1990, in: Lucian Hölscher (Hg.), Die Zukunft des 20. Jahrhunderts. Dimensionen einer historischen Zukunftsforschung, Frankfurt, New York 2017, S. 221-252.

Bösch, Frank (Hg.), Wege in die digitale Gesellschaft. Computernutzung in der Bundesrepublik 1955-1990, Göttingen 2018.

Bösch, Frank, Wege in die digitale Gesellschaft. Computer als Gegenstand der Zeitgeschichtsforschung, in: Frank Bösch (Hg.), Wege in die digitale Gesellschaft. Computernutzung in der Bundesrepublik 1955-1990, Göttingen 2018, S. 7-36.

Bötsch, Wolfgang, Postreform II, in: Lutz Michael Büchner (Hg.), Post und Telekommunikation. Eine Bilanz nach zehn Jahren Reform, Heidelberg 1999, S. 149-153.

Böttger, Barbara/Mettler-Meibom, Barbara, Das Private und die Technik. Frauen zu den neuen Informations- und Kommunikationstechniken, Wiesbaden 1990.

Brand, Stewart, The media lab. Inventing the future at MIT, Harmondsworth 1988.

Brandt, Willy, Regierungserklärung von Bundeskanzler Willy Brandt am 28. Oktober 1969 vor dem Deutschen Bundestag in Bonn, in: Stenografische Berichte des Deutschen Bundestages 6/5, Bonn 1969.

Brandt, Willy, Regierungserklärung von Willy Brandt am 18. Januar 1972 vorm Deutschen Bundestag, in: Stenografische Berichte des Deutschen Bundestages 7/7, Bonn 1973.

Braun, Ernest/Macdonald, Stuart, Revolution in Miniature, Cambridge 1980.

Breen, C./Dahlbom, C. A., Signaling Systems for Control of Telephone Switching, in: *Bell System Technical Journal* 39 (1960), S. 1381-1444.

Brenton, Myron, The privacy invaders, New York 1964.

Brepohl, Klaus/Rother, Hans-Walter, Akzeptanz und Nutzen sowie Wirkungen von Bildschirmtext. Die Begleituntersuchungen zu den Bildschirmtext-Feldversuchen in Kurzfassung, Berlin 1984.

Bressan, Beatrice/Davies, Howard, A history of international research networking. The people who made it happen, Weinheim 2010.

Breuel, Birgit, Den Amtsschimmel absatteln. Weniger Bürokratie – mehr Bürgernähe, Düsseldorf 1979.

Breuel, Birgit, Es gibt kein Butterbrot umsonst. Gedanken zur Krise, den Problemen und Chancen unserer Wirtschaft, Düsseldorf 1976.

Brock, Gerald W., Telecommunication policy for the information age. From monopoly to competition, Cambridge, Mass. 1996.

Bröckling, Ulrich, Das unternehmerische Selbst. Soziologie einer Subjektivierungsform, Frankfurt a.M. 2007.

Brooks, John, Telephone. The first hundred years, New York 1976.

Bruderer, Herbert, Konrad Zuse und die ETH Zürich. Festschrift zum 100. Geburtstag des Informatikpioniers Konrad Zuse (22. Juni 2010), Zürich 2011.

Bruderer, Herbert, Konrad Zuse und die Schweiz. Wer hat den Computer erfunden?, München 2012.

Brügger, Niels u.a., Introduction: Internet histories, in: *Internet Histories* 1 (2017), S. 1-7.

Buchholz, Axel/Kulpok, Alexander, Revolution auf dem Bildschirm, München 1979.

Bull, Hans Peter, Datenschutz oder Die Angst vor dem Computer, München 1984.

Bundesminister für das Post- und Fernmeldewesen, Gutachten der Sachverständigen-Kommission für die Deutsche Bundespost vom 6. November 1965, BT-Drs. V/203, Bonn 1966.

Bundesminister für wissenschaftliche Forschung, Programm für die Förderung der Forschung und Entwicklung auf dem Gebiet der Datenverarbeitung für öffentliche Aufgaben, Bonn 1967.

Bundesrechnungshof, Bemerkungen des Bundesrechnungshofes für das Haushaltsjahr 1975, BT-Drs. 8/1164, Bonn 1975.

Bundesrechnungshof, Bemerkungen des Bundesrechnungshofes zur Bundeshaushaltsrechnung (einschließlich der Bundesvermögensrechnung) für das Haushaltsjahr 1979, BT-Drs. 9/978, Bonn 1981.

Bundesregierung, Antwort der Bundesregierung auf die Kleine Anfrage der Fraktion DIE GRÜNEN Wirtschaftlichkeit des Bildschirmtext-Dienstes der Deutschen Bundespost, 03.03.1987, BT-Drs. 11/28, Bonn 1987.

Bundesregierung, Bericht der Bundesregierung über die Lage von Presse und Rundfunk in der Bundesrepublik Deutschland (1974), BT-Drs. 7/2104, Bonn 1974.

Bundesregierung, Entwurf eines Postverfassungsgesetzes, BT-Drs. VI/1385, Bonn 1970.

Bundesregierung, Konzeption der Bundesregierung zur Förderung der Entwicklung der Mikroelektronik, der Informations- und Kommunikationstechniken vom 11.04.84, BT-Drs. 10/1281, Bonn 1984.

Bundesregierung, Programm der Bundesregierung zur Förderung von Forschung und Entwicklung im Bereich der technischen Kommunikation, Bonn 1979.

Bundesregierung, Vorstellungen der Bundesregierung zum weiteren Ausbau des technischen Kommunikationssystems, in: *Media Perspektiven* 7/1976, S. 329-351.

Bundestag, Stenographischer Bericht der 159. Sitzung des 8. Bundestags. Bonn, Mittwoch, den 13. Juni 1979, Stenografische Berichte des Deutschen Bundestages 8/159, Bonn 1979.

Bunz, Mercedes, Vom Speicher zum Verteiler. Die Geschichte des Internet, Berlin 2008.

Burkhardt, Marcus, Digitale Datenbanken. Eine Medientheorie im Zeitalter von Big Data, Bielefeld 2015.

Busch, Franz/Hultzsch, Hagen/Wolf, Roland, EARN, Status und Perspektiven, in: W. Brauer u.a. (Hg.), Kommunikation in Verteilten Systemen I, Bd. 95, Berlin, Heidelberg 1985, S. 248-256.

Bush, Randy, FidoNet. Technology, tools, and history, in: *Communications of the ACM* 36 (1993), H. 8, S. 31-35.

Büteführ, Nadjaz, Zwischen Anspruch und Kommerz. Lokale Alternativpresse 1970 – 1993, Münster 1995.

Campbell-Kelly, Martin, ICL. A business and technical history, Oxford 1989.

Campbell-Kelly, Martin, From airline reservations to Sonic the Hedgehog. A history of the software industry, Cambridge, Mass. 2003.

Campbell-Kelly, Martin, Number Crunching without Programming. The Evolution of Spreadsheet Usability, in: *IEEE Annals of the History of Computing* 29 (2007), H. 3, S. 6-19.

Campbell-Kelly, Martin/Aspray, William, Computer. A history of the information machine, New York 1996.

Campbell-Kelly, Martin u.a., Computer. A history of the information machine, New York, London 2018.

Campbell-Kelly, Martin/Carcia-Swartz, D. D., Economic Perspectives on the History of the Computer Time-Sharing Industry, 1965-1985, in: *IEEE Annals of the History of Computing* 30 (2008), H. 1, S. 16-36.

Campbell-Kelly, Martin/Garcia-Swartz, Daniel D., The History of the Internet. The Missing Narratives, in: *SSRN Electronic Journal* (2005).

Campbell-Kelly, Martin/Garcia-Swartz, Daniel D., The history of the internet. The missing narratives, in: *Journal of Information Technology* 28 (2013), S. 18-33.

Campbell-Kelly, Martin/Garcia-Swartz, Daniel D./Layne-Farrar, Anne, The Evolution of Network Industries. Lessons from the Conquest of the Online Frontier, 1979-95, in: *Industry & Innovation* 15 (2008), S. 435-455.

Cantelon, Philip L., The history of MCI. 1968-1988, the early years, Dallas 1993.

Carpenter, Brian E., Network Geeks, London 2013.

Cerf, Vinton G./Kahn, Robert E., A Protocol for Packet Network Intercommunication, in: *IEEE Transactions on Communications* 22 (1974), S. 637-648.

Ceruzzi, Paul, A history of modern computing, Cambridge 1998.

Ceruzzi, Paul, Electronics Technology and Computer Science, 1940-1975. A Coevolution, in: *IEEE Annals of the History of Computing* 10 (1988), H. 4, S. 257-275.

Ceruzzi, Paul, Inventing personal computing, in: Donald A. MacKenzie/Judy Wajcman (Hg.), The social shaping of technology, Maidenhead 1999, S. 64-86.

Ceruzzi, Paul/Aspray, William (Hg.), The Internet and American business, Cambridge, Mass. 2008.

Chaos Computer Club/Arbeitskreis Politischer Computereinsatz, Trau keinem Computer, den du nicht (er-)tragen kannst. Entwurf einer sozialverträglichen Gestaltungsalternative für den geplanten Computereinsatz der Fraktion »Die Grünen im Bundestag« unter besonderer Berücksichtigung des geplanten Modellversuchs der Bundestagsverwaltung (PARLAKOM), Löhrbach 1987.

Chaos-Computer-Club (Hg.), Die Hackerbibel. Teil 1, Löhrbach 1985.

Chposky, James/Leonsis, Ted, Blue magic. The people, power and politics behind the IBM personal computer, London 1989.

Christensen, Ward/Suess, Randy, Hobbyist Computerized Bulletin Board, in: *byte* 11/1978, S. 150-157.

Christian Schwarz-Schilling, Eine überfällige Reform in Bewährung, in: Lutz Michael Büchner (Hg.), Post und Telekommunikation. Eine Bilanz nach zehn Jahren Reform, Heidelberg 1999, S. 87-148.

Chronik der Verhandlungen und Gespräche über Videotext, in: BDZV (Hg.), Zeitung und neue Medien. Materialien zur aktuellen Diskussion, Bonn 1981, S. 118-119.

Cobler, Sebastian, Herold gegen Alle. Gespräch mit dem Präsidenten des Bundeskriminalamtes, in: *Transatlantik* 11/1980, S. 29-40.

Coll, Steve, The deal of the century. The break up of AT&T, New York 1986.

Colligan, Douglas, The Intruder. Whether it´s the phone system or a computer network, there´s always a way to slip in for free, in: *Technology Illustrated* 10/1982, S. 48-54.

Colstad, Ken/Lipkin, Efrem, Community memory, in: *ACM SIGCAS Computers and Society* 6 (1975), H. 4, S. 6-7.

Computer Services and the Federal Regulation of Communications, in: *University of Pennsylvania Law Review* 116 (1967), S. 328.

Coopersmith, Jonathan, Faxed. The rise and fall of the fax machine, Baltimore 2015.

Copeland, D. G./Mason, R. O./McKenney, J. L., Sabre. The development of information-based competence and execution of information-based competition, in: *IEEE Annals of the History of Computing* 17 (1995), H. 3, S. 30-57.

Corbato, F. J./Merwin-Daggett, M./Daley, R. C., CTSS-the compatible time-sharing system, in: *IEEE Annals of the History of Computing* 14 (1992), H. 1, S. 31-54.

Cortada, James W, The digital flood. The diffusion of information technology across the U.S., Europe, and Asia, Oxford 2012.

Cortada, James W., The digital hand. Volume 1: How computers changed the work of American manufacturing, transportation, and retail industries, Oxford, New York 2004.

Cortada, James W, The digital hand. Volume 2: How computers changed the work of American financial, telecommunications, media, and entertainment industries, New York 2006.

Cortada, James W, The digital hand. Volume 3: How computers changed the work of American public sector industries, Oxford 2008.

Cortada, James W, Studying History as it Unfolds, Part 1. Creating the History of Information Technologies, in: *IEEE Annals of the History of Computing* 37 (2015), H. 3, S. 20-31.

Cortada, James W, Studying History as It Unfolds, Part 2. Tooling Up the Historians, in: *IEEE Annals of the History of Computing* 38 (2016), H. 1, S. 48-59.

Cortada, James W, IBM. The rise and fall and reinvention of a global icon, Cambridge, MA 2019.

Cowhey, Peter F./Aronson, Jonathan D., Telekommunikation als Retter der europäischen Informationsindustrien, in: Alfred Pfaller (Hg.), Der Kampf um den Wohlstand von morgen. Internationaler Strukturwandel und neuer Merkantilismus, Bonn 1986, S. 131-147.

Coy, Wolfgang, Was ist Informatik? Zur Entstehung des Faches an den deutschen Universitäten, in: Hans Dieter Hellige (Hg.), Geschichten der Informatik, Berlin, Heidelberg 2004, S. 473-498.

Crofts, Andrew, An extraordinary business. The story of James Martin Associates, London 1990.

Crofts, Andrew, The change agent. How to create a wonderful world, Blaydon 2010.

Danyel, Jürgen, Zeitgeschichte der Informationsgesellschaft, in: *Zeithistorische Forschungen* 9 (2012), S. 186-211.

Datel-Gesellschaft, in: *Zeitschrift für das Post- und Fernmeldewesen* 1970, S. 371-373.

Day, John, The Clamor Outside as INWG Debated. Economic War Comes to Networking, in: *IEEE Annals of the History of Computing* 38 (2016), H. 3, S. 58-77.

Dechow Douglas R./Struppa Daniele C. (Hg.), Intertwingled. The work and influence of Ted Nelson, Cham 2015.

Degenhardt, Werner, Akzeptanzforschung zu Bildschirmtext. Methoden und Ergebnisse, München 1986.

Denker, Kai, Heroes Yet Criminals of the German Computer Revolution, in: Gerard Alberts/Ruth Oldenziel (Hg.), Hacking Europe. From computer cultures to demoscenes, New York 2013.

Després, Rémi, X.25 Virtual Circuits – TRANSPAC IN France – Pre-Internet Data Networking, in: *IEEE Communications Magazine* 48 (2010), H. 11, S. 40-46.

Detjen, C., Elektronische Vertriebswege für die Presse, in: Wolfgang Kaiser (Hg.), Elektronische Textkommunikation/Electronic Text Communication. Vorträge des vom 12.-15. Juni 1978 in München abgehaltenen Symposiums/Proceedings of a Symposium Held in Munich, June 12-15, 1978, Berlin 1978, S. 44-51.

Die Grünen im Bundestag, Die restlose Vernetzung. Mit den neuen Postdiensten in die Informationsgesellschaft, Bonn [1987].

Die Grünen im Bundestag, Plünderung der Post, Bonn [1987].

Die Grünen im Bundestag, Vorsicht Telekommunikation, Bonn [1987].

Diederichsen, Diedrich/Franke, Anselm (Hg.), The whole earth. Kalifornien und das Verschwinden des Außen, Berlin 2013.

Doering-Manteuffel, Anselm/Raphael, Lutz, Nach dem Boom. Perspektiven auf die Zeitgeschichte seit 1970, Göttingen 2010.

Doering-Manteuffel, Anselm/Raphael, Lutz, Nach dem Boom. Neue Einsichten und Erklärungsversuche, in: Anselm Doering-Manteuffel/Lutz Raphael/Thomas Schlemmer (Hg.), Vorgeschichte der Gegenwart. Dimensionen des Strukturbruchs nach dem Boom, Göttingen 2015, S. 9-34.

Douglas, Susan Jeanne, Inventing American broadcasting. 1899-1922, Baltimore 1987.

Driscoll, Kevin, Hobbyist Inter-Networking and the Popular Internet Imaginary. Forgotten Histories of Networked Personal Computing, 1978-1998. Dissertation, University of Southern California 2014.

Driscoll, Kevin, Professional Work for Nothing. Software Commercialization and »An Open Letter to Hobbyists«, in: *Information & Culture: A Journal of History* 50 (2015), S. 257-283.

Dussel, Konrad, Deutsche Rundfunkgeschichte. Eine Einführung, Konstanz 1999.

Eckert, Michael, Wissenschaft für Macht und Markt. Kernforschung und Mikroelektronik in der Bundesrepublik Deutschland, München 1989.

Edwards, Paul N., The closed world. Computers and the politics of discourse in Cold War America, Cambridge, Mass. 1997.

Egger, Josef, »Ein Wunderwerk der Technik«. Frühe Computernutzung in der Schweiz (1960-1980), Zürich 2014.

Ehmke, Horst, Möglichkeiten und Aufgaben der Nachrichtentechnologien. Rede vor dem Bundesverband Deutscher Zeitungsverleger in Berlin, 3. September 1973, in: Horst Ehmke (Hg.), Politik als Herausforderung. Reden, Vorträge, Aufsätze, Karlsruhe 1974, S. 137-152.

Electronic Industries Alliance, The Future of Broadband Communication 1969.

Elias, Dietrich (Hg.), Telekommunikation in der Bundesrepublik Deutschland 1982, Heidelberg, Hamburg 1982.

Elias, Dietrich, Entwicklungstendenzen im Bereich des Fernmeldewesens, in: Kurt Gscheidle/Dietrich Elias (Hg.), Jahrbuch der Deutschen Bundespost 1977, Bad Windesheim 1978, S. 31-75.

Engelbart, Douglas C., Augmenting Human Intellect. A Conceptual Framework, Menlo Park, Calif. 1962.

Enquete-Kommission »Neue Informations- und Kommunikationstechniken«, Zwischenbericht der Enquete-Kommission »Neue Informations- und Kommunikationstechniken«, BT-Drs 9/2442, Bonn 1983.

Erdogan, Julia Gül, Technologie, die verbindet. Die Entstehung und Vereinigung von Hackerkulturen in Deutschland, in: Frank Bösch (Hg.), Wege in die digitale Gesellschaft. Computernutzung in der Bundesrepublik 1955-1990, Göttingen 2018, S. 227-249.

Etling, Andreas, Privatisierung und Liberalisierung im Postsektor. Die Reformpolitik in Deutschland, Großbritannien und Frankreich seit 1980, Frankfurt a.M. 2015.

Europäische Kommission, Die europäische Gesellschaft und die neuen Informationstechnologien. Eine Antwort der Gemeinschaft, KOM 79/650, Brüssel 1979.

Fedida, Sam/Malik, Rex, Viewdata revolution, London 1979.

Felsenstein, Lee, Build »PENNYWHISTLE«. The Hobbyist's Modem, in: *Popular Electronics* 3/1976, S. 43-50.

Fendler, Ernst/Noack, Günther, Amateurfunk im Wandel der Zeit, Baunatal 1986.

Fessmann, Ingo, Rundfunk und Rundfunkrecht in der Weimarer Republik, Münster, Frankfurt a.M. 1973.

Feyerabend, Ernst, 50 Jahre Fernsprecher in Deutschland 1877 – 1927, Berlin 1927.

Fickers, Andreas, Der »Transistor« als technisches und kulturelles Phänomen, Bassum 1998.

Flamm, Kenneth, Creating the computer. Government, industry, and high technology, Washington, D.C. 1988.

Flessner, Hermann, Konrad Zuses Rechner im praktischen Einsatz, in: Jürgen Alex u.a. (Hg.), Konrad Zuse. Der Vater des Computers, Fulda 2000, S. 159-192.

Fletcher, Amy L., France enters the information age. A political history of minitel, in: *History and Technology* 18 (2010), H. 2, S. 103-119.

FoeBuD e.V. (Hg.), MailBox auf den Punkt gebracht. Mit Zerberus und CrossPoint zu den Bürgernetzen, Bielefeld 1996.

Freemann, Christopher/Young, A./Davies, R. W., The research and development effort in Western Europe, North America and the Soviet Union. An experimental international comparison of research expenditures and manpower in 1962, Paris 1965.

Frei, Norbert, 1968. Jugendrevolte und globaler Protest, München 2008.

Freiberger, Paul/Swaine, Michael, Fire in the valley. The making of the personal computer, Berkeley 1984.

Friedewald, Michael, Computer Power to the People! Die Versprechungen der Computer-Revolution, 1968 – 1973, in: *kommunikation@gesellschaft* 8 (2007), S. 1-18.

Friedewald, Michael, Der Computer als Werkzeug und Medium. Die geistigen und technischen Wurzeln des Personal Computers, Berlin 1999.

Friedewald, Michael, Konzepte der Mensch-Computer-Kommunikation in den 1960er Jahren. J. C. R. Licklider, Douglas Engelbart und der Computer als Intelligenzverstärker, in: *Technikgeschichte* 67 (2000), H. 1, S. 1-24.

Frohman, Larry, »Only sheep let themselves be counted«. Privacy political culture and the 1983/87 West German census boycotts, in: *Archiv für Sozialgeschichte* 52 (2012), S. 335-378.

Frohman, Larry, Population Registration, Social Planning, and the Discourse on Privacy Protection in West Germany, in: *The Journal of Modern History* 87 (2015), S. 316-356.

Führer, Karl Christian, Wirtschaftsgeschichte des Rundfunks in der Weimarer Republik, Potsdam 1997.

Fuster, Gloria González, The Emergence of Personal Data Protection as a Fundamental Right of the EU, Cham 2014.

GE Information Service, 20 Years of Excellence. A special edition commemorating the Twentieth Anniversary of General Electric Information Services Company, Rockville 1985.

Gelber, Steven M., Hobbies. Leisure and the culture of work in America, New York 1999.

Gertner, Jon, The idea factory. Bell Labs and the great age of American innovation, New York 2012.

Glossbrenner, Alfred, The complete handbook of personal computer communications, New York 1990.

Goines, David Lance, The free speech movement. Coming of age in the 1960's, Berkeley 1993.

Goldmann, Martin/Hooffacker, Gabriele, Politisch arbeiten mit dem Computer. Schreiben und drucken, organisieren, informieren und kommunizieren, Reinbek 1991.

Goodall, W. M., Telephony by Pulse Code Modulation, in: *Bell System Technical Journal* 26 (1947), S. 395-409.

Gössler, Reinhard, Dem Mikrocomputer auf's Bit geschaut. Leichtverständliche Einführung in die Mikrocomputer-Technik, München 1979.

Gottschalk, Arno, Wem nützt ISDN? Fernmeldepolitik als Industriepolitik gegen IBM?, in: Herbert Kubicek (Hg.), Telekommunikation und Gesellschaft. Kritisches Jahrbuch der Telekommunikation, Karlsruhe 1991, S. 155-172.

Götz, Günter, Der Markt für Videotext. Konsequenzen für Zeitungsbetrieb und Pressevielfalt, Düsseldorf 1980.

Goulden, Joseph C., Monopoly, New York 1970.

Grad, Burton, The Creation and the Demise of VisiCalc, in: *IEEE Annals of the History of Computing* 29 (2007), H. 3, S. 20-31.

Graffe, Heinrich/Bilgmann, Günter, Die Deutsche Bundespost in der Sozialen Marktwirtschaft, in: Kurt Gscheidle (Hg.), Jahrbuch der Deutschen Bundespost 1980, Bad Windsheim 1980, S. 143-265.

Grande, Edgar, Vom Monopol zum Wettbewerb? Die neokonservative Reform der Telekommunikation in Großbritannien und der Bundesrepublik Deutschland, Wiesbaden 1989.

Grande, Edgar/Häusler, Jürgen, Industrieforschung und Forschungspolitik. Staatliche Steuerungspotentiale in der Informationstechnik, Frankfurt a.M. 1994.

Grätz, Fred, Kabelprojekt Berlin. Metamorphose der Konzepte, in: *Media Perspektiven* 9/1985, S. 669-676.

Greenberger, Martin, The Computers of Tomorrow, in: *The Atlantic Monthly* 5/1964, S. 63-67.

Greenstein, Shane, How the Internet Became Commercial. Innovation, Privatization, and the Birth of a New Network, Oxford 2017.

Greenstein, Shane, Innovation and the Evolution of Market Structure for Internet Access in the United States, in: Paul E. Ceruzzi/William Aspray (Hg.), The Internet and American business, Cambridge, Mass. 2008.

Grieg, D.D., Pulse Code Modulation System, in: *Tele-Tech* 6 (1947), September, S. 48-52.

Grosse, Oskar 40 Jahre Fernsprecher. Stephan–Siemens–Rathenau, Berlin, Heidelberg 1917.

Group Telephone Conversations, in: *Popular Mechanics* 1/1948, S. 221.

Gscheidle, Kurt (Hg.), Jahrbuch der Deutschen Bundespost 1980, Bad Windsheim 1980.

Gscheidle, Kurt, Die Deutsche Bundespost im Spannungsfeld der Politik. Versuch einer Kursbestimmung, in: Kurt Gscheidle (Hg.), Jahrbuch der Deutschen Bundespost 1980, Bad Windsheim 1980, S. 9-40.

Haaren, Kurt van, Das Jahrzehnt der Deregulierung, Privatisierung und Liberalisierung im Post- und Telekommunikationssektor, in: Lutz Michael Büchner (Hg.), Post und Telekommunikation. Eine Bilanz nach zehn Jahren Reform, Heidelberg 1999, S. 185-197.

Hafner, Katie, The Well. A story of love, death and real life in the seminal online community, New York 2001.

Hafner, Katie/Lyon, Matthew, Where wizards stay up late. The origins of the Internet, New York 1996.

Haigh, Thomas, Protocols for Profit. Web and E-mail Technologies as Product and Infrastructure, in: Paul E. Ceruzzi/William Aspray (Hg.), The Internet and American business, Cambridge, Mass. 2008, S. 105-158.

Haigh, Thomas, Remembering the Office of the Future. The Origins of Word Processing and Office Automation, in: *IEEE Annals of the History of Computing* 28 (2006), H. 4, S. 6-31.

Haigh, Thomas, The Web's Missing Links. Search Engines and Portals, in: Paul E. Ceruzzi/William Aspray (Hg.), The Internet and American business, Cambridge, Mass. 2008, S. 159-199.

Haigh, Thomas/Russell, Andrew L./Dutton, William H., Histories of the Internet. Introducing a Special Issue of Information & Culture, in: *Information & Culture: A Journal of History* 50 (2015), S. 143-159.

Hamrick, Kathy B., The History of the Hand-Held Electronic Calculator, in: *The American Mathematical Monthly* 103 (2018), S. 633-639.

Haring, Kristen, Ham radio's technical culture, Cambridge, Mass. 2007.

Haring, Kristen, The »Freer Men« of Ham Radio. How a Technical Hobby Provided Social and Spatial Distance, in: *Technology and Culture* 44 (2003), S. 734-761.

Harrington, John V., Radar Data Transmission, in: *IEEE Annals of the History of Computing* 5 (1983), H. 4, S. 370-374.

Hartley, Ralph, Transmission of Information, in: *Bell System Technical Journal* 7 (1928), S. 535-563.

Hauben, Michael/Hauben, Ronda, Netizens. On the history and impact of Usenet and the Internet, Los Alamitos, Calif 1997.

Hauff, Volker/Scharpf, Fritz Wilhelm, Modernisierung der Volkswirtschaft. Technologiepolitik als Strukturpolitik, Köln 1975.

Hauptvorstand der Deutschen Postgewerkschaft (Hg.), Deutsche Postgewerkschaft, 1979-1989. Chronik der Kongresse, Bundeskonferenzen und Bundesfachtagungen, Frankfurt a.M. 1989.

Hayes Corporation History, in: International directory of company histories, Bd. 24, Chicago 2007.

Heart, F. E. u.a., The interface message processor for the ARPA computer network, in: Harry L. Cooke (Hg.), Proceedings of the May 5-7, 1970, spring joint computer conference – AFIPS ›70 (Spring), New York 1970, S. 551.

Heide, Lars, Between Parent and »Child«. IBM and its German Subsidiary, 1901–1945, in: Christopher Kobrak/Per H. Hansen (Hg.), European business, dictatorship, and political risk, 1920 – 1945, New York 2004, S. 149-173.

Heilmann, Till A., Textverarbeitung. Eine Mediengeschichte des Computers als Schreibmaschine, Bielefeld 2012.

Heine, Werner, Die Hacker. Von der Lust, in fremden Netzen zu wildern, Reinbek 1985.

Heinrich-Hertz-Institut für Nachrichtentechnik/Forschungsgruppe Kammerer/Socialdata, Wissenschaftliche Begleituntersuchung zur Erprobung von Bildschirmtext in Berlin, München 1983.

Hellige, Hans Dieter, »Technikgeschichte und Heilsgeschehen«. Endzeiterwartungen in technischen Zukunftsszenarien für das Jahr 2000, in: Eva Schöck-Quinteros (Hg.), Bürgerliche Gesellschaft – Idee und Wirklichkeit. Festschrift für Manfred Hahn, Berlin 2004, S. 361-374.

Hellige, Hans Dieter, From SAGE via ARPANET to ETHERNET. Stages in Computer Communications Concepts between 1950 and 1980, in: *History and Technology* 11 (1994), S. 49-75.

Hellige, Hans Dieter, Leitbilder im Time-Sharing-Lebenszyklus. Vom »Multi-Access« zur »Interactive Online-Community«, in: Hans Dieter Hellige (Hg.), Technikleitbilder auf dem Prüfstand. Leitbild-Assessment aus Sicht der Informatik- und Computergeschichte, Berlin 1996, S. 205-234.

Hermanni, Alfred-Joachim, Medienpolitik in den 80er Jahren. Machtpolitische Strategien der Parteien im Zuge der Einführung des dualen Rundfunksystems, Wiesbaden 2008.

Hesse, Jan-Otmar, Im Netz der Kommunikation. Die Reichs-Post- und Telegraphenverwaltung 1876 – 1914, München 2002.

Hessische Landesregierung, Gesetzentwurf der Landesregierung für ein Gesetz zum Staatsvertrag über Bildschirmtext (Bildschirmtext-Staatsvertrag) vom 24.03.1983, HE-LT-Drs. 10/642, Wiesbaden 1983.

Hickethier, Knut/Hoff, Peter, Geschichte des deutschen Fernsehens, Stuttgart, Weimar 1998.

Hilger, Susanne, »Amerikanisierung« deutscher Unternehmen. Wettbewerbsstrategien und Unternehmenspolitik bei Henkel, Siemens und Daimler-Benz (1945/49-1975), Stuttgart 2004.

Hilger, Susanne, The European Enterprise as a »Fortress« Competition in the Early 1970s. The Rise and Fall of Unidata Between Common European Market and International Competition in the Early 1970s, in: Harm G. Schröter (Hg.), The European Enterprise, Berlin, Heidelberg 2008, S. 141-154.

Hilger, Susanne, Von der »Amerikanisierung« zur »Gegenamerikanisierung«. Technologietransfer und Wettbewerbspolitik in der deutschen Computerindustrie nach dem Zweiten Weltkrieg, in: *Technikgeschichte* 71 (2004), S. 327-344.

Hillebrand, Friedhelm, Datenpaketvermittlung. Die Erweiterung des Dienstleistungsangebotes der Deutschen Bundespost durch den paketvermittelten Datexdienst, in: Kurt Gscheidle/Dietrich Elias (Hg.), Jahrbuch der Deutschen Bundespost 1978, Bad Windesheim 1979, S. 229-294.

Hiltz, Starr Roxanne/Turoff, Murray, The network nation. Human communication via computer, London 1978.

Hiltzik, Michael A., Dealers of lightning. Xerox PARC and the dawn of the computer age, New York 1999.

Hirsch, Phil. Enhanced Services Debut Near, in: *Computerworld* 31/1980, S. 2.

Hochheiser, Sheldon, Electromechanical Telephone Switching, in: *Proceedings of the IEEE* 101 (2013), S. 2299-2305.

Hochheiser, Sheldon, Telephone Transmission, in: *Proceedings of the IEEE* 102 (2014), S. 104-110.

Hockerts, Hans Günter, Zeitgeschichte in Deutschland. Begriff, Methoden, Themenfelder, in: *Historisches Jahrbuch* 113 (1993), S. 98-127.

Hoffman, Abbie, Steal this book, New York 1996.

Holland, Wau, Btx. Eldorado für Hacker?, in: Hans Gliss (Hg.), Datenschutz-Management und Bürotechnologien. Tagungsband; Schwerpunkte der 8. DAFTA, Datenschutzfachtagung, 15. und 16. Nov. 1984; Referate u. Ergebnisse, Köln 1985, S. 133-144.

Höltgen, Stefan, »All watched over by machines of loving grace«. Öffentliche Erinnerungen, demokratische Informationen und restriktive Technologien am Beispiel der »Community Memory«, in: Ramón Reichert (Hg.), Big Data. Analysen zum digitalen Wandel von Wissen, Macht und Ökonomie, Bielefeld 2014, S. 385-403.

Homberg, Michael, Mensch/Mikrochip, in: *Vierteljahrshefte für Zeitgeschichte* 66 (2018), S. 267-293.

Hoppe, Andreas/Koch, Markus, Das SoliNet, in: FoeBuD e.V. (Hg.), MailBox auf den Punkt gebracht. Mit Zerberus und CrossPoint zu den Bürgernetzen, Bielefeld 1996, S. 1.19-1.28.

Horstmann, Erwin, 75 Jahre Fernsprecher in Deutschland, 1877-1952. Ein Rückblick auf die Entwicklung des Fernsprechers in Deutschland und auf seine Erfindungsgeschichte, Frankfurt a.M. 1952.

Horwitz, Robert B., The irony of regulatory reform. The deregulation of American telecommunications, New York 1989.

Hummel, E./Gabler, Hermann G., Über ein öffentliches Datenwählnetz der DBP, in: *Zeitschrift für das Post- und Fernmeldewesen* 1965, S. 769-773.

Humphreys, Peter, Media and media policy in Germany. The press and broadcasting since 1945, Oxford 1994.

Institut für Kommunikationstechnologie und Systemforschung e.V., Analysen und Alternativen zum Telekommunikationsbericht, Wiesbaden 1977.

Irmer, Theodor, ISDN-Standardisierung im CCITT, in: Franz Arnold (Hg.), ISDN: viele Kommunikationsdienste in einem System, Köln 1987, S. 60-72.

Isaacson, Walter/Gittinger, Antoinette, Steve Jobs. Die autorisierte Biografie des Apple-Gründers, München 2011.

J.C.R. Licklider/Taylor, Paul A., The Computer as a Communication Device, in: Robert W. Taylor (Hg.), In Memoriam: J. C. R. Licklider. 1915-1990, Palo Alto 1990, S. 21-41.

J.C.R. Licklider/Taylor, Paul A., The Computer as a Communication Device, in: *Science and Technology* 76 (1968), April, S. 21-31.

Jakobs, Kai, Why then did the X.400 e-mail standard fail? Reasons and lessons to be learned, in: *Journal of Information Technology* 28 (2013), S. 63-73.

Jessen, Eike u.a., AEG-Telefunken TR 440. Unternehmensstrategie, Markterfolg und Nachfolger, in: *Informatik – Forschung und Entwicklung* 22 (2008), H. 4, S. 217-225.

Jessen, Eike u.a., The AEG-Telefunken TR 440 Computer. Company and Large-Scale Computer Strategy, in: *IEEE Annals of the History of Computing* 32 (2010), H. 3, S. 20-29.

Jochimsen, Ulrich, Regeln für Aufsteiger, in: *Der Aufstieg. Ansporn für Vorwärtsstrebende* 6/1974, S. 9-14.

John, Richard R., Network nation. Inventing American telecommunications, Cambridge, Mass. 2010.

Johnson, Nicholas, Carterfone. My Story, in: *Santa Clara High Technology Law Journal* (2012), S. 677-700.

Kahaner, Larry, On the line. How MCI took on AT&T, and won!, New York, 1987.

Kain, Florian, Das Privatfernsehen, der Axel Springer Verlag und die deutsche Presse. Die medienpolitische Debatte in den sechziger Jahren, Münster 2003.

Kamps, Klaus, Elektronische Demokratie? Perspektiven politischer Partizipation, Wiesbaden 1999.

Kilger, Franz, Die Entwicklung des Telegraphenrechts im 19. Jahrhundert mit besonderer Berücksichtigung der technischen Entwicklung. Telegraphenrecht im 19. Jahrhundert, Frankfurt a.M. 1993.

Kimbel, Dieter, Computers and Telecommunications. Economic, Technical, and Organisational issues, Paris 1973.

Kimbel, Dieter, Computer und das Fernmeldewesen. Wirtschaftspolitische, technisch-technologische und organisatorische Aspekte, Bonn 1974.

Kleiner, Art, A Survey of Computer Networks, in: *Dr. Dobb's Journal of Computer Calisthenics & Orthodontia* 5 (1980), S. 226-229.

Kleinfield, Sonny, The biggest company on earth. A profile of AT&T, New York 1981.

Kleinsteuber, Hans J., Rundfunkpolitik in der Bundesrepublik. Der Kampf um die Macht über Hörfunk und Fernsehen, Wiesbaden 1982.

Kloten, Norbert u.a., Der EDV-Markt in der Bundesrepublik Deutschland. Versuch einer Analyse, Tübingen 1976.

Knieps, Günter/Müller, Jürgen/von Weizsäcker, Carl Christian, Die Rolle des Wettbewerbs im Fernmeldebereich, Baden-Baden 1981.

Kohl, Helmuth, Regierungserklärung von Bundeskanzler Helmut Kohl am 4. Mai 1983 vor dem Deutschen Bundestag in Bonn, in: Stenografische Berichte des Deutschen Bundestages10/4, Bonn 1983,

Köhler, Margret (Hg.), Alternative Medienarbeit. Videogruppen in der Bundesrepublik, Wiesbaden 1980.

Kommission der Europäischen Gemeinschaft, Auf dem Wege zu einer dynamischen europäischen Volkswirtschaft. Grünbuch über die Entwicklung des Gemeinsamen Marktes für Telekommunikationsdienstleistungen und Telekommunikationsgeräte, BT-Drs. 11/930, Brüssel 1987.

Kommission für den Ausbau des technischen Kommunikationssystems, Telekommunikationsbericht, Bonn, Bonn 1976.

Kommission für den Ausbau des technischen Kommunikationssystems, Anlagenband 1 zum Telekommunikationsbericht. Bedürfnisse und Bedarf für Telekommunikation, Bonn 1976.

Kommission für den Ausbau des technischen Kommunikationssystems, Anlagenband 2 zum Telekommunikationsbericht. Technik und Kosten bestehender und möglicher neuer Telekommunikationsformen, Bonn 1976.

Kommission für den Ausbau des technischen Kommunikationssystems, Anlagenband 3 zum Telekommunikationsbericht. Bestehende Fernmeldedienste, Bonn 1976.

Kommission für den Ausbau des technischen Kommunikationssystems, Anlagenband 4 zum Telekommunikationsbericht. Neue Telekommunikationsformen in bestehenden Netzen, Bonn 1976.

Kommission für den Ausbau des technischen Kommunikationssystems, Kabelfernsehen. Anlagenband 5 zum Telekommunikationsbericht, Bonn 1976.

Kommission für den Ausbau des technischen Kommunikationssystems, Anlagenband 6 zum Telekommunikationsbericht. Breitbandkommunikation, Bonn 1976.

Kommission für den Ausbau des technischen Kommunikationssystems, Anlagenband 8 zum Telekommunikationsbericht. Finanzierung von Telekommunikationsnetzen, Bonn 1976.

Kommission für den Ausbau des technischen Kommunikationssystems, Anlagenband 7 zum Telekommunikationsbericht. Organisation von Breitbandverteilnetzen, Bonn 1976.

Konidaris, S., The RACE programme-research for advanced communications in Europe, in: IEEE Global Telecommunications Conference GLOBECOM ›91: Countdown to the New Millennium. Conference Record 1991, S. 1496-1500.

Kreatives Chaos, in: 64'er 10/1984, S. 12-13, S. 176.

Kubicek, Herbert/Berger, Peter, Was bringt uns die Telekommunikation? ISDN – 66 kritische Antworten, Frankfurt 1990.

Kubicek, Herbert/Rolf, Arno, Mikropolis. Mit Computernetzen in die »Informationsgesellschaft«, Hamburg 1985.

Kuhn, Fritz (Hg.), Einsam überwacht und arbeitslos. Technokraten verdaten unser Leben, Stuttgart 1984.

Kulla, Daniel, Der Phrasenprüfer. Szenen aus dem Leben von Wau Holland, Mitbegründer des Chaos-Computer-Clubs, Löhrbach 2003.

Lammers, E., Nutzungsmöglichkeiten von Bildschirmtext im Versandhandel, in: Wolfgang Kaiser (Hg.), Elektronische Textkommunikation/Electronic Text Communication. Vorträge des vom 12.-15. Juni 1978 in München abgehaltenen Symposiums/Proceedings of a Symposium Held in Munich, June 12-15, 1978, Berlin, Heidelberg 1978, S. 142-147.

Lancaster, Don, TV Typewriter, in: *Radio Electronics* 9/1973, S. 43-52.

Landesregierung Nordrhein-Westfalen, Gesetzesentwurf über die Durchführung eines Feldversuches mit Bildschirmtext vom 08.06. 1979, NRW-LT-Drs. 4/4620, auch abgedruckt in: *Media Perspektiven* 6/1979, S. 416-432.

Lange, Manfred/Wichards, Heinz, Die nachrichtentechnische Forschung und Entwicklung in der Bundesrepublik, in: Dietrich Elias (Hg.), Telekommunikation in der Bundesrepublik Deutschland 1982, Heidelberg, Hamburg 1982, S. 141-154.

Lapsley, Phil, Exploding the phone. The untold story of the teenagers and outlaws who hacked Ma Bell, New York, Berkeley 2013.

Lauschke, Karl, Staatliche Selbstentmachtung. Die Privatisierung von Post und Bahn, in: Nobert Frei/Dietmar Süß (Hg.), Privatisierung. Idee und Praxis seit den 1970er Jahren, Göttingen 2012, S. 108-124.

Lavey, Waren G./Carlton, Deniss W., Economic Goals and Remedies of the AT&T Modified Final Judgment, in: Georgetown Law Journal 71 (1983), S. 1497-1518.

Lechenauer, Gerhard (Hg.), Alternative Medienarbeit mit Video und Film, Reinbek 1979.

Lee, J.A.N., The rise and fall of the General Electric Corporation computer department, in: *IEEE Annals of the History of Computing* 17 (1995), H. 4, S. 24-45.

Lee, J.A.N./David, E. E./Fano, R. M., The social impact (Project MAC), in: *IEEE Annals of the History of Computing* 14 (1992), H. 2, S. 36-41.

Lee, J.A.N./McCarthy, J./Licklider, J.C.R., The beginnings at MIT, in: *IEEE Annals of the History of Computing* 14 (1992), H. 1, S. 18-54.

Lee, J.A.N/Rosin, Robert, The Project MAC interviews, in: *IEEE Annals of the History of Computing* 14 (1992), H. 2, S. 14-35.

Leimbach, Timo, Die Geschichte der Softwarebranche in Deutschland. Entwicklung und Anwendung von Informations- und Kommunikationstechnologie zwischen den 1950ern und heute, München 2010.

Leiner, Barry M. u.a., A brief history of the internet, in: *ACM SIGCOMM Computer Communication Review* 39 (2009), H. 5, S. 22.

Lerg, Winfried B., Rundfunkpolitik in der Weimarer Republik, München 1980.

Leue, Günther, Vom Glück der frühen Geburt. Ein Rückblick auf die Anfangsjahre der E-Mail, München 2009.

Levy, Steven, Hackers. Heroes of the computer revolution, New York 1984.

Levy, Steven, Insanely great. The life and times of Macintosh, the computer that changed everything, New York 1994.

Licklider, J.C.R., Man-Computer Symbiosis, in: *IRE Transactions on Human Factors in Electronics* 1 (1960), H. 1, S. 4-11.

Licklider, J.C.R./Clark, Welden E., On-line man-computer communication, in: G. A. Barnard (Hg.), Proceedings of the May 1-3, 1962, spring joint computer conference – AIEE-IRE ›62 (Spring), New York 1962, S. 113.

Linstone, Harold Adrian/Turoff, Murray, The Delphi method. Techniques and Applications, Reading, Mass. 1975.

Lokk, Peter, Zur Geschichte von CL-Netz und Link-M. Die ersten zehn Jahre, in: Gabriele Hooffacker (Hg.), Wem gehört das Internet? Dokumentation zum Kongress »20 Jahre Vernetzung«, 16. und 17. November 2007, München, München 2008, S. 17-31.

Long, Edward V./Humphrey, Hubert H., The intruders. The invasion of privacy by government and industry, New York 1967.

Lorenz, Robert, Siegfried Balke. Grenzgänger zwischen Wirtschaft und Politik in der Ära Adenauer, Stuttgart 2010.

Lotz, Wolfgang/Ueberschär, Gerd R., Die Deutsche Reichspost 1933-1945. Eine politische Verwaltungsgeschichte, Berlin 1999.

Lukasik, Stephen, Why the Arpanet Was Built, in: *IEEE Annals of the History of Computing* 33 (2011), H. 3, S. 4-21.

Magenau, Jörg, Die taz. Eine Zeitung als Lebensform, München 2007.

Mailland, Julien, 101 Online. American Minitel Network and Lessons from Its Failure, in: *IEEE Annals of the History of Computing* 38 (2016), H. 1, S. 6-22.

Mailland, Julien/Driscoll, Kevin, Minitel. Welcome to the internet, Cambridge, Mass. 2017.

Malik, Rex, And tomorrow – The world? Inside IBM, London 1975.

Mangold, Hannes, Fahndung nach dem Raster 2017.

Markoff, John, What the dormouse said. How the sixties counterculture shaped the personal computer industry, New York 2006.

Martin, James, Programming real-time computer systems, Englewood Cliffs, NJ 1965.

Martin, James, Design of real-time computer systems, Englewood Cliffs, N.J. 1967.

Martin, James, Telecommunications and the Computer, Englewood Cliffs, N.J. 1969, [Neuauflagen 1976, 1990].

Martin, James, Future developments in telecommunications, Englewood Cliffs, N.J. 1971, [Neuauflagen 1977, 1990].

Martin, James, The wired society, Englewood Cliffs, N.J. 1978.

Martin, James/Norman, Adrian R. D., The computerized society, Englewood Cliffs, N.J. 1970.

Martin, James/Adrian R. D. Norman, Halbgott Computer, München, Bern, Wien 1972.

Mathison, Stuart/Roberts, Lawrence/Walker, Philip, The history of Telenet and the Commercialization of Packet Switching in the U.S, in: *IEEE Communications Magazine* 50 (2012), H. 5, S. 28-45.

Mayntz, Renate, Bildschirmtext im Feldversuch, in: Eberhard Witte (Hg.), Bürokommunikation/Office Communications. Ein Beitrag zur Produktivitätssteigerung/Key to Improved Productivity. Vorträge des am 3./4. Mai 1983 in München abgehaltenen Kongresses, Berlin, Heidelberg 1984, S. 137-145.

Mayntz, Renate, Wissenschaftliche Begleituntersuchung Feldversuch Bildschirmtext Düsseldorf/Neuss, Düsseldorf 1983.

Mazor, Stanley, Intel 8080 CPU Chip Development, in: *IEEE Annals of the History of Computing* 29 (2007), H. 2, S. 70-73.

McCulloch, Warren S./Pitts, Walter, A logical calculus of the ideas immanent in nervous activity, in: *Bulletin of Mathematical Biophysics* 5 (1943), S. 115-133.

McMurria, James, Republic on the wire. Cable television, pluralism, and the politics of new technologies, 1948-1984, New Brunswick, New Jersey 2017.

Medien-Entschließung des außerordentlichen SPD-Parteitages vom 20. November 1971, in: *Rundfunk und Fernsehen* 19 (1971), H. 4, S. 444-460.

Mehnert, Klaus, Der deutsche Standort, Stuttgart 1967.

Mettler-Meibom, Barbara, Breitbandtechnologie. Über die Chancen sozialer Vernunft in technologiepolitischen Entscheidungsprozessen, Wiesbaden 1986.

Metzler, Gabriele, »Ein deutscher Weg«. Die Liberalisierung der Telekommunikation in der Bundesrepublik und die Grenzen politischer Reformen in den 1980er Jahren, in: *Archiv für Sozialgeschichte* 52 (2012), S. 163-190.

Metzler, Gabriele, Konzeptionen politischen Handelns von Adenauer bis Brandt. Politische Planung in der pluralistischen Gesellschaft, Paderborn 2005.

Michalis, Maria, Governing European Communications. From Unification to Coordination, Lanham 2007.

Monopolkommission, Die Rolle der Deutschen Bundespost im Fernmeldewesen. Sondergutachten der Monopolkommission, Baden-Baden 1981.

Mons, Wilhelm, Konrad Zuse – Persönlichkeit und Werdegang, in: Jürgen Alex u.a. (Hg.), Konrad Zuse. Der Vater des Computers, Fulda 2000, S. 15-60.

Moore, Gordon E., Cramming more components onto integrated circuits, in: *Electronics* 38 (1965), H. 8, S. 114-117.

Motorola, Annual Report 1956, Chicago 1956.

Mueller, Milton, The Switchboard Problem. Scale, Signaling, and Organization in Manual Telephone Switching, 1877-1897, in: *Technology and Culture* 30 (1989), S. 534.

Mueller, Milton, Universal service. Competition, interconnection, and monopoly in the making of the American telephone system, Cambridge, Mass. 1997.

Müller, Armin, Kienzle versus Nixdorf. Kooperation und Konkurrenz zweier großer deutscher Computerhersteller, in: *Westfälische Zeitschrift* 162 (2012), S. 305-327.

Müller, Armin, Kienzle. Ein deutsches Industrieunternehmen im 20. Jahrhundert, Stuttgart 2014.

Müller, Armin, Mittlere Datentechnik – made in Germany. Der Niedergang der Kienzle Apparate GmbH Villingen als großer deutscher Computerhersteller, in: Morten Reitmayer/Ruth Rosenberger (Hg.), Unternehmen am Ende des »goldenen Zeitalters«. Die 1970er Jahre in unternehmens- und wirtschaftshistorischer Perspektive, Essen 2008, S. 91-110.

Müller, Gert H., Produktion im Wandel, in: Walter E. Proebster (Hg.), Datentechnik im Wandel, Berlin, Heidelberg 1986, S. 217-244.

Müller-Maguhn, Andy/Schrutzki, Reinhard, Welcome to NASA-Headquarter, in: Jürgen Wieckmann/Chaos Computer Club (Hg.), Das Chaos Computer Buch. Hacking made in Germany, Reinbek 1988, S. 32-53.

Müller-Using, Detlev, Neue meinungsbildende Formen der Telekommunikation, in: *Zeitschrift für das Post- und Fernmeldewesen* 1977, H. 4, S. 21-31.

Müller-Using, Detlev, Rechtsfragen des Bildschirmtextes, in: Kurt Gscheidle/Dietrich Elias (Hg.), Jahrbuch der Deutschen Bundespost 1982, Bad Windsheim 1982, S. 259-282.

Musstopf, Günter, Mailbox-ABC für Einsteiger, Hamburg 1985.

Naughton, John, A brief history of the future. The origins of the internet, London 2001.

Naumann, Friedrich, Computer in Ost und West. Wurzeln, Konzepte und Industrien zwischen 1945 und 1990, in: *Technikgeschichte* 64 (1997), S. 125-144.

Nelson, Theodor Holm, Complex information processing. A file structure for the complex, the changing and the indeterminate, in: Lewis Winner (Hg.), Proceedings of the 1965 20th national conference, New York 1965, S. 84-100.

Nelson, Theodor Holm, Computer Lib. You can and must understand computers now, Chicago 1974.

Nelson, Theodor Holm, Possiplex – My computer life and the fight for civilization. Movies, intellect, creative control, Sausalito 2011.

Neumann, Karl-Heinz, Die Deutsche Bundespost vor den Herausforderungen der europäischen Telekommunikationspolitik, in: Joachim Scherer (Hg.), Nationale und europäische Perspektiven der Telekommunikation, Baden-Baden 1987, S. 30-46.

Neuroth, Benedikt, Data Politics. The early phase of digitalisation within the federal government and the debate on computer privacy in the United States during the 1960s and 1970s, in: *Media in Action* 1 (2017), S. 65-80.

Niblett, G., Digital information and the privacy problem, Paris 1971.

Nienhaus, Ursula, Vater Staat und seine Gehilfinnen. Die Politik mit der Frauenarbeit bei der deutschen Post (1864 – 1945), Frankfurt a.M. 1995.

Noam, Eli M., Telecommunications in Europe, New York 1992.

Nora, Simon/Minc, Alain, L‹ informatisation de la société. Rapport à M. le président de la République, Paris 1978.

Norberg, Arthur L./O'Neill, Judy E./Freedman, Kerry J., Transforming computer technology. Information processing for the Pentagon, 1962-1986, Baltimore 1996.

Noyce, Robert/Hoff, Marcian, A History of Microprocessor Development at Intel, in: *IEEE Micro* 1 (1981), H. 1, S. 8-21.

OECD, Gaps in technology, Paris 1968.

O'Hara, Rob, Commodork. Tales from a BBS Junkie, Raleigh 2011.

Oldfield, Homer R., King of the seven dwarfs. General electric's ambiguous challenge to the computer industry, Washington 1996.

Oliver, B. M./Pierce, J. R./Shannon, C. E., The Philosophy of PCM, in: *Proceedings of the IRE* 36 (1948), H. 11, S. 1324-1331.

O'Neill, J. E., ›Prestige luster‹ and ›snow-balling effects‹. IBM's development of computer time-sharing, in: *IEEE Annals of the History of Computing* 17 (1995), H. 2, S. 50-54.

Ornstein, S. M. u.a., The terminal IMP for the ARPA computer network, in: Proceedings of the May 16-18, 1972, spring joint computer conference, New York 1972, S. 243-254.

Osborne, Adam/Dvorak, John, Hypergrowth. The rise and fall of Osborne Computer Corporation, Berkeley 1984.

Packard, Vance, The naked society, New York 1964.

Packard, Vance, Die wehrlose Gesellschaft, Düsseldorf 1964.

padeluun, Das Z-Netz – die Mutter aller Netze, in: FoeBuD e.V. (Hg.), MailBox auf den Punkt gebracht. Mit Zerberus und CrossPoint zu den Bürgernetzen, Bielefeld 1996, S. 1.3-1.8.

Parsons, Patrick, Blue skies. A history of cable television, Philadelphia 2008.

Peschke, Hans-Peter von, Elektroindustrie und Staatsverwaltung am Beispiel Siemens 1847 – 1914, Frankfurt a.M. 1981.

Petrick, Elizabeth, Imagining the Personal Computer. Conceptualizations of the Homebrew Computer Club 1975-1977, in: *IEEE Annals of the History of Computing* 39 (2017), H. 4, S. 27-39.

Petzold, Hartmut, Rechnende Maschinen. Eine historische Untersuchung ihrer Herstellung und Anwendung vom Kaiserreich bis zur Bundesrepublik, Düsseldorf 1985.

Petzold, Hartmut, Moderne Rechenkünstler. Die Industrialisierung der Rechentechnik in Deutschland, München 1992.

Pias, Claus, Zeit der Kybernetik – eine Einstimmung, in: Claus Pias (Hg.), Cybernetics/Kybernetik. The Macy-Conferences 1946-1953. Band 2. Essays & Dokumente, Zürich 2004, S. 9-41.

Pieper, Christine, Das »Überregionale Forschungsprogramm Informatik« (ÜRF) Ein Beitrag zur Etablierung des Studienfachs Informatik an den Hochschulen der Bundesrepublik Deutschland (1970er und 1980er Jahre), in: *Technikgeschichte* 75 (2008), S. 3-32.

Pieper, Christine, Hochschulinformatik in der Bundesrepublik und der DDR bis 1989/1990, Stuttgart 2009.

Pieper, Christine, Informatik im »dialektischen Viereck«. Ein Vergleich zwischen deutsch-deutschen, amerikanischen und sowjetischen Interessen, 1960 bis 1970, in: Uwe Fraunholz/Thomas Hänseroth (Hg.), Ungleiche Pfade? Innovationskulturen im deutsch-deutschen Vergleich, Münster 2012, S. 45-71.

Plettner, Bernhard, Abenteuer Elektrotechnik. Siemens und die Entwicklung der Elektrotechnik seit 1945, München 1994.

Pool, Ithiel de Sola, Technologies of freedom. On free speech in an electronic age, Cambridge, Mass. 1983.

Pool, Ithiel de Sola, Technologies without boundaries. On telecommunications in a global age, Cambridge, Mass. 1990.

Postler, Frank, Die historische Entwicklung des Post- und Fernmeldewesens in Deutschland vor dem Hintergrund spezifischer Interessenkonstellationen bis 1945. Eine sozialwissenschaftliche Analyse der gesellschaftlichen Funktionen der Post, Frankfurt a.M. 1991.

Pouzin, Louis, Virtual circuits vs. datagrams. Technical and political problems, in: Association for Computing Machinery (Hg.), AFIPS ›76. Proceedings of the June 7-10, 1976, national computer conference and exposition, New York 1976, S. 483.

Pugh, Emerson W., IBM System/360, in: *Proceedings of the IEEE* 101 (2013), S. 2450-2457.

Quarterman, John S., The matrix. Computer networks and conferencing systems worldwide, Boston 1989.

Raithel, Thomas/Rödder, Andreas/Wirsching, Andreas (Hg.), Auf dem Weg in eine neue Moderne? Die Bundesrepublik Deutschland in den siebziger und achtziger Jahren, München 2009.

Rankin, Joy Lisi, A People's History of Computing in the United States, Cambridge 2018.

Raskin, Jonah, For the hell of it. The life and times of Abbie Hoffman, Berkeley 1996.

Ratzke, Dietrich, Handbuch der neuen Medien. Information und Kommunikation, Fernsehen und Hörfunk, Presse und Audiovision heute und morgen, Stuttgart 1982.

Ratzke, Dietrich, Netzwerk der Macht, Frankfurt a.M. 1975.

Reich, Leonard S., Industrial research and the pursuit of corporate security. The early years of Bell Labs, in: *Business history review* 54 (1980), H. 4, S. 504-529.

Reichardt, Sven, Authentizität und Gemeinschaft. Linksalternatives Leben in den siebziger und frühen achtziger Jahren, Berlin 2014.

Reichardt, Sven/Siegfried, Detlef (Hg.), Das Alternative Milieu. Antibürgerlicher Lebensstil und linke Politik in der Bundesrepublik Deutschland und Europa, 1968-1983, Göttingen 2010.

Reid, Robert H., Architects of the Web. 1,000 days that built the future of business, New York 1997.

Reuse, Bernd, Schwerpunkte der Informatikforschung in Deutschland in den 70er Jahren, in: Bernd Reuse/Roland Vollmar (Hg.), Informatikforschung in Deutschland, Berlin, Heidelberg 2008, S. 3-26.

Reuter, Michael, 100 Jahre technische Zentralämter der Post, 40 Jahre FTZ und PTZ in Darmstadt, in: *Archiv für deutsche Postgeschichte* (1989), H. 1, S. 5-17.

Rheingold, Howard, The virtual community. Homesteading on the electronic frontier, Cambridge 1993.

Rheingold, Howard, Tools for thought. The history and future of mind-expanding technology, New York 1985.

Rheingold, Howard, Virtuelle Gemeinschaft. Soziale Beziehungen im Zeitalter des Computers, Bonn 1994.

Riordan, Michael, How Bell Labs Missed the Microchip, in: *IEEE Spectrum* 43 (2006), H. 12, S. 36-41.

Riordan, Michael/Hoddeson, Lillian, Crystal fire. The invention of the transistor and the birth of the information age, New York 1998.

Ritter, Eva-Maria, Deutsche Telekommunikationspolitik 1989 – 2003. Aufbruch zu mehr Wettbewerb. Ein Beispiel für wirtschaftliche Strukturreformen, Düsseldorf 2004.

Roberts, Edward/Yates, William, Altair 8800. The most powerful minicomputer project ever presented – can be built for under $400, in: *Popular Electronics* 1/1975, S. 33-38.

Roberts, Lawrence G., Multiple computer networks and intercomputer communication, in: J. Gosden/B. Randell (Hg.), Proceedings of the ACM symposium on Operating System Principles – SOSP ›67, New York 1967, 3.1-3.6.

Roberts, Lawrence G., The evolution of packet switching, in: *Proceedings of the IEEE* 66 (1978), H. 11, S. 1307-1313.

Roberts, Lawrence G./Wessler, Barry D., Computer network development to achieve resource sharing, in: Harry L. Cooke (Hg.), Proceedings of the May 5-7, 1970, spring joint computer conference – AFIPS ›70 (Spring), New York 1970, S. 543.

Rödder, Andreas, Die Bundesrepublik Deutschland. 1969-1990, München 2004.

Rödder, Andreas, 21.0. Eine kurze Geschichte der Gegenwart, München 2016.

Rose, Claudia, Der Staat als Kunde und Förderer. Ein deutsch-französischer Vergleich, Wiesbaden 1995.

Rose, Claudia/Klumpp, Dieter, ISDN – Karriere eines technischen Konzepts, in: Werner Fricke (Hg.), Jahrbuch Arbeit + Technik 1991. Technikentwicklung – Technikgestaltung, Bonn 1991, S. 103-114.

Rosenbaum, Ron, Secrets of the Little Blue Box. A story so incredible it may even make you feel sorry for the phone company‹, in: *Esquire*, Oktober 1971, S. 117-125, S. 222-226.

Rosenblueth, Arturo/Wiener, Norbert/Bigelow, Julian, Behavior, Purpose and Teleology, in: *Philosophy of Science* 10 (1943), S. 18-24.

Rosenbrock, Karl Heinz, ISDN – eine folgerichtige Weiterentwicklung des digitalen Fernsprechnetzes, in: Christian Schwarz-Schilling/Winfried Florian (Hg.), Jahrbuch der Deutschen Bundespost 1984, Bad Windesheim 1984, S. 509-577.

Rosenzweig, Roy, Wizards, Bureaucrats, Warriors, and Hackers. Writing the History of the Internet, in: *The American Historical Review* 103 (1998), S. 1530.

Rösner, Andreas, Die Wettbewerbsverhältnisse auf dem Markt für elektronische Datenverarbeitungsanlagen in der Bundesrepublik Deutschland, Berlin 1978.

Rossman, Michael, Implications of community memory, in: *ACM SIGCAS Computers and Society* 6 (1975), H. 4, S. 7-10.

Rossman, Michael, The wedding within the war, New York 1971.

Rothenhäusler, Andie, Die Debatte um die Technikfeindlichkeit in der BRD in den 1980er Jahren, in: *Technikgeschichte* 80 (2013), S. 273-294.

Rüberg, Johannes, Der Konkurrenzkampf der Netze. Die Entstehung des Telegraphenwegegesetzes von 1899, in: Matthias Maetschke/David von Mayenburg/Mathias Schmoeckel (Hg.), Das Recht der Industriellen Revolution, Tübingen 2013, S. 117-137.

Russell, Andrew L., Open standards and the digital age. History, ideology, and networks, New York 2014.

Russell, Andrew L., OSI: The Internet That Wasn't. How TCP/IP eclipsed the Open Systems Interconnection standards to become the global protocol for computer networking, in: *IEEE Spectrum* 50 (2013), H. 8, S. 38-48.

Russell, Andrew L., ›Rough Consensus and Running Code‹ and the Internet-OSI Standards War, in: *IEEE Annals of the History of Computing* 28 (2006), H. 3, S. 48-61.

Russell, Andrew L./Schafer, Valérie, In the Shadow of ARPANET and Internet. Louis Pouzin and the Cyclades Network in the 1970s, in: *Technology and Culture* 55 (2014), S. 880-907.

Sackman, Harold, Computers, system science, and evolving society. The challenge of man-machine digital systems, New York 1967.

Salus, Peter H., A quarter century of UNIX, Reading, Mass. 1994.

Salus, Peter H., Casting the net. From ARPANET to INTERNET and beyond, Reading, Mass. 1995.

Samet, Hanan, Computers and Communications. The FCC Dilemma in Determining What to Regulate, in: *DePaul Law Review* 28 (1978), S. 71-103.

Sautter, Karl, Geschichte der Deutschen Post. Geschichte der Norddeutschen Bundespost, Berlin 1935.

Sautter, Karl, Geschichte der Deutschen Reichspost. 1871-1945, Frankfurt a.M. 1951.

Schabacher, Gabriele, »Tele-Demokratie«. Der Widerstreit von Pluralismus im medienpolitischen Diskurs der 70er Jahre, in: Irmela Schneider/Christina Bartz/Isabell Otto (Hg.), Medienkultur der 70er Jahre. Diskursgeschichte der Medien nach 1945, Bd. 3, Wiesbaden 2004, S. 141-180.

Schafer, Valérie, The ITU Facing the Emergence of the Internet, 1960s–Early 2000s, in: Andreas Fickers/Gabriele Balbi (Hg.), History of the International Telecommunication Union, Berlin/London 2020, S. 321-344

Schanetzky, Tim, Die große Ernüchterung. Wirtschaftspolitik, Expertise und Gesellschaft in der Bundesrepublik 1966 bis 1982, Berlin 2007.

Schaper-Rinkel, Petra, Die Macht von Diskursen. Europäisierung, Ökonomisierung und Digitalisierung der Telekommunikation, in: Franz X. Eder (Hg.), Historische Diskursanalysen. Genealogie, Theorie, Anwendungen, Wiesbaden 2006, S. 223-237.

Scheller, Martin u.a., Internet Werkzeuge und Dienste. Von »Archie« bis »World Wide Web«, Berlin 1994.

Schenk, Dieter, Der Chef. Horst Herold und das BKA, Hamburg 1998.

Scherer, Joachim, Rechtsprobleme des Staatsvertrages über Bildschirmtext, in: *Neue juristische Wochenschrift* 36 (1983), S. 1832-1838.

Scherer, Joachim, Telekommunikationsrecht und Telekommunikationspolitik, Baden-Baden 1985.

Scherner, Karl Otto, Die Ausgestaltung des deutschen Telegraphenrechts seit dem 19. Jahrhundert, in: Hans Jürgen Teuteberg/Cornelius Neutsch (Hg.), Vom Flügeltelegraphen zum Internet. Geschichte der modernen Telekommunikation, Stuttgart 1998, 132-16.

Schildt, Axel/Siegfried, Detlef, Deutsche Kulturgeschichte. Die Bundesrepublik – 1945 bis zur Gegenwart, Bonn 2009.

Schmitt, Martin u.a., Digitalgeschichte Deutschlands – ein Forschungsbericht, in: *Technikgeschichte* 82 (2016), S. 33-70.

Schmitt, Martin, Internet im Kalten Krieg. Eine Vorgeschichte des globalen Kommunikationsnetzes, Bielefeld 2016.

Schmitt-Egenolf, Andreas, Kommunikation und Computer. Trends und Perspektiven der Telematik, Wiesbaden 1990.

Schneider, Volker, Technikentwicklung zwischen Politik und Markt. Der Fall Bildschirmtext, Frankfurt a.M., New York 1989.

Schneider, Volker u.a., The Dynamics of Videotex Development in Britain, France and Germany. A Crossnational Comparison, in: *European Journal of Communication* 6 (1991), S. 187-212.

Schneider, Volker, Die Transformation der Telekommunikation. Vom Staatsmonopol zum globalen Markt (1800 – 2000), Frankfurt a.M. 2001.

Schneider, Volker, Staat und technische Kommunikation. Die politische Entwicklung der Telekommunikation in den USA, Japan, Großbritannien, Deutschland, Frankreich und Italien, Wiesbaden 1999.

Schnepel, Svenja, Im Maschinenraum der Macht, in: Thomas Großbölting/Stefan Lehr (Hg.), Politisches Entscheiden im Kalten Krieg, Göttingen 2019, S. 79-108.

Schön, Helmut, ISDN und Ökonomie, in: Christian Schwarz-Schilling/Winfried Florian (Hg.), Jahrbuch der Deutschen Bundespost 1986, Bad Windsheim 1986, S. 9-49.

Schönrich, Hagen, Mit der Post in die Zukunft. Der Bildschirmtext in der Bundesrepublik Deutschland 1977-2001, Paderborn 2021 (im Erscheinen).

Schregel, Susanne, Konjunktur der Angst. »Politik der Subjektivität« und »neue Friedensbewegung«, 1979-1983, in: Bernd Greiner/Christian Th. Müller/Dierk Walter (Hg.), Angst im Kalten Krieg, Hamburg 2009, S. 495-520.

Schrutzki, Reinhard, Ein Mailboxbetreiber erzählt, in: Chaos-Computer-Club (Hg.), Die Hackerbibel Teil 2. Das Neue Testament, Löhrbach 1988, S. 96-104.

Schuhmann, Annette, Der Traum vom perfekten Unternehmen. Die Computerisierung der Arbeitswelt in der Bundesrepublik Deutschland (1950er- bis 1980er-Jahre), in: *Zeithistorische Forschungen* 9 (2012), S. 231-256.

Schulz, André, Die Telekommunikation im Spannungsfeld zwischen Ordnungs- und Finanzpolitik, Wiesbaden 1995.

Schütz, Walter J., Entwicklung der Tagespresse, in: Jürgen Wilke (Hg.), Mediengeschichte der Bundesrepublik Deutschland, Köln, Wien u.a 1999, S. 109-134.

Schwall, Alfred, Euronet. Ein europäisches Datenpaketvermittlungsnetz, in: Kurt Gscheidle/Dietrich Elias (Hg.), Jahrbuch der Deutschen Bundespost 1978, Bad Windesheim 1979, S. 56-101.

Schwartz, M., TYMNET – A tutorial survey of a computer communications network, in: *Communications Society* 14 (1976), H. 5, S. 20-24.

Schwarz-Schilling, Christian, Der Neuerer hat Gegner auf allen Seiten. Eine Bilanz, in: Günter Buchstab (Hg.), Die Ära Kohl im Gespräch. Eine Zwischenbilanz, Köln 2010, S. 63-79.

Seefried, Elke, Zukünfte. Aufstieg und Krise der Zukunftsforschung 1945-1980, Berlin 2015.

Seifert, Benjamin, Träume vom modernen Deutschland. Horst Ehmke, Reimut Jochimsen und die Planung des Politischen in der ersten Regierung Willy Brandts, Stuttgart 2010.

Servan-Schreiber, Jean-Jacques, Le défi américain, Paris 1967.

Servan-Schreiber, Jean-Jacques, Die amerikanische Herausforderung, Reinbek 1970.

Shannon, C. E., A Mathematical Theory of Communication, in: *Bell System Technical Journal* 27 (1948), S. 379-423.

Shannon, C. E., Communication Theory of Secrecy Systems, in: *Bell System Technical Journal* 28 (1949), S. 656-715.

Siefkes, Dirk (Hg.), Pioniere der Informatik. Ihre Lebensgeschichte im Interview. Interviews mit F. L. Bauer, C. Floyd, J. Weizenbaum, N. Wirth und H. Zemanek, Berlin 1999.

Siegert, Paul Ferdinand, Die Geschichte der E-Mail. Erfolg und Krise eines Massenmediums, Bielefeld 2008.

Sirbu, M./Zwimpfer, L., Standards setting for computer communication. The case of X.25, in: *IEEE Communications Magazine* 23 (1985), H. 3, S. 35-45.

Smith, Douglas K./Alexander, Robert C., Fumbling the future. How Xerox invented, then ignored, the first personal computer, New York 1988.

Smith, George D., The anatomy of a business strategy. Bell, Western Electric, and the origins of the American telephone industry, Baltimore 1985.

Smith, Ralph Lee, The Wired Nation, in: *The Nation*, 18.05.1970, S. 587-611.

Smith, Ralph Lee, The Wired Nation. Cable TV: The Electronic Communications Highway, New York 1972.

Solow, Robert M., Technical Change and the Aggregate Production Function, in: *The Review of Economics and Statistics* 39 (1957), S. 312.

Soni, Jimmy/Goodman, Rob, A mind at play. How Claude Shannon invented the information age, New York 2018.

Spangenberg, Peter M., Der unaufhaltsame Aufstieg zum »Dualen System«. Diskursbeiträge zu Technikinnovation und Rundfunkorganisation, in: Irmela Schneider/Christina Bartz/Isabell Otto (Hg.), Medienkultur der 70er Jahre. Diskursgeschichte der Medien nach 1945, Bd. 3, Wiesbaden 2004, S. 21-39.

Spindler, Wolfgang, Das Mailbox-Jahrbuch. Ein Nachschlagewerk für Computer-Freaks und alle, die es werden wollen, Frankfurt a.M. 1985.

Stampfel, Sabine, Das WOMEN-Netzwerk, in: FoeBuD e.V. (Hg.), MailBox auf den Punkt gebracht. Mit Zerberus und CrossPoint zu den Bürgernetzen, Bielefeld 1996, 1.41-1.43.

Starr Roxanne Hiltz/Murray Turoff, The network nation. Human communication via computer, Cambridge, Mass. 1994.

Staudinger, W., Das Datexnetz, 4 Jahre nach seiner Einführung, in: *Zeitschrift für das Post- und Fernmeldewesen* 1971, S. 483-489.

Steinbicker, Jochen, Pfade in die Informationsgesellschaft, Weilerswist 2011.

Steinbuch, Karl, Die informierte Gesellschaft. Geschichte und Zukunft der Nachrichtentechnik, Stuttgart 1966.

Steinbuch, Karl, Falsch programmiert. Über das Versagen unserer Gesellschaft in der Gegenwart und vor der Zukunft und was eigentlich geschehen müsste, München 1968.

Steinmetz, Hans/Elias, Dietrich (Hg.), Geschichte der deutschen Post. 1945 bis 1978, Bonn 1979.

Steinmetz, Rüdiger, Freies Fernsehen. Das erste privat-kommerzielle Fernsehprogramm in Deutschland, Konstanz 1996.

Steinmetz, Rüdiger, Initiativen und Durchsetzung privat-kommerziellen Rundfunks, in: Jürgen Wilke (Hg.), Mediengeschichte der Bundesrepublik Deutschland, Köln 1999, S. 167-191.

Sterling, Bruce, The hacker crackdown. Law and disorder on the electronic frontier, London 1994.

Sterling, Christopher H./Weiss, Martin B. H./Bernt, Phyllis, Shaping American telecommunications. A history of technology, policy, and economics, Mahwah, N.J 2006.

Stewart Brand, SPACEWAR. Fanatic Life and Symbolic Death Among the Computer Bums, in: Rolling Stone, Dezember 1972.

Stone, Alan, How America got on-line. Politics, markets, and the revolution in telecommunications, Armonk, N.Y 1997.

Streeter, Thomas, Blue Skies and Strange Bedfellows. The Discourse of Cable Television, in: Lynn Spigel/Michael Curtin (Hg.), The revolution wasn't televised. Sixties television and social conflict, New York 1997, S. 221-242.

Subramanian, Ramesh, Murray Turoff. Father of Computer Conferencing, in: *IEEE Annals of the History of Computing* 34 (2012), H. 1, S. 92-98.

Subramanian, Ramesh, Starr Roxanne Hiltz. Pioneer Digital Sociologist, in: *IEEE Annals of the History of Computing* 35 (2013), H. 1, S. 78-85.

Sydow, Friedrich v., Die TR-440-Staffel. Vom mittleren Rechensystem zum dialogfähigen Teilnehmer-Rechensystem, in: *Datenverarbeitung. Beihefte der Technischen Mitteilungen AEG-Telefunken* 3 (1970), H. 3, S. 101-104.

Taylor, Robert W. (Hg.), In Memoriam: J. C. R. Licklider. 1915-1990, Palo Alto 1990.

Temin, Peter/Galambos, Louis, The fall of the Bell system. A study in prices and politics, Cambridge 1989.

Teupe, Sebastian, Die Schaffung eines Marktes. Preispolitik, Wettbewerb und Fernsehgerätehandel in der BRD und den USA, 1945-1985 Berlin 2016.

THE ELECTRIC PHONE BOOK. A Directory of 144 Computerized Bulletin Board Systems, in: *Dr. Dobb's Journal of Computer Calisthenics & Orthodontia* 5 (1980), S. 239.

Thomas, Douglas, Hacker culture, Minneapolis 2002.

Thomas, Frank, Korporative Akteure und die Entwicklung des Telefonsystems in Deutschland 1877 bis 1945, in: *Technikgeschichte* 56 (1989), S. 39-65.

Thomas, Frank, Telefonieren in Deutschland. Organisatorische, technische und räumliche Entwicklung eines großtechnischen Systems, Frankfurt a.M. 1995.

Thomas, Uwe, Computerised data banks in public administration. Trends and policies issues, Paris 1971.

Thomas, Uwe, Drei Jahrzehnte Forschungspolitik zur Modernisierung der Volkswirtschaft, in: Peter Weingart/Niels Christian Taubert (Hg.), Das Wissensministerium. Ein halbes Jahrhundert Forschungs- und Bildungspolitik in Deutschland, Weilerswist 2006, S. 158-165.

Titus, Jonathan, Build the Mark-8. Your Personal Minicomputer, in: *Radio Electronics* 7/1974, S. 29-33.

Tran, Jasper L., The Myth of Hush-A-Phone v. United States, in: *IEEE Annals of the History of Computing* 41 (2019), H. 4, S. 6-19.

Trischler, Helmuth, Die »amerikanische Herausforderung« in den »langen« siebziger Jahren, in: Gerhard Albert Ritter/Helmuth Trischler/Margit Szöllösi-Janze (Hg.), Antworten auf die amerikanische Herausforderung. Forschung in der Bundesrepublik und der DDR in den »langen« siebziger Jahren, Frankfurt a.M. 1999, S. 11-18.

Tropp, Henry S., A Perspective on SAGE. Discussion, in: *IEEE Annals of the History of Computing* 5 (1983), H. 4, S. 375-398.

Tsaousidis, Stelios, So einfach wie der PC. Vier Btx-Software-Decoder im Vergleich, in: *c´t* 06/1989, S. 102-108.

Turkle, Sherry, Die Wunschmaschine. Vom Entstehen der Computerkultur, Reinbek 1984.

Turner, Fred, From Counterculture to Cyberculture. Stewart Brand, the Whole Earth Network, and the Rise of Digital Utopianism, Chicago 2006.

Turner, Fred, The democratic surround. Multimedia and American liberalism from World War II to the psychedelic sixties, Chicago, London 2013.

Turner, Fred, Where the Counterculture met the New Economy. The WELL and the Origins of Virtual Community, in: *Technology and Culture* 46 (2005), S. 485-512.

Tymes, La Roy, TYMNET, in: Proceedings of the May 18-20, 1971, spring joint computer conference – AFIPS ›71 (Spring), New York 1971, S. 211.

Usselman, Steven W., IBM and its Imitators. Organizational Capabilities and the Emergence of the International Computer Industry, in: *Business and Economic History* 22 (1993), H. 2, S. 1-35.

Valley, George E., How the SAGE Development Began, in: *IEEE Annals of the History of Computing* 7 (1985), H. 3, S. 196-226.

Videotext und Bildschirmtext. Stellungnahme der AG Publizistik, in: *Media Perspektiven* 5/1977, S. 290-293.

Vleck, T. van, Electronic Mail and Text Messaging in CTSS, 1965-1973, in: *IEEE Annals of the History of Computing* 34 (2012), H. 1, S. 4-6.

Vogt, Martin, Das Staatsunternehmen »Deutsche Reichspost« in den Jahren der Weimarer Republik, in: Wolfgang Lotz (Hg.), Deutsche Postgeschichte. Essays und Bilder, Berlin 1989, S. 241-288.

Volpert, Dieter, Zauberlehrlinge. Die gefährliche Liebe zum Computer, Weinheim 1985.

Vowinckel, Annette/Danyel, Jürgen, Wege in die digitale Moderne. Computerisierung als gesellschaftlicher Wandel, in: Frank Bösch (Hg.), Geteilte Geschichte. Ost- und Westdeutschland 1970-2000, Göttingen 2015, S. 283-319.

Wagner, Rose M. M., Community Networks in den USA. Von der Counterculture zum Mainstream?, Hamburg 1998.

Walden, David/Vleck, Tom van (Hg.), The Compatible Time Sharing System (1961-1973). Fiftieth Anniversary Commemorative Overview, Washington, D.C 2011.

Waldrop, M. Mitchell, The dream machine. J. C. R. Licklider and the revolution that made computing personal, New York 2001.

Walter, Franz, Ludger Westrick und Horst Ehmke – Wirtschaft und Wissenschaft an der Spitze des Kanzleramts, in: Robert Lorenz/Matthias Micus (Hg.), Seiteneinsteiger, Wiesbaden 2009, S. 303-318.

Weaver, A./Newell, N. A., In-Band Single-Frequency Signaling, in: *Bell System Technical Journal* 33 (1954), S. 1309-1330.

Weizenbaum, Joseph, Die Macht der Computer und die Ohnmacht der Vernunft, Frankfurt a.M. 1978.

Weizenbaum, Joseph, ELIZA. A computer program for the study of natural language communication between man and machine, in: *Communications of the ACM* 9 (1966), S. 36-45.

Werle, Raymund, Telekommunikation in der Bundesrepublik. Expansion, Differenzierung, Transformation, Frankfurt a.M. 1990.

Werle, Raymund/Schneider, Volker, Die Eroberung eines Politikfeldes. Die Europäische Gemeinschaft in der Telekommunikationspolitik, in: *Jahrbuch zur Staats- und Verwaltungswissenschaft* 3 (1989), S. 247-272.

Werner Zorn/Michael Rotert/M. Lazarov, Zugang zu internationalen Netzen, in: W. Brauer u.a. (Hg.), Kommunikation in Verteilten Systemen I, Berlin, Heidelberg 1985, S. 145-167.

Wessel, Horst A., Die Entwicklung des Nachrichtenverkehrs und seine Bedeutung für Wirtschaft und Gesellschaft. Briefpost und das öffentliche Fernmeldewesen im Deutschen Kaiserreich 1871-1918, in: Hans Pohl (Hg.), Die Bedeutung der Kommunikation für Wirtschaft und Gesellschaft, Stuttgart 1989, S. 284-320.

Wessel, Horst A., Die Verbreitung des Telephons bis zur Gegenwart, in: Hans Jürgen Teuteberg/Cornelius Neutsch (Hg.), Vom Flügeltelegraphen zum Internet. Geschichte der modernen Telekommunikation, Stuttgart 1998, S. 67-112.

Wiegand, Josef, Die Gründung der GMD – Mathematik oder Datenverarbeitung?, in: Margit Szöllösi-Janze/Helmut Trischler (Hg.), Großforschung in Deutschland, Frankfurt a.M. 1990, S. 79-96.

Wiegand, Josef, Informatik und Großforschung. Geschichte der Gesellschaft für Mathematik und Datenverarbeitung, Frankfurt a.M. 1994.

Wieland, Thomas, Neue Technik auf alten Pfaden? Forschungs- und Technologiepolitik in der Bonner Republik, Bielefeld 2009.

Wiener, Norbert, Cybernetics or control and communication in the animal and the machine, New York 1948.

Wilson, Kevin G., Deregulating telecommunications. US and Canadian telecommunications, 1840 – 1997, Lanham 2000.

Winkler, Hartmut, Medium Computer. Zehn populäre Thesen zum Thema und warum sie möglicherweise falsch sind, in: Lorenz Engell/Britta Neitzel (Hg.), Das Gesicht der Welt. Medien in der digitalen Kultur, München 2004, S. 203-213.

Wirsching, Andreas, Abschied vom Provisorium. Geschichte der Bundesrepublik Deutschland 1982-1990, München 2006.

Wirsching, Andreas, Durchbruch des Fortschritts? Die Diskussion über die Computerisierung in der Bundesrepublik, in: Martin Sabrow (Hg.), ZeitRäume 2009. Potsdamer Almanach des Zentrums für Zeithistorische Forschung, Göttingen 2010, S. 207-218.

Witte, Eberhard (Hg.), Neuordnung der Telekommunikation. Bericht der Regierungskommission Fernmeldewesen, Heidelberg 1987.

Witte, Eberhard, Die Entwicklung zur Reformreife, in: Lutz Michael Büchner (Hg.), Post und Telekommunikation. Eine Bilanz nach zehn Jahren Reform, Heidelberg 1999, S. 59-85.

Witte, Eberhard, Marktöffnung und Privatisierung, in: Lutz Michael Büchner (Hg.), Post und Telekommunikation. Eine Bilanz nach zehn Jahren Reform, Heidelberg 1999.

Witte, Eberhard, Telekommunikation. Vom Staatsmonopol zum privaten Wettbewerb, in: *Zeitschrift für Betriebswirtschaft, Ergänzungsheft* (2002), H. 3, S. 1-50.

Witte, Eberhard, Telekommunikation – vom Staatsmonopol zum privaten Wettbewerbsmarkt. Teil 1: Die Entwicklung zur Reformreife, in: *Das Archiv – Magazin für Kommunikationsgeschichte* 2003 (2003), H. 2, S. 4-17.

Witte, Eberhard, Telekommunikation – vom Staatsmonopol zum privaten Wettbewerbsmarkt. Teil 2, in: *Das Archiv – Magazin für Kommunikationsgeschichte* 2003 (2003), H. 3, S. 6-23.

Witte, Eberhard, Mein Leben. Ein Zeitdokument, Norderstedt 2014.

Wozniak, Steve, iWoz. Computer geek to cult icon. Getting to the core of Apple's inventor, London 2006.

Wu, Tim, The Master Switch. The Rise and Fall of Information Empires, London 2010.

Yost, Jeffrey R., Making IT work. A history of the computer services industry, Cambridge, Mass. 2017.

Zellmer, Rolf, Die Entstehung der deutschen Computerindustrie. Von den Pionierleistungen Konrad Zuses und Gerhard Dirks‹ bis zu den ersten Serienprodukten der 50er und 60er Jahre, Köln 1990.
Zohlnhöfer, Reimut, Die Wirtschaftspolitik der Ära Kohl. Eine Analyse der Schlüsselentscheidungen in den Politikfeldern Finanzen, Arbeit und Entstaatlichung, 1982-1998, Wien u.a 2001.
Zuse, Konrad, Der Computer – Mein Lebenswerk, Heidelberg 2010.
Zweiter Bericht der Rundfunkreferenten der Länder zur Frage des Rundfunkbegriffs, insbesondere der medienrechtlichen Einordnung von »Videotext«, »Kabeltext« und »Bildschirmtext«. Würzburger Papier, in: *Media Perspektiven* 6/1979, S. 400-415.

Abkürzungsverzeichnis

ACM Association for Computing Machinery
ADFA Ausschuss für Fragen der Datenfernverarbeitung
AOL America Online
APOC Arbeitskreis Politischer Computereinsatz
ARPA Advanced Research Projects Agency
AT&T American Telegraph and Telephone
BBC British Broadcasting Corporation
BBN Bolt Beranek and Newman
BBS Bulletin board system
BDI Bundesverband der Deutschen Industrie
BDZV Bundesverband Deutscher Zeitungsverleger
BTM British Tabulating Machine Company
Btx Bildschirmtext
CACHE Chicago Area Computer Hobbyist's Exchange
CB Citizen band
CBBS Computerized bulletin board system
CCC Chaos Computer Club
CCITT Comité Consultatif International Téléphonique et Télégraphique
CDA Communications Decency Act
CDU Christlich Demokratische Union
CEPT Conférence Européenne des Administrations des Postes et des Télécommunications
CGK Computer Gesellschaft Konstanz
CII Compagnie internationale pour l'informatique
CIX Commercial Internet Exchange
CSNET Computer Science Network
CTSS Compatible Time Sharing System
DBP Deutsche Bundespost
DCA Defense Communications Agency
DEC Digital Equipment Corporation
DECIX Deutscher Commercial Internet Exchange

DFG Deutsche Forschungsgemeinschaft
DeTeWe Deutsche Telephonwerke
DFN Deutsche Forschungsnetz
DFÜ Datenfernübertragung
DGT Direction Générale des Télécommunications
DIHT Deutsche Industrie- und Handelstag
DPG Deutsche Postgewerkschaft
EARN European Academic and Research Network
EDS Elektronische Datenvermittlungssystem
EFF Electronic Frontier Foundation
EG Europäische Gemeinschaft
EMISARI Emergency Management Information Systems and Reference Index
EIES Electronic Information Exchange System
EOL Europe Online
ETSI European Telecommunications Standards Institut
EU Europäische Union
EUUG European UNIX Users Group
EWS Elektronischen Telefonvermittlungssystem
FCC Federal Communications Commission
FDP Freie Demokratische Partei
FoeBuD Verein zur Förderung des öffentlichen bewegten und unbewegten Datenverkehrs
FSM Free Speech Movement
FTZ Fernmeldetechnischen Zentralamt
GE General Electric
IBM International Business Machines Corporation
IC Integrated Circuit
ICL International Computers Limited
ICT International Computers and Tabulators
IFA Internationale Funkausstellung
IMP Interface Message Processor
IPTO Information Processing Techniques Office der ARPA
ISDN Integrated services digital network/Integriertes Sprach und Datennetz
ISO Internationale Organisation für Normung
ISP Internet Service Provider
IT&T International Telephone & Telegraph
ITU Internationalen Fernmeldeunion
KtK Kommission für den technischen Ausbau der Kommunikationssysteme
MAC Machine-Aided Cognition/Multiple Access Computer
MDT Mittlere Datentechnik
MFJ Modified final judgment
MIT Massachusetts Institute of Technology
MITS Micro Instrumentation and Telemetry Systems
NSF National Science Foundation
OEP Office of Emergency Preparedness

OSI Open System Interconnection
PARC Palo Alto Resarch Center
PC Personal Computer
PCM Puls Code Modulation
RAND Research and Development
RBOC Regional Bell Operating Companies
RIPE Réseaux IP Européens
SABERE Semi-Automatic Business Research Environment
SAGE Semi-Automatic Ground Environment
SBS Satellite Business Systems
SDS Scientific Data Systems
SEL Standard Elektrik Lorenz
SNA Systems Network Architecture
SPD Sozialdemokratische Partei Deutschlands
SRI Systems Research Institut
TAP Technological American Party
TC Telefunken Computer
TeKaDe Süddeutsche Telefon-Apparate-, Kabel- und Drahtwerke
TuN Telefonbau und Normalzeit
UPI United Press International
VDMA Verband Deutscher Maschinen- und Anlagenbau
WWW World Wide Web
YIPL Youth International Party Line
ZVEI Zentralverband Elektrotechnik- und Elektronikindustrie
ZZF Zentralamt für Zulassung im Fernmeldewesen

Geschichtswissenschaft

Sebastian Haumann, Martin Knoll, Detlev Mares (eds.)
Concepts of Urban-Environmental History

2020, 294 p., pb., ill.
29,99 € (DE), 978-3-8376-4375-6
E-Book:
PDF: 26,99 € (DE), ISBN 978-3-8394-4375-0

Gertrude Cepl-Kaufmann
1919 – Zeit der Utopien
Zur Topographie eines deutschen Jahrhundertjahres

2018, 382 S., Hardcover,
39 SW-Abbildungen, 35 Farbabbildungen
39,99 € (DE), 978-3-8376-4654-2
E-Book:
PDF: 39,99 € (DE), ISBN 978-3-8394-4654-6

Günter Leypoldt, Manfred Berg (eds.)
Authority and Trust in US Culture and Society
Interdisciplinary Approaches and Perspectives

February 2021, 282 p., pb., col. ill.
37,00 € (DE), 978-3-8376-5189-8
E-Book:
PDF: 36,99 € (DE), ISBN 978-3-8394-5189-2

**Leseproben, weitere Informationen und Bestellmöglichkeiten
finden Sie unter www.transcript-verlag.de**

Geschichtswissenschaft

Manuel Franz
»Fight for Americanism« – Preparedness-Bewegung und zivile Mobilisierung in den USA 1914-1920

Februar 2021, 322 S., kart., 1 SW-Abbildung
59,00 € (DE), 978-3-8376-5521-6
E-Book:
PDF: 58,99 € (DE), ISBN 978-3-8394-5521-0

Sebastian Haumann
Kalkstein als »kritischer« Rohstoff
Eine Stoffgeschichte der Industrialisierung, 1840–1930

Januar 2021, 362 S., kart., 4 Farbabbildungen
40,00 € (DE), 978-3-8376-5240-6
E-Book:
PDF: 39,99 € (DE), ISBN 978-3-8394-5240-0

Verein für kritische Geschichtsschreibung e.V. (Hg.)
WerkstattGeschichte
2020/2, Heft 82: Differenzen einschreiben

2020, 178 S., kart., 26 SW-Abbildungen
21,99 € (DE), 978-3-8376-5299-4

Leseproben, weitere Informationen und Bestellmöglichkeiten finden Sie unter www.transcript-verlag.de